农业农村实用技术丛书

生猪养殖管理关键技术问答

◎ 吕建秋 主编

中国农业科学技术出版社

图书在版编目（CIP）数据

生猪养殖管理关键技术问答 / 吕建秋主编 . —北京：中国农业科学技术出版社，2018. 12

ISBN 978-7-5116-3892-2

Ⅰ. ①生… Ⅱ. ①吕… Ⅲ. ①养猪学—问题解答 Ⅳ. ①S828-44

中国版本图书馆 CIP 数据核字（2018）第 215372 号

责任编辑 崔改泵　李　华
责任校对 李向荣
出 版 者 中国农业科学技术出版社
北京市中关村南大街12号　　邮编：100081
电　　话 （010）82109708（编辑室）（010）82109702（发行部）
（010）82109709（读者服务部）
传　　真 （010）82106650
网　　址 http: // www.castp.cn
经 销 者 各地新华书店
印 刷 者 北京富泰印刷有限责任公司
开　　本 710mm × 1 000mm　1/16
印　　张 28
字　　数 538千字
版　　次 2018年12月第1版　　2019年1月第2次印刷
定　　价 108.00元

《生猪养殖管理关键技术问答》

编委会

主　　编： 吕建秋

副 主 编： 田兴国　洪林君　蔡更元

编　　委： 付帝生　陈永岗　孔令旋　莫健新

全建平　全　绒　叶　健　赵成成

陈江涛　王泳欣　周邵章　谢志文

叶　李　陈　云　黄健星　曾　蓓

姚　缀

前　言

我国是世界养猪生产第一大国，无论是养殖规模还是猪肉消费量均居世界第一位，近几年生猪年均出栏7亿头左右，约占世界生猪出栏总量的一半。“猪粮安天下”，生猪产业在我国的经济和社会发展中起着重要作用，其产值占农业总产值近20%，已成为我国支柱产业，事关国计民生。我国虽是养猪大国，但与养猪强国尚有一定差距。近年来，我国养猪业在技术水平、规模化程度、动物福利等方面均取得了一定的提高和进步，但仍面临许多问题，如管理水平低下、环保压力加大、养殖成本增高、疫病防控形势严峻等。本书主要包括我国生猪的生产现状及特性、生猪品种及其选育、饲料类型及利用、猪场建设及环境控制、各生长阶段的养殖技术及其管理、猪场防疫及主要疾病防治等内容，全书以问答的形式对主要问题和知识点进行了阐述，希望能为广大基层农技推广人员及生猪养殖户提供帮助和有效地指导。

在本书编写过程中，吴珍芳、刘德武、李紫聪等专家提出了宝贵的意见和建议，并得到温氏华农养猪训练营教练团队的大力支持，在此表示衷心的感谢！本书参考的文献内容较多，在此一并向原作者表示诚挚的谢意！

由于时间仓促，编者的水平有限，书中定有缺点及不足之处，恳请同行和读者批评指正。

编　者

2018年10月

目　录

1. 养猪业在国民经济中的地位和作用如何？

农业是国民经济的基础，畜牧业是农业的重要组成部分，畜牧业产值占农业总产值的40%，养猪业产值占畜牧业产值的50%左右，因此养猪业在国民经济中占有重要地位。养猪业是保障国民食物安全和促进农民增收的支柱产业，是促进国民经济协调发展的基础性产业。

（1）提供肉食。猪肉鲜美可口，营养丰富，含热量高，含脂肪28%，蛋白质14%，可消化率为75%。猪肉是我国人民膳食中的主要食品，占我国城乡居民肉食品总消费的67%左右。

（2）提供肥料。经合理加工后的猪粪便是农作物天然的优质有机肥料。

（3）提供工业原料。猪副产品有极大的工业价值，例如内脏、猪骨可用于制药，部分内脏如肾可作人工移植；猪血可用于制造家畜饲料、制胶合板、防水涂料等；猪毛可用于制造各种毛刷、毛线、线毯、毛呢等纺织品。

（4）发展经济、增加收入。通过发展养猪业来带动地方经济发展，提高农民收入。

（5）出口换取外汇。据国家统计局《中华人民共和国2017年国民经济和社会发展统计公报》发布，全年猪牛羊禽肉产量8 431万t，比上年增长0.8%。其中，猪肉产量5 340万t，增长0.8%。

规模化养猪场

★中国鸡蛋网，网址链接：http://www.cnjidan.com/news/950024/

（编撰人：赵成成，洪林君；审核人：蔡更元）

2. 我国规模化养猪业的发展历史和现状如何？

我国曾于20世纪60年代初期，在建设工厂化猪场方面做过尝试，由于物质、技术、条件的局限，没有持续多久就很快退缩回来。70年代中期，各地兴办了不少机械化猪场，但由于生产成本高，猪粮比价不合理，关键生产环节和技术不配套，导致一些猪场因经营运作困难而关闭。80年代时期，随着我国城乡人民生活水平的提高，规模化养猪生产得到发展，国家相继出台了在大城市周围建设规模化副食品基地的政策，由此促进了集约化、工厂化养猪生产的发展，从北京、天津、上海、广州、沈阳、哈尔滨等大中城市开始，一批规模化、集约化猪场陆续建成投产。另一方面，作为出口创汇的外向型猪场，在这一时期也得到了充分发展。广东省在外向型猪场的建设上，走在了全国的前列，这些猪场引进国外优良的品种，采用国外先进的设备和生产技术，实行工厂化养猪作业，为我国集约化、工厂化养猪的发展和技术设备的国产化应用起到了良好的带头作用。比较典型有广三保养猪公司等。

近10年中，现代化养猪生产在我国的养猪业中取得了长足的进展和成就，以现代科学技术和工业设备武装的养猪生产线，采用先进的科学方法组织和管理生产，提高了劳动生产率和产品出栏率，达到了养猪生产稳产、高产和低成本的目的。但随着市场经济的日趋成熟与完善，现代养猪生产又面临新的压力和挑战。这些问题一方面来自养猪行业本身，如养猪业的产业结构、市场变化、技术滞后等；另一方面来自社会经济、公众要求以及政府的政策与制度，如养猪及产品的生态环保问题、食品安全问题、世界贸易问题等。

农村小规模养猪

规模化猪场

★养猪资讯，网址链接：http://www.zhuwang.cc/show-148-359102-1.html
★上海祥欣，网址链接：http://www.shxxgx.com/

（编撰人：叶健，洪林君；审核人：蔡更元）

3. 我国养猪业与先进国家的差距在哪里？

随着经济改革和市场发展，我国养猪业生产水平有了较大的提高，但是，与国外先进国家还有差距，诸多问题困扰着中国的养猪业。

（1）规模化水平不高。目前我国养猪场总数达6 000多万个，100头以上的规模养殖场达50%，小散户群体还是占据较大比重。与美国、加拿大、丹麦等养猪技术先进国家相比，我国养猪业的规模化程度有待进一步提高。如美国猪场总数仅7.1万个，但5 000头以上猪场占60%；丹麦100头以下的饲养母猪场所占比例不到1%。

（2）生产水平低，资源浪费严重。2015年我国每头母猪提供的商品猪为16.52头，全程死亡率超过20%，与养猪发达国家母猪年提供25头以上（丹麦超过28头）相比我国的养猪生产水平仍然存在较大的差距。

（3）生产效率低。大多数猪场基础设施落后，智能化、信息化、自动化程度低，人均生产效率低。

（4）人才匮乏，管理水平较低。真正懂得现代规模化猪场正规化、规范化管理的养猪人才的缺乏已成为制约规模养猪业健康稳定发展的瓶颈。

（5）药物使用不规范，食品安全问题严峻。在疫病防控上，我们过多地依赖疫苗、药物、消毒，生产中滥用抗生素和超标使用抗生素的现象普遍存在，导致药物残留，由此引发食品安全问题，并造成资源浪费。

养殖成本高

★搜狐养殖e点通，网址链接：http://www.sohu.com/a/228453390_100139740

（编撰人：赵成成，洪林君；审核人：蔡更元）

4. 国外引进主要猪种的原产地及主要特点有哪些？

（1）从国外引进的品种。从国外引进的猪品种主要是纯种长白猪、大白猪、杜洛克猪、皮特兰猪、配套系猪等，一些猪品种具有优良的生产性能，并广泛应用于当今世界的猪生产中。

（2）引进猪特点及使用介绍。

适宜作母本的品种如下。

①法系大白、长白猪，保留着太湖猪发情明显、容易繁殖和母性好的特点。目前国内大部分养猪场都是以法系母猪为基础的母猪养殖方式，法系长白虽然其泌乳性能优于法系大白，但其四肢柔软，因此使用寿命短、淘汰率高。

②英系大白、长白猪，形体优美，瘦肉率略高于法系，但其产仔数、生长速度均低于法系，主要用于育种猪场在相同的或不同的品系间培育大白或长白猪。

适宜作父本的品种如下。

①第一父本品种即用来与基础母猪杂交生产二元母猪。

a.美系长白：四肢健壮，瘦肉率高。与法系大白母猪杂交产生的二元母猪在美法系中腹部较深，背沟显而易见，臀部发达，但性成熟晚，配种技术要求高，适用于大型养猪场。

b.丹系长白：其繁殖性能，特别是哺乳性能很好，英系大白杂交生产的英丹系二元杂交母猪体长，产仔数比美法系略少，但易于繁殖，适应性强。

②第二父本品种。

a.杜洛克猪：瘦肉率68%左右，臀部发育好。

b.皮特兰猪：瘦肉率75%左右，生长速度略逊于杜洛克。

c.圣特西猪：饲料报酬高，肉质好，与长大二元母猪杂交生产的商品猪皮毛100%为纯白色，经济价值更高。

d.皮圣公猪或皮杜公猪：适应性更好，抗病力更强。

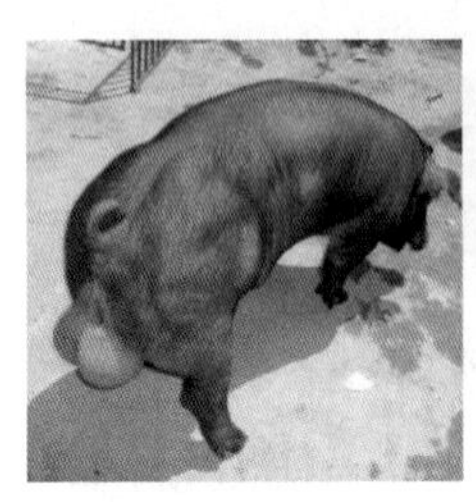

杜洛克种猪

长白猪种猪

★猪e网，网址链接：http://shop.zhue.com.cn/goods/9268

（编撰人：赵成成，洪林君；审核人：蔡更元）

5. 现代化养猪的内涵和特点是什么？

现代化养猪的内涵是利用现代科学技术，结合科学的生产模式，达到高效、优质的目的，同时也对养猪的生产模式、管理模式提出了更高的要求。

现代化养猪的主要特点有以下几点：一是生产技术水平较高，和传统养猪方式相比，效率和产品品质都有了大幅度的提升；二是规模饲养模式方式的转变，饲养环境能够合理控制，饲养密度较高，实现了养猪终年产仔，产品年供给均衡的目标；三是设备的现代化与饲养机械自动化，对人力的依赖下降，产品品质更加稳定；四是科学的人性化管理，便于饲养员对猪群的人性化管理，提高饲养生产效率。

怀孕母猪舍

保育舍

★搜狐网，网址链接：http://roll.sohu.com/20120217/n335005996.shtml
★黔农网，网址链接：http://www.qnong.com.cn

（编撰人：叶健，洪林君；审核人：蔡更元）

6. 现代化养猪的关键技术措施有哪些?

（1）建设合适猪舍及设施设备。现代养猪对养猪场保温、冬暖夏凉、干燥不潮湿、新鲜空气和通风、所有设施和设备满足猪的生理要求，不会对猪造成压力，影响生长和生产。

（2）建立健全猪场的防疫免疫制度。猪疫是现代养猪业面临的最大威胁。现代养猪场应首先对猪病进行防治，建立完善的免疫系统和疫苗的监测体系，以保证猪的健康。

（3）采用好的猪种和高产配套品系。高产猪品种或配套系具有繁殖率高、生长快、饲料利用率高、瘦肉率高、适应性强等优点。

（4）生产全价饲料或优质配合饲料。在现代养猪场，一般喂养优良的猪种和配套系，这些猪种的生产和生长潜力的正常发挥，第一个任务是做好饲料供应，也就是做一个更好的营养供给。

（5）实施母猪的同步发情与配种。母猪的同步发情和配种是现代化养猪十分重要的技术环节。

（6）执行严格的流水式工艺流程。现代养猪的特点之一是采用了流水式喂养过程，这是基于母猪的同步发情的培育，每个阶段的饲养管理都有一定的时间。

（7）采用仔猪早期断乳。实行仔猪早期断乳是提高母猪生产力的重要措施，也是现代化养猪关键性措施。

（8）采用直线肥育方法。仔猪断奶，应按照饲喂3个阶段的年龄和体重，提供相应的营养，使猪保持较快的生长速度，尽快缩短肥育期，称为直线育肥方法。

猪场八项制度（赵成成、洪林君 摄）

猪定点采食（赵成成、洪林君 摄）

（编撰人：赵成成，洪林君；审核人：蔡更元）

7. 我国地方品种猪有哪些特点？如何利用？

我国地方优良猪种的主要特点有：适应性强、肉质优良、繁殖力高、发情征候明显、生殖器官疾患少和母性强等特点。不过地方猪种胴体脂肪含量高，肥育性能差，品种内生产性能变异程度和变异范围较大。地方品种利用方式主要有如下几个方面。

（1）新品种培育。为应对国外种猪的冲击，培育适应我国国情的猪种，老一辈猪育种学家做了大量的、卓有成效的工作。他们利用我国地方猪种与引进的快大型猪种杂交，培育出一批新品种。

（2）配套系培育。杂交生产是当前畜牧业的主要生产模式。为了提高杂交商品代的生产力，通常把配合力好的几个品种组成一个组合进行生产，然后根据杂交商品代的生产性能，对这几个品种分别进行选育提高。经过数个世代后，就可以培育成一个配套系。

（3）直接杂交利用。与引进的快大型猪种杂交。相对于新品种和配套系培育来说，直接杂交利用的门槛比较低，不需要很专业技术支撑和大量资金保障。

（4）开发成高端地方品种品牌猪肉。由于生产效率低，生产成本高，所以纯地方品种的猪肉价格很高。因此，高端猪肉的市场相对比较小，且主要集中在经济发达的沿海地区。

（5）培育医学研究模型猪。猪和人在解剖和生理上有很大的相似性，是人类疾病研究的理想模型，如巴马香猪。

（6）培育近交系。在有些科学试验中，需要用到近交系。利用我国地方猪种来培育近交系更容易成功，因为在保种的过程中部分有害基因就已经被淘汰。五指山近交系的培育就是一个成功的例子。

巴马香猪

★慧聪网，网址链接：https://b2b.hc360.com/viewPics/supplyself_pics/278589685.html
★黄页88网，网址链接：http://www.huangye88.com/dlbz-705.html

（编撰人：叶健，洪林君；审核人：蔡更元）

8. 我国培育的猪品种有哪些？有何特点？

我国培育的猪品种遗传了优良的种质特征，如发情明显，繁殖能力强，肉质优良，本地猪品种抗性强。与此同时，本地猪种的生长性状和畜体性状有了较大的改善和提高，已成为我国猪生产中重要的资源品种。截至目前，我国已育成40多个新品种或品系，主要培育品种如下。

（1）苏太猪。苏太猪全身被毛黑色，耳中等大小，向前方下垂，头面有清晰皱纹，嘴中等长而直，四肢结实，背腰平直，腹小后躯丰满。乳头7～8对，分布均匀，有明显的瘦肉型猪特征。

（2）三江白猪。三江白猪全身被毛白色，毛丛稍密，头轻嘴直，两耳下垂或稍前倾。背腰平直，腿臀丰满。四肢粗壮，蹄质坚实。乳头7对，排列整齐。性成熟早，发情明显，受胎率高。

（3）湖北白猪。湖北白猪体型较大，被毛白色，头稍直，额部无皱纹，两耳前倾稍下垂，背腰平直，体躯较长，腹小，腿臀丰满，肢蹄结实。乳头7对，分布均匀。

（4）上海白猪。被毛白色，体质结实，体型中等偏大，头面平直或微凹，耳中等大略向前倾，背宽、平直，体躯较长，腿臀较丰满，乳头7对。

（5）北京黑猪。北京黑猪全身被毛黑色，体质结实，头大小适中，两耳向前上方直立或平伸，面微凹，额较宽。嘴筒直、中等长。颈肩结合良好，背腰平直，四肢强健，腿臀丰满，腹部平直，乳头7对以上。

苏太猪

滇陆猪

★第一农经养猪，网址链接：http://www.1nongjing.com/a/201605/139372.html

（编撰人：赵成成，洪林君；审核人：蔡更元）

9. 什么是养猪业产业链？各环节之间的关系如何？

养猪业产业链包括育种、养殖、加工流通和消费4个环节。

（1）育种环节包括核心群育种、祖代猪育种（一元猪）和父母代猪育种（二元猪）。

（2）养殖环节主要是指三元商品猪养殖 。

（3）加工流通环节包括生猪屠宰加工和生鲜肉销售。

（4）消费环节指整个市场对猪肉以及加工制品的需求和消费。

生猪产业链由上至下逐渐集中，上游养殖行业最为分散，下游屠宰加工行业略微集中。养猪业产业链各环节之间相互影响，育种水平的提升会带动养殖效益水平的提升，规模化养殖也需要专业化育种来支撑，比如全进全出批次化管理方式，需要商品猪长势大致相同，就需要专业化配套系生产来满足。另外，生猪供应量增加，猪价会下降，猪肉的价格也会有所回落。

消费和屠宰环节的需求也会对育种产生重要的影响，比如瘦肉型猪育种也是为了满足人们对瘦肉的需求，高瘦肉率的猪也会在屠宰环节卖更优的价格。

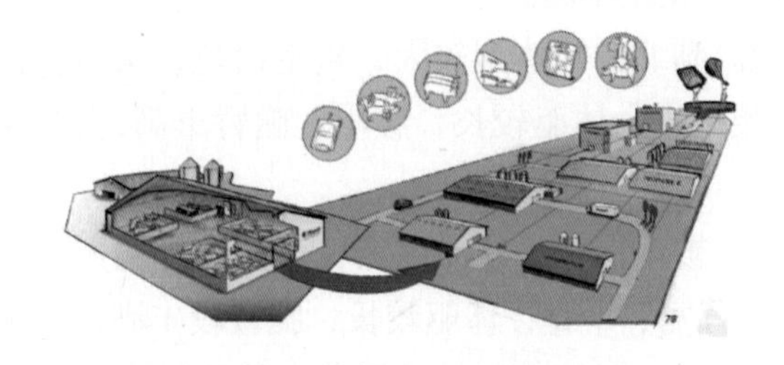

养猪全产业链示意图

★2017年第一期种猪测定员培训班，种猪选育技术，王爱国

（编撰人：叶健，洪林君；审核人：蔡更元）

10. 什么是猪周期？有何规律？

猪周期是一种经济现象，指的是“价高伤民，价贱伤农”的周期性猪肉价格变化的怪圈。猪周期的循环轨迹一般是肉价上涨—母猪存栏量增加—生猪供应增加—肉价下跌—大量淘汰母猪—生猪供应减少—肉价上涨，这符合经济学中的供求关系，猪周期的规律如下。

（1）由于母猪存栏量增加需要时间进行扩群，生猪供应不会起到立竿见影的效果，导致猪周期一般为3年一个轮回。

（2）我国规模化水平的不断提升，会导致猪周期有所放缓。这是由于规模化猪场生产较为稳定，没有小散户补栏的灵活性强。

（3）通过引入生猪期货，也能够减缓猪周期带来的负面影响。

猪周期价格变化示意图

★吾谷新闻，网址链接：
http://news.wugu.com.cn/article/619074.html
http://news.wugu.com.cn/article/852410.html

（编撰人：叶健，洪林君；审核人：蔡更元）

11. 猪的生物学特性有哪些？

猪在进化过程中，由于自然选择和人工选择的作用，逐渐形成了不同于其他动物的特点。

（1）体热调节。成年猪皮下脂肪层厚，无活动汗腺，体表散热能力很差，被毛稀疏，体表隔热能力较差，使猪对高温的适应能力差而不耐热。而初生仔猪皮下脂肪少、皮薄、被毛稀疏，体表面积相对较大，很易散失体热。

（2）环境适应性。猪对环境的适应性强，从生态适应性来看，猪对气候寒暑、饲料、饲养管理方法和方式都有很强的适应能力，因而猪的饲养范围相当广泛。

（3）繁殖特性。猪为胎生动物，多胎高产、世代间隔短、周期快、长年发情。一般4～6月龄即性成熟，6～8月龄可进行配种，发情期无明显季节性，妊娠期114d左右。

（4）采食习惯。猪是杂食动物，食性广泛。消化系统能力强，能消化大量的饲料。

（5）生长发育。与牛、羊等其他家畜相比，猪的胚胎生长和出生后个体生长期较短，生长强度较大。

（6）行为习性。猪的嗅觉和听觉灵敏，视觉不发达。猪凭借嗅觉能有效地寻找食物、辨别群内个体、圈舍和卧位，以及进行母仔之间的联系。猪的听觉极其敏锐，很容易通过调教形成条件反射。

猪的合群性强，并形成群居位次；群饲条件下，具有很强的模仿性、争食性和竞争性。

猪喜干燥，爱清洁。猪喜欢在高燥的地方躺卧，选择阴暗潮湿或脏乱的地方排泄粪尿。

育肥保育猪

哺乳母猪

★中国养猪网，网址链接：http://www.sohu.com/a/118729183_183338

（编撰人：赵成成，洪林君；审核人：蔡更元）

12. 猪的行为特点与生产力的关系怎样?

（1）吸吮行为。小猪在出生后大约半小时就知道寻找母猪奶头吮吸母乳。吮吸行为具有强烈的方向感。因此，新生的小猪吮吸乳头后，长时间不会忘记乳头。这一行为特点是按照仔猪的强弱和乳头的大小来决定的，在第一次吸吮后，每头仔猪对应的乳头的位置便被固定下来。这种行为可用于将奶瓶中的人工牛奶喂给有缺陷的小猪。

（2）摄食行为。猪的摄食行为与猪的生长发育、个体的健康密切相关。猪是杂食性动物，仔猪阶段喜吃甜食，颗粒料和粉料相比，喜欢吃颗粒状的饲料，干燥的饲料和湿的饲料相比，喜欢吃湿的饲料。野生的自然条件，猪每天采食4～6次，晚上1～3次。人工喂养条件下，每次15～25min的采食量，能充分反映其性格和爱好。如果根据蛋白质饲料、能量饲料、微量成分料分开放置，猪会平衡它们的饮食，如果食物的投放量有限制，猪采食时间将大大减少，为10～15min，进食速度加快，饲料争斗增加。

（3）体温调节行为。在高温环境中，猪的体温调节的行为表现为少动，呼吸加快，张口呼吸，寻找浑水和尿液等，偶尔将身体潮湿的一面朝向空气，将鼻孔对着空气流动的一方以有利于散热。在低温环境下，新生仔猪的反应最为明显。仔猪在腹部蜷曲四肢，将冰冷的地面与薄的皮肤分开，并挤在一起取暖，持久的肌肉纤维的震颤会增加热量的产生。

（4）自洁行为。猪是具有高度自我清洁行为的动物。猪一般在吃完后，喝水或起卧时，容易排便，更多的选择圆角，有水，低湿度的地方作为排泄点。进食后约5min排便1～2次，多至3～4次，常是先排尿后排粪便，在两次摄食之间间隔一般只排尿，夜间排便2～3次，上午排便尿量最大。

猪的摄食行为

猪的吮吸行为

★黔农网，网址链接：http://www.qnong.com.cn/news/shipin/10875.html

（编撰人：赵成成，洪林君；审核人：蔡更元）

13. 猪各系统的解剖结构和基本功能是什么?

猪为杂食性动物，主要由消化系统、呼吸系统、心血管系统、骨骼肌肉系统、泌尿生殖系统、皮肤等构成。其中消化系统从口腔延伸到肛门，负责摄入食物、将食物粉碎成营养素（这一过程称为消化）、吸收营养素进入血液，以及将食物的未消化部分排出体外。辅助消化的器官有胰腺、肝脏和胆囊。呼吸系统主要包括呼吸道和肺，其主要功能是与外界进行气体交换，呼出二氧化碳，吸进氧气，进行新陈代谢。心血管系统是由心脏和血管组成，通过血液循环，血液的全部机能才得以实现，保证了机体内环境的相对恒定和新陈代谢的正常进行。骨骼肌肉系统由硬骨、软骨、部分结缔组织构成，起到支持、保护和运动的功能，另外骨骼还能造血和贮存脂质。泌尿生殖系统由肾脏、生殖器官以及一些管道构成，其主要功能是排泄和产生正常功能的卵细胞或精子。皮肤系统包围在机体的外表面，起着保护身体不受外物侵害和保持内环境稳定性的作用。

猪组织器官

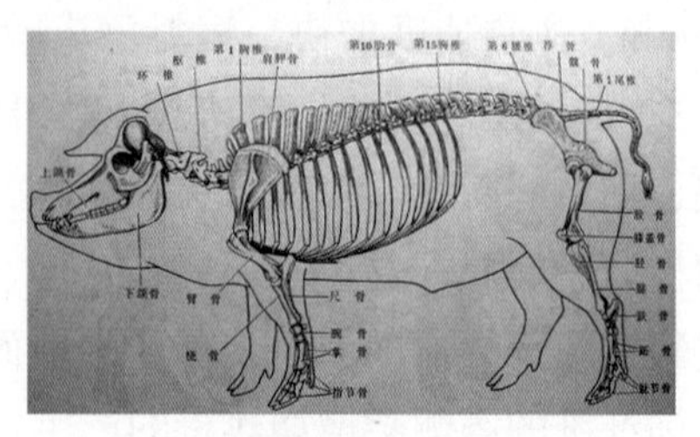

猪骨骼示意图

★dreamtime网，网址链接：https://cn.dreamstime.com/
★百度知道，网址链接：https://zhidao.baidu.com/question/982169050548541899.html

（编撰人：叶健，洪林君；审核人：蔡更元）

14. 生态养猪有何内涵?

生态养猪即“自然养猪法”或“零排放养猪”“懒汉养猪法”“发酵床养猪技术”等。其最核心的问题在于粪便的处理。如粪便的零排放，粪尿不用人工水冲，不用煤电取暖等，是集环保、生态、健康、省工为一体，生产无公害猪肉的饲养方式。

生态养猪是一种传统又改良新生的事物。在数千年前，我国农民会将农作物秸秆、草皮、树叶和新土作为牲畜的垫料床，靠其踩踏以及菌体发酵分解，将粪尿转化为优良的有机肥料，再将这些优质肥料运用于农作物的栽培上，促进农牧业的和谐发展，即早期生态养猪的雏形。

生态养猪

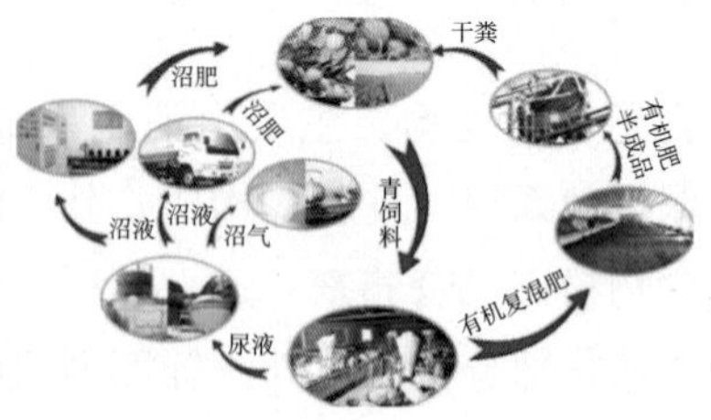

生态养猪循环

★猪e网，网址链接：http://js.zhue.com.cn/a/201612/12-278367.html

（编撰人：赵成成，洪林君；审核人：蔡更元）

15. 低碳养猪有何内涵?

低碳养猪的内涵包括：低污染、低能耗、低排放。采用“多点分散，适度规模”的养殖模式来规划养猪的规模；而在疾病控制上，需要不断调整技术路线，使技术路线更加合理；在环保上，要走生态养殖的道路；在养猪产业化上，需要将农户收益作为重要要求；在种猪资源上，要充分利用我国较为优秀的地方猪种；在饲料类型上，合理的用青粗饲料替代部分精料；在猪舍的建造方面，需要充分利用清洁能源（如太阳能）来进行猪舍保温；在资源再利用上，可以利用泔水喂猪，节约资源；在处理病死猪的方式上，需要建立病死猪化制厂，集中处理病死猪。宗旨是将养殖对环境影响降至最低，资源利用上做到更加合理，更加节约，在生态上要做到生态友好型；同时需要做到技术创新，产业结构创新和制度创新，改变人们对养猪业的认识和概念。

（编撰人：全建平，洪林君；审核人：蔡更元）

16. 我国从国外引进的瘦肉型猪品种有哪些？有何特点?

我国从国外引进的瘦肉型猪品种主要有杜洛克猪、长白猪、大白猪、汉普夏猪、皮特兰猪，还有巴克夏猪、切斯特白猪和波中猪等。引进的瘦肉型猪，以杜洛克猪作为终端父本，大白猪作为第一母本，长白猪作为第一父本生产的杜长大三元杂交猪应用最为普遍。它们存在一些共同的特点。

（1）生长速度快。在中国标准饲养条件下，育肥期日增重为650~750g，料重比（2.5~3.0）：1。国外核心群的育肥期日增重高达900~1 000g，料重比低于2.5：1。

（2）屠宰率和胴体瘦肉率高。屠宰率70%~72%，背膘厚低于20mm，眼肌面积大，胴体瘦肉率高，大都高于60%。

（3）繁殖性能低于中国地方猪种。发情迟，症状不明显，配种难，乳头数6~7对，产仔数相对较少，8~12头。

（4）肉质较差。肌纤维粗，单位面积内肌纤维数量少，肌内脂肪和肌间脂肪含量少，风味差、口感不佳，且PSE和DFD肉比例较高。

（5）抗逆性差。应激敏感性高，抗逆性差。易发应急综合征。要求较高的饲养管理条件。

长白种猪

大白种猪

★全国生猪遗传改良技术交流会，温氏种猪育种做法与成效，蔡更元

（编撰人：叶健，洪林君；审核人：蔡更元）

17. 主培育的种猪配套系有哪些?

自20世纪90年代，由猪育种相关科研单位和育种企业主导，培育了很多种猪配套系，其中有如下几种。

（1）深圳光明畜牧合营有限公司培育的光明猪配套系，育种素材来源于杜洛克猪、施格猪。

（2）深圳市农牧实业公司培育的深农猪配套系，育种素材来源于杜洛克猪、大白猪、长白猪。

（3）河北省畜牧兽医研究所培育的冀合白猪配套系，育种素材来源于深县猪、大白猪、定县猪、二花脸猪、长白猪、汉沽黑猪、汉普夏猪。

（4）北京养猪育种中心培育的中育猪配套系，育种素材来源于英系大白、丹系长白、大白、长白、杜洛克猪、皮特兰、圣特西猪。

（5）广东华农温氏畜牧股份有限公司培育的华农温氏Ⅰ号猪配套系，育种素材来源于大白猪、长白猪、皮特兰猪、杜洛克猪。

（6）云南农业大学动物科学技术学院培育的滇撒猪配套系，育种素材来源于撒坝猪专门化母系、法系长白猪、大白猪。

（7）山东省农业科学院畜牧兽医研究所培育的鲁农Ⅰ号猪配套系，育种素材来源于丹系杜洛克猪、法系大白猪、莱芜猪。

（8）重庆市畜牧科学院培育的渝荣Ⅰ号猪配套系，育种素材来源于荣昌猪、大白猪、丹系长白猪、加系长白猪、丹系杜洛克、台系杜洛克。

（9）四川铁骑力士牧业科技有限公司培育的天府肉猪配套系，育种素材来源于杜洛克猪、长白猪、大白猪、皮特兰猪、梅山猪、成华猪、乌金猪。

（10）广西扬翔股份有限公司培育的龙宝Ⅰ号猪配套系，育种素材来源于陆川猪、长白猪、大白猪。

（11）四川省畜牧科学研究院培育的川藏黑猪配套系，育种素材来源于藏猪、梅山猪、杜洛克猪、长白猪、大白猪。

（12）山东华盛江泉农牧产业发展有限公司和山东农业大学培育的江泉白猪配套系，育种素材来源于沂蒙黑猪、杜洛克猪、长白猪、大白猪。

（13）广东温氏食品集团股份有限公司和华南农业大学培育的温氏WS501猪配套系，育种素材来源于杜洛克猪、长白猪、大白猪、皮特兰猪。

（编撰人：叶健，洪林君；审核人：蔡更元）

18. 世界猪业发达国家猪育种特点是什么？

由于不同国家历史和社会背景的差异，猪育种结构不尽相同，但育种方案的设计依据和方法是相似的。下面仅列出几个有代表性国家的育种体系，包括美国、加拿大和丹麦。完善的育种体系是其成功的重要原因。

（1）美国NSR育种体系由国家种猪登记协会（NSR）和种猪性能测定及遗传评估系统（STAGES）组成。NSR主要提供包括系谱和生产记录登记、品种改良、贸易支持、免费育种咨询、遗传评估等服务，目的是保护系谱准确和维持品种纯度并提供猪改良方案。STAGES则是由普渡大学、美国农业部和美国约克夏俱乐部合作建立。其评估系统和内容还在不断地发展和调整，如更新经济加权值和选择指数，以及提高上市生猪体重等。专业化的性能测定和分工，也是美国育种体系发展的重要原因。

（2）加拿大育种体系由加拿大种猪改良中心（CCSI）和4个区域中心组成。加拿大是世界上最早使用BLUP国家育种计划的国家。加拿大国家育种组织主要提供测定设备和育种值估计等服务，中心测定站性能测定、人工授精和跨场遗传评估是其纯种选育的关键措施。加拿大猪育种者协会（CSBA）授权家畜登记公司进行种猪系谱的注册和记录，且加拿大国会制订的动物系谱法案也规定所有在加拿大出生的纯种畜禽都必须进行登记，并有相应的行业标准，使得在CSBA注册的种猪系谱记录具有很高的信誉度。

（3）丹麦建立了一个庞大的丹育育种体系。旨在改良丹麦种猪品种的“丹麦种猪育种计划”，在丹麦国家养猪生产委员会的监督和指导下进行。该委员会也监督和指导丹育的种猪测定，并分为农场测定和中心站测定。农村测定则通过增加被测种猪的数量并提高了选择强度来加快其遗传进展。主动建立场间遗传联系也是丹育种猪的一大特色。在育种操作中，普遍采用人工授精，在不同猪群间建立遗传联系，同时防止近交系数的增加来保证品种的持续改良。

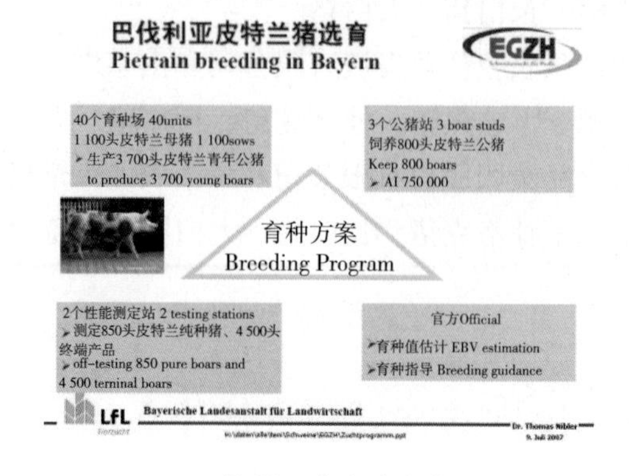

巴伐利亚猪育种方案

★2017年第一期种猪测定员培训班，种猪选育技术，王爱国

（编撰人：叶健，洪林君；审核人：蔡更元）

19. 世界知名种猪育种公司有哪些？各有什么特点？

世界知名种猪育种企业主要包括一些跨国育种企业，如PIC、海波尔等，另外，各个猪业发达国家，依托本国育种体系，也建立了一些各具特色的种猪企业。

（1）PIC种猪改良公司。全球最大的种猪育种公司，为Genus国际集团的全资子公司。该公司于1962年成立于英国，是世界上最早专业从事种猪改良的公司之一。

（2）海波尔。跨国育种企业汉德克斯（Hendrix Genetics）的子公司，总部位于荷兰，并在多个国家设有分公司。

（3）托佩克种猪公司。总部位于荷兰的国际种猪育种公司。

（4）美国种猪育种公司。美国是中国最主要的种猪进口来源国。美国国家种猪登记协会（NSR）是在美国种猪出口工作中起重要作用的一个组织，并为出口企业提供系谱服务。NSR成员企业包括华多农场、华特希尔、斯达瑞吉等。

（5）加拿大种猪育种企业。加拿大是中国主要的种猪来源国之一。加拿大种猪出口商协会（CSEA）是加拿大种猪出口的重要组织。CSEA成员企业包括加裕遗传公司、伯乐种猪等。而加拿大种猪育种者协会（CSBA）则分别负责提供系谱服务。

（6）其他育种公司。丹育国际于2010年12月在连云港投资建设核心场，并设有贸易公司和销售处；法国种猪育种公司是由法国ADN集团和法国基因加集团共同组建，是法国最大的种猪公司之一；ACMC和JSR则是英国的知名种猪育种公司。

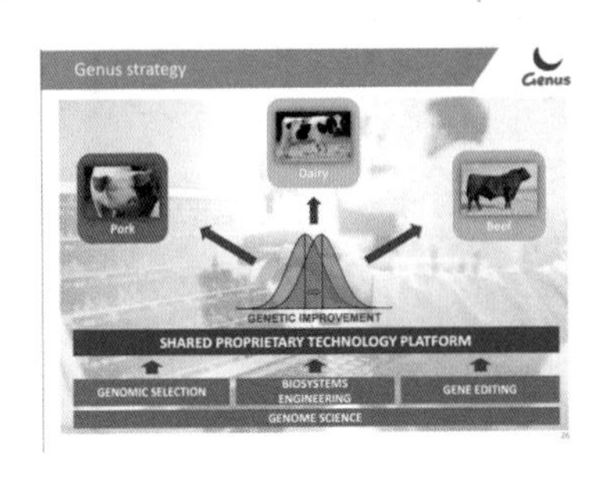

Genus公司业务介绍

海波尔和托佩克图标

★PIC公司，网址链接：http://www.genusplc.com/
★海波尔公司、网址链接：https://www.hypor.com/en/
★托佩克公司，网址链接：http://topigsnorsvin.com/

（编撰人：叶健，洪林君；审核人：蔡更元）

20. 国外不同来源的瘦肉型猪品种各有什么特点？

世界养猪生产的主导种猪是长白猪、大白猪和杜洛克。总体来讲，世界瘦肉型猪品种布局分为北美类型和欧洲类型。

（1）北美类型。主要是美国和加拿大，这两个国家养猪生产发达，美国是瘦肉型猪杜洛克和汉普夏的原产国，这两个品种猪引到各自国家后，经过长期系统的选育，已经适应当地的自然条件和饲养管理条件，经过风土驯化，这两个品种的猪已经改变了原产地的细致体型，按照体质类型来讲，属于结实型体型，适应北美的玉米豆粕类型饲料和大群饲养的方式。

（2）欧洲类型。主要是丹麦、英国和比利时，丹麦是长白猪的原产地，长白猪具有典型的瘦肉型体质外貌，体躯呈流线型，细致体质类型，外形美观。长白猪不仅体型外貌美观，而且具有良好的繁殖性能，窝产仔猪数多，通常都在10～12头，甚至以上。长白猪的瘦肉率、生长速度、饲料转化率等都很优秀，长白猪被业内称为“最优秀的母本种猪”。

英国是大白猪的原产地，大白猪体质在细致和结实类型之间，具有广泛的适应能力，瘦肉率、生长速度、饲料转化率和肉质都很优秀。比利时是皮特兰种猪的故乡，皮特兰是当前世界上瘦肉率最高的品种，具有健美的体型外貌。但是皮特兰猪的生长速度不理想，还存在应激的风险，因此利用该品种都比较谨慎。上述3个品种猪原产欧洲，欧洲类型养猪生产比较精细，使用麦类和豆粕以及加工副产品饲料，与北美玉米豆粕类型有一定差别。

丹育种猪

PIC种猪

★会议报告ppt，E.STEEN PETERSEN和David Casey

（编撰人：叶健，洪林君；审核人：蔡更元）

21. 种猪选种的技术方法有哪些?

种猪选种主要的技术方法包括指选择指数法、BLUP法、标记辅助选择法和全基因组选择法等。

（1）选择指数法是根据各性状的经济重要性的不同，对各性状的育种值给以适当加权，然后综合成一个以货币为单位的选择。当满足以下3个条件时，选择指数法可为育种值提供一个最佳线性预测：观测值不存在系统环境效应，被选择的个体间不存在固定的遗传差异，误差方差和协方差、育种值方差和协方差等参数均已知。然而，实际资料很难满足这3个条件，应采用新的更好的方法。

（2）BLUP法是为了克服选择指数法的缺陷，即最佳线性无偏预测方法。BLUP法的特点是在同一估计方程组中既能估计出固定的环境效应和固定的遗传效应，又能够预测随机的遗传效应。它能大大提高选种的准确性，从而能显著地提高畜禽的遗传进展速度，特别是对于低遗传力性状和限性性状，其效果更加明显。

（3）标记辅助选择是利用与数量性状基因座（QTL）相关联的分子标记的选择，来间接达到改良性状的目的。

（4）全基因组选择是近些年发展起来，已在奶牛育种中得到广泛应用。在参考群中，利用全基因组水平的标记，并计算每个标记的效应值。在验证群体中通过检测每个个体的基因型，得到基因组育种值。全基因组选择具有对低遗传力性状选择准确性高，并能够达到早期选择的效果。

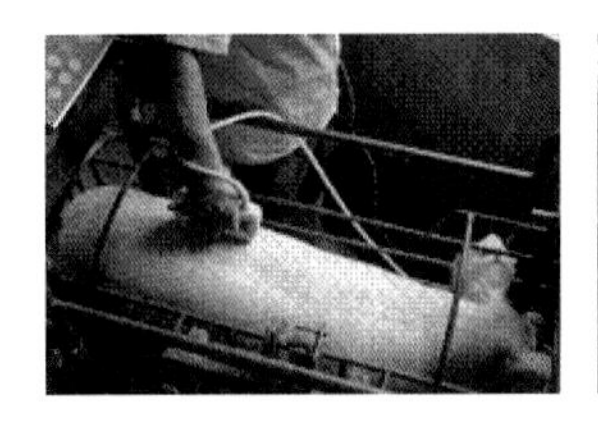

背膘测定

料肉比测定

★2017年第一期种猪测定员培训班，种猪生产性能现场测定操作要点与注意事项，刘望宏

（编撰人：叶健，洪林君；审核人：蔡更元）

22. 如何选留种猪?

种猪选留应建立在准确性能测定的基础上，当前一般采用分批次分阶段选留的方式。

仔猪出生时初选，选留活力好，初生重大，无遗传缺陷的种猪；仔猪断奶转保育时选留；70日龄左右保育转育肥时选留。在100kg或115kg时进行终测选留。其中终测选留是最主要的步骤，其他阶段选留能够有效降低种猪饲养成本。

终测选留主要是运用结合表型和系谱的最佳线性无偏预测（BLUP）方法，去除场年季等固定效应的影响，估计个体的加性育种值（EBV）。再通过对不同性状进行加权，根据综合选择指数作为选留的标准。此外也会适当考虑体型外貌等指标。其中父系猪主要侧重生长性状的选择，主要包括达100kg体重日龄和100kg体重背膘厚，有条件的场还会测定肌内脂肪含量和料肉比等性状；母系猪主要侧重繁殖性状的选择，主要包括总产仔数、产活仔数、初生窝重和断奶仔猪数等。

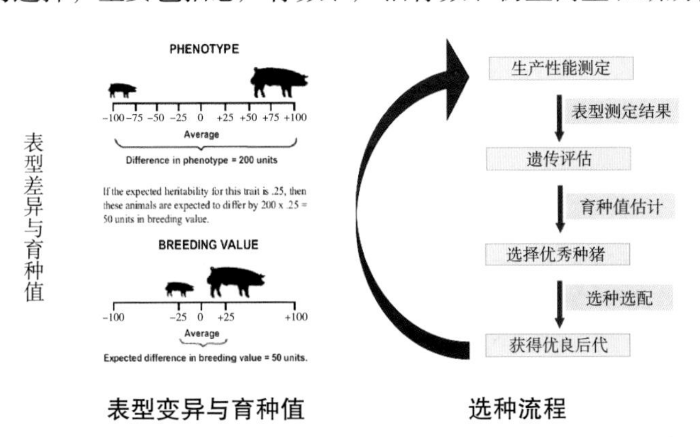

表型变异与育种值　　选种流程

★2017年第一期种猪测定员培训班，种猪选育技术，王爱国

（编撰人：叶健，洪林君；审核人：蔡更元）

23. 如何组织引种工作?

（1）引种前应做好两项准备工作。①根据本场的实际情况制定科学合理的引种计划。一般原种猪场必须引进同品种多血缘纯种公、母猪，扩繁场可引进不同品种纯种公、母猪，商品场可引进纯种公猪及二元母猪如长大二元母猪。②目标种猪场的选择。选择适度规模、信誉度高、有种畜禽生产经营许可证、有足够的供种能力且技术服务水平较高的种猪场，把猪的健康状况放在第一位。

（2）引进种猪要把握好三个关键点。生产性能、疫病防治、环境适应。

（3）种猪引入后的管理。新引进的种猪应先在隔离舍进行1d的隔离观察饲养。隔离舍应远离原有猪场，饲养隔离猪的人员不能与原猪场人员交叉。新引进的种猪要按年龄、性别分群饲养，对受伤、脱肛等情况的猪只进行单栏饲养，及时治疗。分群后先给猪只提供清洁饮水，休息1h后再少量喂料，第2d开始逐渐增加饲喂量，5d后达到正常饲喂量。新引进的种猪隔离期间应严格检疫，要做好猪瘟等疫病的抗体检测工作。隔离饲养阶段结束前要根据实际情况对新引进的种猪进一步免疫接种和驱虫保健。

运猪车（付帝生 摄）

（编撰人：付帝生，洪林君；审核人：蔡更元）

24. 为什么猪育种中要开展专门化品系选育?

猪育种开展专门化品系选育，是由该畜种特点决定的，开展猪专门化品系选育的原因如下。

（1）杂种优势，杂种优势是指两个有差异的品种（或种群）杂交时，杂交群体表现会超过两个亲本的平均水平，甚至优于双亲中的任何一个亲本。专门化品系选育能够最大程度地利用杂交优势，以此进行商品猪生产。

（2）猪主要经济性状之间存在拮抗，一个品种或品系很难聚集多个优良性状，专门化品系能够聚集单个或少数几个经济性状，为杂交配套服务。

（3）各个地域对猪肉产品的需求存在差异，基于专门化品系选育能够生产出各具特色的配套系，能够较为灵活的满足市场需求。

（4）世界各地种猪品种各具特色，专门化品系选育用于配套系生产，能够结合各具特色的品种，满足多元市场需求。

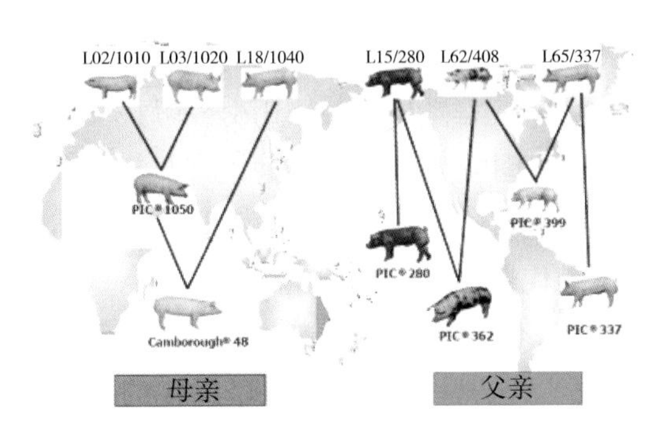

PIC种猪配套系

种猪测定舍

★会议报告ppt，David Casey
★新浪博客，网址链接：http://blog.sina.com.cn/s/blog_1322804410102vqka.html

（编撰人：叶健，洪林君；审核人：蔡更元）

25. 如何提高猪繁育体系的效率？

繁育体系一般采取育种场、繁殖场和商品场三级制。育种场是繁育体系的核心，又称原种场，其任务是培育优良的品系（品种）或优秀公母畜，供应繁殖场需要的种畜。繁殖场的任务是以育种场提供的优良种畜为基础，扩大种畜群，并大量繁殖供商品场所需的幼畜。在推行经济杂交时，繁殖场可再分为两级：一级扩繁纯种畜群，二级杂交生产商品幼畜。商品场以饲养商品家畜供应市场需要为主要任务。这种繁育体系可以有组织地使用种畜和技术力量，花费少，收效大，已在养猪业中推广。

对于提高猪繁育体系的效率，核心在于有效利用杂交优势。通过育种场生产专门化品系，通过繁殖场扩大群体，多品系杂交生产商品猪。要提高各组成部分的效率。对于育种场，人工授精技术的利用以及胚胎移植、克隆转基因等技术的应用，能够提高种用畜禽的繁殖效率和利用率。更加科学的饲料配方能够增加各阶段种用公母畜的使用效率，对疾病的了解也有助于猪繁殖效率的提升。

（编撰人：叶健，洪林君；审核人：蔡更元）

26. 如何组建育种核心群?

猪育种中，组建育种核心群常见的方法是闭锁群继代选育法。该方法是选择一定数量的猪群组成零世代基础群，在更新时采用全群淘汰，配种时群内闭锁血统，不引进群外公猪，使群体近交系数逐代上升，提高群体基因的纯合度，群内基因随机配合，可望得到较优的基因组合。基础群数量一般采用6公30母、8公40母、10公50母或30公150母等几种形式。世代间隔为一年一个世代或两年一个世代不等，一般进行5～6世代的选育，然后与另一品系杂交或引入群外公猪和母猪，组成新的基础群，进行下一轮的群体继代选育。

这种方法国外从20世纪50年代开始使用。我国自20世纪70年代起至80年代，各地采用闭锁群育种法培育出不少新品系。该方法既能限制每个世代的近交增量，避免近交退化，又可在品系建成时达到预期的平均近交水平，使主选性状的纯合度得以提高。

种猪测定

公猪站实验室

★猪e网，网址链接：http://cj.zhue.com.cn/a/201205/22-111723_2.html
★上海祥欣，网址链接：http://www.shxxgx.com/

（编撰人：叶健，洪林君；审核人：蔡更元）

27. 如何利用全基因组选择技术开展育种?

基因组选择方法是在全基因组范围内同时估计出所有标记的效应，并根据候选个体的标记效应总和来进行选种。基因组选择以其早期选择准确率高、缩短世代间隔、对低遗传力性状选择效果较好以及能够控制近交等优点，在不同畜种中均有较大的应用潜力。

实施全基因组选择需要具备一定数量、并记录相关性状的参考群体和适宜标记密度的SNP芯片，构建表型值与标记信息的预测方程，最终利用预测方程计算候选个体标记信息的GEBV，而候选个体无需其表型记录，通常在其出生后便可以预测GEBV。计算GEBV的过程大致分为以下步骤：第一步是在参考群中，利用统计模型计算每个SNP标记效应值；第二步是对候选群体进行分型；最后是用SNP分型结果乘以其对应的效应值，加和便是候选个体的GEBV。

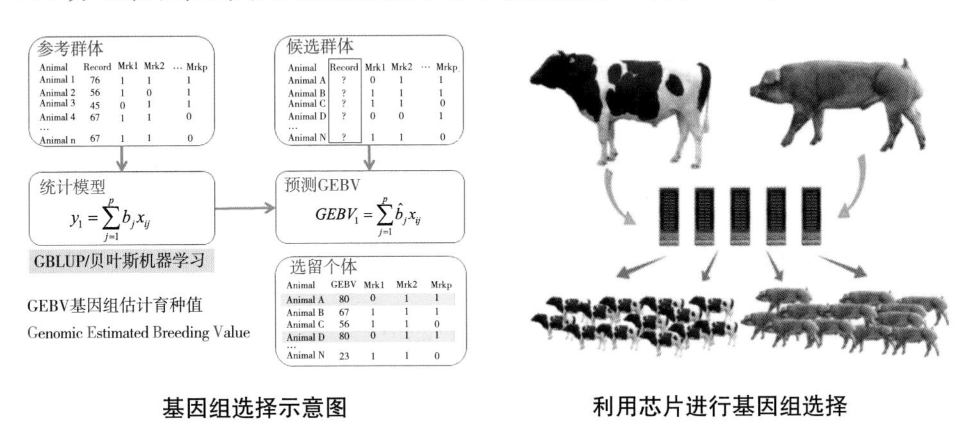

基因组选择示意图　　　　**利用芯片进行基因组选择**

★中国科技网，网址链接：http://www.stdaily.com/cis2016/c100061/201604/

（编撰人：叶健，洪林君；审核人：蔡更元）

28. 联合育种中如何建立和增强猪场间关联性？

联合育种的核心是进行跨场的联合遗传评估，以实现种猪的跨场比较和选择。一定程度的场间关联性是进行跨场的联合遗传评估的前提。场间关联由遗传关联和环境关联构成，前者是指场间的种猪具有一定的亲缘关系，主要由场间的种猪或精液交流产生，后者是指不同场的种猪在相同环境下进行性能测定，使不同场的猪具有可比性，主要通过中心测定站实现。Mathur提出用场间关联率来度量场间关联性，并建议当场间关联率≥3%时，可进行跨场联合遗传评估。基于这一方法，联合育种体系开发了场间关联率计算软件，并实时对全国核心种猪场间的关联率进行跟踪估计。

通过人工授精进行公猪的跨场使用是建立场间遗传联系的主要途径。因此，在未来的几年中，建设高水平（尤其在种猪质量和疫病净化方面）的公猪站将是“全国生猪遗传改良计划”的重点工作之一，而这些公猪站的主要任务之一就是进行优秀公猪精液的交流。

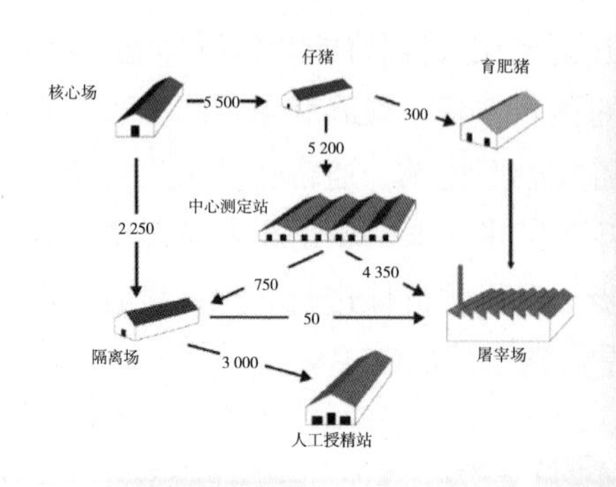

丹育测定方案原理与结构

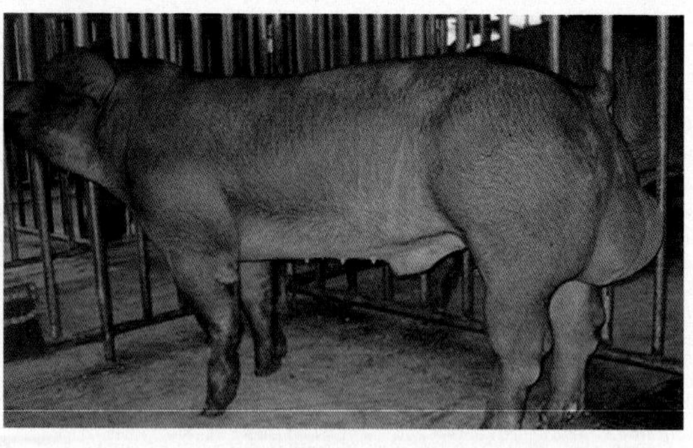

杜洛克猪

★2017年第一期种猪测定员培训班，种猪选育技术，王爱国

（编撰人：叶健，洪林君；审核人：蔡更元）

29. 如何培育和利用配套系？

配套系是指在专门化品系选育基础上，以几个组的专门化品系（3个或4个品系为一组）为杂交亲本，通过杂交组合试验筛选出其中的一个杂交组合作为“最佳”杂交模式，再依此模式进行配套杂交所得的产品。

猪配套系培育应按以下程序与步骤进行。根据当前国情，第2、第3个步骤应是基本的，不可或缺，杂交组合试验更是其中最重要但又最容易被看轻或由于经济原因最难于迈出的步骤，具体如下。

（1）育种素材的搜集与评估。畜牧业发达国家的一些大型家禽、猪育种公司一般都建有大的、多样化的素材群。以便依据对不同国家市场、不同消费者需要变化趋势的预测，作出选育目标的决策，适时地培育出新的专门化品系。育种素材的保存方法类似于传统的遗传资源保存法，旨在尽可能地防止某些等位基因的丢失。

（2）若干个专门化父系和母系的选育。关于专门化品系的选育法，可灵活掌握，不拘一格，讲求实效。应根据各系培育目标、预计在杂交体系中所处位置与各场情况来确定。可以是纯繁（品种内或品系内选择），亦可杂交合成；可以是群体继代选育建系法，亦可结合近交建系或系祖建系中可取之处，亦可加以改进或数法结合进行。

（3）建立猪配套系培育方案的参考体例。包括项目背景与立项依据、培育目标、技术路线、培育方法与程序、项目进度、经费预算与来源、保障措施。

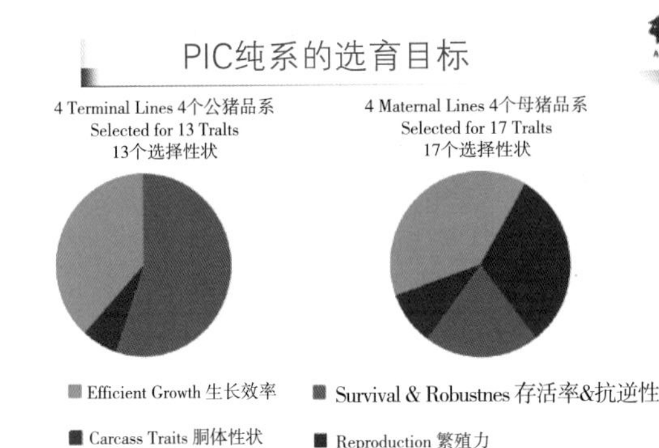

Improvement targets–sire lines

Trait	Target		
Line	Magnus	Maxter	Kanto
ADG	12.0	10.0	4.4
FCR	–0.04	–0.04	0.005
Backfat	–0.25	–0.35	0.136
Loin Depth	0.40	0.80	–0.15
IMF	—	—	0.114

PIC纯系选育目标

海波尔种猪改良目标

★2017年第一期种猪测定员培训班，种猪选育技术，王爱国

（编撰人：叶健，洪林君；审核人：蔡更元）

30. 猪主要体型外貌性状指标有哪些？如何测定？

于种猪本身而言，不论是公猪还是母猪，必须身体结实、结构良好才能发挥自身正常功能，体型外貌性状主要包括体长、体高和管围，评分性状主要包括肢蹄评分、头部评分、腹部评分和整体评分等，对体型外貌性状的选择可以影响下一代的体型和生产性能。进行体型评定，有如下关键点。

（1）评定标准。依据主观评判淘汰种猪，只能取得有限进展，所以必须客观地进行评定。对于等级区分，需要从两个方面考虑：一是现场容易区别、操作；二是适于遗传评估。例如后肢等级评定：线性评定——后肢呈“X”形的1分，正常的为2分，呈“O”形的3分；非线性评定——后肢呈“X”形或呈”O“形的均为1分，正常的为2分。研究证明，线性评分效果更好，更有利于区分各种不同的体型。

（2）评定时宜。肢、蹄应在进行背膘测定时予以评定。有效乳头数可在断奶到背膘测定之间任意时间进行评定，而且评定时最好连同不做背膘测定的猪一起进行，以便鉴别出那些有太多子女存在体型问题的公猪。

（3）独立淘汰或综合选择。独立淘汰即对每个体型性状单独制定标准并且据以选择；综合选择即将各体型性状的育种值乘以其经济加权值然后相加得出一个指数并且据以选择。若用线性评分，经济加权应是非线性的。

（4）体型选择与性状协调。过分强调体型外貌将会导致指数性状的选择强度降低。针对体型外貌淘汰越狠，指数性状选择进展越低。

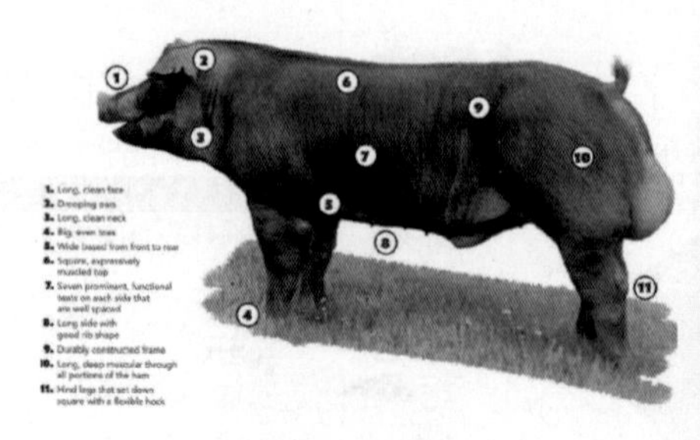

体型外貌示意图

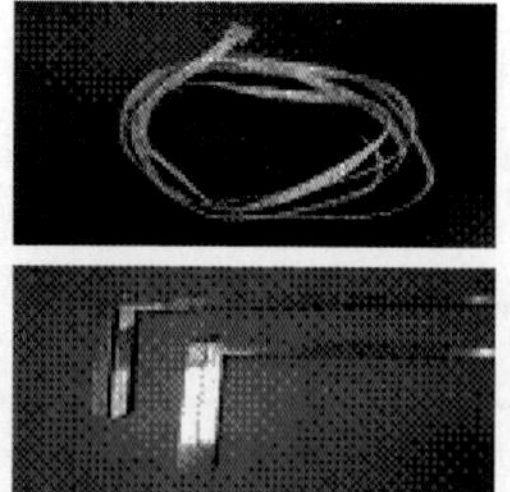

体尺测定工具

★2017年第一期种猪测定员培训班，种猪生产性能现场测定操作要点与注意事项，刘望宏

（编撰人：叶健，洪林君；审核人：蔡更元）

31. 为什么猪育种专业化是必然趋势?

国内不少种猪企业主要从事种猪生产，而不是育种。另外，“小而全”的现象比较普遍，盲目追求自我配套，甚至一些1 000头母猪的企业，就有种猪生产。而专业化分工，能够提高行业水平和生产效率，从国外和国内种猪市场情况来看，猪育种专业化是必然发展趋势。专业化分工是指种猪育种、纯种猪、二元（三元）母猪和肉猪生产，分别由专业企业来做。

养猪企业或猪场要明确自己的主业和专长。包括人才、资金、市场、土地等资源的条件，做好自身的定位。做自己最擅长的领域，专业的事由专业的团队去做，不要做“小而全”“小而全”的效益其实不划算。种猪生产存在许多隐形成本和损失，且种猪质量水平很低，大大影响下游生产效率。

生产效益好才是养猪生产的硬道理。要建立效益、效率最大化的经营方式，原种、纯种、杂交母猪、终端父本、肉猪生产等环节中，一个企业可以做哪些环节，要进行自我考量。因此，提高生猪产业发展水平，猪育种专业化是必然趋势。

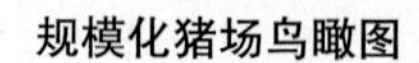

规模化猪场鸟瞰图

规模化保育猪舍

★映像网，网址链接：http://fm1074.hnr.cn/lssx/201511/t20151112_2145238.html

★《规模化养猪》，新华社记者，刘大伟 摄

（编撰人：叶健，洪林君；审核人：蔡更元）

32. 猪的性状包括哪些?

猪的胴体特征包括背部脂肪、眼肌面积、胴体瘦肉率和腿臀率，其中胴体瘦肉率具有很高的经济价值，世界肉类生产企业的目光主要集中在瘦肉的生产上。长白猪、大白猪、杜洛克猪、汉普夏猪、皮特兰猪等瘦肉率为60%~66%，是非常好的二元杂交的父本，三元杂交的第一个父本或末端父本。

每日体重增加和饲料转化率是主要的生长和育肥性状，100kg对应的日龄是从出生到屠宰的整个周期反映，100kg对应的日龄可以作为选择的性状。

猪的繁殖性状包括产仔数、产活仔数、初生窝重、断奶窝重、育成率等，均有较大的表型变异。猪产仔数具有很高的经济价值。因此，在猪育种中是母系选育的目标性状。

对猪肉质的评定包括客观评定和主观评定两类，肉质性状主要包括肉色、大理石纹评分、滴水损失、拿破率、肌内脂肪含量、嫩度、pH值等，遗传力一般为低到中等水平。

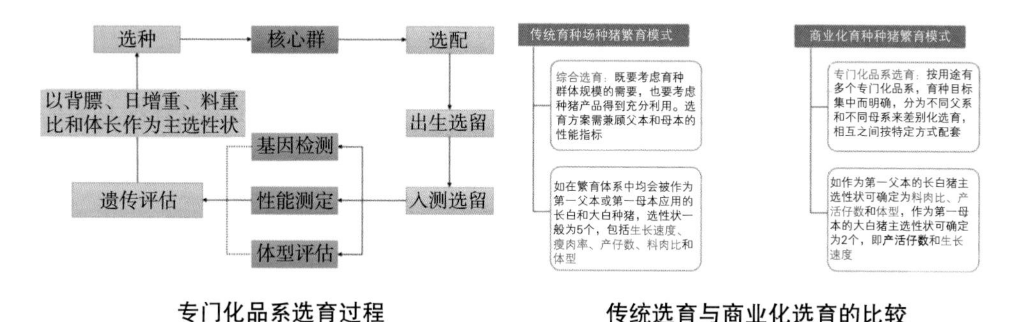

专门化品系选育过程　　传统选育与商业化选育的比较

★百度文库，网址链接：https://wenku.baidu.com/

（编撰人：赵成成，洪林君；审核人：蔡更元）

33. 数量性状与质量性状的区别是什么?

数量性状是指在一个群体内的各个体间表现为连续变异的性状，如猪的达100kg体重日龄和背膘厚等。数量性状较易受到环境的影响，在一个群体内各个体的差异一般呈连续的正态分布，难以在个体间明确的分组。此外，数量性状的遗传基础一般认为符合微效多基因假说，该类性状的表达受到很多数量性状基因座（QTL）的调控。

质量性状是指同一种性状的不同表现型之间不存在连续的数量变化，而呈现质的中断性变化，不易受环境影响，如猪的毛色等。该类性状能观察而不能量测。此外，质量性状的遗传基础受到少数几个基因的控制。

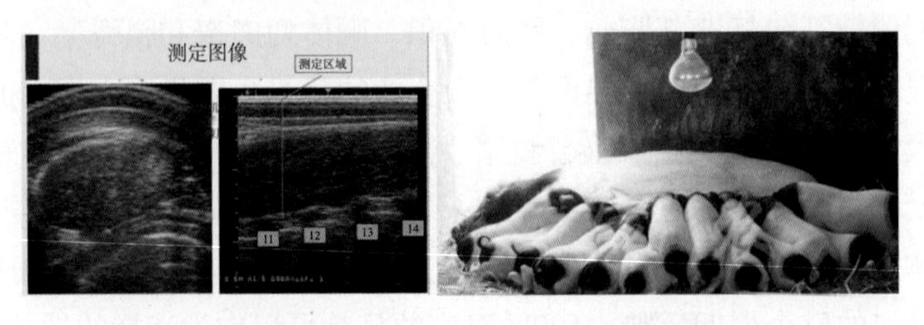

背膘眼肌面积测定　　　　散养黑猪

★2017年第一期种猪测定员培训班，种猪生产性能现场测定操作要点与注意事项，刘望宏

★养殖红利网，网址链接：http://www.yzhli.com/news/show-9821.html

（编撰人：叶健，洪林君；审核人：蔡更元）

34. 猪主要繁殖性状有哪些？

主要测定繁殖性状包括总产仔数、产活仔数、初生窝重、健仔数、弱仔数、畸形仔数、死胎数和木乃伊数，数据记录标准如下。

其中总产仔数是指同一胎出生的所有仔猪头数，包括死胎；产活仔数是指所有活仔，包括健仔和弱仔，不包括死胎；初生窝重指的是出生还未吃初乳前全部活仔体重之和；健仔是指初生体重大于1kg并无遗传缺陷的仔猪；弱仔是指初生体重小于1kg并无遗传缺陷的仔猪；畸形胎是指具有遗传缺陷的仔猪，包括肢体残缺和生殖系统障碍等；死胎是指妊娠后期死亡和出生时已经断气的仔猪；木乃伊胎是指出生前已死亡的仔猪，由于水分不断被母猪吸收，形成胎体紧缩且颜色为棕褐色，极似木乃伊的死胎。

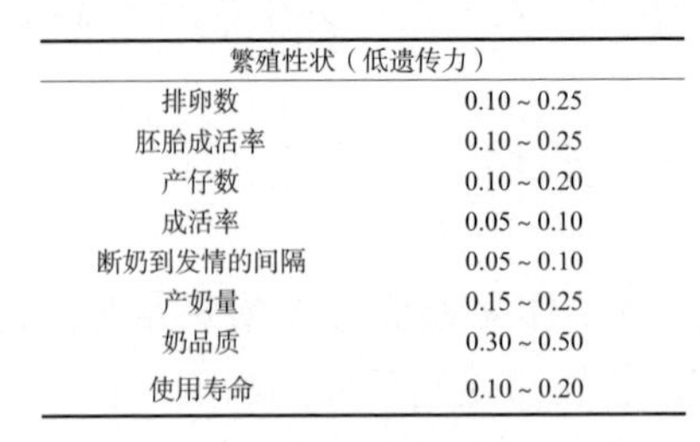

繁殖性状（低遗传力）	
排卵数	0.10 ~ 0.25
胚胎成活率	0.10 ~ 0.25
产仔数	0.10 ~ 0.20
成活率	0.05 ~ 0.10
断奶到发情的间隔	0.05 ~ 0.10
产奶量	0.15 ~ 0.25
奶品质	0.30 ~ 0.50
使用寿命	0.10 ~ 0.20

性状遗传力

约克夏-遗传进展

遗传进展

★2017年第一期种猪测定员培训班，种猪选育技术，王爱国

（编撰人：叶健，洪林君；审核人：蔡更元）

35. 猪主要生长性状有哪些?

主要生长性状有达100kg体重日龄、100kg体重活体背膘厚、眼肌面积、饲料转化率等。测定如下。

（1）达100kg体重的日龄。控制测定的后备种公、母猪的体重在80～105kg的范围，经称重（建议采用电子秤），记录日龄，并借用加拿大的校正公式转换成达100kg体重的日龄。

（2）100kg体重活体背膘厚。在测定100kg体重日龄时，同时测定100kg体重活体背膘厚。采用B超扫描测定倒数第3～4肋间处的背膘厚，以毫米（mm）为单位。

（3）眼肌面积。在测定活体背膘厚的同时，利用B超扫描测定同一部位的眼肌面积，用平方厘米（cm^2）表示。或在屠宰测定时，将左侧胴体倒数第3～4肋间处的眼肌垂直切断，用硫酸纸描绘出横断面的轮廓，用求积仪计算面积。

（4）饲料转化率。在30～100kg期间每单位增重所消耗的饲料量，计算公式为：饲料消化率（%）=饲料消耗量÷总增重×100。

生长和胴体品质（中高遗传力）	
日增重	0.30～0.60
瘦肉生长速度	0.40～0.60
食欲	0.30～0.60
背膘厚	0.40～0.70
胴体长	0.40～0.60
眼肌面积	0.40～0.60
后腿性状	0.40～0.60
肉质	0.30～0.50
风味	0.10～0.30

性状遗传力

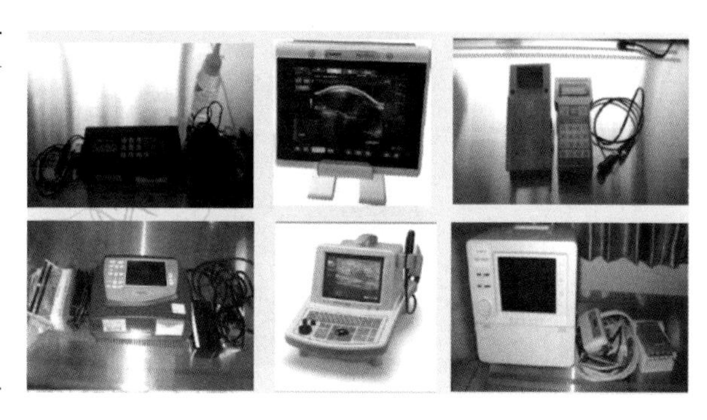

测定设备

★2017年第一期种猪测定员培训班，种猪选育技术，王爱国
★2017年第一期种猪测定员培训班，种猪生产性能现场测定操作要点与注意事项，刘望宏

（编撰人：叶健，洪林君；审核人：蔡更元）

36. 怎样测定猪的体重和体尺?

猪的体重和体型可以反映猪的生长发育。猪的体重和体尺的测量不仅可以正确判断猪的生长和发育，而且可以进行合理的饲养和管理。通过实测数据的统计分析，可以掌握猪的生长发育规律，是合理的培养和选择的基础。因此，测量猪

的体重和体尺是猪生产中不可缺少的技术手段。

对于留种的猪，通常需要测定出生体重和断奶体重，在6月的第一次交配和成年（超过2岁）时测量体重。猪的体型通常只测量两项，即身体长度和胸围，因为身体长度和胸围两个指标足以说明猪的大小，可以用来估计猪的重量。猪体重应在空腹时称重，如称量不方便，根据测量身体尺寸数据按以下公式计算：

体重（kg）=胸围（cm）×体长（cm）÷142或156或162×4（注：肥胖猪用142除，瘦猪用162除，不肥不瘦猪用156除。）根据公式估算体重，一般允许有5%的误差。

测量猪体尺，要在平地上进行，猪站姿挺直，头要平，不能低头或者抬头。

体长：从两耳朵耳根之间的中点，沿背线测量到尾根，猪的长度很长。当测量猪经常移动时，可以采取分段测量的方法，可以等待猪头平正，先用卷尺在两耳朵耳根之间的中点开始进行测量，测完一段体长做一个标记，然后再卷一段测量直至尾根。

胸围：即肩胛后围绕体躯一周的长度。可用卷尺贴着猪体躯表面进行测量，不要太紧，也不要太松，测量要准确，以免出现太大的误差。

工人测量猪的体尺

★爱猪网，网址链接：http://52swine.com/

（编撰人：赵成成，洪林君；审核人：蔡更元）

37. 猪的屠宰测定项目有哪些，如何测定？

（1）胴体重。肉猪开膛去除内脏（板油、肾脏除外），去头、蹄和尾，开片成左右对称胴体，左右两片胴体重量之和（包括板油和肾）即胴体重。

（2）屠宰率=胴体重/宰前重。

（3）胴体斜长。耻骨联合前缘至第一肋骨与胸骨接合处内缘的长度。

（4）膘厚与皮厚。在第6与第7胸椎相接处测定皮肤厚度及皮下脂肪厚度。

多点测膘以肩部最厚处、胸腰椎结合处和腰荐椎结合处三点的膘厚平均值为平均膘厚，采用此法时须加说明。

（5）眼肌面积。指最后胸椎处背腰最长肌的横断面面积，先用硫酸纸描下横断面图形，用求积仪测量其面积，若无求积仪，可量出眼肌高度和宽度，用下列公式估计：眼肌面积（cm^2）=眼肌高度（cm）×眼肌宽度（cm）×0.7。

（6）胴体瘦肉率。将去掉板油和肾脏的新鲜胴体剖分为瘦肉、脂肪、骨、皮4部分。肌间零星脂肪随瘦肉不剔除。皮肌随脂肪也不另剔除，作业损耗控制在2%以下，瘦肉占这4种成分总和的比例即为瘦肉率。

（7）后腿比例。沿倒数第一和第二腰椎间的垂直线切下的后腿重量（包括腰大肌），占整个胴体重量的比例。

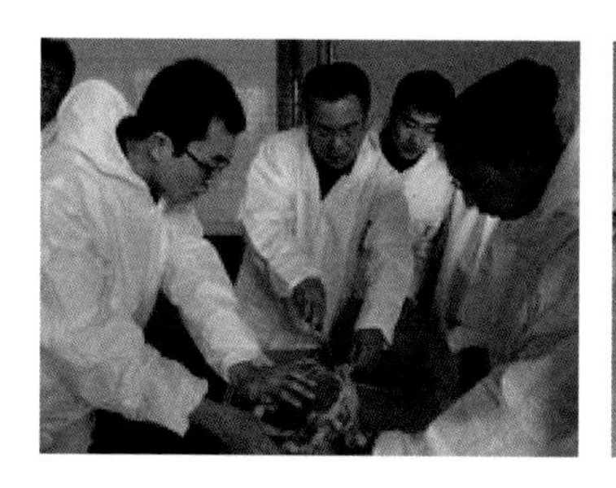

胴体肉脂分离

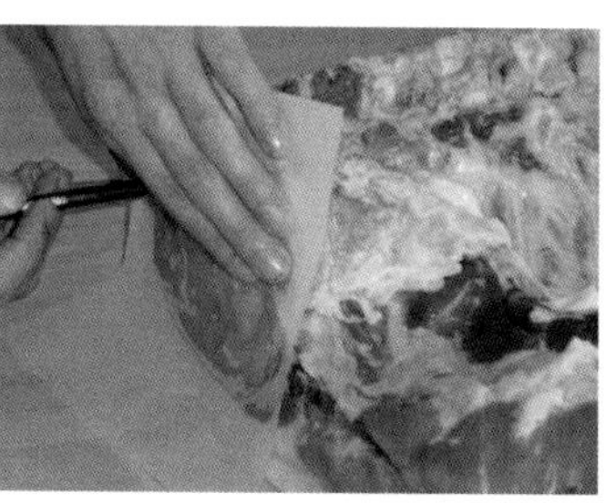

胴体眼肌面积

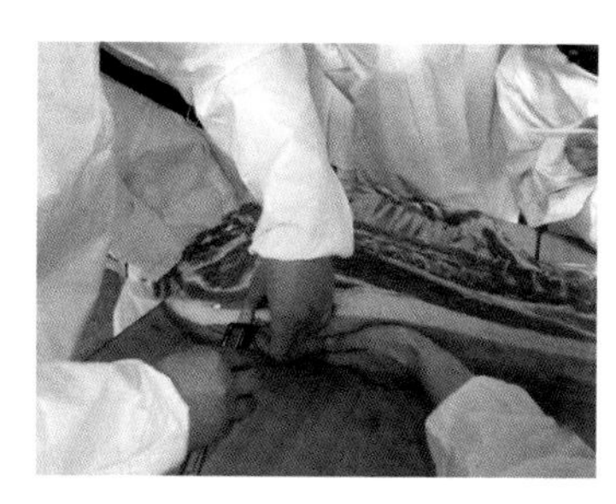

胴体背膘厚测定

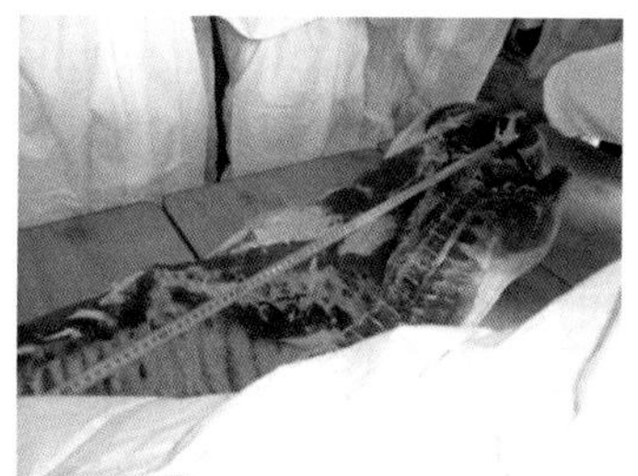

胴体直、斜长测定

★中国畜牧业信息网，网址链接：http://www.caaa.cn/show/newsarticle.php？ID=201767

（编撰人：全绒，洪林君；审核人：蔡更元）

38. 猪主要胴体性状指标有哪些？如何测定？

猪的主要胴体性状包括宰前活重、胴体重、屠宰率、胴体长、背膘厚、眼肌面积等。

宰前活重是在宰前空腹24h用磅秤称取，单位为kg。

胴体重是在猪放血、褪毛后，去掉头、蹄、尾、内脏（保留板油和肾脏）的两边胴体的重量，单位为kg。

屠宰率是指胴体重占宰前活重的百分比。

胴体长分为胴体直长和胴体斜长。胴体直长的测定是将右边胴体倒挂，用皮尺测量胴体耻骨联合前缘至第一颈椎的凹陷处的长度；胴体斜长则为耻骨联合前缘至第一肋骨与胸骨结合处内缘的长度，单位为cm。

背膘厚分为平均背膘厚和6～7肋背膘厚。平均背膘厚指的是胴体背中线肩部最后处（A点）、最后肋骨处（B点）和腰荐结合处（C点）的皮下脂肪厚度的平均值；6～7肋间背膘厚指的是第6～7胸椎相接处的皮下脂肪厚度，单位为mm。

眼肌面积的测定首先需要将左边胴体最后肋骨处最长肌（眼肌）切下，用硫酸纸覆盖在横截面上，用深色笔沿眼肌边缘描绘出轮廓，用求积仪求出面积，单位为cm^2。

（编撰人：叶健，洪林君；审核人：蔡更元）

39. 猪主要肉质性状指标有哪些？如何测定？

猪的肉质性状主要包括pH值、肉色、滴水损失、大理石纹和色度等。

肌肉pH值是在猪屠宰后45～60min内测定，采用pH计，将探头插入倒数第3～4肋间处的眼肌内，待读数稳定5s以上，记录pH值；

肉色是肌肉颜色的简称，是在屠宰后45～60min内，用目测比对法，比较倒数第3～4肋间处眼肌横切面的颜色，为5分制；

滴水损失是在屠宰后45～60min内，切取倒数第3～4肋间处眼肌，将肉样切成2cm厚的肉片，修成长5cm、宽3cm的长条，称重，用细铁丝钩住肉条的一端，使肌纤维垂直向下，悬挂于塑料袋中，扎紧袋口后，在4℃条件下保持24h，计算前后肉片质量损失的比例即可。

大理石纹一般指的是倒数第3～4肋间处眼肌可见脂肪的分布情况，用5分制对测比对法评定。

色度一般用来判定PSE肉（灰白、柔软、渗水）和DFD肉（暗黑、坚硬、干燥），为屠宰后24h眼肌处的色度值，其临界值分别为PSE肉<50，DFD肉>70。

（编撰人：叶健，洪林君；审核人：蔡更元）

40. 三元杂交猪的优势有哪些？

（1）三元杂交猪生长速度快，饲料利用率高，其总增重、日增重等指标均显著高于二元杂交等品系猪种。

（2）三元杂交猪屠宰性能较好，料肉比、饲料报酬、瘦肉率和屠宰率均显著高于两元杂交种。

三元杂交猪（赵成成、洪林君 摄）　　三元杂交猪采食（赵成成、洪林君 摄）

（编撰人：赵成成，洪林君；审核人：蔡更元）

41. 为什么养育肥猪一定要养杂种仔猪？

通过2个或2个以上不同品种或品系的公母猪交配，将繁殖的杂种后代用在生产中，能提高养猪的经济效益，其原因如下。

（1）生长速度快，增重快，如太湖猪6～9月龄体重仅达65～90kg，日增重333～361g，但以杜洛克、长白猪或大约克夏作为父本与太湖猪杂交，其杂交一代的日增重分别达610g、602g和588g。杜×（长×太）或杜×（大×太）三元杂交猪的效果更好，日增重分别达628g和643g。

（2）饲料利用率高，如北京黑猪生长肥育期，饲料利用率3.5左右，而杜×（长白×北京黑）或大约克夏×（长白×北京黑）杂种猪的饲料利用率仅3.2左右；关中黑猪饲料利用率3.9，而以杜洛克或长白猪为父本与关中黑猪杂交，其杂交一代的饲料利用率仅为3.3～3.7。

（3）繁殖率高，产仔数多，且仔猪初生重和断奶体重大。

（4）生活力强，抗性增强，易于饲养管理。

（5）瘦肉率高，如太湖猪胴体瘦肉率42%左右，杜×（长×太）或杜×（大×太）三元杂交猪胴体瘦肉率达58.1%和58.8%。

（6）商品猪价格高，更受消费者欢迎。一般情况下，二元杂交猪的纯繁与杂交猪每千克比地方猪高0.5元左右，三元杂交猪每千克比地方猪高0.8～1.2元，并且大中城市多畅销三元杂交猪。

（7）经济效益高，由于杂交猪生长快，耗料少，价格高，销路好，因此经济效益会得到大大提高。

杂种育肥猪（赵成成、洪林君 摄）

（编撰人：赵成成，洪林君；审核人：蔡更元）

42. 在养猪生产中如何利用杂种优势?

（1）正确选择杂交亲本。选择繁殖能力强、母性好、泌乳能力强的母猪，提高仔猪的产仔量和成活率，降低生产成本，提高养猪效率，具有重要的意义。

（2）选择适宜的杂交方式。选择生长速度快、胴体品质好的公猪作为父本，这些性状容易遗传给后代。

（3）选择适宜的营养水平。不同的杂交方式获得的杂交效果不同。

（4）建立健全良种繁育体系。

（5）合理地安排猪群结构。

杂种哺乳母猪

★科讯网，网址链接：http://www.nczfj.com/wap/show.asp？d=13408&m=1

（编撰人：赵成成，洪林君；审核人：蔡更元）

43. 商品猪杂交的杂交模式有哪些?

在商品猪生产中，通常会利用2个或2个以上品种进行杂交，以充分利用杂种优势，来提高商品猪的生产效益。生产中常见的商品猪生产杂交模式有以下几种。

（1）二元杂交。最为简单的一种杂交方式。利用两个品种进行杂交，可以获得100%的个体杂种优势。一般来说，父本和母本来自不同的两个群体，具有遗传互补的关系。在我国，当地的品种或品系是母本，而引入猪种作为父本。

（2）三元杂交。这是目前国内外普遍采用的一种杂交方法。由于母本是两元杂交种，可以充分利用母本的杂种优势，终端产品可以充分利用个体杂种优势。此外，三元杂交种的遗传互补性优于二元杂交，杂交效果明显。在我国已经证明，当我国地方猪种作为母本时，长白猪或大白猪是第一父本，而杜洛克猪作为末端父本，取得了令人满意的结果。目前，杜长大三元杂交模型是商业猪中应用最广泛的混合模型。

（3）四元杂交。由于商品生产的父本和母本都是杂交种，从理论上讲，可以充分利用个体、父本和母本的杂种优势。与三元杂交相比，亲本的遗传互补性更好地应用于商品生猪，杂交效果显著。这种混合方法已经成为一些大公司生产杂交猪的主要途径。然而，这种方法需要建立一个合适的混合系统，并且需要维持4个最合适的物种，一般来说小公司是无法承受的。

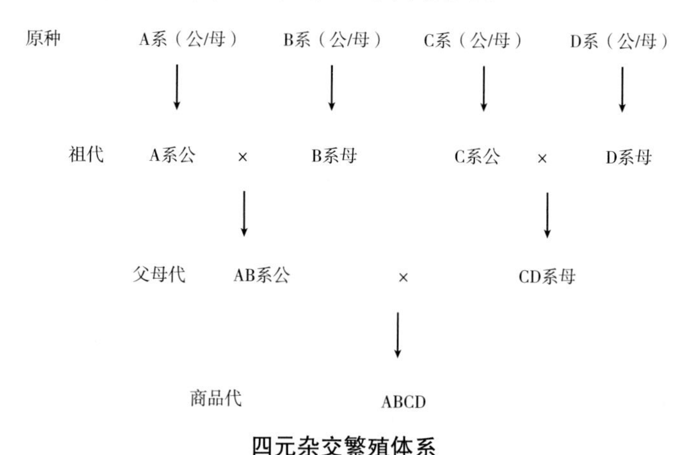

四元杂交繁殖体系

★新浪博客，网址链接：http://blog.sina.com.cn/s/blog_a8c644320101edvf.html

（编撰人：赵成成，洪林君；审核人：蔡更元）

44. 后备母猪选择的重点是什么？

（1）体况。健康、生长速度快、有良好的体况，体型大小合适，身体结构良好，不能有腹疝、明显的传染病或外伤症状，例如脓肿、外伤、咬尾、皮疹、眼屎泪斑。

（2）四肢。不能有四肢僵硬或跛足以及走路不稳；不能有关节肿胀、膝盖关节磨损钙化、一般性损伤等。

（3）前肢。要强壮且直，不能膝盖弯曲、外八字脚或内八字脚。

（4）后肢。系部要有好的斜度，而不是立柱一样的腿，不能是牛角腿、镰刀腿。

（5）趾蹄。每个脚趾要有轻微的伸展，有灵活的系部，但是悬蹄不能接触地面（弱系），不能有趾蹄破裂或趾垫、趾蹄损伤或疾病。

（6）乳头。至少有12个大小合适的有效乳头、乳头两列对称均匀排布；乳头相对接近腹中线，母猪躺下时方便小猪接近吃奶；不要有瞎乳头和内翻乳头，不能有乳房疾病或者其他机能障碍的症状。

（7）外阴。外阴要大小、形状发育良好；不能有发育不良的外阴（可能表明不发达的繁殖性能），不能是雌雄同体或外阴和肛门共通的猪，避免尖尖的外阴，这会导致在自然交配和分娩时出问题，不能有咬伤、磨损的外阴，在挑选时一定要仔细检查外阴有无受伤，在配种前要确保痊愈，避免结疤的外阴，在挑选前仔细检查。

（8）性格。被人类驱赶时要平静，不能对其他后备猪有侵略性。

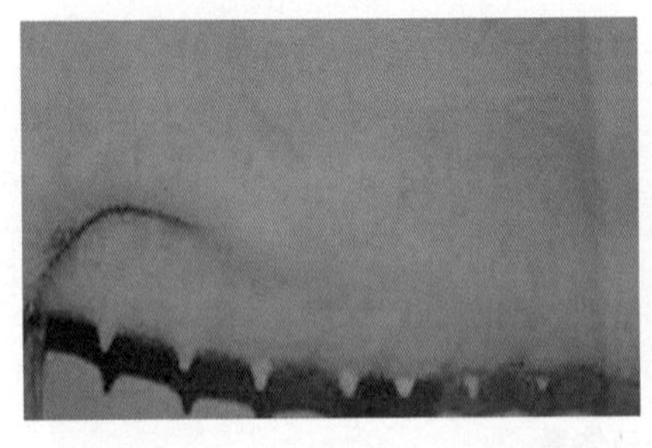

后备母猪乳头（赵成成、洪林君 摄）

后备母猪（赵成成、洪林君 摄）

（编撰人：赵成成，洪林君；审核人：蔡更元）

45. 从外地引进种猪应注意哪些问题?

从外地引进种猪主要需要注意两个方面的问题，一是种猪的选择；二是种猪的运输。

（1）种猪的选择。健康、无任何临床病征和遗传疾患（如脐疝、瞎乳头等），营养状况良好，发育正常，四肢要求结构合理、强健有力，体型外貌符合品种特征，耳号清晰，纯种猪应打上耳标。种公猪要求活泼好动，睾丸发育匀称，包皮没有较多积液，成年公猪最好选择见到母猪能主动爬跨、猪嘴含有大量白沫、性欲旺盛的公猪。种母猪生殖器官要求发育正常，应选择阴户较大且松弛下垂的个体，有效乳头应不低于6对，分布匀称，四肢要求有力且结构良好。

另外还需提供该场免疫程序及所购买的种猪免疫接种情况，并注明各种疫苗注射的日期。种公猪最好能经测定后出售，并附测定资料和种猪三代系谱。销售的种猪必须有兽医检疫部门出具的检疫合格证。

（2）种猪的运输。运输时应做好车辆消毒；减少种猪应激，提前断料，保护种猪肢蹄，固定好车门；合理规划装车密度且需要安装隔栏，以免公猪间打架；冬季要注意保暖，夏天要重视防暑，注意供应饮水；应经常注意观察猪群，如出现呼吸急促、体温升高等异常情况，应及时采取有效的措施。

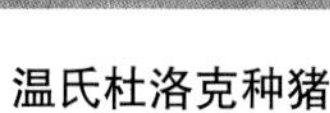

温氏杜洛克种猪

种猪转运

★国家生猪种业工程技术研究中心，网址链接：http://www.ccbsi.org/html/centernews/research/102.html

★养猪资讯，网址链接：http://www.zhuwang.cc/show-143-341563-1.html

（编撰人：叶健，洪林君；审核人：蔡更元）

46. 猪的近亲繁殖缺点是什么?

由于猪育种经常采用闭锁群继代选育或半开放式继代选育的方式，使得配种公母猪之间亲缘关系往往较近，容易导致近亲繁殖的发生。现场育种中，一般把近交系数控制在0.3以外。猪近亲繁殖缺点如下。

（1）近亲繁殖会导致隐性基因达到纯合几率增加，而隐性基因纯合常会导致猪生产性能下降，如饲料利用率降低，适应性差，抗病力弱，繁殖性能下降等。

（2）对于育种核心群而言，近亲繁殖容易导致性状表型变异范围减小，不利于选择有突出生产性能的个体，不利于性状的持续选育提高。

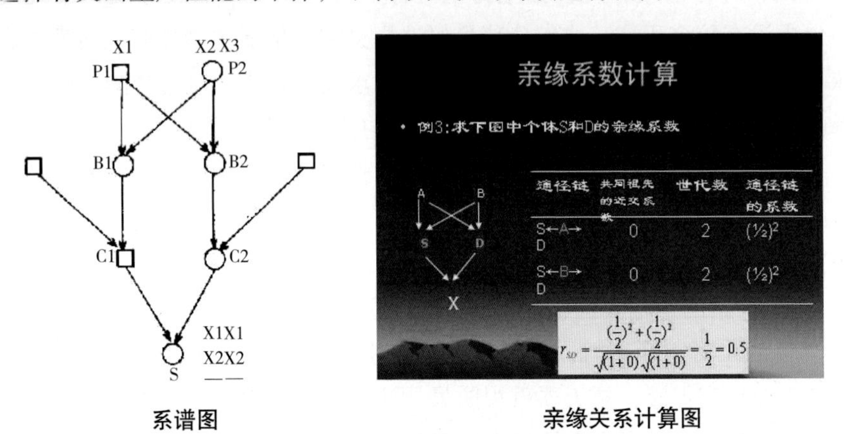

系谱图　　　　**亲缘关系计算图**

★医学全在线，网址链接：http://www.med126.com/edu/200712/17034.shtml
★《数量遗传学》研究生课程，课件，张勤

（编撰人：叶健，洪林君；审核人：蔡更元）

47. 我国商品猪生产常用的杂交组合有哪些?

（1）长大或大长、杜斯、土洋杂。以长白猪和大白猪经过一次杂交，或杜洛克与斯格猪杂交，或以外血种猪为父本与当地地方品种母猪进行杂交，后代不做种用，公母猪全部做商品猪出售。杂交后代这种杂交方式有一定的杂交优势，生产水平也较高，但由于父本和母本都是纯种，不仅种猪价格高，而且难以饲养。

（2）杜长大或杜大长。以杜洛克猪为终端父本，以长白猪和大白猪的杂交一代为母本的三元杂交方式，它充分利用了3个品种之间在生长性能、胴体性能和生活力上的杂交优势，以及杂种母猪在繁殖性能上的杂交优势，杂种后代生长快、饲料转化率强、瘦肉率高、肉色好、卖价高。建议广大专业户和集约化养猪场采用。

（3）皮杜长大或皮杜大长。以皮特兰公猪与杜洛克母猪杂交后代公猪与大长或长大母猪杂交，它充分利用了父本杂种优势和母本杂种优势，后代综合了4个品种之间在生长性能、胴体性能和生活力上的杂交优势，杂种后代生长快、饲料转化率强、瘦肉率高、肉色好、卖价高。目前在国内一些大型企业有用这一模式进行商品猪生产的。

杜长大三元杂（付帝生 摄）

皮特兰公猪

★鑫基牧业，网址链接：http://www.sdxinji.cn/show.asp? id=215

（编撰人：付帝生，洪林君；审核人：蔡更元）

48. 影响育种遗传进展的因素有哪些？如何获得遗传进展？

（1）影响育种遗传进展的因素。性状的遗传力、选择的准确性、选择强度、性状的表型标准差、世代间隔。

（2）获得遗传进展的方法。

①主选遗传力高或中等的性状。随着遗传力的升高，性状的加性遗传变异在表型变异中所占的比重越来越大，选择的准确性也随之提高。

②缩小环境方差，提高遗传力。具体措施：实施同期同龄对比，并使各个体处于相同的环境条件；对性状实施校正，使其比较的基础一致。

③选用适当的选择方法。对于不同的性状，不同选择方法的选择准确性是不同的，从而导致不同的选择效果，因此要注意选择方法。

④缩短留种率。具体措施：在大群体中选择优秀拔尖的个体作为种畜，缩小留种率；采用人工授精技术和胚胎工程，减少种畜的需要量，缩小留种率。

⑤检查与扩大性状的变异度。具体措施：组建的育种基础群应具有较高的遗传变异；适时导入外血，增加新的基因来源，扩大遗传变异。

⑥缩短世代间隔。具体措施：早配、性能的早期评定、改变选择方式、利用遗传标记早期选种。

进化的过程

★视觉中国，网址链接：https://www.vcg.com/creative/1001645704

（编撰人：付帝生，洪林君；审核人：蔡更元）

49. 如何应用体细胞克隆技术来进行种猪扩繁?

核移植是动物克隆的主要技术，核移植是指将供体细胞（核）移入未受精的去核卵母细胞中，经供体核与受体细胞质融合以及分裂、发育，得到克隆胚胎，再植入受体内以获得子代的技术。核移植依据供体细胞的不同分为胚胎细胞核移植和体细胞核移植。在育种中，通过克隆得到的种猪品系称为克隆品系，通过克隆可以使具有遗传上优良性状的个体数目在短时间内得到大量增加。但这不是一项持续的遗传改良技术，在获得克隆品系后，应通过不同的优质克隆品系进行杂交创造新的变异，进一步进行测定、选择，找到更好的个体，再进行克隆、测定和选择，才能使群体的遗传素质得到大幅度提高。

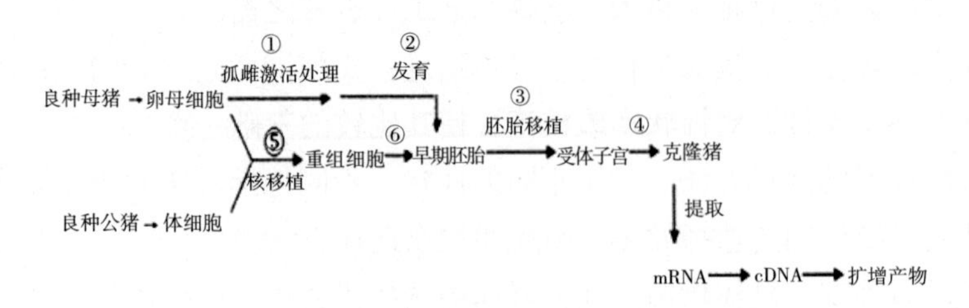

核移植的过程

★皮皮网，网址链接：http://www.pp8.com/bingzheng/31154/

（编撰人：付帝生，洪林君；审核人：蔡更元）

50. 如何进行种猪的分级使用?

（1）制定监控措施。种猪质量管理小组做好有关培训，提高猪场公猪分等级使用的重视程度，督促猪场有效实施公猪分等级使用。

（2）做好公猪等级的管理工作。包括公猪档案卡的有效使用、公猪等级的标识、记录，培训如何做好公猪的分等级使用工作，监控公猪分等级使用情况。督促公猪站做好公猪，特别是一级公猪的饲养管理工作，保证公猪能够有效提供合格精液。

（3）配种舍报精液到公猪站。配种舍每天报两次精液计划，上午下班前报下午所需精液，下午下班前报第2d上午所需精液。每次报精液到实验室时，须明确注明用于配前两次、第三次的精液份数。

（4）安排采精。公猪站组长协同实验室实验员，根据配种舍报来的精液需求情况和存栏不同等级可采公猪情况，合理安排不同等级的公猪进行采精。公猪站采精员严格按照安排的公猪采集精液，送精液实验室。

（5）精液制作与分发精液。实验室实验员，根据采好的精液做好公猪精液，若制作混精则要求在公猪相同等级的公猪间制作混精，不同等级间公猪不得制作混精。

（6）配种和报表填写。配种舍拿到精液后，严格按照精液瓶上的标识，相应等级的精液配相应的配种次数母猪，并填写好相应报表。

（7）监控及过程考核。猪场场长助理或区长做好公猪分等级使用的监控工作，及时解决公猪分等级使用过程中出现的问题。猪场根据激励机制考核要求，收集、整理相关岗位员工公猪分等级使用的数据，发布考核结果。

公猪的利用

★猪友之家，网址链接：http://www.pig66.com/2016/120_0804/16584841.html

（编撰人：付帝生，洪林君；审核人：蔡更元）

51. 如何做好种猪档案管理?

原种猪场的日常档案繁多，包括种猪系谱卡、公猪配种计划表、采精登记表、配种记录表，母猪配种产仔登记卡、仔猪出生与断乳转群记录表、免疫注射记录表等。为掌握公、母猪繁殖性能，每次生产变动，都必须有完整记录，并且每周一小结以发现生产问题，以便下周及时调整；每月一汇总，报告场级领导掌握动态；每半年及年终都必须进行全面总结，对公母猪生产性能进行排序，以便做好下阶段配种、生产计划。归档的文件材料应完整、准确、系统。文件书写和载体材料应能耐久保存。文件材料整理符合规定。归档的电子文件，应有相应的纸质文件材料且一并归档保存。

档案管理制度

档案利用制度

档案保密制度

档案鉴定销毁制度

档案人员责任制

档案归档制度

档案保管制度

档案管理制度

★昵图网，网址链接：http://www.nipic.com/show/4/63/7426120k91f7dd63.html

（编撰人：付帝生，洪林君；审核人：蔡更元）

52. 猪的采食与消化特点有哪些?

动物采食包括觅食、识别、定位、进食、咀嚼和吞咽等一系列过程，饲料的摄取量与动物的性能密切相关，对猪的生长、繁殖和哺乳有很大的影响。

（1）猪采食的特点。猪的采食行为包括进食和饮水，主要有以下特点。

遗传：最重要的特征是拱土觅食。

口味：猪喜欢吃甜食。

材料类型：猪喜欢吃颗粒料和湿料。

摄食：在自然条件下，猪在白天进食6～8次，夜间进食3～5次，每次进食时间10～20min，限食时不足10min。

饮用水：一般猪饮用水和进食饲料同时，猪的饮水量很大。

（2）猪的消化特点。消化是猪利用饲料的第一步，被消化道的物理、化学和微生物功能消化吸收。

口腔消化：猪是杂食性动物，对咀嚼的进食更完整，咀嚼动作能促进消化液的分泌。

胃消化：猪是单胃动物，胃通过贲门和食道，通过幽门和十二指肠连接，胃是贮存食物的主要场所，在胃里通过胃收缩和蠕动，通过幽门进入小肠。

小肠的消化吸收：小肠是猪消化道中最长的部分，食物停留时间最长，各种营养物质被消化吸收。小肠内未消化的物质进入大肠。

大肠中的消化：进入大肠的物质主要是未消化的纤维素和少量的蛋白质或未消化的氨基酸、淀粉和葡萄糖。在大肠内未被消化吸收的物质逐渐被从肛门排泄出来。

猪是杂食单胃家畜，对粗纤维的消化仅靠盲肠和结肠内微生物的作用，而猪盲肠、结肠又比非反刍草食家畜小得多，所以猪对粗纤维的消化功能弱，猪日粮中粗纤维含量不能高。

猪在采食（赵成成、洪林君 摄）

（编撰人：赵成成，洪林君；审核人：蔡更元）

53. 什么叫猪的维持消耗?

维持消耗也被称为非生产性消耗。猪摄入的营养成分为两方面，一方面是为了维持生命活动，另一方面是为了长肉、繁殖等。首先是维持生命活动所需，其次是长肉、繁殖。生命活动（如体温、呼吸、心跳、运动等）所需的营养被用来维持消耗。很明显，维持消耗并没有创造价值。因此，在生猪生产中，每一个环节都要减少养猪消耗，减少饲料的投入，创造产值，从而提高猪的生产效率。

猪是恒温动物，体温一直保持在38～39.5℃（直肠温度）。不同年龄猪体温略有差异，以保证正常的新陈代谢和生命活动。为了保证身体的恒定温度，有必要维持食物提供的营养代谢的热量。因此，当外部环境发生变化时，如温度过低或过高，将使猪体保持恒定的体温和增加营养的消耗。如果温度过低，猪会使用大量的营养物质产生的热量来维持体温，当温度过高时，猪的身体为防止体温过高，通过增强散热活动增加热量的分散，如加快呼吸运动、心跳加快、多喝水、多尿等，这些活动增强营养消耗。因此，应该努力使猪舍温度适宜，夏天应采取各种措施来降低温度，当天气寒冷时，应考虑提高室内温度。

猪舍散热装置（赵成成、洪林君 摄）

仔猪加热（赵成成、洪林君 摄）

（编撰人：赵成成，洪林君；审核人：蔡更元）

54. 影响猪采食和消化效率的因素有哪些?

（1）影响采食的因素。中枢神经系统，尤其是下丘脑，在整合外周和中枢信号并对动物采食行为作出调整中发挥着关键作用。猪的下丘脑中有饱感中枢与饥饿中枢，饱感中枢是抑制采食的中枢部位，当饱感中枢兴奋时，饥饿中枢受到抑制，动物产生饱感并停止采食；饥饿中枢是刺激采食的中枢部位，饥饿中枢兴奋时，动物的食欲增强并增加采食。各种中枢和外周信号，如动静脉血糖浓度、胆囊收缩素、胃肠道高渗内容物等均会产生饱感信号，从而引起采食量下降；而胰岛素增多、血糖降低、生长激素分泌增加等信号能促进猪的采食。

（2）影响消化效率的因素。①饲料。能量饲料、蛋白质饲料、饲料添加剂、抗营养因子。②猪。年龄与个体差异、品种、采食量、疾病。③饲养管理。饲料加工、饲养环境、采食方法。

猪的采食（付帝生 摄）

（编撰人：付帝生，洪林君；审核人：蔡更元）

55. 猪需要哪些营养物质？常见的饲料原料有哪些？

（1）猪需要的营养物质。包括水、蛋白质、碳水化合物、脂质、矿物质和维生素。

（2）常见的饲料原料。

①能量类。小麦、大麦、碎米、次粉、麸皮、油。在谷物类原料中，玉米的能值最高，但蛋白质低，氨基酸的组成不好。麦类及其副产品的蛋白质要高一些，但其粗纤维要比玉米高，因此能值要低一些。

②蛋白质类。鱼粉、豆粕、花生粕、棉粕、菜粕、酵母粉、肉骨粉。一般将粗蛋白含量大于30%的原料归为蛋白类原料。鱼粉是动物性的高蛋白质饲料原料，在猪的日粮中特别是乳猪料中被广泛使用。豆粕富含赖氨酸，但蛋氨酸不足，花生粕中的赖氨酸含量低于豆粕。

麦麸

★慧聪网，网址链接：https://b2b.hc360.com/supplyself/82814631117.html

③矿物质类。磷酸氢钙、碳酸钙、食盐、硫酸铜、硫酸亚铁、硫酸锰、碘化钾、氧化锌、亚硒酸钠、氯化钴等。动物体内存在常量元素和微量元素两大类。

④维生素类。脂溶性维生素A、维生素D、维生素E、维生素K、B族维生素、生物素、氯化胆碱，维生素不是动物体内的结构物质，它在动物代谢过程中作为某些酶类和激素的组成

成分，对营养物质的代谢起催化作用。

⑤营养性和非营养性添加剂。合成赖氨酸、蛋氨酸、苏氨酸、色氨酸、药物、驱虫剂、防霉剂、抗氧化剂、调味诱食剂、酶制剂、黏结剂等。

（编撰人：付帝生，洪林君；审核人：蔡更元）

56. 猪常用饲料营养有哪些特点？

养猪的饲料很多，总的来说，可分为5类。

（1）青饲料。如菜叶类、水生饲料等，它们的优点在于适口性好，有利于消化吸收，并且其蛋白质含量十分丰富，维生素含量也较多，同时也有矿物质和生长因子的含量。

（2）多汁饲料。根茎类饲料，如胡萝卜、鲜红薯等；瓜类饲料，如冬瓜、南瓜等；这种饲料所含水分多，胡萝卜素多，但是其粗纤维少，无氮浸出物含量高，蛋白质和矿物质含量较低。

（3）粗饲料。即稿秆、秕壳等副产品。该类饲料由于体积大、纤维含量多（18%以上）、不易消化，适口性差，缺乏必需的蛋白质、维生素以及矿物质等，因此未作处理的粗饲料的投喂含量比例不宜超过3%～5%。

（4）精饲料。该类饲料分为能量饲料以及蛋白质饲料。

①能量饲料。如有大麦、稻谷、玉米等谷类，木薯粉、红薯粉等薯粉类以及糠麸类饲料。谷类、薯粉类饲料的淀粉含量高，而糠麸饲料的无氮浸出物高。

②蛋白质饲料。如干物质中粗蛋白质比例在20%以上的高蛋白质饲料，如豆类饲料，大豆、黄豆、蚕豆等，如油饼类饲料，大豆饼、花生饼、棉籽饼等。

（5）矿物质饲料。如富含钙、钠、氯等的磷酸氢钙、骨粉、贝壳粉、石粉、食盐等。还包括一些如锌、铁、碘等微量元素的矿物质饲料。

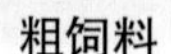

粗饲料

精饲料

★爱猪网，网址链接：http://52swine.com/

（编撰人：赵成成，洪林君；审核人：蔡更元）

57. 为什么猪饲料要多样搭配?

饲料原料可以大体分为维生素、矿物质、碳水化合物和蛋白质。青绿饲料、粗饲料和精饲料是饲料的多种搭配形式，猪饲料原料包含品种越多，搭配越好，对于猪的能量营养补充效果就越好。

水分含量相对较多、体积蓬松、能量含量相对较低，适口性好，维生素含量相对较高、含优质的矿物质和蛋白质，以及易于消化是青绿饲料的特点，猪爱吃青绿饲料。粗饲料表现为大体积，高纤维，质地硬，营养物质含量低以及不易消化。但粗饲料可以通过增大体积而让猪胃肠道有充实感。精饲料则更多的表现为小体积，高营养物质；但矿物质含量和维生素含量偏低，总体来说易于消化。上述3种饲料单独喂猪不利于猪营养均衡，合理的搭配才能较大发挥饲料性能优势。

因此，在养猪生产中，无论是青绿饲料、粗饲料，还是精饲料、蛋白质补充饲料以及其他添加剂饲料，都需要搭配多种饲料原料，才能保证营养均衡，只有这样才能让猪既吃得饱，也吃得好；同时，灵活配比可以最优化饲料，通过最低价的成本付出获取最大利润的回报。

青绿饲料

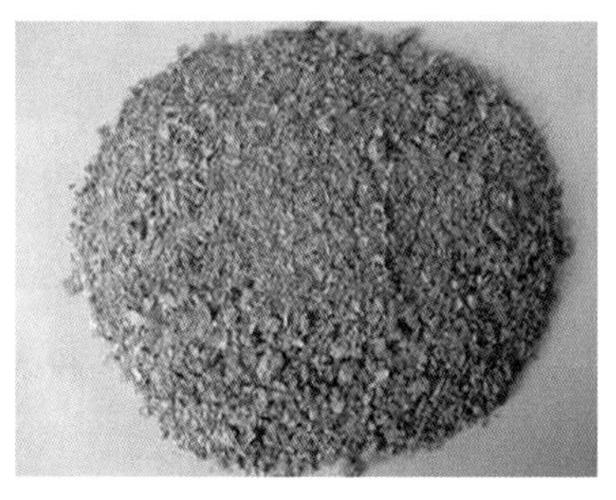

豆粕

★慧聪网，网址链接：
https://b2b.hc360.com/viewPics/supplyself_pics/519567248.html
https://b2b.hc360.com/viewPics/supplyself_pics/225969703.html

（编撰人：全建平，洪林君；审核人：蔡更元）

58. 如何掌握猪的粗饲料喂量?

根据猪不同的生长阶段和生产类型采用不同的措施。

（1）哺乳仔猪一般不喂青粗饲料，应以哺乳为主。喂料时应采用高能量、高蛋白的混合精料，但也可用少量青绿鲜嫩的青料作引料，以促其认料，早日适应，继而提高其断奶重。

（2）繁殖种猪尤其是在母猪的空怀期和妊娠前期，可以大量利用青粗饲料，补喂少量精料同样能满足其营养的需要。而在妊娠的后期和哺乳期，应视其体况减少青粗饲料的喂量，适当增加精料用量，粗蛋白和粗纤维的含量以14%和8%为宜。种公猪的粗纤维含量以7%为宜。

（3）生长育肥猪由于这类猪在各个生长阶段对青粗饲料的消化利用差异较大，因此，一般来说，小、中、大猪日粮中，混合精料与青料的比例应分别为1∶1、1∶2、1∶3。如果在猪屠宰前的30d条件允许，可以适当减少青、粗饲料的比例，同时增加浓缩饲料的比例，缩短育肥期，增加猪屠宰当天的重量。此外，在制定膳食的过程中，对其粗纤维含量的测定，应包括所有粗纤维含量的饮食，使膳食中粗纤维的总量不超过7%，中猪占4%是可取的。

猪自由采食青粗饲料

★第一农经养猪，网址链接：http://www.1nongjing.com/a/201504/79091.html

（编撰人：赵成成，洪林君；审核人：蔡更元）

59. 农家利用青、粗饲料多餐育肥猪需注意哪些事项？

在农村青、粗饲料的来源丰富，以青、粗而不是精细饲料喂猪，可以降低成本。用少量的水来发酵粗粮，切碎多汁的绿色蔬菜，草和少量的浓缩液，每日配给6餐，每餐让猪吃完后放入部分饲料，让猪自由进食。

猪吃绿色粗饲料也可以快速增长的原因是常规的许多食物喂猪，虽然绿色粗饲料营养少，但也能保证猪的营养需要，猪吃和消化是正常的，是可以健康的生长。使用常规的饲料多餐，猪多睡觉，让猪吃得多，睡得多，运动少，身体的能量消耗减少，营养可以充分用于养肥。

多餐青饲料和粗饲料必须注意以下几点，以对肥育猪有良好的效果。

（1）必须生喂。煮熟能使绿草中维生素等大量的遭到破坏，猪长期缺乏一些维生素会导致抵抗力下降。与此同时，在加热过程中，蔬菜往往是由于煮的时间长而引起中毒，所以喂给猪绿色饲料必须生喂。

（2）注意杀虫剂。在田间的猪饲料中，根和茎叶经常容易被土壤中的虫卵污染，猪在吃完后会患上寄生虫病。因此，猪使用绿色饲料应注意常规驱虫剂，一般1月1次驱虫，杀虫剂可以是伊维菌素、l-咪唑等。

（3）饲料加工。对于高粗纤维、草、叶、藤等，应该是青贮或发酵、碱化处理，然后喂料，不能直接给猪喂大量的粗饲料，因为猪的消化和粗饲料的利用率很差。绿色饲料缺乏盐、钙等矿质元素，应注意含盐骨粉的摄食。

工作人员喂粗饲料

青粗饲料

★猪e网，网址链接：http://js.zhue.com.cn/a/201612/12-278367.html

（编撰人：赵成成，洪林君；审核人：蔡更元）

60. 干粉料、湿拌料与颗粒料有哪些优缺点？

干粉料的饲料利用率优于稀料，可提高劳动生产率，并可在自动饮水的条件下提高圈栏的利用率。喂干粉料，低于30kg的猪，粉粒径适宜于0.5～1mm；30kg或以上的猪，粒径为2～3mm合适，细粉易粘口难咽，影响进食量。干粉料节省人力，容易掌握投放量，同时促进唾液分泌和咀嚼，促进消化，还可保持圈舍干净和干燥，剩下的饲料不容易发霉，冬天不结冰。而且干粉料容易抛洒。目前，大型养猪场均采用干粉料。

湿式混合料具有良好的适口性，可减少饮用水的数量，也易于采食，但不利于机械化饲养。目前，小猪场仍采用湿式饲料。

饲喂颗粒料的优点是容易吃，损失小，不易发霉，营养消化率高。颗粒料在增重率和饲料转化率方面优于干粉料。大量试验表明，颗粒料每增加1kg的重量，可以减少0.2kg的饲料消耗。

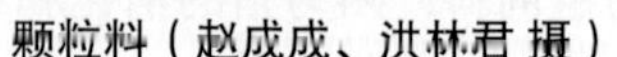

颗粒料（赵成成、洪林君 摄）

干粉料（赵成成、洪林君 摄）

（编撰人：赵成成，洪林君；审核人：蔡更元）

61. 猪的能量饲料有哪些?

饲料绝干物质中粗纤维含量低于18%、粗蛋白低于20%的饲料被称为能量饲料。比如谷实类、糠麸类、淀粉质块根块茎类、糟渣类等，一般每千克饲料干物质含消化能在10.46MJ以上的饲料均属能量饲料。

（1）禾本科种子能量饲料。禾本科作物的种子是能量饲料的典型代表，是最重要的能量饲料。

①玉米。玉米是最重要的能量饲料，被称为“饲料之王”。它具有高能量、少粗纤维和良好的适口性等优点。但玉米中粗蛋白含量较低，基本氨基酸少且不平衡，尤其缺乏赖氨酸。并且玉米中含有大量的脂肪，会软化脂肪，影响猪肉的质量。

②大麦。大麦是一种优质的能量饲料。与玉米相比，大麦的能量含量略少，粗纤维含量略高，但其蛋白质含量较高，品质较好，脂肪含量低，品质优良。作为饲料可以提高猪肉的质量，是育肥猪的理想能量饲料。

（2）糠麸类能量饲料。磨米、制粉的副产品，主要有麸皮、米糠等。麸皮即小麦等的加工副产品，如小麦麸、大麦麸等。其营养价值与小麦加工精度有关。麦麸越精制，麸皮的营养价值越高。麸皮具有良好的适口性，且粗蛋白含量通常在14%左右，有通便的作用。常被用作孕期母猪的饲料，以防止便秘。

（3）块根块茎类能量饲料。淀粉质的块根块茎类饲料也是猪常用的能量饲料，主要有甘薯、马铃薯等。

马铃薯也被称为土豆，山药蛋等，淀粉含量高，消化能超过玉米，生和熟都可喂养。发芽的马铃薯含有毒素（龙葵素），会导致中毒。

玉米

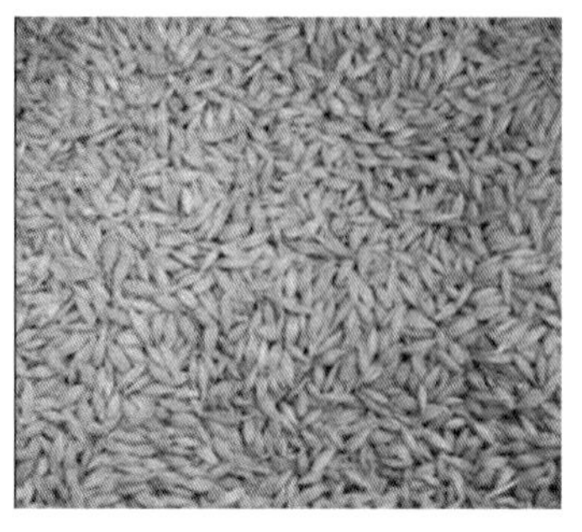

米糠

★爱猪网，网址链接：http://52swine.com/

（编撰人：赵成成，洪林君；审核人：蔡更元）

62. 猪的蛋白质饲料有哪些？

猪蛋白饲料是指干物质、粗纤维含量低于18%、粗蛋白含量高于20%的豆类、饼粕类及动物性饲料。蛋白质饲料可分为动物蛋白饲料和植物蛋白饲料。

（1）植物蛋白饲料是提供蛋白质营养最多的饲料。主要包括豆类、饼粕类，如大豆饼粕、花生饼粕、棉籽饼粕等。

（2）动物蛋白饲料主要包括鱼粉、肉骨粉、乳制品等，其共同特点是蛋白质含量高，品质好，无粗纤维、维生素、矿物质，是一种优良蛋白质饲料。

（3）蛋白质含量相对较高的豆科牧草，单细胞蛋白饲料，是一类很好的蛋白质补充饲料。尤其是豆科牧草，既能提供蛋白质，又能作为青饲料，对母猪尤为重要。

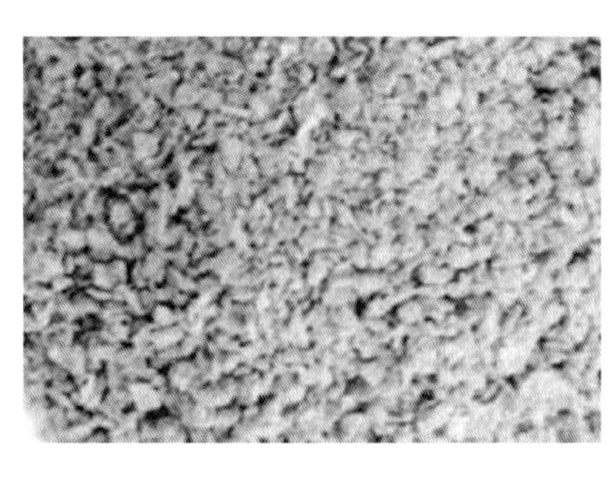

豆粕

花生麸

★猪e网，网址链接：http://js.zhue.com.cn/a/201612/12-278367.html

（编撰人：赵成成，洪林君；审核人：蔡更元）

63. 如何控制猪的饲料质量?

饲料质量是畜牧业发展的根本保障，只有控制好饲料的质量，猪群的健康才能得到一定的保障。所以建立科学的质量管理体系并使之有效运行是猪群健康、畜牧业发展的根本保障。

（1）饲料原料质量控制。控制好饲料原料的质量是首要环节，也是最重要的一个环节。需采购的原料必须通过化验室检测合格后才能入库，经化验室检测不合格的原料都必须作退货处理。

（2）饲料生产过程质量控制。要把好饲料生产过程中各个生产环节关。预混料的投料一定要准确，不允许有投错或投多投少现象，预混料的品种多，有各种添加剂及保健药品，因此送预混料的员工要与投料的员工做好交接工作，并做好交接记录。

（3）饲料成品质量控制。要把好饲料成品的质量关。成品料的储存时间不能过长，因此必须遵循先进先出的出库原则，并按生产计划控制好生产量，如果生产量过多会造成饲料储存时间长而变质。成品料的化验室检验也是必不可少的，通过对成品的化验分析才能及时发现质量问题。

随着科学技术的发展，饲料的质量控制中增加了许多新的检测项目，为此，饲料企业必须根据形势的发展，与时俱进，不断更新必要的检测设备和手段，培训检验人员，使他们掌握质检的最新技术，才能确保企业占有领先的质量控制优势。

发霉的饲料

★搜狐网，网址链接：http://www.sohu.com/a/27249838_183338

（编撰人：赵成成，洪林君；审核人：蔡更元）

64. 不同类型猪日粮有哪些配方要求?

科学的猪日粮配方应首先保证营养全面，同时要求适口性好，容易消化。不同类型猪群，其能量供给方式和需求存在很大不同，应选用不同的日粮。

（1）仔猪。采用阶段饲喂法，即把断奶仔猪分为断奶到7kg、7～11.5kg、11.5～23kg 3个阶段，分别饲喂不同阶段的饲料。第一阶段喂高浓度养分饲料，以乳制蛋白为基础，添加维生素、微量元素和抗生素，日粮含高浓度的蛋白质和赖氨酸。第二阶段以玉米豆饼饲粮为基础，加10%乳清粉，日粮含粗蛋白质18%～20%，赖氨酸1.25%，第三阶段用简单饲粮，以谷物—豆饼为基础，含赖氨酸1.1%。

（2）生长育肥猪。能量饲料以玉米为主，蛋白质饲料以豆饼为主，要立足本地丰富的饲料原料进行合理搭配，做到既降低饲料成本，又保证肉猪一定的增重速度和胴体品质。

（3）后备猪。全价日粮就是依据后备猪不同生长发育阶段的营养需要配合全价饲料，注意能量和蛋白质的比例，特别是配制配合饲料的原料要多样化，至少要有5种以上。

（4）妊娠母猪。营养水平宜采取"前低后高"模式，妊娠前期的能量水平不宜过高，尤其是初产母猪，否则会引起胚胎死亡，产仔数减少。蛋白质水平按饲养标准配制即可，充分利用妊娠母猪新陈代谢旺盛，营养物质消化利用率高的特点，饲料原料选择余地大，可考虑适当增加价格低廉的青粗饲料。妊娠后期应提高日粮的营养水平，如提高能量和蛋白质水平，充分满足胎儿迅速增长的营养需要。

（5）哺乳母猪。应最大限度提高母猪泌乳量，种公猪日粮应使用精料，确保公猪精液品质。

总之，不同类型猪日粮配方可根据实际原料情况，在满足猪只需要的前提下，可自由组合。

粉态日粮

颗粒料

★慧聪网，网址链接：https://b2b.hc360.com/viewPics/supplyself_pics/355958391.html
★赛尔畜牧网，网址链接：http://xm.saier360.com/show-13-17334-1.html

（编撰人：叶健，洪林君；审核人：蔡更元）

65. 常见的矿物质饲料有哪些?

矿物质饲料是指用于补充猪饲料中矿物质元素含量的自然矿产或者化学合成无机盐，其作用是为猪生长发育提供必需的矿物常量元素和微量元素。常量元素是指占猪体重0.01%以上的矿质元素，其中猪最为需要的是钙和磷。微量元素是指占体重0.01%以下的矿质元素，包括铁、铜、锌、锰、钴、碘和硒。

植物性饲料富含钾，钙和磷含量不足，因此需要额外补充。常见的钙补充剂包括石灰石粉、贝壳粉、蛋壳粉、硫酸钙、白云石、方解石、葡萄糖酸钙以及乳酸钙等。石灰石粉的主要成分是碳酸钙，含钙量在34%～40%，动物对其利用率高，是补充钙质最简单的原料。常见的钙、磷补充剂包括骨粉、磷酸氢钙、磷酸一钙、磷酸三钙以及脱氟磷酸盐等。常见的磷补充剂包括磷酸二氢钠、磷酸氢二钠、磷酸一铵等。

此外，食盐也是常见的矿质元素添加剂，食盐是补充钠和氯元素最简单、廉价和有效的原料。食盐在畜禽配合饲料中的用量一般为0.25%～0.5%，食盐补充量不足可能会引起畜禽食欲下降。

补充微量矿物质元素的饲料原料一般列为饲料添加剂中的营养性添加剂。常见的包括硫酸铜、硫酸亚铁、硫酸锌、硫酸锰、氯化钴、碘化钾、亚硒酸钠等。使用微量元素添加剂时应注意适量添加，过量添加不但造成浪费，而且对动物体有害。市售微量元素添加剂的使用方法一般是先制成添加剂预混料，再向饲料中添加。

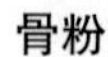

骨粉　　石灰石粉

★环球经贸网，网址链接：http://china.nowec.com/product/detail/450913.html

（编撰人：莫健新，洪林君；审稿人：蔡更元）

66. 怎样选择全价饲料?

（1）根据猪的生产阶段来选择。一般从猪出生到出栏上市，可针对性地选择教槽料（体重1.5～8kg）、保育料（体重8～15kg）、小猪料（体重15～30kg）、中猪料（体重30～60kg）、大猪料（体重60～100kg）等。母猪料一般分为怀孕母猪料、后备母猪料；公猪要有专门的公猪料。后备母猪要保证骨架的正常发育以及良好的繁殖性能，不能使用大猪料来饲喂。

（2）根据饲料质量的优劣来选择。选择市场反应效果好、技术实力雄厚、售后服务好、正规公司生产的品牌饲料，一般这类公司生产的饲料，其技术有保障、质量较稳定。也可看饲料的包装，正规厂家的包装应是美观整齐，印字清晰，有详细的厂址、出厂日期、生产批次、联系电话、服务承诺等；标签上有生产许可证和产品批准文号、使用说明、适应品种和阶段，有在工商部门注册的商标，经注册的商标右上方都有标注。

观察颜色和气味。某一品牌或某一种类的饲料，颜色和气味相对稳定，如果颜色和气味变化过大，应引起警觉。不能仅认为饲料香味浓就是好饲料，人闻起来香的，猪不一定喜欢。

观察饲料均匀度。正规厂家的饲料混合是非常均匀的，不会出现分级现象，而劣质饲料很难保证饲料的品质，从每包饲料的不同部位各抓一把，很容易看出区别。

全价饲料

★中国黄页网，网址链接：http://product.yellowurl.cn/detail/5438148.html

（编撰人：付帝生，洪林君；审核人：蔡更元）

67. 怎样选择预混料?

选择猪的预混料最主要的是根据饲料的实际使用的效果来选择。有时候价格高或价格低的饲料在其他猪场使用效果好的，不一定适合自己的猪场，这是因为每个猪场的品种、管理水平等都不一样。如更换饲料，最好先小部分试验；母猪料尽量保持稳定。有时候市场猪价低迷，猪场老板往往会采用价格非常低的饲料来代替，这是不可取的，质量不好的饲料虽表面上降低了成本，但长期下来，猪的免疫力和抵抗疾病的能力就会下降，感染传染病风险会增加。

另外，也不能单一从猪粪便的颜色、软硬来判断饲料的“好坏”。猪粪颜色很黑，不一定代表猪的消化良好，一般铜含量较高的饲料会导致猪粪的颜色较黑。猪粪的颜色很黄，也不一定就是消化不良，如乳猪料中氧化锌量较大时，猪粪往往就比较黄。猪粪的颜色及软硬情况，与饲料中的矿物质元素（特别是铜、铁、锌含量）以及其他饲料原料的种类及搭配等都有关。一般比较正常的粪便应是不干不稀、无恶臭（但有时有氨气味）、没有未消化的玉米等颗粒。

在饲养过程中，不应为追求猪的体型、瘦肉率、出栏价格，而使用有兴奋剂（如瘦肉精）等添加剂的预混料，这样会给社会带来不良的影响。用安全、环保、高品质的适合自己猪场的饲料才是养殖追求的目标。

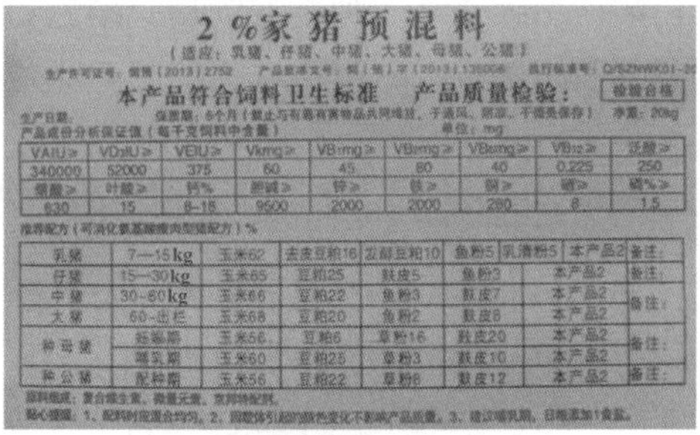

预混料说明书

★一呼百应网，网址链接：http://b2b.youboy.com/i/B1B1BEA9C5A3D1F2D4A4BBECC1CFBCDBB8F1.html

（编撰人：付帝生，洪林君；审核人：蔡更元）

68. 饲料配制应注意哪些问题?

饲料配方应根据猪各个生长阶段的生理特点、生产目的、饲料原料的特点和价格等来配制，一方面应满足猪的营养需要并促进其快速生长，另一方面要减少浪费、节约成本。

（1）要根据原料的特性和应用目的来设计。如麦麸，因含轻泄性的盐（硫酸镁、硫酸钠等），根据猪的消化能力和胃肠道发育情况，其在猪日粮中的添加比例应逐步添加，如小猪添加4%，中猪添加7%，大猪添加10%；怀孕猪消化粗纤维的能力较强且麦麸可防止便秘，麦麸的量应适当增加到18%～21%；哺乳母猪对营养要求较高，麦麸的容积比较大，营养价值相对较低，麦麸在哺乳料中的添加比例不宜大于6%，特别是在夏季，麦麸的量更是不宜添加太多，因为麦麸所产生的热增耗较高，会增加母猪体表的温度，影响采食量。

（2）不同的季节应调整相应配方。不同的季节，应配制营养浓度不同的日粮，以满足猪只的生理需要。炎热的夏季，为保证猪的营养需要，应注意调整饲料配方，增加营养液浓度，特别是提高日粮中油脂、氨基酸、维生素和微量元素的含量，降低饲料的单位体积，并适当添加氯化钾、碳酸氢钠、维生素C、酸化剂等抗热应激物质，以保证养分的供给，减缓其生产性能的下降。

（3）根据母猪体况来调整配方。

霉变玉米

★百度网，网址链接：https://zhidao.baidu.com/question/2053157906834731787.html

（编撰人：付帝生，洪林君；审核人：蔡更元）

69. 饲料保存应注意哪些问题？

（1）饲料应存放在通风、防雨、防潮、防虫、防鼠、防腐、防高温、避光，地势高、干燥的地方。

（2）饲料入库前要对包装、标识、内容和合同进行仔细检查。重点关注包装是否完整，实物和标识以及合同和内容是否相符合。

（3）饲料要按阶段分类垛放，各垛间应留有间隙，下有垫板，不能靠墙以防潮。

（4）在梅雨季节或夏季雨季时，应用塑料薄膜盖好各垛饲料，垫板周围可放些生石灰吸潮。在配饲料时，也可放些防霉剂（丙酸钙）防霉。

饲料霉变

★新浪网，网址链接：http://news.sina.com.cn/o/2005-08-29/11066808431s.shtml

（编撰人：付帝生，洪林君；审核人：蔡更元）

70. 怎样利用饲料添加剂喂猪?

目前应用于养猪的饲料添加剂，由于品种繁多，必须根据猪的不同生长阶段正确选用饲料添加剂，才能使猪增进食欲，提高饲料利用率，促进生长发育，提高繁殖率，增强免疫力，起到预防和治疗疾病的作用。现就如何正确选用饲料添加剂介绍如下。

（1）矿物质添加剂是以常量元素钾、钠、钙、磷、镁和微量元素铁、铜、锌、锰等组成。多以碳酸氢钙或磷酸氢钙为载体，添加膨润土、饭麦石、沸石粉或各种微量元素配制而成。这种饲料添加剂适用面广，各年龄的猪均可喂饲。

（2）维生素添加剂是以微量元素配制一定量国际单位的多种维生素粉剂，主要是B族维生素和维生素A、维生素E、维生素K，这种饲料添加剂适用于工厂化、规模化养猪或青饲料缺乏的季节，配种的公猪、妊娠母猪和开食仔猪均可喂饲。

（3）氨基酸类添加剂是微量元素添加一定量的氨基酸，主要是赖氨酸和蛋氨酸，这种饲料添加剂，适用于育肥猪、母猪妊娠前期和后期喂饲。

（4）药物添加剂是以微量元素配制一定量的药物。其药物有土霉素、四环素粉、磺胺类药粉，这类添加剂应严格按有关规定使用。适用于易发病的季节和患有慢性呼吸道和消化系统疾病及仔猪断奶后喂饲。

（5）中草药添加剂多由消食健胃、驱虫、止泻、抗菌消炎的中草药组成。这种饲料添加剂，适用于育肥猪的初期、哺乳期母猪和病毒性疾病的预防。

（6）剂量要准确，每次加药前先清点猪数，按头数称量，拌药一定要拌均匀，加药时尽量减小误差。

手工拌药（温氏猪场拍摄）

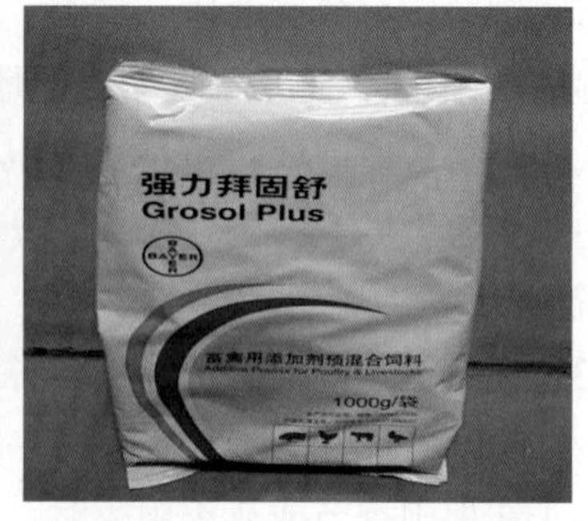

维生素类添加剂（温氏猪场拍摄）

（编撰人：孔令旋，洪林君；审核人：蔡更元）

71. 怎样自制添加剂喂猪?

饲料添加剂是指饲料中的各种微量成分，包括营养性、非营养性物质。其作用是完善日粮的全价性，提高饲料利用率，促进生长，防止疾病。以下是几种中药饲料添加剂的制作方法。

（1）中药催肥素配制方法。何首乌、贯众各250g，鸡蛋壳、杂骨（凡畜禽骨皆可）各500g，将原料烘干研细拌匀即得。饲喂方法：15～25kg的猪日喂150g；25～50kg的猪日喂200g；50kg至出栏阶段的猪日喂300g。每日早晨7时左右饲喂，按上述喂量加入1.5kg精料中，让猪先吃净；3h后再喂其他饲料，连喂10d。3个月后，再连喂3d即可。此药剂在3—4月效果最佳，对猪打圈、啃泥、拒食和慢性猪瘟等症状也有一定的治疗效果。

（2）贯二皮育肥素配制方法。将贯众、苍术、枳壳、陈皮、桑白皮、苏子各100g晒干研末，加入1.5kg曲酒和500g食盐，拌匀，再加入5kg炒熟后粉碎的黄豆粉。30～50kg体重的猪日喂量为50g；体重为50～70kg的猪喂量为70g。

（3）贯众、首乌、枳壳育肥剂配制方法。贯众、首乌、枳壳各300g混合研末，装瓶密封备用。日喂量为20g/50kg体重，早上添加少量精饲料。

三黄催肥剂：取黄荆子（炒至黄熟）500g，首乌、苍术、枳壳、茴香、甘草各200g，淮山药、贯众、陈皮各250g，黄精、桂皮、干姜各150g，大黄10g。将以上各药混合研末即成。15～20kg的猪日喂10g，20～50kg的猪日喂15g，50kg以上猪日喂20g。此药剂最适宜冬季使用。

中草药饲料添加剂

中草药饲料添加剂与饲料混合

★猪友之家，网址链接：http://www.pig66.com/breed/2015/0725/3705.html
★快资讯，网址链接：https://sh.qihoo.com/2s21spc5jaj？sign=look

（编撰人：莫健新，洪林君；审稿人：蔡更元）

72. 常见的饲料酶制剂有哪些？如何应用？

（1）酶制剂的种类。淀粉酶、脂肪酶、蛋白酶、纤维素酶、植酸酶和非淀粉多糖霉等多种单体霉以及各种各样的复合酶。

（2）应用方法。一类是用于补充内源性消化酶的不足，如淀粉酶、蛋白酶等。由于幼猪消化系统还不完善，消化酶的分泌与活性受到限制，导致幼猪生长不良，对非乳饲料消化利用率低，所以可在幼猪日粮中添加这类酶制剂来提高养分消化率。另一类用于抑制饲料中抗营养因子的不良影响，如植酸酶等。在饲料中添加植酸酶可抑制抗营养作用，提高饲料利用率和动物生产表现，还能降低动物排泄磷量，减少对环境的污染等。为有效提高酶制剂的使用效果，在生产中还要注意根据猪的生理特性、日粮组成及帮助消化的组分，合理选择酶制剂的种类，合理控制储存、加工、饲料等条件或环节。

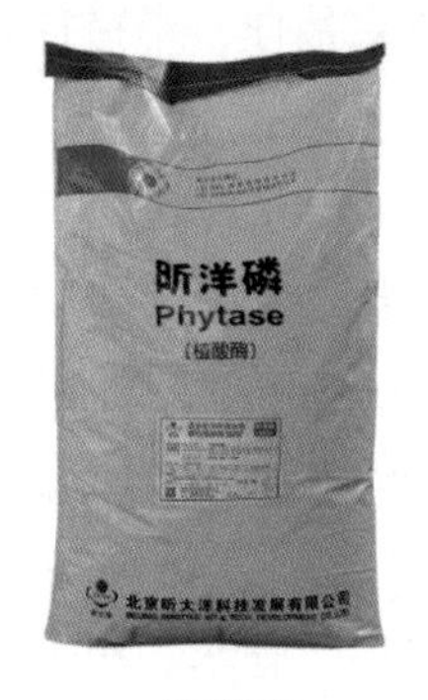

植酸酶

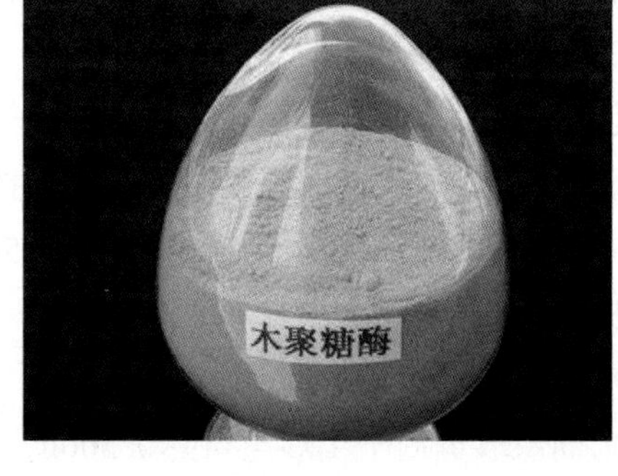

木聚糖酶

★汇通农牧，网址链接：http://www.htnm.com/chanpin/100037.html
★化工网，网址链接：http://huagong.huangye88.com/xinxi/53113525.html

（编撰人：付帝生，洪林君；审核人：蔡更元）

73. 如何应用微生物制剂？

微生物制剂是指在微生态理论指导下，运用微生态原理，利用对宿主有益无害的、活的正常微生物或者正常微生物促生长物质经过特殊工艺制成的制剂，从而达到调整机体微生态平衡的目的。微生物制剂的种类包括拟杆菌制剂、双歧杆菌制剂、芽孢杆菌制剂、酵母菌制剂、乳酸菌制剂等。现在国内已有一些生产厂家研究出饲料微生物制剂，在实际生产应用中表现出明显的作用和效果。作为绿色饲料添加剂之一的微生物制剂，在短短的几年内发展迅速，人们在作用机理、生理功能、菌群种类、应用实践等方面进行了有益的探索，取得了相当不错的成就。

（编撰人：付帝生，洪林君；审核人：蔡更元）

74. 如何应用酸化剂?

近年来，酸化剂作为高效、无污染、无残留的饲料添加剂，与益生素、酶制剂、香味剂等并列为新型的绿色饲料添加剂，饲料酸化剂的应用也日益普遍。目前，酸化剂已被广泛应用于仔猪饲料、家禽饲料、青贮饲料等领域，效果显著，但仍存在一些问题，如有些酸化剂使用效果还不稳定，添加剂量大，成本高，制成预混料不方便，饲料中的一些碱性物质常中和一部分添加的酸化剂，在胃中吸收速度过快，抑制胃酸分泌和胃功能的正常发育，易吸湿结，腐蚀加工机械、运输设备等。

要选择好的酸化剂产品，首先要对酸化剂所应该具有的功能有比较清楚的认识，另外也要对各种产品有比较清楚客观的认识，这样才能有的放矢。酸化剂能降低饲料pH值，降低饲料和酸结合力，促进胃内酶原活化；酸化剂还能促进肠道微生态平衡，预防动物肠道病原微生物疾病，促进营养物质消化。

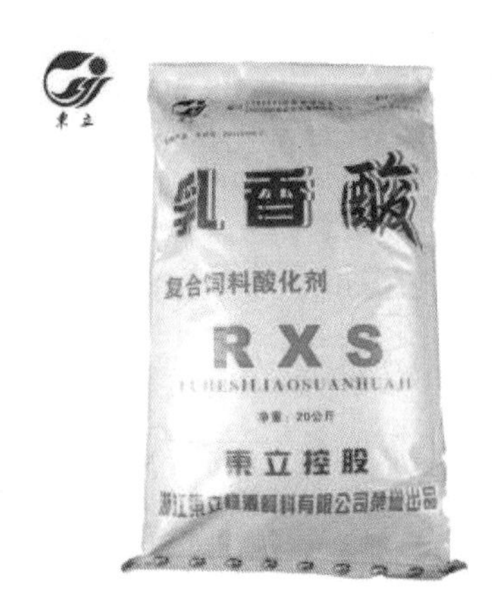

商品化的酸化剂

★饲料商城，网址链接：http://shop.feedtrade.com.cn/goods-207.html? from=rss

（编撰人：付帝生，洪林君；审核人：蔡更元）

75. 常见的青绿饲料有哪些？如何利用？

（1）种类。青绿饲料是指含天然水分60%以上的多汁植物性饲料。一般天然的青绿饲料包括禾本科、豆科、菊科和莎草科四大类。人工牧草包括青割玉米、高粱、大豆、苜蓿、沙打旺、草木樨、籽粒苋、鲁梅克斯、天香速成草等。另外，还包括家畜可食菜类。

（2）利用。根据猪的不同生长阶段和生产类型饲喂。

①产房仔猪。可用少量青绿鲜嫩的青料作引料，以促小猪早日认料，早日适应教槽饲料、继而提高其断奶重。

②繁殖母猪。尤其是在母猪的空怀期和妊娠前期可以利用青绿饲料、饲喂少量精料同样能满足其营养的需要。而在妊娠的后期和哺乳期，应视母猪体况减少青绿饲料的喂量，适当增加精料用量，粗蛋白和粗纤维的含量分别以14%和8%最好。种公猪的粗纤维含量以7%为宜。

③生长育肥猪。由于这类猪在各个生长阶段对青绿饲料的消化利用差异较大，因此，一般来说，小、中、大猪日粮中混合精料与青料的比例分别为1∶1、1∶2、1∶3。如果条件许可的话在出栏前30d左右可适当减少青绿饲料的喂量比例，同时增加精料的比例，这对于缩短育肥期、提高日增重更有利。

由于青绿饲料单位重量的营养价值并不是很高。因此，最好是与精饲料搭配利用，以求达到最佳利用效果。

青绿饲料的制作

★慧聪网，网址链接：https://b2b.hc360.com/supplyself/519567248.html

（编撰人：付帝生，洪林君；审核人：蔡更元）

76. 制作青贮饲料应把握哪些原则?

（1）青贮容器应具备的条件。青贮容器（青贮窖或池、青贮袋等）或地面青贮必须利于密封，位于干燥利于排水的地方，利于覆盖、防损、防鼠害。青贮前必须检查容器的密封性、清洁性，以防漏气，细菌或霉菌污染，青贮窖（池）或青贮堆四周利于排水，防止渗透。

（2）青贮原料要求。青贮饲料的长短以2～3cm为宜；含糖量以1.5%～2%为宜；含水量以手捏饲草时有水分但无水滴，一般为65%～75%；适宜温度为20～30℃。如全株玉米青贮在乳熟期至蜡熟期收割；玉米秆青贮在完熟且茎叶尚保持绿色时收割；桂牧一号、象草等要晾晒6～8h待水分降至要求时才能铡细青贮。

（3）青贮饲料的装填。青贮原料必须铡细、装填与压实。一是切碎青贮原料，即时装填，边装边压实（人工压紧和机器碾压），青贮料装填完后再进行最后一次碾压直至青贮料紧密均匀，表面整平；二是在装填好的青贮料上盖上塑料薄膜，塑料薄膜要超出装青贮料容器的边缘0.8～1m，边盖边检查薄膜有无破洞，如有破洞及时用不干胶封补，确认安全后用木板将四周压实固定，再用编织袋装上土或沙等放于木板和塑料薄膜上压紧压实，保持密封厌氧环境；三是设置防护栏，以防止损坏、鼠害等，在农村防好鼠害是青贮料制作成功的一大关键因素，必须加以重视。

（4）青贮饲料的取用。饲草青贮1～2个月后，可根据牲畜喂量随时取用，但必须从一头开封取用，并随取随封，以防青贮饲料因通气发霉、腐败变质。

秸秆青贮饲料的制作过程简图

★资讯中心网，网址链接：http://www.zgny.com.cn/ifm/consultation/2015-07-20/287059.shtml

（编撰人：付帝生，洪林君；审核人：蔡更元）

77. 怎样收贮青绿牧草?

（1）自然干燥法。牧草刈割后，先在草地薄铺暴晒5～6h，使含水量降到40%～50%，这时将草堆成高1m、直径1.5m的小堆，继续晾晒4～5d，等水分下降到15%以下时即可码垛保存。

（2）草架干燥法。用干草架制备干草时，首先把割下的牧草在地面上干燥0.5～1d，使其含水量降至45%～50%。无论天气好坏都要及时将草上架，若遇雨天也可上架。堆放草时，草的顶端朝里，同时应注意最低的一层牧草应高出地面，这样既有利于通风干燥，也可避免牧草因接触地面而吸潮。在堆放完毕后，将草架两侧牧草整理平顺，雨水可沿侧面流至地面，减少雨水浸入草内。在各种干草架中，以铁丝悬架效果最好。也可把割下的牧草架在树杈、院墙上干燥。

（3）发酵干燥法。将牧草堆积在一起，利用牧草细胞本身的呼吸作用和细菌、霉菌活动产生的热及借助通风，将牧草中所含的水分蒸发掉，使之干燥而调制干草的方法。在晴天刈割牧草用1～1.5d，使牧草在原草地上晾晒，使新鲜的牧草枯萎、凋萎。当水分减少到50%时，再堆成3～6m高的草堆，堆堆时应好好踩实，使凋萎的牧草在草堆上发酵6～8周，同时产生高热，堆中牧草由于受热后水分蒸发，逐渐变干呈棕色。调制棕色干草时，在发酵过程中牧草的一些营养物质会损失掉。发酵温度越高，养分损失越多，而且营养物质的消化率也会降低。

青绿牧草（温氏猪场拍摄）

青绿牧草收割（温氏猪场拍摄）

（编撰人：孔令旋，洪林君；审核人：蔡更元）

78. 非常规饲料原料的应用需要注意哪些问题?

非常规饲料应用上的缺陷包括含抗营养因子、适口性不佳。充分发挥非常规饲料的优势需要结合饲料营养特性、抗营养因子的种类、物理学特性以及应用价值等方面综合考虑。具体可以通过以下方法改进。

（1）要有针对性的选择饲料酶制剂种类，才能充分发挥其改良日粮营养比例和平衡营养的作用。

（2）通过改良处理工艺，使非常规饲料的适口性和消化性得到改善，在这种前提下可以考虑提高其在日粮中的占比。

（3）对于有毒或者有抗营养因子的饲料原料，可以在人工脱毒和抗营养因子钝化后再使用，同时要严格控制其在日粮中的占比。

（4）在使用新非常规饲料原料之前，一定要先评定或评估其营养成分、抗营养因子成分以及能量价值等指标。

（5）确定非常规饲料在日粮中占比之前，需要先结合非常规饲料原料的营养含量，体积大小以及有害成分占比进行综合考虑。

（6）设计饲料配方时，需要注意各种原料的营养特性来选用和搭配原料，特别需要注意限制性氨基酸的满足情况，以及钙、磷元素比例。维生素和微量元素的用量也要充分关注。

（7）饲喂含有非常规原料饲料时，需要结合猪只大小考虑到其占比，要有过渡期和适应期。

存在抗营养因子饲料原料

酵母饲料

★和谐农牧，网址链接：http://www.hmken.com
★八法资源网，网址链接：http://info.b2b168.com/s168-11305251.html

（编撰人：全建平，洪林君；审核人：蔡更元）

79. 常用饲料原料玉米的选择应注意哪些问题？

玉米在常规饲料原料中有“饲料之王”的称号，广泛应用于养殖业中，通常占饲料原料比例的60%以上。因此充分利用玉米饲料的价值，需要确保其品质。

选择玉米原料需要重点关注以下几点。

（1）颜色。新鲜的玉米风干或半烘干呈黄色或淡黄色，有光泽；而陈旧的玉米往往失去原有的光泽，颜色较白，玉米颗粒的皮屑较多。

（2）口感。通常情况下，玉米颗粒在口嚼后应有特有的甜味（如口嚼后有苦味则不能选择），有霉味和异臭、异味的玉米也不能选择。

（3）水分含量。水分含量是选择玉米时应该重点考虑的因素，水分含量高容易滋生霉菌并产生毒素，不利于储存。

（4）外貌。质量良好的玉米，籽粒饱满、完整、均匀。要求破损颗粒占比不大于7%（破损形式包括：热损伤、破碎、虫蚀、病斑、生霉和生芽），玉米中杂质含量不得高于1%。

（编撰人：全建平，洪林君；审核人：蔡更元）

80. 常用饲料原料豆粕的选择应注意哪些问题?

大豆加工的一个重要的副产品是豆粕，由于其高蛋白的优势常被用于饲料原料中。饲料中仅仅添加豆粕这一种蛋白质原料就能够完全满足猪对饲料中氨基酸的要求，而不需要添加昂贵的鱼粉等成分。由于饲料中豆粕的重要性，在选取时，就要求格外小心。主要可以参照以下几点来进行选择。

（1）颜色。淡黄色至淡黄褐色是豆粕的正常颜色，颜色应簇新一致，豆粕加热过度易造成梅拉德反应的产生，致使蛋白质变性，营养价值降低，表现为颜色太深；豆粕加热不足会造成抗营养因子含量过高，造成猪只腹泻，表现为颜色太浅。

（2）风味。烤黄豆香味是正常的豆粕味道，若有酸败、霉变、焦化味、生豆味及其他异味则可以断定豆粕质量异常。

（3）质地。优良的豆粕呈颗粒状或碎片状，且质地均匀，流动性良好。颗粒太粗或太细均不佳；壳粉占比也是评定指标之一，占比太高也表明质量不佳。

（4）粒度。根据猪只大小，阶段选择合适的豆粕颗粒大小是有条件猪场的通常做法，保育猪料用1.5mm大小，小猪料用选择1mm大小，中大猪用2.5mm大小，种猪用3.5mm大小的筛片来粉碎。

（5）杂物。豆粕在价格较高时，不法分子容易在其中掺假。掺玉米粉、泥沙、石粉、贝壳粉等其他原料，甚至是做假豆粕，猪场需要不定期地送饲料厂或检测机构检测。

豆粕

★新浪博客，网址链接：http://blog.sina.com.cn/s/blog_141ee4d690102vyiz.html
★慧聪网，网址链接：https://b2b.hc360.com/viewPics/supplyself_pics/220595245.html

（编撰人：全建平，洪林君；审核人：蔡更元）

81. 常用饲料原料鱼粉的选择应注意哪些问题？

鱼粉是一种由鱼经过加工处理的蛋白质饲料。有效能值高、矿物质和维生素含量较高、促生长因子含量较高等是鱼粉的优势。鱼粉是饲料原料中非常优良的营养原料。合格鱼粉是有烤鱼香味的淡黄色或褐色的粉状颗粒，且大小均一，干燥不油腻。用手抓握有蓬松感，不易结块，发黏，成团。气味上如果有，氨臭味则表明有酸败。水溶性差，发生霉变的鱼粉是不能够作为饲料原料的。采购人员可以通过以下方法判断是合格鱼粉还是品质较差鱼粉。

（1）由于贮藏不当，自燃而烧焦的鱼粉表现为颜色较深，偏黑红，外表无光泽，有烧焦味，这类鱼粉不宜使用。

（2）由于贮藏过程中脂肪发生氧化的鱼粉表现为深褐色，外表感觉油腻，有油臭味，味道苦涩。

（3）由于加工过程中鱼本身发生腐败，或加工过程中掺有尿素等物质，鱼粉则表现为有较重氨臭味。

（4）掺假鱼粉主要表现为不香，气味较腥，外表无光泽，较多纤维状物。同时若鱼粉颗粒较细，多小团，触摸易碎也是假鱼粉的常见特点。

鱼粉散装　　鱼粉袋装

★慧聪网，网址链接：https://b2b.hc360.com/viewPics/supplyself_pics/592909438.html
★一呼百应采购商城，网址链接：http://news.youboy.com/cihui/yufensiliao.html

（编撰人：全建平，洪林君；审核人：蔡更元）

82. 原料麦麸的选择应注意哪些问题?

麦麸为小麦加工副产品之一，呈麦黄色，片状或粉末状；纤维和维生素含量高，能量不高，不宜用于教槽料和乳猪料的原料，有利于肠道蠕动，是种猪或肉猪良好的饲料原料。麦麸长时间贮藏，尤其在夏季，容易造成变味，生虫。猪只对于变味的麦麸会出现采食量严重下降和拒食现象。在选择麦麸时主要关注以下两点。

首先应该注意外观，一致性较好的淡褐色或淡黄色是麦麸的正常颜色。麦麸正常的气味为略带甜味，无酸味，异味，也没有陈味。

其次是注意识别掺假。不法分子常用的麦麸掺假物种有滑石粉、稻谷糠等。鉴别方法为：用手伸入麸皮堆，若手抽出后，粘有白色粉末且不易抖落则为掺入滑石粉；若粘有白色粉末且容易抖落，则为掺入面粉；若手抓一把，能够用力攥紧成团则为纯正麸皮，有蓬松感则有掺入稻糠。

麦麸

★同携网，网址链接：http://www.tbw-xie.com/px_0/555115555763.html
★中国天气，网址链接：http://p.weather.com.cn/2015/10/gdt/2403921_list.shtml#p=1

（编撰人：全建平，洪林君；审核人：蔡更元）

83. 哪些非常规饲料原料可用于猪饲料?

非常规饲料原料定义为在饲料配方中用得比较少，且对其营养价值了解较少的原料。非常规饲原料通常是一个相对概念，非常规饲料原料需要根据国内地理区域和畜禽类别进行划分。猪作为杂食性动物，食物来源较为广泛。猪能够被饲喂多种非常规原料，汇总为以下几种类型。

（1）谷物类原料。如蚕豆、薯类、高粱及其他杂粮。

（2）糠麸与糟渣类原料。糠麸类主要有玉米糠、小麦糠、高粱糠、米糠等。糟渣类如酱油糟、甜茶渣、醋糟、酒糟、豆腐渣、粉渣等。

（3）饼粕类原料。包括花生类、芝麻类、棕榈仁类、棉籽类、菜籽类、胡麻类和葵花类饼粕等。

（4）动物性饲料原料。包括肉骨粉、黄粉虫、鱼粉、肉粉、血粉、猪毛水解粉、大麦虫、羽毛粉、蚕蛹、蛋壳粉和骨粉等。

（5）其他饲料原料。如牧草、树叶、嫩枝等。

高粱

酒糟

★黔农网，网址链接：http://www.qnong.com.cn/zhongzhi/liangshi/17678.html
★新浪微博，网址链接：http://control.blog.sina.com.cn/

（编撰人：全建平，洪林君；审核人：蔡更元）

84. 种公猪营养需要有哪些特点？

（1）日粮应以休闲期、繁殖期或常年配种的情况为基础来制定，结合公猪的身体状况、精液质量、专用猪饲料配方，不能使用育肥猪饲料。当青年公猪达到100kg或180d时，应实施限量喂养，每日饲喂3.0kg。成年公猪，每日饲喂量2.5kg左右。在繁殖季节，每天增加0.5kg饲料或在饮食中添加鸡蛋（每日1～2颗），以保持公猪强壮的力量。夏季饲喂3次，冬季喂料2次，季节性或常年性配种使用强度大，每千克饲料蛋白质含量应不低于25mg，硒不能低于0.1mg，应注意添加生物素。

（2）为了增加公猪的性欲、射精量和精子活力，应该饲喂适量的绿色饲料或青贮饲料。一般饲喂应控制在约10%的饮食结构中（根据干物质），不能吃太多以避免草腹的形成。

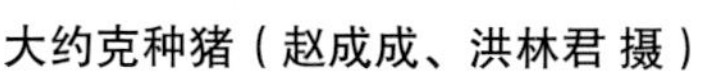

大约克种猪（赵成成、洪林君 摄）

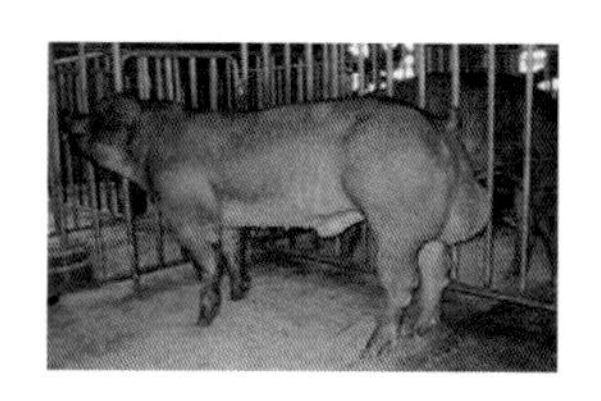

杜洛克种猪（赵成成、洪林君 摄）

（编撰人：赵成成，洪林君；审核人：蔡更元）

85. 怎样生产种公猪配合饲料?

在设计种公猪日粮配方时，主要考虑的是提高其繁殖性能。一方面饮食的能量适中，富含高质量的蛋白质、维生素和矿物质；另一方面需要良好的饮食。饮食的量不能大，因为大会造成雄性猪的肚子增大，影响繁殖，所以不应该有太多的粗粮饮食。各种来源的蛋白质饲料可以相互补充，提高蛋白质的生物学价值。蔬菜蛋白质饲料可以从豆饼、花生饼、油菜籽饼和豆科干草粉中提取，而不是棉籽饼，因为棉酚会杀死精子。动物蛋白饲料（如鱼粉、蛋、蚕蛹、蚯蚓等）可提高精液质量。膳食维生素，特别是维生素A、维生素D和维生素E，以及矿物质钙、磷和微量元素硒缺乏，将直接影响到猪精液的质量和繁殖能力。适当地补充一些绿色和多汁的饲料是有益的。种公猪的饲料禁止与发霉、变质和有毒的饲料混合。

种公猪配合饲料

种公猪

★养猪巴巴，网址链接：http://www.yz88.cn/Article/125624.shtml

（编撰人：赵成成，洪林君；审核人：蔡更元）

86. 后备母猪营养需要有哪些特点?

后备母猪是一个养猪场的后备生产力，后备母猪的生存期为3～5年，肩负着繁重的育种任务，同时具有很强的周期性，因此，后备母猪的营养和饲养管理尤为重要。后备母猪的营养需要如下。

（1）0～50kg的后备母猪。在后备母猪体重达到50kg之前，日粮饲喂充足，能够满足商品猪的营养需要即可。

（2）50～80kg的后备母猪。50～80kg的后备母猪，基本饲养目标是使瘦肉组织的生长速度达到最佳。

①青年母猪生长期日粮。与商业猪的日粮相比，典型的低营养饮食含有较高

的维生素和微量元素，因为生长和繁殖所需的营养需求是不同的。高水平的维生素和微量元素被用来增加体内这些营养物质的储存。

②母猪生长期日粮中添加微量元素。饲料中钙和磷的含量应高于同时期商业猪饲料中钙、磷含量的10%。除了高水平的钙和磷，还应添加额外水平的铜、锌、铁、碘和锰到日粮中，母猪生长可以增加这些微量元素在体内的储存。

③80kg至配种阶段的后备母猪。在80kg的交配阶段，喂养后备母猪的基本目标是尽可能地控制身体状况以满足规定的身体条件。后备母猪在交配期之前可以自由饲养或育肥，至少需要3 250kcal/kg的消化能量和0.72%的赖氨酸。

后备母猪

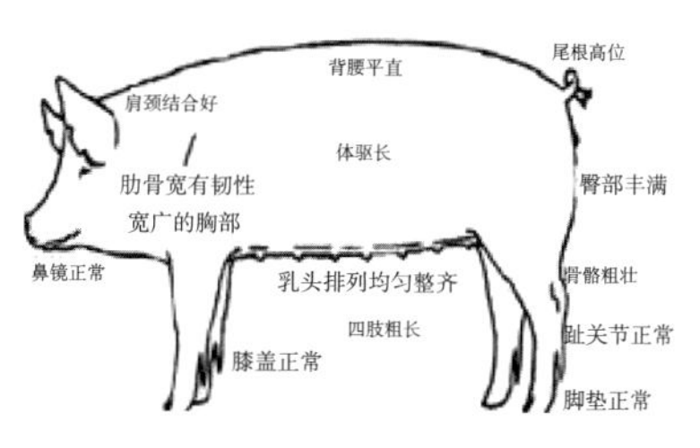

后备母猪标准图

★搜狐网，网址链接：http://www.sohu.com/a/197293622_769261

（编撰人：赵成成，洪林君；审核人：蔡更元）

87. 妊娠母猪营养需要有哪些特点？

（1）妊娠前期（配种后的1个月以内）。胚胎几乎不需要额外的营养，但是有两个死亡的高峰，饲料供给数量相对较小，质量要求高，一般喂1.5～2.0kg的怀孕母猪料。饲料营养水平：消化能2 950～3 000kcal/kg，粗蛋白14%～15%，绿色粗饲料的数量不应过高，不能吃发霉变质和有毒饲料。

（2）妊娠中期（妊娠的第31～84d）。饲喂1.8～2.5kg妊娠母猪料，具体饲喂量由母猪身体条件决定，可大量喂料，但必须给母猪吃饱，防止便秘。严防给料过多，导致母猪肥胖。

（3）妊娠后期（临产前1个月）。胎儿发育迅速，同时也需要进行泌乳养分积累，母猪营养需求高，可供应2.5～3.0kg哺乳母猪料。这一阶段应该相对减少绿色多汁饲料或青贮饲料。在产前5～7d内逐渐减少饲料喂养，直至分娩当天停止喂料。哺乳母猪料营养水平：消化能3 050～3 150kcal/kg，粗蛋白16%～17%。

妊娠母猪

阶段	膘体控制	怀孕料（kg/d）	哺乳料（kg/d）
怀孕0～3d	2.5～3分	1.5～1.8	—
怀孕4～35d	—	1.8～2.2	—
怀孕36～80d（调整膘体）	80日龄≤2.8分	2～2.5	—
怀孕81～90d	3分	2.3～2.8	—
怀孕91d至产仔前1d	3.5分	怀孕料与哺乳料一比一搭配，3.0～3.4	
产后第1d	—	—	1～1.5
产后第2d	—	—	初产3.0；经产6.0～7.0
产后第3d	—	—	初产4.5；经产6.0～7.0
产后第4d至断奶当天	—	—	自由采食
断奶至再次配种	—	—	3.0

妊娠母猪各阶段营养需求

★华夏养猪网，网址链接：http://www.pigol.cn/Yzjs/201101/39811.html

（编撰人：赵成成，洪林君；审核人：蔡更元）

88. 泌乳母猪营养需要有哪些特点？

猪奶是仔猪不可缺少的食物，泌乳水平对仔猪影响深远。了解哺乳母猪的生理特点和营养需求，可以保证母猪的健康，提高产奶量，提高猪奶的质量，对仔猪生产具有重要意义。

（1）生理特点。泌乳早期奶量多，中期逐渐减少，后期最低。因此，在母猪的早期哺乳中应注意加强营养供给，同时在奶量开始下降之前，应开始给哺乳仔猪喂料。根据母猪胎次而言，第一胎的奶量较低，第二胎的奶量逐渐增加，第三胎到第五胎是整个生命中哺乳期的高峰期，第七胎的泌乳量逐渐减少。

（2）营养需求。

①蛋白质需求。蛋白质是猪奶的重要组成部分。饮食中含有适当的粗蛋白，不仅可以增加猪奶的产量，还能增加猪奶中的蛋白质含量。哺乳母猪的蛋白质需求依赖于产奶量、奶蛋白含量、饲料蛋白质的生物效率和消化率。结合哺乳母猪口粮，不仅要保证蛋白质的供给，同时还要注意氨基酸的比例。

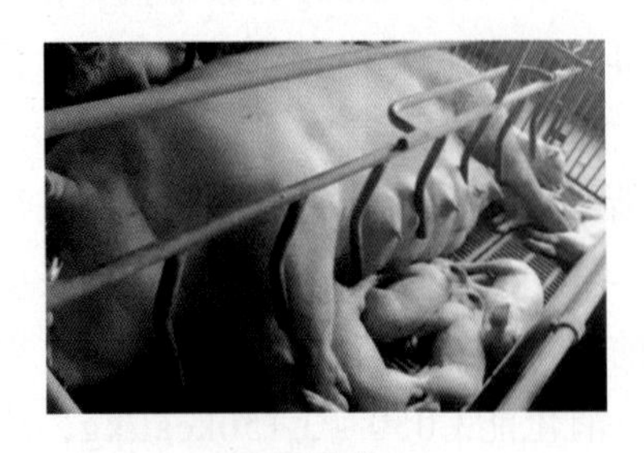

泌乳母猪

母猪产后抑郁

★养猪资讯，网址链接：http://www.zhuwang.cc/show-125-208928-1.html

②矿物需求。哺乳期，母猪从奶中分泌大量的矿物质，因此不仅需要为母猪提供蛋白质，还要注意矿物质、矿物质和其他营养成分的比例。钙和磷是母猪泌乳期最重要的矿物质元素。如果不注意或比例不当，往往导致泌乳母猪健康状况恶化，骨病变，泌乳量也显著减少。

③维生素需求。猪乳中含有丰富的维生素。因此，泌乳母猪的维生素需要量，应该是泌乳量再加上维持需要量。

（编撰人：赵成成，洪林君；审核人：蔡更元）

89. 仔猪营养需要有哪些特点？

哺乳仔猪生长迅速，物质代谢旺盛，养分利用能力强，但消化系统开发并不完善，消化器官不发达，体积小，功能不完善，消化酶的分泌量不足，饲料消化能力低，对饲料有一定的过敏反应的抗原物质敏感，酸分泌不足，消化道缺乏酸性环境，抑制病原菌的能力较低，消化道病原微生物群占主导，仔猪容易腹泻，所以仔猪原料的制备需要高技术、原料的选择也必须满足仔猪的消化生理特性。

（1）能量需要。仔猪饲料应保持较高的能量和较低的粗纤维，必须在仔猪饲料中添加植物油，或在配方中使用较高比例的全脂大豆。7日龄的小猪可以更好地利用葡萄糖和乳糖作为能量来源，小猪7～10日龄可以利用果糖和蔗糖，2～3周龄小猪由于其消化道淀粉酶和肠道二糖酶不足，不能使用淀粉作为能量的来源。但是断奶仔猪可以植物性饲料为基础，适当添加乳糖和其他成分。

（2）蛋白质水平。仔猪对蛋白总量没有很高的要求，但必须要保证日粮中各种必需氨基酸的平衡。可以通过添加一些日粮中缺乏的氨基酸，即使在日粮蛋白水平较低的情况下（通常为18%），氨基酸达到平衡，仍能取得很好的饲养效果。仔猪日粮中前4个限制性氨基酸分别为赖氨酸、苏氨酸、蛋氨酸和色氨酸。低蛋白饲料可以减少仔猪腹泻、下痢发生率，减少猪场氮排放量，降低饲料成本。

仔猪

使用阶段	玉米（%）	膨化玉米（%）	浓缩饲料1030（%）
体重15kg前	70	—	30
	40	30	30

仔猪营养需要

★赛尔畜牧网，网址链接：http://xm.saier360.com/show-19-19742-1.html

（编撰人：赵成成，洪林君；审核人：蔡更元）

90. 生长育肥猪的营养需要有哪些特点？

生长育肥猪的经济效益主要表现为生长速率、饲料利用率和瘦肉率。因此，合理的饮食应根据生猪的营养需求来进行，以便能最大限度地提高瘦肉率和肉料比。

（1）为了获得最优育肥效果，不仅要满足蛋白质含量的要求，还要考虑氨基酸的平衡和利用率。高能量降低了胴体的品质，而适当的蛋白质可以改善猪的胴体质量，这需要一个适量的能量蛋白比。由于猪是单胃杂食性动物，粗纤维饲料的利用率非常有限。在一定条件下，随着饲料粗纤维水平的增加，能量的摄入量会降低，体重增加速率和饲料利用率降低。因此，生猪饲料中粗纤维含量不宜过高，育肥期所占比重应小于8%。矿物质和维生素是猪正常生长和发育的必需营养素。长期过量或不足会导致代谢紊乱、体重增加速率减缓、严重会导致缺乏症或死亡。

（2）为了满足肌肉和骨骼在生长期的快速增长，能量、蛋白质、钙和磷的含量较高，饲粮含消化能12.97～13.97MJ/kg，粗蛋白水平为16%～18%，适宜的能量蛋白比为188.28～217.57粗蛋白g/MJ DE，钙0.50%～0.55%，磷0.41%～0.46%，赖氨酸0.56%～0.64%，蛋氨酸+胱氨酸0.37%～0.42%。在育肥期，能量得到控制，脂肪沉积减少。日粮含消化能12.30～12.97MJ/kg，粗蛋白水平为13%～15%，适宜的能量蛋白比为188.28粗蛋白质g/MJ DE，钙0.46%，磷0.37%，赖氨酸0.52%，蛋氨酸+胱氨酸0.28%。

育肥猪

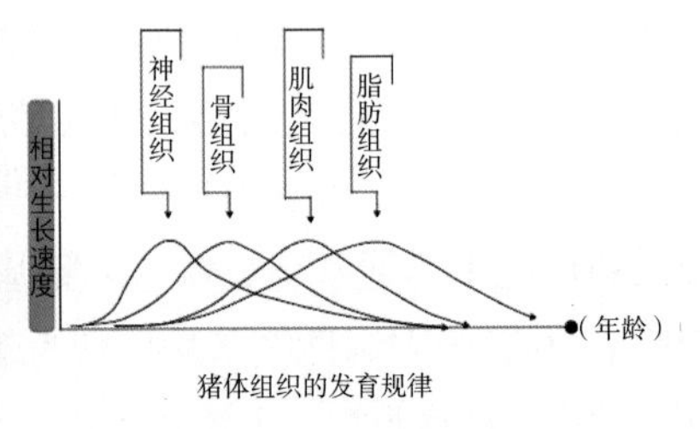

育肥猪各阶段营养需要

★猪友之家，网址链接：http://www.pig66.com/show-116-18262-1.html

（编撰人：赵成成，洪林君；审核人：蔡更元）

91. 怎样生产后备母猪配合饲料？

后备母猪专用饲料设计开发应符合后备母猪营养需要的特点，特别是使用大剂量的维生素，在生产的过程中预混料经喷油处理，有效保证多种维生素的稳定性，满足后备母猪需要的维生素。

（1）后备母猪前期料（20～60kg）。能促进母猪骨骼发育，延长母猪的寿命，促进猪肌肉和脂肪的发育，有利于母猪的成熟，有利于卵巢的发育。后备母猪体重在60kg前，每千克配合饲料应包含消化能量13J，粗蛋白16%，赖氨酸0.8%，钙0.75%，磷0.65%，让猪自由进食，促使其尽快生长。

（2）喂养后备母猪后期饲料（60kg至配种前）。能促进卵泡发育，获得最大排卵数量，及时启动初产母猪发情，改善母猪发情率，促进正常发情行为，减少沉默发情母猪的数量，提高卵母细胞质量，提高受精率，延长母猪生殖寿命，增加生殖胎儿数量。体重60kg后，膳食钙和磷含量可增加0.1%。

（3）后备母猪饲料的制备可根据其要求，购买特殊预混料或浓缩料，并可生产或购买玉米、小麦、大麦等能量饲料、豆粕等蛋白质饲料。饲料也应适当添加一些高纤维素含量的粗饲料，如麦麸、啤酒糟、草粉等，有助于减少胃肠溃疡，降低能量集中和饲料成本。最好选择一些绿色、多汁的优质牧草、蔬菜等，春季和冬季可以使用青贮，体重从35kg开始，每天喂1kg，逐渐增加到3kg左右。

后备母猪配合饲料

后备母猪

★中国养猪网，网址链接：http://www.zhuwang.cc/show-35-347562-1.html

（编撰人：赵成成，洪林君；审核人：蔡更元）

92. 怎样生产妊娠母猪配合饲料？

根据妊娠期母猪的营养和生理特点，应在妊娠的不同阶段提供不同营养水平的日粮，以满足维持生命、增加体重和胎儿生长的需要。在繁殖之前，较高的营养水平会增加幼母猪的排卵数量和卵母细胞的质量。

（1）妊娠前期应严格限制喂养，含消化能的饲料可达12.1J/kg，粗蛋白13%，赖氨酸0.6%，钙0.75%，磷0.65%，每日食量1～2kg。经过35d的妊娠，母猪消化能力增强，口粮能维持中等营养水平，饲料中含有消化能量11.5～12J/kg，粗蛋白11%～13%，每日饲喂量2～3kg，可适当饲喂较多的绿色多汁饲料和粗纤维含量高的饲料。

（2）母猪妊娠后期（95～112d），此时胎儿进入快速发育的阶段，必须满足胎儿的营养需要，以提高仔猪的初生重，饲料含消化能13.5～13.9J/kg、粗蛋白16%～17%、赖氨酸1%、钙0.9%、磷0.7%，日喂量3～4kg。

（3）配合饲料配比。

①妊娠前期：玉米65.21%、次粉13%、麦麸3%、稻谷5%、鱼粉1%、豆饼9%、磷酸氢钙1.7%、石粉0.8%、食盐0.3%、添加剂1%。本配方含消化能3.22Mcal/kg、粗蛋白12.82%、钙0.75%、总磷0.6%。与标准比较，消化能低0.18Mcal/kg。

②妊娠后期：玉米23%、麸皮13%、统糠31.65%、鱼粉1.0%、炒豆粕8.5%、磷酸氢钙1.5%、食盐0.28%、添加剂1.5%。

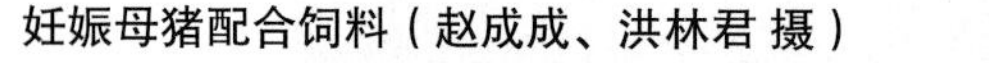
妊娠母猪配合饲料（赵成成、洪林君 摄）

妊娠母猪（赵成成、洪林君 摄）

（编撰人：赵成成，洪林君；审核人：蔡更元）

93. 怎样生产泌乳母猪配合饲料？

（1）小型养猪场可选用浓缩饲料制备哺乳母猪料。小型养猪场或养殖户可以购买高品质的哺乳母猪专用精料，添加他们自己的或购买的谷物及其副产品，用于哺乳母猪的全价饲料。蛋白质浓缩物可提供蛋白质、氨基酸、维生素、矿物质、微量元素等，38%的蛋白质浓缩物，25%的比例添入哺乳母猪配合饲料，其余75%由玉米、小麦、大麦等谷类和麦麸、米糠等组成。要求除满足饲喂标准外，粗纤维含量不宜过高，应小于7%，脂肪含量不超过8%，代谢能水平不低于13J/kg。

（2）中型猪场可选用预混料制备哺乳母猪料。中型养猪场可使用1%或4%

的哺乳母猪专用预混料，加入玉米等谷类饲料和豆粕、棉粉、花生粕等蛋白质饲料，并将哺乳母猪的全部原料混合。蛋白质饲料主要是豆粕，添加3%～5%的鱼粉有助于提高泌乳母猪的泌乳能力。棉籽粕、花生粕和其他杂粮的适口性差，消化率低，因此，添加量不超过蛋白质饲料的30%。注意蛋白质饲料不能用菜籽粕，否则会影响哺乳母猪的泌乳能力。在高温季节，为了防止哺乳母猪采食量下降，可在日粮中添加3%～4%的油脂。

泌乳母猪

哺乳母猪配合饲料

★中国兴农网，网址链接：http://nykj.xn121.com/syjs/lssg/1885028.shtm

（编撰人：赵成成，洪林君；审核人：蔡更元）

94. 怎样配制保育仔猪配合饲料?

由于保育仔猪日龄小（30～60日龄），肠绒毛尚未发育完全，消化系统比较脆弱，消化机能弱，抵抗力差，特别是刚断奶的仔猪由于刚离开母猪，仍然处于断奶和离母的应激状态，对外界环境变化非常敏感，很容易得病，又是处于从液体母乳转化到固体饲料的过程，必须加强管理，慢慢过渡。所以，要求仔猪日粮必须要原料品质新鲜、营养全面、适口性好、易消化、体积小、粗纤维适量。下面介绍几个保育仔猪的饲料配方。

（1）全国断奶仔猪配方协作试验中的统一配方。霉黄玉米（12%水分）62%，低尿酶豆粕（粗蛋白44%）25%，低盐进口鱼粉（粗蛋白60%）6%，食用油3%，赖氨酸1%，磷酸氢钙2%，食盐0.3%，预混料1%。

（2）美国的仔猪三阶段饲养体系。美国的Nelssen博士于1986年提出了仔猪饲养的“三阶段饲养体系”。

第一阶段（体重7kg以内），喂40%的乳产品，饲料中的赖氨酸含量为

1.5%，料型为颗粒料，这里的颗粒料即是我们常说的教槽料。

第二阶段（7～11kg），采用谷物—豆饼日粮，含有一定的乳清粉和一些高质量的蛋白饲料，如喷雾干燥血粉或浓缩大豆蛋白，饲料中的赖氨酸含量为1.25%。配方举例如下。

玉米粉68%、膨化豆粕18%、喷雾干燥血粉3%、鱼粉3%、乳清粉2.5%、蔗糖1.5%、磷酸氢钙1%、预混料1.5%、豆油0.5%、赖氨酸0.25%、食盐0.3%、沸石粉0.5%。

第三阶段（11～23kg），采用谷物—豆饼日粮，饲料中的赖氨酸含量为1.10%。基本上慢慢地可以掺入一部分小猪饲料了。

保育仔猪

仔猪保育料

★中国畜牧产品交易网，网址链接：http://www.xumu86.com/goo ds.php? id=4490

（编撰人：赵成成，洪林君；审核人：蔡更元）

95. 怎样配制生长育肥猪配合饲料?

不同生长阶段的猪对应不同的营养要求，应以猪的年龄、体重等为依据，选择不同的喂养标准来准备饲料。合理选择原料，在选择饲料时要注意下面几点。

（1）原材料的种类和用量。根据原料的不同质量，在各种原料之间起到互补的作用。常用饲料谷物的比例，如玉米、水稻、大麦、小麦和其他占50%～69%，小麦麸皮、米糠占10%～21%，大豆豆粕、大豆粉占14%～19%，鱼粉等动物蛋白饲料、蚕蛹粉占3%～7%，草粉末、叶粉小于5%，壳粉、骨粉占3%，盐不到0.5%。

（2）注意饲料的特性。如适口性、饲料中有毒成分的含量，有无霉变。

（3）重视经济原则。本着因地制宜、就地取材的原则，充分利用手边资源。

（4）注意原料的体积。饲料的体积须与猪消化道容积相适应。

猪日粮各类原料的搭配比：谷类50%～65%，饼类10%～18%，糠麸类

15%～20%，草粉3%～7%，青绿多汁饲料占10%～70%。现以商品瘦肉猪为例，按三段饲养法，提出如下表中所列的能量和蛋白水平比较合适。

商品瘦肉猪的能量和蛋白水平

体重（kg）	10～20	20～54	54以上
每千克可消化能（MJ）	13.3	12.9	12.13～12.54
粗蛋白（%）	18～19.5	15～16	13～14.5

在瘦肉猪的饮食中，应注意能量平衡、蛋白质水平和氨基酸的平衡，以及钙、磷、盐和维生素的补充。现在一般都是封闭的猪圈，猪没有机会接触土壤，猪很容易缺乏维生素和微量元素，可以购买商业维生素和微量元素添加剂来补充。以下的饲料配方可用于此要求。

体重（kg）	10～20	20～60	60～90
饲料类别			
玉米	46	48	41
高粱	10	11	10
大麦	10	11	15
麦麸	8	17	11
豆饼	12	13	10
葵仁饼	5.8	3	3
菜籽饼	6	6	6
骨粉	1	1	1
食盐	0.3	0.25	0.3
每千克含消化能（MJ）	13.17	12.92	12.13

饲料配方举例

饲料组成	比例（%）		营养成分	含量	
	前期	后期		前期	后期
玉米	60.2	62.4	消化能（MJ/kg）	13.38	13.46
麸皮	5	5	粗蛋白质	16.1	14.3
三等粉	14.4	14.56	粗纤维	3.4	3.3
豆粕	11	6	钙	0.61	0.54
菜籽粕	2.5	2	磷	0.49	0.44
鱼粉	2	2	赖氨酸	0.75	0.60
预混料	4	4	蛋氨酸+胱氨酸	0.5	0.46

生长育肥猪饲料配方举例

★赛尔畜牧网，网址链接：http://xm.saier360.com/show-22-109359-1.html

（编撰人：赵成成，洪林君；审核人：蔡更元）

96. 农家怎样利用青、粗饲料多餐育肥猪?

合理利用青、粗饲料，不仅能够降低饲料成本，也能够摄入更多的维生素、矿物质，提升个体对疾病的抗性。合理利用青粗饲料应注意如下几点。

（1）需要根据生猪不同的生长阶段和生产类型采用不同的措施。针对哺乳仔猪、繁殖母猪和生长育肥猪，青粗饲料利用的比例有较大的差异。

（2）注意青粗饲料品质的好坏，且要多样搭配，任何一种青粗饲料都不具有全面的营养价值，多样配合可以起到互补的作用，提高各种氨基酸的利用率。

（3）注重青粗饲料的加工和调剂。青绿饲料最好是切碎、打浆后与精粗饲料混合饲喂，粗饲料收割后要立即晾干，并尽量保持其完整性，妥善保存或直接青贮。

（4）需要保持饲料的全年均衡供应。不同季节青绿饲料来源有所差异，加强计划性非常重要。

青粗饲料

青绿饲料发酵

★黄页88网，网址链接：http://yangzhi.huangye88.com/siliao/cusiliao/pn2/
★陵川县丰牧种植专业合作社，网址链接：http://shop.99114.com/47845841/pd85683861.html

（编撰人：叶健，洪林君；审核人：蔡更元）

97. 如何减少猪场的饲料浪费？

做好饲料运输和保存，一次购买5～7d的饲料量，保证饲料新鲜度。饲料的运输和保存过程中注意防雨防晒，防潮湿，防霉变，防止家禽、鸟类及老鼠偷吃。

采用良好的饲喂方式，在喂料前清理料槽，避免被猪粪便、尿液等污染。喂料过程要将饲料准确投送至料槽，避免撒在地面。精确投喂量，按照猪只需求量投喂，避免猪只吃不完浪费。

选择合适的料槽和下料口，避免饲料在料槽中吃不到；由于料口过小造成饲料磨成粉猪吃不到或者不喜欢吃，下料口过大容易造成饲料颗粒大，猪拱料容易浪费。

控制好猪群的养殖密度，可以明显提高饲料转化率，从而降低料肉比，间接减少饲料浪费。

做好猪群免疫、保健、驱虫、环境温湿度控制，减少各项应激，提高猪群健康程度，也能提高猪只上市率，降低料肉比，间接减少饲料消耗浪费。

自动喂料器

限位栏养猪

★中国养猪网，网址链接：http://www.zhuwang.cc/
★百度图片，网址链接：http://www.baidu.com

（编撰人：全建平，洪林君；审核人：蔡更元）

98. 各类猪群的猪只耗料量怎样计算?

种猪的每日耗料量表

阶段	饲喂时间（d）	饲料类型	耗料量〔kg/（头·d）〕
后备母猪	90kg至配种	S414	2.3～2.5
妊娠前期	0～28	S415	1.8～2.2
妊娠中期	29～85	S415	2.0～2.5
妊娠后期	86～107	S415	2.8～3.5
产前7d	107～114	S416	3.0
哺乳期	0～21	S416	4.5以上
空怀期	断奶–配种	S416	2.5～3.0
种公猪	配种期	公猪料	2.5～3.0
乳猪	出生至28	S411S	0.18
仔猪	29～60	S412S	0.5
仔猪	60～77	S412S	1.10
中猪	78～119	S413S	1.19
大猪	120～168	S414S	2.25

肉猪的耗料量表

阶段	饲喂时间（d）	饲料类型	耗料量〔kg/（头·d）〕
哺乳期	1～28	乳猪料	0.11
保育期	29～49	仔猪料	0.6
小猪期	50～79	小猪料	1.1
中猪期	80～119	中猪料	2.0
大猪期	119～169	大猪料	2.8

（编撰人：全建平，洪林君；审核人：蔡更元）

99. 猪场选址要考虑哪些因素？

（1）地势、地形。地势是指场地的高低起伏状况。作为畜牧场场地，要求地势高燥、平坦、有缓坡。如在坡地建场要求背风向阳，坡度以1%～3%为宜，坡度不大于25%，如坡度大于25%，须设计成“田式”布置，场地高燥以利排水，要高出当地历史洪水线，地下水位要距地表2m以下。地形指场地形状大小和地物情况，要求地形整齐、开阔，有足够面积，地形整齐便于合理布置牧场建筑物和各种设施，有利于充分利用场地。要求地形开阔，指场地上地物要少，以减少施工前清理场地的工作量或填挖土方量。

（2）土壤：沙壤土和壤土是畜牧场最理想的土壤类型。建场中不宜过分强调土壤类型。

（3）水源。水量充足，满足场内人员生活用水、牲畜饮用水及饲养管理用水，以及消防和灌溉用水；水质良好，符合生活饮用水水质标准。便于防护，不易受污染，取用方便，处理技术简单易行。

（4）气候。进行牧场设计时必须根据所在气候区的特点考虑防寒和防暑。

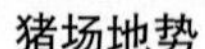

猪场地势

猪场选址

★贤集网，网址链接：http://www.xianjichina.com/news/details_12568.html
★中国鸡蛋网，网址链接：http://www.cnjidan.com/news/768719/

（编撰人：全绒，洪林君；审核人：蔡更元）

100. 猪舍建筑的分类及其特点有哪些?

（1）猪舍按屋顶的不同分为单坡、双坡坡等。

单坡：一般跨度小，结构简单，成本低，轻便，适合小型猪场。

双坡：一般跨度大，双列猪舍和多列猪舍常用该形式，保暖效果好。

（2）按墙结构以及窗户的有无来分为开放式、半开放式和封闭式。

开放式：三面有墙一面无墙，通风透光好。

半开放式：三面有墙一面半截墙，保温稍优于开放式。

封闭式：四面有墙，又可分有窗和无窗两种。

（3）按猪栏排列方式分为成单列式、双列式、多列式。

单列式：沿猪舍长轴方向猪栏排列一列。单列式布置猪舍跨度小，光照充足，自然通风条件好；舍内猪的容量小，有利于卫生防疫。

双列式：沿猪舍长轴方向将猪栏排列成两列，中间设一工作通道。优点是饲料运送线路比较短，总体布置比较整齐、紧凑，猪舍建筑利用率高。

多列式：猪栏排列成三列以上，以四列式较多。优点是猪栏集中，运输线短，养猪工效高，冬季保温好。

（4）将猪舍依据其功能分为公猪舍、空怀、妊娠母猪舍、分娩哺育舍、仔猪保育舍、生长与育肥舍。

公猪舍：通常是单列、半开放，布置有走廊，以增加公猪运动量。

空怀、妊娠母猪舍：圈栏的结构有实体式、栏栅式、综合式3种，猪圈布置多为单走道双列式。

分娩哺育舍：舍内设有分娩栏，布置多为两列或三列式。

仔猪保育舍：多采用网上保育栏，1~2窝一栏网上饲养，用自动落料食槽，自由采食。

生长和育肥舍：大栏地面群养方式来布置，自由采食。

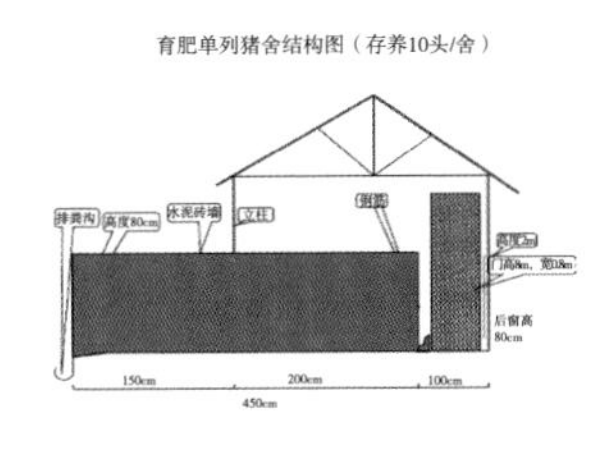

单列猪舍示意图

封闭式猪舍

★猪e网，网址链接：http://js.zhue.com.cn/a/201612/12-278367.html

（编撰人：赵成成，洪林君；审核人：蔡更元）

101. 公猪站（舍）建设要考虑哪些因素?

（1）防疫。公猪站在建设时最先解决的就是如何防疫的问题，在建设公猪站时最好能有天然的屏障，比如说远离猪场和牧场等，同时要远离主要交通干线、铁路等，距离居民区住地至少2km，且考虑风向。

（2）地势。公猪站应建立在地势较高并且干燥的地方，并且该地的土壤要有良好的通透性；在选择地理位置时要充分考虑公猪站的空气流通。

（3）面积。面积大小要根据公猪站的设计规模来确定，同时仍需考虑办公室、生活区、隔离区，而且要保留一定的空间以便于将来发展备用。

（4）交通。公猪站的建立既要避开主要的交通干线，又要交通便利。

（5）水源。公猪站所在地要有充足且质量达标的水源，这些水源不止包括畜用水，同时人用水也要符合国家现行标准。

（6）电源。供电稳定、方便。

（7）排污与环保。公猪站周围要有足够的空间以便能够存放大部分或全部粪便，同时还要考虑为废物处理和环保做重要规划。

公猪舍（付帝生 摄）

公猪（付帝生 摄）

（编撰人：付帝生，洪林君；审核人：蔡更元）

102. 怎样建设公猪站（舍）?

种公猪站的建设除了考虑选址、水源、气候条件等自然要素外，重点要考虑规划布局、规模、舍内环境控制，以及生产工艺选择等要素。

（1）规划布局。要做好种公猪站的规划，首先要清楚周边母猪群的规模、范围、距离、交通状况以及区域内母猪场人工授精技术的应用、公猪饲养现状等，根据这些因素，选择生物安全条件好、远离居民聚集区的场地，建设种公猪站。站内生产区、生活区要分开并相距100m以上，生产区分种猪隔离培育区和生产区，并且两者之间最好保持300m以上距离，严防老鼠、猫等动物在不同区域间流动。

（2）规模。公猪站的建设规模是种公猪建设方案的重要参数，原则上，在可控母猪规模基础上，按（1∶150）~（1∶100）的比例规划公猪站的规模。从管理需求来看，当前我国建设存栏规模200头以上应是更加经济合理的选择。

（3）环境控制。公猪站最佳的环境控制对种公猪精液品质、日常饲喂营养需求、控制环境细菌生长、促进健康以及减少四肢跛行等方面的影响显著。种公猪最佳体感温度范围在21~25℃，这种温度条件最有利于精液的生产；相对湿度控制在40%~65%，适当的气流可以有效地控制栏舍氨气等的浓度和公猪膻味，建议空气流速控制在1.27m^3/min。

（编撰人：付帝生，洪林君；审核人：蔡更元）

103. 公猪站（舍）需要配备哪些设施设备？

（1）喂料设备。自动饲喂系统由贮料塔、电脑控制系统、输送管道、动力机械、食槽等组成，可以直接饲喂干粉料。

（2）饮水设备。公猪舍的饮水系统多为利用直饮式供水设备的自动饮水系统，所有的自动饮水器为鸭嘴式自动饮水器。单体公猪栏舍的饮水器安置在食槽相对的地方，这样可以避免猪只饮水时，水打湿饲料。当公猪舍为限位栏时，饮水器一般安置在限位架前门左、右侧。

（3）防暑降温和保暖设备。对公猪舍，防暑降温非常重要，特别是对于常年均衡配种生产的猪场。因为过高的温度会使精液品质急剧下降，短时间的高温环境可引起长期的不育，严重影响猪场生产效率。一般情况下，种公猪适宜的温度为18~20℃。冬季猪舍要采取防寒保暖的措施，能够有效减少饲料的消耗和疾病发生。夏季高温时要采取防暑降温措施，主要有洗澡、喷洒水、通风、空调制冷、遮阴等方法。

（4）通风换气设备。公猪舍内的有害气体会对猪只造成严重的伤害，同时夏季的高温也不利于猪只的生长发育，因此安装通风换气设备是十分有必要的。换气量会因舍内面积、舍内空气中二氧化碳或水汽含量、饲养密度不同而不同。种公猪舍一般采用机械强制通风，多采用负压纵向通风模式或者结合水帘降温系统联合使用，通风的同时达到降温的效果。

（编撰人：付帝生，洪林君；审核人：蔡更元）

104. 怎样估算公猪舍的投资?

公猪舍的投资与饲养公猪数量、公猪饲养模式等密切相关。以大栏（2.2m × 2.5m）饲养30头公猪，双列设计，两个采精栏计算，猪使用面积约300m^2（8m × 37m），实验室约20m；猪舍、围栏、舍内水电和水帘降温设备等，约15万元；实验室仪器设备、用具约3万元，合计约18万元。如果使用一半面积采用定位饲养模式，则几乎同样的建设费用可多饲养30头公猪。

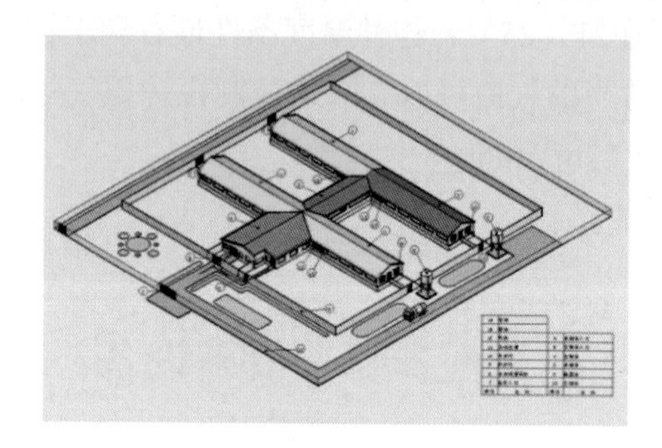

公猪站平面图

★猪友之家，网址链接：http://www.pig66.com/2015/145_0827/16163892.html

（编撰人：付帝生，洪林君；审核人：蔡更元）

105. 空怀和怀孕母猪需要什么样的环境条件?

（1）最适宜温度为16℃，适宜温度范围为10 ~ 21℃。

（2）相对湿度50% ~ 70%。

（3）猪舍内空气中NH_3、CO_2、CO、H_2S、CH_4浓度分别在10μl/L、3 000μl/L、2μl/L、2μl/L、1 000μl/L以下。

空怀母猪（付帝生 摄）

（4）在环境温度20℃以下时每头母猪每小时需要34m^{3}的最小换气量，当环境温度达到26℃时每头母猪每小时需要500m^{3}的换气量。

（5）风速在每秒2.5m以下。

（6）光照强度200lx，每天光照时间12 ~ 14h。

（编撰人：付帝生，洪林君；审核人：蔡更元）

106. 怎样建设空怀和怀孕母猪舍?

（1）怀孕舍。

①妊娠栏采用单体限位栏形式，通过个体限位饲养，可有效避免母猪间的争斗、撕咬和相互挤撞，减少妊娠期的流产，提高分娩率。

②喂料。妊娠舍的人工喂料设备主要是托运饲料的斗车、加料工具等。食槽主要采用混凝土结构和铸铁件，尤以水泥食槽为多。

③饮水。妊娠舍母猪饮水方式大致有饮水槽和自动饮水系统两种形式，大多数的猪舍采用直饮式供水设备，主要采用鸭嘴式自动饮水器。在限位栏中，鸭嘴式饮水器一般安装在限位架前门左侧或右侧。

④防暑降温和保暖。猪舍房顶安装泡沫隔热板，可起到冬暖夏凉的作用，夏天室温可降7～8℃，同时配合水帘降温系统，通风降温，降温效果明显。

⑤通风换气设备。妊娠母猪舍一般采用机械强制通风，多采用负压纵向通风模式。

（2）空怀舍。所谓空怀母猪即指未孕或未配的母猪，包括经产母猪和青年后备母猪。对这类猪的工作目标是促进青年母猪早发情、多排卵、早配种达到多胎高产目的；对断奶母猪或未孕母猪，积极采取措施组织配种，缩短空怀时间。空怀舍除需要添加一定数量的公猪栏外其他与怀孕舍基本相同。

（编撰人：付帝生，洪林君；审核人：蔡更元）

107. 怎样估算空怀和怀孕母猪舍的投资?

以100头存栏母猪的猪场所需的空怀及配种怀孕舍为例。

饲料供应设备（付帝生 摄）

（1）基建费。舍内面积约430m²，每平方米基建费约300元，约需12.9万元。

（2）公猪舍。4个，约0.5万元。

（3）母猪单体限位栏。70个，约2.1万元。

（4）空怀母猪、后备母猪栏。4个，约0.6万元。

（5）母猪怀孕后期栏。16个，约1.3万元。

（6）喂料设备。料车1台，料铲1个，约0.08万元。

（7）清洗设备。高压冲洗车1台，斗车1台，粪铲1个，约0.4万元。

（8）降温设备。水帘降温设备1套，约1万元。

（9）供水、供电设施。1套，约0.5万元。

以上合计约19.38万元。

（编撰人：付帝生，洪林君；审核人：蔡更元）

108. 分娩舍建设要考虑哪些因素？

（1）温度控制。哺乳仔猪和母猪的最适环境温度相差较大，因此怎么同时满足两者的需求将是建设分娩舍的重点问题。通常的做法是，整个猪舍内保持母猪的适宜温度，然后在有仔猪的局部增加保暖设备，以此来达到各自的需求。

（2）相对湿度控制及通风换气。

（3）足够的光照以及操作方便。

（4）尽量减少用水量。

（5）便于母猪和仔猪饮水，哺乳母猪一天需要大量饮水，大致需求量为30L，同时要保证水温的适宜，过高或过低均对母猪造成不利的影响，母猪饮水器水压适宜，保证在1min出水2 000ml为宜。仔猪饮水器的出水速度控制在250ml/min最为合适。

（6）污水与雨水分开。

（7）走道防滑且不积水。

分娩舍（付帝生 摄）

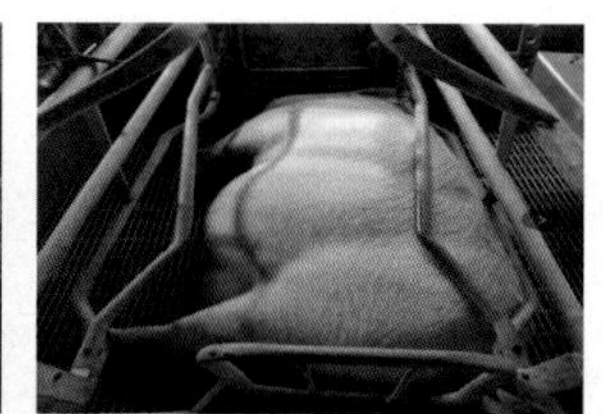

产床（付帝生 摄）

（编撰人：付帝生，洪林君；审核人：蔡更元）

109. 怎样建设分娩舍？

分娩舍的建设通常采用三通道双列式，这样房屋跨度较小，造价相对较低。分娩舍屋顶一般采用有3～5cm隔热层的彩钢瓦；屋檐滴水高度一般为2.8～3.3m；窗台高度为0.6～1m；南北墙一般装窗或卷帘；舍内净宽一般为7.6～8m；分娩舍宜按全进全出设计，每间产房饲养一个星期内产仔的母猪，一般需6间产房，每间产房相互独立。舍外走道相通，排粪沟相互独立排出舍外；外走道内空宽度1.4m左右，走道地面要求不积水和防滑，一般为水泥粗糙毛面；舍内产栏一般长2.2m、宽1.8m；舍内走道宽1～1.5m，走道地面要求不积水和防滑，一般为水泥粗糙毛面；产栏悬空，产栏后门栏面离走道地面高度约30cm，方便将母猪赶入产栏；产栏下面水泥地面光面、坡度大于10%；粪沟表面光滑，适宜坡度为1%，位于产栏的后部底下，宽为20～30cm。

分娩舍（莫健新 摄）

产栏（莫健新 摄）

（编撰人：莫健新，洪林君；审稿人：蔡更元）

110. 分娩舍需要配备哪些设施设备?

以100头存栏母猪的猪场所需的分娩舍为例，其所需的设施设备如下。

（1）分娩母猪栏。24个，包括全漏缝栏面。母猪限位栏、围栏片、仔猪保温箱、母猪食箱、仔猪补料槽、饮水器等。

（2）降温设施。按每12个分娩栏需要1台正压水帘风机配置。

（3）保温设施。红外线保温灯24个，每个保温箱1个。

（4）清洗设施。高压冲洗机1台，斗车1台，粪产1个，扫把每个分娩栏对应1个。

（5）饲喂设施。料车1台，料铲1个。

（6）供水、供电设施。1套。

仔猪保温箱（莫健新 摄）

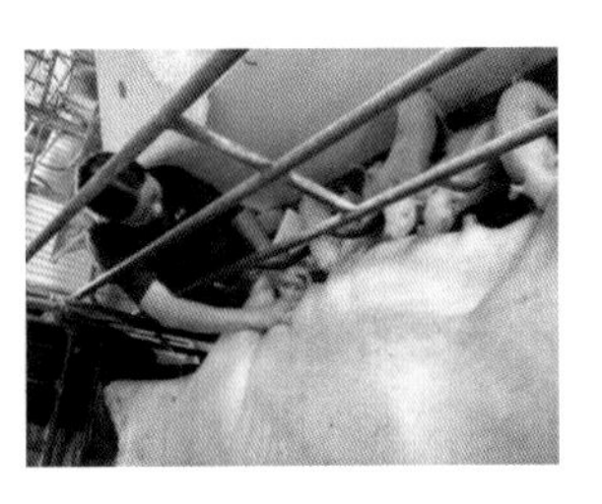

母猪及仔猪（莫健新 摄）

（编撰人：莫健新，洪林君；审稿人：蔡更元）

111. 怎样估算分娩舍的投资？

以100头存栏母猪的猪场所需的分娩舍为例。

（1）基建费。面积约310m^2（包括外置走廊），每平方米基建费约300元，需9.3万元。

（2）分娩母猪栏。24个，包括全漏缝栏面、母猪限位栏、围栏片、保温箱、母猪食箱、仔猪补料槽、饮水器等，约7.9万元。

（3）降温设施。正压水帘风机2台，每台供12个分娩栏降温，约2万元；

（4）保温设施。红外线保温灯24个，0.1万元。

（5）清洗设施。高压冲洗机1台，斗车1台、粪产1个、约0.4万元。

（6）喂料设施。料车1台，料铲1个，约0.08万元。

（7）供水、供电设施。1套，约0.5万元。

以上合计20.28万元。

分娩舍（莫健新 摄）

内部设施（莫健新 摄）

（编撰人：莫健新，洪林君；审稿人：蔡更元）

112. 保育仔猪需要什么样的环境条件？

（1）5～14kg仔猪最适温度为28℃，适宜温度范围是24～30℃；14～23kg仔猪最适温度为24℃，适宜温度范围是21～27℃；保育仔猪要求1h内的室内温度差不超过2℃。

（2）相对湿度50%～70%。

（3）猪舍内各种气体指标为：氨气小于10μl/L、二氧化碳小于3 000μl/L、一氧化碳小于2μl/L、硫化氢小于2μl/L、甲烷浓度小于1 000μl/L。

（4）5～14kg仔猪在舍内环境温度28℃以下时每头仔猪每小时需有2.5～3.4m^{3}的最小换气量，当环境温度达到34℃时，每头仔猪每小时需有43m^{3}的最小换气量；14～23kg仔猪在舍内环境温度28℃以下时每头仔猪每小时需有

3.4～5.1m^3的最小换气量，当环境温度达到34℃时，每头仔猪每小时需有68m^3的换气量。

（5）通过仔猪体表的风速在每秒0.2m以下。

（6）光照强度110lx，每天光照时间12～14h。

保育仔猪（莫健新 摄）

仔猪保温（莫健新 摄）

（编撰人：莫健新，洪林君；审稿人：蔡更元）

113. 保育舍建设要考虑哪些因素?

（1）温度控制。仔猪对温度比较敏感，仔猪的保温一般采用局部保温的方法，如果局部保温还不能满足仔猪要求时，需要额外补充能量来提高整个猪舍的温度。

（2）相对湿度控制以及通风换气。

（3）足够的光照以及操作方便。

（4）尽量减少用水。

（5）方便仔猪饮水，每头保育仔猪每天通过饮水器消耗的水约4 000ml（包括喝进的水和浪费的水），饮水器的高度以高出仔猪肩部5cm左右为宜，饮水器水压不宜过高或过低，以每分钟出水1 000ml为宜，需10～15头猪公用一个饮水器，每个栏至少2个饮水器，水温不宜过高或过低。

（6）污水和雨水分开，并保持栏面干爽卫生，宜采用全漏缝地面。

（7）足够的栏面面积，如果采用机械通风，每头仔猪占有栏面面积不低于0.3m^2，如果采用自然通风，每头仔猪占有栏面面积不低于0.4m^2。

（8）足够的食槽位，最好是2头或2头以下仔猪公用1个食槽位。

（9）适当的同栏猪数量，一般一栏猪的数量控制在25头以下，猪栏最好是长方形的，走道防滑而不积水。

（10）预防疾病的交叉感染，宜采用以周为单位的小间全进全出设计。

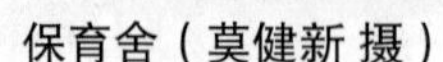

保育舍（莫健新 摄）

保育舍饮水器（莫健新 摄）

（编撰人：莫健新，洪林君；审稿人：蔡更元）

114. 生长育成猪需要什么样的环境条件？

（1）23～24kg生长猪最适宜温度为18℃，适宜温度范围是16～21℃；34～82kg生长育成猪最适宜温度为16℃，适宜温度范围是13～21℃；82kg以上育成猪最适宜温度为16℃，适宜温度范围是10～21℃。

（2）相对湿度50%～70%。

（3）猪舍内空气中氨气、二氧化碳、一氧化碳、硫化氢、甲烷浓度分别在10μl/L、3 000μl/L、2μl/L、2μl/L、1 000μl/L以下。

（4）23～68kg生长猪在舍内环境温度21℃以下时每头每小时需有10m^3的最小换气量，而27℃时换气量需要达到128m^3；68kg以上育成猪在舍内环境温度21℃以下时每小时需有17m^3的最小换气量，当环境温度达到27℃时每头猪每小时需要204m^3的最小换气量。

（5）通过生长育成猪体表的风速要求在每秒2.5m以下。

（6）光照强度110lx，每天光照时间12～14h。

生长育成猪（莫健新 摄）

风机（莫健新 摄）

（编撰人：莫健新，洪林君；审稿人：蔡更元）

115. 生长育成舍建设要考虑哪些因素?

（1）温度控制。例如，华南地区一年之中绝大部分时间的气温在10℃以上，再加上猪体本身的产热，生长育肥猪一般不需要额外加热来保温，只需控制好猪舍内的气流和换气量即可达到保温的效果，值得重点关注的是5—9月的高温天气对生长育成猪所造成的热应激，23kg以上的生长育成猪在环境温度21℃以上就会产生热应激，29℃以上就会造成明显的损失，因此，在猪舍建设时做好降温的设施尤为重要。

（2）相对湿度以及通气换气。

（3）足够的光照以及操作方便。

（4）尽量减少用水量。

（5）方便生长育成猪饮用的足够的水。每头生长育成猪每天通过饮水器消耗的水约8 000ml（包括饮进的水和浪费的水），饮水器的高度以高出猪肩部5cm左右为宜，饮水器水压不宜过高或过低，以每分钟出水1 000 ~ 2 000ml为宜，需10 ~ 15头猪共用一个饮水器，每个栏至少2个饮水器，水温不宜过高或过低。

（6）污水和雨水分开，并保持栏面干爽卫生。

（7）足够的栏面面积。如果采用机械通风，每头生长育成猪占有的栏面面积不低于1m^2，如果采用自然风，则不低于1.5m^2。

（8）足够的食槽位。如果采用自动食箱，5 ~ 10头生长育成猪共用1个食槽位，每个食槽位宽度36cm以上。

（9）适当的同栏猪数量。一般一栏猪的数量控制在25头以下，猪栏最好是长方形，走道防滑不积水。

（10）预防疾病的交叉感染，有条件的猪场宜采用以周为单位的小间全进全出设计。

生长育成舍（莫健新 摄）

肥育猪（莫健新 摄）

（编撰人：莫健新，洪林君；审稿人：蔡更元）

116. 生长育成舍需要配备哪些设施设备?

规范生长育成舍的各项操作，可以提高生长育成猪的生长潜能、饲料转化率以及种猪上市合格率。

生长育成舍的设施设备较为简单，包括饮水设备、围栏设备、饲喂设备、消毒设备和通风降温设备等。以100头存栏母猪的猪场所需的生长育成舍为例。

（1）生长育成栏。34个，包括围栏、栏门、食箱等。

（2）降温及换气设施。水帘降温设施2套。

（3）清洗设施。高压冲洗机1台，斗车1台，粪铲1个。

（4）饲喂设施。料车1台，料铲1个。

（5）供水、供电设施。1套。

育成舍栏内设备组成　　负压供水设备系统

★畜禽养殖技术，网址链接：http://www.zhuwang.cc/show-201-336266-1.html
★环保网，网址链接：http://huanbao.huangye88.com/xinxi/60404864.html

（编撰人：陈永岗，洪林君；审核人：蔡更元）

117. 怎样估算生长育成舍的投资?

育成率一直是衡量猪场管理水平的关键指标之一，以100头存栏母猪的猪场所需的生长育成舍为例。

（1）基建费。舍内面积约1 200m^2，每平方米造价约为250元，约需30万元。

（2）生长育成栏。34个，包括围栏、栏门、食箱等，约需8.5万元。

（3）降温及换气设施。水帘降温设施2套，约需2万元。

（4）清洗设施。高压冲洗机1台，斗车1台，粪铲1个，约需0.4万元。

（5）饲喂设施。料车1台，料铲1个，约需0.08万元。

（6）供水、供电设施。1套，约需1万元。

上述合计41.98万元。

育成栏内的食箱

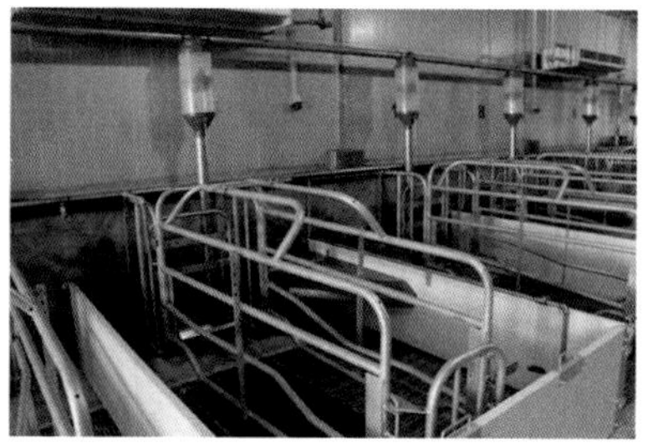

猪场自动干料饲喂系统

★百度图片，网址链接：http://www.huangye88.com/cp/607622.html
★景鹏畜牧，网址链接：http://www.caaa.cn/show/newsarticle.php？ID=383313&type=caaa

（编撰人：陈永岗，洪林君；审核人：蔡更元）

118. 隔离舍的建设要考虑哪些因素？

猪场的引种和转猪的时候需要进行一段时间的隔离。猪场传染病较为常见，特别是一些人畜共患病严重影响着人们的生命安全。所以要对猪场建立必须的隔离舍。

隔离舍主要用于饲养从外引进的种猪，或饲养隔离的病猪。隔离舍建设主要考虑的是猪场生物安全性，多建在生产区外或生产区内的一角，相对独立，要求距离生产猪舍最好有300m以上，主要用于新引进猪种的隔离和驯化，平时基本处于闲置状态。隔离舍的建设要求与生长育成舍相同。隔离舍的大小以能饲养一次需引种的种猪为宜。在一些猪场也采用育肥场作为隔离舍，但应注意的是使用过后需要彻底消毒，防止病原菌在猪场的扩散和流行。

使用飞机引进外来优质种猪

★陕西苗木网，网址链接：http://www.xbmiaomu.com/shanxímiaomu/show.php？itemid=41855

（编撰人：陈永岗，洪林君；审核人：蔡更元）

119. 怎样建设隔离舍?

隔离舍必须要远离猪场其他正常生产区和人类生活区，不能对其造成影响。隔离舍必须有相应的管理设备和消毒设备，可以及时的对潜在的问题猪只进行及时的扑杀和处理。切断传染源。

目前大多数猪场隔离舍建设在场外，主要用于新引进种猪的隔离和驯化。隔离舍建设与生长育成舍类似，可参照生长育成舍进行建设。隔离舍面积依据一次引种数量确定。100头存栏母猪的猪场所需的隔离舍，约需3个栏，60m^2。新建猪场也有直接用育肥猪栏舍进行隔离，可以减少投资，但存在一定的风险，需要慎重。

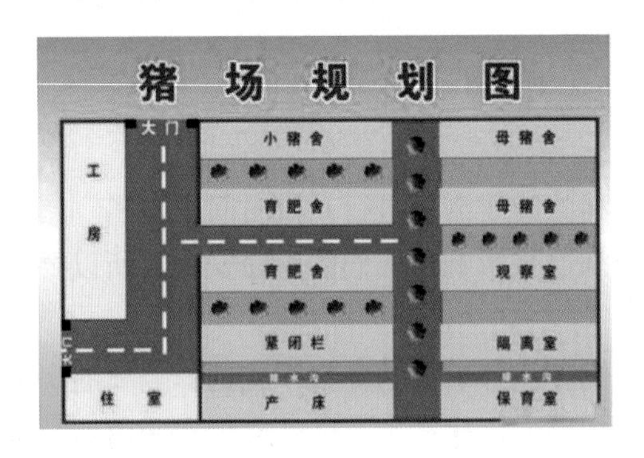

★百度图片，网址链接：http://home.fang.com/album/channel_187891/

（编撰人：陈永岗，洪林君；审核人：蔡更元）

120. 隔离舍需要配备哪些设施设备?

隔离舍是短时间内猪只生活的地方，在建设隔离舍时，我们需要保证猪只的正常生活需求。可以进行相应的生产，不过需要增加其相应的消毒设施，以此来保证隔离舍的安全。隔离舍需要的设备与生长育成舍相同，包括饮水设备、围栏设备、饲喂设备、消毒设备和通风降温设施等。以100头存栏母猪的猪场所需的隔离舍为例。

（1）隔离栏。3个，包括围栏、栏门、食箱等。

（2）降温及换气设施。1套。

（3）清洗设施。斗车1台，粪铲1个。

（4）饲喂设施。料车1台，料铲1个。

（5）供水、供电设施。1套。

规模化养殖场中的隔离舍

★中国贸易网，网址链接：http://www.cntrades.com/b2b/bjzskj01/sell/itemid-14714622.html

（编撰人：陈永岗，洪林君；审核人：蔡更元）

121. 怎样估算隔离舍的投资?

隔离舍的投资与房屋形式、设备选择等有关。隔离舍需要面积的大小与引种批次和规模有关，小型猪场一般建设有3个栏舍约60m^{2}即可。另需围栏设备、饲喂设备和必要的辅助设备设施。以100头存栏母猪的猪场所需的隔离舍为例。

（1）基建费。隔离舍面积约60m^2，每平方米造价约250元，约需1.5万元。

（2）隔离栏。3个，包括围栏、栏门、食箱等，约需0.75万元。

（3）降温及换气设施。1套，约需0.15万元。

（4）清洗设施。斗车1台，粪铲1个，约需0.03万元。

（5）饲喂设施。料车1台，料铲1个，约需0.08万元。

（6）供水、供电设施。1套，约需0.1万元。

以上合计2.61万元。

规模化猪场中的隔离舍

猪只在隔离舍中的生活环境

★猪价格，网址链接：http://www.zhujiage.com.cn/article/201608/663326.html
★新浪微博，网址链接：http://blog.sina.com.cn/s/blog_4ee266b00101a9y5.html

（编撰人：陈永岗，洪林君；审核人：蔡更元）

122. 饲料仓库的建设要考虑哪些因素?

（1）考虑到春节期间的春运问题，饲料车间的大小以能有效存放1个月左右的饲料为宜。按饲料消耗6.6t/（母猪·年）计，100头母猪的猪场年饲料消耗量660t，每月饲料消耗量约55t，饲料仓库的面积100m^{2}较为适宜。

（2）饲料仓库的建设地点应安排在生产辅助区与生产区交界处，既要方便饲料进库，也要方便饲料运送到猪场生产区，还要考虑防疫。

（3）考虑饲料仓库的防潮，建设地点应地势高燥，并配备防潮用的地仓板。

（4）进出饲料厂应有硬底化道路，能够通行运输饲料的车辆。

（5）防止雨天卸饲料时淋湿饲料，需在门口搭遮雨棚。

规模化养殖场中的饲料仓库

★百度图片，网址链接：http://www.yuwei.com.cn/product/79

（编撰人：陈永岗，洪林君；审核人：蔡更元）

123. 饲料仓库如何建设？饲料仓库需要配备哪些设施设备?

对规模化猪场来说，饲料成本一般占生产成本的65%～75%，饲料成本比例过低，说明其他成本过高，支出结构不合理；饲料成本一般由采购成本、运输成本、仓储成本、加工成本和机会成本构成。其中饲料的仓储在猪场经营中很重要。

饲料仓库的滴水高度为4m左右；南北墙窗台高度为2.5m左右，装气窗，窗的面积约占窗台以上墙面的1/3；墙体需砌18墙以上的砖墙；屋顶可用彩钢瓦；仓库宜设2扇门，一扇门通往生产区，另一扇门进饲料用，门口4m左右高度装遮雨棚，门的大小以方便装卸饲料为宜。100头母猪的猪场，饲料仓库的面积以100m^{2}左右较为适宜。

饲料车间应配备防潮用的地仓板、猪场内运送饲料用的拖拉机、消防设备等。

存有饲料的仓库

★汇潮装饰网，网址链接：http://zhuangshi.hui-chao.com/jiaju_135200389062723365.htm

（编撰人：陈永岗，洪林君；审核人：蔡更元）

124. 怎样估算饲料仓库的投资？

以100头母猪的猪场所需要的饲料仓库为例。

（1）基建费。仓库面积约100m²，每平方米造价500元左右，约为5万元。

（2）设备设施费。地仓板约80m²，拖拉机1台，灭火器1个，约需1万元。

以上合计6万元。

堆放饲料添加剂药物的地方（温氏猪场拍摄）

药品放置位置的示意图（温氏猪场拍摄）

（编撰人：孔令旋，洪林君；审核人：蔡更元）

125. 选猪间、称猪间和出猪台如何建设?

（1）选猪间、称猪间及出猪台是猪场对外工作的主要窗口，选猪、称重和出猪相互连接，成为统一的整体。建设时，在考虑美观、透明、方便客户休息和观察的同时，更主要的是考虑生物安全，防止交叉感染，保证本场猪群的安全。

（2）选猪间、称猪间及出猪台的建设与房屋形式、设备选择等有关。小型猪场选猪间面积约40m^{2}即可，称猪间位于猪场一角，出猪台面积约10m^2，合计约50m^2。

（3）在猪场的生物安全体系中，出猪台设施作为十分重要的生物安全设施，是与外界直接接触交叉的一个敏感区域，因此出猪台的建造需要做到以下几点：明确划分出猪台的净区和脏区，且只能按照净区至脏区的单向流动，工作人员禁止区域交叉出入；确保净猪台的污水不回流；建造防鸟网和防鼠措施；确保出猪台事后的清洁消毒。

出猪台

★猪e网，网址链接：http://js.zhue.com.cn/a/201612/12-278367.html

（编撰人：赵成成，洪林君；审核人：蔡更元）

126. 选猪间、称猪间和出猪台需要配备哪些设施设备?

对一个大型的集约化养猪场，每个工作人员每一正常工作日需要行走2.5km，至少花30%的时间和猪群打交道，赶猪设施的不完善将导致饲养员脾气暴躁，猪只可能会受到虐待。选猪间、称猪间和出猪台等设施是仅次于场址的重要的生物安全设施，也是直接与外界接触交叉的敏感区域，这是需要相对注意的地方。

选猪间需要标记猪只的记号笔，便于与客户沟通的对讲机，称猪间需要电子秤或地磅和记录本或电脑，出猪台则需要赶猪器材。另外，这一区域还需要消毒和饮水设备、客户休息区等。

（编撰人：陈永岗，洪林君；审核人：蔡更元）

127. 怎样估算选猪间、称猪间和出猪台的投资？

选猪间、称猪间及出猪台的投资与房屋形式、设备选择等有关。小型猪场选猪间面积约40m^{2}即可，称猪间位于猪场一角，出猪台面积约10m^2，合计50m^2，按每平方米基本建设费用250元计算，则需要1.25万元。另加其他辅助设施设备，如围栏设备、称猪设备、消毒设施等必要的辅助设施设备，约需0.5万元，合计约需1.75万元。

规模化猪场中的选猪间

负压冲洗消毒设备系统

★猪价格，网址链接：http://www.zhujiage.com.cn/article/201608/656160.html
★马可波罗网，网址链接：http://china.makepolo.com/product-picture/100670385974_8.html

（编撰人：陈永岗，洪林君；审核人：蔡更元）

128. 办公生活设施的建设要考虑哪些因素？

生活区包括办公室、接待室、财务室、食堂、宿舍等，这是管理人员和家属日常生活的地方，应单独设立。一般设在生产区的上风向，或与风向平行的一侧。此外猪场周围应建围墙或设防疫沟，以防兽害和避免闲杂人员进入场区。

（1）生活设施的建设地点安排在生活区既要方便对外交往，也要方便员工进出猪场，更重要的是还要考虑防疫。

（2）生活设施以简单、实用、方便、安全为原则，不宜投入过大。

（3）生活设施的建设规模应与猪场规模相匹配，一般100头母猪的猪场定员4～5人，其中管理和技术人员1人，饲养员3～4人，有150m^{2}左右的办公生活设施就可以满足要求。

（4）公共厕所。一般全场10人以上就需建公共厕所，方便员工和外来人员，不用太大，普通单间就行。

办公生活设施（温氏猪场拍摄）

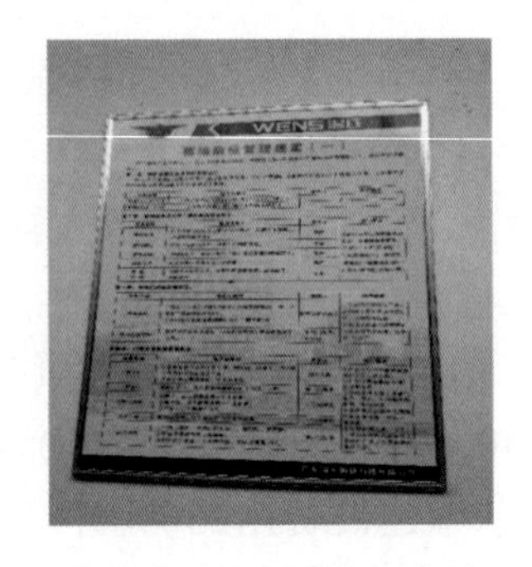

全制度（温氏猪场拍摄）

（编撰人：孔令旋，洪林君；审核人：蔡更元）

129. 办公生活设施如何建设？

办公生活设施应包括业务接待室、办公室、员工宿舍、饭堂、文化娱乐室、门卫室等。

门卫室一般位于猪场的入口，其他功能单元可建在一起。办公生活设施可建成一排平房，屋外设置1.4m左右走廊；建设时需要注意夯实地基，安装防雷装置；屋顶一般采用有3～5cm隔热层的彩钢瓦，屋檐滴水高度为3m左右。还应有配套的公厕，因人数多少确定大小。

门卫接待室（温氏猪场拍摄）

猪场室外篮球场（温氏猪场拍摄）

（编撰人：孔令旋，洪林君；审核人：蔡更元）

130. 如何计算办公生活设施的投资?

100头母猪的猪场需要建设业务接待室20m^2、办公室20m^2、员工宿舍60m^2、饭堂20m^2、文化娱乐室20m^2、门卫室10m^2，共150m^2。以平均每平方米500元计算，约7.5万元。办公及生活设施，如桌、椅、床、炊具等，约3万元。合计10.5万元。

（编撰人：孔令旋，洪林君；审核人：蔡更元）

131. 冬季猪舍如何保暖?

冬季气温低，不利于猪的生长发育，因此要加强防寒保暖，以便猪的健康成长，具体的保暖措施有以下几点。

（1）加强猪舍保暖。冬季来临之前，要备好足够的供热能源，及时维修猪舍，修复门窗，对墙壁和屋顶处的透风口进行封堵，猪舍门口挂门窗，防止贼风侵入猪舍。

（2）铺草垫床。将地面铺设一层垫草或木板床，在离地35～40cm的地方安装一个150～200W的红外线保温灯。也可以在猪圈中铺设加入发酵剂的10cm厚的锯木屑，数日后其温度可达35℃，用来保持猪圈的温暖。

（3）保持干燥。为了保持猪圈的干燥，除了勤换垫料，还要养成定点排粪尿的习惯，保持猪伏卧处的洁净和干燥，为其提供舒适健康的生活环境。

（4）适当通风。冬季猪圈长时间处于相对的密闭状态，因此猪舍要勤打扫，注意消毒，保持干净清洁的环境。一是定时开启气窗通风换气；二是控制冷空气流向；三是灵活调节保温和换气方式，先保温再换气。

（5）设备供暖。加设畜禽空调、热风炉、水暖或地暖、保温箱和保温灯等供暖设备，保持舍内的温湿度环境或局部小环境，减小舍内昼夜温差。

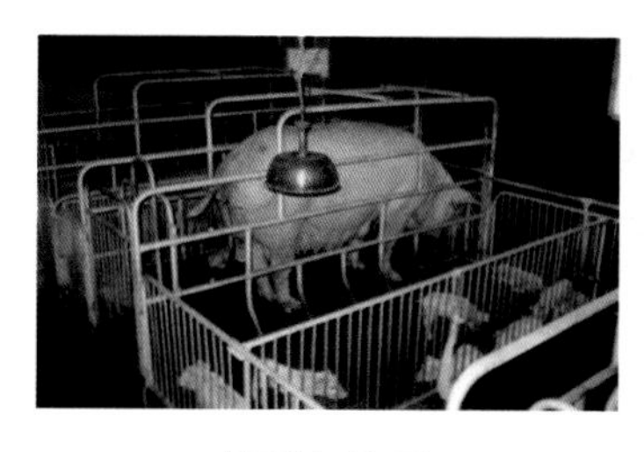

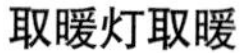

取暖灯取暖

垫草取暖

★爱猪网，网址链接：http://52swine.com/

（编撰人：赵成成，洪林君；审核人：蔡更元）

132. 漏缝地板如何选择?

为了保持猪舍环境的清洁，改善环境条件，减少人工清洁成本，现代养猪场一般都在粪尿沟上使用漏缝的地板。漏缝的地板有钢筋混凝土板、钢板、钢筋编织网、钢筋焊接网、塑料板等。

（1）钢筋混凝土板和板条，其规格可根据猪场和粪坑的设计要求确定，漏缝断面为梯形，上宽下窄，易于粪便的漏出。

（2）金属编织地板网，将防腐处理过的直径为5mm的冷拔圆钢编织成10mm × 40mm、10mm × 50mm的缝隙网片与角钢、扁钢焊合而成，因此这种地板效果好，易清洁且利于猪只的行走，适宜分娩母猪和保育猪使用。

（3）塑料漏缝地板，将工程塑料压制而成的小块材料组合而成大面积的地板可操作性强，易于清理维护，效果好防滑耐腐，适用于分娩母猪和保育仔猪栏。

对漏缝地板的要求是耐腐蚀，不变形，表面平，不滑，导热性小，坚固耐用，漏粪效果好，易冲洗消毒，适应各种日龄猪的行走站立，不卡猪蹄。

塑料漏缝地板　　钢筋混凝土漏缝地板

★爱猪网，网址链接：http://52swine.com/

（编撰人：赵成成，洪林君；审核人：蔡更元）

133. 水电设施的建设要考虑哪些因素?

供水设施需要考虑的因素如下。

（1）水源。猪场用水有3个来源：地下水、山泉水、自来水。一般采用地下水的较多，来源可靠、水质良好的山泉水也可以考虑，而自来水只是在城镇周边的猪场才会考虑。

（2）用水量。一个100头母猪的猪场日用水量20 ~ 50t，因此供水设施要满足最大50t/日的供水量。

（3）水压供水系统水压应维持在2～4kg/cm^2，水压太高和太低都不好。

（4）储水池或水塔。储水池或水塔大小应能保证最大需求量的一天供水为宜，即50m^3。

供电设施需要考虑的因素如下。

（1）用电量。100头母猪的猪场用电负荷最大量可达20kW，主要用于仔猪保温、抽水、冲洗、通风换气、照明和生活用电，因此要有相应容量的变压器。

（2）供电稳定性。一是不经常停电，二是电压达标稳定，变压器变压后的低压供电线不宜过长，最好在500m范围之内。

（3）用电安全。所有用电设备、电器都应安装漏电开关保护装置，电线的粗细需根据其承载的负荷来决定。

（4）检查。定期对水电系统进行检查，防止意外情况发生，对危险区域设置警告牌，同时应配备灭火器等救灾用品。

供电设施（温氏猪场拍摄）

猪场水管（温氏猪场拍摄）

（编撰人：孔令旋，洪林君；审核人：蔡更元）

134. 水电设施如何建设？

首先要确定有可靠、充足、安全、卫生的水源，用地下水的猪场需要打深水井，用地表水的猪场需要筑一个过滤池。然后在水源附近地势较高处建造一个储水池或水塔，将水引到或抽到储水池或水塔中。储水池或水塔应方便清洗，且要考虑安全问题。然后利用自然落差从储水池或水塔接出供水管网至各用水点上。猪舍外的供水管可用PVC管，埋于地下防止太阳暴晒而影响供水管的使用寿命和防止夏季饮水水温过高。猪舍内的供水管，特别是猪直接接触的供水管应使用钢管。每栋猪舍外也可修建一个小型储水池，并配备一个加压水泵，用于高压冲洗猪栏或用于消毒。可在出水口增加1～2个过滤网，对生产用水进行过滤，并定期清洗过滤网，保持饮水清洁。

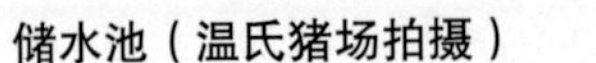

储水池（温氏猪场拍摄）

加压水泵（温氏猪场拍摄）

（编撰人：孔令旋，洪林君；审核人：蔡更元）

135. 怎样估算水电设施的投资？

水电设施的投资包括两个方面。

（1）供水系统投资。主要用于打井、修建储水池或水塔、购买和安装舍外供水管。

（2）供电系统投资。主要用于安装变压器、购买和安装舍外供电线路。

水电设施的投资在不同猪场之间存在很大差异，这跟供水、供电线路的长短，猪场布局，饲料是否自己加工，供水是否需要水泵，污水处理是否用电等因素有关。一般一个100头母猪的猪场场内水电设施建设方面（不包括猪舍内水电设施）需要投入10万元左右。

（编撰人：孔令旋，洪林君；审核人：蔡更元）

136. 怎样估算开办猪场所需要的流动资金？

生产性建设项目总投资包括固定资产投资和流动资产投资两部分。就猪场建设而言，流动资金主要是筹建期间猪场工作人员的工资及其他工作经费支出、从引种至商品猪出栏大约一年的时间用于种猪与商品猪的培育费用，其中最主要的是饲料费，约占所有费用的70%。

以建一个100头母猪的猪场为例，饲料费包括种猪的饲料费用和肉猪的饲料费用如下。

（1）以购入时种猪4月龄（50～70kg）、后备猪平均8月龄配种、怀孕期4个月、仔猪出生到肉猪上市5.5个月为例，从开始引种至有商品猪出栏止，102头种猪约需消耗饲料90t，按饲料平均3 400元/t计，种猪的饲料费用约为30.6万元。

（2）以窝平均上市商品猪9头、上市体重100kg、全期饲料报酬按2.8：1计，商品猪的饲料费用约为37万元。

（3）饲料总费用约为67.6万元。粗略估计总共需要流动资金为67.6/0.7=96.57万元。

（编撰人：孔令旋，洪林君；审核人：蔡更元）

137. 怎样对猪场污水进行无害化处理?

减少必须处理的猪粪量是减少养猪污水的最简单方法。而最为有效且简单的方法是提高冲洗水的使用效率，以便减少不能起到作用的水的进入。为了减少养猪场污水中有机物质以及病原微生物的危害，在污水的排放或重新利用之前要做净化处理，处理的方法主要有物理、化学和生物法。

（1）物理处理。运用格栅及化粪池等设施，利用物理沉降的方法使污水固形物沉降。

（2）化学处理。用相对应的化学药品中和污染物中的化学元素。常用处理方法包括混凝沉降和化学消毒处理。

混凝沉降：将污水中带有负电荷的微粒利用混凝沉降剂形成絮状而沉降。

化学消毒：沉降处理后的污水利用氯化消毒可作为冲刷用水，再循环使用。

（3）生物处理。利用微生物来分解污水有机质，该处理方法包括生物曝气法以及生物过滤法。

生物曝气法：将活性污泥加入污水中，并通入空气，利用污泥中的微生物氧化、分解污水中的有机物。

生物过滤法：利用布水器将污水导入污水处理池，池中设置过滤层，通过过滤、吸附来达到净化的目的。

污水处理厂

★猪e网，网址链接：http://js.zhue.com.cn/a/201612/12-278367.html

（编撰人：赵成成，洪林君；审核人：蔡更元）

138. 怎样对猪场污水进行资源化利用？

中国作为世界上最大的生猪养殖国家，养殖业在现代经济发展中发挥着重要的作用，但也给环境污染带来了挑战。粪便排出量高，处理难度大，污水处理成本高，处理效果难以保证，从而导致养殖成本增加。养猪场造成的地表水、地下水、土壤、环境空气污染严重，使人们的健康受到直接影响。养殖废水是引起水污染、水质恶化和环境污染的一个重要因素。为了解决这一问题，有必要对猪场废水进行资源化利用。

（1）养殖理念生态回归，尊重猪的自然属性，采用运动场与圈养结合的自然生态养猪新技术。

（2）养殖场的生态设计，利用生态化的设计来建设生态化猪舍。

（3）建立以菌治菌，沼液回冲圈舍的养殖场生态循环模式：养殖场—厌氧发酵沼气池—沼液—猪舍—沼气池—沼气、沼液、沼渣—蔬菜、林果、粮食作物、养鱼，利用沼液厌氧发酵后富含多种有益菌的特性，根据自然界有益菌、有害菌共存相互制约的道理对猪舍进行生物杀菌，对有害菌进行生物杀灭；又利用猪爱打滚的特性，猪在沼液回冲猪舍的同时会打滚，沼液又对猪体表的有害菌进行了清理，防治了有害菌进入猪体内致病的环节；沼液的特殊气味也对猪舍空气里的细菌进行了净化、特殊气味驱赶了蚊、蝇对猪的侵害；沼液在猪舍循环的同时把猪粪便顺便带回沼气池去厌氧发酵，既省去了又脏又累的清粪工序又减少对环境的污染，又使猪场有了绿色能源，一举多得。

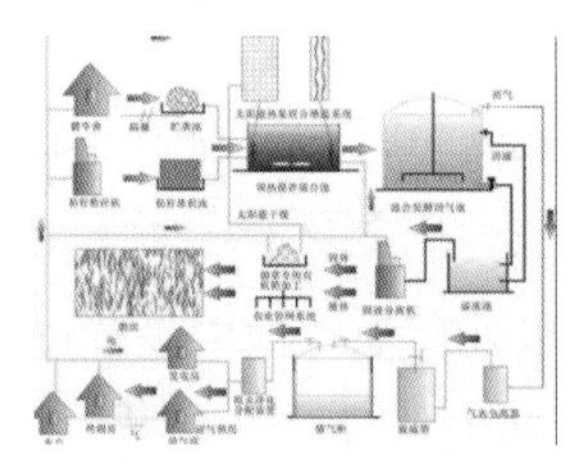

养殖场粪便废水有机处理流程

养殖场违法排污

★猪e网，网址链接：http://js.zhue.com.cn/a/201612/12-278367.html

（编撰人：赵成成，洪林君；审核人：蔡更元）

139. 猪场规模越大盈利越多吗？

（1）政府支持规模化及多元化的养殖。现在生猪养殖户的规模化在政府的扶持下快速发展，促进了更多的资金投入，但是政府强调养猪业一定要适度规模化、多元化发展。对于“规模越大、盈利越多”，我们一定要用辩证的眼光来看待。这一说法不是绝对的。规模化养猪需要更多的建设土地，而且投资高，存在显著的周期性行业风险，盈利需要很长的时间，因此要做好全面的思考，不要忽略了猪场的整体利益。

（2）产能扩张、结构的调整和升级换代。产能扩张可能在规模化、高速发展、养殖户退市、环境问题压力下带来隐患。生猪市场的格局也发生了新变化，除了饲养结构转型升级外，农业大企业的生产能力也在不断提高。大型农业企业将形成巨大的产能，保证市场供应，但产能过剩的风险在下行猪周期阶段可能会更多。同时，未来的养猪场规模竞争会变得更加激烈，而相对低的生产成本必然会战胜高成本，同时也必然会降低生猪出栏的价格，可以说大规模生产面临着倒闭的隐患。

降低成本，增加收入

猪价格周期

★猪e网，网址链接：http://js.zhue.com.cn/a/201612/12-278367.html

（编撰人：赵成成，洪林君；审核人：蔡更元）

140. 如何开展猪场的信息化建设?

对猪场来讲，首先是在硬件上实现自动化，软件上实现单个猪只及总体猪场管理的各种相关信息的采集、统计、传输、处理，实现电脑控制。硬件的自动化，目前已经应用的有自动上料系统、母猪自动饲喂系统、自动清粪系统等，以前因为价格、服务等因素国内企业应用不多，随着河顺自动化公司等国内企业的涉足，价格已经降下来，服务也有保证，更加适应中国国情。软件管理方面，目前在母猪的管理上，用自动化饲喂系统的猪场已经实现了每头母猪都有耳标，实现了母猪的各种数据的采集、处理，为科学管理提供了依据。开展猪场的信息化建设，一是要实用，避免追求华而不实；二是要坚持，一旦实现了信息化，那么猪场的生产、管理都不可能再倒退到原有的模式上去；三是要安全，必须确保信息的安全，要保证信息的生产、传输、处理、存储过程中，不被丢失、破坏、盗用和非法修改；四是易扩展，猪场要发展，技术也要更新，这就要求信息化系统要有一定的弹性。

（编撰人：孔令旋，洪林君；审核人：蔡更元）

141. 如何建设猪场的物联网管理系统?

物联网养猪重点集中在智能化精细养殖管理和食品安全可追溯体系建设等方面。

（1）母猪智能管理应用RFID技术和母猪智能群养管理设备，通过对母猪进行身份识别，实现大群饲养条件下对母猪个体的精确饲喂和管理，从而解放母猪生产力。目前规模养猪场饲养母猪的主流工艺是限位栏模式，该模式将母猪限制在狭小空间内不能自由活动，方便管理的同时，也带来一系列弊端：体质差，难产率高，淘汰率高，使用年限短，极大束缚了母猪生产力。以RFID技术为核心的母猪智能群养管理系统，主要包括智能饲喂站、自动分离器和发情鉴定器，设备可通过读取母猪RFID电子耳牌辨认母猪身份，实现精确饲喂、自动分离和发情鉴定。从而可将母猪从限位栏中解放出来，大群饲养，精细管理。发达国家利用母猪智能群养管理系统，每头母猪年贡献出栏生猪数量可达到25～30头，极大提高了母猪生产力，并改善了动物福利。

（2）生长育成猪精细管理应用RFID技术和生长育成猪管理系统，实现大群饲养环境中的生长育成猪精细饲养管理。系统可以根据生长育成猪的体重提示更换阶段饲料，也可以自动筛选达到出栏体重的育成猪，从而减少挑选出栏猪造成的体重损失。

（3）食品安全可追溯体系建设通过RFID技术对每头猪个体的身份识别，实现了农场生产过程精细管理，也为食品安全可追溯体系建设奠定了基础。

（编撰人：孔令旋，洪林君；审核人：蔡更元）

142. 开办猪场涉及的国家和地方法律、法规、制度文件有哪些?

2006年7月1日施行的《中华人民共和国畜牧法》；国家环境保护总局（2001年第9号）颁发的《畜禽养殖污染防治管理办法》；2006年农业部发布的《畜禽标识和养殖档案管理办法》（中华人民共和国农业部令第67号）；农业部《关于

加强畜禽养殖管理的通知》（农牧发〔2007〕1号）；《农业部畜禽标准化示范场管理办法（实行）》（农办牧〔2011〕6号）；2008年广东省农业厅、广东省国土资源厅、广东省环境联保厅联名发布的《广东省生猪生产发展总体规划和区域布局（2008—2020年）》（粤农〔2008〕185号）；2008年广东省农业厅、广东省国土资源厅、广东省环境保护厅联名发布的《广东省兴办规模化畜禽养殖场指南》（粤农〔2008〕137号）；《广东省种畜禽生产经营许可证发放和畜禽养殖备案办法（试行）》（粤府办〔2007〕107号）；2010年广东省环境保护厅、广东省农业厅联合发布的《关于加强规模化畜禽养殖污染防治促进生态健康发展的意见》（粤环发〔2010〕78号）。

污染物排放许可证

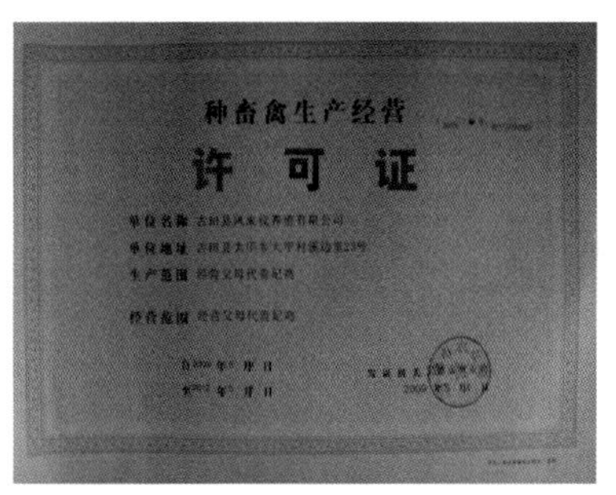

种畜禽生产经营许可证

★昵图网，网址链接：http://www.nipic.com/show/14779886.html
★食品商务网，网址链接：http://www.21food.cn/company/show-gutianfenglaiyi.html

（编撰人：全建平，洪林君；审核人：蔡更元）

143. 开办猪场需要具备哪些条件？

根据《广东省种畜禽生产经营许可证发放和畜禽养殖备案办法（试行）》（粤府办〔2007〕107号），以及《中华人民共和国畜牧法》，生猪存栏数达到100头以上的猪场称为规模化猪场。申办规模化猪场，需达到以下条件。

（1）取得土地使用权。养猪用地需取得乡（镇）人民政府同意，在县级国土资源管理部门办理相关手续，原则上不能占用耕地；符合《广东省生猪生产发展总体规划和区域布局（2008—2020年）》和当地的区域规划。

（2）符合环保要求。建设前应由资源的环评单位编制环境影响评价文件，并获得有审批权的环保行政主管部门的审批。猪场要满足国家环境保护总局（2001年第9号）颁发的《畜禽养殖污染防治管理办法》《畜禽养殖业污染防治技术规范》（HJ/T 81—2001）以及《畜禽养殖业污染物排放标准》（DB44/613—2009）。

（3）符合动物防疫的要求。取得县级以上畜牧兽医管理部门颁发的《动物防疫条件合格证》。猪场规划设计符合《规模化猪场建设GB/T 178241—2008》的要求，如生产区和生活区要分开，出入处要有消毒设备等。同时，要依据《中华人民共和国动物防疫法》，制定完善的防疫制度。

（4）规模化养猪密度较大，管理要求高，猪群极易发生传染病，因此，规模化养猪必须有专门的畜牧兽医技术人员为其服务。

（5）具备法律、行政法规规定的其他条件。如养猪场的名称、地址、饲养品种等向当地县级畜牧兽医主管部门备案，取得畜禽标识代码。

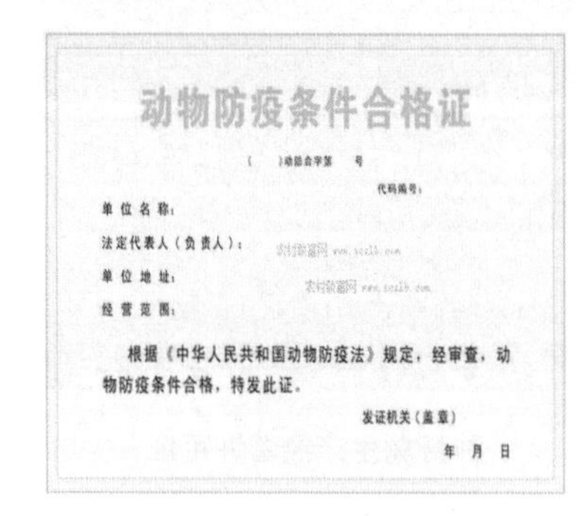
动物防疫条件合格证

（　）动防合字第　号

代码编号：

单位名称：

法定代表人（负责人）：

单位地址：

经营范围：

根据《中华人民共和国动物防疫法》规定，经审查，动物防疫条件合格，特发此证。

发证机关（盖章）

年　月　日

动物防疫条件合格证

动物防疫法

★猪友之家，网址链接：http://www.pig66.com/breed/2015/0725/3297.html
★亚马逊，网址链接：https://www.amazon.cn/%E5%9B%BE%E4%B9%A6/dp/B00XL15GX6

（编撰人：全建平，洪林君；审核人：蔡更元）

144. 开办猪场如何办理环境评价和环保审批手续?

2001年国家环境保护总局第9号文件《畜禽养殖污染防治管理办法》第19条规定，常年存栏量达500头以上的猪场，须由县级人民政府环境保护部门对其污染状况进行调查和评价，并将其纳入环境保护的规划中。2008年广东省农业厅、广东省国土资源厅、广东省环境保护厅联名发布的《广东省兴办规模化畜禽养殖场指南》（粤农〔2008〕137号）中规定生猪存栏数达到100头以上的猪场为规模化猪场，需要进行环评。编制环评报告表项目包括：项目环保审批的申请报告；发改或经信部门出具的立项备案证明；项目环境影响报告表；环境技术中心对项目出具的评估意见；基建项目需提供规划许可、红线图；涉及水土保持的，出具水利行政主管部门意见；涉及农田保护区的项目，出具农业、国土行政主管部门的意见；涉及水生动物保护的，出具渔政主管部门意见；涉及自然保护区的，出具林业主管部门意见。环保审批手续办理流程；申请单位（个人）按照项目环境影响评价等级，到县环保局环审股提交申请材料；对项目进行材料审核、现场核查；经环保局专题审批会，对项目作出审批或审查意见。

广东省污染物排放许可证

许可证编号

单位名称：
单位地址：
法定代表人：
行业类别：
排污种类：
有效期限：

发证机关（盖章）
年 月 日

污染物排放许可证

建设项目环境影响评价资质证书

机构名称：
住 所：
法定代表人：
证书等级：
证书编号：
有效期：
评价范围：

建设项目环境影响评价资质

★昵图网，网址链接：http://www.nipic.com/show/14779886.html
★我图网，网址链接：http://www.ooopic.com/pic_14893466.html

（编撰人：全建平，洪林君；审核人：蔡更元）

145. 猪场布局要遵循哪些原则？

猪场的布局应该综合考虑：猪场的未来规划；场内的地形、水源、风向等自然条件；选择的养殖模式和生产工艺；投资者的资金实力和管理能力；拟采用的设施设备条件；猪场面积的宽裕程度。

总之，方便生产与生活，有利于生物安全，并且能够让土地得到合理利用，建筑物之间方便联系，人流区域与物流区域分开是猪场布局应该遵循的基本原则。生产区、生产辅助区、生活和管理区以及废弃物处理区是构成猪场布局的核心区。相互独立且又相互联系，以生产区为主体，其他功能区为生产区服务是布局应该满足的要求。猪场最外端设置管理区有利于与外界沟通联系。生产区和管理区之间放置生活区。生产区与生活管理区的位置需要根据夏季主导的风向布置。各区之间可以用绿化带进行隔离。生产区应该设置在废弃物处理区的上风向。在猪场高处、上风处布置管理与生活区，生产辅助区的设置需要按有利于防疫与物流的原则设置。丰富员工业余生活的娱乐设施可以在建厂之初一并考虑。

猪场布置

★猪e网，网址链接：http://www.zhue.com.cn/html
★映象网，网址链接：http://fm1074.hnr.cn/lssx/201511/t20151112_2145238.html

（编撰人：全建平，洪林君；审核人：蔡更元）

146. 猪场生产区各猪舍如何布置？

生产区需要包括养殖猪只的各类生产设施和栏舍，为猪只养殖的主要区域，一般该区域的建筑面积占全场面积的70%～80%。禁止一切未经消毒和登记的外来车辆与人员进入。根据不同的猪场猪群的管理特点，生产区猪舍可有生长育肥舍、保育舍、配种舍、妊娠舍和分娩舍。

各建筑布局时应该遵循防疫有利、管理方便和用地节约的原则。种猪养殖区域需要与其他猪舍存在一定距离。种猪区应安排在较少人流的地方，需要处于猪场的偏风向或者上风向。种公猪需安排在种猪区的上风向，防止母猪的气味对公猪形成应激作用。同时还可以利用种公猪的气味促进母猪的发情。分娩舍需要处于妊娠舍和保育舍之间区域。在猪场的偏风向和下风向适宜安排生长育肥舍和保育舍，不过两区域之间需要保持距离，做好隔离和防疫措施。生长育肥舍需要靠近出猪台，方便出猪。

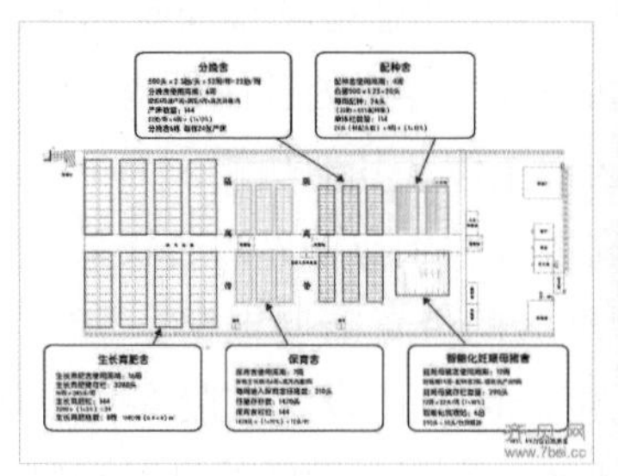

猪场布置

★猪友之家，网址链接：http://www.pig66.com/2015/139_1016/16179632.html
★映象网，网址链接：http://fm1074.hnr.cn/lssx/201511/t20151112_2145238.html

布置原则是充分根据自然条件，发挥有利因素，避免不利因素，在布局上做到有利于生产。专门的消毒间和消毒池需要设置在生产区入口，方便对进入生产区的人和车辆进行防疫消毒。

（编撰人：全建平，洪林君；审核人：蔡更元）

147. 猪场生产辅助区各设施如何布置？

生产辅助区的设施应该包括饲料仓库、水塔或水池，设施的布置要求如下。

4m左右的滴水高度是饲料仓库应该满足的要求。窗台设置在南北墙，且高度设置为2.5m。窗的面积需要占到窗台面积的1/3以上，且需要安装换气扇。墙体应该设置为18砖墙，房顶彩钢瓦。仓库设置2道门，一道通生产区，一道进饲料。门口4m左右高度可以安装遮雨敞篷。门大小与饲料装卸相适宜。100头母猪的猪场需要搭配100m^{2}左右饲料仓库。

安全和清洗方便是蓄水池应该满足的要求。蓄水池中的水可以通过供水管道的自然落差供水到各个用水点。避免因为太阳暴晒缩短供水管使用时间和防止水温过高，猪舍外的供水管可以埋在地下，可以用PVC管。钢管可以作为猪舍内供水管，猪可以直接接触的管道更是如此。每栋猪舍的外面可以修建一个小型的蓄水池和加压泵，方便用高压水枪进行冲栏和消毒。

饲料仓库

猪场水塔

★新牧网，网址链接：http://www.xinm123.com/html/people/436461.html
★昵图网，网址链接：http://www.nipic.com/show/1/38/7130628k005663db.html

（编撰人：全建平，洪林君；审核人：蔡更元）

148. 畜牧业环保基本法规有哪些？养殖业污染物排放标准是如何规定的？

畜牧业环保基本法规一般有《中华人民共和国环境保护法》《中华人民共和

国畜牧法》《畜禽规模养殖污染防治条例》《中华人民共和国自然保护区条例》《中华人民共和国水污染防治法》《中华人民共和国清洁生产促进法》《中华人民共和国固体废物污染环境防治法》《中华人民共和国大气污染防治法》《中华人民共和国环境影响评价法》《饲料及饲料添加剂管理条例》《中华人民共和国动物防疫法》。

养殖业污染物排放标准主要是鼓励生态养殖，减缓农业引起的污染程度，适用于集约化、规模化的养殖，在不影响人类生命健康和生活的情况下，进行合理的生态养殖。根据水质的污染、空气的污染、废渣的污染的具体情况进行排放标准的控制，其中包括把握好污水的去处，对养殖场产生的各种废渣进行资源再利用手段，排放的臭气则用无臭空气进行稀释，稀释到刚好无臭时再释放入空气，水量的运用进行严格的控制。做到合理，节省，充分的处理、分配和再利用。

（编撰人：全建平，洪林君；审核人：蔡更元）

149. 怎样估算猪场假设投资？

由于不同的建筑类型，设备和施工条件，规模化猪场的投资差异会很大。规模化猪场因设备、工艺、建筑类型、饲养猪种、施工条件等的不同，投资差异较大。按建设年出栏量1 000头商品猪的猪场来计算（所有数据仅供参考，各地会存在较大差异），主要投资有以下几项。

（1）基建工程投资。一个千头猪场需要养猪栏舍面积600 ~ 700m^2，建筑费用因地区而有差异。

（2）设备投资。限位栏，产床和产仔舍以及保育舍高床是规模化养猪的主要生产设备。由于采用的栏舍设计的工艺不同，设备配置数量也会不同。一般而言，1 000头猪场需要6万 ~ 8万元的投资。对于配种舍全是限位栏，保育舍全是漏风地板的1 000头猪场，48个限位栏，9套保育栏，15个产床是基本配置。

（3）种猪投资。如果猪场采用一次性引种和人工授精，则1 000头猪场需要公猪2头左右，母猪70头左右。

（4）配套设施投资。变电站、供电线路、饲料厂、水塔和供水管道网是规模化猪场必须具备的其他配套设施。另外，更衣室、场内道路、出猪台、围墙、员工宿舍和办公室也是必不可少的。这些建筑或设施费用差别较大，10万 ~ 20万的预算是比较保守的。

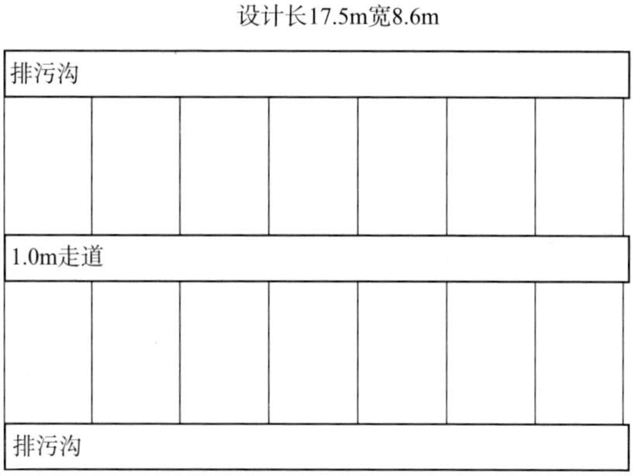

设计长17.5m宽8.6m

排污沟

1.0m走道

排污沟

猪场排污沟设计

★华夏养猪网，网址链接：http://www.pigol.cn/

（编撰人：全建平，洪林君；审核人：蔡更元）

150. 为减轻畜舍中空气微生物对畜禽的危害，可采取哪些措施？

空气微生物能够随微粒降落到体表，与皮脂腺的分泌物、皮屑等混在一起，诱发皮炎，进而使汗腺分泌受阻，皮肤散热和防疫屏障功能降低，激发相应的变态反应，还能导致畜禽进一步发生细菌性、病毒性、寄生虫性等多种疾患和综合征，往往引起继发感染而加重病势，使病死率升高，造成畜牧业生产重大损失。可采取的防治措施如下。

（1）在选择畜牧场场址时，应远离传染病源，避开医院、屠宰场、皮毛加工厂等。

（2）畜牧场周围应设防护林带，并以围墙封闭，防止一些小动物把外界疾病带入场内。

（3）在畜牧场的大门设置消毒及车辆喷雾消毒设施，保证外出车辆不带入病原菌。

（4）场内要绿化，畜舍内要保持清洁，减少尘埃粒子。

（5）定时通风换气，减少一切有利于微生物生存的条件，必要时采用除尘器净化空气，除尘可大幅度减少空气中微粒和微生物数量。

（6）定期或不定期消毒。

猪场消毒

★猪e网，网址链接：https://image.baidu.com/search/detail

（编撰人：全绒，洪林君；审核人：蔡更元）

151. 如何进行猪舍的环境调控?

（1）采暖。猪场常用的采暖方式主要有热水采暖系统、热风采暖系统及局部采暖系统。除进行合理的猪舍设计，利用遮阳、绿化等削弱太阳辐射，在一定程度上可减轻高温的危害外，采取通风降温、湿垫风机蒸发降温、喷雾降温等措施，可获得理想的降温效果。

（2）通风。一方面可起到降温作用，另一方面，通过舍内外空气交换，引入舍外新鲜空气，排除舍内污浊空气和过多水汽，以改善舍内空气环境质量，保持适宜的相对湿度。进行猪舍通风时应注意：夏季采用机械通风在一定程度上能够起到降温的作用，但过高的气流速度，会因气流与猪体表间的摩擦而使猪感到不舒服。因此，猪舍夏季机械通风的风速不应超过2m/s；猪舍通风一般要求风机有较大的通风量和较小的压力，宜采用轴流风机；夏季通风需在维持适中的舍内温度下进行，且要求气流稳定、均匀，不形成“贼风”，无死角。

（3）防暑降温。环境炎热的因素有气温高、太阳辐射强、气流速度小和空气湿度大。在炎热情况下，企图通过降低空气温度，从而增加猪的非蒸发散热，技术上虽可以办到，但经济上往往行不通。所以生产中一般采用保护猪免受太阳辐射、增强猪的传导散热（与冷物体接触），对流散热（充分利用天然气流或强制通风）和蒸发散热（水浴或向猪体喷淋水）等措施。只有在适宜的环境条件下，猪的生产潜力才能得以充分发挥。建筑猪舍是为猪提供适宜环境的重要手段，只有通过猪舍的合理设计，同时采取有效的环境控制措施，才能使猪舍的环境达到良好的状态，满足猪对环境的需求。

猪场通风

★全球采购网，网址链接：http://www.globalbuy.cc/gongyingxinxi/11788272.html

（编撰人：全绒，洪林君；审核人：蔡更元）

152. 如何做好冬季猪舍的防寒保温工作?

在不影响饲养管理及环境卫生的情况下，适当加大舍内家畜的密度等于增加热源，是一项行之有效的辅助性防寒保温措施；利用垫草以改善畜体周围小气候，是在寒冷地区常用的一种简便易行的防寒措施；防止舍内潮湿是间接保温的有效方法；控制气流，防止贼风；充分利用太阳辐射和玻璃及某些透明塑料的独特性能形成的特殊热作用，以提高舍温；在饲养方面，用增加饲喂次数，提高猪食黏稠度，减少猪排尿，适当增加精料饲喂，坚持喂一顿夜食保证冬季不断青，饲料搭配多样化等措施来增强猪的体质，提高猪的抗寒能力。在管理方面，一般采取加强运动，让猪多晒太阳；定时轰猪防止尿窝，常换垫草等方法来增加猪的抗寒能力和保持猪床的干燥，并且保证冬天给猪饮温水。

猪场防寒卷帘

猪舍保温灯

★环球经贸网，网址链接：http://china.nowec.com/supply/detail/55241840.html
★谊发牧业网，网址链接：http://www.hnyifa.com/rd_detail/newsId=576.html

（编撰人：全绒，洪林君；审核人：蔡更元）

153. 如何做好夏季猪舍的防暑降温工作?

猪只有在适宜的温度条件下才能多成活，育肥猪增重快，饲料报酬高。我国地域辽阔，南北气候相差悬殊，因地制宜，做好猪群的防暑降温工作，对提高猪生产效益有十分重要的意义。畜舍的防暑降温主要是通过增强外护围的隔热能力，达到防暑隔热的目的；完善畜舍防暑隔热设施包括：屋顶通风，建筑遮阳，浅色光平的外表面和加强舍内通风设施；做好畜牧场环境绿化工作，必要时在运动场设置凉棚；采用有效的畜舍降温技术措施，主要依靠蒸发降温的措施包括：喷淋、喷雾和水帘通风系统；加强自然通风和风机机械通风等对流降温措施。除此之外，在饲养管理上可以采取调整日粮结构，减少饲养密度和保证充足的冰凉饮水等措施，对于家畜的防暑降温工作也有重要的意义。

猪场冷风机　　水帘降温系统

★中国化工机械网，网址链接：http://fengsuda.b2b.chemm.cn/ProductShow_2904456.html
★环球经贸网，网址链接：http://china.nowec.com/spdetail/38132339.html

（编撰人：全绒，洪林君；审核人：蔡更元）

154. 畜舍内湿度调节措施有哪些?

湿度是用来表示空气中水汽含量多少的物理常量，猪舍内的水汽来源有大气水蒸气、猪的呼吸道和皮肤散发的水汽，地面墙壁等物体表面蒸发的水汽、猪舍湿度过高，会明显降低猪的抗病能力，导致多种传染病的发生，猪群最适宜的相对湿度为45%～75%，湿度过大造成微生物滋生，猪容易生病。常用的防潮湿的措施如下。

（1）场址选择高燥、排水良好的地区。

（2）为防止土壤中水分沿墙上升，在墙身和墙脚交界处设防潮层。

（3）坚持定期检查和维护供水系统，确保供水系统不漏水，并尽量减少管理用水。

（4）及时清除粪尿和污水，经常更换污湿垫料，有条件的最好训练家畜（如猪）定点排粪尿或在舍外排粪排尿。

（5）加强畜舍外围护结构的隔热保暖设计，冬季应注意畜舍保温，防止气温降至露点温度以下。

（6）保持舍内正常的通风换气，并及时排出潮湿空气。

（7）使用干燥垫料，如稻草、麦秸、锯末和干土等。

猪舍喷水

猪舍	相对湿度（%）
公猪、妊娠母猪舍	65～75
产仔母猪舍	65～75
仔猪培育舍	65～75
育肥猪舍	70～80

猪舍最适湿度

★51搜了网，网址链接：http://www.51sole.com/b2b/pd_48412155.htm
★创业技术奋斗人网，网址链接：http://www.001300.com/vodhtml/jiachuyzjs4178.html

（编撰人：全绒，洪林君；审核人：蔡更元）

155. 高温、高湿、无风这种极端天气对家畜有哪些影响？如何提高这种极端天气中畜禽生产力？

高温高湿对家畜的影响：有利于流行病的传播；易患疥癣、湿疹病；易造成饲料霉变；机体抵抗力降低，发病率增加；不利于机体散热，易患中暑性疾病。

提高高温环境中畜禽生产力的措施如下。

（1）选择和培育耐热的动物品种（品系）。

（2）改善饲养管理。饮冷水；减少饲养密度（改变饲喂时间和光照制度）。

（3）环境工程措施。减少太阳辐射热向舍内的传入；降低畜舍温度；增大通风量；加强通风，有效增加畜体蒸发散热和非蒸发散热，提高家畜生产力。

（4）采取科学的营养调控措施。提高日粮能量浓度；调节日粮蛋白质水平；增加必要的矿物质；添加维生素；添加其他物质如杆菌肽锌、酵母培养物和镇静剂等，可减少高温对动物生产的不良影响；药物预防。

（编撰人：全绒，洪林君；审核人：蔡更元）

156. 在我国如何确定畜舍朝向？

确定畜舍朝向，应根据当地的地理纬度和局部气候环境（主风和日照）等特征确定。

（1）适宜的朝向，可以合理地利用太阳辐射能和冬、夏季主风，改善畜舍的保温隔热、采光、通风。

（2）我国地理位置及适宜朝向：我国地处亚洲东南季风区，北纬20°～50°，夏季太阳高度角大，日照时间长，盛行南风或东南风；冬季太阳高度角小，日照时间短，盛行北风、东北风或西北风。畜舍朝向宜采用坐北向南，或南偏东偏西15°～30°。

（3）我国畜舍坐北向南的优点：坐北向南畜舍，夏季太阳辐射入舍浅，西晒面积少，可减少太阳辐射热进入畜舍，而且可利用夏季主风形成“穿堂风”，改善通风条件；冬季太阳辐射入舍深，则可以最大限度地允许太阳辐射能进入舍内，提高舍温和改善舍内卫生条件，利用北面墙抵御冬季主风的侵袭，所以坐北向南畜舍冬暖夏凉。

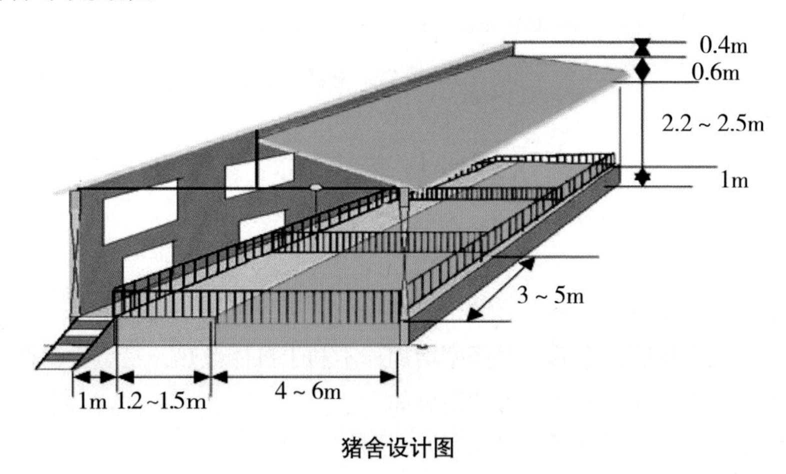

猪舍设计图

★搜狐网，网址链接：http://www.sohu.com/a/117853133_516440

（编撰人：全绒，洪林君；审核人：蔡更元）

157. 畜舍内有害气体有何危害？

畜舍内有害气体主要包括SO_2、氮氧化合物、氟化物以及重金属微粒等。SO_2来源：含硫原料及硫酸工业排放的气体，遇雨生成硫酸“酸雨”、pH值小于

5.6；氮氧化合物来源：燃料燃烧，氮肥厂、硝酸厂、染料工业，机动车排放的废气等，光化学烟雾。氟化物来源：含氟的原料排放。重金属微粒来源：工业、交通排放如：铅、镉、砷、锰、钼等。SO_2危害：呼吸道疾病，损坏金属设施，污染水源和土壤，中毒，降低生产力、增加死亡率等。氮氧化合物危害：引起肺水肿，支气管痉挛引起肺气肿，呼吸急促而死亡，亚硝酸盐中毒。光化学烟雾危害：刺激和破坏呼吸道黏膜；引起支气管炎、肺水肿等；阻碍血液输氧功能，造成组织缺氧；引起染色体变异等。氟化物危害：影响Ca、P的正常代谢，引起软骨病；氟斑齿；抑制N系统，内分泌系统活动。重金属微粒危害，通过饲料、饮水、饲草、呼吸进入机体引起慢性中毒。

有害气体的卫生标准：SO_2卫生标准$<0.5mg/m^3$，日平均浓度$0.15mg/m^3$；氮氧化合物卫生标准：$\leq 0.15mg/m^3$；光化学烟雾卫生标准：<1h。

猪群类别	氨（mg/m^3）	硫化氢（mg/m^3）	二氧化碳（%）	细菌总数（万个/m^3）	粉尘（mg/m^3）
公猪	26	10	0.2	≤6	≤1.5
成年母猪	26	10	0.2	≤10	≤1.5
哺乳母猪	15	10	0.2	≤5	≤1.5
哺乳仔猪	15	10	0.2	≤5	≤1.5
培育仔猪	26	10	0.2	≤5	≤1.5
育肥猪	26	10	0.2	≤5	≤1.5

猪舍空气卫生要求

★猪友之家，网址链接：http://www.pig66.com/show-139-26789-1.html

（编撰人：全绒，洪林君；审核人：蔡更元）

158. 畜禽粪便处理和利用基本措施有哪些?

（1）作为优质肥料。①土地还原法。直接撒向地面，翻耕土地。②堆肥腐熟法。通过堆放发酵腐熟后再撒向田土，包括自然堆肥和大棚堆肥。③生物有机肥。④干燥处理法。日光自然干燥、高温快速干燥、烘干膨化干燥。

（2）制取沼气。利用厌氧细菌对畜禽粪尿、杂草、秸秆、垫料等有机物进行厌氧发酵产生一种混合气体，其中主要是甲烷。

（3）制作饲料。①新鲜粪便直接利用。②青贮。新鲜畜粪+其他饲草（糠麸、玉米粉等）混合装入塑料袋或其他容器内，在密闭条件下进行青贮，一般经20～40d即可使用。③脱水干燥。利用日光干燥是最简便的方法，将粪便摊在晒场上或塑料薄膜大棚内进行晾晒，晾晒过程中需经常翻动和摊散，以利通风排湿，加速水分蒸发。④氧化发酵。利用好气微生物发酵分解粪便固形物，产生单细胞蛋白的加工处理方法。⑤生物工程处理。用畜禽粪便培养蝇蛆和蚯蚓，再将蝇蛆和蚯蚓加工成粉或浆，饲喂畜禽。

沼气发酵　　　　堆肥发酵

★村网通，网址链接：http://www.180197.gove.cn/article/889061.html
★无忧商务网，网址链接：http://www.cn5135.com/Photo/Show-Large-Photo-1102599.html

（编撰人：全绒，洪林君；审核人：蔡更元）

159. 湿度对家畜有何影响？如何预防畜舍潮湿？

对体热调节的影响：在高温环境中，潮湿空气使畜体蒸发散热受阻，形成体热在体内的累积，动物较难忍受。在低温环境中，潮湿空气使畜体散热增加，加剧了冷应激。

对畜体健康和生产力的影响：高湿能使致病性真菌、细菌和寄生虫发育，使家畜易患疥癣、湿疹等皮肤病。长期高湿，降低家畜的食欲和对饲料营养物质的消化、吸收能力，从而影响其生长发育和生产性能。在低温情况下，高湿促进了畜体的散热，使家畜处于过冷的环境中，使家畜容易发生各种疾病。在高温情况下，高湿使畜体散热受阻，使物质代谢降低，机体的生理机能遭到破坏。空气过分干燥，使动物的皮肤和暴露在外面的黏膜严重干裂，减弱皮肤和黏膜对微生物的防御能力，同时使空气中粉尘浓度增加。

预防措施：在建筑时选好场址。对于已建成的畜舍应待其充分干燥后再使用。在饲养管理过程中尽量减少用水，力求及时清除粪便。保持舍内通风良好。使用干燥垫草吸收水分。

（编撰人：全线，洪林君；审核人：蔡更元）

160. 根据畜舍外墙设置情况畜舍划分为哪几种类型？各类型畜舍有何特点？

根据外墙设置情况，畜舍可分为多种样式。

（1）依靠柱子承重而不设墙，或只设栅栏、矮墙，称为敞棚，可做运动场上的遮阳棚，南方可作为成年畜舍。其特点是造价低，通风采光好，但保温隔热性能差，只起遮阴避雨作用。

（2）三面设墙一面不设墙而设运动场的畜舍称为开放式畜舍，其特点是结构简单，造价低，一般跨度较小，冬季通风和夏季采光都较好，但受外界影响较大，冬季夜间寒冷。

（3）三面设墙一面设半截墙的畜舍称为半开放式畜舍，其特点是较开放式散热少，且可在半截墙上设置塑料薄膜或草帘以提高其保温性能，寒冷地区可作为成年畜舍，温暖地区可做产房或幼畜舍。

（4）四面设墙且在纵墙上设窗户的畜舍称为有窗式畜舍，其特点是可根据季节开启或关闭窗扇，调节通风和隔热。既可利用自然通风、光照和太阳辐射，也可采用机械辅助通风及供暖、降温设备，跨度可大可小，适用于各气候区域和各种畜舍。

（5）无窗式畜舍。外墙上不设窗，通风、采光、供暖、降温均靠环境控制设备调控。其特点是外围护结构保温隔热材料好，采用供暖、降温设备能耗较低，但在其后较好的季节，比其他形式畜舍耗能多，土建和设备投资较大，设备维修费用高。

无窗式畜舍

有窗式畜舍

半开放式畜舍

成年畜舍

★慧聪网，网址链接：https://b2b.hc360.com/viewPics/supplyself_pics/360993580.html

（编撰人：全绒，洪林君；审核人：蔡更元）

161. 怎样装置猪用自动饮水器?

当猪吃生的和湿的混合料时，平均每天饮用的水超过15次；为了确保猪饮水，最好是让猪自由饮水，这样就可以使用自动饮水机供水。

（1）根据猪的数量和用水量，制作一个贮水桶。桶的上部装有一个开关桶，它也可以直接连接到自来水管上，桶的下部装一个带阀门的软管。软管与猪舍的给水管直接相连。每个猪圈应设置猪饮水槽，饮水槽要不低于12cm，每个饮水槽上方要与给水管接一根垂直管，垂直管的下面要距饮水槽底部5cm。

（2）首先将贮水桶底阀关闭，然后打开贮水桶的上部加水开关，注满水，把加水阀开关打开，水会自动流入每个饮水槽。当水流到5cm深与注水的竖管相平时，水管会自动停止向水槽流水。

（3）自动饮水机也可以由一个小的贮水桶和一个底盘连接制成。带一个小桶，打开一个小的进水口，旁边的桶打开一个小出口约5cm高，和盛水盘连接，水盘高6～10cm，口径超过10cm，桶连接到中间的水板。使用时，将桶装满水，打开出口，然后桶内的水流入水板，当盘内的水在桶的出口处时，水自动停止流出；当猪喝了盘子里的水，桶里的水就会滴下来，然后流进盘里。

（4）还可以安装猪自动饮水机，将水管连接到每个猪圈，然后在水管内的每个猪圈内安装1～2个猪自动饮水机。当猪干渴时，会喝水，水会自动流出，猪喝足后，嘴巴离开水嘴，水阀会自动关闭。

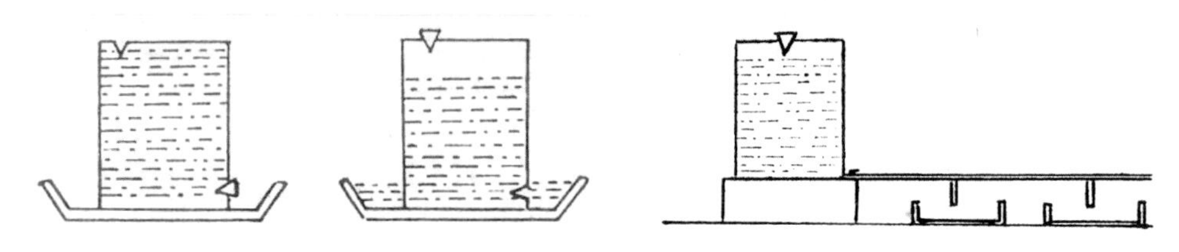

自动饮水器示意图

★新浪博客，网址链接：http://blog.sina.com.cn/s/blog_72c0ee1b0 100ohyh.html

（编撰人：赵成成，洪林君；审核人：蔡更元）

162. 搭建塑料暖棚猪舍应注意哪些事项?

北方气候寒冷，没有保温措施，自然温度用开放猪圈，猪生长非常缓慢，饲料利用率很低。塑料温室养猪场解决了华北地区生猪生产的大问题，塑料温室可以用简单的猪舍重建，在塑料保温猪舍的施工中应注意以下几点。

（1）建造尺寸。猪舍前高1.7m，后高1.5m，中高2.5m，内宽2m，跨高3m。猪圈为“人”字架，其斜率是前坡短，后坡长，房梁的总长度是3m，在房梁前的0.7m处竖立柱（即房子正中前）立柱上搭盖房梁，这样就形成23°角的前坡短，后坡长的猪舍上盖的两面坡，太阳可以直接照射北墙，而夏季太阳光束角为70°，太阳不会照猪床，能达到冬暖夏凉。圈前留1.2m过道修围墙，围墙高80cm，墙上每隔1m立90cm高的立柱，立柱上铺一根长横杆，为冬季扣塑料薄膜用，每圈冬季饲养7头猪。

（2）建筑要点。在接触到水泥底部后，用旧的竹扫帚拍一拍，形成麻面，这样猪就不会在上面滑倒。猪圈的屋顶要抹上3cm的泥，然后在铺上瓷砖，这样冬天防风和日晒。猪圈的墙是用空心砖砌成的，空心砖既防寒又保暖。

（3）冬季扣暖棚要领。一是扣暖棚时间应该在11月初，拆除时间是3月底，可根据当地气温变化而定。二是扣暖棚时用泥浆将塑料薄膜四周压实，并顺着前坡的木档将塑料薄膜固定，以防刮风。三是暖棚里的最高处，每一个猪圈都要留下一个气孔来排出棚内的有害气体，降低棚内的湿度。

猪舍外部结构

猪舍内部结构

★猪友之家，网址链接：http://www.pig66.com/show-139-20979-1.html

（编撰人：赵成成，洪林君；审核人：蔡更元）

163. 养猪场有哪些常用设备及如何应用?

养猪场设备主要包括各种猪圈、地板、给料设备、饮水设备、清洁设备、环境控制设备和运输设备。在设备选型中，应遵循经济实用、坚固耐用、管理方便、设计合理、符合卫生要求等原则。

（1）饲喂设备。在生猪生产中，饲料成本占50%～70%，饲养工作量占30%～40%，因此，饲喂设备提高饲料利用率，降低劳动强度，对提高养猪场的经济效益具有很大的影响。自动送料系统由仓储塔、饲料输送机、输送管道、自动送料设备、计量设备、食品槽等组成。

（2）猪舍环境调控设备。养猪场的环境控制主要是指对养猪场的采暖、降温、通风和空气质量的控制，需要通过配置相应的环境调节设备来满足各种环境要求。养猪场采用的主要加热方式是热水加热系统、热风加热系统和局部加热系统。我国大部分地区炎热的夏季需要对猪圈采取一些有效的降温措施。采用通风冷却、湿垫风机蒸发冷却、喷雾冷却等措施可以达到理想的冷却效果。这也是一种经济有效的方法，通过滴水来冷却猪的定位和饲养技术。另外，在猪圈的地板下，铺设一些管道，让冷水或其他冷源通过，使局部地板温度降低，也能达到降温的目的。猪舍通风可以在冷却中发挥作用，另一方面，通过空气的内部和外部交流，引入新鲜空气，消除脏空气和水蒸气，改善空气环境质量，维持适当的湿度。

（3）其他设备。猪场还有一些配套设备，如背膘测定仪、怀孕探测仪、活动电子秤、模型猪、耳号钳及电子识别耳牌、断尾钳等。

猪场喷雾降温消毒设备

取暖设备

★生猪价格网，网址链接：http://www.shengzhujiage.com/view/4528 18.html

（编撰人：赵成成，洪林君；审核人：蔡更）

164. 怎样选择优良的种公猪?

种公猪的优劣是发展生猪生产获取养猪效益的先决条件，为此，在引进种公猪时必须把握好以下两个方面。

（1）种公猪的来源。种公猪必须来源于取得省级《种畜禽生产经营许可证》的原种猪场中，拥有完整系谱和性能测定记录，评估优良、耳号清晰、符合本品种外貌特征，系谱清楚、档案等记录齐全，评定等级达到优秀的种公猪。并且种公猪健康，无国家规定的一、二类传染疾病。

（2）外貌评定。符合品种特性；四肢健壮无畸形；睾丸正常对称；包皮不要过大积尿；健康、精神，无疝气；有效乳头6对以上，排列整齐。

（编撰人：陈永岗，洪林君；审核人：蔡更元）

165. 怎样选择优良的母猪?

母猪的优劣是猪场获取养猪效益的先决条件，因此，引进种母猪时须把握好以下两个方面。

（1）母猪的来源。母猪必须来源于取得省级《种畜禽生产经营许可证》的原种猪场，具有完整系谱和性能测定记录，评估优良、耳号清晰、符合本品种外貌特征，系谱清楚、档案等记录齐全，评定等级达到优秀的母猪。并且猪只健康，无国家规定的一、二类传染病。

（2）外貌评定。四肢健壮无畸形；外阴正常，不能过小和上翘；健康、精神，无疝气；有效乳头6对以上，排列整齐；有一定的腹部容积，不要过分追求所谓的“吊肚”。

（编撰人：陈永岗，洪林君；审核人：蔡更元）

166. 后备猪舍每周工作流程如何安排?

（1）周日。根据对猪群的观察情况，随时应变突发状况。

（2）周一。使用清水冲洗猪栏、清理卫生，清洗完成之后对隔离舍、猪舍周边、走道将配制好的消毒液直接用喷枪进行喷洒消毒，并做好消毒记录登记；对于药品应严格按照生产需求进行领用。

（3）周二。消毒池盆中应使用新鲜配制的浓度为0.1%的高锰酸钾，可用于黏膜创伤、溃疡、深部化脓创的冲洗消毒。猪运动过程中切忌粗鲁的对待猪只，以免造成后备猪的应激。

（4）周三。由隔离舍饲养员按本场相关要求在饲料中添加药物进行驱虫，一般要求引进以后1周内体内外驱虫1次，并在驱虫之后做好驱虫记录表。根据后备母猪所处的不同时期注射相应的疫苗。

（5）周四。按照周一的清洁消毒步骤进行操作，同时对在本周内因患病或生长状态原因需要调整的个别猪只进行调整，以稳定同一猪群内的健康生长状态。

（6）周五。按照周二的生产管理步骤进行操作，并做好消毒记录的登记。

（7）周六。对猪舍内的各设备正常使用状况进行清点检查，如有故障应及时联系后勤专业人员进行维修，以免影响正常的生产使用。周报表应如实填写本周的后备猪群的存栏量，数量变动情况及变动的来源与去向，以及饲料的消耗情况。

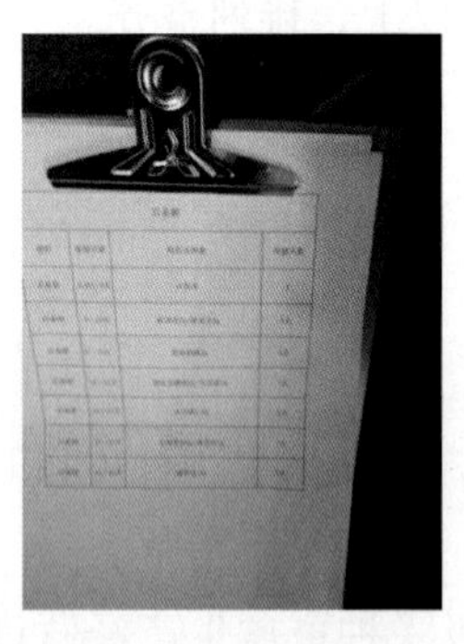

后备猪保健用药及剂量记录表（陈永岗 摄）

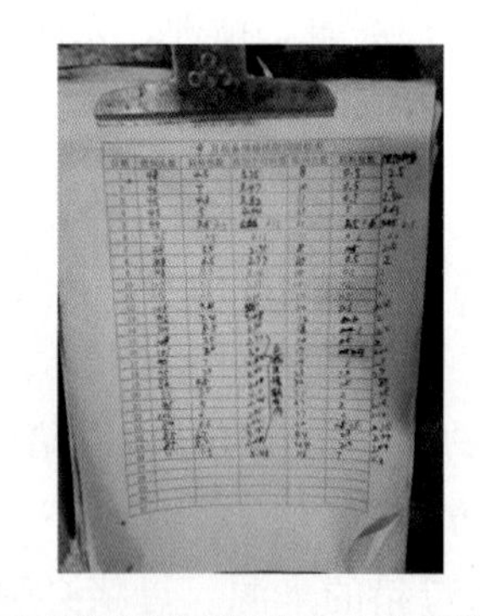

后备母猪优限饲跟踪表（陈永岗 摄）

（编撰人：陈永岗，洪林君；审核人：蔡更元）

167. 怎样饲养后备种猪?

后备种猪是指选留后尚未参与配种或者采精的种猪，用以补充因年龄大、繁殖性能差或者疾病原因淘汰的种猪。

（1）后备种猪与育成种猪相比需要更高的维生素、矿物元素水平，体重达到60～70kg后最好选用专用的后备母猪预混料或后备种猪料，饲料中不能添加菜籽粕、棉籽粕等对繁殖有不利影响的非常规饲料原料。

（2）后备种猪不宜饲养在阴暗的环境中，后备种猪的光照强度需达到200lx，每天光照时间12～14h。

（3）后备种猪宜大栏饲养，不宜限位栏饲养，每头占栏面面积2m^{2}以上，同时为了让后备种猪有充足的活动空间，最好设立种猪运动场，让后备种猪轮流进行运动，以提高后备种猪的体质。

（4）控制好后备种猪的体况，防止后备种猪过肥或过瘦，配种前后备母猪的背膘需达到2.2cm。

（5）提供干净充足的饮水。饮水器的出水量以每分钟1～2L、饮水器的高度以高出猪肩部5cm左右为宜。10～15头猪共用1个饮水器，但群养栏中至少有2个饮水器。

（6）后备母猪群养、拼养、引入公猪混养以及饲养在公猪栏旁边有利于后备母猪发情。

（7）记录好后备母猪第一次发情的时间，后备母猪最好是在8月龄以上、体重110kg以上、第2～3个发情期进行初次配种。

后备母猪

后备公猪

★今日头条，网址链接：https://www.toutiao.com/i6308202967665213954/
★猪友之家，网址链接：http://www.pig66.com/2016/120_0426/16473405.html

（编撰人：莫健新，洪林君；审稿人：蔡更元）

168. 如何提高后备猪利用率？

（1）后备母猪。保持母猪的良好体况对母猪的繁殖机能很重要，有研究显示，后备母猪第一次配种时体重为110～130kg，P2背膘值为18～20mm时，其5个胎次的生产性能可以达到最佳状态。在配种前，青年母猪必须完全成熟，即体型合适。当母猪受到公猪刺激出现静立反射，耳朵竖立，目光呆滞，外阴红肿时即可配种。后备母猪配种期间，每天早晚分别用成年公猪试情1次。母猪接受爬跨进行第一次配种，间隔12～18h再配第二次。配种方式在采用重复配种方式，能够区分后代的情况下可以采用双重配种方式。认真填写好母猪试情、配种、确妊记录表和公猪使用情况表，为母猪确认妊提供数据，每天要对母猪配种记录做整理，填好母猪配种记录。后备母猪供给足够的蛋白质和钙、磷等元素。在配种前母猪既要生长又要发育，需要的维生素、微量元素等比育肥猪高得多，所以后备母猪的饲料不能用生长育肥猪饲料或者其他饲料代替，要使用专用的饲料。

（2）后备公猪。后备公猪要加强性成熟期间的饲养管理工作，尤其是一些地方猪种，性欲旺盛，性行为明显。充分的运动是必要的，目的是促进骨骼和肌肉的发育，保持强健的体质。一般种公猪要在运动场内运动800～1 000m，大型集约化猪场可以通过每天对后备母猪和断奶后的成年母猪进行试情来完成。公猪要加强调教，避免频繁更换饲养员。经常抚摸公猪的耳根、腹侧、乳房等部位，做到人、畜亲和。公猪一般单圈饲养。

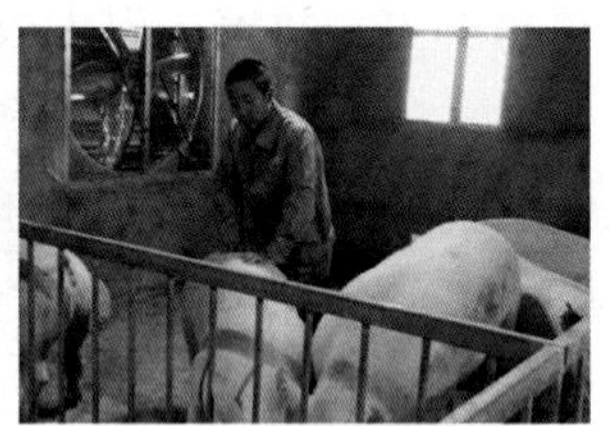

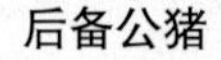

后备公猪　　　　后备母猪查情

★贤集网，网址链接：http://www.xianjichina.com/news/details_10814.html
★特驱集团，网址链接：http://www.sctequ.com/Home/Article/detail/id/504.html？k=

（编撰人：付帝生，洪林君；审核人：蔡更元）

169. 公猪的初配年龄和体重怎样确定？

种公猪的利用过程中选择适宜的配种期是一个重要的环节，选择恰当的配种期能够提高公猪的利用价值，产生更高的经济价值。公猪的初配期既不能过早，也不能过晚，过早使用会影响种公猪本身的生长发育，进而缩短种用年限；配种太晚会引起公猪的性欲减退，进而影响其正常的配种能力，且优秀公猪不能及时利用，也造成了浪费。生产中公猪的初配期应根据不同的品种、体重、年龄等来确定。对于我国地方猪种来说，性成熟较早于国外品种，初配年龄一般选在6～8月龄，体重达到60kg以上；国外品种初配期稍晚应选在8～10月龄，体重90kg以上。即使同一个品种的公猪也会因为猪场选址、气候条件、疫病流行、生产管理等的不同而不同，应根据每个场的不同情况确定初配月龄。

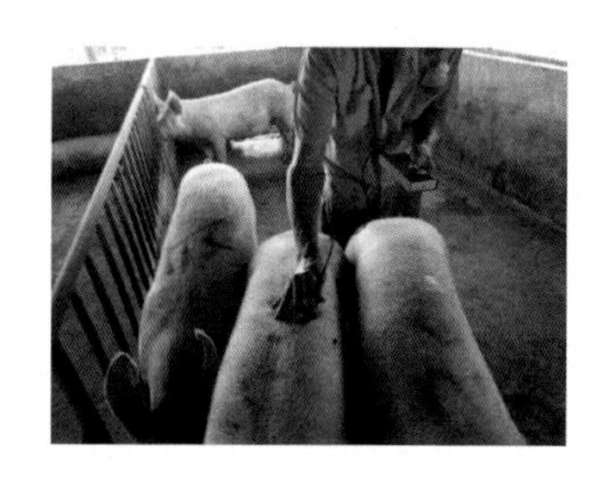

种猪配种期的确定（陈永岗 摄）　　种猪生长性能的测定（陈永岗 摄）

（编撰人：陈永岗，洪林君；审核人：蔡更元）

170. 母猪的开配年龄、体重和发情期如何确定?

母猪选择适合的开配年龄、体重和发情期能够提高母猪的产仔数并增加其本身的生产价值。大型猪场都会根据自身的生产水平和发展情况来确定后备母猪的开配种日龄和体重。

（1）生产中一般在225～250d的日龄、体重达到150kg、P2点背膘厚超过14mm，最好在达到15～18mm时配种。

（2）对于后备母猪在220日龄体重不能达到150kg的情况，应将配种日龄后延至250～275日龄，待体重达到150kg、P2背膘厚达标时方能配种。母猪的发情期可以通过观察阴户外观和行为来判断，最好选择在发情中期进行配种。生产中母猪的初配期应根据不同的品种、体重、年龄等来确定。

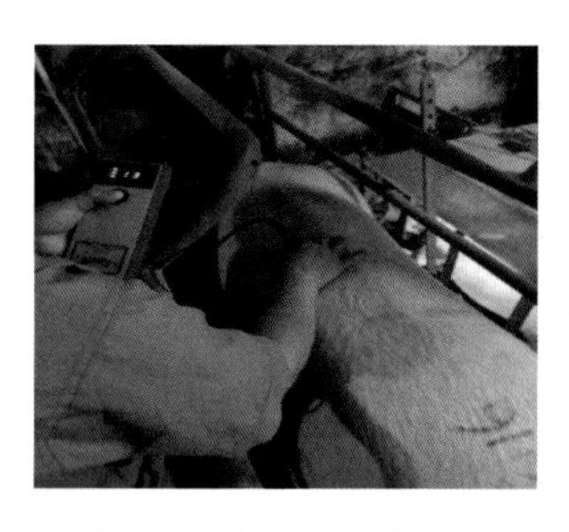

母猪背膘的测定（陈永岗 摄）

母猪体重的测定（陈永岗 摄）

（编撰人：陈永岗，洪林君；审核人：蔡更元）

171. 种公猪如何饲养管理?

（1）合理饲养。常年均衡供给种公猪所需的营养物质，以保证种公猪常年具有旺盛的配种能力。不论哪种饲喂方法，供给种公猪日粮的体积应小些，以免形成草腹影响配种。

（2）适量运动。

（3）环境与管理。单圈饲养，猪舍和猪体要保持清洁、干燥、阳光充足，按时清扫猪舍。定期称重和进行精液品质检查，以便调整日粮营养水平、运动量和配种强度。妥善安排种公猪的饲喂、饮水、放牧、运动、刷拭、日光浴和休息，使种公猪养成良好的生活习性，以增强体质，提高配种能力。

（4）防暑降温。种公猪最适宜的温度为18～20℃。

（5）合理利用。每天配种不宜超过一次；在配种较集中、一定要配2次时，需间隔4～6h。连续配4～5d，要休息1～2d，以恢复种公猪体力。

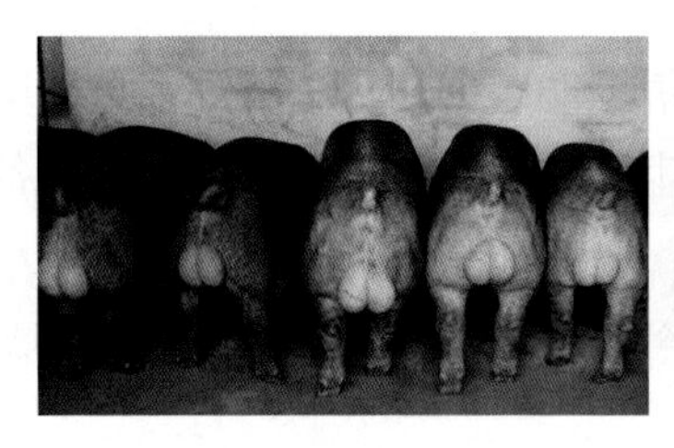

杜洛克种公猪

大白猪种公猪

★学习啦网，网址链接：http://www.xuexila.com/aihao/siyang/2794433.html
★中国养猪网，网址链接：http://www.zhuwang.cc/show-31-305002-1.html

（编撰人：全绒，洪林君；审核人：蔡更元）

172. 公猪舍每周工作流程如何安排?

（1）周日。根据对公猪的观察情况，随时应变突发状况。

（2）周一。使用清水冲洗猪栏、清理卫生，清洗完成之后对隔离舍、猪舍周边、走道将配制好的消毒液直接用喷枪进行喷洒消毒，并做好消毒记录登记；对于采精质量较差或综合生产价值不高的公猪及时进行淘汰。

（3）周二。消毒池盆中应使用新鲜配制的浓度为0.1%的高锰酸钾。公猪要求单栏饲养，合理运动，不要将公猪长期养在栏内，当舍外运动场所温度低于25℃时放公猪出去逍遥运动，有利于提高新陈代谢，增强其食欲和性欲。

（4）周三。定期对种猪和中大猪带体驱体外寄生虫1次，潮湿季节加强。严格按照《免疫程序》做好各种疫苗的免疫接种工作，免疫前后注意防应激。免疫注射在喂料后或天气凉爽时进行。

（5）周四。按照周一的清洁消毒步骤进行操作。后备公猪调教合格后，采精间隔天数为7d；然后每3个月，对供精份数每次在平均份数以上的公猪的采精间隔减少1d，采精间隔天数最低不少于3d。

（6）周五。按照周二的生产管理步骤进行操作，并做好消毒记录的登记。后备公猪在7.5月龄开始采精调教。先调教性欲旺盛的公猪，下一头隔栏观察、学习。

（7）周六。如实填写公猪站生产情况周报表，公猪采精登记表，公猪精液品质检查记录表，精液稀释记录表，公猪精检档案。

公猪舍外运动场

★陆川县英平畜牧业有限责任公司，网址链接:http://gxbreed.com/shop/album_content/LCXYPXMYYXZRGS.html？aid=548

（编撰人：陈永岗，洪林君；审核人：蔡更元）

173. 乏情母猪如何处理？

（1）公猪接触。一般青年母猪大约从165日龄开始每日进行公猪接触刺激以利发情。用于刺激的公猪至少应为9~10月龄。将不发情母猪组成小群，每天用公猪试情，每次30min。直至观察到有反应为止。

（2）紧迫疗法。将不发情的母猪调换到正常发情的母猪圈内，通过发情母猪的爬跨刺激，促使乏情的青年母猪发情排卵。建议傍晚组群，并喷少量有味消毒剂，减轻争斗。

（3）光照利用。自然或人工光照保证10h的光照量。每隔1m安装一个100W

灯泡或安装荧光灯管。

（4）强制输精。将公猪的精液输入到不发情母猪的阴道内，能够促进黄体的退化和卵泡的发育，使母猪表现发情。

（5）子宫内膜炎治疗。在炎症急性期首先选择10%生理盐水、0.1%高锰酸钾、1%～2%碳酸氢钠等将子宫残存的溶液排出，最后向子宫内注入青霉素或金霉素。对于慢性子宫内膜炎的病猪，可用青霉素加链霉素混于高压灭菌的植物油20ml中向子宫内注入。

（6）激素疗法。常用的促性腺素单独使用的剂量为PMSG 500～1 500IU/头，HCG 500～1 000IU/头；也可按每头母猪PMSG 500IU、HCG 250IU联合使用肌内注射，效果更好。对于断奶后超过21d不发情的母猪，不能确定原因的，用氯前列烯醇0.4mg/头和PG 600IU/头（或PMSG）联合使用。

（7）中草药疗法。中药治疗适宜活血调经，主要以淫羊藿、益母草、当归等成分处方。

（8）调栏。将乏情母猪频繁调栏、混群，刺激发情。

（9）运动。将乏情母猪赶去运动场运动，每次不低于30min，有条件可一天运动2次。

（10）车辆运输刺激。对不发情的母猪进行车辆运输刺激，每次不低于10min，最好是一路颠簸，使母猪有晕车感。

增加光照（温氏猪场拍摄）

与公猪接触（温氏猪场拍摄）

（编撰人：孔令旋，洪林君；审核人：蔡更元）

174. 如何开展种公猪的淘汰更新?

与种母猪淘汰一样可以区分为主动淘汰和被动淘汰两种情形。主动淘汰是因为育种需要、有计划地淘汰行为，一方面是种公猪在核心群中已经完成控制配种数；另一方面是通过实时遗传评估，在用种公猪与候选种公猪混合排名，综合指数靠后的在用种公猪，如果配种窝数在10窝以上后可以直接淘汰。在理想的育种体系中，种公猪因育种原因主动淘汰的比例应该远高过种母猪，建议达到80%以上。当然，在一个完整的繁育体系中，从核心群主动淘汰下来的种公猪，如果生产性能、精液质量及配种效果较好，可以在扩繁群和生产群中继续使用一段时间，以适当降低种公猪培育成本。但是，应注意为了加快遗传进展的传递，在扩繁群、生产群也应尽量使用性能优秀的种公猪进行配种，而且可以不受配种量的限制。

杜洛克公猪

土猪交配

★中国畜牧协会网，网址链接：http://www.caaa.com.cn/2014/zhibo/news_show.php?class=13&id=3732

★百度图库，网址链接：http://www.qq545.com/xinwen/%E6%88%91%E5%92%8C%E6%9D%8E%E5%AB%82%E7%9A%84%E6%AF%8D%E7%8C%AA%E9%85%8D%E7%A7%8D.html

（编撰人：付帝生，洪林君；审核人：蔡更元）

175. 如何开展种母猪的淘汰更新？

（1）运用生产记录。知道为什么、什么时间淘汰母猪是缩小与行业标准差距的第一步。当面对过高的母猪淘汰率或过早的淘汰时，我们首先要查看生产记录，所以数据的记录一定要准确并要及时更新。特别要注意的是，当用不同的记录系统比较数据时，要确保结论公平、公正。

（2）任何阶段的母猪死淘率都是由母猪淘汰率和死亡率决定的。母猪的淘汰率可以分为主动淘汰（老龄及生产性能低下的母猪）、被动淘汰（断奶到配种时间长、繁殖障碍、跛腿和体况差的母猪）。当决定淘汰1头母猪时，要确保替换的后备猪有机会分娩和断奶更多、体重更大、更健康的仔猪。同时也要确保替换的后备母猪断奶后能尽早发情，且下一窝能生产出更优质的仔猪。

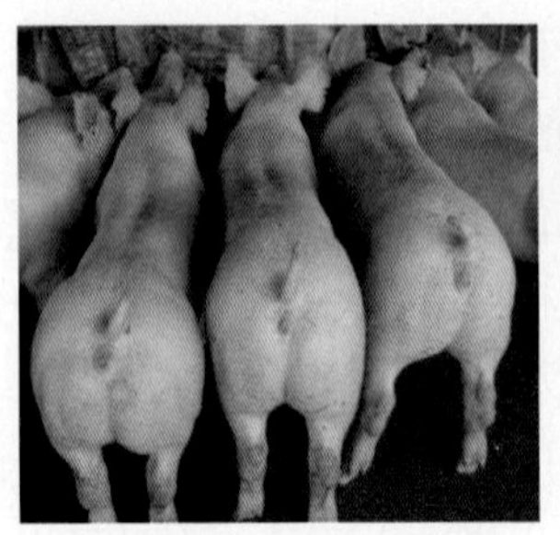
后备母猪（付帝生 摄）

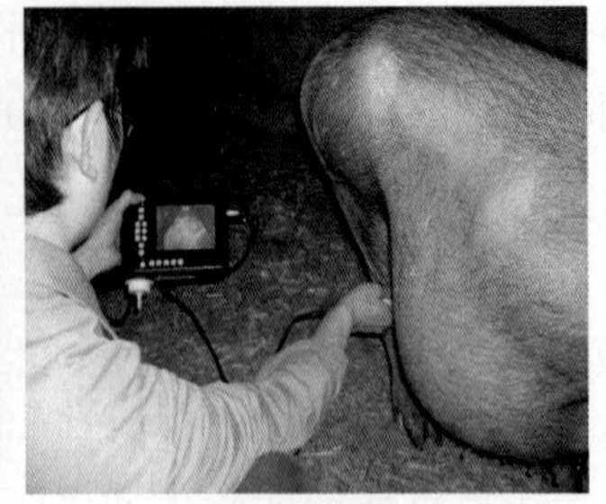
妊娠猪检查

★仪器交易网，网址链接：http://www.yi7.com/com_zzhrqdz01/news/itemid-70447.html

（编撰人：付帝生，洪林君；审核人：蔡更元）

176. 怎样饲养管理才能利用好种公猪?

（1）合理饲养。对种公猪的饲喂要注意保持适宜的体况，这对于种公猪保持旺盛的性欲，提高精液的品质和配种能力非常的重要。

（2）加强管理。加强日常的管理，让种公猪生活在清洁、卫生、干燥、空气新鲜、舒适的环境下，这对于提高种公猪的繁殖性能意义重大。在设计和建造圈舍时要尽量的大一些，并且要设有运动场，种公猪要求采光和通风良好，地面干燥无边角。保持圈舍适宜的温度，尤其是要做好夏季的防暑降温工作，避免高温对种公猪的不利影响，冬季则要注意防寒，以减少饲料的消耗和疾病的发生。

（3）合理利用种公猪。是否合理的利用对于其在配种和人工授精中能否发挥最佳的效能非常重要。研究表明，后备公猪的初配年龄和采精的频率对精液的品质有着非常大的影响，而精液品质的好坏又对母猪配种受胎率的高低、产仔数的多少有着直接的影响作用，因此要合理的利用种公猪。

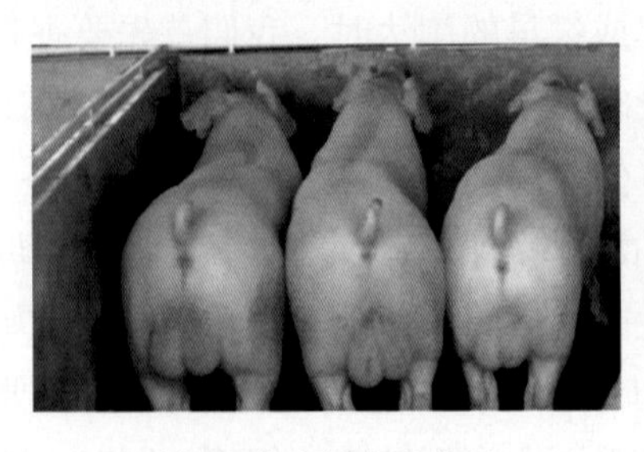
后备公猪（付帝生 摄）

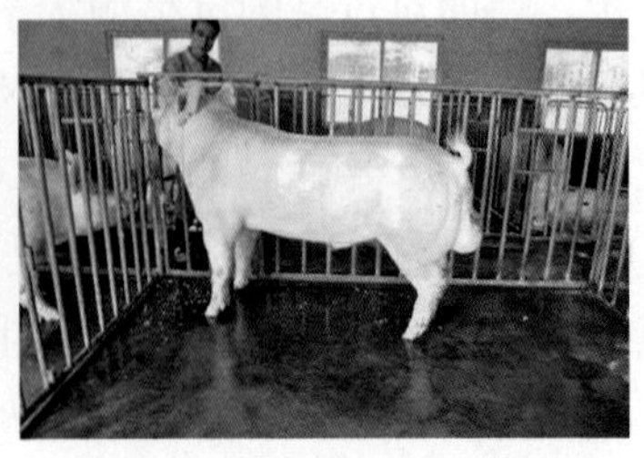
成年公猪（付帝生 摄）

（编撰人：付帝生，洪林君；审核人：蔡更元）

177. 种母猪的饲养管理要点有哪些?

（1）空怀母猪的饲养管理。经产母猪从仔猪断奶到配种或未配种前的后备母猪，均称空怀母猪，俗话说：“空怀母猪七八成膘，容易怀胎产仔高。”为保证此期间母猪健康，按期发情，消除不孕因素，提高受胎率，应努力做到供给营养合理的日粮、合理确定母猪初配年龄和体质量，以及保证足够的运动时间。

（2）妊娠母猪的饲养管理。母猪配种受胎后至分娩前为妊娠期，为111～117d，平均114d。妊娠母猪的饲养管理是一项技术性、科学性很强的工作。由于母猪的年龄、体况、妊娠阶段以及胎次不同，与之相适应的饲养管理措施也存在较大差异。母猪经过配种受胎以后，就成了怀孕母猪。按照妊娠母猪的特点和母猪不同的体况，妊娠母猪的饲养方式可以是“抓两头顾中间的喂养方式”，或者“前粗后精的饲喂方式”，以及“步步登高的饲养方式”。

（3）哺乳母猪的饲养管理。①母猪营养。母猪每天的营养需要量与体质量和带仔头数不同而有差异。母猪体质量越大，营养需要越多，同样体质量的母猪，带仔头数增加，营养需要量也要增加。②母猪饲料。哺乳母猪的日粮中应以能量饲料为主，青、粗饲料的喂量要适宜，一般饲喂定量应控制在整个饲料的粗纤维含量不超过7%。哺乳期的饲料必须保证品质良好，切忌喂给霉烂变质的饲料。否则，不仅影响母猪的健康和泌乳，而且有损于仔猪的健康。饲料量的减增，都应逐渐进行。

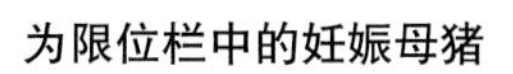

为限位栏中的妊娠母猪

户外运动的后备母猪

★猪价格网，网址链接：http://www.zhujiage.com.cn/article/201607/649943.html
★养猪资讯，网址链接：http://www.zhuwang.cc/show-91-334945-1.html

（编撰人：付帝生，洪林君；审核人：蔡更元）

178. 如何治疗种公猪死精症?

种公猪死精症表现为人工采集的公猪精液中无精子或全部为死精的现象，这种现象通常没有明显的体外表征。公猪死精症的治疗可以通过以下途径。

（1）营养调控。生物保健剂在饲料中停止添加，每次喂料搭配青绿饲料添加0.8kg/头的量，早晚天气凉快的时候运动30min。采精次数同时也需要减少，前2周采精频率控制为均匀2次/周。查看精子质量，待精子质量稳定后再降低到原本正常次数1次/周，正常采精需要在2周以后。

（2）补充维生素。维生素A、维生素E、含硒素的矿物质可以在饲料中适量多添加。

（3）西药治疗。如果是炎症因素造成的，就需要先消除炎症影响；可以注射链霉素100万IU单位3支，青霉素80万IU6支，每天注射一次，连续5d。如果不是炎症引起的，就可以通过后海穴注射丙酸睾丸酮注射液（人用）100～150mg/次，隔1日用一次，连续4次。

（4）辅助治疗。每日早晚各服3个鲜鸡蛋，连续6d；或者每日服用3d之内阉割下来的小公猪睾丸6个，持续一周。

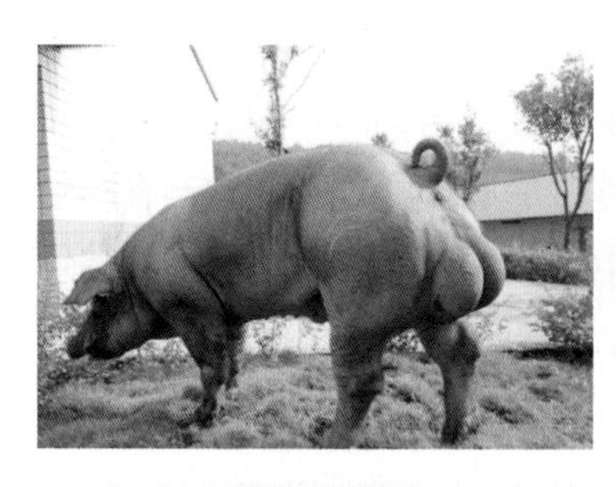

杜洛克公猪

公猪人工采精

★猪e网，网址链接：http://shop.zhue.com.cn/goods/13857
★第一农经，网址链接：http://www.1nongjing.com/zhu/yzjs/

（编撰人：全建平，洪林君；审核人：蔡更元）

179. 怎样提高种公猪的配种能力?

猪的品种繁殖速度和种公猪的饲养数量均受到种公猪配种能力的影响。

增加种公猪的配种能力是降低种公猪养殖数量和成本的重要措施，且有利于优良品种进行扩繁。因此提高种公猪的配种能力具有重要价值。以下是改善种公猪配种能力的措施。

（1）适当运动。促进食欲，帮助消化，增强体质可以通过适当运动的方式。每周运动1～2次是公猪基本要求，运动时间不应少于1h，运动距离为1 500m左右。运动建议在早、晚进行。

（2）保持猪的皮肤清洁。猪体每天刷洗1～2次为宜，猪蹄可以经常修饰，防止肢蹄疾病发生。夏天可以经常冲洗公猪表皮，防止皮肤疾病发生。

（3）定期检查精液品质。精液的检测在每次采精后都需要进行，精液不合格的公猪需要及时调整其营养结构。对于“5周4次检查”仍不合格的公猪及时淘汰。

（4）调教后备公猪。7月龄是后备公猪开始调教的时间，选择明显发情，体型偏小的经产母猪与后备公猪配种。调教时一定要耐心，不能殴打公猪，每次调教时间20～30min，每周一次。

（5）保温与降温。冬季气温低，可以适当增加采饲，提高舍内温度。夏季高温，可以用湿帘、风机、喷雾、遮阴、冲水等方式降温。

（编撰人：全建平，洪林君；审核人：蔡更元）

180. 处理种公猪无性欲或性欲低下的方法有哪些?

种公猪的性欲低下在临产上较为常见，多因过度使用、精力衰退；由于运动不足导致过度肥胖以及饲料营养结构不合理，缺乏维生素E或维生素A，导致性腺退化。公猪所处环境不适或患睾丸炎、膀胱炎或肾炎等疾病也会导致性欲低下。处理措施可以包括以下方面。

（1）营养方面。改善饲料配方，能量与蛋白质的比例，维生素A、维生素E的量需要适量增加；也可以适量增加饲料中的矿物质元素锌、锰的量；同时要留意元素硒和碘的添加量是否符合要求；微量元素也可以用每天饲喂2枚鸡蛋来补充；停止在公猪饲料中添加酒糟。

（2）饲养和管理方面。公猪体重控制到不肥不瘦；每天的运动量可以尝试适当增加，1～2个小时的舍外运动时间是合适的。公猪的性欲在适当的运动后能够得到增强。

（3）环境方面。避免室内温度过高或过低，让温度处于舒适温度范围；保持环境通风顺畅；在室内温度过高时，可以每天2次，每次10～15min，用浸透凉水的毛巾冷敷睾丸。

（4）疾病方面。睾丸炎、阴囊炎、乙型脑炎、伪狂犬和蓝耳病等疾病也会影响公猪性欲，需要关注与排查。

（编撰人：全建平，洪林君；审核人：蔡更元）

181. 公猪性弱怎么治?

种公猪性弱表现为：生长发育正常、膘体适中、睾丸发育良好，已达性成熟年龄的公猪没有性欲和求偶表现。赶配发情母猪时，害怕与母猪接触，无求偶、爬跨、交配行为。公猪性欲差可能有几个方面的原因，结果导致体内的睾丸酮分泌水平下降，但是注射睾丸酮往往达不到预期目的，所以有必要进行分析，采取针对性强的治疗措施。

有些公猪的睾丸酮分泌先天不足，通常都会有其他伴发的表现，例如阴囊细小、睾丸不明显、唾沫很少，在这种情况下，给公猪定期注射丙酸睾丸酮，每次100mg，间隔2～3d注射1次，连续用药2～3周，或者口服甲基睾丸素片，0.2～0.3g/次，1次/d，连用7～10d，应该会有所好转。

有些公猪突然性欲减退，可能是最近公猪爬跨母猪时受到惊吓，造成恐惧心理。这样的话干脆让公猪与母猪完全隔离2周，隔离期间经常把公猪放出去运动，2周过后，把发情母猪赶入公猪栏，这种母猪可能会去挑逗公猪，拱它的阴囊及包皮，一旦发现公猪有轻微的煽情表现（例如咀嚼唾沫增多、拱嗅母猪等），就马上把母猪赶走，隔1～2d又用同样的方法去给公猪煽情，多试几次，直到公猪的性欲恢复，再让其配种。

如果公猪性欲的减退比较慢，而且比较普遍，那么有可能是公猪养得太肥，随着气温升高，公猪容易遭受热应激，引起性欲减弱。这时，一方面给公猪减料1/4和拌料添加鱼肝油，另一方面加强淋水和通风，配种或者采精时间推迟到清晨和傍晚天气凉快的时候。

如果公猪的配种任务比较集中，使用频繁，可能会对配种产生腻烦心理，同样造成性欲减弱。这种做法得不偿失。公猪用残，母猪的配种受胎率和产仔数肯定下降。比较明智的做法就是宁缺毋滥，重新调整配种计划，推迟母猪断奶、延迟配种情期，同时增加公猪的维生素和蛋白质营养，而缺乏人工授精条件的猪场，还可以采精分装输精，现采现用，不需稀释，1头公猪至少能够提供2～3头母猪所需精液。

（编撰人：全绒，洪林君；审核人：蔡更元）

182. 公猪需要什么样的环境条件?

公猪饲养需要干燥凉爽的环境，公猪饲养的适中温度为7～27℃，最适宜的温度是15～22℃（相对湿度50%～65%）。当温度超过27℃时，公猪开始产生热应激。湿度升高将加剧高温热应激的效果。热应激将导致公猪精液品质下降，表现出精子活力下降、畸形率升高、精子密度降低等，严重时出现大量死精，甚至无精子的现象。当温度低于7℃时，公猪也会出现冷应激。在环境温度20℃以下时每头公猪每小时需有34m^{3}的最小换气量，当环境温度达到26℃时每头公猪每小时需有1 000m^{3}的换气量，舍内风速在每秒2.5m以下。此外，公猪需要有运动场地，保证每天正常的活动时间和运动量，防止过度肥胖，保证精子活力。有时为了防止公猪斗殴，可以将公猪分栏饲养。

（编撰人：全建平，洪林君；审核人：蔡更元）

183. 如何采集公猪精液？

众所周知，人工授精有两面性，应用的好对猪的品种改良有很大的贡献，可以创造可观的经济效益；若应用的不好，不仅不会产生效益，而且会造成灾难。现将公猪精液采集中需要注意的问题介绍如下。

（1）调教方法。

①观摩法。将调教的小公猪赶至待采精栏内，让其观察成年公猪和母猪的交配或采精过程，以激发小公猪的性冲动，经3～4次观摩之后，再让它爬跨假母猪。这样经过1周2～3次，持续2～3周的训练，大部分小公猪均可顺利采精。

②发情母猪引诱法。选择发情旺盛，特征明显的经产母猪，让经过调教的公猪爬跨，等待新公猪的阴茎挺出后用手握住阴茎螺旋部，用力有节奏地刺激阴茎，可采集到精液。

③用发情母猪的尿液激发。用发情母猪的尿液和阴道分泌物应用于假母猪的后躯，引诱公猪爬跨假母猪，大都可使公猪顺利采精。

（2）采精方法。手握法是最常用的采集公猪精液的方法，因为操作方便，设备简单，可分时间段接取精液，所以被广泛采用。手握法是在公猪爬跨假母猪后，阴茎挺出准备交配时，一只手抓住阴茎螺旋的龟头部锁定，不让其旋转，然后有节奏地均匀用力，另一只手持覆有过滤精液滤纸的集精杯接取富含精子部分的精液。采精中间公猪会稍停1～2min，然后又接着射精，公猪射精一般分2～3段完成。

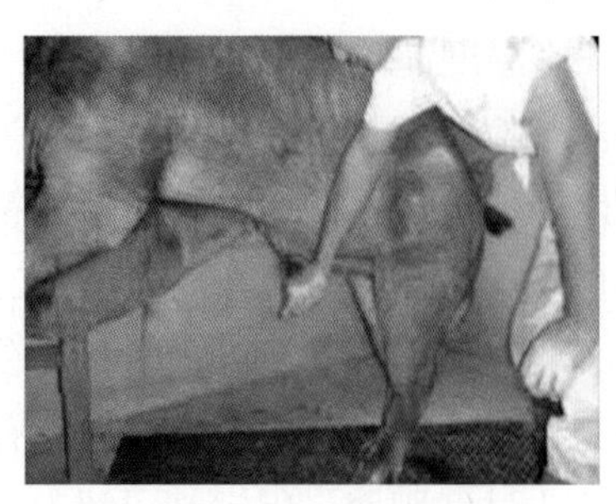

人工采精

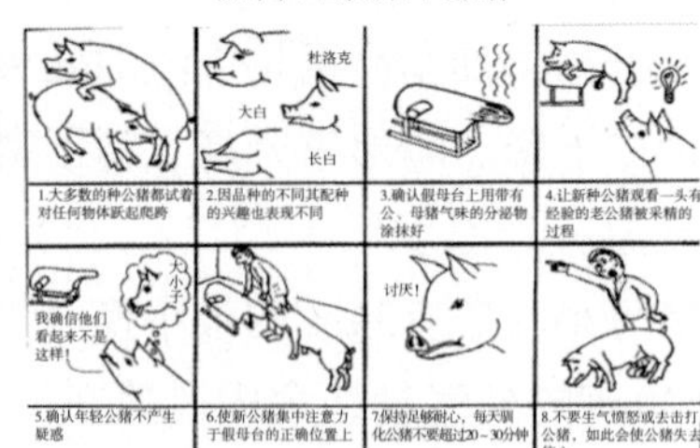

训练新种公猪

★猪e网，网址链接：http://www.zhue.com.cn/html/jishu/a/200908/08- 76118.html84

（编撰人：赵成成，洪林君；审核人：蔡更元）

184. 如何提高公猪的精液品质?

公猪饲养对提高配种效果，增加猪群数量，提高猪群质量具有重要意义。为了保证种公猪有健康的体质、良好的繁育能力和优良的精液品质，必须对种公猪进行合理的饲养和管理。

（1）饲料搭配合理，保证种公猪的营养需求。蛋白质对于猪的精子品质和寿命、活力，性机能的强弱具有重大影响。

（2）加强运动，锻炼四肢。要促进血液循环、增强体质、完善四肢体能、提高性机能，锻炼是一个有效措施，一般应在猪舍南侧建立一个运动场，以供种公猪日常自由运动与日光浴。

（3）结合群养与单养两种饲养方式。定期观察公猪进食、膘情与生长发育情况，及时调群，保证公猪均衡生长。

（4）加强夏季管理，做好防暑降温工作。夏季天气炎热，公猪常因闷热及蚊蝇骚扰而休息不足，其食欲与性欲也受到影响，进一步致使精液异常。

（5）控制自淫。在非配种时期，不要让公猪嗅到母猪气味，不要让发情母猪引诱公猪。

（6）初配年龄与体重的控制。一般来说，本地种公猪于8～10月龄、体重50～60kg进行初配，引入外种的中型品种公猪于生后10～12月龄、体重110千克以上时进行初次配种；大型品种公猪在生后12月龄、体重140kg以上时开始进行配种。

（7）合理使用公猪。合理计划使用公猪是保持其旺盛的性机能、生产优质精液、延长种用寿命的重要措施。

（8）检查精液质量。在繁殖季节的第一个月，每头种公猪的精液质量都要进行检查，重点是精子的数量、活力等。

（9）保持圈舍清洁。每日最好清扫2次，圈舍不能过分潮湿，否则会导致蹄变形或腐烂，从而影响采精和配种。

种公猪

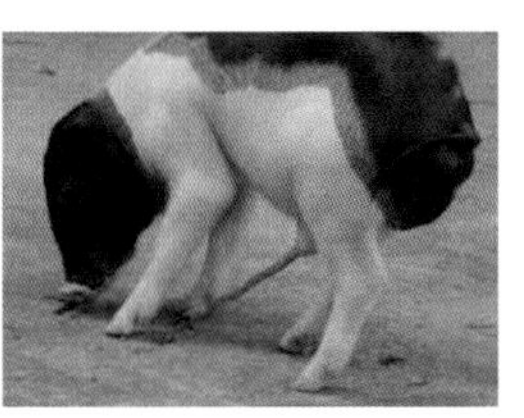

公猪自淫

★农村致富经，网址链接：http://www.nczfj.com/yangzhujishu/20101 6640.html

（编撰人：赵成成，洪林君；审核人：蔡更元）

185. 如何提高公猪利用率?

提高公猪的利用率在猪养殖技术中尤为重要，可以提高猪场的经济效益，首先，必须配备专业技术人员在养殖场养殖适当的公猪，在配种前对公猪进行适当的调教，同时加强营养和其他方面的管理。

（1）初次配种后，青年种公猪繁殖能力会持续提高，繁殖力最高的时期大概为2～3岁时，在此之后，随着年龄的增长，性功能减退而直至衰竭。所以，种公猪的使用年限一般为2～3年，超过3年，除非体质特别好、配种妊娠率特别高，否则都应被及时淘汰。

（2）季节性配种集中管理模式下，一般1头成年公猪每日可进行1～2次配种，但应每周给予种公猪至少一天的休息时间；幼龄公猪每天只进行1次配种，连续3d配种后暂停1～2d用以休息恢复；老龄公猪每天可进行2次配种，连续配种3d后暂停1d休息。对于规模化养猪场，种公猪配种可采用如下利用频率：8～12月龄的公猪，每周可进行2次自然配种或者采精一次进行人工授精；12月龄以上的公猪，每周可进行3次自然配种或者每5d采精一次用于人工授精。

（3）精液品质的控制。无论其繁殖方式为何种，有条件的养殖场都必须要经常检查以保证精液品质，精液品质的判定包括精子活力要求大于0.8，中等密度，畸形精子率不能超过10%。乳白色或灰白色的为正常精液，有轻微的腥味，不能有其他不寻常的颜色或气味。后备公猪配种前要有两周的训练试情期，至少两次精液检查，精液不合格不能参与育种。

人工采精

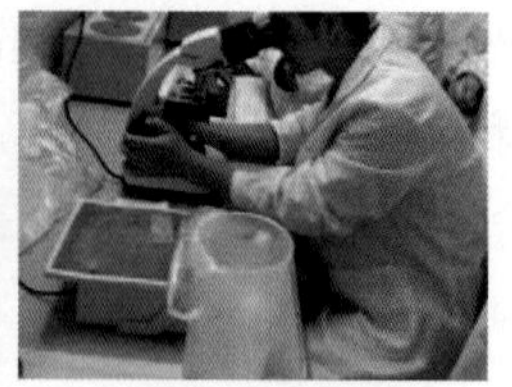

精液检查

★微博，网址链接：https://weibo.com/p/230418163c778c80102x6qf

（编撰人：赵成成，洪林君；审核人：蔡更元）

186. 怎样饲养空怀母猪？

母猪所产仔猪断奶至该母猪下次配种前这一时期为空怀期，这一时期的母猪称为空怀母猪。尽量尽早让空怀母猪发情配种是这一阶段的饲养目标。因此，空怀母猪的饲养主要注意以下几点。

（1）饲料配方要合理，饲喂要科学。全价饲料饲喂，同时注意添加剂的用量，青绿饲料可以适量提供。可以采用湿拌料饲喂，具体的饲料量根据母猪背膘厚度来定。

（2）母猪膘情要调整好。母猪膘情是母猪繁殖性能的重要影响因素。母猪过肥容易导致卵巢脂肪浸润，卵子的成熟和排出将会受影响。断奶后要促进干乳，防止乳房炎症发生。补充青绿饲料，减少全价饲料的饲喂量是促进干乳的方法之一。在母猪膘情良好的情况下，减料是可以的；但对于断乳膘情差的母猪可以适当提高饲喂量，加速其增膘，促进发情。

（3）短期优饲。青年母猪如果原来的饲养水平较低，配种前进行短期优饲可以促进增加排卵数量，但饲养水平需要在配种之后立即降低。

长白母猪

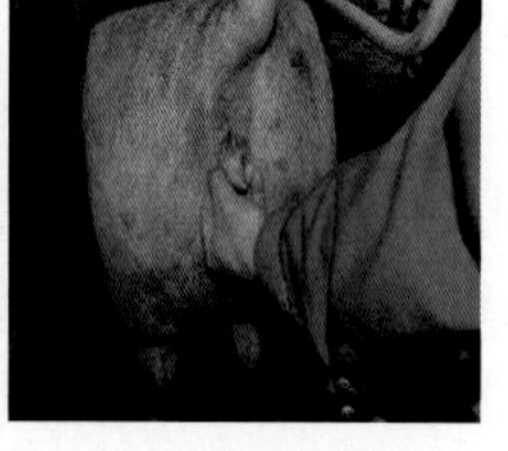

人工配种前查情

★贤集网，网址链接：http://www.xianjichina.com/news/details_28086.html
★猪e网，网址链接：http://js.zhue.com.cn/a/201710/13-303421.html

（编撰人：全建平，洪林君；审核人：蔡更元）

187. 空怀母猪在配种准备期应该如何管理?

尽快恢复母猪体况可以通过短期优饲的方法。①离乳当天不喂料。对母猪离乳前三天开始减料。②看膘喂料。尽快恢复母猪体况，离乳后第二天至配种前适当增加饲喂量。③优饲增加喂料量。离乳前过度消瘦的母猪，可以在离乳前不减料。④短期优饲且要加强运动：离乳前身体甚好甚至过肥的母猪。

一般而言，初产母猪断奶3～7d后，经产母猪断奶2～5d后，可以发情并配种。流产后母猪第2次发情才能开始配种，母猪的生殖道有炎症需要先治愈后才能配种，母猪的每个发情期可以人工配种2～3次。

促进母猪发情，对于断奶时过度消耗导致不发情的母猪可以采用疫苗接种、抗生素防治；同时可以采用公猪诱情的方法结合补料催情以及母猪合群运动的方法。当以上方法都无效的时候就需要中药催情或者向子宫注射清宫促孕宝催情。

及时淘汰离乳后经催情处理不发情，连续2个情期配种未孕、患子宫炎且经药物处理2个情期不愈、连续多胎产仔在6头以下、哺乳性能差，有肢蹄疾病，行走困难的母猪。

（编撰人：全建平，洪林君；审核人：蔡更元）

188. 发情母猪、公猪的主要表现是什么?

猪的性行为包括发情、求偶和交配。

对于幼小母猪来说，第一次发情是在初情期开始后不久，对于经产母猪来说是在断奶后的4～7d。发情的主要表现是：不安分，或高或低的食欲，独特的音调，轻柔的、有节奏的哼声，在其他母猪上爬行，或等待其他母猪爬行；经常小便，而公猪小便更频繁。在发情过程中，母猪有较高的性欲，当公猪靠近时，母猪背被饲养员施加压力时会立即出现呆立反射，这是母猪发情的特征行为。

发情公猪的主要表现：追逐发情母猪，嗅探其身体侧肋和外阴，将嘴放在母猪两腿之间，突然拱母猪的臀部，发出一种连续的、轻柔的、有节奏的嗡嗡声，当公猪兴奋的时候，有节奏地排尿。

在仔细观察到上述表现后，应进行人工授精：准确掌握授精方法，有一只公猪存在的情况下，母猪表现为安静不动且阴户为红色，可能是肿了2d，应在母猪出现静立不动时的24h内进行人工授精。第一次人工授精应在静立不动被发现的12～16h内完成后，然后12～24h进行第二次人工授精。

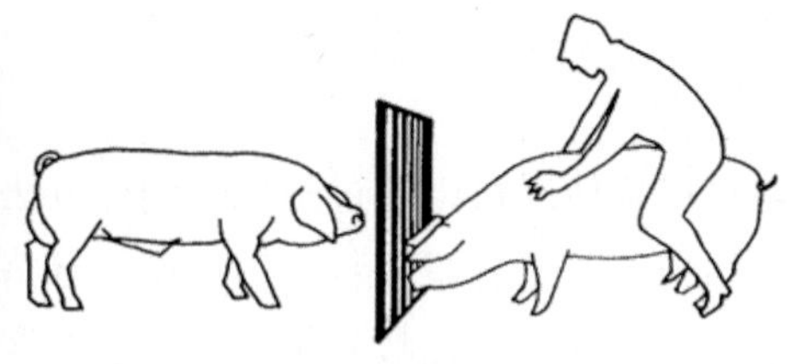

骑背试验

★第一农经养猪，网址链接：http://www.1nongjing.com/a/201711/209079.html

（编撰人：赵成成，洪林君；审核人：蔡更元）

189. 母猪发情该如何鉴定？

母猪发情鉴定可以采取人工查情与公猪试情相结合的方法。

（1）人工查情。

①观察触摸阴户外观。发情初期阴户颜色呈浅红色或粉红，轻微肿胀，表皮皱褶变浅，有湿润的黏液，阴户触感温暖稍有弹性。发情中期阴户颜色呈亮红或暗红；肿圆，阴门裂开；表皮皱褶展开，有光泽；有潮湿的黏液流出；触感温热外弹内硬。发情衰退期阴户颜色灰红或淡化，阴户逐渐萎缩，表皮皱褶细密逐渐变深，黏液黏稠或消失，触感根部到尖端转凉而且逐渐松软。

②行为观察。发情初期母猪频尿，不安，食欲稍减，精神兴奋，眼睛清亮，背压鉴定时躲避反抗。发情中期母猪拱趴，呆立，食欲不定，精神亢奋或呆滞，眼睛黯淡流泪，接受压背。发情衰退期母猪无所适从，食欲精神逐渐恢复，眼睛也逐渐恢复，对于压背鉴定表现出不情愿。

（2）公猪试情。通过工人带领公猪在母猪舍巡栏，如果母猪主动接触公猪并接受爬跨，证明母猪已经到了发情中期。如果母猪拒绝公猪爬跨证明母猪还没有发情或者还在发情初期。查情的公猪尽量选择唾液分泌旺盛，行动缓慢的老公猪。

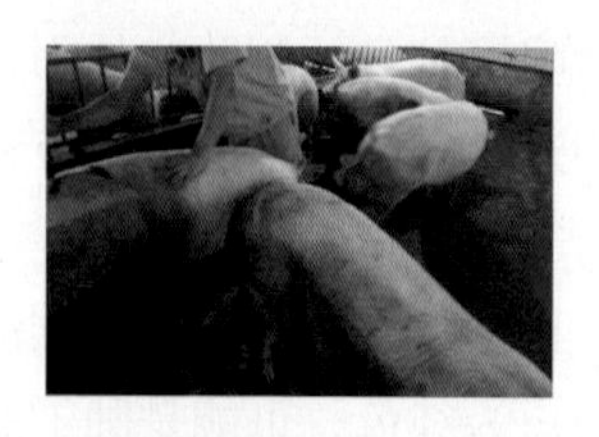

发情母猪的压背鉴定（陈永岗 摄）

发情母猪阴户颜色呈亮红或暗红

★百度贴吧，网址链接：https://tieba.baidu.com/p/2825834947? red_tag=0290079245

（编撰人：陈永岗，洪林君；审核人：蔡更元）

190. 母猪不发情该如何处理?

母猪正常发情和适时配种是猪场生产的有力保证。生产中造成母猪不发情的原因及对应的解决方案可从以下几个方面进行参考。

（1）对于先天性因素造成的生理和遗传缺陷，如生殖器官不健全、两性猪、无睾丸、激素分泌异常等，应尽快地淘汰处理。

（2）对于传染性疾病造成的，如猪的附红细胞体病、猪布氏杆菌、猪繁殖与呼吸综合征、猪伪狂犬等繁殖性能疾病，会造成母猪不发情或发情不规律。患病严重的母猪，如不能恢复正常发情，应尽早淘汰。

（3）由于饲养管理不良造成的母猪不发情占比例很大，由于饲养管理造成的，应改善饲养管理水平，具体做到以下几个方面：饲喂配合饲料，保持母猪的背膘处于较适背膘，后备母猪在体重达到50kg体重时应换喂后备母猪料，增加营养，使其繁殖性能充分发挥，并在配种前进行优饲催情；当后备母猪6～7月龄后，定时给予公猪刺激，这样做利于后备母猪尽早发情，时间控制在15～20min；改善母猪的饲养环境，母猪舍不仅要建筑合理、通风好、合理光照、适宜的温度和良好的卫生环境，而且应定期给予母猪适当的运动，可促使发情；产后的母猪需及时进行护理，防止母猪患产科病，以保证下一胎母猪及早地发情。

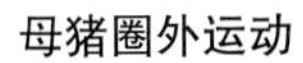

母猪圈外运动

表现出正常发情的母猪

★中国饲料行业信息网，网址链接：http://www.pig66.com/2016/120_0711/16562281.html
★养猪网，网址链接：http://www.1nongjing.com/zhu/yzjs/list_345_2.html

（编撰人：陈永岗，洪林君；审核人：蔡更元）

191. 诱导母猪发情可以采取的措施有哪些?

（1）公猪诱情。用试情公猪追逐不发情的空怀母猪，或把公、母猪关在同一圈舍。由于公猪接触、爬跨等刺激，通过公猪分泌的外激素气味和接触刺激，能通过神经反射作用引起母猪脑垂体产生促卵泡激素，以促进发情排卵。

（2）仔猪提前断奶。为减轻母猪的负担，将仔猪提前断奶，母猪可提前发情。工厂化养猪一般将哺乳期缩短至28d或更短，传统法养猪也应将断奶日龄缩至40d以内。

（3）并窝。如实行季节性分娩，较多的母猪可在较集中的时间内产仔，把产仔少的母猪或泌乳力差的母猪所生的仔猪待其吃完初乳后将其两窝合并，让一头母猪哺养，这头不带仔猪的母猪，就可以提前发情。

（4）合群并圈。把不发情的空怀母猪合并到发情母猪的圈内饲养，通过爬跨等刺激，促进空怀母猪发情排卵。

（5）按摩乳房。对不发情母猪，可采用按摩乳房促进发情。

（6）激素催情。在实践中使用的激素有孕马血清促性腺激素、绒毛膜促性腺激素和合成雌激素等。

（7）药物冲洗。由于子宫炎引起的配后不孕，可在发情前1～2d，用1%的食盐水和1%的高锰酸钾，或1%的雷夫奴乐冲洗子宫，再用1g金霉素或四环素、土霉素加100ml蒸馏水注入子宫，隔1～3d再进行一次，同时口服或注射磺胺类药物或抗生素，可得到良好效果。

公猪诱导发情

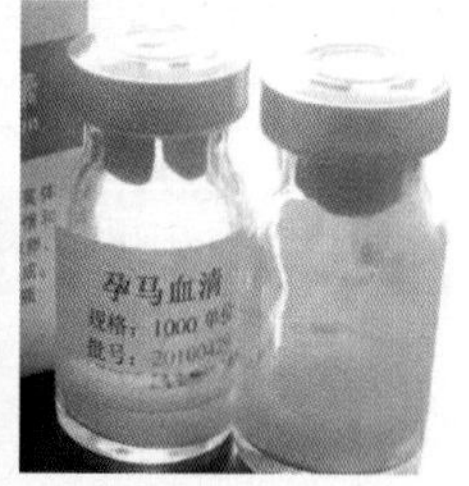

药物诱导发情

★搜狐网，网址链接：http://www.sohu.com/a/152301908_648337
★慧聪网，网址链接：https://b2b.hc360.com/viewPics/supplyself_pics/229730434.html

（编撰人：全绒，洪林君；审核人：蔡更元）

192. 发情母猪什么时候配种最好？

为了及时给发情母猪配种，并获得多而壮实的仔猪，一定要掌握好配种时机，是精子和卵子都在生命力最旺盛的时候相遇受精。

要使母猪配种受孕，并且多产仔猪，一定要选择在母猪排卵前2～3h进行交配或输精。实践证明，当发情母猪允许公猪爬跨后30h开始排卵。发情期短的猪排卵开始较早；发情期长的猪，排卵开始较晚。母猪陆续排卵的时间可持续10～15h。若配种过早，卵子尚未排出，等卵子排出，精子早已死亡，便达不到受精的目的。相反，如配种过迟，卵子排出很久，精子才进去，这时卵子已经衰老失去受精能力，也同样达不到受精目的，发情期短的母猪甚至还会拒绝交配。因此，饲养员必须时刻注意母猪的一举一动，及时找出发情母猪，并适时配种。就品种而言，本地母猪发情时间较长，常为3～5d，配种时间宜在发情开始后的2～3d，培育品种和引进品种母猪发情时间多为2～3d，配种宜在发情后的当天下午和第二天上午；杂种母猪发情多为3～4d，配重科在发情后的第二天下午。

就年龄来说，应按老配早，小配晚，不老不小配中间的原则进行交配。即老年母猪发情时间较短，因提早配种；青年母猪发情时间长，配种时间稍推后；中年母猪发情时间长短适中，应在发情中期配种。当发情母猪允许公猪爬跨后10～26h交配，受胎率最高。为了提高受胎率和产仔数，在生产上只要发情母猪接受公猪爬跨后，就可以让母猪第一次配种，通常能获得较好的效果。如从母猪的阴门的表现来看，常能观察到阴门肿胀逐渐消退，颜色有潮红变为淡红，这时配种最好。为了提高受胎率，可在一个情期内配种2次，两次之间相隔7～8个小时。为了防止发情不明显的母猪漏配，在配种期间最好利用专门试情的公猪，每天早晚各试情一次。这不仅有利于掌握适宜的配种时间，还有刺激母猪性欲，促进卵泡成熟的作用，特别是对头胎母猪效果较显著。

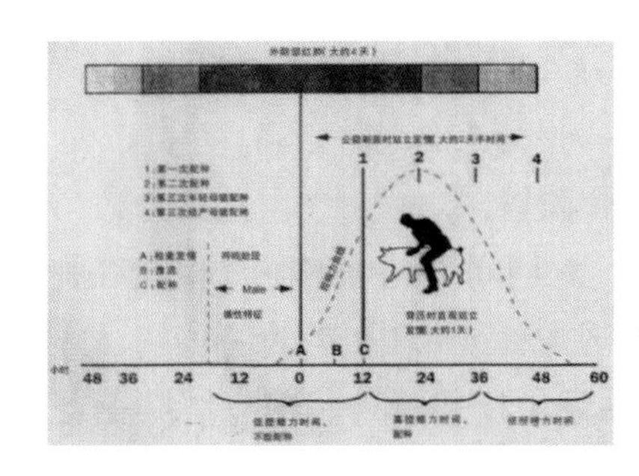

配种时间

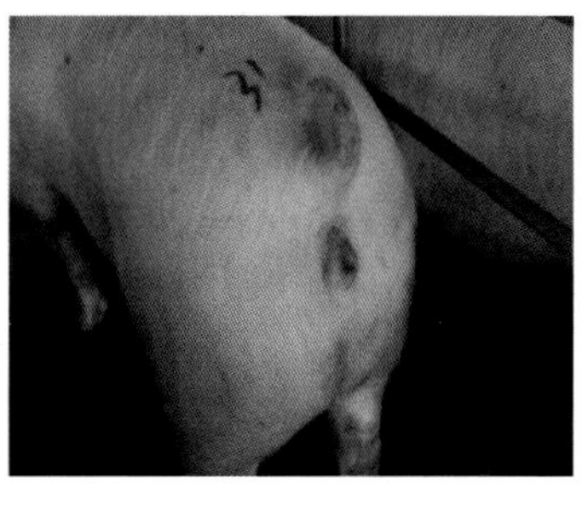

发情母猪

★爱畜牧网，网址链接：http://www.ixumu.com/forum.php？mod=viewthread&tid=294988
★猪友之家，网址链接：http://www.pig66.com/2015/145_0905/16166083.html

（编撰人：全绒，洪林君；审核人：蔡更元）

193. 小母猪的适配月龄是多少?

母猪达到性成熟的年龄和猪的品种、气候和饲养管理条件有很大的关系。小母猪的初情期即后备母猪的配种月龄，正常的青年母猪第一次发情排卵时的月龄。一般后备母猪的初情期会在140d左右即4～5个月。中国的一些地方品种母猪可以早到2～3月龄发情。但是一般我们会等到第三个情期（220～240d）才会对后备母猪进行第一次配种。虽然达到初情期的母猪基本具备了繁殖能力，但此时母猪身体发育还未成熟，体重较小，体脂的储备不够。如果直接进行配种，会给母猪带来很大的负担，而且背膘损失严重，严重影响到自身的发育状况，进而影响母猪的繁殖性能，缩短母猪的使用年限。因此，不应初情期配种。母猪的初配时间，与月龄、生长发育即体重有关。母猪初配时的体重对仔猪的成活率和断奶窝重有较大的影响。因此生产中小母猪的适配日龄应根据它的品种、情期、背膘厚度和体重来确定。

（编撰人：陈永岗，洪林君；审核人：蔡更元）

194. 怎样确定母猪的适宜输精时间?

（1）发情鉴定。正确地判断母猪发情状况，及时配种，是提高母猪利用率的重要措施。母猪在发情时，其外阴会有明显变化，鉴定的主要方法是进行外阴观察法。母猪在处于发情期时会对公猪气味和声音异常敏感，而且当发情的母猪接触到试情公猪时，会表现为典型的“静立反射”状，即对母猪压背，出现母猪站立不动、尾侧向一边、后肢绷紧、耳尖外翻、竖耳等。试情的公猪一般选用行动较为缓慢、唾液分泌旺盛、较为温和、善交谈的老龄公猪。

（2）发情阶段。母猪发情要经过3个阶段。

①发情前期。2～4d（平均2.7d）。此期间可见母猪阴户相当红肿、突出现象，阴道内有流出透明水样分泌物，表现为食欲减退，焦躁不安。

②发情中期。母猪表现为极稳定的静力反射，外阴部有红肿稍退，出现皱纹，阴道的颜色呈现为粉红色，黏液浓度增加，黏稠度较高，食欲有减退现象，并发出特异的声音。当被公猪和输精员接触时，即表现出静立反射，当用手按压背部或胁部时，会出现明显的竖耳、翘尾交配姿态。后备母猪一般在1～3d（平均2d），经产母猪为1～4d。

③发情后期。在3～5d。此期间阴户红肿消退，呈现紫色或白色，黏液开始呈黏稠凝固状，子宫颈口封闭并不接受公猪爬跨，发情的症状开始消失。

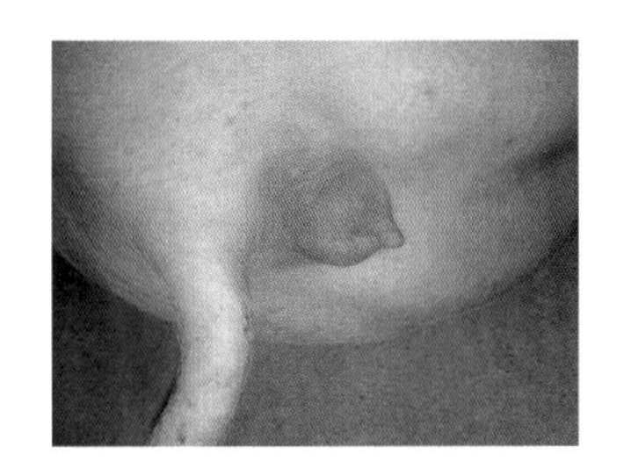

发情母猪外阴红肿

★搜狐养殖e点通，网址链接：http://www.sohu.com/a/196891271_652692

（编撰人：陈永岗，洪林君；审核人：蔡更元）

195. 刺激后备母猪发情的关键点有哪些?

在养猪生产中，刺激后备母猪发情关系到生产节律的正常进行，刺激后备母猪发情，有以下关键控制点。

（1）调整后备母猪膘情。过肥或者过瘦都会对发情产生不利的影响，应在配种前适时对膘情加以控制。

（2）公猪进行诱情。将不发情的后备母猪关入公猪栏，让公猪追逐和爬跨来促使母猪发情。

（3）合群催情。可将断奶母猪赶到后备母猪栏，让发情母猪进行爬跨。

（4）运动催情。天气合适时，将母猪赶到运动场，保证充足饮水。

（5）补充维生素。在饲料中添加维生素E、维生素A和补充青绿饲料，能够促进母猪发情配种。此外，针对非规模化猪场，对不发情的母猪按摩乳房也有一定的刺激效果。

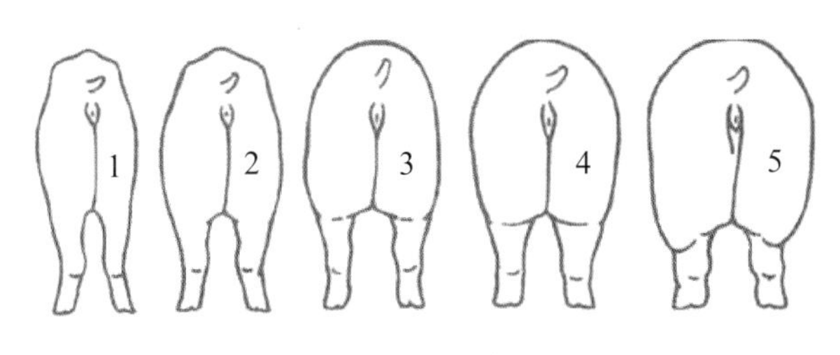

母猪膘情

猪运动场

★云南农业信息网，网址链接：http://www.ynagri.gov.cn/news6739/20131024/4399228.shtml
★维库仪器仪表网，网址链接：http://www.hi1718.com/news/sectornews/4658.html

（编撰人：叶健，洪林君；审核人：蔡更元）

196. 怎样调教后备公猪?

首先调教性欲较盛的公猪，下一头公猪等待调教时在旁边隔栏观摩、学习。

（1）诱骗上当。将发情母猪的阴道分泌物涂在假台猪上，并将母猪放到旁边，也可将其他的公猪精液或尿液涂在假台猪上，目的都是诱发公猪的爬跨欲。假猪台的高度要适中，应根据每个公猪不同的身高进行订做，需要适合公猪爬跨，也可使用升降式假台猪。

调教前，将待调教的公猪赶到调教栏处，当公猪闻到气味后，都有意啃和拱假台猪，然后，在旁边的母猪发出叫声时，其更加刺激公猪的性欲，当公猪有较高的性欲时，公猪会爬假台猪时，就算是诱骗成功。如有爬跨的欲望，但没有爬跨，建议改到其他时间进行调教。一般1 ~ 2周便可调教成功。

（2）直接刺激。将发情的母猪用不透明物给遮盖起来，不能暴露肢蹄，只暴露阴户，赶至假台猪的旁边，然后使公猪来嗅，让其拱母猪，使其性欲提高。等到公猪性欲较高时，迅速把母猪赶走，将假台猪抬来让公猪爬跨。当公猪爬上假台猪后即可以采精。公猪很兴奋时，需要注意人员自己的安全，防止被公猪碰伤，而且栏杆处也须设安全角。

调教成功后的公猪，一周内需每隔一天进行采精1次，巩固其习惯，使形成条件反射。对于难以调教的公猪，可实行多次短暂训练，每周4 ~ 5次，每次15 ~ 20min。如果发现公猪表现出厌烦、受挫情绪、失去兴趣时，应立即停止调教。后备公猪在7月龄时便可开始调教。

发情期的金陵大白种公猪　下一头待调教公猪隔栏观摩

★爱猪帮帮，网址链接：http://h.52swine.com/nn/information-id-44.html? from=singlemessage &isappinstalled=0;
★猪友之家，网址链接：http://www.pig66.com/2017/120_0205/16737998.html

（编撰人：陈永岗，洪林君；审核人：蔡更元）

197. 公猪性欲差该如何处理?

种公猪性欲差表现有：不接近发情母猪、不爬跨发情母猪、远离发情母猪等。以下是公猪性欲差的处理措施。

（1）由于后备公猪生殖系统畸形或种公猪发生疾病等造成生殖系统永久性损伤或发育不良，对于这些公猪应及时淘汰。

（2）对无性经验或对体格过大母猪恐惧的后备公猪不要急于淘汰。可调整交配或训练时用的母猪。可选择略小的母猪，进而消除其恐惧心理。

（3）高温天气下会使公猪发生应激反应，其机体激素分泌紊乱，雄激素水平下降，进而导致公猪性欲降低或无性欲。夏季应注意猪舍的降温，其中通风、喷淋、湿帘、遮阴等都是有力的降温措施。

（4）饲喂中蛋白质、维生素等的缺乏，会导致公猪的性反射下降，长时间的营养不良甚至会失去配种能力。种公猪的合理饲喂和营养需求十分重要。

（5）种公猪长期闲置不用都可能导致公猪性欲钝化。猪场中对于存栏的种公猪，应尽可能保持适当的配种频率，维持种公猪的性欲。长期不使用的种公猪，也应4～5d进行配种或采精，以防止公猪性欲的退化。

（6）对于超过5岁的种公猪应及时淘汰，随着年龄的增长，公猪的各方面机能在逐步退化，因此，及时的淘汰种公猪对生产有利。

种猪对母猪的爬跨

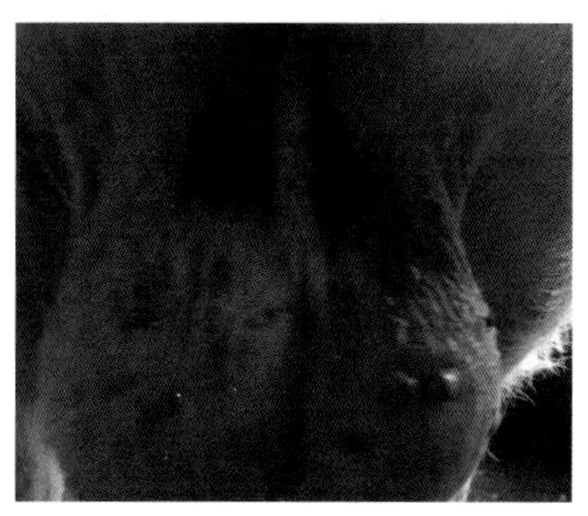

非健康的种公猪睾丸

★互联网，网址链接：http://zz.zhue.com.cn/qiyedongtai/201605/209953.html
★畜牧网，网址链接：http://www.med126.com/shouyi/2016/20161122070010_1339650.shtml

（编撰人：陈永岗，洪林君；审核人：蔡更元）

198. 用于配种的种公猪该如何合理使用？

优秀的种公猪具有精液生产量大，繁殖成绩高的优良特性，而这些优良特性需要在一定的使用年限后才能充分体现出来，合理的利用，可有效提高种公猪的利用率，减少猪场支出。可从以下3个方面进行生产管理。

（1）在小公猪达到7～8月龄后，已达到初步的性成熟，体况、体重符合使用时开始进行精心调教。采用直接调教法，首先将母猪阴道的分泌物和公猪精液涂抹在假猪体表作为诱引。单次调教的时间不宜过长，控制在20min以内，在调教的过程中，如出现不良表现需要及时纠正，正常的表现行为需要引导和巩固。

（2）应控制配种强度。使用强度应根据种公猪的年龄大小、体质强弱和配种季节适当的做调整，强度过大或过小都不利于猪场的生产。对于种公猪而言，1～2岁时为壮年阶段，在营养条件较好时，配种频率为每天1～2次。根据精子的生成规律来说，种公猪的配种间隔时间应大于3d，以保证精子质量。在没有配种任务时，也应适当的加强饲养管理。

（3）对种公猪的利用应制定相关制度和规程，根据公猪品种、编号、采精日期、必休日、休息日等进行精细化管理。

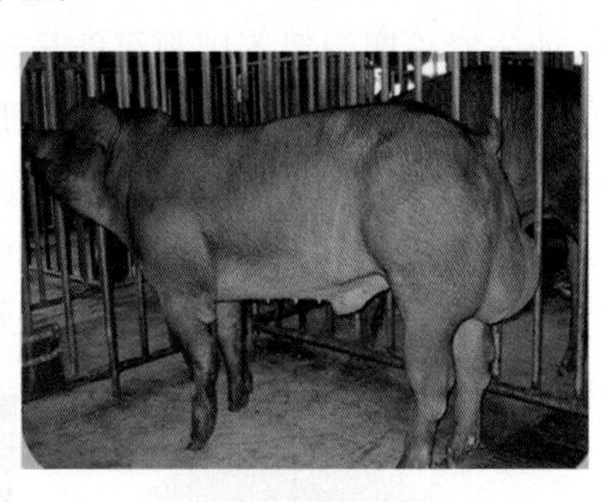

种公猪的假体直接调教法　　壮年阶段的种公猪

★百度贴吧，网址链接：https://tieba.baidu.com/p/1581556113？red_tag=1459609835
★畜牧网，网址链接：http://www.med126.com/shouyi/2016/20160612155657_1681258.shtml

（编撰人：陈永岗，洪林君；审核人：蔡更元）

199. 怎样检查精液质量？

（1）精液量。后备公猪射精量在150～200ml，成年的公猪在200～300ml，但最高可达800ml。以电子天平称量评定质量，按照1ml为1g计算。精液尽量不要转移，这样可能会导致精子死亡较多，所以，不能将精液用量筒评定其体积。

（2）颜色。精液的正常颜色有乳白色和灰白色，其精子的密度越大，颜色就越白；密度如越小，则颜色就越淡。如精液颜色有异常的变化，则说明精液的纯度不够，也或许有生殖道病变等，如呈绿色、黄绿色为混有化脓性物质的精液；呈淡红色的精液里可能混有血液；呈淡黄色的精液则混有尿液等。如发现精液颜色有异常，应弃之不用，当然，也应对公猪及时治疗和处理。

（3）气味。精液正常的气味含有特有的微腥味。如有特殊臭味的精液，应弃之不用，并需要检查采精时是否出现失误。

（4）酸碱度。可用pH试纸进行测定。一般来说，精液的pH值偏低，则精子活力较好。

（5）精子密度。即每毫升精液中含有精子的数量，这需要用显微镜来计数，同时精子密度也是精液稀释倍数的依据。正常公猪的精子密度每毫升含有2亿～3亿个。

（6）精子活力。精子的活力是指在显微镜视野里直线前进运动的精子所占的比率。

（7）畸形精子率。畸形精子指巨型、头大、断头、短小、断尾、顶体脱落、有原生质、双尾、折尾等不正常的精子。

使用显微镜观察精子活力

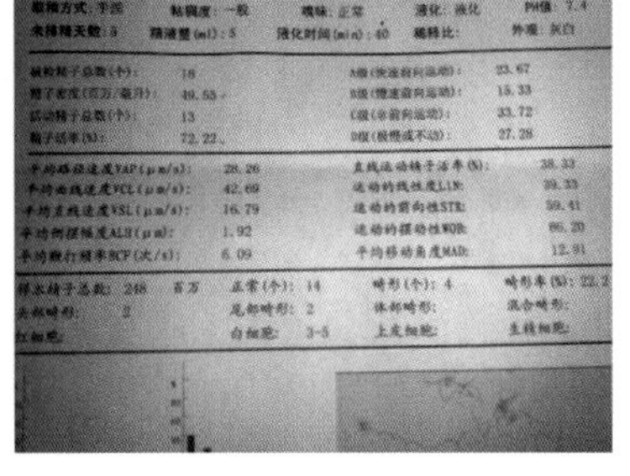

采精方式：手把　粘稠度：一般　气味：正常　液化：液化　PH值：7.4
未排精天数：3　精液量(ml)：5　液化时间(min)：40　稀释比：　外观：灰白

检测精子总数(个)：18　A级(快速前向运动)：23.67
精子密度(百万/毫升)：49.55　B级(慢速前向运动)：15.33
活动精子总数(个)：13　C级(非前向运动)：33.72
精子活率(%)：72.22　D级(极慢或不动)：27.28

平均路径速度VAP(μm/s)：28.26　直线运动精子活率(%)：38.33
平均曲线速度VCL(μm/s)：42.69　运动的线性度LIN：39.33
平均直线速度VSL(μm/s)：16.79　运动的前向性STR：59.41
平均侧摆幅度ALH(μm)：1.92　运动的摆动性WOB：66.20
平均鞭打频率BCF(次/s)：6.09　平均移动角度MAD：12.91

射次精子总数：248 百万　正常(个)：14　畸形(个)：4　畸形率(%)：22.2
头部畸形：2　尾部畸形：2　体部畸形：　混合畸形：
红细胞：　白细胞：3-5　上皮细胞：　生精细胞：

精液品质报告单

★百度图片，网址链接：
http://www.qbaobei.com/jiankang/446476.html
http://www.jiankang33.com/infertile/3/28529.html

（编撰人：陈永岗，洪林君；审核人：蔡更元）

200. 怎样稀释精液?

（1）稀释液的温度需要与精液的温度保持一致，相差温度不能过大，必须注意的是需要以精液的温度为标准进行稀释液的调节，断不可逆行操作。

（2）将精液移至大塑料杯中，然后将等温的稀释液沿杯壁缓缓加入，并轻轻搅匀。如若做高倍稀释的精液，首先进行1：1的低倍稀释，然后将余下的稀释液再缓慢地加入。注意不能将稀释液直接倒入精液中，以防止精子大量死亡。在稀释的配比中，一定要注意卫生，以防精子被稀释后污染。稀释过程中需将量筒、玻璃杯、玻璃棒等进行消毒和清洗处理。

（3）精液稀释的过程中，每一步操作都必须小心而且还要检查其活力，当活力下降时必须查明其原因并进行改进。

（4）最终稀释后需要将精液静置并再做活力检查，当精子活力前后没有明显降低时，方可以进行分装。

（5）对稀释后的精液可以采用大包装集中贮存，也可分小包进行储存，但需要做好记录，贴好标签，注明公猪品种、耳号、采精的日期和时间等，以方便使用。

使用稀释液对精液进行稀释

稀释完成的精液

★搜狐网，网址链接：http://www.sohu.com/a/121689720_231007
★百度贴吧，网址链接：http://tieba.baidu.com/p/3055781234

（编撰人：陈永岗，洪林君；审核人：蔡更元）

201. 怎样进行精液运输和保存？

猪精液的保存温度为17℃，温度太高精子运动速度会加快，保存时间也较短；温度较低时，精子运动速度虽然变慢，但是会对精子的活力产生影响，室温保存下，温度17℃效果最好。当温度降至10℃时，精子会出现冷休克而导致精子死亡。其主要方法是在稀释液中加入卵磷脂，并平衡一定时间后，使卵磷脂置换精子膜上的部分缩醛磷脂，从而使精子有抗冷休克的作用。生产中常温保存猪精液时，稀释液中不需要加入抗冷休克的物质，因此，稀释后的精液其保存温度不能低于10℃，以防止精子的大量死亡。

对于稀释分装后的精液，需及时放入精液保存箱中，均应将袋子和瓶子平放，以避免精子大量沉积导致死亡的现象发生。精液在保存箱中时，每隔12h，都要摇匀1次（小心颠倒），精液在放置一段时间后，精子将会沉淀底部。可在早上上班时，下午下班时摇匀。为防止忘记，可在保温箱旁留记录本进行记录监督。同时也要减少精液保存箱的开关次数，防止过多的开关导致温度变化对精子损伤。在保存过程，要注意保存箱内温度的变化，防止温度有明显的波动。

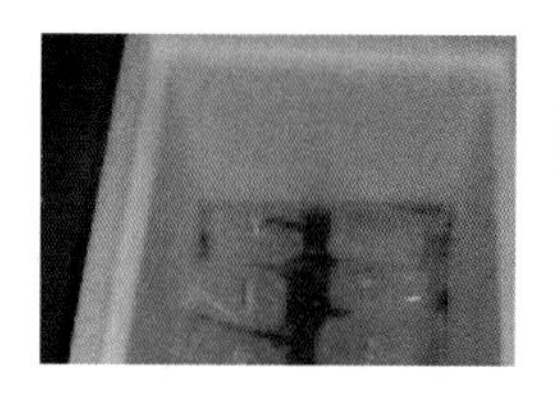

猪精液保存箱　　猪精液储运恒温箱

★猪友之家，网址链接：http://www.pig66.com/show-144-27431-1.html
★行业信息网，网址链接：http://www.cnlinfo.net/xiaojiadian/20431843.htm

（编撰人：陈永岗，洪林君；审核人：蔡更元）

202. 如何制作和利用猪冷冻精液?

（1）公猪冷冻精液的制作包括精液稀释保存液的配置、精液稀释、稀释液的降温和平衡，稀释液的分装和冻结4个步骤。

（2）保存。精液保存需要的稀释液，其主要成分为葡萄糖、乳糖、甘油、抗生素等。精液在稀释的过程中，应注意降温。一次稀释法中，把各成分按一定的比例一次性与精液混匀，并在8℃下平衡3.5～6h；二次稀释法中，首先将采出的精液以不含甘油的第一稀释液稀释到最后倍数的1/2，缓慢降温到15℃并维持4h，然后继续降温至5℃，在5℃温度下加入与第一稀释液等量的含有甘油的第二稀释液。最终将稀释完成的冻精分装，其中细管冻精是当今较为流行和适用的冻精分装方法。

（3）冻精解冻。冻精在解冻时的温度、解冻液成分和解冻方法都直接影响精子的活力。解冻方法分为低温水解冻法、温水解冻法和高温解冻法等，其中以温水解冻的方法较为实用、效果较好。将分装的精液直接投入到35～40℃的温水中，待精液融化到一半时，即取出以备用。解冻后的精液应立即用于输精，不宜长期保存。

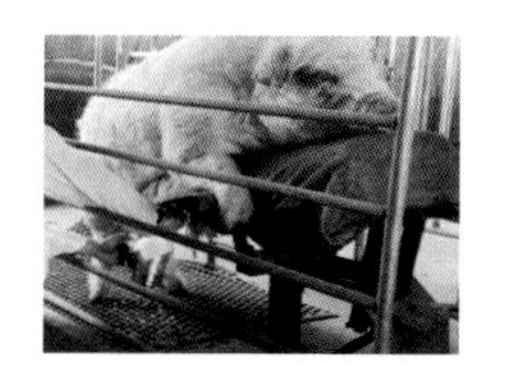

保存公猪冷冻精液的液氮罐　　种公猪的人工采精

★百度百科，网址链接：http://www.pigscience.com/new_view.asp? class=3&newsid=831
★中国养猪网，网址链接：http://zz.zhue.com.cn/qiyedongtai/201607/260544.html

（编撰人：陈永岗，洪林君；审核人：蔡更元）

203. 配种舍每周工作流程如何安排?

（1）周日。应将本周受配母猪及与配公猪的特征信息如实记录在周报表上。

（2）周一。使用清水冲洗猪栏、猪体并将配制好的消毒液使用喷洒或喷雾的方式对猪舍进行清洁消毒。对配种母猪能否正常发情进行鉴定，并结合猪只的生长状况及发情鉴定结果对不符合生产需要的母猪进行淘汰。每天上、下午进行2次发情鉴定，采用人工查情与公猪试情相结合的方式。

（3）周二。断奶母猪断奶之前需在产房分别胎次并做好记号，断奶后进行优饲处理促其发情。空怀母猪返情及时复配，转入配种区要重新做好记录，对长期病弱或2个情期没有配上的空怀母猪，应及时淘汰。

（4）周三。为节约生产和管理成本，对不发情不妊娠猪进行统一管理，集中饲养；猪舍与临时猪群驱虫措施：按照本场的要求配制药物进行驱虫处理。免疫程序按照母猪所处的生长阶段进行针对性的免疫，并做好驱虫和免疫记录登记。

（5）周四。按照周一的清洁消毒步骤进行操作，同时对在本周内因患病或生长状态原因需要调整的个别猪只进行调整，以稳定同一猪群内的健康生长状态。

（6）周五。按照周二的生产管理步骤进行操作。

（7）周六。对配种母猪已转出至怀孕舍的空栏应使用清水进行彻底的冲洗，并将消毒液使用专门高压喷雾器向天喷雾进行消毒。

（编撰人：陈永岗，洪林君；审核人：蔡更元）

204. 配种舍的管理要点有哪些?

对于配种舍的饲养管理，其需要对各类种猪的饲养管理工作进行规范，以确保配种舍猪只饲养满足要求。对于不同阶段的种猪的生产管理应各有侧重。

（1）后备母猪配种前饲养管理。配种前半个月的母猪需要优饲，以保证其营养的需求，优饲比正常料量多1/3，也可根据后备母猪的体况在饲料中加拌一些营养物质，并建立优饲、限饲、保健和开配计划的档案。加强对后备母猪的运动，保证每周固定的运动次数及时长，同时用公猪诱情，发现发情母猪就挑出，分群集中饲养，并做好记录。

（2）断奶母猪的饲养管理。断奶后的母猪需要适当的运动和优饲，可赶入运动场运动半天，并保证充足饮水和较适口的饲料。适当淘汰胎次过大的母猪，使猪场的胎次比例较为合理。母猪断奶后一个星期内发情，此时注意做好母猪的发情鉴定和公猪的试情工作，对于长时间不发情的母猪，可考虑进行诱情和催情处理。

（3）空怀及不发情母猪饲养管理。参照断奶母猪的饲养管理。如母猪长期病弱或有2个情期及以上没有配上的，需及时淘汰。对返情猪需及时复配，对于重新复配的空怀猪应做好记录。体况健康但不发情的母猪，先采取饥饿、运动、公猪追赶以及增加光照等刺激发情，若无效，可选用激素治疗，若超过2个月不发情，应及时淘汰。

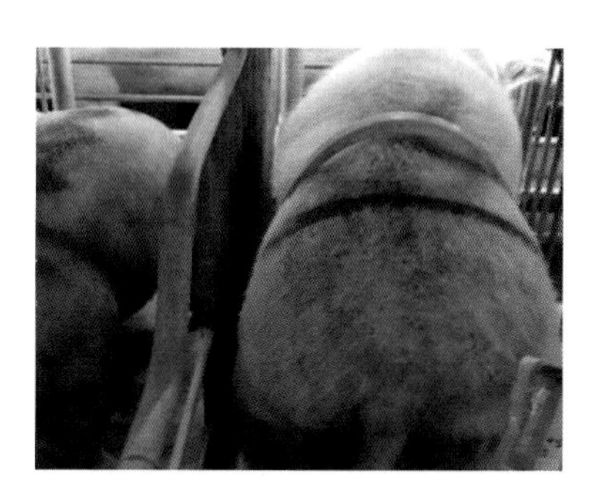

不同阶段的种猪的标记与生产管理（陈永岗 摄）

（编撰人：陈永岗，洪林君；审核人：蔡更元）

205. 配种舍饲养员的岗位工作职责和技能要求有哪些?

（1）配种舍饲养员的岗位工作职责。

①配合兽医人员对进入配种舍配种公猪或母猪经过检疫合格后，才能进入。

②在猪进入之前，配种舍要做好消毒卫生工作，消毒闲置2d后才能进猪。

③根据待配母猪的档案卡，预测其发情和配种的日期，选择配种方式（人工授精或自然交配）。

④每天按时按量喂料，并打扫猪舍卫生，注意观察饲料是否变质发霉。

⑤细心呵护饲喂妊娠初期母猪，禁止殴打或追赶母猪，避免流产。注意夏季防暑降温和冬季保暖。

⑥辅助做好猪舍母猪每天的转栏工作和调整工作以及母猪的查情工作。

配种舍

★金泉网，网址链接：http://www.jqw.com/produceShow/1209/11/2279810.html

（2）配种舍饲养员的岗位工作技能要求。熟练掌握母猪查情工作，并且能够讲述查情的技术要点和母猪的各项表现，以便新员工的学习；熟练掌握人工配种技术，在必要时候协助配种员进行配种；掌握配种母猪一般疾病的治疗方法。

（编撰人：全建平，洪林君；审核人：蔡更元）

206. 低剂量深部输精的优势是什么？如何开展？

低剂量深部输精技术由于优势明显正逐渐被广泛利用，它的优势主要体现在以下几个方面。

（1）降低繁殖成本。由于低剂量深部输精技术相较于传统输精技术需要的精液量少很多，一头公猪原本可以提供100头母猪繁殖的精液，采用低剂量深部输精技术一头公猪可以提供450头左右的母猪繁殖精液。所以采用这种技术大大的节省了公猪的饲养成本。

（2）提高优质种猪的利用率。采用低剂量深部输精技术可以使性能优秀的公猪精液得到高效利用，使优质种猪的遗传资源充分发挥作用。

（3）提高病畜的受胎率。一些繁殖器官有问题（如阴道炎、子宫颈炎等）造成繁殖障碍的母猪，应用低剂量深部输精技术把精液直接输入到子宫内可以提高受胎率。

操作方法如下。输精人员清洁双手，清洗消毒阴户，冲洗并拭干。在输精管的海绵体头上涂抹少量润滑油。将海绵头正确的卡在母猪子宫颈皱褶处。将输精瓶套上输精管，用力挤压，经一两次用力挤压把精液输完。输精结束后，拔掉输精瓶，应用输精管上的堵头塞住输精管，并等几分钟之后再拔出输精管。

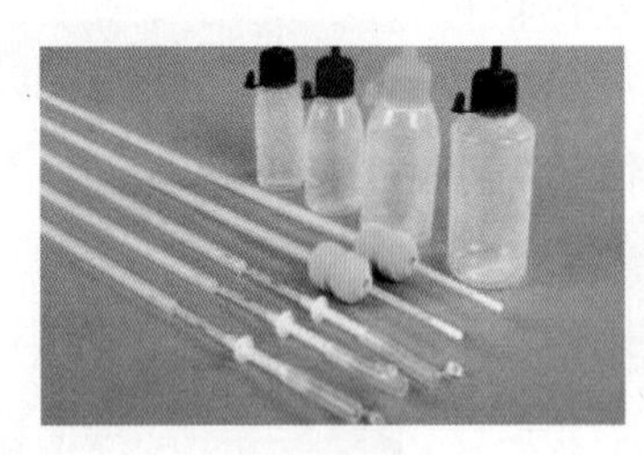

输精管

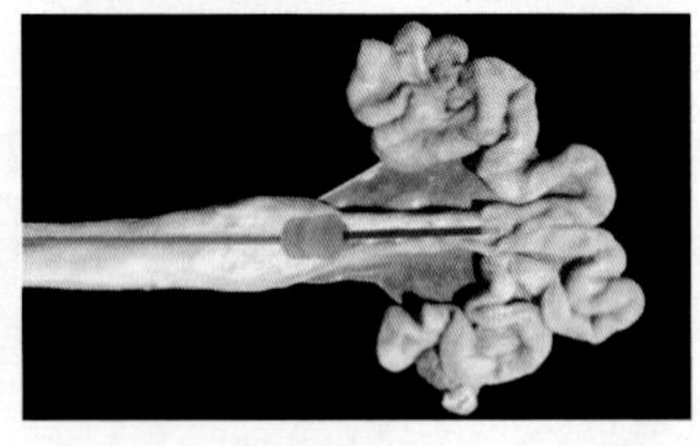

人工输精

★慧聪网，网址链接：https://b2b.hc360.com/viewPics/supplyself_pics/354089934.html
★猪e网，网址链接：http://js.zhue.com.cn/a/201707/03-294518.html

（编撰人：陈永岗，洪林君；审核人：蔡更元）

207. 怎样进行母猪的人工授精？

（1）最佳配种时间。

①外阴的变化。当外阴由发情初期的粉红色变为深红色，水肿开始轻微消退并且稍微收缩时为最佳时间。

②外阴黏液。发情初期的阴道分泌物无黏度，当阴道分泌物变得有黏度并且颜色为浅白色时为配种最佳时间。

③静立反射。发情后用力按压或踩踏母猪腰臀部，母猪很安定，呈现四支直立、两耳竖立的反应即为“直立反射”。呈现“直立反射”后8 ~ 12h可以进行交配，即早上出现站立反射，下午进行交配；下午出现，则第二天早上进行交配。

④初产母猪可以晚一点即发情期结束前配种便可。经产母猪则需要早一点配种，一般是第一次发现发情就可以配种。

（2）注意事项。因为母猪排卵时间约为6h，持续时间较长，并且排出后卵细胞在母猪体内的存活时间可达20h以上。因此，发情期内可多进行几次人工授精，一般可以连配3次，其间间隔8h。

（3）人工授精的小技巧。

①前戏按摩。主要进行后海穴、猪的后大腿和后腹部交接处、阴部、乳房4个部位的按摩。按摩时间持续30 ~ 60s，其作用使母猪的性兴奋程度得到刺激和改善，促使母猪子宫收缩，准备人工授精。

②授精中倒骑。在猪的后背垫上干净的毛巾，配种员倒骑在发情母猪背上，一只手拿输精瓶输精，另外一只手给母猪做按摩和抚摸动作，同时用脚后跟来回磨蹭母猪的乳房，以强化和维持母猪的性兴奋，促进母猪子宫收缩，强化母猪发情的定立反射。

③授精后倒骑和按摩。输精完后继续倒骑1min为最佳，同时对母猪进行按摩，让母猪尽快安静下来。

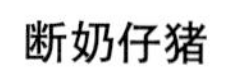

断奶仔猪　　分批断奶法

★猪e网，网址链接：http://js.zhue.com.cn/a/201703/24-285991.html

（编撰人：赵成成，洪林君；审核人：蔡更元）

208. 怎样给母猪正确本交?

（1）给母猪配种最好在早饲和晚饲前1h进行，交配地点在母猪舍附近为好。要绝对禁止在公猪舍附近配种，以避免其他公猪的骚动不安。

（2）交配时给予必要的辅助。当公猪爬上母猪后，要及时拉开母猪尾巴，避免阴茎受伤或体外射精，交配时保持安静。交配结束后，用手轻轻按压母猪腰部，不让它弯腰或立即躺卧，防止精液倒流。公、母猪都不能马上洗澡或饲喂。配种完毕要及时填写配种登记簿，准确登记配种日期和公、母猪耳号。

（3）如果公猪配种任务不重，可以不控制其射精次数，但当配种负担较大时，把每次交配的射精次数控制在2次为宜。

（4）在公猪爬跨前可挤去包皮积尿，然后用0.1%高锰酸钾水清洗阴茎及腹部，母猪同样可预先清洗外阴并消毒。

本交（温氏猪场拍摄）

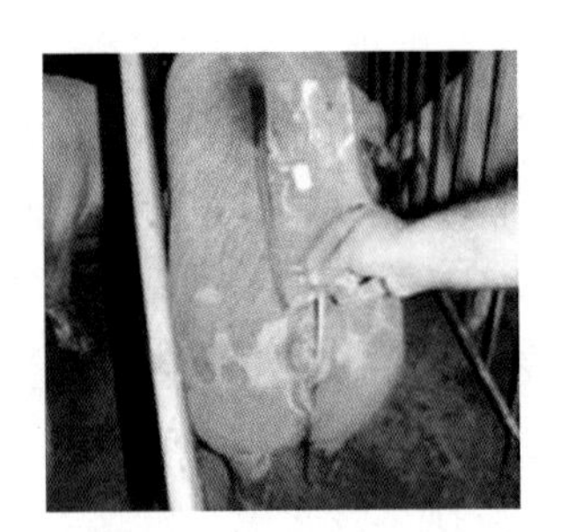

交配前给母猪消毒（温氏猪场拍摄）

（编撰人：孔令旋，洪林君；审核人：蔡更元）

209. 母猪单配、复配和双重配有什么意义及如何利用?

（1）单配。在母猪发情期，只用一头公猪交配一次。好处是能减轻公猪的负担，可以少养公猪或提高公猪的利用率。但由于较难掌握最适宜的配种时间，单配就有可能降低受胎率和减少产仔数。

（2）复配。在母猪一个发情期内，先后用同一头公猪交配两次，第一次交配后，间隔8～12h再配一次。这样可以增加卵子和精子结合的机会，从而提高了母猪的受胎率和产仔数。

（3）双重配。在母猪一个发情期内，用两头血缘关系较远的同一品种的公猪，或用两头不同品种的公猪和一头母猪交配。第一头公猪配完后，间隔

5～10min，再用第二头公猪来交配。双重交配的好处是，首先，由于用两头公猪和一头母猪在短期内交配两次，能引起母猪反射性兴奋，促使卵子加速成熟，缩短排卵时间，增加排卵数，故能使母猪多产仔，且仔猪整齐度较好；其次，由于两头公猪的精液一起进入母猪的子宫，使卵子有较多的机会选择活动力强的精子受精，从而提高仔猪活力。

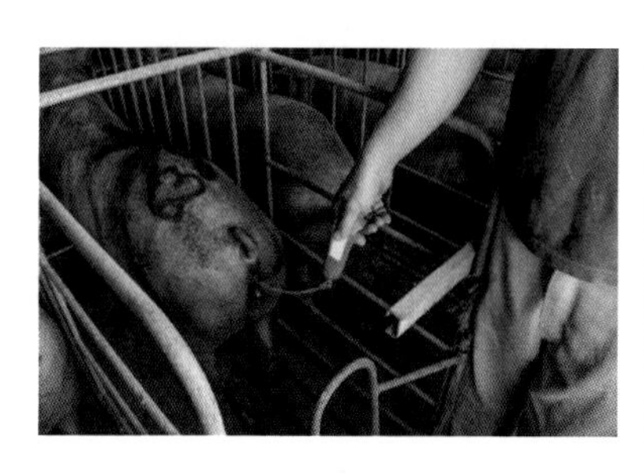

人工授精

公猪采精

★视觉中国，网址链接：https://www.vcg.com/creative/1008012236;
★第一农经，网址链接：http://www.1nongjing.com/a/201712/213430.html

（编撰人：付帝生，洪林君；审核人：蔡更元）

210. 怀孕母猪舍的管理要点有哪些?

对于怀孕母猪舍，其饲养管理重点是规范饲养管理工作流程及操作步骤，确保妊娠母猪各阶段适中背膘，胚胎的正常发育。在母猪完成配种并确认妊娠后转入妊娠小群舍并按照配种时间先后以及以下几个方面进行合理分栏饲养。

（1）分阶段按标准饲喂，按照不同妊娠阶段对营养物质的需求不同以及不同母猪个体的膘情及时调整配料的用量。每次饲喂时需要做到快、准，以减少猪的应激；在喂饲妊娠期母猪时，需给予母猪足够时间吃料和饮水，并及时清理料槽。

（2）可以阶段性的对母猪背膘进行评估和测量，并记录每头母猪的膘情厚，对于不同阶段的母猪进行增加或减少饲喂以保证背膘处于较适的范围，初产母猪繁殖性能可能较差。做好配种后18～40d内的复发情检查工作，每月做1次妊娠诊断。在饲养管理过程中，减少应激，防流保胎。夏天防暑，冬天防寒；减少剧烈响声刺激；保证猪舍的舒适度，防止对猪只直接冲洗。对于怀孕期的母猪应加强饲养管理与护理。条件允许的场可适当的补充青料或使用小苏打以防止便秘。

（3）妊娠母猪临产前一个星期转入产房待产，转猪前需彻底做好体外驱虫工作，猪身的彻底消毒，并注意双腿下方和腹部等死角；赶猪过程一定要有小心，防止母猪受伤或流产；妊娠母猪转出后，原栏要彻底消毒。

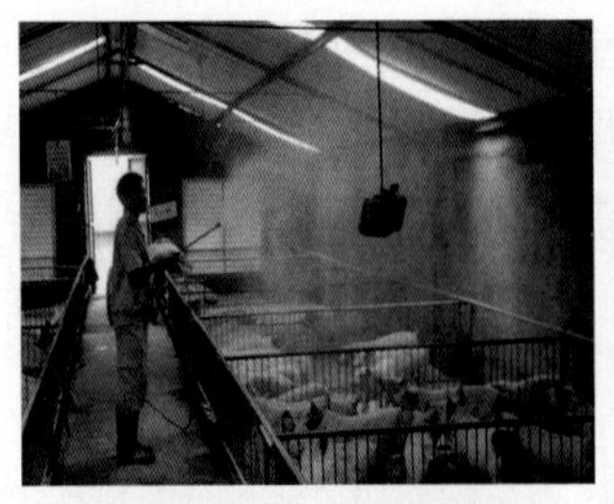

妊娠母猪临产前的消毒

妊娠母猪的分阶段按标准饲喂

★百度百科，网址链接：http://rxmuye.com/Article/484.html
★慧聪网，网址链接：https://b2b.hc360.com/supplyself/395470222.html

（编撰人：陈永岗，洪林君；审核人：蔡更元）

211. 怀孕舍每周工作流程如何安排?

（1）周日。将种猪死亡淘汰情况、妊娠母猪失配情况及怀孕母猪免疫清单如实填写在周报表上。

（2）周一。使用清水冲洗猪栏、猪体并将配制好的消毒液使用喷洒或喷雾的方式对猪舍进行清洁消毒。在生产中，配种后母猪可用B超测定是否妊娠。其表现为贪睡、易上膘、食欲旺、皮毛光、行动稳、性温驯、阴门下裂缝向上缩成一条线等。

（3）周二。对母猪膘情进行测定，对不同阶段的母猪背膘厚进行标识。初胎母猪繁殖性能较差。

（4）周三。临产母猪上产床前用螨净或倍特驱体外寄生虫1次，免疫程序按照母猪所处的生长阶段进行针对性的免疫，并做好驱虫和免疫记录登记。

（5）周四。按照周一的清洁消毒步骤进行操作，同时对在本周内因患病或生长状态原因需要调整的个别猪只进行调整，以稳定同一猪群内的健康生长状态。

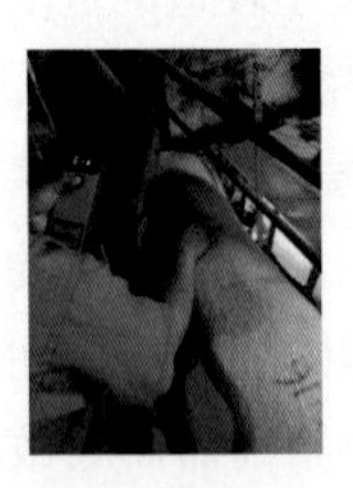

对母猪膘情进行定期评估（陈永岗 摄）

对空栏进行彻底的清洗和消毒

★中国猪病网，网址链接：http://www.zhujiage.com.cn/article/201607/651209.html

（6）周五。按照周二的生产管理步骤进行操作，并提前做好临产母猪的转出准备工作，与产房做好工作交接。

（7）周六。对怀孕母猪已转出至产房的空栏应使用清水对栏内料槽及水槽进行彻底的冲洗，并将消毒液使用专门高压喷雾器向天喷雾进行消毒。

（编撰人：陈永岗，洪林君；审核人：蔡更元）

212. 怀孕舍饲养员的岗位工作职责和技能要求有哪些？

（1）怀孕舍饲养员的岗位工作职责。①完成猪舍每天的卫生打扫工作，包括母猪限位栏地面和料槽。②注意保证猪舍的全进全出，一批猪转出之后及时进行消毒工作。③对于进入的母猪要配合兽医进行检疫工作，合格的才进入，进入后认真完成母猪档案卡的查对工作，发现缺失错落的及时处理，填好母猪进出报表。④完成每天怀孕母猪的饲喂工作，不同怀孕时期的母猪饲喂的饲料量不同。⑤完成每天上午、下午上班和下班前的巡栏工作，密切关注母猪精神、食欲、粪便和呼吸，密切关注异常母猪，及时处理。⑥每天都要观测猪舍的温湿度及空气清洁度，针对不同情况进行不同的调整处理，让猪只处于适宜的生活环境。⑦关注猪舍内有无出现病猪，及时确认病猪病症病情，并进行治疗或者其他处理。⑧完成B超查胎工作和辅助兽医进行免疫工作。⑨完成怀孕母猪的保健工作，辅助母猪进行安胎。

（2）怀孕舍饲养员的岗位工作技能要求。掌握怀孕舍卫生和消毒工作流程；掌握母猪进入的检疫流程；掌握母猪转入转出的报表填写；掌握不同时期怀孕母猪的饲喂工作和保健、安胎等工作。掌握巡栏工作要点和常规疾病的诊治。掌握B超等检测设备的使用。

饲养员饲喂怀孕母猪

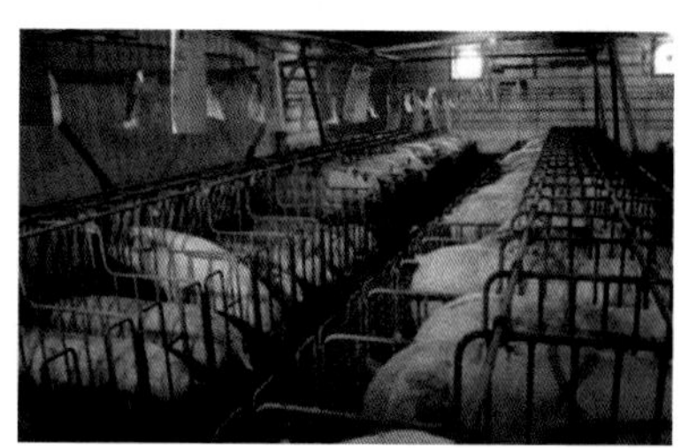

怀孕舍母猪

★爱猪网，网址链接：http://www.ndwww.cn/
★宁德网，网址链接：http://www.52swine.com/fanyi/201204/42689.html

（编撰人：全建平，洪林君；审核人：蔡更元）

213. 怎样检查母猪是否怀孕？

母猪妊娠期较为敏感，妊娠诊断一般选用超声波法。超声波具有高频率、短波长的特点，这使其声束有很好的方向性，而且在母体传播的过程中不会对母体造成损伤，当遇到不同声阻抗介质时会反射，以及遇到不同脏器时也会发生多普勒效应。其超声波诊断技术分为超声示波诊断法（A超）、超声多普勒探查法（D超）和实时超声显现法（B超）3种。

（1）超声示波诊断法（A超）。超声示波诊断法是通过超声波在母体内传播，当遇到不同声阻的器官时，如：子宫壁、羊水、胎体等介质时会发生反射效应，根据在示波器上显示的回声信号来诊断动物是否妊娠。

（2）超声多普勒探查法（D超）。超声多普勒探查法是通过超声多普勒检测仪探查妊娠动物，其原理为当发射的超声遇到母体子宫动脉、胎儿心脏和胎动等时，会产生特有的多普勒号音，进而得出妊娠诊断。在配种20d后便可探到胎心，配种后30d以上时便能准确诊断。

（3）实时超声显像法（B超）。实时超声显像法是具有二维图像的断层扫描。其能在活体中实时呈影进行观察，对早孕的子宫、囊胚、胚胎发育能够明显显示。B超检测具有准确率高、时间早，而且对机体无伤害，也可以检测胚胎数等。随着超声波检测技术的发展，B超仪器的价格降低、重量减轻、体积缩小，操作也变得更为简单，普及程度越来越大。

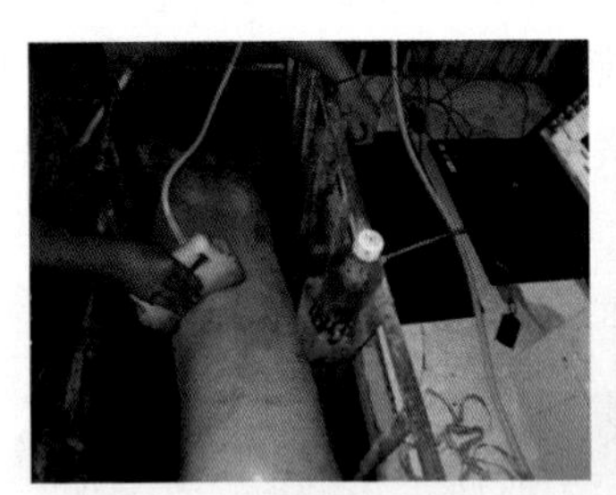
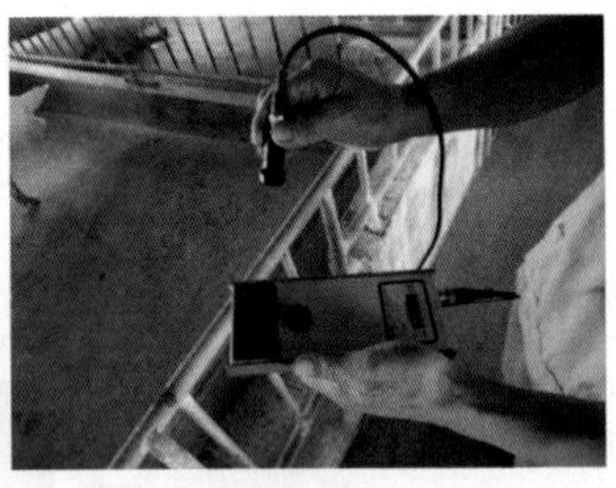

使用B超对母猪进行妊娠诊断（陈永岗 摄）

（编撰人：陈永岗，洪林君；审核人：蔡更元）

214. 猪的妊娠鉴定方法有哪些？

母猪妊娠口诀。疲惫贪睡不想动，性情温和动作稳，食欲增加上膘快，皮毛光亮紧贴身，尾巴下垂很自热，阴户缩成一条线。妊娠判定法如下。

（1）阴道收缩。阴户收缩下联合处向上弯曲者为已孕。

（2）看角弓反张法。于早上喂食前在母猪鬐甲部或后腰部，先做轻而短的按压，而后用力抓压，如有角弓反张者为未孕；一般母猪妊娠后8～10d角弓反张消失，直至产后7～9d才出现（本法以配种后3周检查更为理想）。

（3）看奶头法。此法是在怀孕40d后可以进行，也就是，仔细观察乳头根部是否有一个小红圈，有红圈者即已孕。一般有多少个奶头有红圈，表示这头母猪可能产多少个仔猪。

（4）注射激素法。

配种后第17d，注射已烯雌酚3～5ml或注射0.5%丙酸已烯雌酚和丙酸睾丸酮各0.1～1ml，注射后2～3d后无发情表现者为已孕。

（5）手压与指压法。在配种20d左右时，在母猪9～12脊椎两侧，用手轻轻掐看是否怀孕，或在母猪第7～9胸椎两侧，用拇指和食指由弱渐强的力量压胸椎观察反应：若猪不叫、不跑、不凹腰、不拱背者，即可判为已孕。

（6）晨尿检查法。取晨尿10ml放入量杯内，加5%～7%碘酊1ml，摇匀后加热沸腾。

如果尿液为红色者为已孕，若尿液为浅黄色或褐色者为未孕。

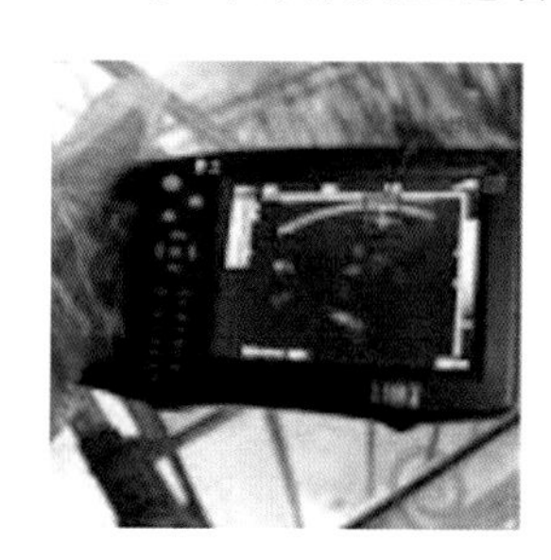

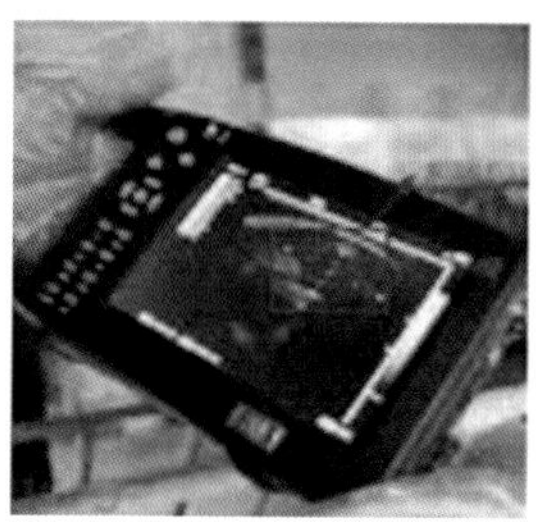

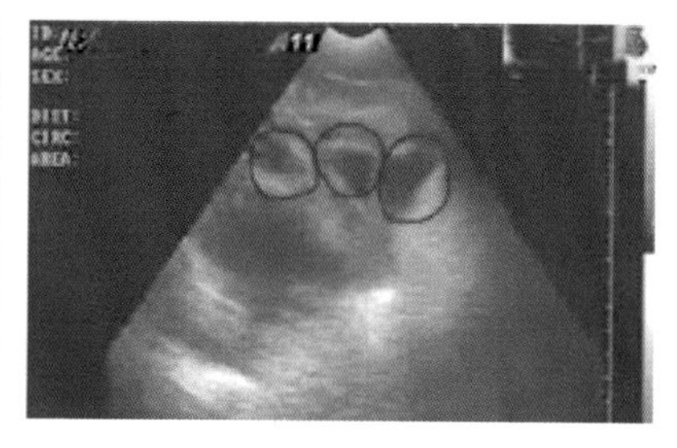

B超检查怀孕母猪

★仪器交易网，网址链接：http://www.yi7.com/com_zzhrqdz01/news/ite mid-71527.htm l

（编撰人：赵成成，洪林君；审核人：蔡更元）

215. 如何防治母猪不孕症？

母猪不孕症是母猪的生殖机能发生障碍，以致暂时或永久不能繁殖后代的病理现象。母猪不孕症的原因有很多，除了因生殖器官发育不全外，还有生殖器官疾病及饲养管理不当而导致的不孕。防治母猪不孕症应做好以下几方面的工作。

（1）生殖器官疾病不孕。常见的卵巢和子宫疾病，引起发情异常或导致精子、卵子或胚胎早死。应改善饲料管理条件，适当增加浓缩饲料，充分供应无机盐和维生素饲料，增加运动和放牧时间，并进行药物治疗。

（2）饲养管理不当不孕。在母猪不育中，由于喂养和管理不当引起的不育是最常见的。喂养不当和管理不当常常会导致母猪卵巢功能丧失，有时甚至是疾病，往往导致交配和受孕生育减少。

（3）母猪不孕的治疗。适当改善饲养管理条件是治疗母猪此类不孕症的根本措施。在此基础上根据实际情况选用以下方法催情。①调整母猪营养。②公猪催情。③按摩乳房。④隔离仔猪。⑤注射促卵泡素（FSH）。⑥注射前列腺素类似物（PgF甲酯）。⑦注射雌激素制剂（己烯雌酚）。⑧注射孕马血清。

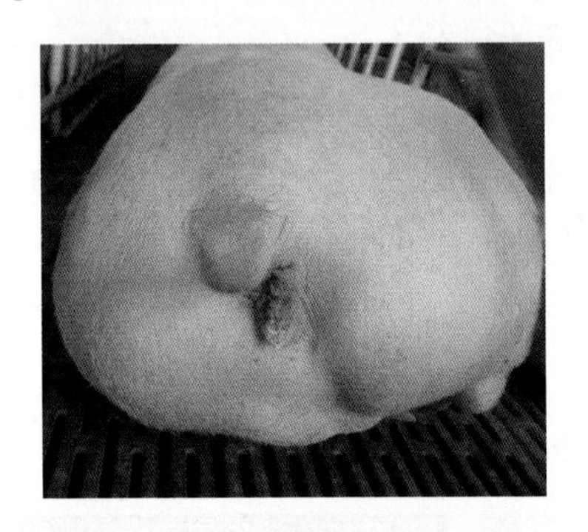

母猪子宫炎（赵成成、洪林君 摄）

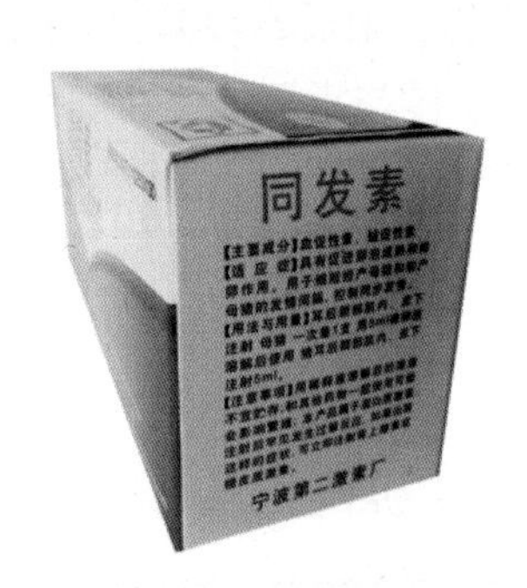

同发素（赵成成、洪林君 摄）

（编撰人：赵成成，洪林君；审核人：蔡更元）

216. 影响胚胎死亡的原因有哪些?

猪是多胎家畜，胚胎死亡较常见且在发育的任何时期都有胚胎死亡的可能性，当母猪处在恶劣的环境、营养和疾病等情况下时，胚胎死亡更为严重。母猪第一次胚胎死亡高峰是合子附植初期9～16d，胚胎易受各种因素影响，死亡率40%～50%；其次是交配或授精后第3周，死亡率为30%～40%。猪胚胎死亡的原因有如下几种。

（1）营养因素。长期的低营养水平或缺乏特定的营养成分不但会降低排卵和受精的数量，还会导致胚胎死亡。母猪的营养需要量随妊娠时间的推移而增加，这与胚胎的发育相一致。

（2）环境因素。胚胎的数量对胚胎的存活至关重要。每个胚胎都需要一定的空间才能正常发育。母体的外环境对胚胎具有间接影响，但高温、换圈、长途运输、畜舍狭窄、畜群拥挤、恐吓、追打和使役等通过对母体的生理状态产生不良影响也会造成胚胎死亡。

（3）遗传因素。雄性和雌性之间的差异越小，胚胎死亡率就越高，因为近亲的繁殖能力较低，胚胎的生命力也较弱。

（4）内分泌因素。母猪配种后21d内，内分泌系统处于调整状态，激素分泌与激素间的动态平衡在胚胎生存中起着重要作用。

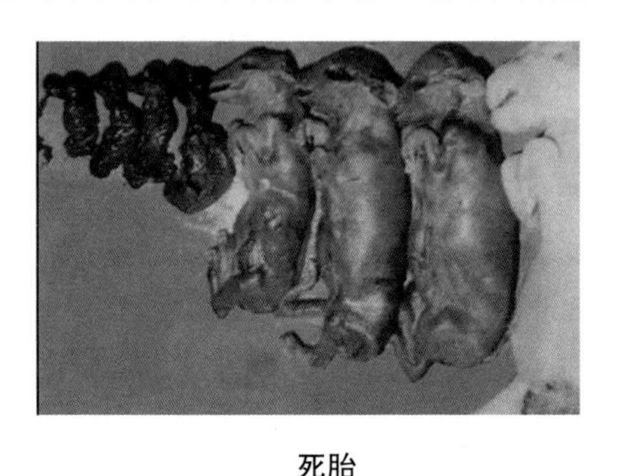

死胎

子宫复原不全　胚胎难以着床

子宫角　羊水　子宫　仔猪　胎衣

卵巢　输卵管　阴道

造成母猪不孕的因素

★中国兽医信息网，网址链接：http://www.vetcn.net/pic/zhu/2012/0822/11.html

（编撰人：赵成成，洪林君；审核人：蔡更元）

217. 胚胎和胎儿损失的危害有哪儿方面?

导致胚胎和胎儿损失主要有以下6个方面原因。

（1）不发情。对于后备母猪与断奶母猪而言，不发情都是比较普遍的现象。后备母猪初情期的发动是由一系列与生长和日龄相关的复杂激素调控的。杂交后备母猪一般在160日龄后开始发情。

（2）卵泡发育与排卵异常。此类问题会导致产仔数减少，窝产仔数差异较大（总产仔数少于9的窝数会增加），或因为没有足够的胚胎维持妊娠，导致分娩率降低。

（3）受精失败。此类问题与受精失败、受精质量差或受孕失败相关。如果发生受精或受孕问题，母猪将会在配种后18～22d出现常规返情。如果因公猪过度使用导致母猪受胎较差，那么窝产仔数及其均一性都会受到影响。

（4）受精卵未着床。配种14d后，胚胎开始附着于子宫壁，启动着床过程。如果配种后14～17d，子宫里的活胚胎数少于4个，那么这些胚胎数量就不足以维持妊娠状态。

（5）胎儿死亡与木乃伊胎。如果胚胎在35d前死亡，母猪能将胎儿完全吸收，并在配种后50d返情，通常在配种后63d左右返情，这是所谓的“假孕”。

（6）死胎。死胎常与窝产仔数多、母猪胎龄大、产程长或难产有关。高产猪群的死胎率较高，死胎率的目标范围是5%～7%。死胎数增加也可能与传染病有关。

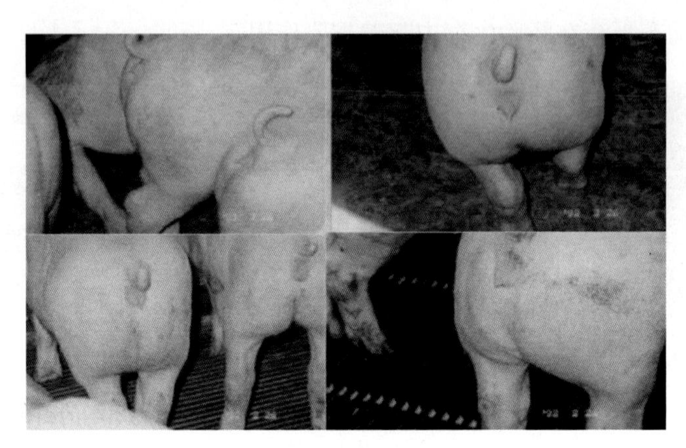

乏情母猪

★搜狐网，网址链接：http://www.sohu.com/a/125374663_126718

（编撰人：叶健，洪林君；审核人：蔡更元）

218. 妊娠母猪饲养管理的基本任务是什么？

妊娠母猪的饲养管理应根据胎儿的生长发育规律、妊娠母猪的生理特点和营养需要，采取相应的饲养管理措施，以保证胎儿的正常发育，防止流产，提高其初生重和存活率。

妊娠母猪的饲料配制应在高于我国规定的饲养标准10%左右的基础上配制。母猪空怀期和妊娠初、中期饲喂怀孕母猪料，根据母猪体况决定饲喂量，以保证母猪体况适中；妊娠后期（≥80d），妊娠母猪喂哺乳料，每头每天喂2.25kg或更多，以促进胎儿生长发育。

妊娠母猪的管理应注意如下几点。

（1）对妊娠母猪态度要温和，经常刷拭、抚摸，建立亲和关系，以便于将来的顺利接产。

（2）每天观察母猪的起居饮食、粪尿和精神状态。

（3）保持环境安静。

（4）6—9月高温天气，没有自动环控系统的猪场采取喷水降温措施，上、下午各1次，每次1h。同时要加强通风。妊娠母猪尤其是妊娠前期和妊娠后期母猪要特别注意防暑降温工作。妊娠前期环境温度过高，影响受精卵着床附植，造成胚胎死亡；妊娠后期母猪代谢旺盛，环境温度过高，母猪散热困难容易导致体温升高，从而导致流产、死胎和母猪死亡。

配后3d	妊娠母猪料	1.5 ~ 2kg
4 ~ 28d	妊娠母猪料	2 ~ 2.2kg
29 ~ 84d	妊娠母猪料	2.2 ~ 2.5kg
85 ~ 99d	后期妊娠母猪料（加油）	2.5 ~ 3kg
100 ~ 112d	后期妊娠母猪料（加油）	3.5 ~ 4kg
113d至分娩	哺乳母猪料	1 ~ 3kg

150kg母猪饲养方案

★今日头条网，网址链接：https://www.toutiao.com/i6400986940245541378/

（编撰人：全绒，洪林君；审核人：蔡更元）

219. 背膘厚对母猪繁殖性能有何影响?

背膘厚属于猪的胴体性状，利用超声波测定技术，容易测量和计算。它反映了猪肉脂肪含量的高低，背膘厚数值低表示猪肉的脂肪含量少，瘦肉率高，反之背膘厚数值高表示瘦肉率低。在养猪生产中，通过营养调控和控制采食量的变化来控制背膘厚。测量背膘厚的方法根据应用目的的不同而不同，常用的有三点测量法，即测量屠宰后胴体背中线肩部最厚处、胸腰椎结合处以及腰荐椎的背膘厚，然后计算这三点的平均值即平均背膘厚。

背膘厚对后备母猪、二元母猪以及初产母猪繁殖性能的影响存在差异，有研究表明，当后备母猪配种时的P2点背膘厚介于15 ~ 23mm时，背膘厚与窝均产仔数和窝均产活仔数呈正相关，背膘厚数值越高，窝均产仔数和窝均产活仔数越大。适中的膘情母猪繁殖性能最好，因此母猪妊娠期间应通过适当的营养调控手段来控制背膘厚，防止由于母猪过肥而导致生产力的降低。

（编撰人：叶健，洪林君；审核人：蔡更元）

220. 如何评定种猪体况？过肥和过瘦对种猪繁殖性能有何影响？

（1）评定种公猪体况。种公猪评定根据体型外貌和生长性能进行评定，但种公猪群的免疫结果必须合格。综合评分=0.35×体型外貌评分+0.65×生长性能评分。符合项目要求的种公猪必须是综合评分90分以上，种公猪必须健康无疫病，具备《种畜禽合格证》和《检疫合格证明》，附有三代系谱且档案齐全完整。

大白猪的评定：①体型、外貌特征。大白猪体型高大，被毛全白，允许眼角、耳根、尾根有少量黑斑，头长脸宽而微凹，耳大而竖立，背部平直而稍呈弓形，体驱长、胸深广，肋骨张，腹充实而紧凑，后驱宽长，四肢结实。②体重、体长。达85～105kg时，体长80～102cm，胸围88～125cm。成年公猪体重达300～380kg。③生长性能。56～84d体重30kg以上，142～186d体重100kg以上，30～100kg体重料肉比2.46：1，日增重948～1 050g。④繁殖性能。同窝产仔为10头以上，初生个体重为1.35～1.7kg。

（2）评定种母猪体况。种猪的外形选择顺序为头型、背腰、后臀、四肢、腹部、乳房、外生殖器。毛色和耳形符合品种特征，头面清秀，下额平滑。体躯长，背腰平直有力。大腿丰满，后躯发育良好，飞节处附肉良好。四肢正直，系短而有力，结实，腹线平直。乳头在6对以上，无翻转、凹陷、瞎乳头，分布均匀，无副乳头。

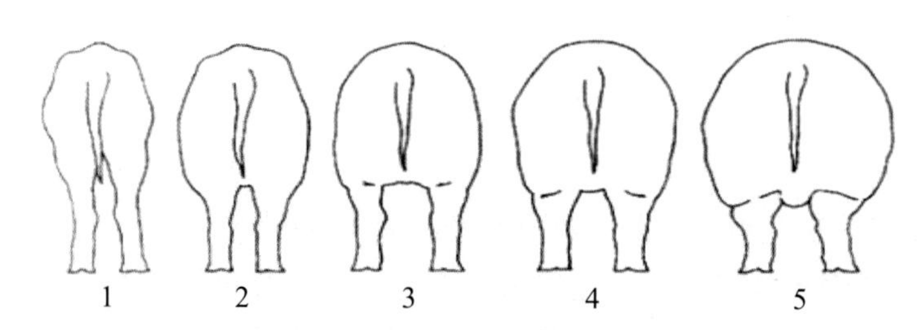

母猪膘情评分参考

★牧通人才网，网址链接：http://www.xumurc.com/main/ShowNews_22245.html

（编撰人：付帝生，洪林君；审核人：蔡更元）

221. 妊娠母猪的饲喂原则是什么？

妊娠母猪的饲喂在生产中非常重要，其每个阶段的营养程度都对以后的产仔产生影响甚至可能缩短母猪的使用年限。

（1）妊娠前期（0～28d）是胚胎发育的阶段，这时候需要保证其营养物质的需求，但是必须适当的限饲，这样可以防止母猪过胖导致妊娠后期胎儿的生长缓慢。

（2）妊娠中期（29～84d）可以在母猪正常的能量和繁殖需要外进行限饲，以减少饲料的浪费。同样也可以增加母猪哺乳期的采食量。

（3）妊娠后期（85～112d）需要对母猪的膘情进行调节，增加其营养物质的浓度，增加蛋白质微量元素的量，保证母猪分娩时处于适中的背膘厚度。因为母猪的背膘厚度严重影响着母猪的繁殖性能。

对于膘的厚度控制需要根据每个场中猪的品种、所处的地域环境和猪的生长环境等来具体制定每个场的标准。另外，妊娠期母猪的限饲也带来了一系列的问题，如猪的福利问题、由限饲引起的母猪刻板行为和猪的不正常行为造成的母猪受伤以至过早淘汰等问题需要加以注意。

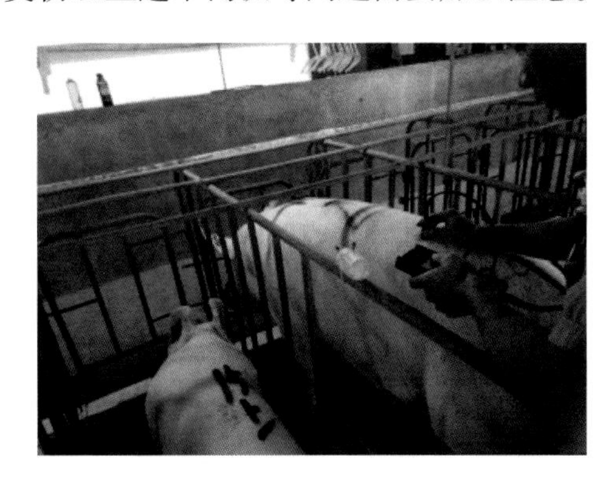

妊娠后期对母猪膘情的检测（陈永岗 摄）

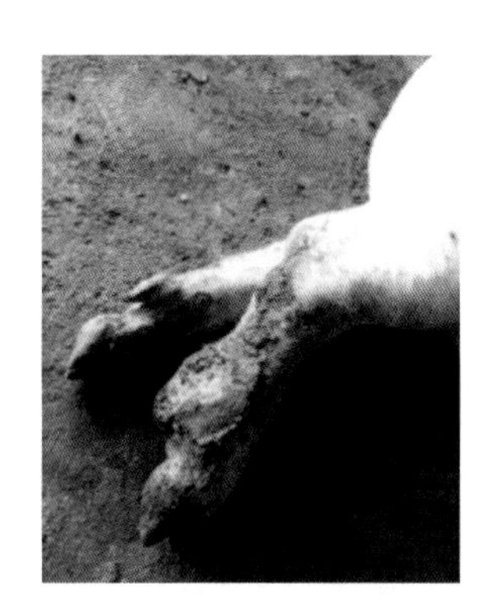

饲养管理过程中母猪的擦伤（陈永岗 摄）

（编撰人：陈永岗，洪林君；审核人：蔡更元）

222. 怎样饲养怀孕前、中、后期母猪?

对怀孕母猪的饲养管理是为了保障胎儿正常发育，提高产出健康仔猪的数量。

（1）营养需要。选用怀孕母猪饲料或预混料，饲料中不能含有棉籽粕、菜籽粕等不利于母猪繁殖的成分，应含有足够的纤维素。怀孕母猪每天可加喂1kg左右的青饲料。怀孕前期母猪（怀孕5周内的母猪）每天饲喂2～2.2kg饲料。怀孕中期母猪（怀孕6～12周的母猪）每天饲喂2.2kg饲料，可通过适当喂料量来调节体况。怀孕后期母猪（怀孕12周以后的母猪）每天饲喂2.5kg饲料，以满足胎儿增重需要，仔猪初生重一般控制在1.5kg左右。

（2）怀孕前、中期母猪饲养在限位栏中，以方便控制喂料量和防止争斗引起死胎或流产。怀孕后期母猪宜在4～5m²的单栏饲养，以让怀孕后期母猪有足够的活动空间。

（3）做好怀孕母猪的防暑降温工作。温度过高会引起怀孕前期母猪的流产率和胚胎死亡率上升，同时会导致怀孕后期母猪发生死胎。猪场可采用负压通风加水帘降温、喷淋加吹风等方法降温。

（4）保障干净、充足的饮水。1头母猪每天需要23L的饮水，饮水器的水压以每分钟出水2L左右为宜，高度以高出猪肩部5cm左右为宜，每栏一个。

（5）怀孕母猪需按配种日期的时间顺序进行排列，并悬挂母猪卡以便于管理。

（6）保持猪舍的干爽卫生，平时勤捡粪，少用水冲洗猪舍。

（7）做好猪舍的通风换气工作，在猪舍环境温度为20℃以下时，每头猪每小时需有34m³的最小换气量，当温度达到26℃时，每头猪每小时需有500m³的最小换气量，舍内风速控制在2.5m以下。

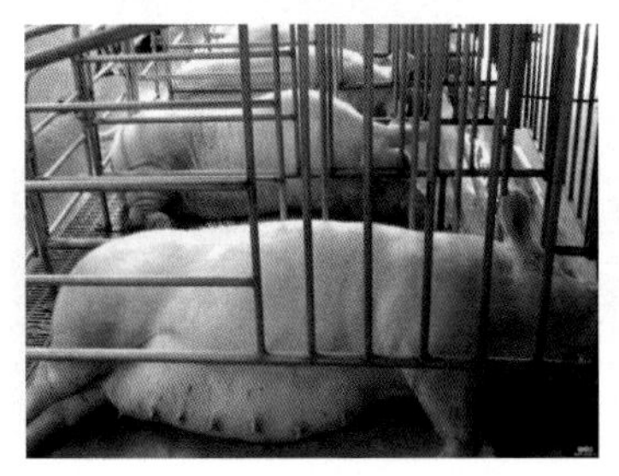

怀孕母猪

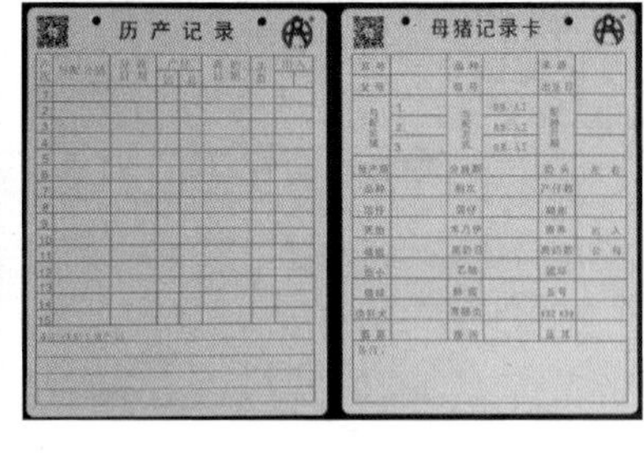

历产记录

母猪记录卡

母猪卡

★猪友之家，网址链接：http://www.pig66.com/2016/145_1102/16666681.html
★马可波罗，网址链接：http://dogfive0577.cn.makepolo.com/product/100674627670.html

（编撰人：莫健新，洪林君；审稿人：蔡更元）

223. 如何通过测定背膘厚来调节母猪各阶段采食量标准？

（1）膘厚度与母猪的繁殖性能存在很大的相关性，50kg B超在P1点和P2点两个部位所测的背膘厚遗传力分别为0.634和0.549，75kg B超在P1点和P2点膘厚所测背膘的遗传力分别为0.641和0.564，背膘厚度在一定程度上能够反映出母猪的一些繁殖性状。

（2）当母猪的能量需求超过自己维持消耗时，会将剩余的能量转化为脂肪给存储起来，其中背膘厚的能够很大程度的体现出母猪脂肪能量的变化。

（3）后备母猪和妊娠母猪需求是不一样的，在生产中给予不同阶段和不同重量的猪相适应的饲料，不仅可以极大程度上保持母猪的繁殖性状，而且也会减少猪场的饲料浪费。我国2004年标准规定，对于不同体重，即120～150kg、150～180kg、180kg以上的妊娠母猪粗蛋白需要量前期分别为：273g/d、275g/d和240g/d；妊娠后期分别为：364g/d、364g/d和360g/d。

（4）在生产中定期给母猪测定背膘厚度，观察母猪的生长状况，可以粗略的得到母猪相对应的饲喂量。但是不同的地区和猪场因为环境、猪的品种和管理水平不一样，其喂饲量可能会有变化，需要结合自己的猪场来进行饲喂，因地制宜。

母猪背膘测定

★中国化工仪器网，网址链接：http://www.chem17.com/tech_news/detail/950736.html

（编撰人：付帝生，洪林君；审核人：蔡更元）

224. 体况好、中、差3种妊娠母猪的适宜饲养方法有哪些？

对配种时较瘦的经产母猪采用抓两头顾中间的饲养方式。即配上种后20～40d，加强营养。每天喂给1.5kg左右配合料，使母猪迅速恢复体况。当母猪体况恢复后，适当降低营养。每天每头喂配合料1kg，到妊娠后期，再提高营养到最高水平，每头日喂2kg左右，以保证胎儿生长营养需要。另外在整个妊娠期每头母猪每天喂以3～4kg青绿饲料。对配种前体况良好的经产母猪，采用前粗后精饲养方式。即妊娠前中期按一般营养水平饲喂，每头母猪日喂配合料1kg左右，后期加到最高营养水平，日喂配合料1.5～2kg。对初产母猪，繁殖力特别高的母猪，哺乳期配上种的猪，采用步步登高饲养方式。即整个妊娠期内的营养水平是根据胚胎增重和母猪体重的增长而提高，到妊娠后期加到最高水平。具体做法是：妊娠前期每头日喂配合料1kg左右，中期每头日喂1.5kg左右配合料，后期每头日喂2kg配合料。全期每头每天喂3～4kg青绿饲料。

（编撰人：全绒，洪林君；审核人：蔡更元）

225. 单体栏母猪限饲的优缺点有哪些？

（1）单体栏母猪限饲的优点。

①猪栏占地面积小，可减少猪舍建筑面积。

②便于观察母猪发情及时配种和方便进行人工授精。

③怀孕母猪按配种时间集中在一区中饲养，便于饲养人员根据母猪体重、体况、怀孕期长短，合理定量饲喂，方便操作，提高管理水平。

④避免母猪争食、咬斗，减少相互干扰，从而减少机械性流产。

⑤可以防止母猪压死仔猪。

⑥减少浪费，节省饲料。

（2）单体栏母猪限饲的缺点。

①由于使用全金属栏结构，每猪一栏，栏数较多，建造时增加了投资成本。

②由于母猪限位，运动量少，有可能延迟猪的性成熟期和初配年龄，降低小母猪的受胎率及缩短母猪利用年限。

③容易引起母猪腿部和蹄部的疾病。

④需要有周密的生产计划和细致的管理工作的配合。

单体栏母猪

★中国养猪网，网址链接：http://www.zhuwang.cc/show-31-243135-1.html

（编撰人：全绒，洪林君；审核人：蔡更元）

226. 为什么要对妊娠母猪实行限制饲养？确定妊娠期饲养水平要考虑哪些因素？

限制妊娠母猪喂养可提高胚胎的成活率，减少分娩困难，减少新生仔猪的损失，减少母猪哺乳期间的身体出现意外状况，降低喂养费用，降低乳腺炎的发病率，延长寿命。结果表明，妊娠期母猪饲料消耗与泌乳量成反比，即妊娠期间饲料量增加时，泌乳量减少。由于泌乳和奶产量水平有直接关系，也就是说，母猪吃得多，奶量大，从而提高仔猪的生长速度。

确定母猪的饲喂水平，要考虑到如下因素：母猪体格大小、母猪体况、舍饲的方法、所提供的环境、饲养方法、猪群健康状况、生产性能水平、管理标准。

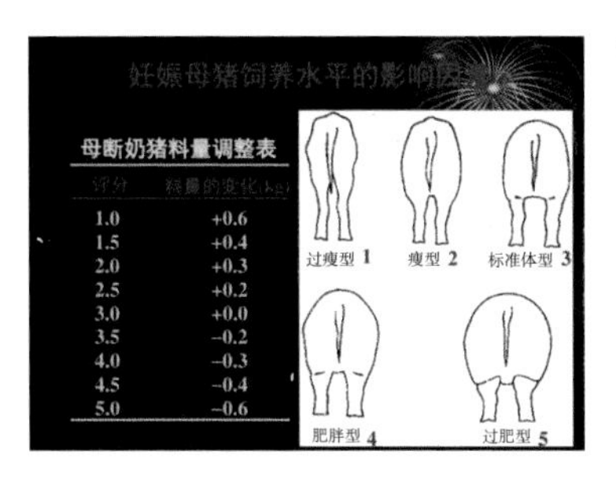

妊娠母猪饲养水平的影响因素

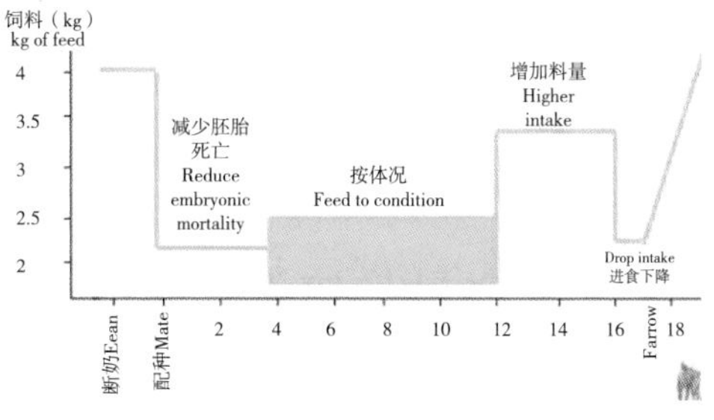

配种后饲喂水平

★百度文库，网址链接：https://wenku.baidu.com/

（编撰人：赵成成，洪林君；审核人：蔡更元）

227. 如何最大化母猪繁殖性能，关键点有哪些？

最大化母猪繁殖性能关键在于：①采用适合自身生产系统的母猪品种；②保证种母猪能够表现出良好的杂交优势；③监控母猪年龄与持续的生产性能；④收集所需要的生产记录，并通过分析生产记录查找存在的问题；⑤保证种群中合理的胎次分布。第3～5胎的生产性能最佳；⑥每批次用相近数量的后备母猪，减少每批次母猪胎次结构的差异；⑦利用高能量水平与高蛋白、赖氨酸含量的哺乳母猪料，并尽可能提高母猪采食量；⑧维持产房的环境和温度恒定，产房必须干净；⑨把繁殖性能的优劣和哺乳期长短进行关联分析；⑩维持整个怀孕期良好的体况，但避免母猪过胖；⑪维持母猪群健康，建立对疾病的免疫力；⑫评估后备母猪首次配种日龄与其终生的繁殖性能的关系；⑬评估母猪断奶至配种后28d的管理效率；⑭确保配种人员能够胜任岗位需求，配种员的能力会直接影响繁殖性能的好坏；⑮如果采用本交的配种方式，那就需要准备足够数量的可利用公猪，确保公猪在24h内最多配种一次。

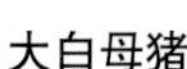

大白母猪

母猪配种

★搜狗百科，网址链接：https://baike.sogou.com/h64530285.htm？sp=l164824597
★潍坊乔新原种猪场，网址链接：http://qiaoxinyzz.com/index.asp

（编撰人：叶健，洪林君；审核人：蔡更元）

228. 为什么要尽量接近理想胎次结构？如何做？

（1）调整的原因。随着国内养猪生产规模化、集约化的不断发展，母猪群的生产性能在逐渐提高。但作为猪场的核心母猪群是否得到合理利用，是我们需要认识的一个问题。不同胎次的母猪，其产仔性能、泌乳力及后代生长速度均不相同。所以需深入了解影响胎次结构的相关因素，包括母猪的淘汰率、后备猪的供应、生猪的市场价格和饲料成本等，并积极地去改善它们，才能构建并保持良好的胎次结构，提高母猪群生产水平，发挥母猪更大的效益。

（2）调整方法。认真检查发情和返情，首先是发情，无论自然交配还是人工授精，适时配种是获得良好繁殖力的重要因素，而准确查情则是适时配种的前提。其次，及时发现返情的母猪。如果场内没有妊娠诊断仪，则只能依靠人工查情把返情母猪检查出来。因此，在配种后18～24d，39～45d，60～66d，要加强返情的检查。

妊娠母猪

哺乳母猪

★中国养猪网，网址链接：http://www.zhuwang.cc/show-145-343536-1.html
★中国兴农网，网址链接：http://nykj.xn121.com/syjs/lssg/1885028.shtml

（3）减少非生产天数。及时主动淘汰正常周转的猪场，每年的种猪更新率在30%～40%，因此，应主动淘汰那些胎次过大、性能下降、久不发情、生殖器官炎症、肢腿不好的母猪，淘汰母猪一旦确定下来，就应马上淘汰。

（编撰人：付帝生，洪林君；审核人：蔡更元）

229. 引起母猪流产的非传染性因素有哪些?

（1）光照因素。维持妊娠需要恒定的光照时间。最好每头12～16h的光照。母猪所接受的光照强度受一系列的环境因素影响，如光照强度不足，粪便或灰尘黏附在灯管表面遮挡了光照，母猪周边的围墙或前方的自动喂料器遮挡了部分光线。

（2）季节性繁殖障碍。经验表明，70%的流产是属于季节性繁殖障碍，外围的环境因素可能会引致黄体消失。

（3）公猪。有些母猪的妊娠对雄性激素非常敏感，故需要有公猪或公猪的雄激素或雄性化学性激素存在。尤其是存在夏季繁殖障碍综合征时，如果母猪是在限位栏单独饲养的，应让公猪在走廊走动，每天与母猪接触。

（4）分解代谢状态。如果母猪新陈代谢处于异化代谢状态，它们会动用体组织来维持能量平衡，有些妊娠母猪会发生流产。

（5）霉菌毒素。某些饲料原料在生长与储存过程中，其含有的真菌也会生长而产生霉素，某些毒素能穿过母猪胎盘而引致流产。

水帘

霉变玉米

★兽医饲料招商网，网址链接：http://www.1866.tv/news/32757
★养殖技术顾问，网址链接：http://www.nczfj.com/mogu/201029558.html

（编撰人：叶健，洪林君；审核人：蔡更元）

230. 怎样给母猪接产?

在接产前，接产员应把指甲剪短，用肥皂水洗净手，然后按下列顺序接产。

（1）当仔猪落地后，接产员马上用干净的白毛巾或纸片将猪口鼻部的黏液擦净，然后再仔细擦干仔猪身体。在北方的冬天最好用火烘干，以免因水分迅速蒸发使仔猪体温下降，导致疾病，甚至冻僵或冻死。

（2）擦干黏液后，应及时称重和打耳号，然后放入护仔箱或筐内并盖上麻袋保温。接产员应有次序地轮换提取1～2头仔猪送到母猪腹部吮乳。

（3）仔猪产出10～15min，如果脐带已停止波动，即可趁母猪产仔间隙，给仔猪断脐带。

（4）当母猪产仔时间过长、阵缩减弱或母猪疲劳时，可用酒精棉球堵塞母猪一侧鼻孔来提神。如果产仔时间超过10h，或排出羊水后几小时不见胎儿排出，则应肌内注射催产素5～10ml。

（5）对护仔性较强，不好接产的母猪，除了临产前多与其接触外，也可用酒醉的办法来达到目的。即在煮熟的粉状精料内加入250～500g白酒制成团子，喂服母猪，这样母猪不久就会醉倒，达到顺利接产的目的。

（6）按摩乳房，初产母猪产仔时一般比较烦躁，频繁起卧、拱栏拱料槽，可按摩乳房使其安静地躺下，以节省母猪体力缩短产程。

（7）踩母猪腹部，对于用力努责却迟迟不产的母猪可站在其肚子上，跟着母猪努责的节奏，待母猪用力时跟着用力往下踩，一般都能将小猪踩出来。

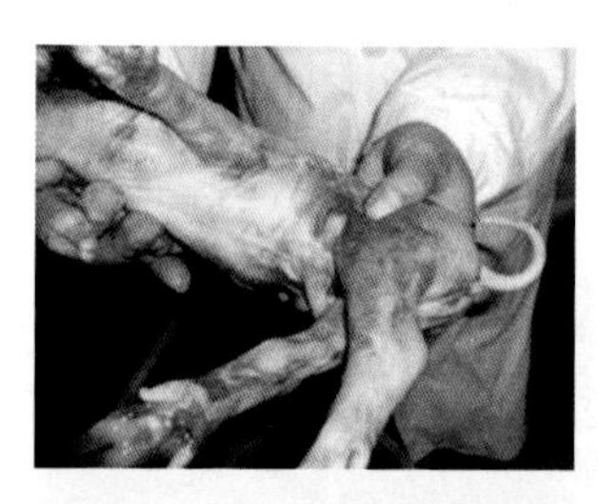

接产仔猪（温氏猪场拍摄）

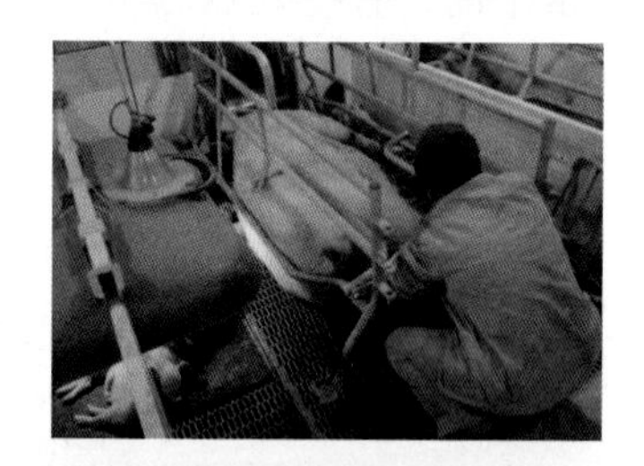

按摩母猪乳房（温氏猪场拍摄）

（编撰人：孔令旋，洪林君；审核人：蔡更元）

231. 怎样防止母猪压死仔猪?

防压的方法，除注意平整产圈地面，防止垫草过厚、过长外，还可采用以下几种方法。

（1）根据母猪压死仔猪的规律，在产后3d内由专人看管。一般在母猪吃食或排便后、回圈躺卧要特别留意。

（2）采用护仔架防压。在猪圈母猪休息的地方靠墙的三面，用圆木或钢管在距圈墙15～25cm处各支一副两腿支架，支架高15～25cm，可以避免母猪靠墙躺卧而挤压仔猪。

（3）用护仔间把母仔隔开睡觉。在母猪床附近，设置一个仔猪可以自由出入的护仔间或叫暖窝，让仔猪在里面睡觉。既能防压，又能保暖且卫生。如果面积稍大，还可以作为仔猪补料间，训练仔猪提早开食。

（4）增加防压杠。定位栏产床可在栏后面加一根横向的钢管，高度为母猪身高的1/2，防止母猪卧倒时压到后面的仔猪。

（5）喂料时将仔猪抓到保温箱。在仔猪3日龄内，每次给母猪喂料时将仔猪抓到保温箱关起来，待其睡着后再打开保温箱，让仔猪养成在保温箱睡觉的好习惯，从而减少压仔的发生。

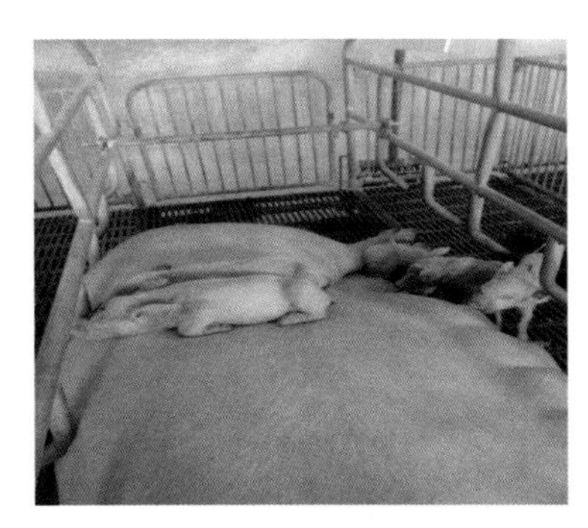

增加防压（温氏猪场拍摄）

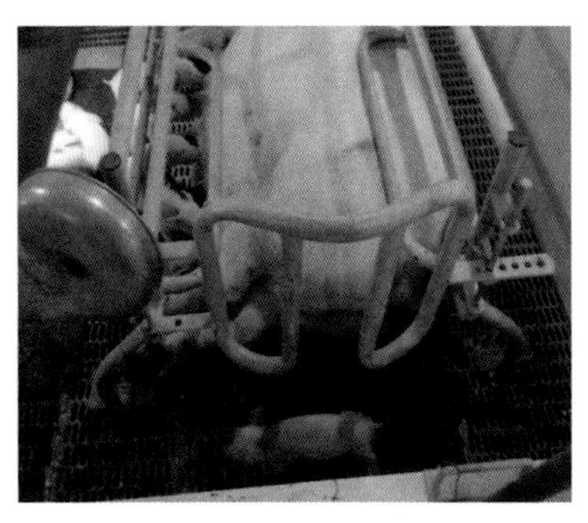

护仔架防压（温氏猪场拍摄）

（编撰人：孔令旋，洪林君；审核人：蔡更元）

232. 怎样寄养哺乳仔猪？怎样给仔猪人工哺乳？

（1）仔猪寄养。寄养就是把一头母猪生下来的仔猪托给另一头母猪代养，为使其寄养成功，必须做到以下几点。

①两窝仔猪的出生日龄要尽量接近，最好相差不超过3日，以免日龄相差太大，发生以大欺小的现象。

②要挑选性情温驯、护仔性好、泌乳充足的母猪来负担寄养的任务，从而提高成活率和断奶体重。

③寄养仔猪一定要让它先吃到初乳，否则不易成活。

④母猪辨认仔猪主要靠嗅觉，为了防止母猪拒绝哺乳或咬伤寄养的仔猪，可

预先将寄养的仔猪和母猪所生的仔猪混在一起，或在两窝仔猪身上涂上相同特殊气味的药水，趁母猪不注意，把它们一起放到母猪身旁吃奶，被寄养的仔猪只要吃过一两次母猪的奶水，寄养就能成功。

（2）人工哺乳。

①就是用几种营养品配制成代乳品，代替母乳哺育仔猪。人工乳应容易消化，与猪乳营养相似。

②人工乳的喂法开始时，早7时至晚7时，每小时喂40ml，夜间每2h喂40ml，喂5d。以后早晨8时至下午4时，每3h喂250ml，夜间每4h喂250ml，喂22d。以后不分昼夜，每4h喂500ml直至断乳。

③喂人工乳时，要模仿仔猪的哺乳规律，以少喂、勤喂为原则，注意哺乳容器和食槽的清洁卫生，要保持人工乳的一定温度，并训练仔猪提早补饲。

④找准奶妈猪，奶妈猪必须体况良好，背膘偏厚，同时母性好、奶水足。

⑤采集初乳对于弱小仔猪和吃不到奶的仔猪可采集初乳灌服。给正常分娩的母猪使用缩宫素，然后按摩乳房开始采集，每头母猪可采80～100ml，每个乳头可采8～10ml，最后两个乳头不采。

采集初乳灌服仔猪（温氏猪场拍摄）

哺乳容器（温氏猪场拍摄）

（编撰人：孔令旋，洪林君；审核人：蔡更元）

233. 分娩母猪舍仔猪的管理要点有哪些？

规范化的分娩舍的母猪饲养管理，是确保猪场达到产仔目标和仔猪健康的必要保障。对于母猪分娩后仔猪的生产管理应包括以下几个要点，且以仔猪在分娩舍所处的时段不同各有侧重。

（1）仔猪出生后，需清除口鼻黏液，防止仔猪窒息，并用锯末将猪体擦干，在离根部3～4cm处断脐，并系牢，用2%的碘酊消毒。然后放保温箱内10～15min，温度控制在30～35℃。

（2）新生仔猪需要在24h内进行称重、剪牙、断尾、打耳号。消毒后的剪牙钳从齐牙根处剪掉上下的两侧犬齿，断口平整；断尾时，尾根部需留下2cm、并使用4%碘酊消毒，弱仔可以等体重达标后重新断尾。打耳号时，需避开血管，防止流血过多，缺口用4%碘酊消毒。

（3）仔猪生下后需保证吃到初乳，然后进行适当调整，使仔猪数与母猪的有效乳头数相等，并尽量保证仔猪体重相差不大。

（4）小公猪在3～5d龄时进行去势，切口为一个或两个，不宜过大，睾丸拉出后，用4%的碘酊进行消毒。

（5）仔猪在7日龄进行诱食，饲料要新鲜、清洁，勤添少喂，每天4～5次。

（6）仔猪21～24d龄进行断奶处理，断奶前后3d内喂饲并补盐、维生素C等，在仔猪料中加三珍散等可预防仔猪消化不良。

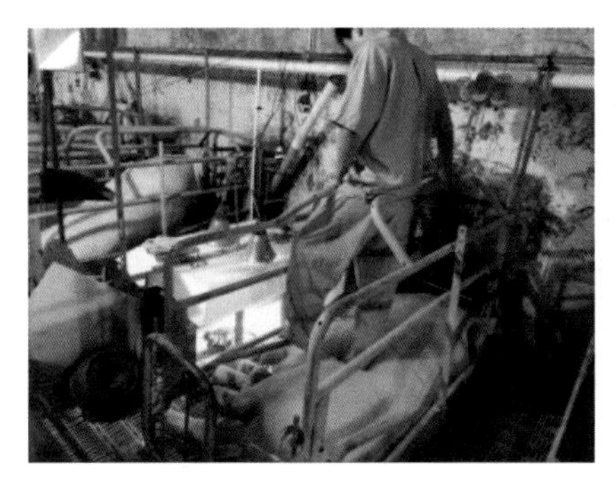

对仔猪进行适当的寄养调整（陈永岗 摄）

保障仔猪适当的环境温度（陈永岗 摄）

（编撰人：陈永岗，洪林君；审核人：蔡更元）

234. 分娩舍每周工作流程如何安排?

（1）周日。对本周的产仔猪数进行统计，并如实填写产仔情况周报表，断奶母猪及仔猪情况周报表，21日龄仔猪称重周报表，分娩舍周报表。

（2）周一。用清水将栏舍冲洗干净，待干燥后用2%的烧碱喷洒1次；等2h后再冲洗干净，干燥后用福尔马林熏蒸1d。仔猪断奶日龄一般在21日龄左右，对到达断奶期的母猪应及时转至配种舍进行下一步的生产。

（3）周二。使用新鲜0.1%的高锰酸钾作为消毒池更换液；对分娩过程中产生的畸形仔猪、死胎和木乃伊胎以及综合评估生产价值甚低的母猪进行及时的淘汰处理。

（4）周三。对有皮肤病单元的母猪增加驱虫药并对空栏进行驱虫，进猪前提前打开门窗做好准备，并对仔猪注射相应的疫苗进行免疫。

（5）周四。按照周一的清洁消毒步骤进行操作，并对在该时期到达断奶期的母猪及时额转出。

（6）周五。门口的消毒池和洗手盘，每周需更换2次。每周需进行消毒2次，并注意舍内的湿度。产房带猪消毒易用熏蒸进行消毒，或用消毒机细雾喷雾消毒。但消毒一段时间后需保持产床干燥。

（7）周六。仔猪按不同的发育程度重新调整，把较大的仔猪并窝到先产仔猪的窝内，或将弱的并窝到后产仔猪的窝内。

对仔猪注射疫苗进行免疫（陈永岗 摄）

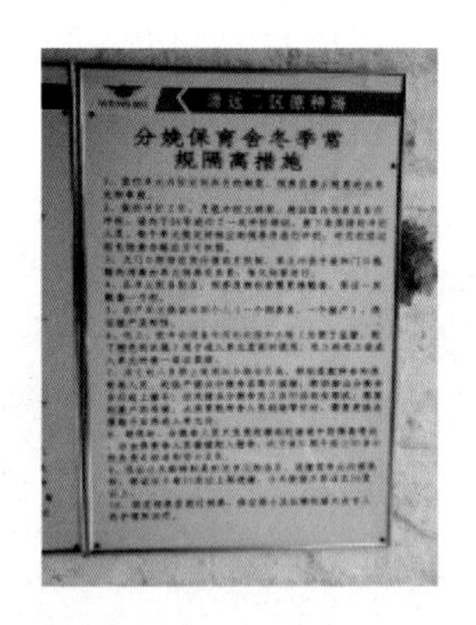

常规隔离措施（陈永岗 摄）

（编撰人：陈永岗，洪林君；审核人：蔡更元）

235. 分娩舍饲养员的岗位工作职责和技能要求有哪些?

（1）分娩舍饲养员的工作职责。①分娩舍的猪只实行全进全出，需要在一批母猪或者仔猪转出后对产床床位、料槽、保育箱、门窗、地面以及产房内外进行全面的清洁打扫和消毒。对猪栏底进行冲洗，按全进全出大消毒程序进行消毒，分娩舍闲置2d后才能进猪。②对转入分娩舍的母猪进行体表消毒，并检查母猪的档案卡，了解品系、胎次和预产期。发现档案卡与母猪耳号等信息有出入时立即上报。③认真观察母猪产情，及时做好相应的接产准备，包括消毒液、毛巾、碘酊棉球及剪刀等必需用品，消毒母猪奶头，进行接产。④仔猪出生后，做好仔猪的护理工作。⑤检查胎儿的数量与胎衣的数量是否一致，并如实填表上报产仔数和各项数据。⑥做好仔猪出生后的剪牙、剪尾、打耳号、打疫苗以及公猪去势等工作。⑦注意母猪起卧时有无仔猪被压的声音，如果有立即赶起母猪，救出仔猪。⑧做好产前产后母猪护理工作。⑨做好产房环境维护工作，包括温度、空气清洁度等。⑩做好产房猪只疾病防治工作，发现疫情立即处理和上报。

（2）分娩舍饲养员的技能要求。掌握分娩舍卫生、消毒和饲养工作；掌握母猪产前护理、预产期推断以及接产准备工作；熟练掌握母猪接产工作和仔猪护理的工作；掌握母猪产后护理工作以及仔猪常见疾病的诊治工作。熟练掌握报表的认真诚实填写工作。

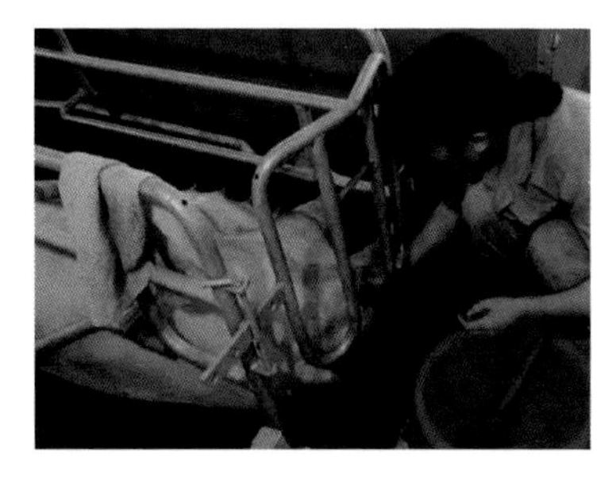

分娩舍饲养员照顾母猪

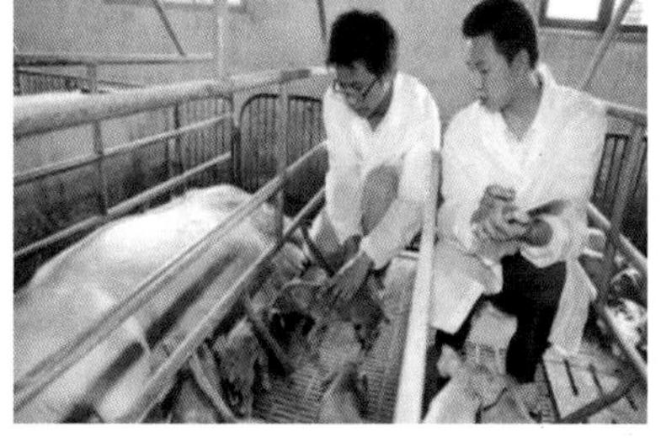

饲养员照顾小猪

★猪业百科，网址链接：http://www.hangye5.com/site/6088.html
★猪场动力网，网址链接：http://www.powerpigs.net/

（编撰人：全建平，洪林君；审核人：蔡更元）

236. 如何推算怀孕母猪的预产期？

正确推算预产期，对合理饲养怀孕母猪，及时做好接产准备都有好处。母猪的怀孕期范围是110～120d，平均为114d。也就是3个月、3周零3d，简称“三三三”。在母猪产仔数多和营养比较好的情况下，产仔常会提前；如营养条件较差或产仔数较少时，则怀孕期会延长。推算预产期的简单方法有如下两种。

（1）在配种日期上加上3月3周零3d，如一头母猪4月20日配种怀孕，预产期则为4+3=7（月），20+3（周）×7（d）+3d=44d，30d化作一个月，故为8月14日产仔。另一种是在配种的月份上加上4，在配种的日期上减6，如怀孕4月+4=8月，20−6=14日，结果还是8月14日产仔。

（2）将配种日期和与之对应的预产期制作成表格然后打印出来，贴在配种区，一眼就能看出预产期，快捷方便不易出错。

动物预产期计算软件
（温氏猪场拍摄）

母猪预产期推算

配种日期	预产期	配种日期	预产期	配种日期	预产期	配种日期	预产期	配种日期	预产期
8月8日	11月30日	9月25日	1月17日	11月12日	3月6日	12月30日	4月23日	2月16日	6月10日
8月9日	12月1日	9月26日	1月18日	11月13日	3月7日	12月31日	4月24日	2月17日	6月11日
8月10日	12月2日	9月27日	1月19日	11月14日	3月8日	1月1日	4月25日	2月18日	6月12日
8月11日	12月3日	9月28日	1月20日	11月15日	3月9日	1月2日	4月26日	2月19日	6月13日
8月12日	12月4日	9月29日	1月21日	11月16日	3月10日	1月3日	4月27日	2月20日	6月14日
8月13日	12月5日	9月30日	1月22日	11月17日	3月11日	1月4日	4月28日	2月21日	6月15日
8月14日	12月6日	10月1日	1月23日	11月18日	3月12日	1月5日	4月29日	2月22日	6月16日
8月15日	12月7日	10月2日	1月24日	11月19日	3月13日	1月6日	4月30日	2月23日	6月17日
8月16日	12月8日	10月3日	1月25日	11月20日	3月14日	1月7日	5月1日	2月24日	6月18日
8月17日	12月9日	10月4日	1月26日	11月21日	3月15日	1月8日	5月2日	2月25日	6月19日
8月18日	12月10日	10月5日	1月27日	11月22日	3月16日	1月9日	5月3日	2月26日	6月20日
8月19日	12月11日	10月6日	1月28日	11月23日	3月17日	1月10日	5月4日	2月27日	6月21日
8月20日	12月12日	10月7日	1月29日	11月24日	3月18日	1月11日	5月5日	2月28日	6月22日
8月21日	12月13日	10月8日	1月30日	11月25日	3月19日	1月12日	5月6日	3月1日	6月23日
8月22日	12月14日	10月9日	1月31日	11月26日	3月20日	1月13日	5月7日	3月2日	6月24日
8月23日	12月15日	10月10日	2月1日	11月27日	3月21日	1月14日	5月8日	3月3日	6月25日
8月24日	12月16日	10月11日	2月2日	11月28日	3月22日	1月15日	5月9日	3月4日	6月26日
8月25日	12月17日	10月12日	2月3日	11月29日	3月23日	1月16日	5月10日	3月5日	6月27日
8月26日	12月18日	10月13日	2月4日	11月30日	3月24日	1月17日	5月11日	3月6日	6月28日
8月27日	12月19日	10月14日	2月5日	12月1日	3月25日	1月18日	5月12日	3月7日	6月29日
8月28日	12月20日	10月15日	2月6日	12月2日	3月26日	1月19日	5月13日	3月8日	6月30日
8月29日	12月21日	10月16日	2月7日	12月3日	3月27日	1月20日	5月14日	3月9日	7月1日
8月30日	12月22日	10月17日	2月8日	12月4日	3月28日	1月21日	5月15日	3月10日	7月2日
8月31日	12月23日	10月18日	2月9日	12月5日	3月29日	1月22日	5月16日	3月11日	7月3日
9月1日	12月24日	10月19日	2月10日	12月6日	3月30日	1月23日	5月17日	3月12日	7月4日

原始数据 产仔分析 Sheet1 Sheet2

配种日期和与之对应的预产期制作成的表格
（温氏猪场拍摄）

（编撰人：孔令旋，洪林君；审核人：蔡更元）

237. 产仔前后的母猪饲养管理注意事项是什么？

养猪生产中，提高母猪生产水平的关键在于做好母猪产仔前后的饲养管理工作，也有利于做好仔猪培育。产仔前后的母猪饲养管理应注意如下方面。

母猪产仔前，应减少青、粗饲料喂量，增加精料喂量，尤其是蛋白质饲料的供应。主要是由于在即将临产前，胎儿生长发育很快，体重急剧增加，母猪腹腔容积不断缩小。产仔前母猪要防咬架、拥挤、滑跌等机械性刺激，单圈饲养，注意保胎，不能打，适当运动，多晒太阳，增强体质有利于母猪分娩。冬季重点防止母猪感冒发烧及引起胚胎死亡或流产，加强防寒保温工作。

产后饲料要容易消化，营养丰富。对粪便较干硬、容易便秘的母猪，应多饮水和饲喂有轻泻作用的饲料。对妊娠期间营养不良，产后无奶或奶量不足的母猪，要及时进行催乳。产房卫生也是产后管理很重要的一个方面，注意畜舍通风，保证内部空气新鲜。产后母猪的外阴部要保持清洁，如尾根外阴周围有污物时，要及时洗净、消毒，夏季防蚊蝇，同时也要注意保持乳头清洁等。

（编撰人：叶健，洪林君；审核人：蔡更元）

238. 分娩母猪在产前一周至断奶前应该如何管理？

分娩母猪在产前产后的护理尤为重要，直接关乎母猪和仔猪的健康以及母猪的使用年限。因此在管理过程中需要注意以下细节。

（1）在母猪还有5～7d就临产的时候，需要将母猪洗净，然后赶到产床去适应环境，务必保持产床清洁与干燥。

（2）在母猪分娩前几天，看母猪体况喂料，体况良好如果饲喂过度容易造成母猪产后几天奶水过多，乳汁太浓造成仔猪消化不良，增加母猪患乳房炎的风险。

（3）分娩当天应该停止喂料，由于母猪在分娩过程中会剧烈收缩子宫，造成功能紊乱或减弱，喂料容易导致母猪呕吐或消化不良。

（4）产后可以给母猪饲喂一些加盐的温水，可加入少量麸皮，帮助母猪恢复体况，但不能过食，产后5～7d才可恢复到正常喂料量。

（5）按规定添加饲料。母猪每餐吃完饲料后，需要及时清理料槽，防止残留的饲料霉变而被母猪吃到。

（6）最好每个产床旁边有一个固定的粪铲用于及时清理掉母猪和仔猪粪便。

（7）需要及时治疗因母猪分娩而引起的生殖道炎症。

（8）母猪舍的温度应控制在舒适的范围，同时应该使产房保持干净和干燥，保持合理的通风。

（编撰人：全建平，洪林君；审核人：蔡更元）

239. 哺乳母猪和哺乳仔猪需要什么样的环境条件？

（1）哺乳母猪需要的环境条件如下。

①最适宜温度为16℃，适宜温度范围为10～21℃。

②相对湿度50%～70%。

③猪舍内空气中NH_3、CO_2、CO、H_2S、CH_4浓度分别在10μl/L、3 000μl/L、2μl/L、2μl/L、1 000μl/L以下。

④在环境温度20℃以下时每头母猪每小时需要34m^3的最小换气量，当环境温度达到26℃时每头母猪每小时需要650m^3的换气量（包括母猪所哺乳仔猪需要的换气量）。

⑤风速在每秒2.5m以下。

⑥光照强度110lx，每天光照时间12～14h。

（2）哺乳仔猪需要的环境条件如下。

①仔猪在出生时的最适温度为35℃，适宜温度可变的范围为32～38℃；3周龄的仔猪最适温度为28℃，适宜温度可变范围在24～30℃；哺乳仔猪需要在1h内舍内环境温差不得超过2℃。

②相对湿度50%～70%。

③猪舍内空气中NH_3、CO_2、CO、H_2S、CH_4浓度分别在10μl/L、3 000μl/L、2μl/L、2μl/L、1 000μl/L以下。

④通过仔猪体表的风速在每秒0.2m以下。

⑤光照强度110lx，每天光照时间12～14h。

正在哺乳的母猪（付帝生 摄）

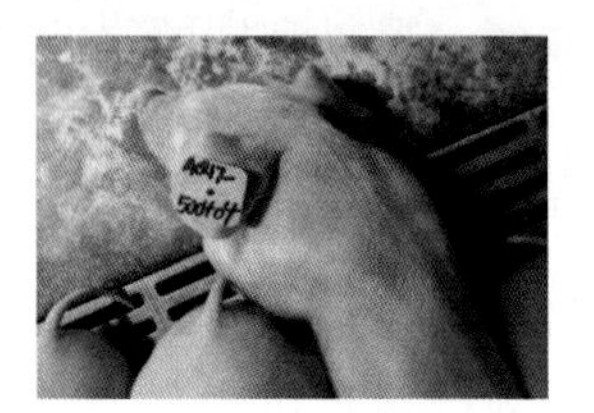

仔猪（付帝生 摄）

（编撰人：付帝生，洪林君；审核人：蔡更元）

240. 怎样饲养哺乳母猪?

哺乳母猪的饲养目标是增加泌乳量、减少哺乳期的体重损失。

（1）保障哺乳母猪的采食量，满足哺乳母猪的营养需要。原则上哺乳8头仔猪的母猪每天需要饲喂哺乳母猪料5.5kg，每增加一头哺乳仔猪需增加0.3～0.5kg的料。在母猪体况不佳，采食量不足时，需采取提高哺乳母猪料营养浓度的措施。

（2）提供哺乳母猪适宜的环境温度。母猪的适宜温度是16℃，温度不宜过高或过低。降温措施一般采用水帘+负压送风，具体做法是：舍内温度在22℃以下时，每头猪每小时抽风量34m^3；温度达到26℃时，抽风量650m^3并开启水帘，并控制通过仔猪体表的风速在0.2m/s以内，以免造成小猪腹泻。

（3）保障干净、充足饮水。1头母猪每天饮水消耗约23L水，饮水器水压以每分钟出水2L为宜，高度以高出猪肩部5cm左右为宜。

（4）做好母猪的产前产后护理和保健工作。①即将分娩时，用0.1%的高锰酸钾溶液对母猪的阴部和乳房进行消毒，同时清洗产床。②一般产后当天不往料槽加饲料或只加0.5kg，随后逐渐增加，5d左右达到正常饲喂量。③如需要人工助产，需要按严格的操作规范进行助产，助产后用子宫冲洗液冲洗子宫和注射抗生素，防止感染。④母猪产后头几天，要特别注意母猪的体温、采食和粪便情况，防止产后发热、便秘、乳房炎、子宫炎等发生。⑤母猪产后可适量注射催产素，加速恶露排出，促进母猪泌乳，但产前和产中慎用催产素，否则容易引起死胎增加。

（5）保持分娩舍的干爽卫生，平时勤捡粪，少用水冲洗猪舍。

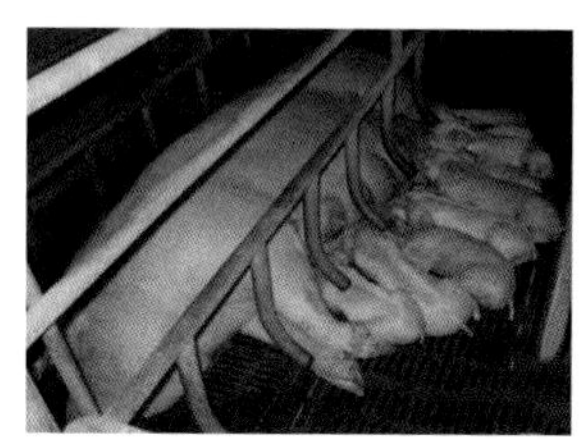

哺乳母猪

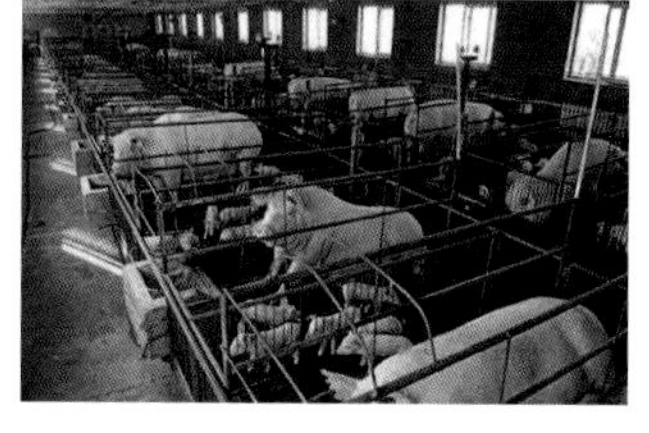

哺乳母猪猪舍

★猪友之家，网址链接：http://www.pig66.com/show-949-15853703-17.html
★第一农经养猪，网址链接：http://www.1nongjing.com/a/201701/162783.html

（编撰人：莫健新，洪林君；审稿人：蔡更元）

241. 提高泌乳母猪采食量的饲养管理措施有哪些？

（1）添加脂肪。特别在夏季高温季节，添加脂肪尤为重要，可有效提高日粮能量水平，而且脂肪在代谢过程中产生的体增热较少。由于哺乳母猪具有把饲料中脂肪直接变为乳脂的能力，因此在选择脂肪时需注意脂肪酸的构成，建议少使用饱和脂肪酸和长链脂肪酸比例过高的动物油脂。哺乳母猪日粮中的适宜脂肪添加量为3%～5%，添加脂肪对母猪繁殖性能没有影响。

（2）提高采食量。首先应确保母猪随时可以吃到饲料。因此，可适当增加饲喂次数，母猪产仔0～3d可日喂2次，3d以后则日喂3次，并根据料槽中尚存上次喂给的饲料量确定添加量。

（3）原料优先选择某些优质原料，可以提高母猪采食量和泌乳力。最新的研究表明，DPS（猪肠膜蛋白）能显著提高哺乳母猪饲料采食量。AP301（喷干血球蛋白）与DPS同时使用，可有效提高母猪泌乳量。

（4）种猪过肥对繁殖的影响。公猪过肥，性欲减弱甚至无性欲，造成配种能力下降；母猪过肥，打乱了正常的生殖机能，胚胎成活率低，易出现难产或死胎，易导致子宫或阴道发炎。

泌乳母猪

★生猪价格网，网址链接：http://www.shengzhujiage.com/view/654581.html

（编撰人：付帝生，洪林君；审核人：蔡更元）

242. 母猪临产有哪些表现?

母猪产前3～5d会出现外阴红肿松弛且呈现暗紫色，乳房肿大且发红发亮的现象，这个期间外阴还有黏液流出，尾根两侧下陷，两侧乳头粗长，腿部外伸呈“八”字形。

产前3d，位于母猪中间部分的两对乳头可以挤出少量清亮液体；在产前1～2d时，母猪乳头可以挤出1～2滴初乳。

在生产前1d，母猪从前部乳头可以挤出1～2滴初乳，越是接近临产时间，母猪乳汁会变得更浓、更多；当母猪的最后一对乳头也可以挤出浓稠乳汁而且呈喷射状射出时则表明即将产仔。

同时，在产前6～12h时，母猪常出现用嘴拱铁栏，前蹄趴地呈做窝状，而且紧张不安，经常起卧，尿频，尿量少的现象。

当母猪的外阴部有带血黏液流出时就意味着母猪羊水已破，即将在半个小时左右产仔。如若母猪产床上放有干草，母猪在产前也会出现叼草做窝的现象。

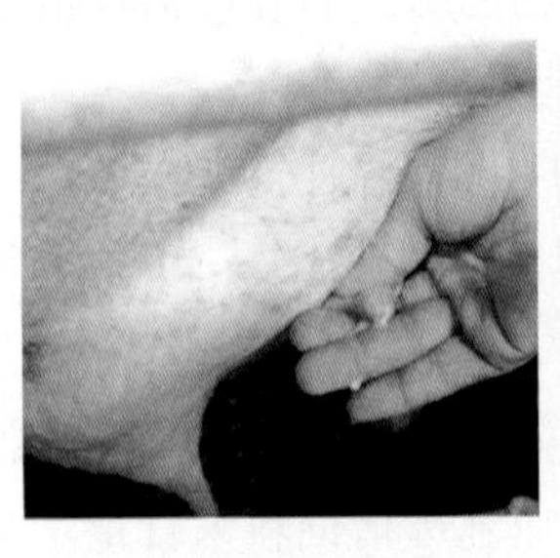

母猪临产分泌乳汁

母猪临产前

★猪易论坛，网址链接：http://bbs.zhue.com.cn/article-187494-1.html
★猪e网，网址链接：http://js.zhue.com.cn/a/201706/01-291736.html

（编撰人：全建平，洪林君；审核人：蔡更元）

243. 母猪分娩期怎么管理?

（1）掌握母猪的预产期。正确掌握妊娠期母猪的预产期，是保证母猪安全生产的关键。饲养员可以通过计算、观察及测试等方法推算母猪的预产期，从而为母猪的着床做好准备。

（2）熟练掌握接产和助产的方法。做好母猪每产出一头仔猪的时间记录，把握整个产程，避免出现母猪难产而又不被察觉的现象出现。必要时可以采用注射催产素，甚至人工助产的方法对其进行助产，保证母猪和仔猪的存活率。

（3）合理膳食，防止便秘。妊娠期母猪便秘会导致母猪乳房发炎及肠道消化不良，从而导致母猪分娩时难产及产后无乳。因此，对于妊娠期的母猪，饲养员必须合理搭配食物，为母猪的分娩及后期哺乳做好准备。科学搭配饮食，提供营养丰富的母乳是出生仔猪唯一的膳食营养来源，可以为仔猪提供身体所需的营养物质，同时可以使仔猪获得特异性抗体，增强抵抗力。因此，饲养员必须注意母猪饲养的营养搭配，恢复母猪体力，提高仔猪质量，为母猪后期发情做好准备。因此，现阶段要想提高母猪分娩的数量和质量，必须加强母猪分娩期管理，做好母猪分娩的准备，最终提高猪养殖业的整体效益。

（4）提高哺乳高峰期采食量。最好在分娩后10d左右将母猪采食量提高到（2～2.5）kg+0.5kg×带仔头数，让母猪有充足的奶水，且防止母猪哺乳期失重过大影响断奶后发情，后备母猪哺乳期背膘损失小于5mm，经产母猪小于3mm。

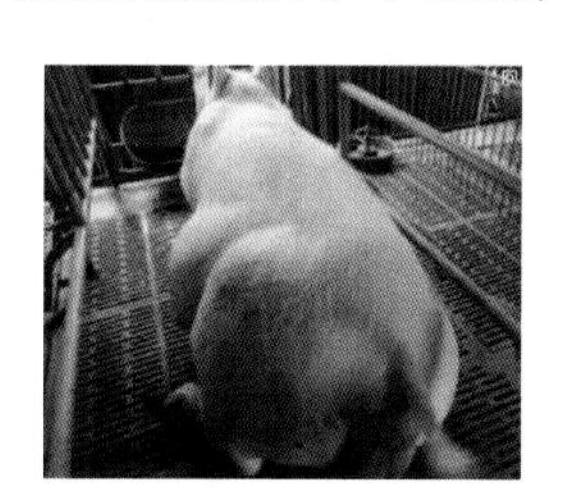

临产母猪

★猪友之家，网址链接：http://www.pig66.com/2015/145_1011/16177935.html

（编撰人：付帝生，洪林君；审核人：蔡更元）

244. 母猪分娩需做好接产工作，仔猪出生后常规的接产技术有哪些?

母猪分娩的产房以及周围必须保持安静，接产人员要求操作熟练，动作迅速、准确。常规操作如下。

（1）仔猪产出后，接产人员必须立即用手指将仔猪口、鼻的黏液掏出，并用毛巾擦干净，使仔猪尽快用肺呼吸，然后再擦干全身。若天气较冷，还应立即将仔猪放入保温箱。

（2）断脐，当仔猪脐带停止波动时，即可进行断脐。先将脐带内的血液向仔猪腹部方向挤压，然后在离腹部8～10cm（一手宽）处把脐带用手指捏断或用剪刀剪断。断面用5%的碘酒消毒。若断脐时流血过多，可用手指捏住断头进行按压止血，直到不出血为止。

（3）仔猪编号，编号便于记载和鉴定，对种猪具有重要意义。

（4）称重并登记分娩卡。

（5）剪牙、断尾，用牙钳或尖嘴钳剪仔猪犬齿和最后一颗门齿（平剪去其露出牙床部分1/3～1/2）。在距离尾根2～4cm处剪断尾巴，在断面处涂上碘酒消毒。

（6）早吃初乳，处理完上述工作后，立即将仔猪送到母猪身边吃奶。有个别仔猪生后不会吃奶，需进行人工辅助。

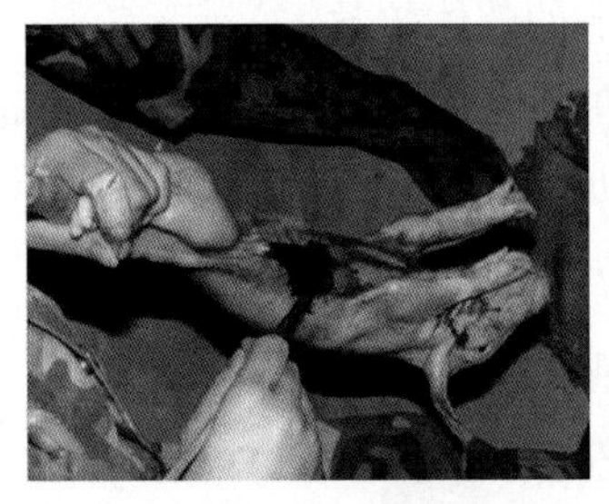

初生仔猪断脐

初生仔猪护理

★今日头条网，网址链接：https://www.toutiao.com/a6435340596189806850/
★搜狐网，网址链接：http://m.sohu.com/a/159461244_629251？_f=m-article_15_feeds_22

（编撰人：全绒，洪林君；审核人：蔡更元）

245. 猪胎死腹中怎么办?

母猪在怀孕期间受到各种因素的影响，导致胎儿死亡，在妊娠期满后可能胎死腹中，引起一系列不良反应。当母猪胎死腹中时，应采取相应的处理措施。

（1）10%葡萄糖1 000ml子宫灌注。第2～3d就可将死胎排出。如死胎排出不畅，可重复灌注1次。

（2）比赛可灵注射液10ml肌内注射，2次/d，连续2d，可加速死胎和恶露排出。

（3）青霉素400万U，链霉素200万U，鱼腥草注射液2L肌注，2次/d，连续3d。

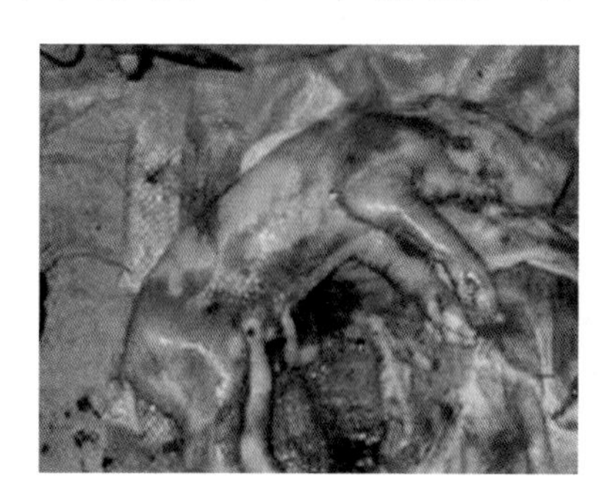
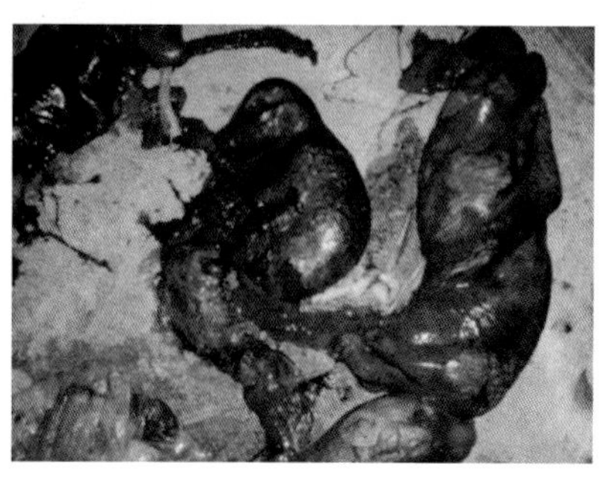

排出的死胎

★猪e网，网址链接：http://bbs.zhue.com.cn/article-193851-1.html

（编撰人：赵成成，洪林君；审核人：蔡更元）

246. 母猪发生难产怎么办?

难产是指分娩过程中，分娩梗阻，胎儿难以正常排出，母猪很少难产，发病率比其他家畜低很多，因为母猪的盆腔入口直径比胎儿大2倍，容易产出仔猪。难产的发生依赖于生育、产道和胎儿3个因素中的一个或多个。在预防和治疗措施中应做以下工作。

（1）确定难产的类型，确定原因，并采取适当措施。将手放入产道，检查宫颈是否开放，盆腔狭窄，是否有骨折，肿瘤，胎儿是否进入盆腔，胎儿是否过大，胎儿位置，胎儿方向，胎儿姿势是否正常。

（2）子宫颈未完全打开时，胎囊未破裂，可通过腹壁按摩子宫，促进子宫肌收缩；当子宫颈打开时，可以将温肥皂水或润滑油注入产道，然后进入产道，抓住胎儿头或两个后肢慢慢拔出；如果子宫颈开着，胎儿没有屏障，可以注射垂体或催产素10～30U。

（3）胎儿太大或母猪产道狭窄多见于第一次生产的母猪，产道可涂少量的润滑液，用手牵引，必要时缓慢拖出，可行截肢或剖宫产。

（4）胎儿的位置、胎儿的姿势、胎儿方向异常，如横向腹部，倒生和两个胎儿在同一时间挤进产道等。胎儿应该推入腹腔，纠正胎儿的位置，牵引两个前肢或后肢，让其慢慢出生。

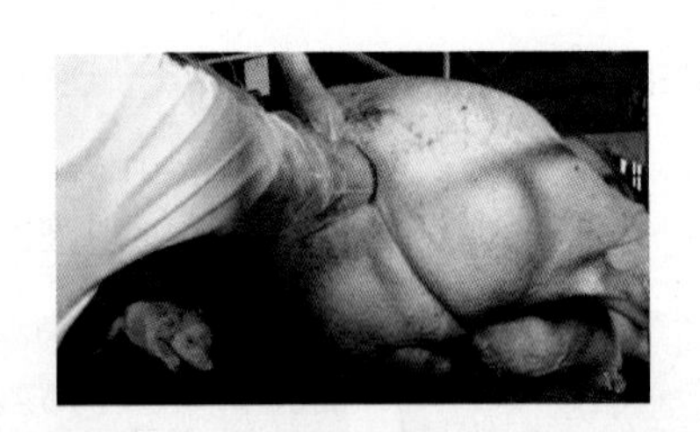

人工助产

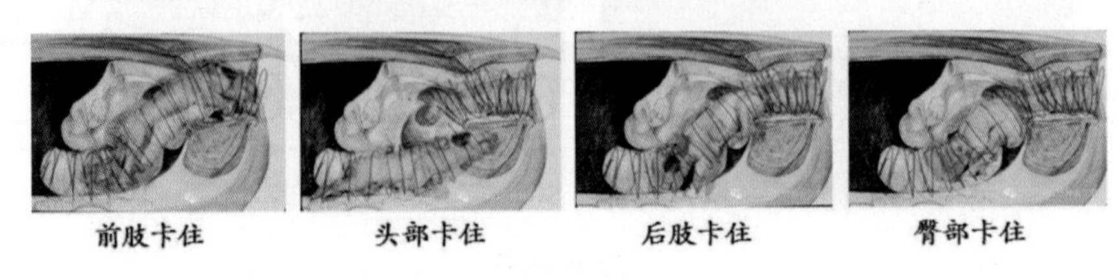

猪难产

★猪e网，网址链接：http://www.daoyouz.com/show.php？s=分娩母猪难产怎么办

（编撰人：赵成成，洪林君；审核人：蔡更元）

247. 什么叫假死仔猪？如何急救？

由于猪是多胎动物，生产时间较长，脐带早期断裂和缺氧等原因，导致仔猪假死的现象发生。这是提高仔猪生存率的关键措施之一，要设法挽救假死的猪。在预防和治疗措施中应做以下工作。

（1）清理口鼻黏液。用一条干净的毛巾很快地把挂在猪鼻上的黏膜擦掉，然后把它放在草垫上，前后弯曲，然后轻轻按压它的侧翼。

（2）人工节律按压心肺。用右手掌有节奏地一松一紧按压假死仔猪的心胸部，并往其鼻孔里不断地吹气。

（3）倒提拍打。将一只假死的猪的两只后腿提起，用手轻轻拍打其胸部或臀部，使其喉咙内的黏液和羊水尽快排出。

（4）刺激仔猪呼吸。用酒精涂擦假死仔猪的鼻部，或往其鼻孔内吹入烟末，以便刺激仔猪呼吸。

（5）捏住脐带憋气。一个人用手指按下肛门和猪嘴，另一个人捏住脐带，当发现脐带有一种上下波动的感觉时，两个人同时放开。

（6）恢复后精心护理。当假死的小猪恢复呼吸时，嘴巴发出呼吸声，马上把小猪放在温暖的屋子里，铺上干净的垫草，用毛巾擦去粘在身上的黏液，及时喂奶，小心翼翼地照顾。

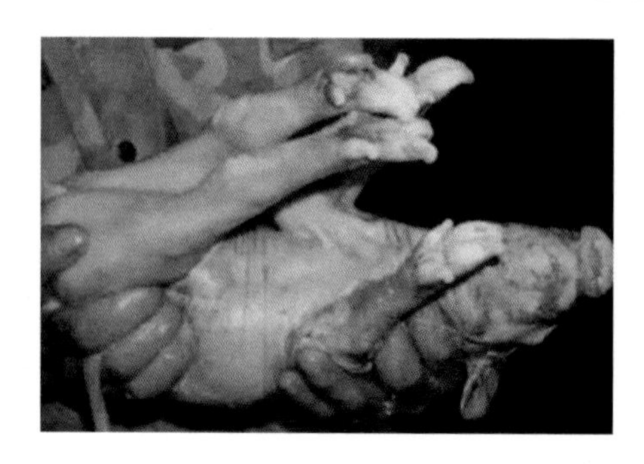

接生员工急救假死猪

★猪友之家，网址链接：http://www.pig66.com/2015/145_0703/1615 4467.html

（编撰人：赵成成，洪林君；审核人：蔡更元）

248. 母猪发生胎衣不下怎么办?

胎衣不下，也称为胎衣滞留，指的是分娩后的母猪，胎衣在子宫内不排出。主要与产后子宫收缩和胎盘炎症有关。流产、早产、难产后或子宫内膜炎、胎盘发炎、管理不善、缺乏锻炼和母猪消瘦，都可能发生。胎衣不下有两种即全部不下和部分不下，多为部分不下。

当所有的胎衣都不下时，其悬挂在阴门外，红、灰红或灰棕色，经常被泥土污染；一些剩余的胎儿胎盘在子宫里，母猪经常表现坐卧不安，不断努责，体温高，食欲下降，泌乳减少，喜欢喝水，抑郁，卧倒在地面，深红色的阴户里流出难闻的液体，含有胎衣片段，严重的可引起败血症。在防治措施上应做好以下几项工作。

（1）治疗。治疗原则为加快胎膜排出，控制继发感染。

①注射脑垂体后叶素或缩产素20～40U，也可静脉注射10%氯化钙20ml，或10%葡萄糖酸钙50～100ml。

②中药治疗。当归10g、赤芍10g、川芎10g、蒲黄6g、益母草12g、五灵脂6g，水煎取汁，候温喂服。

③当上述治疗无效时，手伸入子宫剥离并取出胎衣，猪的胎衣是很难剥的。0.1%高锰酸钾溶液可用于冲洗子宫，导出冲洗液后，注入适量的抗生素（1g四环素于100ml蒸馏水中溶解，注入子宫）。

（2）预防。加强饲养管理，适当运动，增喂钙及维生素丰富的饲料，能有效预防猪胎衣不下。

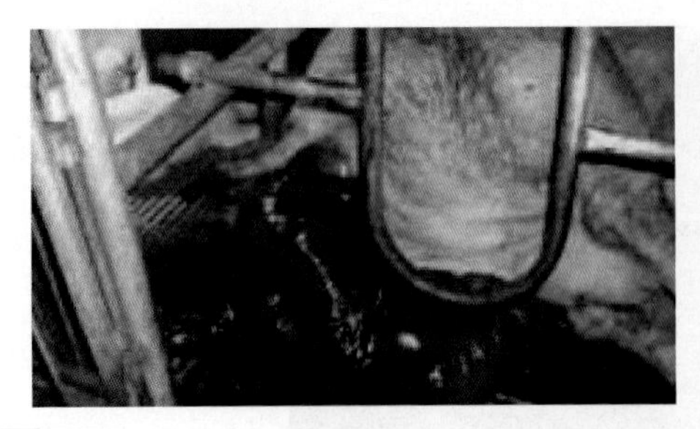
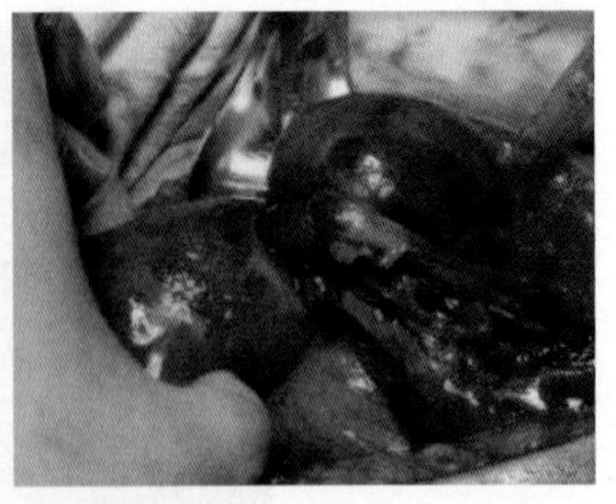

猪胎衣不下症状

★猪友之家，网址链接：http://www.pig66.com/show-119-2311-1.html

（编撰人：赵成成，洪林君；审核人：蔡更元）

249. 母猪产后瘫痪如何防治?

母猪产后瘫痪通常被认为是缺乏钙或纤维素。由于胎儿生长和仔猪哺乳，需要更多的钙，由于寒冷的冬季，长期缺乏阳光，导致维生素D缺乏，也会导致母猪产后瘫痪。

（1）母猪产后瘫痪的治疗。

①用米酒或热水擦洗病猪四肢皮肤，每天1～2次。

②正常摄入母猪饲料骨粉每日补充20～40g（动物骨粉、狗骨粉、蛋壳粉），乳酸钙5g或磷酸钙30～40g，与此同时，每天两次喂鱼肝油20ml，10d1疗程。

③杜仲30g、当归20g、牛膝盖20g、海风腾20g、千年健20g、狗脊40g、四川木瓜20g、神曲3g、苏梗20g、熟地300g，水煎汁，加黄酒100ml喂食。

④肌内注射维丁胶钙液2～4ml，每天1次。

⑤出现后肢不能站立的情况，可以静脉注射10%～20%的葡萄糖钙100～150ml，或静脉注射5%～10%氯化钙40～80ml，每日1～2次，连用3d。

（2）预防母猪产后瘫痪的措施。

①应加强护理、保温、饲喂。多加垫草，更多的浓缩饲料，高品质的干草粉和甘薯粉，每天可多加10～20g骨粉，石灰石粉或蛋壳粉。

②冬天让猪沐浴在阳光下，每天都刷猪的皮肤促进血液循环，猪圈每天干燥两次保温，生病的猪不能翻身，人为帮助生病的猪翻身，防止褥疮的发生，猪有褥疮应涂以碘酊或者紫药水。

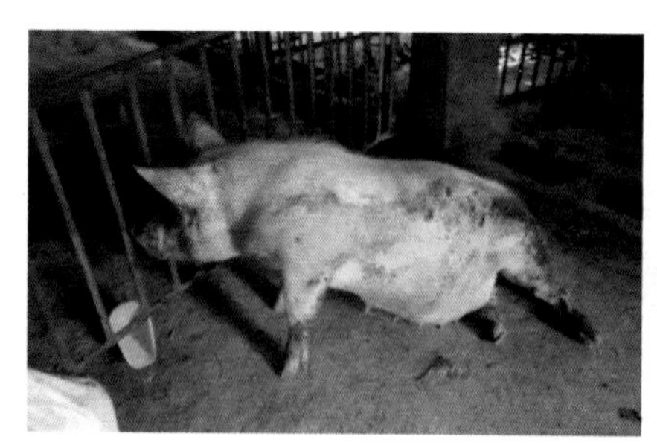

母猪产后瘫痪症状

★猪e网，网址链接：http://js.zhue.com.cn/a/201705/18-290521.html

（编撰人：赵成成，洪林君；审核人：蔡更元）

250. 母猪产后不食、发热的原因？如何治疗？

（1）母猪产后不食。

原因：营养不良与消化不良、生产应激、围产期管理不当、疾病原因。

治疗：①保持猪舍的环境卫生，减轻环境刺激。注意控制温湿度，减少噪音，避免频繁的驱赶等行为，维持猪舍清洁干燥，做好日间消毒（一般采用石炭酸、来苏儿或烧碱水消毒），控制照明时间。②做好母猪保健工作。按照免疫程序注射疫苗，做好饮食管理，合理安排补食时间、喂量与营养的配比，适当增加钙、维生素摄入，定时定量。③西药方法。针对消化不良，以调节胃肠功能为主，配合强心补液。

（2）母猪产后发热。

原因：①子宫炎型。分娩较大胎儿的过程中产道剧烈扩张、摩擦，使产道损伤、污染或胎衣碎片残存在子宫内，恶露滞留引起子宫发炎。②乳房炎型。圈舍消毒不严，经乳头感染链球菌、葡萄球菌、大肠杆菌或绿脓杆菌等病原菌引起乳房炎。③便秘型。母猪产后消化机能降低，胃肠蠕动减慢，引发便秘，肠内细菌毒素及有毒物质被吸收进入血液引起。

治疗：常用药物有庆大霉素、利高霉素、痢菌净、磺胺脒、磺胺嘧啶钠、氟哌酸、环丙沙星、恩诺沙星、氟苯尼考、甲砜霉素、强力霉素、新霉素、黄连素。使用抗生素前最好先作药敏试验，选用高敏药物进行治疗，避免盲目用药。治疗时可联合用药或2～3个月轮换用药，既可提高疗效，又能减少耐药菌株的产生。

母猪分娩

★搜狐网，网址链接：http://www.sohu.com/a/121000649_359089

（编撰人：付帝生，洪林君；审核人：蔡更元）

251. 如何预防母猪产后感染？

母猪分娩前后是母猪的一个特殊生理时期，其免疫力下降，容易被微生物入侵，造成产后感染。预防母猪的产后感染可以通过以下途径。

（1）保持分娩舍温度在18～25℃，这是一个合适的温度区间。母猪的饲料需要保证营养均衡。在分娩前1d到分娩后的5d内，母猪的后驱、乳房部分以及产床需要保证干净和干燥。给母猪提供足量的清水。

（2）分娩前一天早上可以进行氯前列烯醇的肌内注射。主要是预防母猪发生无乳综合征，也可以促使母猪在白天分娩，缩短分娩过程的时间，增加活仔数。

（3）在分娩后用长效土霉素10mg肌内注射或者在母猪分娩第二头小猪时，将20ml 2.5%氧氟沙星、30ml鱼腥草、20ml复合维生素、20ml维生素C以及500ml葡萄糖生理盐水混合静脉滴注，并在滴注的混合液还剩最后100ml的时候加入10IU缩宫素。同时需要在分娩完第二天向母猪子宫灌注清宫促孕宝来预防产后感染。

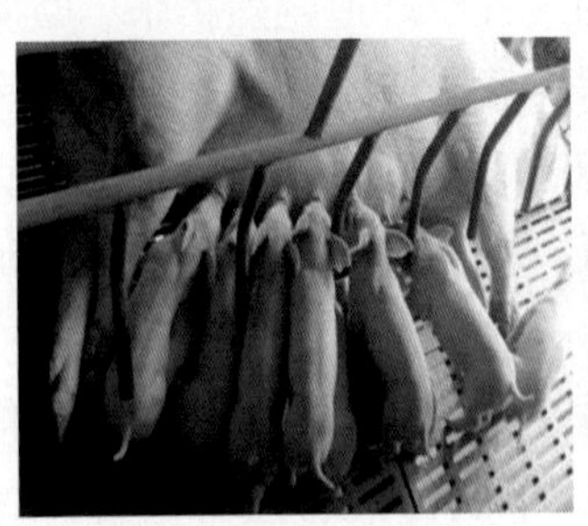

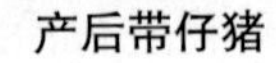

产后带仔猪

母猪产后患子宫炎症

★爱猪网，网址链接：http://52swine.com/article/5101

★河南省谊发牧业有限责任公司，网址链接：http://www.hnyifa.com/kepu_detail/newsId=1708.html

（编撰人：全建平，洪林君；审核人：蔡更元）

252. 如何防治母猪产后不食？

母猪产后不食是养猪生产中一种常见病，产后一个星期之内是其高发期。患病母猪表现为活动量减少，进食缓慢或厌食，严重时食欲废绝。平时饲养管理不当是造成绝大部分母猪产后不食的主要原因，一般而言包括以下原因。

（1）饮食结构不合理，饲料营养不均衡。

（2）没有合理规划饲料饲喂量和饲养时间造成母猪偏肥。

（3）阴道炎和子宫炎等疾病入侵也是母猪产后不食的重要原因。

（4）产房内部环境不适宜而导致母猪受到应激也是引发食欲不振的原因。

常用的预防措施主要包括以下几点。

（1）加强饲养管理，包括母猪健康、猪舍环境及防疫。做好猪舍消毒工作，舒适的生活环境有利于母猪杜绝此疾病；另外，增加母猪运动。

（2）管理好母猪产后饮食，根据母猪健康状况合理搭配营养，调整好钙、磷元素摄入比例。

（3）及时药物治疗母猪产后可能发生的乳房炎、阴道炎、子宫炎等疾病。

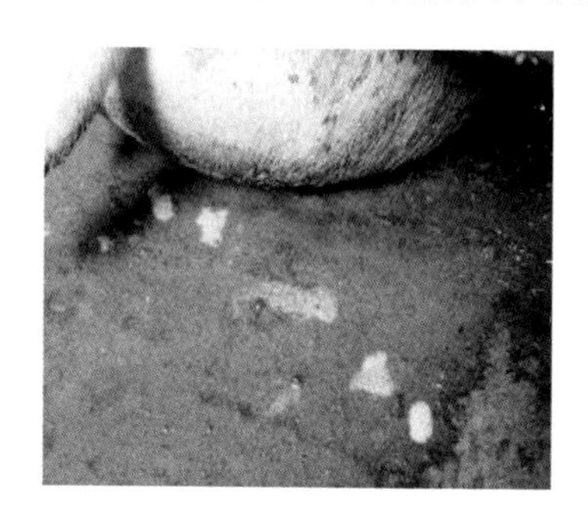

母猪患子宫炎

★互动百科，网址链接：http://www.baike.com/wikdoc/sp/qr/history

（编撰人：全建平，洪林君；审核人：蔡更元）

253. 母猪产后无奶或奶量不足怎么办？

（1）药物预防。母猪产后3d内，每天口服恩诺沙星2～3g，母猪产仔过程中，用青霉素320万、链霉素100万IU混合肌内注射，缩宫素30万～40万U肌内注射，对本症有良好的预防作用。

（2）药物治疗。①食物催乳。方法1，花生米500g、鸡蛋4个，加水煮熟，分两次喂食，两天左右即下奶。方法2，黄瓜根、藤300g，洗净切碎，放在豆腐汁中煮烂，喂2～3次。方法3，白酒200g、红糖200g、鸡蛋6个，先将鸡蛋去壳搅拌好，加入红糖搅匀，然后加入白酒，拌入精料内喂给母猪，一次即可。方法4，虾皮或虾米500g，与米或面一起煮成粥，分次饲喂，第二天即可下奶。②中药催乳。方法1，内服人用催乳片，每日一次，每次10g，连服3～5次，或用下乳散，每次2～3包，口服。方法2，王不留行40g，通草、山甲、白术各15g，白芍、黄芪、党参、当归各200g，共研磨细，调拌在饲料中喂母猪。也可给母猪饲喂中成药蒲公英散。③激素催奶。10万U缩宫素+林可10ml耳静脉推注。

（3）物理治疗。①热敷乳房。用蘸有鱼腥草或热水的毛巾对母猪乳房热敷，并按摩。②仔猪刺激。选用强壮的仔猪拱奶。

按摩母猪乳房

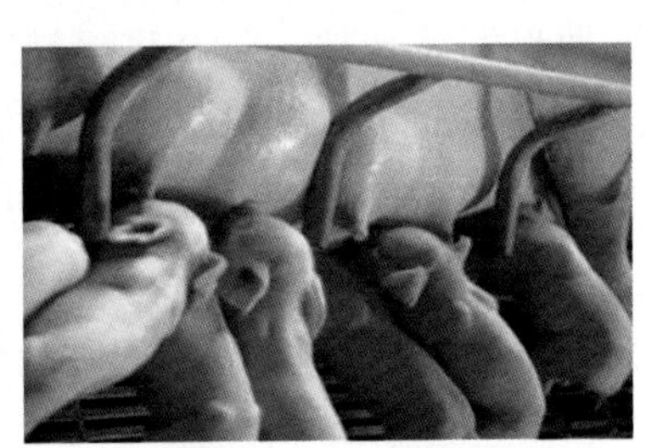

母猪泌乳（付帝生摄）

★搜狐网，网址链接：http://www.sohu.com/a/144413075_180559

（编撰人：付帝生，洪林君；审核人：蔡更元）

254. 母猪不让仔猪吃奶该怎么办?

（1）初产母猪无喂奶经验。不少初产母猪首次给仔猪喂奶有恐惧感，因经不起仔猪纠缠而发生不给仔猪吃奶现象。

处理办法：对这样的母猪要耐心调教，饲养员要看守在母猪身边，待它卧睡时，用手轻轻挠猪肚皮让它保持安静情绪，同时还要看护好仔猪。这样让仔猪吃上几次奶即可解决。在初产母猪临产前，人若经常接近母猪，采用挠肚皮、按摩乳房等予以爱抚，这样产后母猪也会自然喂奶。

（2）母猪乳房干瘪无奶。这种情况较为多见，多因产前缺乏营养或营养不良引起。在这种情况下，每当仔猪吃奶时，母猪就把奶头压在身下，表示拒绝。

处理方法：给产后母猪多喂些催乳饲料，如小鱼汤、海带汤等稀流汁料；或用药物催乳，如催乳片、胚宝片、小苏打等。催奶后，仔猪会慢慢地自然吃到母乳。

（3）母猪继发乳腺炎。因创伤感染或乳汁过多而引起乳房炎，患部疼痛而拒仔吃乳。

处理方法：及时用普鲁卡因青霉素局部封闭或全身疗法。

（4）仔猪犬齿长得不正。个别仔猪因犬齿长得过长过偏，吃奶时母猪被仔猪咬疼，常会发出尖叫声，有时突然站起，甚至咬伤仔猪。

处理方法：用剪牙钳或磨牙器把仔猪长而偏的犬齿剪平即行。

（5）新环境因素影响，在母猪转移到新环境产仔时，噪音较大，情绪紧张而不能适应新环境，以至不让仔猪吃奶。

处理方法：临产母猪至少提前两天转移到产房，在转产过程中尽量减少应激，减少产房噪音等环境因素对母猪的影响，给母猪营造出一个安静舒适的环境。

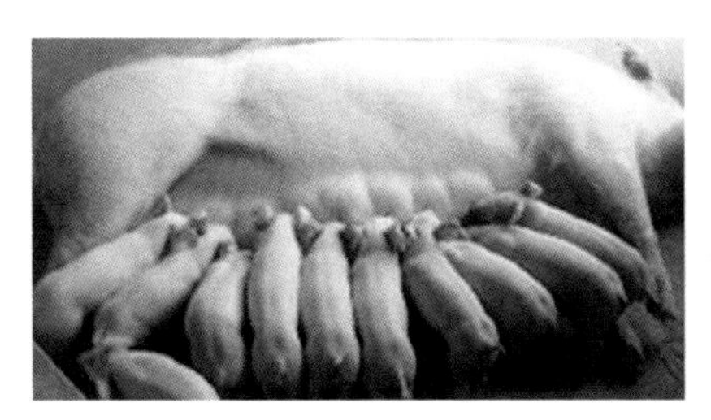

母猪哺乳（付帝生 摄）

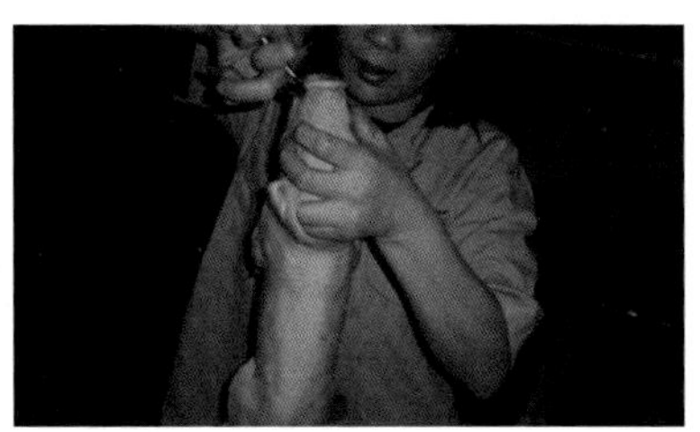

仔猪剪牙（付帝生 摄）

（编撰人：付帝生，洪林君；审核人：蔡更元）

255. 影响母猪泌乳量的因素有哪些?

乳汁的分泌是一个复杂的过程，它不仅与乳腺细胞的形状和大小有密切的关系，也与细胞本身的新陈代谢、中枢神经细胞自身调节和母猪营养状况有关。

影响母猪产乳量的因素有很多，饲料的数量和质量是影响泌乳量和乳汁质量的主要因素。因此，要让母猪能分泌足够的乳汁，就必须根据产乳量和乳成分来满足哺乳母猪的营养需求，同时还要满足哺乳母猪维持新陈代谢的需要。

（1）哺乳母猪的管理对泌乳量也有很大的影响。如喂食次数的变化，猪舍噪音，打骂猪，在哺乳时饲喂等，都将使乳汁产量下降。

（2）母猪泌乳量还和胎次、品种、身体体况、气候等因素有关。初产母猪的泌乳量一般比经产母猪低，第三胎上升后保持一定水平，至七八胎以后又趋下降。

（3）不同品种母猪泌乳量也不一样。在相同的饲养和管理条件下，大型肉用型或兼用型品种的母猪，泌乳量高；脂肪型品种，泌乳量低；高体重、中等体况的母猪，泌乳量大于体重小的母猪；过于肥胖的猪，泌乳量低。

（4）气候对母猪泌乳量也有一定影响。湿热的夏季和寒冷的冬季，泌乳量都会下降。

（5）母猪带仔头数的多少，与泌乳量有着密切的关系。母猪带仔多的泌乳量就高。

（6）其他。如仔猪没有剪去犬齿，或犬齿不规则，咬疼母猪乳头也会使母猪泌乳量减少，甚至停止分泌乳汁。哺乳期母猪发情泌乳量显著减少。

（编撰人：赵成成，洪林君；审核人：蔡更元）

256. 如何提高母猪的泌乳量?

母猪的泌乳量对乳猪的成活率和断奶重有很大的影响。在生产实践中，断奶重量越大、泌乳量越大，断奶重量越小、泌乳量越小等因素来判断母猪的泌乳量。因此，采取合理的喂养和管理措施，提高母猪的泌乳量，达到良好的育种效益是非常重要的。

（1）选择优良品种。母猪应选择瘦肉率高、品质优良的品种。要求形状外观具有品种特征，母猪整体发育良好，四肢强壮无蹄病，外阴发育良好，有效乳头数6对，并整齐、均匀地排列，对应激有较强的抵抗力。

（2）保护乳房乳头。母猪乳房、乳腺发育和仔猪吸吮有很大关系，尤其是头胎，必须使所有乳头都能均匀使用，以免被吮吸乳房周围发育不良。

（3）保证充分饮水。母猪需水量大，只有保证足够的清洁水，才能有正常的奶量。一般安装自动饮水机，其高度距离猪地板上方45～50cm，确保饮用水随时饮用。

（4）坚持预防为主。为预防母猪产后感染疾病，引起采食量变化，造成泌乳不足或无乳症。在分娩接产过程中，应认真做好 环境和猪体消毒，并在产后1次注射青霉素320万U、链霉素100万U、促产素10～20U，每天2次，连用3d，预防乳房炎和子宫炎。产后给母猪肌注10ml亚硒酸钠维生素E，提高母猪抗病力。对已发生泌乳不足或无乳症的母猪，除抗菌消炎、对症治疗外，可用催乳灵针3ml 1次注射，每天2次或催乳灵10片内服，连用3～5d。 产后2～5d母猪多发产后瘫痪，导致泌乳减少或无乳，可采取饲料中加入1%碳酸钙和0.3%食盐预防，治疗用维丁胶性钙10ml、维生素B_1 10ml混合肌内注射，连用5d。母猪哺乳期发生便秘是主要常见病，可引发泌乳量变化，应采取注射通便灵注射液5ml或硫酸钠100g、石蜡油100ml 1次内服，同时在饲料中增加优质青绿饲料，促进胃肠蠕动。母猪应从产后10d起，每隔7d注射猪瘟疫苗、高致病性蓝耳病灭活苗和伪狂犬基因缺失苗，并在春、秋两季注射口蹄疫疫苗，预防疫病发生。

泌乳母猪

猪舍消毒灭菌

★生猪预警网，网址链接：http://www.soozhu.com/article/251991/

（编撰人：赵成成，洪林君；审核人：蔡更元）

257. 怎样防治母猪无乳综合征?

（1）预防措施。①选好种猪。挑选泌乳能力强的母猪后代作后备种猪。②做好免疫接种。根据猪群健康状况，制订和调整防疫程序，落实繁殖与呼吸综合征、伪狂犬、乙脑、细小病毒、繁殖障碍型猪瘟等疾病的预防接种工作。③做好环境卫生和消毒。④选择优质饲料。⑤完善设施。⑥防止母猪便秘。

（2）治疗措施。在饲料中混合硫酸钠1.5～2.0kg/t，母猪日粮或分娩前3～5d饲喂磺胺二甲嘧啶、甲氧苄氨嘧啶和磺胺噻唑等药物可以降低产后乳房炎的发生。应用催乳片催乳，每次50片，每天2次，添加于饲料中，连用2～3d，同时补充富含蛋白质的精料（以动物性饲料为好），增喂优质青绿饲料等。产前1个月和产后当日，给母猪各肌注1次亚硒酸钠维生素E注射液（每毫升含亚硒酸钠1mg，维生素E 50IU）10ml。激素疗法：有乳汁而泌乳不畅，肌内注射宫缩素5～6ml；或者肌内注射垂体后叶素5～6ml，每日2次，一般2d后恢复泌乳。促进泌乳的同时配合常量肌内注射青霉素、链霉素等抗生素或磺胺类药物，消除炎症。

母猪哺乳（付帝生 摄）

（编撰人：付帝生，洪林君；审核人：蔡更元）

258. 为什么有的母猪会吃仔猪？如何防止？

（1）食仔的原因。饮水不足，缺乏调教，营养不足，母猪早配，食胎盘癖，恶癖性，护仔性食仔，应激因素。

（2）防治方法。①充足的饮水。产前应供给母猪充足的清洁饮水，若母猪分娩产程较长，产后应立即把仔猪拿走，给母猪饮足够麸皮汤，同时喂给适量的易消化、养分高的饲料，然后再放入仔猪吮乳。②加强对母猪的调教和训练。平时饲养人员要经常刷拭母猪，产前几天要按摩母猪的乳房，防止产后触及乳房敏感而使其受惊。③科学调配饲料，满足营养需要。满足母猪对营养物质的需要，特别是蛋白质的需要。后备母猪不要配种过早，若年龄过小的母猪已经产仔但奶水不足时，仔猪暂时可由有乳母猪代哺。④密切关注有恶癖史的母猪。产前对有恶癖史的母猪加强调教，还要在分娩破羊水后，立即对其注射催产素，缩短分娩时间。此外，还要备好护仔箱。结束分娩后，待母猪安静且乳房发胀时，再将仔猪送回吃乳，便不会出现咬食仔猪的情况。⑤提供安静的分娩环境。母猪在进行分娩时，应禁止陌生人员入舍或多人围观大声喧哗且舍内光线不能太强。⑥母猪分娩最好在原圈，如需换圈，应在产前4～7d内进行，以便让母猪熟悉周围环境。⑦及时处理仔猪和胎衣。胎衣排出后，接产人员应立即将抹布连同所污染的稻草等一起拿走。

正常的母猪与仔猪的关系

★全景网，网址链接：http://www.quanjing.com/imgbuy/pm0317-1127ca.html

（编撰人：付帝生，洪林君；审核人：蔡更元）

259. 如何提高母猪断奶后正常发情比率？

通常母猪在断奶后很快就会发情。发情的平均时间是断奶后7d，最早是3d，最晚的是17d。断奶后，母猪推迟发情或不发情（称为母猪断奶后乏情）。即母猪在断奶后20d内不能自然发情。甚至是30多天还没有发情的迹象，或者母猪长时间没有发情期。这是目前瘦肉型品种普遍存在的一个繁殖障碍问题。提高母猪断奶后发情的措施如下。

（1）断奶后的母猪可以集中调舍调栏，从原环境中转移，大约10d，会出现发情症状。对于那些仍然没有发情的母猪，可以肌内注射2ml的氯丙烷，或者使用催情散拌料。

（2）一天2～3次利用试情公猪对母猪试情，通过试情公猪的爬跨攀爬，促进母猪发情和排卵。

（3）新鲜空气、良好运动和光线有利于排卵。研究表明，在哺乳期间（尤其是在秋季之后），光照时间（阳光和灯光）应该超过16h以上。

（4）短期优饲。根据母猪的身体状况，在交配前半个月适当加料促进排卵和交配。

（5）采用饥饿刺激法。对发育良好的母猪停止饲养1～2d可促进母猪发情。

（6）母猪的重量应该保持在115kg左右，在断奶时母猪的重量是断奶后发情的关键。

公猪试情　　后备母猪

★爱猪网，网址链接：http://52swine.com/

（编撰人：赵成成，洪林君；审核人：蔡更元）

260. 哺乳仔猪生理特点有哪些?

哺乳仔猪的主要特征是生长快速和生理不成熟，导致进食困难，成活率低。

（1）生长发育快、代谢机能旺盛、利用养分能力强。新生仔猪的原体重小，体重不足成年猪的1%，但出生后仔猪由于旺盛的新陈代谢而导致生长发育速度很快，特别是蛋白质的代谢和钙、磷的代谢，比成年猪的代谢要高得多。因此，仔猪必须保证各种营养的供应。

（2）仔猪消化器官不发达、容积小、机能不完善。哺乳仔猪出生时虽然消化器官已经形成，但是其重量和体积相对较小。当仔猪出生时，胃中只有少量的乳糖酶和胃蛋白酶，因为胃底腺发育不全，缺乏游离的盐酸，胃蛋白酶活性不高，不能消化蛋白质。因此，新生仔猪只能喝奶而不能投喂植物型饲料。

（3）缺乏先天免疫力。仔猪出生时没有免疫力，也不能自己产生抗体，很容易生病。只能从初乳中的母体抗体中获得抗体。

（4）调节体温的能力差，怕冷。仔猪大脑皮层的发育不够健全，通过神经系统调节体温的能力也很差。此外，贮存在仔猪体内的能量也很少，在气温过低的时候血糖很快就会下降，如果没有初乳很难存活。

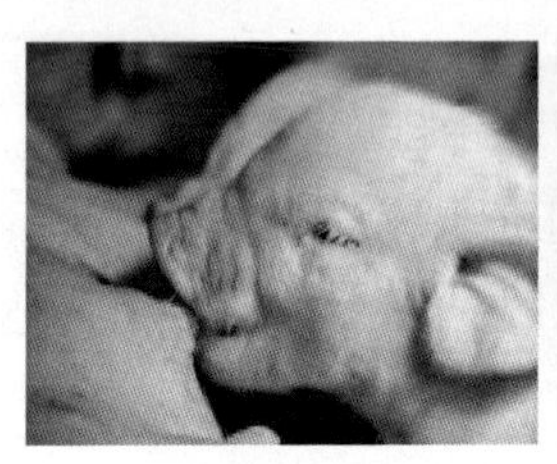

仔猪吃初乳

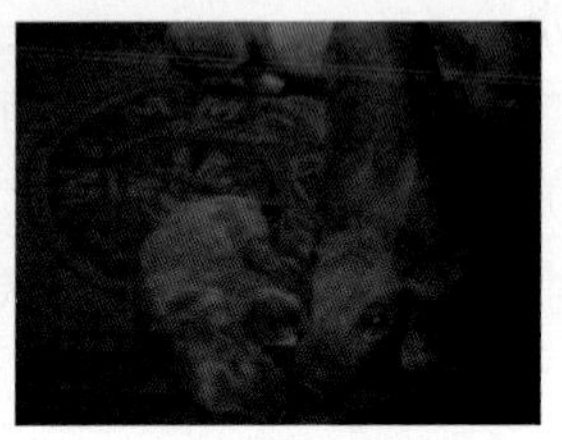

取暖灯取暖

★爱猪网，网址链接：http://52swine.com/

（编撰人：赵成成，洪林君；审核人：蔡更元）

261. 怎样防止仔猪扎堆?

仔猪扎堆可能由环境因素或个体疾病因素导致。由于仔猪怕冷，尤其是在秋冬季，畜舍内外温差大，仔猪感受到寒冷，极易引起扎堆现象的发生。另外，猪皮肤真菌病也可能是间接因素，该病能够使仔猪生长缓慢、消瘦，自身产热功能障碍。仔猪扎堆容易引发仔猪压伤的情况发生，且容易引发疾病的传播。防止仔猪扎堆的发生，应注意如下几方面。

（1）需要注重环境参数的控制，采用适当的方式，尽量使仔猪处于舒适区，秋冬季应更加注意防寒保暖和预防贼风。

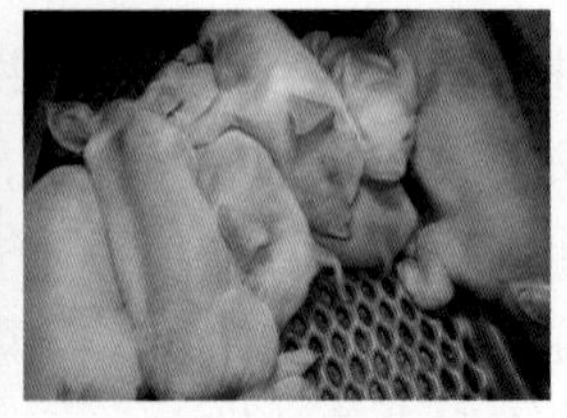

仔猪扎堆休息

★猪e网，网址链接：http://js.zhue.com.cn/a/201612/02-277303.html
★视觉中国，网址链接：https://www.vcg.com/creative/1005922678

（2）需要定期对猪场进行消毒，控制适当的猪群饲养密度，保持猪舍干燥卫生，如遇疑似病猪，应隔离治疗，防止疾病的蔓延。

（3）放置取暖灯，制定合适的保健方案，会起到较好的效果。

（编撰人：叶健，洪林君；审核人：蔡更元）

262. 提高仔猪成活率的技术措施有哪些？

仔猪是猪行业当中最重要的源头，如果能将仔猪的成活率提高，经济效益也会得到较大的提高，应从保证初乳、防寒、环境清洁、补料、疫病防治这几个方面入手来提高仔猪的成活率。

（1）要吃足初乳。母猪放乳的时间较短，仔猪因为相互争斗而影响哺乳，可以在仔猪出生之后自选且加以人工帮助，尽快帮助仔猪固定奶头。

（2）要保持一个良好的温度。仔猪出生3d之后，适合的温度是30～32℃，出生6d之后，适合的温度是28～30℃，出生8d之后，适合的温度是25～28℃，应选择合适瓦数的红外线灯泡并合理调节高度。

（3）要保证良好的环境。仔猪食物和生活环境应保证清洁，并及时免疫接种疫苗。

（4）要补充微量元素铁和硒。如果不及时补充铁，3d后就会出现贫血、不爱吃食、拉肚等各种状况。

仔猪

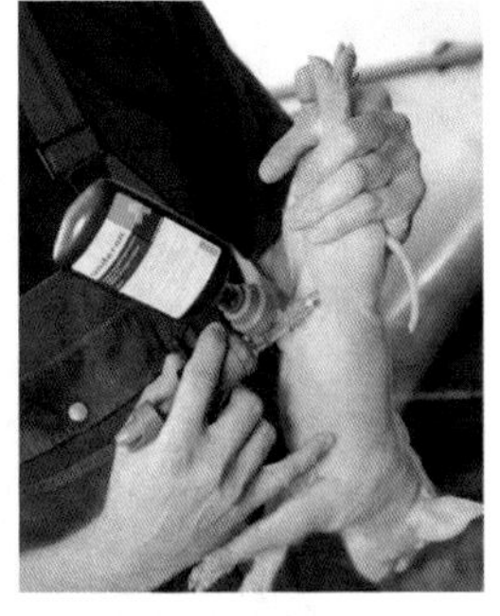

仔猪补铁

★搜狐网，网址链接：http://www.sohu.com/a/21908284_204377
★九州互联网，网址链接：http://www.e-feed.com.cn/ch/serviceInfo/ff808081420723db0142223a19850004.html

（编撰人：叶健，洪林君；审核人：蔡更元）

263. 初生仔猪固定乳头有什么意义？如何给仔猪固定乳头？

初生仔猪在出生后头几天，有固定乳头吃乳的习惯，乳头一旦固定下来，一直到断乳都不更换。母猪乳头位置不同泌乳量也不一样，即前面乳头的泌乳量高于后面乳头的泌乳量，如果任凭一窝仔猪自由选定，往往初生体重大的、强壮的仔猪抢占前边出奶多的乳头，弱小仔猪只能吃后面出奶少的乳头，最后形成一窝仔猪强的越强，弱的越弱的，到断奶时体重相差悬殊，有时造成弱小仔猪的死亡或者形成僵猪。

针对此种情况，应当采取适当措施给初生仔猪人工固定乳头。从仔猪出生后的第一次吃奶起，就有意识地把强壮的仔猪固定在后面的奶头吃奶，把弱小的仔猪固定在前面的奶头吃奶。或者为了培育优良种猪，把需要留种的仔猪固定在出乳多的乳头上吃乳。或者为了让初生母猪的乳腺都能得到均衡的发育，提高母猪今后的泌乳力，把强壮仔猪固定在发育差和出乳少的乳头上，以便通过强壮仔猪对乳头的按摩和吸吮，促进乳腺发育。

人工固定乳头，一般采取抓两头顾中间的办法比较省事，这就是说在固定过程中，一定要把一窝中最强的、最弱的和最爱抢奶的控制住。强制他们吃固定的乳头。再者就是固定乳头时，最好是先固定下面一排的乳头，然后再固定上面的，这样既省事也容易固定好。为了便于识别仔猪，可以用颜色在仔猪背上标记记号。

人工固定乳头，必须在生后2～3d内做好。特别是开始阶段一定要细心照顾，一般在生后2～3d完成人工固定乳头的工作，就可以达到固定的目的。

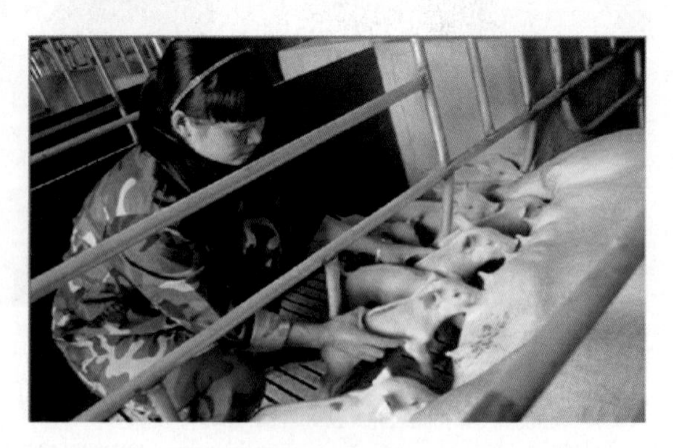

人工固定乳头

★中国养猪网，网址链接：http://www.zhuwang.cc/show-35-320268-1.html

（编撰人：全绒，洪林君；审核人：蔡更元）

264. 对仔猪需要做哪些处理工作?

（1）哺乳仔猪的饲养管理。哺乳仔猪的饲养管理主要抓“三食”，过“三关”。①抓好乳食，过好初生关。做好接生工作，降低仔猪出生死亡率；固定乳头，吃好初乳，防冻、防压、防病。②抓开食，过好补料关。补铁，防贫血；补硒，及时补料。③抓旺食，过好断奶关。母猪的泌乳量在分娩后21d达到高峰，此后逐渐下降，而乳猪所需要的营养是不断增加的，21d后母乳无法满足乳猪的营养需要，所以必须尽可能多的让乳猪采食全价配合饲料。乳猪料要求营养高且好消化。

（2）保育仔猪的饲养管理。仔猪断奶后最好留在原圈饲养一周，使之在哺乳舍逐渐适应生育期的饲料，以减少断奶应激。仔猪刚转群到保育舍时，最好供给温开水，并加入葡萄糖、钾盐、钠盐等电解质或维生素、抗生素等药物，以提高仔猪抗应激能力。仔猪转群到保育舍后，保育栏内温度在2～3d内升高到28～30℃，3d后调节至26℃，以后按两周2℃的降幅逐渐降到10周龄的21℃。保育舍猪栏原则上不提倡做太多的冲洗，对粪便按从小龄猪栏到大龄猪栏，从健康猪栏到病猪猪栏的顺序清扫，而且每个饲养单元的清洁工具不能混用。做好保育仔猪的免疫工作，防止传染病的发生。

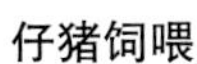

仔猪饲喂

仔猪保育

★猪友之家，网址链接：http://www.pig66.com/2015/145_1031/16191826.html
★昵图网，网址链接：http://www.nipic.com/show/10013844.html

（编撰人：全绒，洪林君；审核人：蔡更元）

265. 仔猪为什么要补铁？如何操作？

铁是形成血红素和肌红蛋白所必需的微量元素，也是细胞色素酶类和多种氧化酶的成分。对仔猪补铁是一项易为养殖户忽略而又非常重要的措施，仔猪缺铁时，血红蛋白不能正常生成，从而导致营养性贫血症。母乳能够保证供给1周龄仔猪全面而理想的营养，只有微量元素铁含量是绝对不够的。初生仔猪体内铁的贮存量很少，而母乳中提供的铁只是仔猪需要量的1/10，若不给仔猪补铁，仔猪体内贮备的铁将很快消耗殆尽。圈养仔猪的快速生长，对铁的需要量增加，在3～4日龄即需要补充。缺铁会造成仔猪对疾病的抵抗力减弱，患病仔猪增多，死亡率提高，生长受阻，出现营养性贫血等症状。给仔猪补铁的方法如下。

（1）圈内勤更换深层红土，让仔猪舔食。（2）注射含铁制剂。目前，国内生产的右旋糖酐铁注射液、葡聚糖铁钴注射液效果明显。注射时间最好在仔猪出生后4日内，每头3.3ml，在颈侧肌内注射，一般注射一次即可保证哺乳期不患贫血病。（3）配制硫酸亚铁-硫酸铜液喂仔猪。取2.5g硫酸亚铁和1g硫酸铜，溶于1 000ml热水中，过滤后给仔猪口服，可用滴管滴入仔猪口内，也可在仔猪吮时，滴于母猪乳头处。使该溶液与乳一起入口。用于治疗时，每天两次，每次5～10ml；用于预防时，在3日龄、5日龄、7日龄、10日龄、15日龄时每日两次，每次10ml。

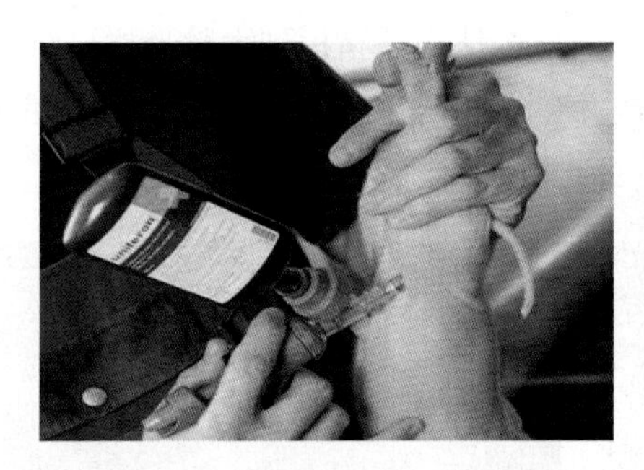
补铁方法

缺铁猪

★搜狐网，网址链接：http://www.sohu.com/a/148076164_629251
★猪场动力网，网址链接：http://www.powerpigs.net/e/action/ListInfo/index.php?classid=13&page=0&totalnum=536

（编撰人：全绒，洪林君；审核人：蔡更元）

266. 仔猪早断乳、早补饲有什么意义？

随着规模化养猪的迅速发展，仔猪的早期断奶和早期补饲技术越来越受到国内外集约化猪场的重视。

（1）仔猪早期断奶。该技术能提高母猪的繁殖效率，有效缩短母猪非生产天数，减少从母体向仔猪的疾病传播，能够提高育肥猪的生长速度；但是该技术容易受心理、环境和营养应激等因素的影响，导致仔猪常常出现腹泻、水肿病等问题。因此通过调控仔猪营养，从仔猪的生理特点出发，配合适合仔猪的饲料来给哺乳仔猪进行早期补料，是成功实施早期断奶不可或缺的措施。

（2）仔猪早补饲。①可以提高仔猪断奶重。补饲可以满足快速生长发育仔猪营养需要，以及能够补充母猪奶水供给相对不足的营养缺口。②让哺乳仔猪慢慢适应采食以植物原料为主的固体教槽料，有益于仔猪断奶后尽早吃料。③给断奶前仔猪补料，让仔猪采食适量的教槽料，可提高仔猪胃肠道对植物原料为主的固体教槽料的适应性，有益于减少断奶后仔猪肠道形态和功能的不利变化。

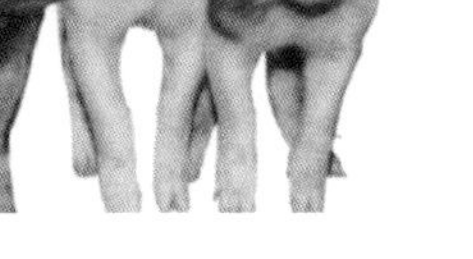

断奶仔猪　　饲喂液态教槽料

★九州糖酒网，网址链接：http://www.9ztj.com/news/show-3904.html
★猪友之家，网址链接：http://www.pig66.com/2017/120_0428/16820482.html

（编撰人：叶健，洪林君；审核人：蔡更元）

267. 如何做好仔猪补料工作？

仔猪补料工作是猪场管理的核心工作之一，补料方法正确可以提前使仔猪学会吃料，仔猪断奶重和成活率将都会有所提高，补料的方法如下。

仔猪补料的工作安排5～7日龄时进行，教槽料的选择应该遵循易于消化且优质营养的原则。做到少量多餐，循序渐进，能在10～15日龄补上料是很好的。料槽的清洁度需要得到保证，尽量保证每日都清理掉剩余粉料。

由于小猪的胃肠道机能发育不太健全，因此在补料7～10日后，需要关注仔猪的粪便情况。对于腹泻的仔猪，需要降低教槽料饲喂量，并且在料中添加缓解腹泻的药物。

补料的环境要得到保证，尽量做到清洁卫生，阳光充足，温度适中，搭配适宜高度的料槽与水槽。

利用仔猪牙床萌发新牙的时间，诱导仔猪采食饲料。开始可以用焦香的熟玉米，供仔猪拱食，逐渐换成教槽料。

仔猪补料

★今日头条，网址链接：https://www.toutiao.com/i6321483896428954114/

（编撰人：全建平，洪林君；审核人：蔡更元）

268. 为什么要让仔猪吃足初乳？

猪的胎盘类型属上皮绒毛膜型，抗体是不能够直接通过胎盘屏障的。母猪分娩后的仔猪不能获得足够的抗体，这对仔猪抵抗外界病原和疾病是致命的打击。但是猪的初乳中含有大量的IgG和IgA、IgM。这些蛋白会使仔猪获得一定的特异性免疫抗体和对抗外界疾病的能力。所以仔猪出生后必须吃到初乳，才能够直接获得抗体，起到对抗外界疾病的能力。

初乳的特点：

（1）营养物质非常丰富，初乳较常乳浓稠，各种蛋白较为丰富，且脂肪含量较少，这对于刚出生的仔猪在消化上有很大的帮助。

（2）初乳中具有大量的免疫性抗体，仔猪在前一个星期内只能从母猪的初乳中获得免疫。

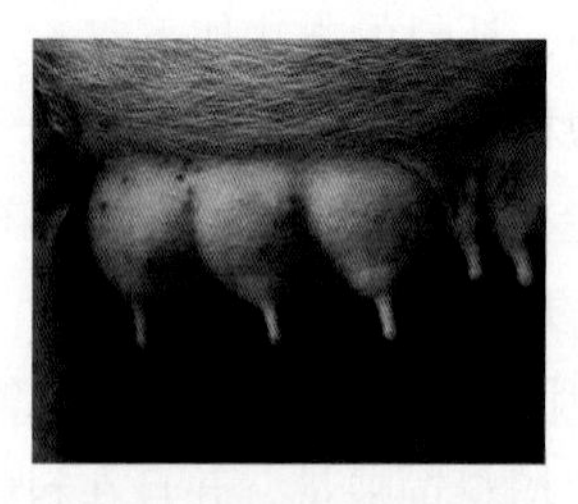

健康且具有足量母乳的的母猪乳房

母猪哺乳仔猪

★猪e网，网址链接：
http://bbs.zhue.com.cn/portal.php？ mod=list&catid=46&page=49&mobile=no&mobile=no
http://js.zhue.com.cn/a/201702/15-282666.html

（3）初乳中具有轻泻的成分，仔猪食后有利于排出胎便，进而促进仔猪的消化。

一般前3d的泌乳我们称之为初乳，之后的泌乳与初乳的各种成分就有很大的区别，所以要让每一头仔猪第一次哺乳就吃够初乳。

（编撰人：陈永岗，洪林君；审核人：蔡更元）

269. 如何做好初乳管理和新生仔猪护理?

初乳是由分娩母猪提供的最初乳汁，从分娩开始到产后24～26h它富含能量，提供热量。对于新生仔猪来说，最重要的成分是特殊的抗体蛋白，新生仔猪必须在出生后18～24h吃到，以提供对各种细菌的防御。新生仔猪吸吮不到足够的初乳会降低其成活的可能性。因此，饲养员必须保证小猪吸吮足够的初乳，成功的初乳管理要保证产后6h内所有小猪吃到初乳，分批哺乳也是很有效的技术手段。

新生仔猪出生后，需要迅速适应生理和环境的巨大变化，生命处于脆弱状态，抗病能力非常弱。因此，良好的护理对新生仔猪的生长发育非常重要。新生仔猪的护理重点做好以下几个方面。

（1）接生。仔猪出生后，应及时擦干鼻、口和身体黏液，剪断脐带（留3～5cm，用碘酒消毒），然后放入保温箱。

（2）确保仔猪吃上初乳。初乳主要是在乳汁分泌后的24h内产生，比普通乳汁浓稠，富含蛋白质和免疫球蛋白，能提高仔猪的抵抗力，是乳猪必不可少的营养成分。

（3）固定奶头。产后3d，人工辅助小猪固定乳头，将强壮的、会抓住乳头的小猪放在后面，弱小的小猪固定在前面乳头。

（4）保温防冻、防压、防病。由于仔猪刚出生温度调节功能不完善，对低温特别敏感，所以生产上必须做好保温防冻工作。

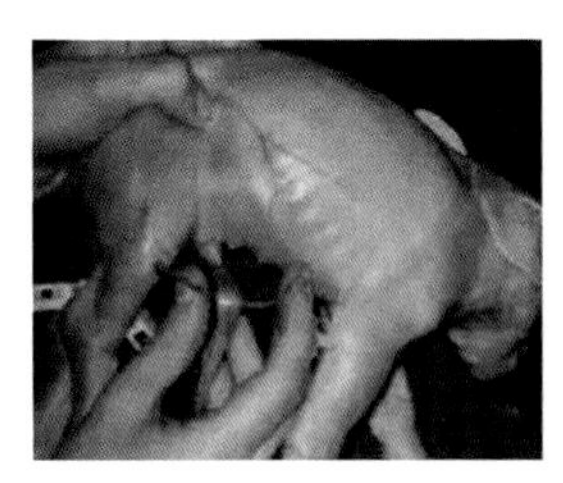

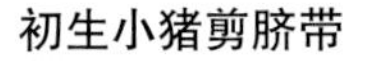

初生小猪剪脐带

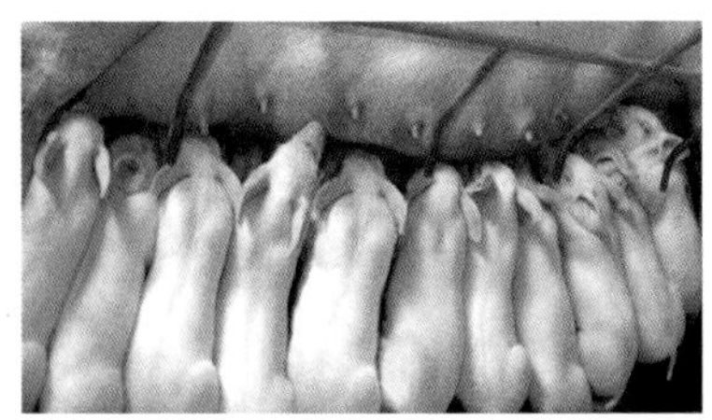

母猪哺乳

★新浪博客，网址链接：http://blog.sina.com.cn/s/blog_177ba1ca90102xg1 r.html

（编撰人：赵成成，洪林君；审核人：蔡更元）

270. 为什么有些母猪分娩时死胎、木乃伊、各种畸形仔猪及低活力仔猪较多?

母猪分娩时，其死胎、木乃伊、畸形和低活力仔猪较多的原因是多方面的，一般情况下，对母猪都会给与充足的饲料，在一般情况下，并不会由于能量和蛋白质的不足导致繁殖力下降的。经过多年的育种培育和选育的结果，现代母猪都具有健仔数高、出生仔猪重量大和总仔数高等的良好的繁殖性能，所以遗传对母猪的仔猪状况影响较少。

在实际生产当中，母猪的疾病和妊娠期日粮矿物质和维生素缺乏或不足等会导致母猪分娩时产生死胎、木乃伊胎、畸形胎和低活力仔猪。生产中疾病的防治问题是猪场里的头等大事，特别是传染性疾病，有时候会给整个猪场带来巨大的生产危机。另一方面，也要对妊娠母猪进行精确饲养，在不同的妊娠阶段制定符合猪只生长和繁殖需要的各种能量和营养物质，例如，许多试验和生产实践证明，妊娠母猪日粮缺钙（不足）会造成死胎、弱仔，并且可能逐代加重，母猪缺乳症和瘫痪也较为严重。

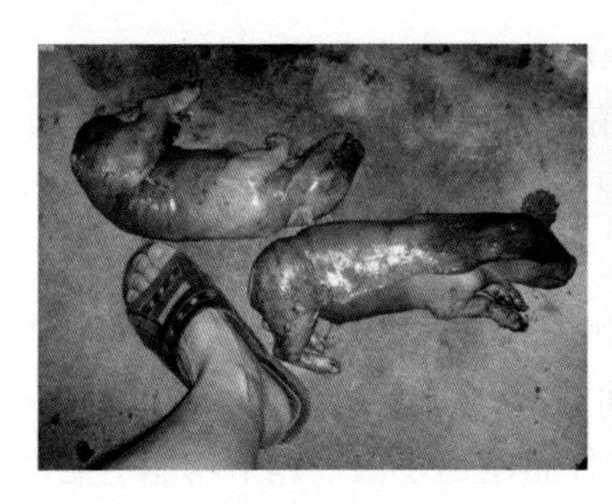

母猪分娩时产生的木乃伊胎

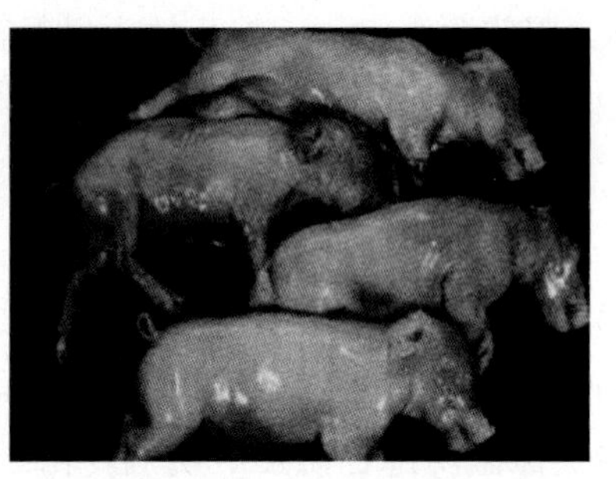

母猪分娩时产生死胎

★猪价格网，网址链接：http://www.zhujiage.com.cn/article/201705/757530.html
★康大夫，网址链接：http://www.pig66.com/2015/ask_0514/61025.html

（编撰人：陈永岗，洪林君；审核人：蔡更元）

271. 产仔过多如何养活?

母猪产仔过多应采取寄养的方式饲养仔猪，把多产仔猪寄养给产期接近的产仔少的母猪。寄养的原则是寄早不寄晚、寄大不寄小、寄强不寄弱，在寄养过程中必须注意：①被寄养的仔猪必须吃够3d初乳。②寄养时必须严格履行寄养程序，让被寄养的仔猪和新窝仔猪先混在一起，待相互间气味一致时方可放出吃奶。③寄养时必须有人护理，直到被寄养的仔猪固定某一个乳头并且吃上乳时方可离开。④分开喂奶。在小型猪场特别是个体户养猪数量少，寄养往往不现实，也可采用分开喂奶的方法。分开喂奶是把一窝仔猪分为两组，分开吃奶，一组吃完后间隔一定时间让另一组吃，这样一直轮替进行，可以保证让每一头仔猪都能吃上奶，顺利成活。⑤人工补乳。把母猪乳人工挤出，再通过灌服或胃管投服喂给仔猪，这样就保证了每一个仔猪都能吃上足够的奶，特别是对初生比较弱的仔猪更为有效。

母猪产仔过多

单次寄母法
新生母猪产仔数多
大体重仔猪寄养
寄母至少泌乳21d
寄母的仔猪断奶后转入保育舍

仔猪寄养过程

★搜狐网，网址链接：http://www.sohu.com/a/127900153_613921
★猪价格网，网址链接：http://www.zhujiage.com.cn/article/201509/541911.html

（编撰人：全绒，洪林君；审核人：蔡更元）

272. 如何提高仔猪初生重?

（1）引入优良繁育体系，科学配种。种母猪品种的优质及体型的壮硕可以明显提高出生仔猪的出生重。

（2）加强饲养管理，提高初生重。

①母猪的妊娠前期（一般指配种后至怀孕80d）。这个阶段的养殖重点在于保证母猪的全面营养，以及预防母猪流产，促进胎儿整齐发育。

②母猪的妊娠后期（怀孕81～114d）。该阶段的养殖重点在于母猪有充足的营养，避免生产弱仔。60%～70%的仔猪出生重源于分娩前30～40d的母猪采食摄入。所以，孕期母猪的营养吸收会直接影响仔猪的重量。由于母猪在孕期腰围的增加，会挤压母猪内脏减少摄食量，所以实际的喂养应该依据实际需求予以调整。同时这一阶段也是钙、磷等矿物质的大量需要阶段，如果母猪不能从饲料中补充，容易造成缺钙和产后麻痹，从而影响产后带仔。因此，为了保证营养的充

足，要对体况差的母猪给予特别照顾。也要保证饲料的干净新鲜、饲料槽和饮水机清洁卫生，防止滋生细菌，影响母猪健康。母猪饲料的能量水平应适当提高。

生产前60d，为了提高出生仔猪的成活率，可以饲喂母猪200～250g动物脂肪或脂肪饲料（5%～8%），可提高初乳的乳脂率，增加仔猪的能量储存。

多产喂奶母猪

未断奶仔猪

★第一农经养猪，网址链接：http://www.1nongjing.com/a/201607/144864.html

（编撰人：赵成成，洪林君；审核人：蔡更元）

273. 怎样饲养哺乳仔猪?

（1）防压死小猪。舍内设护仔架或产架。护仔架可用直径为6～7cm的木条，装置在猪床靠墙的三面，离地面和墙壁各30cm。

（2）防寒保暖。舍内安装250W红外线灯泡。据资料报道，距离地面20cm处，局部温度达33℃左右；距离地面30cm处，温度为27℃左右。

（3）防下痢。仔猪生下来未吃到初乳前，口服硫酸庆大霉素，每头仔猪每日喂服1次，每次20滴（2万～5万U），连服3d。

（4）防贫血。硫酸亚铁25g、硫酸铜1g、酵母片1g、冷开水1 000g混合溶解，过滤后分别于2日龄、4日龄、6日龄、8日龄、10日龄、12日龄、14日龄各滴服1次，或让仔猪在圈内自由采食红土壤。

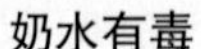

奶水有毒

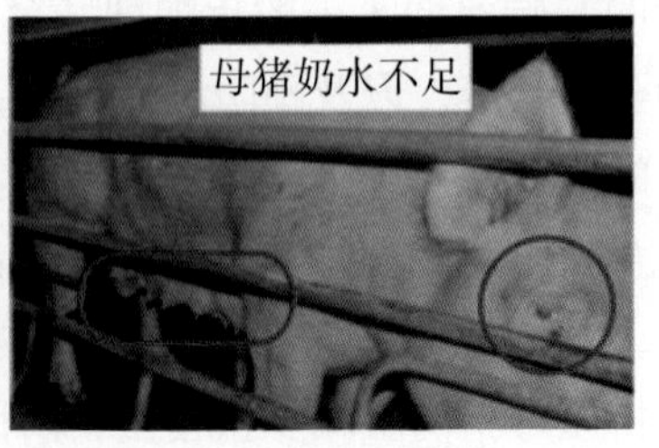

奶水不足

★科讯网，网址链接：http://www.nczfj.com/wap/show.asp? d=13408 &m=1

（5）7日龄补料。在地面撒些颗粒料，如炒黄豆、炒玉米等，让仔猪自由采食，以达到诱食的目的。

（6）10日龄开始喂全价料。用粉料、颗粒料均可。

（7）15日龄开始正式补料。每日喂6次，原则上少喂勤添。

（编撰人：赵成成，洪林君；审核人：蔡更元）

274. 哺乳仔猪死亡的原因是什么？

哺乳仔猪的死亡会给养猪场造成严重的经济损失。因此，提高哺乳仔猪的综合饲养管理是降低乳猪死亡率的关键。

（1）外源性因素。

①冻死。新生仔猪对寒冷的环境非常敏感，再加上毛发稀少和皮下脂肪少，寒冷气候使乳猪冻死、腹泻、生病和虚弱的发生几率极大地增加。

②踩死和压死。母猪母性差，或产后大病，猪舍环境不安静，导致母猪脾气暴躁，再加上小仔猪不能及时逃脱而被母猪踩死。

③饿死。母猪在产后泌乳不良，乳头损伤，食欲不振，仔猪数多于母猪乳头数，会导致仔猪饿死。

（2）疾病因素。

①腹泻。新生仔猪只能依靠母体初乳中的抗体来抵抗传染病。因此，任何降低初乳摄入量的因素，如冷应激，都会使新生仔猪缺乏保护而患病。出生顺序也会影响新生仔猪获得母体免疫球蛋白的数量。由于初乳的免疫球蛋白含量在出生后6h内会急剧降低50%，而当产仔数增加时，生产过程将延长，所以会导致出生晚的仔猪只获得较少的母体抗体。

②水肿。仔猪水肿病是由断奶仔猪的溶血性大肠杆菌引起的一种急性肠道毒血症。感染率在15%左右，致死率高达90%。

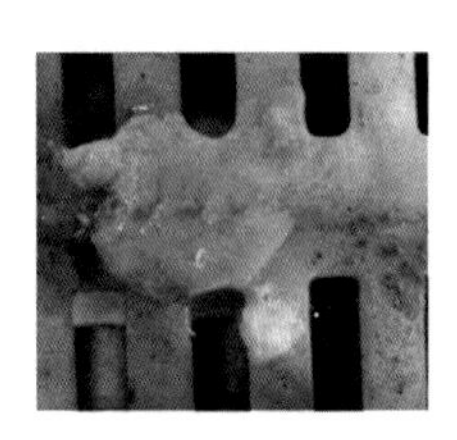

腹泻

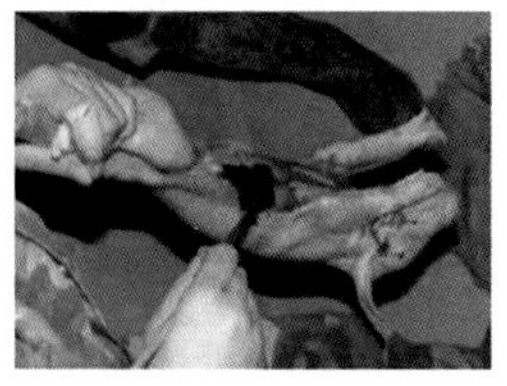

踩死

★猪e网，网址链接：http://js.zhue.com.cn/a/201612/12-278367.html

（编撰人：赵成成，洪林君；审核人：蔡更元）

275. 怎样提高母猪的年生产能力?

饲养母猪的主要任务是繁殖仔猪，提供优质的猪源。母猪的年生产力就是指每头母猪一年能提供多少头断奶仔猪数。而母猪一年能提供的断奶仔猪的多少，取决于产活仔数、哺育期死亡率和繁殖周期的长短。

提高母猪年生产力具有重大的经济意义。可在不增加母猪存栏数与不降低出栏率和出栏数的前提下，减少饲养量——节省饲料、减少猪圈、设备和劳力，降低成本。

$$\text{母猪年生产力（头）}=\frac{\text{窝产活仔数}\times\text{仔猪哺乳期存活率}\times 365}{\text{妊娠期（d）}+\text{哺乳期（d）}+\text{断奶至配种间隔（d）}}$$

在以上影响母猪年生产力的5个因素中，除妊娠期不可能有大的改变外，其余4个因素都可发生改变，尤其是哺乳期对母猪年生产力的影响最大。

提高母猪年生产力的基本途径和主要技术措施如下。

（1）提高窝产仔数。窝产仔数的多少，取决于排卵数、卵子受精率和胚胎成活率。

（2）提高哺乳仔猪成活率和断奶窝重。保证母乳供给，加强仔猪培育，减少仔猪死亡，提高断奶窝重。

（3）提高年产仔数。关键要缩短母猪繁殖周期，仔猪要实现早期断奶（28d或35d）、缩短母猪从断奶到配种的间隔天数。

（编撰人：全绒，洪林君；审核人：蔡更元）

276. 如何减少种猪的无效生产日?

正常怀孕和哺乳以外的时间为非生产时间，称为无效生产日。无效生产日是影响猪场经济效益的关键指标，是做到降低猪场成本，使养殖利润最大化的重要保证。

母猪无效生产日的时长主要受以下因素影响：种猪查情、配种、空怀、返情和疾病等，因此减少种猪的无效生产日也应该从这些方面着手。

（1）做好种猪的查情和配种工作。由专职配种员负责母猪的查情以及配种工作；专职配种员需要具备良好配种经验，责任心以及组织能力。

（2）做好怀孕母猪的饲养管理工作。做好配种舍和妊娠舍卫生管理，在配种时坚持“三根毛巾两桶水”（三根毛巾：阴户的清洗、消毒、擦干；两桶水：消毒水以及清洗水）的原则。减少因为配种卫生不好而造成的母猪生殖道感染，从而导致受孕率降低。做好配种舍和妊娠舍的饲喂工作，使怀孕母猪膘情良好也不过肥。

（3）做好妊娠诊断工作。需要专职配种员在配种后的18～63d进行B超妊娠检测，对怀疑为空怀的母猪要做跟踪，直到确认是否怀孕为止。

（4）降低返情、流产和疾病的比例。返情除了受配种人员技术影响之外，也有可能是公猪精液质量引起的。因此需要加强种公猪的管理，保证公猪的精液品质。疾病因素需要通过抗体检测来进行监控，同时需要做好猪场保健和疾病净化的工作。

（编撰人：全建平，洪林君；审核人：蔡更元）

277. 什么是PSY？如何提高？

PSY是母猪年均断奶仔猪数，是衡量猪场效益和母猪繁殖成绩的重要指标。提高PSY的方法如下。

（1）培育优良的后备母猪。选择具备优良的遗传性能的母猪作为后备母猪，且后备母猪必须符合品种或者品系特征，各项表型都要符合种猪要求。

（2）饲养好后备母猪。根据后备母猪的饲养要求，体重在60kg之前自由采食，体重在60kg以后需要进行限饲，避免母猪过肥。饲喂的饲料要注意补充母猪生殖发育所需要的微量元素和功能性矿物质。

（3）合理进行配种。根据母猪发情情况合理安排配种计划，一般本地母猪宜在发情后2～3d进行配种，而引进的母猪宜在发情后的当天下午或者第二天上午进行配种，配种遵循“老配早、小配晚、不老不小配中间”的原则。

（4）减少窝产仔猪的死亡率。在妊娠期间，在怀孕母猪的饲料中加入适量脂肪能够提高奶水量和初乳中的脂肪含量，能有效提高仔猪存活率；分娩时，注意母猪分娩是否存在困难，及时进行助产，慎用催产素，产后仔猪及时固定乳头；做好仔猪护理工作，把控好产房的温湿度，及时让所有初生仔猪吃上初乳，对于仔猪大小不一致的情况需要及时做好寄养工作，平常需要经常注意是否出现母猪压小猪的情况发生。

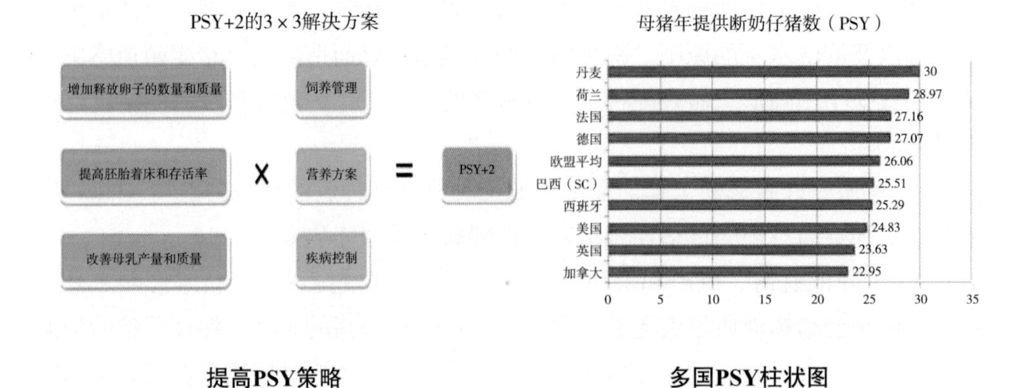

提高PSY策略　　　　**多国PSY柱状图**

★中国养猪网，网址链接：http://www.zhuwang.cc
★养猪职业经理人，网址链接：https://648337.kuaizhan.com/

（编撰人：全建平，洪林君；审核人：蔡更元）

278. 如何预防母猪二胎综合征?

（1）选用合适的后备母猪留作种用，同时加大后备母猪的饲养管理力度。

（2）要选择品质良好的饲料原料，制作出品质合格的饲料。发霉变质的饲料要及时更换不得用于饲喂母猪，同时可以根据我国饲料原料粮受霉菌毒素污染的实际情况，在饲料中添加适量的防霉、脱毒剂或者药物。

（3）后备母猪营养方案要合理，可以根据体重的范围来使用不同种类的饲料，不可以用育肥猪饲料饲喂后备母猪。

（4）后备母猪体重达50kg时，就要开始增加生殖营养的供给。

（5）后备阶段要严格按照免疫程序接种疫苗，如猪瘟、猪伪狂犬病、猪细小病毒病、猪流行性乙型脑炎等，因为这些疾病容易导致母猪繁殖障碍。

（6）根据猪的品种确定合适的初配体重和年龄，二元杂交母猪的初配年龄应在8月龄左右、体重在130～140kg时配种为宜，而纯种母猪初配年龄可以适当推迟，但体重也应该保持在130～140kg。

（7）在哺乳期进行补料，防止母猪体能过度消耗而摄入不足，从而将哺乳期失重降低到最低限度。

（8）可以通过调栏，将母猪哺乳仔猪头数控制在12头左右，一般不要超过13～14头。且仔猪断奶时间以23～25d为宜，哺乳时间不能太长，否则会造成母猪失重严重。

（9）做好母猪产后保健工作，特别注意母猪产后3d是否还有炎症或者其他疾病，应及时处理。

（编撰人：全建平，洪林君；审核人：蔡更元）

279. 如何提高种猪的配种分娩率?

影响母猪分娩率的因素主要包括以下几个方面。

（1）公猪因素。分娩率低可能是由于公猪的精液质量差，从而造成母猪不易受孕或繁殖障碍。

（2）母猪因素。母猪的受胎率或繁殖率受母猪健康状况影响。断奶后的母猪繁殖率与其哺乳期的营养状况直接相关。营养不良的母猪排卵较少，使得分娩率降低。母猪的第一胎分娩率受温度、配种管理和断奶到发情间隔天数的影响。合适的温度光照和房舍舒适度能够提高母猪配种分娩率。

提高种猪的配种分娩率可以采取以下措施。

（1）把握好配种时机进行配种。通过准确的发情鉴定，选择合适的配种时机是提高母猪分娩率的重要措施。

（2）保证公猪精液质量。公猪的精液质量受公猪使用频率、营养状况、疾病及环境的影响较大，需要控制好公猪的使用频率，保证良好的营养状况，健康的身体状况，适宜的饲养环境才能保证公猪具有良好的精液质量。

（3）做好妊娠母猪的饲养管理。母猪的营养、疾病及环境都会影响母猪的分娩率。母猪在超过30℃的环境下，分娩率会降低。因此需要在炎热的夏季做好猪舍的通风降温措施。同时，在高温环境下，母猪采食量会降低，因此也需要调整饲料的营养结构，提高能量水平，补充青绿饲料。母猪的疾病也会对分娩率有影响，防范母猪常见疾病有利于提高母猪分娩率。

（4）保持合理的胎次分布。母猪群的分娩率受胎次影响较为明显，一般低胎次的母猪分娩率较低，应该保证45%左右的母猪为3～5胎次。

（编撰人：全建平，洪林君；审核人：蔡更元）

280. 如何促使母猪多产仔?

母猪多产仔是一个养殖场很大的收益所在，因而，提高母猪的产仔量至关重要。提高产仔率可以从以下几点饲养和管理贴士着手。

（1）待配种期间的母猪可以多补充一下青绿饲料，防止母猪配种前过肥，中等膘情为佳。

（2）考虑配种年龄。适当的配种年龄会更加利于母猪的产仔量的增加。8～9个月龄为一般母猪适宜的配种年龄，体重60～70kg为宜；10～11个月龄为杂种母猪适宜配种年龄，体重80～90kg为宜；12个月龄左右为引进的良种母猪适宜配种年龄，体重为90～100kg为宜。

（3）适时配种。注意观察母猪发情情况，适时配种；配种时间也应该根据品种、年龄、季节、气温等情况进行适当调整。

（4）多次配种。母猪发情期间，第二次配种选在第一次配种后6～8个小时后进行，可增加母猪的受孕概率，也可以促进产仔数提高。

（5）加强保胎。怀孕前期，维生素和高蛋白饲料应多补充，发霉食物一定不能饲喂，防止流产。

母猪哺乳仔猪

★养猪网，网址链接：https://image.baidu.com

（编撰人：全建平，洪林君；审核人：蔡更元）

281. 提高母猪年生产力的途径与措施有哪些？

根据母猪年生产力的概念，可以得“提高母猪的年生产力的主要方法是提高母猪的利用率”的结论，增加产仔量，降低乳猪的死亡率。在规模化猪场主要采取如下措施。

（1）保持母猪群合理的年（胎）龄结构。其目的是为了消除母猪繁殖性能低下的情况，以保持母猪群的状态。与此同时，大量母猪在最高产量的3～6胎中，生产出最大数量的活仔。

（2）加强后备母猪的管理。科学合理的管理后备母猪，将延长母猪的使用寿命，降低淘汰速度，充分发挥母猪的繁殖潜力，正确的管理方法将对母猪的使用寿命和产仔数产生深远的影响。

（3）使用正确的配种程序。查情、适时交配和人工授精、查返情。

（4）在妊娠和分娩期间减少胎儿死亡。近年来，国外的研究发现，宫内环境与胚胎成活率之间存在着很大的关系。为减少死胎而采取的措施包括:①加强对母猪的应激管理。②助产，检查正在生产的母猪是很重要的，以便在母猪分娩问题发生时提供适当的助产。在这一重要时期，助产可以显著减少死胎数量和断奶前死亡数。

后备母猪

怀孕母猪

★中国养殖网，网址链接：http://www.chin abreed.com/poultry/manage/2015/05/20150521658679.shtml

（编撰人：赵成成，洪林君；审核人：蔡更元）

282. 如何提高仔猪断奶窝重？

断奶窝重，指的是仔猪断奶时的总重量，包括寄养和并窝的仔猪的重量。母猪泌乳能力、开食和补料时间、猪料质量、产仔量、窝体重、仔猪生存率、断奶头数、母猪质量等相关因素直接影响着断奶窝重。以下是提高断奶窝重的一些措施。

（1）妊娠母猪的管理。怀孕母猪脂肪应控制在8层膘，产前达到9层，科学协调饮食，以满足妊娠母猪的各种营养需要。

（2）应加强初生仔猪的护理和养育。

①应让仔猪吃足初乳，以获得更多的免疫物质，使仔猪更少生病、健康成长。

②做好保暖措施，第一周温度控制在32～34℃，第二周应该在32～33℃，以后每周下降2～3℃。

（3）仔猪的开食补料。小猪开食补料，一般在仔猪7～12日龄，在喂养的第一周喂多了会引起腹泻，在饲料变化的过程中不能改变环境，否则容易出现水肿疾病，但也应防止饲料的浪费。

（4）泌乳母猪的管理。为了保证母猪充分发挥泌乳的潜力，有必要合理搭配饲喂料。哺乳期母猪的饲料配给应根据饲料标准，以满足各种各样的需要如蛋白质、维生素和矿物质等，以确保母猪泌乳能力好，不影响生殖能力。

（5）饲养环境的管理。注意环境控制，湿度应控制在50%～70%，注意及时清除粪便尿，经常消毒，加强通风。

初生仔猪

产仔泌乳母猪

★中国养殖网，网址链接：http://www.chinabreed.com/pig/ma nage/2015/09/20150 930674551.sh tml

（编撰人：赵成成，洪林君；审核人：蔡更元）

283. 怎样提高猪的断奶成活率？

增强抵抗力，提高仔猪的断奶成活率的具体措施如下。

（1）新生仔猪在要24h内注射右旋糖酐铁2ml预防贫血、注射维生素E 0.5ml预防白肌病，增强抵抗力。

（2）寄养。实行“寄大不寄小，寄早不寄晚”的寄养原则，仔猪吃初乳36～48h进行寄养，最多每头母猪带仔不超过12头，每周应适当进行调整2～3次，以确保小猪大小一致和母猪乳头的合理使用，选择好的牛奶或初产母猪带小猪仔。

（3）补料。5～7日龄的仔猪开始开食补料，在保温板和槽内放补料，必须保持补料新鲜和清洁，每天更换4次。

（4）空栏消毒。小猪转出后，先用水将猪粪湿喷，再用2%火碱冲洗干净，然后再用2%火碱喷洒，浸泡1h，用水冲洗干净，干燥后消毒和驱虫，然后熏蒸消毒。对于皮肤疾病或仔猪腹泻更严重的猪场需进行火焰消毒。必须在指定的时间完成，时间设定为1.5d。

猪场常用补铁剂

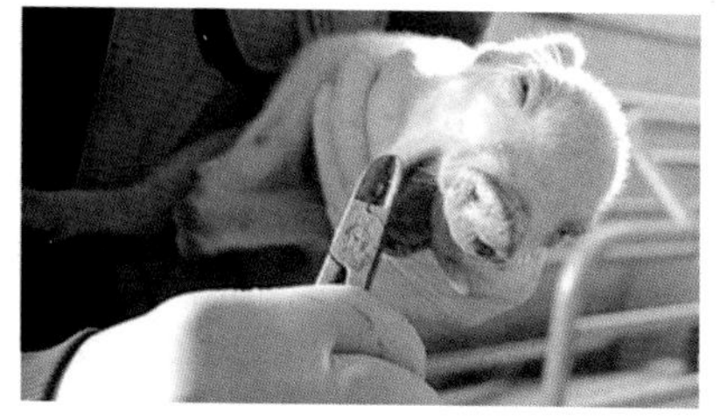

仔猪剪牙

★生猪价格网，网址链接：http://www.shengzhujiage.com/view/6257 77.html

（编撰人：赵成成，洪林君；审核人：蔡更元）

284. 为什么对哺乳仔猪实行3～5周龄断奶？

早期断奶的优点包括：提高母猪的年产力、提高饲料利用率、有利于仔猪的生长发育、提高分娩舍和设备利用率。仔猪在3～5周龄断奶不会引起母猪的繁殖力下降，其原因有两点。

（1）母猪的生殖器官已经恢复，生理功能良好，一旦断奶，即可发情配种。

（2）从生理学的角度来看，早期断奶不会增加母猪的负担。

在断奶过程中应注意以下两。

（1）饲料过渡。仔猪断奶后，在2周内保持原补料不变，并添加适当的抗生素、维生素和氨基酸以减轻压力。两周后，仔猪的饲料逐渐过渡到保育仔猪饲料，其中含有高质量的蛋白质、高能量、丰富的维生素、矿物质，易于消化。

（2）饲养制度过渡。断奶后2周，喂食时间不变（5～6次/d），喂食次数（4～5次/d），在2周后逐渐减少。1周内控制采食，每次摄食量不应过多，至七八成饱即可，可以预防仔猪腹泻，1周后采食量逐渐增加。

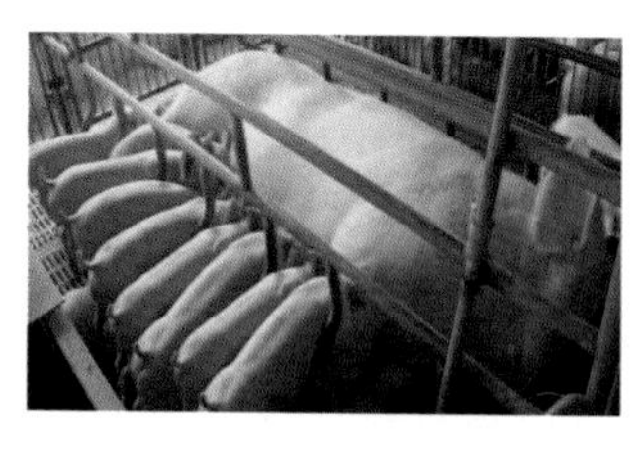

哺乳仔猪吃奶

断奶仔猪吃料

★爱猪网，网址链接：http://www.52swine.com/fanyi/201601/8 7202.html

（编撰人：赵成成，洪林君；审核人：蔡更元）

285. 仔猪断奶方法有哪些?

仔猪断奶时间一般掌握在出生后28～35日龄，最早可以在21日龄。断奶可根据情况选用以下几种方法。

（1）一次性断奶法。即在断奶时一次性将母猪和仔猪分离。具体可以将母猪赶出原圈舍，将所有的仔猪留在原圈舍喂养。这种方法简单，可诱导母猪在断奶后迅速发情。

（2）分批断奶法。将大体重，发育好，食欲旺盛的仔猪适时断奶，让身体虚弱，个体小、食欲差的仔猪继续留在母猪身边，适当延长其泌乳时间，以促进小仔猪的生长发育。

（3）逐渐断奶法。在仔猪断奶的前4～6d，母猪呆在离原圈舍较远的地方，然后每天将母猪带回原地几次，并减少每天的哺乳次数。

（4）间隔断奶法。小猪在到达断奶日龄时将母猪从原圈舍中赶出，让小猪适应独立的采食饲料；晚上再将母猪赶回原圈舍，让小猪吮吸部分母乳，到一定时间完全断奶。这样，仔猪就不会因环境的变化而受到干扰，影响生长发育，既能达到断奶的目的，又能防止母猪乳房炎的发生。

（编撰人：赵成成，洪林君；审核人：蔡更元）

286. 断奶仔猪养育关键是什么?

哺乳仔猪阶段生长发育快，而器官机能发育不全，容易生病和死亡，是养猪生产的关键时期。而采取以下措施有显著的改善。

（1）防压。出生后的仔猪要马上用洁净的毛巾擦干其口鼻及体表黏液，在断脐、剪犬齿和尾巴之后，立即放入装置有红外线保温灯的仔猪保温栏内。

（2）定乳头。母猪的放乳时间很短，而且母猪不同部位的乳头的泌乳量也不同，通常较多的是前排，后排少。新生的仔猪有抢夺多个乳头并把它们占为己有的习惯。

（3）减牙。仔猪出生有8只类似犬齿的小牙，牙床左右两边各有分布。因为这种牙齿很锋利，在吸吮或争夺时很容易咬伤母猪的乳头或其他仔猪，所以它应该及时被剪断。

（4）断尾。为了防止仔猪在断奶、生长或育肥时的咬尾现象，仔猪应及时断尾。

（5）寄养与并窝。如果母猪的产仔数量超过有效奶头数量，或母猪在产后死亡，则有必要采用寄养或并窝的措施，以进一步提高母猪的利用率。

（6）去势。被阉割的猪温顺，胃口好，快速增重，且肉质没有异味。

固定乳头

★猪e网，网址链接：http://js.zhue.com.cn/a/201612/12-278367.html

（编撰人：赵成成，洪林君；审核人：蔡更元）

287. 断奶仔猪生理特点有哪些?

随着饲料工业的发展，养猪技术的改善及养猪场建设的完善，越来越多的猪场采用早期断奶，即21～28d断奶。早期断奶可提高生长速度，减少出栏屠宰所需时间，减少疾病传播的机会，提高成活率。断奶仔猪的生理特征包括如下几点。

（1）仔猪有低血糖、低热量生产能力，稀疏的体毛，较薄的皮下脂肪，抗冻防寒能力差。母猪子宫内是无菌环境，胎儿在子宫内的生长发育过程中对病原菌没有抵抗能力，这种无菌情况可一直持续到出生后六周。如果仔猪舍中消毒和清洁不彻底，将会存在大量的病原体，这些病原体对初生仔猪会构成极大的威胁。

（2）新出生的小猪四肢无力，动作不灵活，尤其是出生体重较低的小猪仔，容易被母猪压死。

（3）由于哺乳母猪的母乳中含有乳酸，哺乳仔猪胃内的pH值较低。断奶后，胃内的乳酸菌逐渐减少，pH值显著增加，大肠杆菌和其他细菌含量明显增多，破坏仔猪胃内原有的良好的微生物菌群，导致仔猪发生疾病。

（4）10～28日龄仔猪的消化道发育阶段与较大龄的仔猪大不相同，所以同一批断奶仔猪的个体年龄差异最好小于一周，以便顺利进行下阶段饲喂。

（5）在仔猪出生后到断奶前，其生长速度最快，一周以后，哺乳母猪的产奶量开始下降，母猪的乳汁无法完全提供仔猪的生长所需要的营养物质，如果不提早开始补饲仔猪料，仔猪的生长就会受到营养不足的限制。

（6）仔猪断奶受各种紧急因素的影响，包括仔猪对疾病的抵抗力不足，饲料中营养成分消化不良和心理影响等。

猪舍养猪

断奶仔猪

★猪友之家，网址链接：http://www.pig66.com/2016/120_0530/16509715.html

（编撰人：赵成成，洪林君；审核人：蔡更元）

288. 如何做好仔猪断奶工作？

仔猪断奶是仔猪饲养过程中的重要时期，因此做好仔猪断奶工作至关重要。仔猪断奶时应注意以下几点。

（1）合理配制断奶仔猪日粮，加强防疫管理，定期消毒。

（2）保持适宜的环境温度。断奶仔猪28日龄的适宜环境温度为30℃。仔猪日龄越小，需要温度越高、越稳定。

（3）防贼风。对仔猪必须尽可能保持气流的稳定。

（4）合理分群并栏。将断奶仔猪根据“留强不留弱、拆多不拆少、夜并昼不并”的原则进行合理分群。转入保育栏，尽量将同窝的仔猪并入同一栏。对不同群的仔猪并栏后喷洒低浓度的农福，以防打架，饲养密度为0.3～0.5m^2/头。

（5）提供充足饮水。活重为15～40kg的猪每天至少需要饮水2L。每6～8头猪需要一个乳头式饮水器。

（6）合理饲喂。断奶后1～2周继续喂饲仔猪前期料，待仔猪适应环境后逐渐改为仔猪后期料。过渡时以1/3替换，每次替换2d，一周换完；必要时在饲料中添加适量抗生素减少应激引起的细菌性疾病，断奶第一周内每天喂饲4次，以后改为每天3次。

（编撰人：全绒，洪林君；审核人：蔡更元）

289. 如何做好断乳仔猪过渡期的管理?

仔猪断奶后要继续喂哺乳期饲料，不要突然更换饲料，特别是实行早期断奶的仔猪，一般要在断奶后7d左右，开始换饲料。实行35d以上断奶的仔猪，也可以在断奶前7d换料。更换仔猪饲料要逐渐进行，每天替换20%，5d换完，避免突然换料。断奶后仔猪由母乳加补料改为独立吃料生活，胃肠不适应，很容易发生消化不良，引起仔猪下痢。所以，对断奶的仔猪要精心管理，在断奶后2～3d要适当控制给料量，不要让仔猪吃得过饱，每天可多次投料，防止消化不良而下痢，保证饮水充足、环境清洁，保持圈舍干燥、卫生。断奶时把母猪从产栏调出，仔猪留原圈饲养。不要在断奶同时把几窝仔猪混群饲养，避免仔猪受断奶、咬架和环境变化引起的多重刺激。

仔猪饲喂

仔猪保暖

★猪友之家，网址链接：http://www.pig66.com/2017/120_0130/16735530.html
★搜狐网，网址链接：http://www.sohu.com/a/152936860_629251

（编撰人：全绒，洪林君；审核人：蔡更元）

290. 如何培育断奶仔猪?

从断乳到4个月龄，是断乳仔猪的培育阶段。断奶是指仔猪离奶，由母仔共居，变为母仔分居，仔猪从营养方式到生活环境上的转折和变化，如果断奶时处理不当，会造成一系列问题，导致仔猪想念母猪，鸣叫不安、吃睡不宁、下痢、瘦弱，影响仔猪生长发育。因此，合适的断奶时间并做好断奶仔猪的饲养管理，仔猪才能获得较高的日增量，为培育优良后备猪或提高育肥效果打下良好的基础。因此，培育断奶仔猪应做到以下几点。

（1）把握好断奶时间。仔猪断奶时间不宜过早或过晚，过早会提高仔猪饲养难度，过晚会增大母猪非生产天数。

（2）做好仔猪换料和环境控制工作。仔猪断奶后不宜马上换料，在断奶后

2～3周内，仍需饲喂哺乳仔猪料，逐渐过渡，让仔猪有个逐渐习惯的过程，断奶后1个月再变为断奶仔猪日粮。另外断奶仔猪的日粮配合也应基本与哺乳仔猪料相似，不同的地方只是粗蛋白质水平略为降低一些，饲料种类可以略微变动。断奶仔猪由哺乳期的吃奶改变为独立吃料，胃肠不适应，容易引起消化不良，所以对断奶仔猪要精心饲养。断奶后头一周，要控制其采食量防止胃肠道疾病的发生。

保育猪

断奶猪和饲料

★宁夏大北农，网址链接：http://www.nxdbn.cn/ReadNews.asp？NewsID=245
★第一农经，网址链接：http://www.1nongjing.com/a/201605/139473.html

（编撰人：叶健，洪林君；审核人：蔡更元）

291. 如何防治断奶仔猪腹泻的问题?

腹泻发病率高，是新生仔猪最常见的疾病之一。其一年四季均可发病。防治不及时，会造成大量仔猪发病和死亡。如存活，病猪康复后也常常沦为僵猪，所以仔猪腹泻的破坏力不亚于其他恶性传染病，其也是许多大型养猪场猪病疑难杂症之一，会给广大养殖户带来很大的经济损失。仔猪腹泻的防治应关注以下几个方面。

（1）加强母猪的饲养管理。母猪怀孕期间要注意营养均衡，保证腹内仔猪正常生长发育，母猪产前一周应开始减料，来防止母猪产后奶水营养浓度过高，这会很容易引起仔猪消化不良而导致腹泻。母猪的圈舍无论是在产前，还是产后都要保持干燥清洁卫生。

（2）加强对仔猪的管理。在冬季时，初生仔猪要加强保温，且越早吃上初乳越好，仔猪从初乳中能够直接获得抗体，有效增加其抵抗力。

仔猪腹泻在治疗时，针剂注射的方法，效果并不好，仔猪腹泻无论是什么原因引起，都会造成猪体内大量的水分流失，严重的时候猪体会有生命危险，补充体液是提高仔猪成活的关键，临床上主要有以下几种补液的方法：口服补液盐，灌服0.04%高锰酸钾溶液，在仔猪日常饮水中加1.5%的明矾或有机酸等。

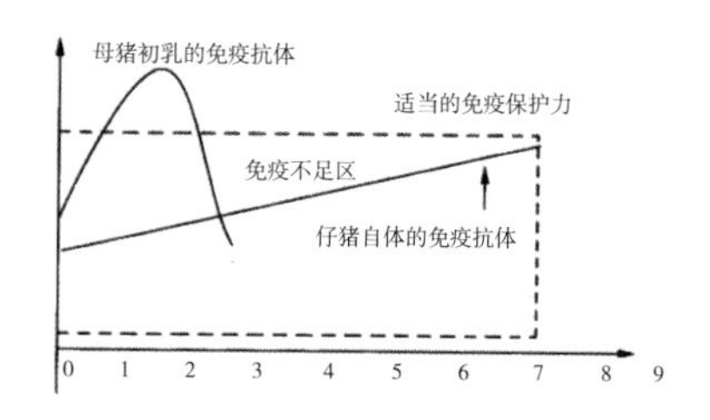

仔猪体内抗体消长曲线

★齐贝网，网址链接：http://www.7bei.cc

（编撰人：叶健，洪林君；审核人：蔡更元

292. 断奶仔猪应采用何种喂料器?

研究表明，用白色自动喂料器给料比用黑色自动喂料器给料更能使刚断奶仔猪多采食。断奶仔猪在确定各自的群体位次过程中，往往在采食时易受到同伴的侵犯，因此，它们不愿将头伸到光线暗的饲槽内。仔猪用圆形喂料器吃食比用长方形喂料器吃食的采食量大。圆形喂料器的优点是，喂料器内一般无固定隔挡，所以如果它们在采食时能看到同伴，它们就会竞相采食，增加实际采食量。断奶后7～10d的管理目标是提高仔猪采食量。研究表明，增加断奶仔猪采食量，可提高其达屠宰重的生长速度。除用常规喂料器给料外，还应在4～5d在地面上撒些颗粒料，每日2～3次，撒颗粒料的时间应有变化，以便每次都能引起仔猪的食欲。

白色喂料器

★环球经贸网，网址链接：http://china.nowec.com/supply/detail/23009812.html

（编撰人：全绒，洪林君；审核人：蔡更元）

293. 怎样饲养保育仔猪?

（1）做好仔猪的断奶过渡工作，减少仔猪的断奶应激。

（2）做好仔猪的防寒保温工作。5～14kg仔猪最佳环境温度是28℃，适宜温度范围是24～30℃；14～23kg仔猪最佳环境温度是24℃，适宜温度范围是21～27℃；环境温度达不到要求时需要对仔猪进行保温，一般采用局部保温的方法。保育舍内的温度变化1h内不能超过2℃。

（3）保持栏舍的干爽卫生。采用全漏缝高床栏面、避免用水冲洗产房、使用抽风机、进行干清粪等。

（4）保障干净、充足用水。饮水器水压以每分钟出水1L左右为宜，高度以高出猪肩部5cm左右，每10～15头仔猪共用一个饮水器，防止水温过高或过低。

（5）保障足够的食槽位。2头或2头以下仔猪共用1个食槽位。

（6）保障足够的栏面面积。机械通风，面积不低于0.3m²/头；自然通风，不低于0.4m²/头。

（7）做好饲料的过渡工作。断奶后1～2周内饲喂哺乳期饲料，之后逐渐添加保育仔猪料，大概1周左右过渡到全部使用保育仔猪料。

（8）做好弱小仔猪处理工作。对淘汰仔猪进行无害化处理，对有饲养价值的弱小仔猪给以特殊护理。

（9）执行好全进全出措施。

（10）做好保育舍的通风换气工作。5～14kg仔猪当舍内温度低于28℃时每头仔猪每小时保持2.5～3.4m³的最小换气量，当舍内温度达到34℃时保持43m³的换气量；14～23kg仔猪当舍内温度低于28℃时，保持3.1～5.1m³的最小换气量，当舍内温度达到34℃时保持68m³的换气量。通过仔猪体表的风速控制子在0.2m以下。

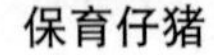

保育仔猪

保育仔猪猪舍

★全球品牌畜牧网，网址链接：http://www.ppxmw.com/ShowNews43683.html；
★猪e网论坛，网址链接：http://bbs.zhue.com.cn/thread-407097-1-1.html

（编撰人：莫健新，洪林君；审稿人：蔡更元）

294. 保育舍每周工作流程如何安排?

（1）周日。如实填写本周的保育仔猪死亡周报表，保育仔猪上市情况周报表及仔猪质量跟踪表。

（2）周一。使用清水冲洗猪栏、猪体并将配制好的消毒液使用喷洒或喷雾的方式对猪舍进行清洁消毒。对保育期间的猪应实行周淘汰制，残、弱、病猪只应及时淘汰。种猪场：在周淘汰制的基础上，还应有专门的选育员对猪苗再次进行挑选，使不合格的猪苗降级为肉猪或残次猪。

（3）周二。空栏需要彻底冲洗消毒，晾干后再用3%的烧碱进行消毒，然后用福尔马林进行熏蒸，要保证消毒后空栏大于5d。使用新鲜0.1%的高锰酸钾作为消毒池更换液。

（4）周三。每年需定期（可根据驱虫前所做的寄生虫普查或抽查结果，根据以前驱虫效果经验来进行适当调整）可通过饲料厂直接添加驱虫药进行驱虫。并对育成猪进行免疫注射，并做好免疫记录。

（5）周四。按照周一的清洁消毒步骤进行操作。转入猪群后需立即调整，按不同体重和大小进行分栏，保持每栏16～20头，要注意特殊照顾弱小猪。

（6）周五。按照周二的生产管理步骤进行操作。

（7）周六。每周可根据客户所反馈的意见，分析其主要原因，及时采取正确有效的措施，保证优秀猪苗上市，严格把控出栏标准进行出栏操作，将残次猪按公司规定特殊处理或出售。

保育舍充足的饲料储备（陈永岗 摄）

保育仔猪死亡周报表，保育仔猪上市情况周报表及仔猪质量跟踪表（陈永岗 摄）

（编撰人：陈永岗，洪林君；审核人：蔡更元）

295. 保育舍的管理要点有哪些?

规模化猪场中保育猪在保育舍的饲养管理水平的高低直接影响保育猪的成活率及上市正品率，所以规范的保育猪饲养管理措施，可确保猪群健康生长的同时保障生产效率。

保育舍的各项管理措施应严格按照生产流程进行操作，首先是进猪之前的消毒与设备检查情况，对待转空栏应彻底冲洗消毒，干后用3%的烧碱消毒，晾干后用福尔马林进行熏蒸消毒，保证消毒后空栏不少于5d。接下来是猪群的转入，猪群转入后立即进行调整，按大小和强弱分栏，保持每栏16～20头，猪群分栏要注意特殊照顾弱小猪（冬天注意保温）。

对于转舍之后的饲养管理应从以下几点着手：保育舍最适宜温度为20～26℃，舍温高于30℃时，对地面或墙壁进行淋水并适当进行通风；温度低于18℃时，须要开保温灯，提高舍内温度，防止仔猪患病，同时也需要注意通风。保持栏舍卫生、干燥，每天清粪2次，加强猪群调教，训练猪群吃料、睡觉、排便三定位；不能带猪冲洗猪栏或猪身；注意舍内湿度控制。清理卫生时注意观察猪群排便情况；喂料时观察食欲情况；休息时检查呼吸情况。发现病猪，及时隔离，对症治疗。保育期间对残、弱、病猪只进行淘汰。

训练猪群定位吃料（陈永岗 摄）

开启保温灯对保育舍进行保温（陈永岗 摄）

（编撰人：陈永岗，洪林君；审核人：蔡更元）

296. 保育舍饲养员的岗位工作职责和技能要求有哪些?

（1）保育舍饲养员的岗位工作职责。①实行全进全出，猪舍内的猪按群计划饲养到期后，需要一头都不留全部转出。然后对猪舍内外进行彻底地清扫和消毒，消毒后需要放置2d以上才能够再次进猪。对破损的栏舍、门窗进行修复，做好下一批仔猪进舍准备。②检疫，从产房进来的猪需要经过兽医人员的检疫，确认发育正常、健康无病后才可进入。③仔猪称重，仔猪进猪舍都要称重，以便了解每一批仔猪的生长速度和料肉比。然后需要按照仔猪体重大小分栏饲养，同时要做到尽量不分开同窝仔猪。饲养密度遵循冬密夏稀的原则，每$2m^2$ 1头猪，每栏不宜超过15头。④冬暖夏凉，要根据季节、气候变化，随时调节猪舍内的温度，适时开关窗、开关通风装置。气温低于16℃时，需要注意保暖，增温，预防贼风。密切注意猪舍内空气，及时通风换气。⑤每天上午上下班，下午上下班各一次，检查每头猪的健康状况（精神、食欲、粪便、呼吸等），发现病猪及时隔离治疗，病因不能判定则可报告兽医做进一步处理。当发现较为严重的病猪或者死亡病例时，需要报告兽医并立即清除污染源，对可能污染源进行消毒。⑥灵活饲喂，进舍一周以内的仔猪，需要限量饲喂，做到“少量多次”；一周以后自由采食，根据不同生长阶段，给予不同的优质配合料。

（2）保育舍饲养员的岗位工作技能要求。为人要求勤劳认真，细心诚实。同时能够通过合理用药治疗一般常见病症，能做好猪舍的检验检疫工作。另外，能够做好各种品种猪只转入转出的记录，能够灵活的安排猪只的转栏。能够做好每栋猪舍小猪采食量的记录。有一定的应对突发情况的能力，在停电，水管爆裂等情况发生后能够做应急处理。

保育舍

保育舍小猪

★第一农经，网址链接：http://www.1nongjing.com/
★飞猪说，网址链接：http://mini.eastday.com/mobile/170212191620838.html

（编撰人：全建平，洪林君；审核人：蔡更元）

297. “僵猪”形成的原因及治疗方法有哪些?

（1）种猪原因。种猪繁殖年龄过小，体重不达标；母猪怀孕期间营养不足引起胎儿在母猪体内得不到足够的营养物质，一窝中体重最小的仔猪极易形成胎僵。

（2）仔猪原因。仔猪没有及时吃足初乳或没有乳汁；断奶方法不当引起仔猪生长受阻，发育不良，易形成奶僵。

（3）疾病原因。饲养管理不善，仔猪患副伤寒、慢性肠炎、黄痢、白痢、营养性贫血、气喘病、感冒等，没有很好的及时治疗，导致久治不愈，易引起病僵。

（4）寄生虫原因。仔猪出生后没有定期驱除体内外寄生虫，易患疥癣、肺丝虫、蛔虫、姜片虫、球虫等寄生虫病，消耗仔猪大量的营养物质，易引起虫僵。

（5）饲料原因。饲料品种单一，结构不合理，营养不平衡；没有根据仔猪不同时期生长特点配制日粮；饲料适口性较差，加工调制方法不当等导致食僵的发生。

（6）管理原因。主要有仔猪断奶、防疫及去势方法不当；仔猪断奶后分群不合理，仔猪之间争食，以大欺小，以强欺弱等均易引起应激反应，影响仔猪的生长。

（7）治疗方法。

①驱虫和健胃。驱除仔猪体内和体表的寄生虫；清理肠胃，增强胃肠蠕动，刺激食欲，提高消化能力，促进营养物质的吸收。

②改善营养状况。主要是供给含蛋白质、矿物质和维生素丰富的饲料，合理搭配，适当添加骨粉、鱼粉、血粉等蛋白质饲料，饲料适口性好，易于消化。饲喂时实行先精饲料后青饲料，供足饮水，加强运动。

③药物治疗。经过驱虫和健胃，不断改善营养状况，调整胃肠功能后，根据僵猪发生的原因采取相应方法，能够得到很好的治疗。

僵猪

★猪友之家，网址链接：
http://www.pig66.com/2015/145_0703/16154462.html
http://www.pig66.com/2017/120_0630/16866741.html

（编撰人：全绒，洪林君；审核人：蔡更元）

298. 挑选好的猪苗应该注意哪些要点？

（1）从猪种方面选择。改良品种比本土品种生长快，高产量公母猪生产的仔猪比产量低的公母猪生长快，最佳选择是找出小猪父母的生产记录，以方便选择；瘦猪生长快于肥猪，肉质好，饲料利用率高；杂种猪的生长速度比纯种猪快，而且具有杂交优势。

（2）从个体方面选择。应该是强壮的身体，动作灵活，有力的尾巴摆动。身体发育匀称，皮肤、被毛有光泽。

（3）从外观方面的选择。大眼睛突出，灵活有神，嘴型扁圆。薄唇，上下嘴唇齐平，耳朵都是大而薄，扁平的前额，略宽，没有皱纹，鼻孔宽，后腿高而直，进食时后腿经常提起，腰直，胸部宽而发达。乳头是稀疏的，线条是椭圆形的。

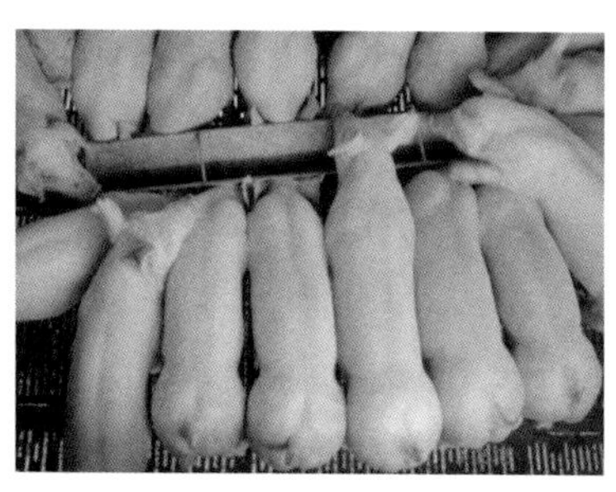

猪苗（赵成成、洪林君 摄）

（编撰人：赵成成，洪林君；审核人：蔡更元）

299. 怎样选择肉猪苗？

挑选肉猪苗时，应该从以下几个方面考虑。

（1）仔猪在35d后其胃蛋白酶才表现出消化能力，35d以后的断奶仔猪，断奶后拉稀时间缩短，死亡率低，因此应选购5周龄后的仔猪。

（2）挑选体重较大的仔猪。例如，35d杜长大或杜大长三元杂交猪的仔猪平均体重约为8kg。

（3）仔猪健康状况良好。应挑选皮毛光亮、活泼敏捷、叫声清脆、粪便成团的仔猪，避免挑选被毛粗乱、精神萎靡不振、拉稀或者粪便干的仔猪。同时还要考虑是否接种过猪瘟、猪丹毒、猪肺疫等疫苗。

（4）外貌。四肢较高，体长较长，腹围较小。应挑选四肢粗壮、步态正常的仔猪。

（5）由于杂交猪在抗病力和生长速度等方面都比纯种猪好，最好选择杜长大或杜大长杂交仔猪。长白猪的杂交后代，毛细、嘴长、耳稍大而前倾；大白猪的杂交后代，嘴较长、耳中等斜立；以杜洛克猪为父本的后代，有时有黑色斑块在身体的不同部位出现。

（6）就近选购。由于气候、饲料等方面相似，购买本地的仔猪较容易饲养，但最好不要在集市上购买。

（编撰人：莫健新，洪林君；审稿人：蔡更元）

300.“初生差两，断奶差斤；断奶差斤，肥猪差十斤”有什么含义？

这句话反映了初生重、断奶重、生长速度、饲料转化率是相互关联的，初生重越小，在生长过程中需要更高的单位增重成本。仔猪健康状况不好，那么在生长过程中其机体相应的抵抗疾病的能力会较弱，容易患病。这句话的含义也在于如何去应对初生重低难养活的情况，应从以下方面入手。

（1）建立严格的育种和选育体系，防止近交，选好后备母猪。

（2）以妊娠期母猪自身的营养需求和不同阶段胎儿发育特点为依据，供给营养均衡的饲料。有研究发现，妊娠母猪日粮里加入亚油酸，可以明显提高新生仔猪的初生重和活力。

（3）母猪饲养过程中，应防止前期妊娠猪过肥。根据猪妊娠期胎儿的发育特点，小猪快速发育主要在85d以后，如果前期妊娠猪过肥，会造成后期母猪采食量低或营养供给失调，会使胎儿发育受到影响，影响初生重。

（编撰人：叶健，洪林君；审核人：蔡更元）

301.恶劣刺激对瘦肉型猪有什么不良影响？

瘦肉型猪主要指以生长速度和瘦肉率为主选性状的猪种，典型的有杜洛克猪、长白猪和大白猪，其三元杂交猪是当前瘦肉型商品猪的主流品种。由于瘦肉型猪长期对少数性状的高强度选择，容易忽视肉质性状，且该性状测定成本较高，加之规模化饲养环境较为单一，使瘦肉型猪对恶劣环境刺激容易产生不良后果。

恶劣刺激在瘦肉型猪生长阶段，容易引发应激，继而导致抵抗力下降，引发疾病。在猪即将屠宰时，恶劣刺激容易引发PSE肉和DFD肉的出现。PSE肉是指猪在宰后肌肉苍白，质地松软没弹性，并且肌肉表面渗出肉汁，这种猪肉俗称白肌肉；DFD肉是指宰后肌肉pH值高达6.5以上，形成暗红色、质地坚硬、表面干燥的干硬肉，由于pH值较高，易引起微生物的生长繁殖，加快了肉的腐败变质，大大缩短了货架期，并且会产生轻微的异味。

PSE和DFD肉的出现，会大大降低猪肉制品的价值，因此，养猪生产中应防止不良应激的发生。

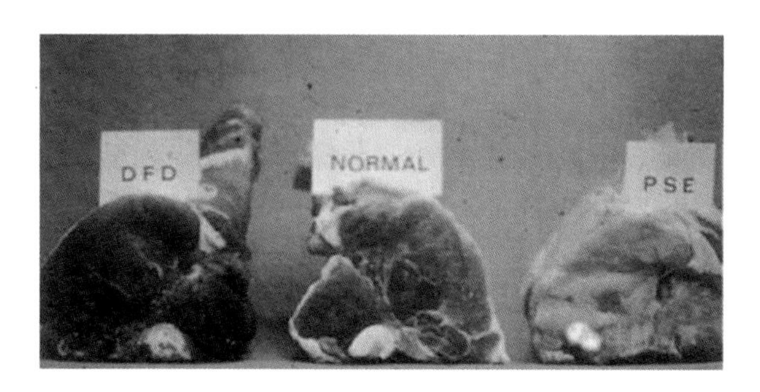

肉质对比

★现代畜牧网，网址链接：http://www.cvonet.com/all/detail/211408.html

（编撰人：叶健，洪林君；审核人：蔡更元）

302. 为什么养大肥猪不划算？

育肥猪生长发育和增重规律，一般都是前期仔猪慢、中期保育到育肥快，到后期又变慢。有资料显示，10 ~ 45kg的猪，平均日增重在295 ~ 400g；45 ~ 90kg的猪日增重为590 ~ 720g；90 ~ 110kg的猪，平均日增重达到795g的高峰；但体重超过110kg后便开始下降，当体重在200 ~ 250kg时，日增重仅为340g，其生长势头还不如前期长得快。再者，猪体重较大时，不爱活动，爱爬卧，不上食，吃得越来越少，消化机能也变弱，且容易沉积脂肪。

基于育肥猪增重规律，日增重少、耗料多和后期脂肪沉积这3种不利的变化，不利于生猪生长快、育肥期短、资金周转快和快速育肥的优势，是错过育肥最佳结束期而导致的严重后果。猪不能适时出栏，既多耗料，又提高了养猪成本，用老百姓的话说养大猪不合适，是一个完全高耗低效的生产方式，是与“高效、低耗”背道而驰的，并不划算。

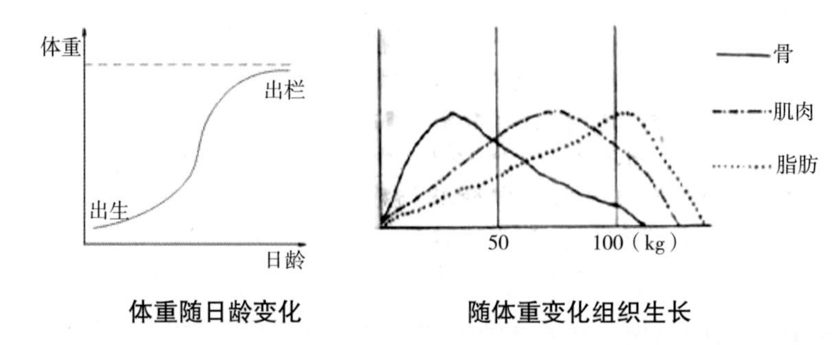

体重随日龄变化　　　随体重变化组织生长

★无忧文档网，网址链接：https://www.51wendang.com/doc/30636c8355a835834efb8558/6

（编撰人：叶健，洪林君；审核人：蔡更元）

303. 为什么养“半周岁猪”是白养？

现在农村养的猪，养殖多在半年，甚至一年多，一些大型养猪场往往饲养时间在6个月以上，事实上，这种养猪方法在目前的情况下是无利可赚的，是白养的。

（1）养猪所消耗的营养首先被用来维持生命活动的需要，即维持生命的需要，其次用于长肉。

（2）不能充分利用增长的高峰。猪的生长和发育率在不同年龄阶段不同，生长发育速度4个月后开始减少，饲养6个多月的猪，猪生长高峰已经过去2个月，超过肥育猪的生长高峰时期，饲养效率当然不高。

（3）长时间喂养，多喂一天，多一天辛苦，多消耗一天饲料。

（4）猪在小月龄时以长瘦肉为主（蛋白质），大周龄则是以长肥肉（脂肪）为主，因此，长时间喂养的猪，肥肉较多，肥肉增加1kg是瘦肉需要营养的2～2.5倍。人们对瘦肉的需求远远高于肥肉。

（5）猪的适宜屠宰重量为90～100kg，超过这个重量，日常的维持消耗大大增加，所以养大肥猪是不划算的。

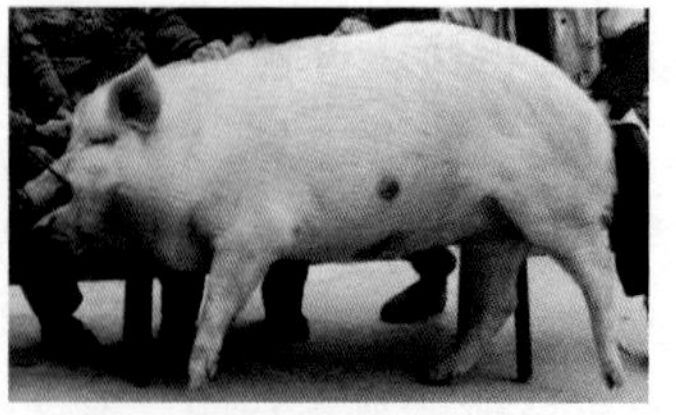

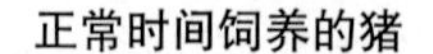

正常时间饲养的猪　　　饲养超过6个月的猪

★新浪博客，网址链接http://blog.sina.com.cn/s/blog_51689a940102y6u6.html

（编撰人：赵成成，洪林君；审核人：蔡更元）

304. 生长育成舍的管理要点有哪些?

生长育成是猪只在养殖场内生长发育的重要阶段，在生长育成舍内的生产管理面临复杂多样的问题，要求生产技术人员应严格按照制定的规范饲养管理方式进行操作。

（1）进猪前准备阶段。栏舍经过彻底清洗消毒后，进行空栏处理。首先用清水进行冲洗，等到干燥后再用2%～3%的烧碱溶液进行彻底消毒，干燥后用清水进行冲洗，再用温和型的消毒液进行消毒，并且每次消毒时须以喷湿地面和栏舍为准，不能有空白漏喷的区域。检查各设备运转并及时进行维修。提前半天准备好饲料、药物等物资。

（2）育成猪需要进行批次化管理，对于不同批次的猪应相对隔离。转入后的猪群进行调整，并按照大小和强弱进行分栏，每栏饲养18～20头。

（3）饲喂方式为自由采食，但需要防止饲喂长期堆积腐败的饲料，每日投料1～2次。并保证充足的清洁饮水。生长育成舍控制温度在18～22℃，每天要经常观察温度变化，同时调整好通风与温湿度的控制，减少空气中氨气的浓度。每天清粪2次，保持舍内整洁干净，门口消毒池中的消毒液需要定期更换，可以带猪体用喷雾消毒，每周1～2次。严格按照免疫程序接种好各种疫苗。注意观察猪群的健康状况：排便、吃料和呼吸，及时发现病猪，并做隔离护理与治疗。

（4）进行选留与上市。按照公司实际生产需求以及对应的种猪选留标准对育成期满的猪进行选留与上市。

（编撰人：陈永岗，洪林君；审核人：蔡更元）

305. 生长育成舍每周工作流程如何安排?

（1）周日。首先对猪栏设备及饮水器进行检查，对不能正常运作的设备及时更换和维护。

（2）周一。按照生产需要领取各种驱虫、免疫药品及操作用具。定期对种猪和中大猪带体驱体外寄生虫1次，潮湿季节加强，及时收集驱虫后的粪便，进行生物热堆积发酵（外覆薄膜），防止虫卵扩散，对猪群的情况制定计划，需根据药物性能的强度、用药的对象等具体实施驱虫。

（3）周二。每天需清粪2次，保持整洁干净，3d 1次对门口消毒池中的消毒液更换，带猪体喷雾消毒每周1～2次，夏天每天需冲栏，冬天也要每周冲1

次栏。

（4）周三。对接收的不同胎次保育仔猪应相对隔离，转入后的猪群进行及时调整，按照不同情况分栏，每栏饲养18～20头。严格按照免疫程序接种好各种疫苗。

（5）周四。根据公司任务调拨计划，并按照选留标准，提前挑选110～120日龄，且体重超过55kg的种猪。打好耳牌，并做好记录。

（6）周五。在空栏期间，必须将栏舍彻底清洗消毒。首先用清水冲洗，待干燥后用2%～3%的烧碱溶液消毒，等到干燥后用清水冲洗干净，第二次再用温和型的消毒液进行消毒，每次消毒时以喷湿地面和栏舍为标准。

（7）周六。如实填写生长育成舍周报表，肉猪上市情况周报表，肉猪死亡淘汰情况周报表，种猪选留及调动情况周报表。

用于消毒使用的烧碱　　　　按照大小强弱分栏饲养

★中国建材网，网址链接：https://www.bmlink.com/liu1054181775/supply-10894253.html
★快乐养猪，网址链接：http://js.zhue.com.cn/a/201704/19-288052.html

（编撰人：陈永岗，洪林君；审核人：蔡更元）

306. 生长育成舍饲养员的岗位工作职责和技能要求有哪些?

（1）生长育成舍饲养员的岗位工作职责。①实行全进全出，当第一批猪育成售出后，需要立即对育成舍内外进行清除打扫。主要包括清除积粪，疏通沟渠和大面积消毒，消毒后需要闲置2d以上才能够再次进猪。②当一批猪进入育成舍之后，需要按照猪只个体大小、体质的强弱进行分栏饲养。同时需要保证猪栏地面平整，通风效果良好以及养殖密度适中。每头猪需要按2m^{2}的面积进行计算，每栏养殖数量不宜超过20头。③猪进入之后，需要不断调教吃、喝、拉、睡四点定位，保持猪栏整洁干燥，每天打扫猪栏2次，及时清理粪尿，平时不要求用水冲栏。④当天气温度超过30℃时，要加大猪舍通风，启用排风扇或者降低每栏猪只数量等措施降温。当气温低于16℃时，需要设法增温。⑤每天上午上下班，下午上下班各一次，检查每头猪的健康状况（精神、食欲、粪便、呼吸等），发现病猪及时隔离治疗，若不能判定病因则可告知兽医做进一步处理。当发现较为严重的病猪或者死亡病例时，需要报告兽医并立刻清理污染源，对污染源进行消毒。

（2）生长育成舍饲养员的岗位工作技能要求。为人要求勤劳认真，细心诚实。同时具备一定的兽医知识，能够通过合理用药治疗一般常见病症，能做好猪舍的检验检疫工作。另外，能够做好各种品种猪只转入转出的记录，能够灵活地调整猪只的转栏。能够准确记录并填好“种猪预选报告表”“生长育肥性能测定登记表”“公猪种用性能检查登记表”以及“不合格品处理报告单”等表格。

饲养员冲栏

饲养员饲喂育成猪

★百度图片，网址链接：http://www.baidu.com

（编撰人：全建平，洪林君；审核人：蔡更元）

307. 猪的饲养密度多大合适?

猪饲养密度是指每头猪所占有的猪舍面积。饲养密度的大小直接影响猪舍温度、湿度及空气的新鲜度，也影响猪的采食、饮水、排粪、排尿和休息等活动。夏季猪群密度太大，不利于猪的散热；冬季增加饲养密度，有利于猪群取暖；春秋季饲养密度太大，容易导致猪舍湿度升高，加快细菌的繁殖。因此，需要按照实际情况调节饲养密度。另外，饲养密度大时，还影响猪的均匀采食，猪的休息时间缩短，强欺弱的机会增加，使猪长得大小不齐，影响饲料报酬。

另外，不同生长阶段的猪饲养密度也不一样，具体如下表。

不同生长阶段的猪饲养密度

猪群	体重（kg）	每猪所占面积（m^2）	
		非漏缝地板	漏缝地板
断奶仔猪	4～11	0.37	0.26
	11～18	0.56	0.28
保育猪	18～25	0.74	0.37
育肥猪	25～55	0.90	0.50
	56～105	1.20	0.80
后备母猪	113～136	1.39	1.11
成年母猪	136～227	1.67	1.39

非漏缝地板猪舍

漏缝地板猪舍

★顺德新闻网，网址链接：http://www.sc168.com/zt/content/2014-07/16/content_504472.htm
★养猪资讯，网址链接：http://www.zhuwang.cc/show-31-304572-1.html

（编撰人：莫健新，洪林君；审稿人：蔡更元）

308. 如何确定商品猪最佳上市体重?

肉猪上市体重是影响养猪效益的直接因素，最佳的上市体重能够将养猪效益最大化。因此，养殖场想要合理控制商品猪的上市体重，需要掌握好两个原则：一是育肥猪的增重速度；二是瘦肉率水平。再有就是根据当时市场上猪肉和饲料的价格，作出灵活判断。

猪的生长遵循先慢，后快，再慢的规律。长白猪、大白猪、杜洛克猪等国外品种增重高峰在90～100kg；国内地方猪则在90kg之前，不同地方猪差异较大。猪越到后期，消耗饲料会越多。因此一旦发现日耗费的饲料成本快赶上生猪日增重的卖价，就提醒要及时将生猪出栏了。

第二个影响生猪出栏体重的因素是瘦肉率。猪在育肥前期，生猪脂肪沉淀很少，但到达一定体重后，脂肪沉淀速度开始加快，胴体瘦肉率开始明显下降。若生猪出栏时体重过大，活猪胴体会偏肥，猪难以卖出好价格。

根据上述的两个原则，养殖的“杜长大”杂种猪出栏体重宜在110～120kg。而国内早熟易肥的猪种出栏体重在70kg为宜，其他地方品种适宜出栏体重为75～80kg。“内二元”杂种猪可以达到90kg，“内三元”可以在90～110kg出栏。

小商品猪饲养

上市商品猪饲养

★慧聪网，网址链接：https://b2b.hc360.com/viewPics/supplyself_pics/226462411.html

（编撰人：全建平，洪林君；审核人：蔡更元）

309. 育肥猪对环境的要求是什么？

育肥猪具有较高的环境要求，为猪提供理想的生存环境，使猪生长快、抗病性强、病害少。

（1）温度。猪的温度是最重要的环境因素，在低温的情况下，为了保持体温，加速分解代谢，维持消耗，维持消耗不增加体重，不创造产值，猪的饲料报酬低；在高温下，猪的新陈代谢产生的热量更大，猪必须通过加强呼吸和加强外周血循环来增加散热。这些活动增加了营养的消耗，并且必须减少热量的产生，以减少热量的摄入，从而使猪的生长速度减慢，饲料报酬降低。

（2）气流。气流影响猪的散热率。气流是由自然通风和机械通风形成的，在炎热的夏季，气流帮助猪体散热，有利于养猪健康和生长，因此应加强夏季的通风。在冬季，气流增加了猪的热量散失，这对猪是不利的，因此冬季会减弱气流。

（3）消毒。定期消毒猪圈，使用化学消毒（喷涂药物）和物理消毒（安装紫外线消毒灯），夏季消毒1次，冬季半个月消毒1次。

（4）光照。阳光照射在猪身体上会产生维生素D，促进钙吸收，在有阳光的环境下猪的新陈代谢旺盛，所以猪的生长和发育加速，同时阳光照射可起到杀菌消毒的作用，所以，力争使猪在日晒环境中生长，如果不这样做，可将维生素D粉添加到饲料中。

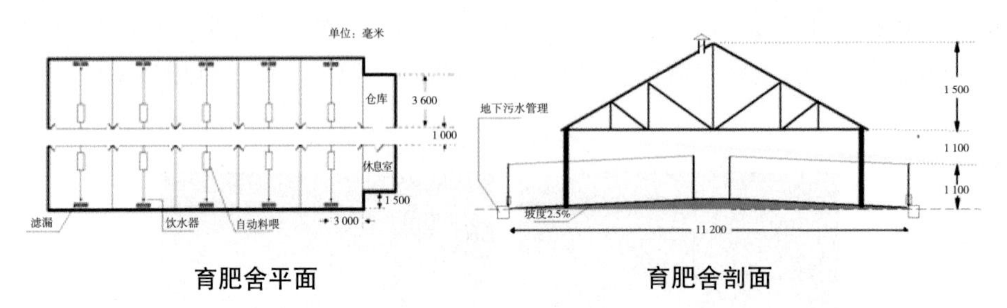

育肥舍平面　　育肥舍剖面

★猪友之家，网址链接：http://www.pig66.com/show-116-18262-1.html

（编撰人：赵成成，洪林君；审核人：蔡更元）

310. 如何提高猪肉品质?

单纯提高瘦肉率已经无法满足人们对肉质的要求。在猪的饲养过程中，改善猪肉品质可以通过以下几种方法。

（1）选育优良的猪种。中国地方猪的品质优于外来品种，由于肌内脂肪含量高，所以肉质多汁、鲜嫩、风味显著提高。

（2）选择适当的饲喂方式。自由采食的方式有利于猪肉的嫩滑和多汁，增加脂肪的硬度，但限制饲喂会增加瘦肉的比例以及不饱和脂肪的比例。此外，在屠宰前的5个星期，用缺乏蛋白质的饮食喂养它们，可以提高肌内脂肪的水平，提高猪肉的质量。

（3）合理的营养供给。

①脂肪。猪肉脂肪中脂肪酸的组成与饮食中的脂肪酸密切相关，肉类的风味与饱和脂肪酸的水平呈正相关。

②维生素E。维生素E作为一种天然抗氧化剂，不仅能降低脂质氧化，还能改善肉色和系水力。

③维生素C。饲料中添加250mg/kg的维生素C，可以提高屠宰后45min和24h肌肉的pH值和色度指数，减少PSE肉的生产。

④硒。硒能提高肉的抗氧化性，保护肌红蛋白的亚铁离子被氧化，防止肌肉产生苍白色。

⑤维生素D_3。可以将维生素D_3添加到猪饲料中，以减少滴漏，提高肉质。

正常猪肉

★猪e网，网址链接：http://js.zhue.com.cn/a/201612/12-278367.html

（编撰人：赵成成，洪林君；审核人：蔡更元）

311. 怎样饲养生长育肥猪?

（1）良好的喂食习惯。肥育猪饲料应定时、定量，不应随意改变。形成一种固定条件反射有利于充分消化和利用饲料。

（2）喂量。猪每天喂3次，低于25kg的猪每天喂4次。饲料的量是猪体重的0.04倍。小猪应该多点，大的猪可以适当的减少。在实践中，总结出最好的猪的喂养方法是8个字即“吃饱吃了，不舔食槽”。让猪吃饱而是不吃剩，而吃饱的标志是不舔食槽，残留点是不舔食槽的标志。

（3）投料方式。每一圈所需的饲料应均匀地分布在饲料槽的一端到另一端。这有助于每头猪都有同样的饲料。更有利于胆小抢不上槽的猪可以从两端吃到饲料，以防止个别猪掉膘。

（4）喂饲前清理饲槽。喂食前，一定要清除饲料槽内的粪便，不得携带粪便投放饲料。喂完猪后，把剩下的食物清理干净，以防止饲料浪费。

（5）适时换料。育肥猪饲料分为仔猪料，30kg以前饲喂；中猪料为30～60kg饲喂；大猪料为60kg至屠宰阶段饲喂。及时更换饲料不仅能适应不同阶段的生理需求，还能降低饲料成本。

育肥猪

生长育肥期规律
生长势
骨骼 肌肉 脂肪
骨骼 肌肉 脂肪
性成熟 第一胎 体成熟 月龄

育肥猪生长规律

★养猪资讯，网址链接：http://www.zhuwang.cc/show-35-237317-1.html

（编撰人：赵成成，洪林君；审核人：蔡更元）

312. 导致育肥猪生长缓慢的重要因素有哪些?

（1）没有过好补料关。仔猪在哺乳期不能及时补料，断奶不能很好吃料，仔猪腹泻严重，个别猪场的发病率高达60%～80%，导致仔猪生长缓慢，发育停滞。因此，一般应该在仔猪7日龄的时候开始训练吃饲料，12日龄就可以把饲料补上。

（2）母猪生产繁殖应激。仔猪出生体重小，25～28d断奶体重仅3～3.5kg，严重影响后期生长。

（3）断奶应激。断奶仔猪摄入量下降15%～20%，生长停滞，腹泻率达30%～100%，伴有水肿病、抗病性下降、后期生长受到影响，严重的成为僵猪。

（4）饲料营养不平衡。人为因素降低后期饲料生产成本，营养水平也降低，导致猪营养失衡。

（5）饲料使用方法不当。配合饲料混料一般不超过3d，是养猪场的最佳状态，以保证饲料的新鲜度和适口性。混料时间太长，尤其是下雨的天气，饲料容易发热变质。

（6）生长育肥猪前期大剂量使用抗生素。早期生长肥育猪，生产商为了预防疾病，在饲料中添加大剂量的抗生素，这虽然可以提高动物的抗病能力，但也会导致一些细菌耐药性的出现，一旦细菌引起疾病，治疗是非常困难的，通常由内源性感染和双重感染引起的，使得机体的免疫力下降，抗病能力减弱，导致生长育肥猪的后期生长速度减慢，肉质较差。

	生长猪	育肥猪
体重（kg）	20～50	50～110
日增重（g）	700（700～900）	800（700～1 000）
日喂量（kg）	1.90	3.10
饲料报酬	2.71	3.79
能量（MJ，可消化能）	3.2	3.2
赖氨酸（%）	0.80（0.8～1.1）	0.65（0.65～0.85）
钙（%）	0.8（0.8～0.9）	0.65（0.65～0.80）
磷（%）	0.65	0.55（0.55～0.62）

生长育肥猪阶段的营养需求（赵成成、洪林君 摄）

育肥猪

★百度文库，网址链接https://wenku.baidu.com/

（编撰人：赵成成，洪林君；审核人：蔡更元）

313. 如何提高工厂化养猪的生产效率?

近年来，我国工业化的生猪养殖发展迅速，但与世界发达国家相比仍存在一定差距。如何提高生产效率已成为目前工厂化养猪工作的重点。

（1）提高母猪受胎率。加强种公猪的营养，只有良好的营养，种公猪才会有良好的生长发育，强壮的性欲，高的精液产量和优良的精液品质。合理使用种公猪可以延长种公猪的使用寿命，并充分发挥其精子性能。

合理的猪群结构是提高母猪繁殖率的一个重要的措施，理想的母猪群结构是1～2胎母猪占母猪群的30%～35%，3～6胎母猪占母猪群的60%，7～8胎母猪占母猪群的5%～10%，淘汰低繁殖性能的母猪和定期选择后备母猪。

（2）提高母猪产仔率。做好生殖系统疾病监测工作，及时消除阳性猪。为了确保母猪生长发育所需的营养，应精心调整日粮搭配。加强母猪在怀孕期间的喂养和管理，防止仔猪的死亡和流产，保持一个安静、干燥、干净、舒适的卫生环境，防止母猪遭受恐吓和抽打。

（3）提高仔猪育成率。加强母猪的饲养管理，增加母猪泌乳量，狠抓仔猪奶膘。固定乳头，吃足初乳。保持圈舍适宜的环境温度。

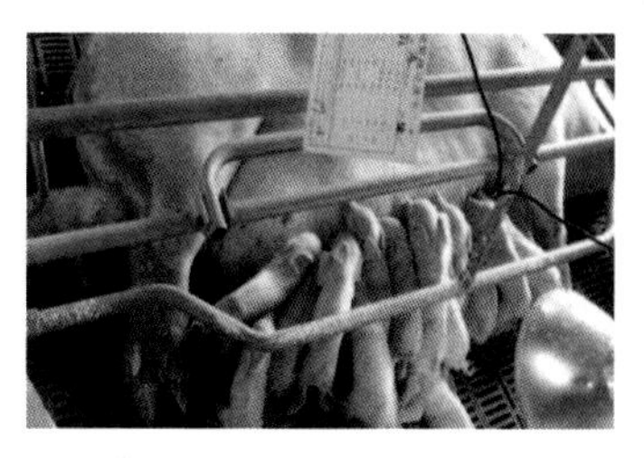

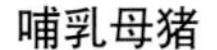

哺乳母猪　　利用公猪刺激母猪发情

★爱猪网，网址链接：http://52swine.com/article/8910

（编撰人：赵成成，洪林君；审核人：蔡更元）

314. 在养猪生产中，如何控制经营成本?

影响养猪生产的因素很多，要学习和运用现代科学养猪技术和经营方式，控制养猪生产成本，发挥生产潜力，最大限度地提高养猪经济效益。在养猪生产中，控制经济成本可通过以下措施。

（1）筛选好的品种和杂交组合。好的品种和杂交组合具有生长快、耗料少、瘦肉率高、适应性强的特点，在同样饲养条件下可以有效地降低生产成本，提高经济效益。

（2）科学地饲料配合，减少饲料浪费。根据猪不同的生长发育阶段的营养需要，科学合理地进行饲料配制，同时减少饲料浪费。饲料的浪费主要表现为：猪群质量差、生长速度慢；饲料槽设计不合理；猪舍冬季太冷、夏天太热；体内外感染寄生虫；猪患慢性疾病；饲料发霉、变质；饲料配合不当、营养不平衡等。所以提高猪群质量，加强饲养管理，积极防病、治病，合理配制饲料，努力减少饲料的各种浪费和损失，就能节约饲料，降低养猪成本，提高经济效益。

（3）提高猪群质量，增加生产。提高母猪的产仔率、仔猪的成活率、肉猪的出栏率是控制养猪生产、增加养猪生产效益的主要因素。

（4）合理饲养，适时出栏。了解猪的生长规律，同时参考市场价格，把握出栏适期。

养猪场（赵成成、洪林君 摄）

（编撰人：赵成成，洪林君；审核人：蔡更元）

315. 猪场管理都需要注意哪些问题？

猪场必须得到高效的管理才能得到最好的养殖效益，猪场管理应注意以下要点。

（1）饲料和水的供应。饲料和水的供应对猪只的生长意义重大，因此要进行有效的控制。首先，对饲料和水进行质量控制，控制好饲料和水的质量能有效降低猪只患病的几率，具体实践中要对饲料进行生产许可证和营养物质配比表等方面的多项监督，从而保证饲料的营养性和安全性。其次，要保证饲料和水供应充足。猪在不同的生长阶段对营养物质的需求不同，因此应该根据各猪群的营养需要和生产需要提供足够的饲料量。

（2）环境控制和掌握。为了降低猪只患病的几率，应从3个方面对猪场环境进行控制。第一是经常打扫猪舍，并定时进行消毒，降低病菌的滋生概率；第二是强化圈舍的光照，阳光在为猪舍提供适宜的温度条件的同时还具有较强杀菌作用；第三是进行圈舍通风，促进空气流通，加快污浊空气的扩散排出。

（3）疾病的预防和治疗。疾病是威胁养殖安全的重要因素，做好疾病防治能有效提高猪场效益。疾病的预防是猪场防疫工作的重要方面，疾病的预防首先是进行疫苗的接种，提高猪只的免疫力；其次是对饲料、水和环境进行控制，减少外部的致病因素。猪场疾病的治疗也要做好两方面的工作：第一是做好监督工作，对疾病做到早发现、早治疗。第二是提高疾病诊断的科学性和准确性，提高治疗效果。

猪场降温水帘

猪场疫病防控

★爱畜牧，网址链接：http://www.ixumu.com/forum.php? mod=viewthread&ordertype=1&tid=580116

（编撰人：莫健新，洪林君；审稿人：蔡更元）

316. 猪场劳动定额如何确定？

（1）空怀配种妊娠猪舍定额。每人饲养空怀母猪120头，每人饲养妊娠母猪150头。同时每天都要做到：勤观察、抓卫生、抓配种、做配合、详细计划与认真落实。勤观察包括猪群精神、食欲和粪便的观察，还包括料槽、猪圈与体表的观察；抓卫生主要工作包括早晚定时打扫猪圈2次，每天清除粪便2次；抓配种主要包括早晚查情试情2次，发现发情母猪适时配种；做配合包括配合技术人员做好疫苗接种工作以及其他需要协调的各种工作；详细计划与认真落实包括制定详细的周计划并按照规定认真完成。

（2）分娩（产房）猪舍定额。每人每天负责30～35头产仔母猪及仔猪。工作主要包括：临产母猪管理、产床分娩、产仔接生、哺乳保育以及饲养管理等。每天做到猪群勤观察、抓卫生、抓分娩、做配合、详细计划与认真落实。

（3）保育猪舍定额。每人每天饲养460头保育猪。工作主要包括：圈舍环境与温度调控、日常饲喂管理。做好勤观察、抓卫生、抓调控、做配合、详细计划与认真落实。

（4）后备猪与育肥饲养管理定额。执行公司的规定操作，做好后备猪与育肥猪的饲养管理。要求育肥期110d体重要达到100kg；死亡率低于2%。同时做好勤观察、抓卫生、抓调控、做配合、详细计划与认真落实。

猪场工人劳动

★中国养猪网，网址链接：http://www.zhuwang.cc/show-91-357100-1.html

（编撰人：全建平，洪林君；审核人：蔡更元）

317. 场长的岗位工作职责和能力要求有哪些?

（1）场长的工作职责。①在公司的领导下，负责猪场的日常管理、生产以及产品销售工作。②贯彻执行国家有关猪养殖的路线、方针和政策，同时遵守养猪行业内的规范，遵守公司制定的规章制度。③制订猪场生产计划，监督各项计划的实施与完成，协调各生产部门完成生产任务。④组织制定猪场生产报表等体系文件，为猪场的建设和生产提供技术资料，并按时做好向上级公司的反馈工作。⑤组织制定猪场猪产品生产质量体系文件，实现对猪产品质量的有效监控。⑥负责向公司申请购买疫苗、药物、工具、器械等猪场生产所需用品。⑦按照公司制度对猪场员工进行任务分配和调整，负责制定场内卫生、消毒、驱虫以及保健、免疫等各项计划，并监督保证落实。⑧负责监管猪场的生产情况，职员工作情况和卫生防疫情况，发现问题及时解决。⑨负责猪场生产资质的办理以及场外单位的日常参观与接待工作。⑩负责猪场生产安全工作以及上级交办的其他工作。

（2）场长的能力要求。具有良好的责任心与职业道德；具备良好的计划能力和沟通能力；具备良好的公司文化宣传能力和猪场结合实际情况的整合能力；善于培养员工和组建团队；既懂技术也干实事。

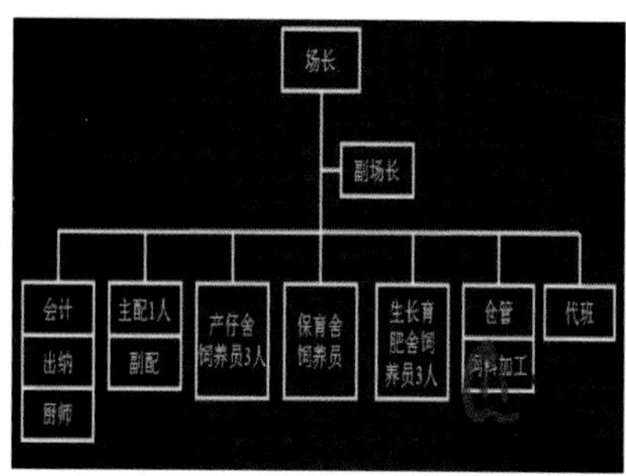

猪场领导结构

★百度图片，网址链接：http://www.baidu，com

（编撰人：全建平，洪林君；审核人：蔡更元）

318. 兽医的岗位工作职责和技能要求有哪些？

（1）兽医岗位工作职责。①贴近猪场的实际情况，制定合理的免疫程序，执行要严格，免疫工作的随意多变性是要坚决避免的。②按照免疫规范操作来进行接种、采血等工作。③深入所辖猪舍，对猪只进行观察和检疫，要求对所辖猪群的健康情况了如指掌。每天上午、下午巡视猪群情况，做到一问、二看、三测、四处理。一问：询问饲养员猪群健康情况；二问：看猪只的精神、食欲、粪便以及呼吸等情况。三测：测量可疑病猪体温、血清指标。四处理：根据检疫结果，对病猪作出治疗或淘汰处理。④病猪需要根据兽医拟定的治疗方案和处方进行相关治疗，同时记录病案。⑤监督猪场内外的各项消毒措施的执行，使用消毒剂指导和消毒效果检查。⑥定期抽检猪场猪群的抗体水平，及时了解某些疾病对猪群的免疫状态和效果，为制定合理的免疫措施提供参考。⑦检疫同时注意猪舍的温度、湿度、空气清洁度以及饲料情况是否符合要求，若有误及时督促改进。

（2）兽医岗位工作技能要求。兽医岗位人员需要掌握判断疾病的能力，了解各种疾病的防疫程序，提供各项治疗处理方案；需要能根据猪场的具体情况拟定猪场防疫程序；不仅要了解本场疫病情况，也要掌握市场疫病情况，制订出猪场疫苗、消毒剂、药械等防疫用品需求计划，同时避免伪劣假冒和三无产品。能够对猪场环境卫生、粪便和污水处理提出策划和建议。

兽医猪场内检疫

★萧山区畜牧兽医局，网址链接：http://5800879.1024sj.com/

（编撰人：全建平，洪林君；审核人：蔡更元）

319. 配种员的岗位工作职责和技能要求有哪些?

（1）配种员的工作职责。①根据待配母猪的档案卡信息，预测发情日期和配种日期以及配种方式（人工授精或自然交配）。②负责猪舍母猪每天的查情工作，掌握好配种时机进行配种。③做好猪舍母猪每天的转栏工作和调整工作。④需要认真细致做好配种记录和报表，并及时完成母猪档案的录入工作。⑤对屡配不怀或者不发情的母猪，或者出现阴道流脓等现象时，处理并报告兽医，配合医治，对于最终还是有繁殖障碍的母猪，需要及时申请淘汰。⑥公猪精液品质要定期检查，发现问题采取相应措施。保持公猪栏清洁干燥，场地宽敞，有运动余地。

（2）配种员的工作技能要求。熟练掌握母猪查情工作，能对不发情母猪或者发情不明显的母猪进行处理改善发情情况；熟练掌握人工配种技术，并且能够讲述配种技巧以便培训新员工；熟练掌握母猪的产期预测，以及报表等各项记录工作的完成；掌握配种母猪一般疾病的治疗工作。

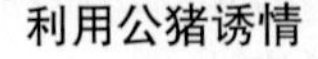

利用公猪诱情

配种员介绍人工授精技术

★中国养猪网，网址链接：http://www.zhuwang.cc/show-32-319025-1.html

（编撰人：全建平，洪林君；审核人：蔡更元）

320. 猪场如何制订和实施作业指导书？

规模化猪场应结合当今国内外规模化猪场的管理特点和要求，制定标准化的生产管理作业指导书供规模化猪场技术管理人员参照执行。参照国内外先进规模化猪场的作业指导书制定模式，一套完整的规模化猪场作业指导书应包括以下5个部分的内容。

第一部分为猪场管理规范与生产技术标准，主要包括猪场报表管理，猪场组织架构、人员定编及岗位职责，会议与技术培训制度，生产技术标准和参数等方面的内容。

第二部分为生产技术标准和参数，主要包括不同类型猪场生产流程，后备母猪饲养管理作业指导书，种公猪选配及饲养管理作业指导书，精液生产、贮存、运输作业指导书，猪只测定作业指导书，配种作业指导书以及配种舍、妊娠舍、分娩舍、保育舍及生长育肥舍饲养管理作业指导书。

第三部分为猪场卫生防疫与猪病防治，主要包括猪场防疫与消毒作业指导书，猪场驱虫作业指导书，兽医临床技术操作规程，猪场免疫程序，猪场预防用药及保健作业指导书，猪场常见疾病防治操作规程。

第四部分为关于引种与育种，包括种猪引入后的短期饲养管理要点，新引种猪的过渡及管理程序，种猪繁殖性能关键控制点，种猪选配中如何防止近交衰退，种猪的选留与更新。

第五部分为猪的营养与配方设计，包括饲料营养与猪群免疫力以及猪饲料配方设计注意事项两大方面。

规模化猪场规划图

作业指导书				文件编号	WI-QE-0802
				版本	AO
编制	生产	品质	工程	页码	1/9
林文燕				实施时间	2011-8-17
产品名称：平板灯		工序名称：贴灯珠与焊灯珠			
设备：防静电手环、针筒、镊子、高温焊台					
序号	物料名称	用量		备注	
1	灯珠	按 BOM 清单要求		根据工单要求	
2	灯板	按 BOM 清单要求			
3	锡膏	按 BOM 清单要求			
操作示意图：					
图 1：	图 2：	图 3：	图 4：		
在焊盘上均匀点上锡膏	把灯珠区分正负极贴在灯板上	调节好高温焊台的温度	把灯板放在高温焊台上焊接好		

规模化猪场作业指导书

★百度百科，网址链接：
http://www.sohu.com/a/143355205_642849
http://www.gdzhihong.cn/gd/161527101.html

（编撰人：陈永岗，洪林君；审核人：蔡更元）

321. 猪场如何制订和实施绩效考核方案?

规模和现代化的猪场需要建立完善的生产激励机制，既方便对员工的考核也能充分调动其生产积极性，进行生产指标绩效管理变得尤为重要。规模和现代化猪场工作较为简单，其中利用生产指标绩效考核进行奖罚的方案在生产中变得简易可行。此方案也可以称之为生产指标绩效考核奖惩制度。考核方案的制定应与实际相结合，由员工和各主管领导相互商定，与制定的生产指标紧紧相连，从而可以有效提高生产效率，具体的对应内容如下。

（1）配种妊娠舍人工授精站生产指标。胎均活产仔数，配种受胎率，配种分娩率，应以实产胎数及活产仔猪数的增减来进行奖惩。

（2）产房保育舍生产指标。哺乳保育期的仔猪成活率，断奶仔猪重，母猪的背膘变化；以保育期成活率的增减头数及转出的仔猪与制定的标准体重增减的重量进行奖惩。

（3）生长育成（肥）舍生产指标。生长育成（肥）期成活率，出栏重，23周龄重；以生长育成（肥）期成活率的增减头数及转出的猪体重与制定的标准体重增减的重量进行奖罚。

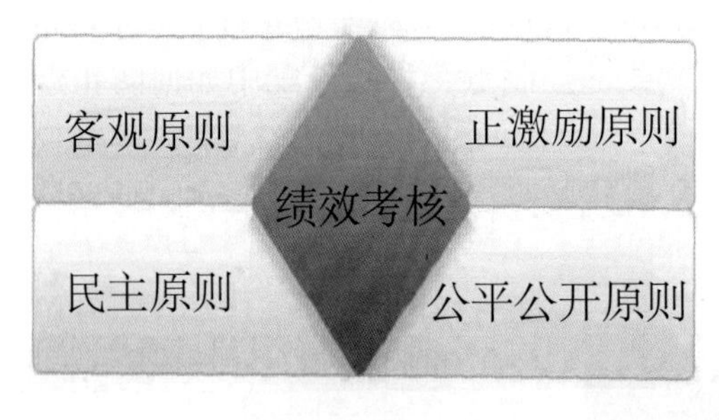

猪场绩效考核原则

工资 级别 部门及岗位		纵向基本工资	岗位考核基数	岗位KPI评分	横向升级工资				合计（约）
					一级	二级	三级	N级	
		A	B	C	+300	+600	+900	+300N	A+B*C/100+300N
试用期	见习	2000	0	-	-	-	-	-	2000
	实习	2000	1000	-	-	-	-	-	2000+1000C/100
	试用	2000	1500	-	-	-	-	-	2000+1500C/100
生产板块	组员	2000	1500	C	+300	+600	+900	+300N	A+B*C/100+300N
	防疫组长	2500	1500						
	组长	2500	2000						
	防疫老师	3000	2000						
	老师	3000	2500						
	平台老师	3500	3000						
	产房饲养员	3000	-	-	-	-	-	-	3000
	配怀饲养员	3000	500	-	-	-	-	-	A+B
	育成饲养员	3000	500	-	-	-	-	-	A+B
行政	行政	3000	2500	-	-	-	-	-	A+B

猪场各生产岗位工资组成

★畜牧人才网，网址链接：http://www.xumurc.com/main/ShowNews_27396.html
★百度知道，网址链接：https://zhidao.baidu.com/question/431638314055154244.html

（编撰人：陈永岗，洪林君；审核人：蔡更元）

322. 怎样对猪场员工进行管理?

养猪效益的高低在于管理，管理的成败在于团队，一个好的团队在于培养。有凝聚力的好团队需要人性化的关怀，需要科学合理的管理制度，需要执行力，需要责任心和激励机制。以人为本是管理员工的基本原则，因此需要提供良好的生活和工作环境，同时提高福利待遇，尊重员工的辛勤劳作。再就是要制定切实可行的管理制度，并付诸落实，让每一位员工自觉遵守。其三，建立工作责任制和奖罚办法，做到人性化管理与工作行为考核奖罚同步。

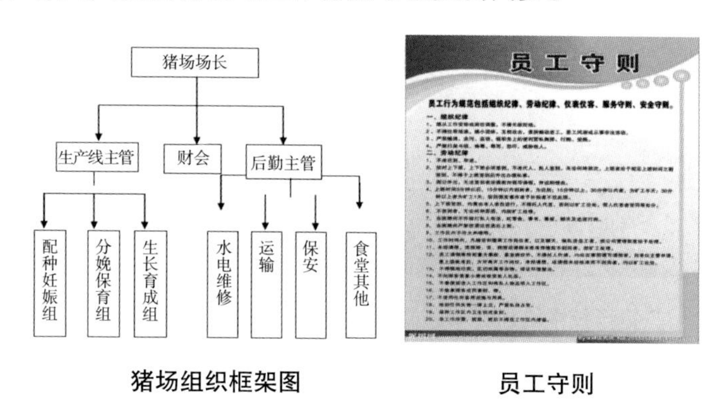

猪场组织框架图　　　　员工守则

★昵图网，网址链接：http://www.nipic.com/show/4/65/8007749k1d9978b6.html

（编撰人：莫健新，洪林君；审稿人：蔡更元）

323. 猪场如何开展技术和管理培训提高员工素质？

开展猪场技术和管理培训是提高员工技术素质以及提高全场生产管理水平的重要手段。提高员工技术素质最为有效的方法是将猪场生产例会和技术培训制度化，定期检查总结生产中存在的问题，研究出恰当的解决方案。对员工在生产中存在的技术缺陷进行针对性的培训，例如可以制定类似于如下的生产例会和培训制度。

（1）每周末晚上7：00—9：00为生产例会和技术培训时间。

（2）该会由主场长主持。

（3）时间安排为生产例会1h，技术培训1h。特殊情况下灵活安排，但总的时间不变。

（4）内容主要是汇报和总结前一周的工作、布置下周工作以及按生产进度或实际生产情况进行有目的、有计划的技术培训。

（5）会议流程为：组长汇报工作→生产线主管汇报→对问题进行讨论→主持人全面总结上周工作，解答问题，统一布置下周的重要工作。生产例会结束后进行技术培训。

（6）会前组长、生产线主管和主持人要做好充分准备，重要问题要准备好书面材料。

对于生产例会上提出的一般技术性问题，要当场研究解决，涉及其他问题或较为复杂的技术问题，要在会后及时上报、讨论研究，并在下周的生产例会上予以解决。

猪场技术培训会

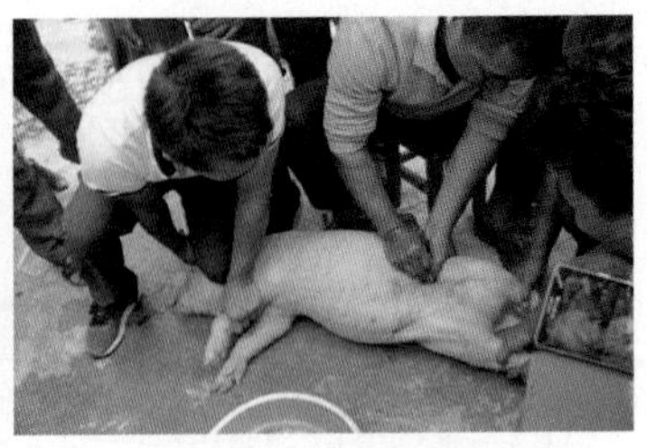

猪场现场技术培训

★文山农业信息网，网址链接：http://www.wsysagri.gov.cn/ws/news704/20150724/5761551.shtml

（编撰人：莫健新，洪林君；审稿人：蔡更元）

324. 猪场应制订哪些制度？如何落实？

猪场应制定《员工守则》《兽医卫生防疫制度》《消毒制度》《免疫制度》《人事管理制度》《岗位责任制度》《生产管理操作规程》《财务制度》《物资管理制度》等。猪场制度重在建设，贵在落实。制定的制度必须要有针对性、实用性和可操作性，否则就是一纸空文。在推进制度落实上，要做好5项工作：一是要加强制度的宣传贯彻力度；二是要强化制度的学习培训；三是要加强制度执行监督检查；四是把落实制度与《员工守则》宣传贯彻及企业文化建设相结合；五是要在执行制度上下功夫，让每一个员工养成遵守制度的好习惯。

猪场管理制度

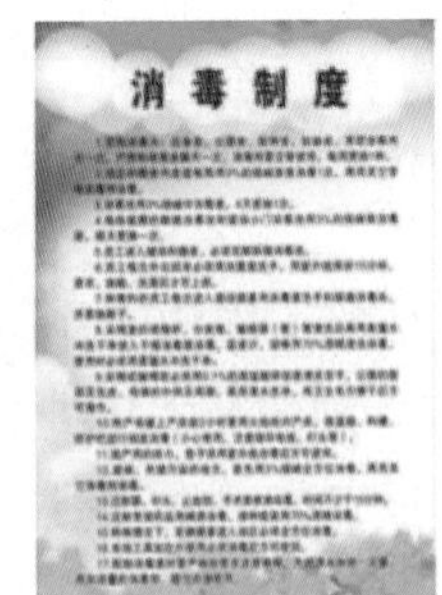
消毒制度

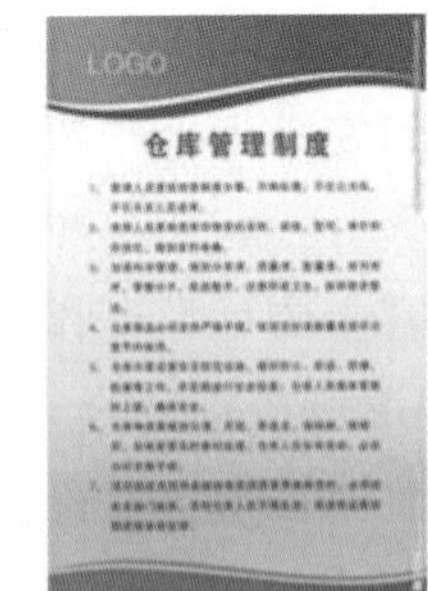
LOGO
仓库管理制度

猪场制度建设

★昵图网，网址链接：http://www.nipic.com/show/4/79/b3da146edb3af699.html

（编撰人：莫健新，洪林君；审稿人：蔡更元）

325. 怎样建立猪场疫苗、兽药的台账和使用记录？

疫苗、兽药的台账和使用记录对于一个猪场的生产管理是非常重要的。疫苗、兽药台账的建设需要注意以下问题。

（1）应有一个专门保存疫苗、兽药的仓库，配备必要的货架、冰箱等物品。

（2）应建立物资管理制度，建立进出台账，由专人负责管理。定期按计划购入疫苗、兽药，购入后填写进仓单，员工按计划领用疫苗、兽药并且要登记签名，每月定期进行盘存。

（3）技术人员或饲养员使用疫苗、兽药时应记录使用对象、使用时间、剂量、副作用等信息，管理人员定期检查、核对相关记录并签名。

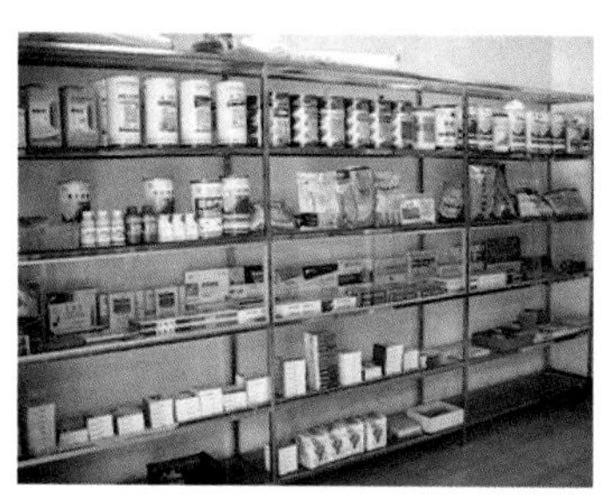

猪场药物仓库

动物养殖场兽药进出库登记表

进库					出库				
时间	兽药名称	数量	生产单位	批文批号	时间	兽药名称	数量	使用动物栏舍号	申领人签名
2月9日	青霉素钠	1盒	华南制药厂	201012010	3月1日	卡那霉素	1盒	7号栏	李国财
2月9日	卡那霉素	10盒	湖南兽药厂	201008098					

猪场兽药进出库登记表

★猪友之家，网址链接：http://www.pig66.com/2015/145_1027/16188768.html

（编撰人：莫健新，洪林君；审稿人：蔡更元）

326. 怎样填写猪场的养殖档案？

我国畜牧法规定，经营养殖场应当建立养殖档案，并规定档案中应当载明的项目。农业部制订了《畜禽标识和养殖档案管理办法》（农业部令第67号）；广东省兴办规模化畜禽养殖场指南（粤农〔2008〕137号）对上述法律、办法制订了具体要求。根据上述文件，畜禽养殖档案须载明以下内容。

（1）畜禽的品种、数量、繁殖记录、标识情况、来源和进出场日期。

（2）饲料、饲料添加剂等投入品和兽药的来源、名称、使用对象、时间和用量等情况。

（3）检疫、免疫、监测、消毒等情况。

（4）畜禽发病、诊疗、死亡和无害化处理情况。

（5）畜禽养殖代码。

（6）农业部规定的其他内容。

在记录上述内容时相关人员需在养殖档案相应位置签名。生猪养殖场应当依法向所在地县级政府畜牧兽医行政主管部门备案，取得畜禽养殖代码，作为养殖档案编号。商品猪养殖档案需保存2年，种猪养殖档案需长期保存。

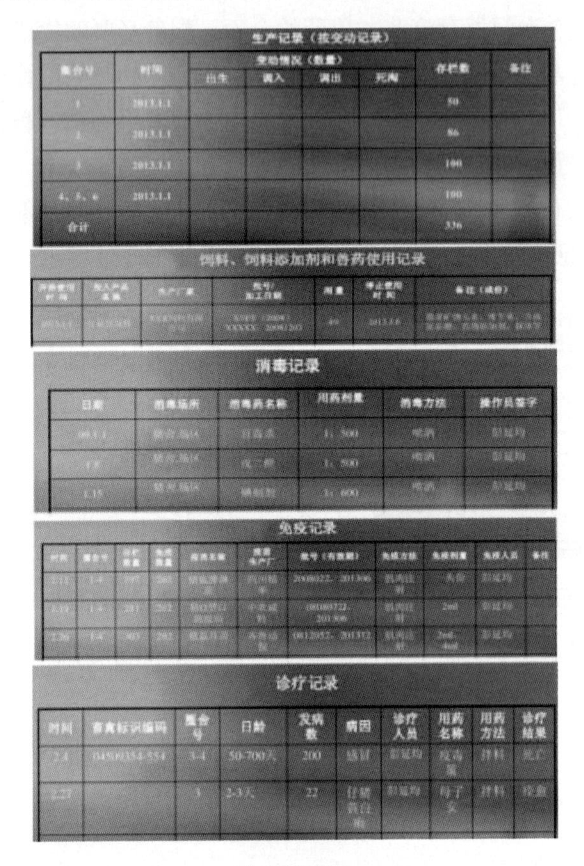

生产记录（按变动记录）

[illegible]	时间	变动情况（数量）				存栏数	备注
		出生	调入	调出	死淘		
1	2013.1.1					50	
2	2013.1.1					86	
3	2013.1.1					100	
4、5、6	2013.1.1					100	
合计						336	

饲料、饲料添加剂和兽药使用记录

[illegible]	[illegible]	生产厂家	[illegible]	用量	停止使用时间	备注（成份）
[illegible]	[illegible]	[illegible]	[illegible]	[illegible]	[illegible]	[illegible]

消毒记录

日期	消毒场所	消毒药名称	用药剂量	消毒方法	操作员签字
[illegible]	[illegible]	[illegible]	1：500	喷洒	[illegible]
1.8	[illegible]	[illegible]	1：500	喷洒	[illegible]
1.15	[illegible]	[illegible]	1：600	喷洒	[illegible]

免疫记录

时间	[illegible]	[illegible]	[illegible]	[illegible]	[illegible]	批号（有效期）	免疫方法	免疫剂量	免疫人员	备注
[illegible]	1-4	[illegible]	[illegible]	[illegible]	[illegible]	2008022、201306	[illegible]	[illegible]	[illegible]	
[illegible]	1-4	[illegible]	[illegible]	[illegible]	[illegible]	[illegible]	[illegible]	2ml	[illegible]	
[illegible]	1-4	[illegible]	[illegible]	[illegible]	[illegible]	[illegible]	[illegible]	[illegible]	[illegible]	

诊疗记录

时间	畜禽标识编码	圈舍号	日龄	发病数	病因	诊疗人员	用药名称	用药方法	诊疗结果
2.4	[illegible]	3-4	50-700天	200	[illegible]	[illegible]	[illegible]	[illegible]	[illegible]
[illegible]		3	2-3天	22	[illegible]	[illegible]	[illegible]	[illegible]	[illegible]

生产档案表

★百度文库，网址链接：https://wenku.baidu.com/view/7bb3bfcd58f5f61fb7366666.html

（编撰人：莫健新，洪林君；审稿人：蔡更元）

327. 怎样做好猪场的生产记录?

猪场每天应及时、真实、准确地做好生产记录，每周上报统计表，每个月进行1次生产统计分析。

（1）配种妊娠舍日记录表应记录本舍母猪品种、耳牌号、与配公猪耳牌号、配种方式及配种员、妊娠检查、返情和流产记录、病情及治疗情况、淘汰及死亡等情况。

（2）分娩舍每天记录母猪的转入时间、产程长短、是否助产、产仔数量、是否寄养、病情及治疗情况、死亡及淘汰情况、断奶日期等。

（3）保育、生长育肥舍猪群生产日记录表应记录本舍猪群死亡、淘汰、发病、治疗等情况。

（4）公猪舍生产日记录表应记录本舍公猪采精及检测、治疗、淘汰等情况。

配种记录日报表

母猪号	栏舍号	实际配种日期及与配公猪				21天查情情况	42天查情情况	预产期	实产期	备注	专家签到
		第一次配种		第二次配种							
		日期	公猪	日期	公猪						
18		1月8日	1								

配种记录表

母猪产仔记录日报表

母猪号	预产期	实产期	产仔情况								断奶日期	断奶数量
			总产仔数	健仔	弱仔	畸形	死胎	木乃伊	窝重	头均重		
A012		11.2	10								12.1	9
68		11.2	6								12.2	5
A786		11.2	5								12.2	5
755		11.4	7								12.2	7
794		11.5	8								12.5	8
34		11.14	8								12.14	8
48		11.16	6								12.14	6
66		11.20	13								12.20	11
56		11.24	10								12.22	8
36		11.23	5								12.22	6
29		11.24	4								12.22	6
28		11.25	5								12.29	4
A766		11.26	6								12.22	6
71		12.3	10								12.29	9
67		12.3	9								12.29	8
A03		12.7	8								12.29	7
A775		12.10	3								1.3	5
原种02		12.13	3								1.3	4
A034		12.11	13								1.3	10
764		12.11	7								1.3	7

母猪产仔记录表

★豆丁网，网址链接：http://www.docin.com/p-1166890711.html

（编撰人：莫健新，洪林君；审稿人：蔡更元）

328. 怎样进行猪场生产的统计分析？

统计分析的目的是及时发现生产中存在的问题，找出存在的差距，为解决存在的问题提供前提和条件。猪场的生产统计分析的依据是原始生产记录，一般每个月进行一次初步分析，一年进行一次详细分析，主要计算如下指标。

（1）母猪年产胎次=年分娩总窝数/常年平均存栏基础母猪数。

（2）母猪年提供上市猪数=年上市猪苗或商品猪总数/常年平均存栏基础母猪数。

（3）总受胎率（%）=受胎母猪总数/配种母猪总数×100。

（4）配种分娩率（%）=分娩总窝数/配种母猪总数×100。

（5）窝平均产仔数=产仔数的总和/分娩窝数。

（6）窝产仔数=产活仔数的总和/分娩窝数。

（7）哺乳期仔猪成活率=断奶正常仔猪数/产正常活仔数。

（8）保育期成活率=保育后转出的正常仔猪数/转入的正常断奶仔猪数。

（9）生长育成期成活率=出栏的正常商品猪数/转入的正常保育仔猪数。

全群料重比=全群消耗的饲料总重量/出栏的所有猪总重量。

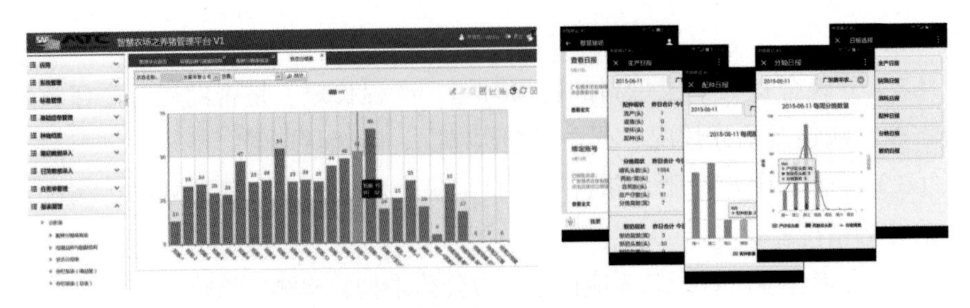

猪场生产数据统计平台

★智慧农场，网址链接：http://www.mtcsys.com/product/swine

（编撰人：莫健新，洪林君；审稿人：蔡更元）

329. 如何制订猪场生产计划？

猪场的生产是按照一定的流程进行的，每个猪舍的栏位和饲养时间是固定的，因此需要制定相对应的计划保证猪场生产按照一定的秩序进行。猪场基本的生产计划包括周、月、年生产计划等。猪场生产计划的制定需要生产指标作为依据。例如一个存栏数为470～500头基础母猪的猪场，每周需要配种24头母猪，按配种分娩率为0.85和胎均活仔数为10头计算，每周分娩胎数为20窝，活仔数为200头；胎断奶活仔数按9.5头计算，断奶仔猪数为190头；保育成活率和育成成活率分别按97%和99%计算，则保育育成活数和上市肉猪数分别为184头和182头。月计划和年计划可以按同样的方法算出来。下表是年出栏万头肉猪规模猪场的生产计划。

万头肉猪规模猪场的生产计划表

	周	月	年
基础母猪数	473		
满负荷配种母猪数	24	104	1 248
满负荷分娩胎数	20	87	1 040
满负荷活产仔数	200	867	10 400
满负荷断奶仔猪数	190	823	9 880
满负荷保育成活数	184	797	9 568
满负荷上市肉猪数	182	789	9 464～10 000

（编撰人：莫健新，洪林君；审稿人：蔡更元）

330. 养猪的主要生产技术指标有哪些?

生产指标是反映猪场生产水平的重要依据。我国目前先进的规模化猪场，生产线均实行均衡流水作业式的生产方式，采用先进饲养工艺和技术，其设计的生产性能参数一般选择为：平均每头母猪年生产2.2窝，提供20.0头以上肉猪，母猪利用期平均为3年，年淘汰更新率30%左右。肉猪生长到达90～100kg的日龄为161d左右。肉猪屠宰率75%，胴体瘦肉率65%。

猪场生产技术指标表

项目	指标	项目	指标
配种分娩率	85%	24周龄个体重	93.0kg
胎均产活仔数	10	哺乳期成活率	95%
出生重	1.2～1.4kg	保育期成活率	97%
胎均断奶活仔数	9.5	育成期成活率	99%
21日龄个体重	6.0kg	全期成活率	91%
8周龄个体重	18.0kg	全期全场料肉比	3.1

（编撰人：莫健新，洪林君；审稿人：蔡更元）

331. 如何开展猪场企业文化建设?

企业文化是增强员工的凝聚力、培养员工的归属感、提高员工的工作活力和热情的核心所在。猪场企业文化建设包括以下内容。

（1）建立和完善各项管理制度，例如员工守则、奖罚条例、岗位责任制度、养殖技术操作规范、防疫制度、销售制度、员工休请假考勤制度、会计出纳电脑员岗位责任制度、水电维修工岗位责任制度、机动车司机岗位责任制度、保安员门卫岗位责任制度、仓库管理员岗位责任制度、食堂管理制度、消毒更衣房管理制度等。

（2）建立有序的人才培养和考核机制。猪场主要通过岗位责任制对员工进行管理，同时每个月应召开生产例会，共同商讨生产中存在的问题，并制定对策，奖励生产成绩比较好的员工，对未能完成指标的个人给予指导。完善培训考核、福利待遇、考核任免等机制。把合适的员工放在合适的岗位，并予以岗位相关的权利，让其充分发挥其特长。构建一个员工提高自我的平台，并鼓励员工制订个人发展计划，让有能力、有目标、有理想的员工得到充分的发展。

（3）建立良好的猪场生活环境。由于大多数猪场建设在比较偏僻的地方，因此创造一个良好的环境尤其重要。例如舒适的员工宿舍，干净整洁的周边环境，卫生、可口、多样的菜式，节假日或者定期安排聚餐和加菜等。

（4）构建活跃丰富的文体娱乐生活。健全场内文化体育设施，例如篮球场、乒乓球室、桌球室、卡拉OK室、图书资料室等，定期和逢年过节举办体育和文艺比赛等。

猪场文体活动

★广西隆林网，网址链接：http://www.gxll.gov.cn/html/2014/xiangzhenchuanzhen_0626/25934.html

（编撰人：莫健新，洪林君；审稿人：蔡更元）

332. 如何提高猪场管理执行力？

猪场的有序、高效经营生产需要强大的执行力作为保障，因此如何打造和提高猪场的执行力是猪场管理者头等重要的工作，提高猪场执行力的措施如下。

（1）打造良好的猪场执行结构。猪场的执行力依赖于执行结构及结构中的职责划分，没有明确的执行结构和职责划分，就相当于没有了执行力的基础。

（2）建立执行流程。规范猪场需对目标进行分解，制订各个阶段相应的标准和工作流程，并将流程规范标准化、数字化、表格化。

（3）用制度来保障执行。根据猪场实际情况建立数字化、表格化、有监督、有责任措施的执行制度，保证执行制度的可执行性和具有保障措施和解决制度的出路。

（4）用绩效考核制度来激发员工执行的内在动力。高层管理者向素质较高的中低层管理人员的管理应强调结果；中低层管理人员对下属的管理必须把结果分解成过程进行控制，保障结果向目标方向发展。

（5）加强落实与检查以强化执行力。落实和检查常规化、规范化是强化执行的措施，只有通过不断地检查、不断地校正才能强化执行。

（6）强化培训与学习，反复强化执行以形成执行文化。通过培训和学习明确执行的方式、方法、管理，逐步形成执行文化。

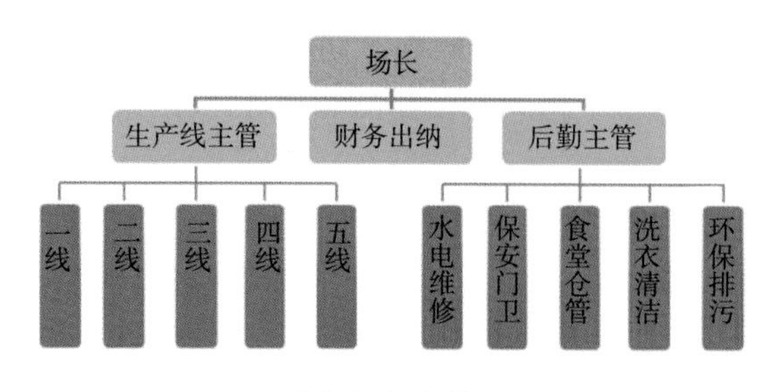

猪场组织架构

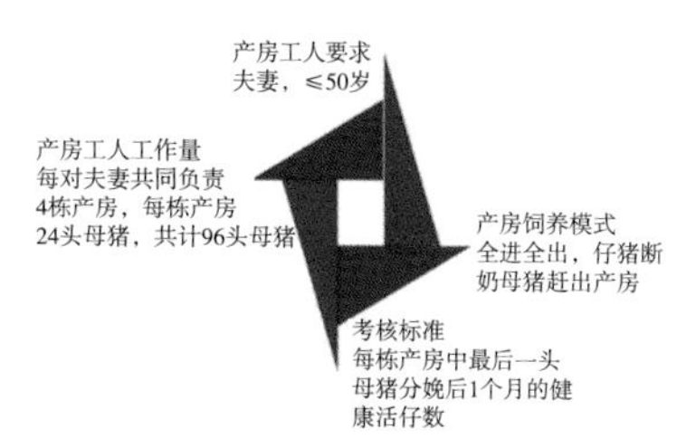

猪场产房工作要求

★新牧网，网址链接：http://www.xinm123.com/

（编撰人：莫健新，洪林君；审稿人：蔡更元）

333. 规模化养猪生产工艺有哪些组成部分?

规模化养猪生产工艺主要包括以下5个组成部分。

（1）选择优良品种和最佳杂交组合进行商品猪生产。品种改良常被视为养猪生产中见效慢，但见效最持久的部分，许多国家把种源建设上升到国家层面来推进，可见其重要性。

（2）提供全价配合饲料，进行标准化饲养。均衡的营养能够满足各阶段猪生长和繁殖的需要，对提高生产性能起到了重要的作用。

（3）合理组织配种繁殖，实行全年均衡产仔，批量生产。规模化养猪采用分阶段分批次饲养的方式，在有限的栏舍条件下，实现有序周转，可见合理组织配种的重要性。

（4）提供良好的设备条件，包括限位栏、漏缝地板、料槽、供水等。良好的设备条件，不仅能够方便管理者，还能够提高饲养水平和福利水平。

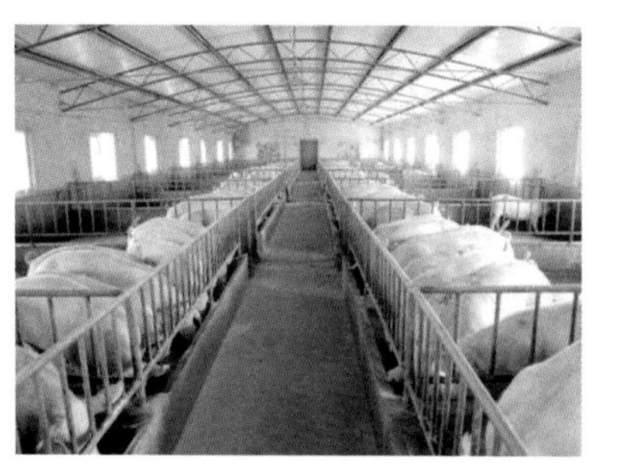

规模化饲养场

猪人工授精详询图解

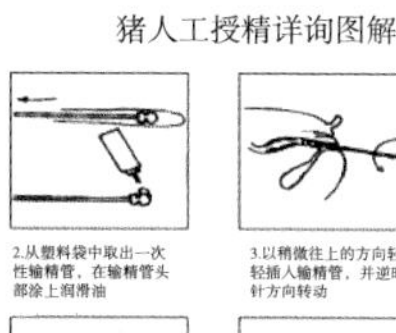
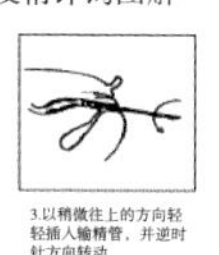
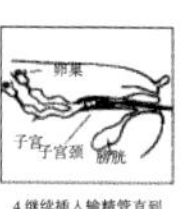

人工授精

★突袭网，网址链接：http://www.tuxi.com.cn/55-5000-50009019.html
★马可波罗网，网址链接：http://china.makepolo.com/product-picture/100628424630_2.html

（5）建立健全卫生防疫体系，推行防重于治的原则，防止病原菌的传入，保证猪群健康水平。规模化饲养，如不注重生物安全，病原菌传入会给猪群带来较大损失。

（编撰人：叶健，洪林君；审核人：蔡更元）

334. 猪场如何实施批次化管理？

批次化管理是一种连续式管理模式，使得每天或每周都有断奶、配种及分娩工作，间隔有规则。批次化管理模式下，畜舍管理采用全进全出方式隔离饲养，所有生产阶段虽处于同一猪场，但不同批次猪只不混养，阻断猪只间的水平感染。

（1）实施批次化管理，需要根据猪场产床等栏舍的数量，确定一个全年的生产目标，然后把这一目标分解到每一周。根据每个生产周期的成绩表，合理规划每一批次需要配种的头数。

（2）批次化管理，通过让母猪同时断奶和公猪刺激的方式，来达到母猪繁殖周期同步的目的。对于不发情的母猪，常直接淘汰。

（3）实施批次化管理，也需要相配套的管理措施。如全进全出制、统一清洗消毒、合理交叉寄养和适当的疫苗计划等。

怀孕母猪舍

- 母猪循环周期：114+21+5=140天=20周
- 2周批 ➡ 20/2=10群体 ➡ 配怀7个群体+产房
- 3周批 ➡ 20/3=7群体 ➡ 配怀6个群体+产房
- 4周批 ➡ 20/4=5群体 ➡ 配怀5个群体+产房

定位栏=群体*批分娩量（批产床）

批次化示意图

★搜狐网，网址链接：http://www.sohu.com/a/158238146_763717
★温氏养猪公开课，猪场批次化生产操作模式，孙玉豪

（编撰人：叶健，洪林君；审核人：蔡更元）

335. 如何应用种猪智能化电子饲喂群养管理系统？

当前，种猪智能化电子饲喂群养管理系统，主要用于饲养后备或断奶母猪，又叫做电子母猪群养（ESF，Electronic Sow Feeding）系统，是利用无线射频识别（RFID，Radio Frequency Identification Devices）技术的电子芯片耳标，即属于母猪自己的身份证，存储母猪个体档案基本信息：出生日期、配种日期、产仔日期、胎次、采食情况等。同时，电脑系统界面可以根据母猪个体的胎次、体况、妊娠阶段等以及饲料品种参数来制定饲喂计划，确定投料量和投料速度，通过身份识别，智能饲喂站进行个性化单体饲喂。

ESF系统的应用，重点在于猪舍栏舍的设计和母猪的训练，对猪场技术员的素质要求高，并要十分重视应用技术问题。其次该系统也要与其他技术相结合使用，如发情鉴定等。该系统应用得好，它不仅能够提高猪场管理效率，还能够提升动物福利水平。应用得不好，会导致母猪体况下降，导致生产损失。

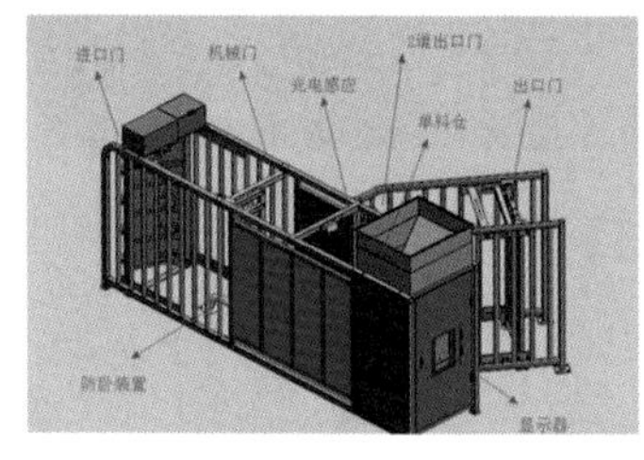

母猪群养分选栏

电子饲喂群养系统示意图

★河南河顺自动化，网址链接：http://heshunsft.b2b.youboy.com/
★养猪信息网，网址链接：http://m.gdswine.com/article.php？aid=176327

（编撰人：叶健，洪林君；审核人：蔡更元）

336. 如何做好原料采购工作？

原料的质量是前提，高质量的原料是饲料成品优质的先决条件，饲料产品营养成分及质量差异的40%～70%来自原料质量的差异。如果饲料原料的质量得不到有效保障，生产出的饲料产品质量也就难以稳定。因此，采购饲料原料一定要根据原料的产品、品种、加工工艺和质量等级来慎重选择，采购接近畜禽需要的消化率和营养水平的原料。

影响养殖成本的主导因素是饲料原料成本，饲料原料成本占饲料总成本的70%～80%，而饲料总成本约占整个养殖成本的70%。因此，采购的原料降低一分钱，养殖就多一分效益。全面控制养殖成本的关键在于通过适时、适价、适量地采购饲料原料，来控制好原料成本。但切记不要把成本最优理解为价格最低，一定要结合原料的质量进行综合考虑。

采购跟踪、评估、分析，最后再决策，采购需要根据企业自身总体成本的分析，供应商的评估以及市场评估，而且要有足够的有力数据进行分析。因此就不能主观成分过多，要有明确的选择标准，同时要对供应商所处的行业、战略、运作、竞争、能力等方面进行认真分析和有效评价。

常见饲料原料

★中国农业网，网址链接：http://www.zgny.com.cn/

（编撰人：全建平，洪林君；审核人：蔡更元）

337. 什么是“公司+农户（家庭农场）”产业化模式?

1986年广东温氏集团首先提出了“公司+农户”形式的养殖模式，刚开始主要涉及肉鸡养殖。1998年之后，这种养殖模式也在家猪养殖中铺展开来。“公司＋农户”的养殖模式，是将“大公司”与“小农户”联合起来。公司与农户通过合同契约建立联系，农户根据合同要求生产规定品种和产量的农产品，公司负责从农户手中收购合同里要求生产的农产品并再加工和销售。这种模式通过公司外部经营的规模利益克服小农经营无规模不经济的弊端，一定程度降低了农民进入市场的交易成本，进而降低农户在养殖方面的风险，非常符合农户利益。在这个一条龙服务体系的产业链中，农户在“产中”的位置，公司则负责“产前”供应和“产后”销售的位置。由于农户在技术、市场、管理等方面存在资源不足的情况，同时不具备种苗、饲料等供给能力，公司能提供“产中”生产的一切物资、技术，农户则提供养殖场和人力，而且公司也不用在土地和养殖设施中投入大量的资金，因此能够合作共赢。“公司＋农户”养殖模式能够更好的控制成本，增加养殖效率和更好的控制疫情。传统农业可以在这种生产模式的引导下逐渐向现代农业转化。长期的在这种模式下经营和生产的农户也能够获得长远的利益，改善生活质量。

公司与农户关系

公司技术员指导农户养猪

★百度图片，网址链接：http://www.baidu.com
★搜狐首页，网址链接：http://roll.sohu.com/20140404/n397735834.shtml

（编撰人：全建平，洪林君；审核人：蔡更元）

338. 猪场流水式的生产工艺流程的生产技术要点有哪些?

（1）猪群整齐，来源一致，配种时的体重、日龄尽量一致或接近（进种猪时须考虑）。

（2）合理分群，以产床和公猪的利用及生产节律为依据，进行合理分群。

（3）控制发情，流水式作业生产，要求每批母猪同步发情。须采用性激素控制发情。控制发情应从后备母猪配种前40d开始，同一批在同一时间注射孕激素（抑制）或雌激素（催情），实现同期发情的第2～3个发情周期再进行配种。这样才能保证正常的繁殖性能。

（4）更新种猪，对于不能正常发情、屡配不孕、习惯性流产、死胎较多、哺育效果差（奶水不足或母性差）的母猪要及时淘汰。

（5）保证饲料，使用高性能的功能性饲料，使生产达到最大效益。

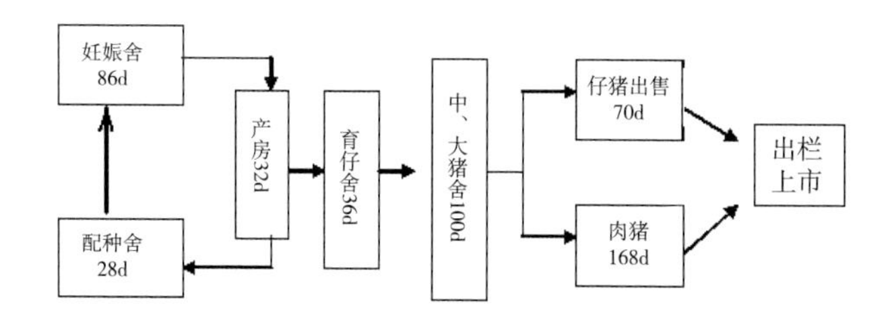

猪场生产工艺

★中国养殖网，网址链接：http://www.chinabreed.com/pig/manage/2014/09/20140917639909.shtml

（编撰人：全绒，洪林君；审核人：蔡更元）

339. 如何减少种猪的非正常淘汰?

（1）造成种母猪非正常淘汰的原因。

①种母猪长期生活在缺乏必要活动的限位栏中，只能站立和躺卧，从而容易引起因肢蹄病无法治愈而被迫淘汰。②种母猪缺乏必要运动或者饲料饲喂过多而造成过肥，导致种母猪不发情或者生产性能低下而造成的非正常淘汰。③妊娠母猪体质较差，造成分娩时产力不足，易致难产或者胎衣滞留，引发产科疾病，导致往后的不发情或者屡配不上而被迫淘汰。④由于母猪感染疫病而造成被迫淘汰。

（2）减少种猪非正常淘汰的措施。

①关注母猪肢蹄疾病，通过现代科学选育降低母猪患肢蹄疾病的概率。

②合理规范种母猪饲喂量，要看膘喂料，避免母猪体重过肥。

③预防母猪产科疾病，及时抢救难产母猪，特别注意分娩母猪的消毒工作以及在人工授精过程中的消毒工作。

④重视疫病的预防工作，应该进行消毒的场所一定要进行严格的消毒，任何人任何事都不应该例外。

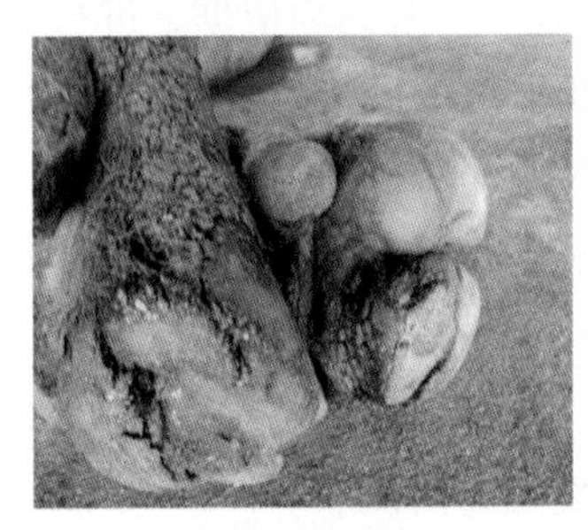

母猪肢蹄破损

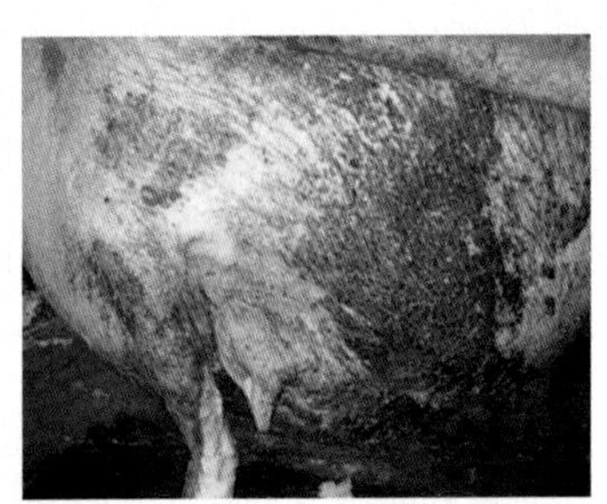

母猪子宫炎症

★猪e网，网址链接：http://bbs.zhue.com.cn/thread-1918226-1-1.html
★搜狐网，网址链接：http://www.sohu.com/a/160146431_472605

（编撰人：全建平，洪林君；审核人：蔡更元）

340. 猪为什么要坚持“四定”？

喂猪四定即定时、定量、定质、定温。

（1）定时。乳猪的胃体积小，消化能力弱，每天可以喂六餐；断奶仔猪消化能力弱，生长迅速，每天可喂五次；哺乳母猪在怀孕晚期需要更多营养，每天喂四顿；其他猪每天可以喂三顿饭。

（2）定量。根据猪的体重、营养、食欲等情况灵活掌握饲喂数量。一般来说，适当的食物投放量为进食后食槽内不剩食，猪的胃口最旺盛的时间通常是晚上，早晨第二，中午最差。

（3）定质。饲料品种繁多，配比的比例不应变化太多。品种变换时，新旧饲料必须逐渐增加或减少，使猪的消化功能有一个适应过程，突然改变，容易使猪快速进食或暴饮暴食，对猪的健康和体重增加不利。

（4）定温。饲料温度对猪的健康和体重有很大的影响，温度过低，尤其在冬季喂冻饲料时，不仅消耗大量的身体热量，还会使母猪流产或患肠胃炎。

猪场铺设保温设备（赵成成、洪林君 摄）

猪场定量喂食设备（赵成成、洪林君 摄）

（编撰人：赵成成，洪林君；审核人：蔡更元）

341. 猪垫料饲养有什么意义，怎样用垫料法养猪？

利用垫料的发酵床有两个特点：一是碳和氮的比例较大；二是物理特性，即吸水性和渗透性较好。因此，在饲养管理的过程中，应注意垫料的选择和维护以及其他工作。如填垫料池的混合垫料，需要经过发酵成熟处理，即酵熟。

（1）平铺酵熟法。分层制作好的垫料，上层混合均匀，适当压平，覆盖1层膜或袋及其他覆盖物。一般夏季5～7d，冬季10～15d，发酵的香气和蒸汽分散，发酵成熟。成熟后24h可让猪进舍内。

（2）堆积酵熟法。该方法便于机械操作和集中管理。将同一种菌种混合好的混合料堆积成梯状结构，冬季应覆盖透气性好的材料袋，使其升高温度，达到保温效果。在发酵过程中，通常会随着温度曲线的变化而对其进行发酵。当温度下降时，铺出的垫子有清爽的酸味，说明垫料已成功发酵，可根据垫料的高度放置。

正常发酵过程一般发酵2d，其缓冲材料温度可以上升到40～50℃，4～7d缓冲材料最高温度可达到70℃以上，逐渐降温至45℃。在此基础上，表明该材料是发酵成熟的。一般的夏天需要10d左右，冬天需要15d左右。

垫料法养猪场

★养猪资讯，网址链接：http://www.zhuwang.cc/show-35-351291-1.html

（编撰人：赵成成，洪林君；审核人：蔡更元）

342. 不同季节养猪应注意哪些问题？

春夏秋冬，气温变化大，给养猪带来困难，但只要把握好客观规律，加强季节性饲养管理，四季都是可以养好猪的。

（1）春季注意防病。春季是疾病的多发季节，也是各种微生物繁衍的好时期，在春季应做好猪场消毒和免疫工作，注意猪舍通风。

（2）夏季高温，应注意防暑降温。在一天温度较高时应打开水帘降温，特别是分娩母猪，体温较高，可采取头部滴水降温的方式。此外还应注意猪舍用电情况，严防突然断电，风机自动关闭而带来猪群死亡。

（3）秋季气候适宜，比较适宜育肥猪的生长，但应做好免疫工作，且要合理规划配种母猪，应对春节等较大节日的到来。

（4）冬季应重点关注防寒保暖。为维持体温恒定，猪体将消耗大量的能量。如果猪舍保暖好，就会减少不必要的能量消耗，有利于生长育肥猪的生长和肥育。对初生仔猪一定要注意环境温度的控制，防止冷风侵入，保证猪舍内干燥、温暖，对提高仔猪成活率非常重要。

水帘

水暖热风炉

★第一农经，网址链接：http://www.1nongjing.com/a/201705/180772.html
★青州信源温控设备厂，网址链接：http://www.wflpmy.com/Index.asp? Product/Product311/

（编撰人：叶健，洪林君；审核人：蔡更元）

343. 夏季养猪有哪些注意事项?

（1）防暑降温。猪的汗腺不发达，夏天的温度较高，加上南方的湿气较重，不利于猪只的散热，猪容易受到影响，造成猪的食量下降，不利于猪的生长。所以在夏季养猪时需要着重加强防暑降温。

（2）防蚊蝇。在猪场中很多的疫病都是通过蚊蝇来传染易感动物的，例如：乙型脑炎、附红细胞体病、弓形体病和温和型猪瘟等。猪场的条件相对较差，蚊蝇较多，这不利于猪场的疾病控制。而且猪场的蚊蝇过多给猪场工作人员的健康也带来了极大的威胁。可以采用安装灭蚊灯、使用灭蚊（蝇）药等措施。

（3）消毒灭菌。夏季猪场的环境容易滋生大量细菌。对于圈舍要经常进行清洗和消毒，以免猪只细菌感染。

（4）科学饲喂。

①夏季要保证饲料的新鲜，合理搭配饲料。根据当地的条件应多喂饲富含维生素、矿物质的饲料。如西瓜皮等清凉饲料。当然在混合料中也可以适当的添加咸味或加些油脂类食物，以提高饲料适口性，增加猪的采食量。

②给予充足的饮水。如：保持食槽内有充足的清凉饮水，也可以给猪饮一些0.5%的淡盐水以调节体温平衡，减少应激。

③夏季喂猪时可以增加饲喂的次数，饲喂时间要避开一天最热的时间。

猪舍两侧的遮阳篷

猪舍屋顶的隔热层

★百度图片，网址链接：http://country.cnr.cn/gundong/20170525/t20170525_523772358.shtm，
★慧聪网，网址链接：https://js.hc360.com/supplyself/199045316.html

（编撰人：陈永岗，洪林君；审核人：蔡更元）

344. 养殖野猪前景如何发展?

（1）经济价值。随着人们生活水平的提高，对食物口味开始有了变化，更多的人愿意吃比较健康的食物。作为一个杂交的新品种，食用野猪肉的作用有消除疲劳，特别是对代谢功能紊乱、生殖功能障碍等具有较好的调理作用。特种

野猪肉食用品质好，而且具有较高的药用价值。可以用来做火腿，其胴体部分加工成野猪风味腊肉条，在市场上很受欢迎。其中特种野猪吃生食，腹部较小，日饲量小，合群性较强，耐粗饲，其繁殖力较强，生长周期较短，特种野猪的养殖效益要比家猪饲喂的效益高。同样特种野猪养殖也可以向外向型经济、绿色肉食品、旅游经济产品的方向开发。

（2）适应能力好。野猪长期经过自然的驯化，具有适应环境的良好性能。可以耐粗饲，像一般青草、青饲料、农作物、玉米秸秆、玉米棒等都可以进行饲喂。野猪是杂食性动物，与家猪的差别是其可以以林中幼嫩枝叶、坚果、浆果、草根、野菜、杂草及青绿饲料为食，也可吃农作物，如玉米、豆类和薯类，野猪在野外对生存条件的适应能力强，其抗病能力也比家猪强。人工饲养中因为其很好的适应性能力，很少发病，因而成活率较高。

所以养殖野猪前景很广阔，很具有发展空间，提倡以科学的方法饲养效益会更高。

林中散养的野猪

平原上散养的野猪

★广西农牧网，网址链接：http://nmhzs.gxnongmu.com/Content.aspx？docId=19090
★猪价网，网址链接：http://www.shengzhujiage.com/view/470804.html

（编撰人：陈永岗，洪林君；审核人：蔡更元）

345. 怎样对猪粪进行堆肥发酵处理?

堆肥是目前普遍使用的固体粪便处理技术，一般采用以下4种方式。

（1）堆肥将粪便和堆肥辅料混合物混合后，在土质或水泥地面上堆制成长条形堆垛。长、宽、高分别为10～15m、2～4m、1.5～2m的条垛，在气温20℃左右腐熟15～20d，期间翻堆1～2次，以供氧、散热和发酵均匀，此后在自然温度下堆放2～3个月即可完全腐熟。

（2）通气堆肥由正压风机、多孔管道和料堆中的空隙所组成的通风系统对物料堆进行供氧，由于堆料中的空隙是通风系统的组成部分，因而堆体中的空隙率很重要，理论上30%最佳。系统中供氧充足，堆肥发酵时间为4周，使堆肥系统的处理能力增强。

（3）堆肥堆料混合物在简单箱式结构中进行发酵。箱式堆肥通常使用强制通风，堆肥在封闭的容器内进行，没有臭气污染；能很好控制堆肥发酵过程，发酵过程在2～3周内完成。堆肥发酵箱可自由运输，有利于分散粪便的集中处理。

（4）堆肥将堆料混合物在长槽式的结构中进行发酵，槽式堆肥的供氧依靠搅拌机完成，通常在大棚内完成。堆料深度1.2～1.5m，发酵时间3～5周。

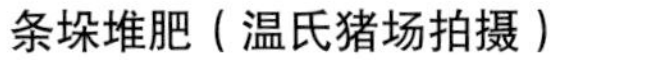

条垛堆肥（温氏猪场拍摄）　　静态通气堆肥（温氏猪场拍摄）

（编撰人：孔令旋，洪林君；审核人：蔡更元）

346. 怎样对猪尸体进行无害化处理？

（1）可在猪场偏僻一角，挖一口5m以上的深井，井壁、井底等需用混凝土浇筑防渗，上留口径80cm左右的死猪投入口，投入口需加盖以保护安全。将死猪尸体投入化尸井，倒入3%的烧碱水浸泡，盖好井盖。

（2）将猪尸体放入大锅中加水覆盖，煮沸煮熟半小时以上进行灭菌，然后制成肥料。

（3）深埋点应在饲养场内或附近，远离居民区、水源、泄洪区等，应避开公共视野，并做出清楚标示，坑的覆盖土层厚度应不小于1.5m，坑底垫生石灰。尸体置于坑中后，上撒生石灰，厚度不小于2cm，再用土覆盖至与周围持平。

（4）无法采取深埋方法处理时，采用焚烧处理。可采用专用焚化炉进行焚烧，也可以挖一坑将猪尸体放入坑中浇油焚烧。

（5）大型猪场可建立降解房，将死猪和胎衣等放入降解机搅碎加入下脚料发酵，一头成年母猪只需15min即可降解完毕。

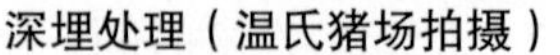
深埋处理（温氏猪场拍摄）

尸井处理（温氏猪场拍摄）

（编撰人：孔令旋，洪林君；审核人：蔡更元）

347. 猪舍保暖系统如何设计?

（1）加强猪舍外围护结构的保暖性能，是提高猪舍保温性能的根本措施。根据猪舍的特点，猪舍外围护结构的保温性能，应保证在冬季舍内温、湿度状况下，墙和屋顶内表面不结露。

（2）导热性能强的地板在冬季对猪十分不利，影响生产和饲料转化率。为减少从地板的失热，可在床面层下设保温地板，哺乳仔猪还可采用电热或水暖供热地板；或给猪床上铺垫草，既可保温又可防潮。

（3）门窗失热量大，在寒冷地区应在能满足采光或夏季通风的前提下，尽量少设门窗。

（4）减小外围护结构的面积，可明显提高保温效果。在不影响饲养管理的前提下，可适当降低猪舍高度，以檐高2.2～2.7m为宜。

养殖温控设备（温氏猪场拍摄）

暖气片（温氏猪场拍摄）

（5）改善场区小气候、合理进行冬季饲养管理、加强围护结构保温性能等措施，猪舍的温度状况仍不能满足要求时，需进行人工供暖。我国一般采用烟道、火墙、火炉或暖气设备等局部或集中供暖方式。仔猪要求温度高，一般要求用火炕、红外线灯、电热板等局部供暖。

（6）密封性。现在猪场都是全密封猪舍，密封性关乎猪舍的通风与保温，在冬季来临前应对猪舍进行检查，对各种缝隙进行填充，确保不会有贼风漏进来。

（编撰人：孔令旋，洪林君；审核人：蔡更元）

348. 怎样自制猪的饲槽?

猪的饲槽大体上分固定式、移动式、自动式3种。现在各地养猪多采用生湿料喂猪，猪有拱食的生活习惯，一般都采用固定式饲槽。固定式饲槽是用砖抹水泥或钢丝水泥制成，有的饲槽固定在圈内；有的在圈外设一个漏斗状的饲料进口，以便加料；有的饲槽多一半在圈内，少一半在圈外，饲料从外面加入，猪在里面吃食，一般来说，农村家庭养猪使用这一种饲槽比较合适。这种饲槽固定在猪栏下面，槽底宽度45cm，圈内高20cm，倾斜度为15°～20°，圈外槽高30cm，倾斜角为10°左右。饲槽不能做成直角，因为直角饲槽各角边的饲料猪吃不到，会造成饲料浪费。在饲槽底部外侧设置一个放水孔，喂食时用木塞堵住，冲洗食槽时拔出木塞。

固定式饲槽（温氏猪场拍摄）

移动式饲槽（温氏猪场拍摄）

（编撰人：孔令旋，洪林君；审核人：蔡更元）

349. 如何应用发酵床养猪?

（1）发酵床养猪的原理是利用微生物发酵床进行自然生物发酵，把专用菌种按一定的比例混合秸秆、稻壳、锯末和猪的粪便进行微生物发酵繁殖形成一个微生物发酵工厂，并用它们作为猪的垫料，变废为宝，供给猪大量的无机物和菌体蛋白。

（2）发酵床分地下式发酵床和地上式发酵床两种。在地下水位比较低的北方，一般采用地下式的。地下式发酵床要求向地面以下深挖90～100cm，填满治成的有机垫料，再将仔猪放入，猪就可以自由自在地生长了。在南方，地下水位比较高，一般采用地上式的。地上式发酵床是在地面上砌成，要求有一定深度，再填入已经制成的有机垫料。用发酵床养的猪，又回到了“土生土长”的环境，猪可以自由嬉戏，恢复本性，心情好，自然吃的多，长的也好，个个皮毛光亮，长势喜人。

（3）日常管理为通透性管理、水分管理、垫料补充、食粪管理、补菌等。垫料减少时适当补充；发现粪尿成堆及时散开挖埋，便于充分分解；湿度必须控制在40%～60%，经常检查水分，过高应打开通风，利用空气流通调节其温、湿度，另外垫料不能太干燥，既要保持垫料松散性，但不能有灰扬起，否则猪易感染呼吸道疾病。一个月喷洒一次发酵菌种即可，保持发酵正常进行。

发酵床养猪

★猪友之家，网址链接：http://www.pig66.com/rihan/2015/0909/12379.html

（编撰人：孔令旋，洪林君；审核人：蔡更元）

350. 猪每餐喂多少好？

猪饲喂的原则是既不过量剩余，又不至于饲喂量太少导致猪严重饥饿。饲喂量的把握方法是每顿喂完后，食槽内既不剩料，也不至于猪把料槽添得特别干净，还表现出十分想食。另外，喂料时，猪表现得十分饥饿，说明上顿喂少了，应加量；若食槽内还有剩料，说明喂多了，应减量。猪每餐饲喂料的把握十分关键，饲喂量大小与饲料效率的发挥密切相关。饲喂太少，除了影响猪的生长外，还会使猪因饥饿而浮躁不安。饲喂过多又会引起猪肠胃消化功能紊乱，出现消化不良，导致对饲料养分不能充分消化吸收，降低饲料报酬。

猪自动喂料设备

猪采食

★河南省荥阳市向阳养殖设备厂，网址链接：http://yangzhi.huangye88.com/xinxi/22624396.html

★农业行业观察，网址链接：https://www.sohu.com/a/225338088_379553

（编撰人：莫健新，洪林君；审稿人：蔡更元）

351. 猪的主要遗传缺陷有哪些？如何控制？

（1）应激综合征（PSS）。猪在应激因子如高温、剧烈运动等的作用下突然死亡，屠宰后肌肉呈现PSE肉。PSS常呈染色体隐性遗传，在生长速度、饲料报酬和胴体瘦肉率上，这种杂合子的性能优于显性纯合体的猪，因此，人们在选种时可能不自觉地将它们选留下来。控制方法：可通过氟烷基因检测法检测出纯合和杂合的应激敏感携带者。要减少应激综合征的发生，就应在育种群中淘汰所有隐性基因携带者，以及它们父母及同窝出现的猪。

（2）阴囊疝。发生在公猪的遗传缺陷，是肠通过大腹股沟落入阴囊而形成，发生在左侧的频率高于右侧，其遗传方式至少与两对隐性基因有关，并与母体和环境影响有关。控制方法：淘汰患猪及其父母与同胞。

（3）锁肛。其特征是患猪出生时就没有直肠出口。公仔猪出生后几天内就会死亡，除非采用手术来治疗，没有肛门的母仔猪通常由阴道排出粪便，因而能正常生长。据此症为50%外显率的隐性遗传。控制方法：淘汰患者及其父母与同胞。

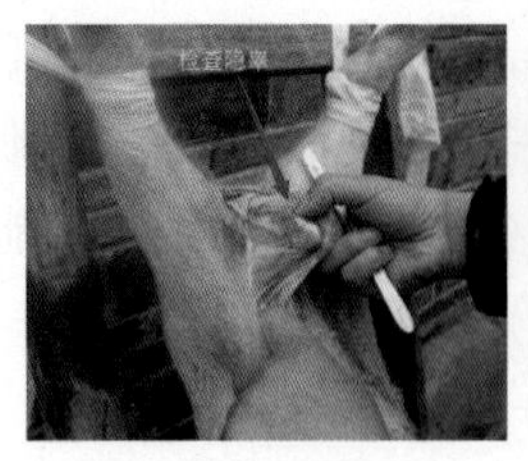

检查隐睾

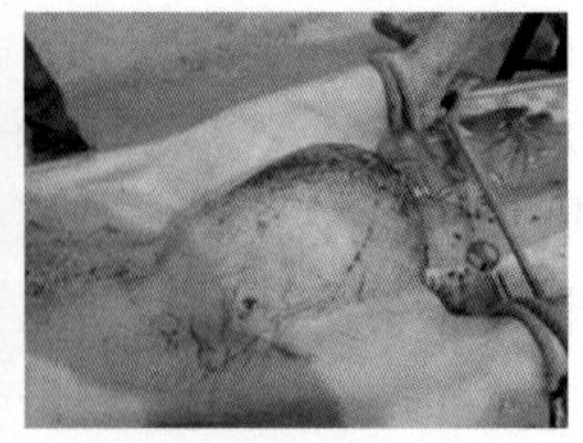

猪的疝气

★三农致富经，网址链接：https://www.zhifujing.org/html/201608/40691.html
★湘西自治州畜牧水产局，网址链接：http://xmj.xxz.gov.cn/wstg/wzxx/201404/t20140428_118258.html

（编撰人：付帝生，洪林君；审核人：蔡更元）

352. 如何控制和利用近交？

（1）近交用于固定优良性状。近交可以固定优良性状的遗传性，固定优良性状的基因。这是因为近交的遗传效应之一是能使基因趋于纯合，基因纯合既包括优良基因的纯合，也包括不良基因的纯合，优良基因纯合是育种者所希望的，而不良基因的纯合会导致衰退。因此近交的同时必须配合严格的选择。

（2）近交用于提高畜群的遗传整齐度。近交的遗传效应之一是近交能使群体产生分化，比如，n对基因的杂合子群体可分化出2^n种纯合子，此时若能结合选择，即可获得遗传上较整齐、较同质的畜群，这也就是所谓的“提纯”畜群。这种遗传均一的畜群有利于商品畜群的生产与遗传改良。

（3）近交用于使个别优秀个体的特性成为一群家畜的共同特征，以改良畜群。严禁在商品群中进行近交，因商品群无纯化畜群任务，主要任务在提高生活力和繁殖力。只有在宝塔式品种结构的核心群中和在杂交繁育体系的核心群中，才能有计划地使用近交。近交必须伴随以选择，及时淘汰已暴露出的隐形有害基因，提高畜群的遗传素质。

（编撰人：付帝生，洪林君；审核人：蔡更元）

353. 猪场中猪耳号应该如何编排？

首先要在左右耳的确定位置上用耳号钳打上圆孔和缺口以表示不同的数字，然后把这些数字进行加和就得到了该头猪的耳号。在打孔或缺口时通常认为左大右小、上一下三的方法。如图所示，左边耳朵上部的一个缺口表示10，下部一个缺口表示30，耳朵尖上的一个缺口表示200，耳朵中间的一个孔表示800；右耳朵上部的一个缺口表示1，下部一个缺口表示3，耳耳朵尖上的一个缺口表示100，耳朵中间的一个孔表示400。例如：编2230号，就应在右耳靠近正中间打2个圆孔（1000），在左耳耳尖剪个缺口（200），在左耳下缘剪下一个缺口（30），总加起来是2230号。

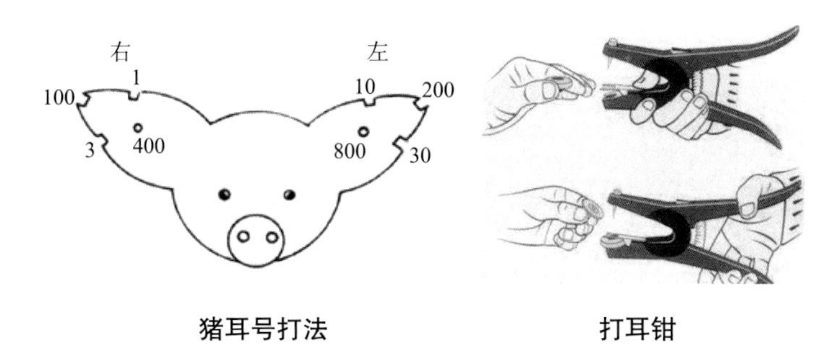

猪耳号打法　　打耳钳

★云南省现代农业生猪产业技术体系，网址链接：http://ynswine.com/YNSwines/web/main/webdt.jsp? infoid=937&tmpid=DT

★GO007网，网址链接：http://www.go007.com/beijing/anfanghuangye/1ae29361bb3b87c3.htm

（编撰人：付帝生，洪林君；审核人：蔡更元）

354. 猪咬尾、咬耳、咬架的原因是什么？怎么防治？

（1）猪咬尾、咬耳、咬架的原因。

①应激因素。包括饮水应激、温湿度及密度应激、混群应激以及饲料应激；猪只缺饮用水，猪舍温度过高，湿度过高或者养殖密度过大以及不同窝仔猪混养和突然更换饲料等因素带来的应激。

②营养因素。饲料配方不合理，不科学。

③管理因素。猪群在猪栏可活动空间过小。

④疾病因素。如果猪只体内外存在寄生虫（如皮肤癣或者蛔虫），将使得猪只排泄物、分泌物具有异味。

（2）防治措施。

①保证充足的饮水供应，尽可能降低饲养密度，调控好温湿度以及猪舍通风，使猪群处于良好的生活环境。

②在猪栏中设置“玩具”，比如废旧轮胎等，分散猪只注意力，避免争斗；尽量不在猪群稳定后再混栏饲养；坚决避免物栏中存在尖锐物导致猪只受伤流血。

③提供高质量，营养全面的饲料；在饲料中额外添加维生素C、阿司匹林或延胡索酸，可以有效避免猪只咬架现象。

④用伊维菌素驱除猪只体内寄生虫，用喹诺酮类药物治疗生殖系统炎症，用多西环素+阿米卡星药物治疗传染性鼻炎，避免猪只排泄物或分泌物异味。

⑤对于被咬伤猪只的伤口进行及时消毒，可用紫药水、碘酒等进行涂抹。

⑥对于怪癖十分严重的猪只，可以淘汰。

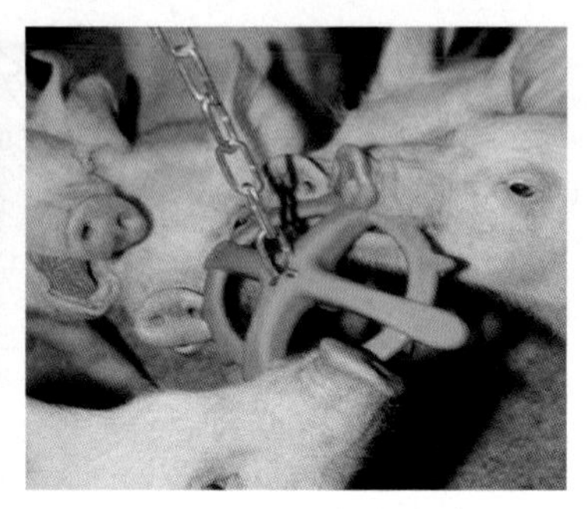

仔猪玩玩具

★中国养猪网，网址链接：http://www.zhuwang.cc/show-218-360387-1.html
★百度图片，网址链接：https://www.baidu.com

（编撰人：全建平，洪林君；审核人：蔡更元）

355. 如何巡栏观察猪群？

进猪舍前，听声音；进栏后首先是闻猪舍气味，判断控制质量，同时感受猪舍温湿度；再查看猪群精神状态、粪便状态及颜色以及猪群行为有无异样。若出现异常情况，及时做好记录，在猪身上做好标记。

喂料过程中，观察猪群采食状况、饮水状况、精神状态、行动状态、体表状态，看是否存在不吃料或不饮水的猪只，是否存在精神萎靡、行动不便和身上带伤的猪只，对于异常情况需及时做好记录和标记，及时采取措施改善。

喂料之后，进一步查看猪的行动表现和精神状态，特别要对之前发现异常的猪只进行进一步细致观察，并对原因进行分析和判断。根据判断结论采取相关措施（隔离或者治疗），做好判断结论记录和处理措施记录。

下午下班前，在猪舍外听猪群声音；进栏感受空气温湿度和质量，并根据季节和天气考虑判断昼夜温差；观察猪群的休息状况，判断是否有贼风，是否有蚊虫滋扰。

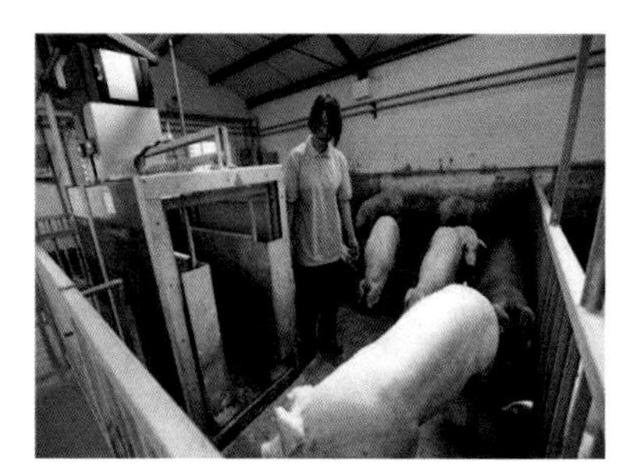

观察异常猪

猪场栏舍巡栏

★猪病通课堂，网址链接：https://mp.weixin.qq.com
★猪e网，网址链接：http://js.zhue.com.cn/a/201507/25-176667.html

（编撰人：全建平，洪林君；审核人：蔡更元）

356. 给猪舍通风换气有什么意义？

通风换气是控制猪舍环境的一个重要手段。通风换气的目的有两个：一是在气温高的情况下，通过加大气流使猪感到舒适，以缓和高温对猪的不良影响；二是在猪舍封闭的情况下，引进舍外新鲜空气，排出舍内污浊空气和湿气，以改善猪舍的空气环境，并减少空气中微生物的含量，起到消毒防病的作用。

通风分为自然通风和机械通风两种。自然通风不需要专门设备，不需要动力、能源，而且管理简便，所以在实际应用上，开放舍和半开放舍以自然通风为主，在夏季炎热时辅以机械通风。在密闭猪舍中，以机械通风为主，在这里重点介绍自然通风。

自然通风能够靠风力和温差来实现。只要外面刮风，或者舍内存在温差，猪舍就可以进行自然通风。风压是指大气流动时作用于建筑物表面的压力。当风吹向建筑物时，迎风面形成正压，背风面形成负压，气流由正压区开口流入，由负压区开口流出，即形成风压作用的自然通风。在猪舍墙壁两侧设置有通风口，在有风的情况下，就会产生对流通风。热压是由舍内不同部位的空气因温度不均发生比重差异而形成的。当舍外温度较低的空气进入舍内，遇到由猪体、取暖设备、电器照明等散热的热能，受热变轻而上升，形成较低的压力区，继而从各种孔隙溢出室外，猪舍下部空气不断受热上升，形成较低的压力区，舍外较冷的空气不断渗入，如此反复，即形成热压作用的自然通风。有风时热压和风压共同起通风作用，无风时仅热压起通风作用。因此，要保证猪舍通风良好，就必须在设计中利用好风压和热压。

<table>
<tr><th colspan="3" rowspan="2">猪只类型</th><th colspan="3">温度（℃）</th><th colspan="2">最大风速（m/s）</th><th colspan="3">最小换气量［m³/（h·kg）］</th><th colspan="2">湿度（%）</th></tr>
<tr><th>最佳</th><th>上限</th><th>下限</th><th>冬季</th><th>夏季</th><th>冬季</th><th>春秋季</th><th>夏季</th><th>上限</th><th>下限</th></tr>
<tr><td rowspan="3">母猪</td><td colspan="2">空怀期</td><td rowspan="2">15～18</td><td rowspan="2">27</td><td rowspan="2">10</td><td rowspan="2">0.30</td><td rowspan="2">1.00</td><td rowspan="2">0.35</td><td rowspan="2">0.45</td><td rowspan="2">0.65</td><td rowspan="2">80</td><td rowspan="2">50</td></tr>
<tr><td colspan="2">妊娠期</td></tr>
<tr><td colspan="2">哺乳期</td><td>21～25</td><td>26</td><td>20</td><td>0.15</td><td>0.40</td><td>0.35</td><td>0.45</td><td>0.60</td><td>75</td><td>60</td></tr>
<tr><td rowspan="5">仔猪</td><td rowspan="4">吸入期</td><td>1～3日龄</td><td>33～30</td><td>37</td><td>30</td><td rowspan="4">0.15</td><td rowspan="4">0.40</td><td rowspan="5">0.35</td><td rowspan="5">0.45</td><td rowspan="5">0.60</td><td rowspan="5">75</td><td rowspan="5">60</td></tr>
<tr><td>4～7日龄</td><td>30～28</td><td>37</td><td>27</td></tr>
<tr><td>8～15日龄</td><td>28～26</td><td>37</td><td>23</td></tr>
<tr><td>16日龄后</td><td>26～24</td><td>35</td><td>22</td></tr>
<tr><td>保育期</td><td>48日龄内</td><td>18～22</td><td>33</td><td>20</td><td>0.20</td><td>0.60</td></tr>
<tr><td rowspan="3">育肥猪</td><td>育成期</td><td>75日龄内</td><td>20～22</td><td>30</td><td>16</td><td>0.20</td><td>0.60</td><td>0.35</td><td>0.45</td><td>0.60</td><td rowspan="3">80</td><td rowspan="3">50</td></tr>
<tr><td>生长期</td><td>115日龄内</td><td>18～20</td><td>27</td><td>13</td><td rowspan="2">0.30</td><td rowspan="2">1.00</td><td rowspan="2">0.35</td><td rowspan="2">0.45</td><td rowspan="2">0.65</td></tr>
<tr><td>育肥期</td><td>115日龄后</td><td>16～18</td><td>27</td><td>10</td></tr>
</table>

猪舍环境控制参数

★畜牧人网，网址链接：http://www.xumuren.com/article-113879-1.html

（编撰人：全绒，洪林君；审核人：蔡更元）

357. 酒、醋可防止长途运猪死亡吗?

猪是恒温动物，正常体温范围在38～39.5℃，猪的汗腺不发达，自身散热能力差，因此猪对外界温度的热应激反应非常敏感，夏季温度高，长途运输猪需要采用合理的技术措施，来保证猪的长途运输安全，并通过运输环境的调控减少体重损失，提高宰后胴体的食品安全质量。

夏季长途运猪，若运输工具通风条件差，猪群挤在一起，常见猪张口呼吸，嘴角两侧有白色泡沫，如不及时处理，猪很快会死亡。应立即用醋或酒洒于猪的口鼻部，可很快使猪的呼吸恢复正常，嘴角泡沫也随之消失，可防止猪中暑死亡。

长途运猪

★创业致富经，网址链接：http://www.cctvzfj.cn/jsyangzhi/2239.html

（编撰人：全绒，洪林君；审核人：蔡更元）

358. 猪异食、不安、不肯吃是怎样引起的？如何矫治？

在农村，有许多养殖户饲养的猪表现为不肯吃，吃异物（食煤渣、纸片、破布、喝尿水、吃泥土等），不安（掀圈、跳墙、到处乱叫、吭叫、相互追逐撕咬、整天不多睡），这种猪生长迟缓，喂了几个月，费了好多功夫、饲料，可还是毛焦体瘦，而且这种猪管理起来特别困难。有些人给猪的鼻子上上铁环以制止其掀圈，但还是无济于事。养殖户常认为这是一些猪的天性，是无法改变的，所以任其自然存在而不进行矫正，这给养殖户带来了不少损失。

其实这种猪表现出的异常行为是由于饲养管理不当引起的一种病态，如饲养饥饱不均，食物种类经常变更，或者食物种类单一，饲喂大量粗硬食物，或者喂给腐败变质的食物以及长期不驱虫，环境突然变化等，引起胃肠消化功能紊乱，消化不良，出现不肯吃食、厌食。发生消化不良后，胃肠对食物的消化吸收功能降低，时间一久，猪就发生营养不良，因而出现异食，猪为了寻找异物就到处乱走，掀圈，跳墙。饲料单调、营养不全、寄生虫感染，群体过大、环境嘈杂等，也会引起猪只的不安和撕咬。

对有以上表现的猪应该及时进行矫治，主要的方法是采取健胃、驱虫及改善饲养管理。首先将患猪先饥饿两天，只给饮水，然后喂给健胃类药物，可用大黄素苏打片或者龙胆苏打粉、酵母片、山楂粉、多酶片、健脾片等，任选2种，连喂数天。对便秘猪喂食芒硝、大黄末，对腹泻猪加喂痢菌净、土霉素。环丙沙星等。驱虫可用伊维菌素、左旋咪唑等，同时，应该改善饲养管理，供给配合饲料或者多样搭配饲料，并每日加喂食盐、骨粉、鱼粉或其他添加剂。

（编撰人：全绒，洪林君；审核人：蔡更元）

359. 猪咬尾咬耳是什么原因？如何处理？

（1）产生原因。猪咬尾是一种心理疾病，是对外界不适应，自身不舒服，心情压抑的表现，应激过大，噪声光线太强，密度大过于拥挤，槽面积不够，营养不平衡，体内外有寄生虫感染，上述条件下均能引发猪咬尾，有人说只要一换料就能好。现实生产中确实如此，比如用一款260元的料发生咬尾，换成200元的料可能就不咬了，营养学家和兽医学家至今还不清楚咬尾的真正原因。

（2）处理措施。①出生后断尾（种猪13，商品猪12）。②猪栏内放玩具以转移注意力（铁链、砖头）。③发生时加镇静抗应激药物（朱砂止咬灵、安定、维生素C）。④增加水溶性维生素、食盐的摄入量。⑤饲料中加2%蔗糖，增加采食量。⑥畜舍饮水器、饲槽设备齐全，满足猪只需要。⑦气候变化时要注意控制舍温，加强通风。

当发现咬尾咬耳现象应及时隔离出咬尾耳的猪或被咬伤的猪，受伤猪局部用碘酊处理。然后涂上红霉素软膏150g+冰片100g，可防再被咬伤，同时饲料里拌朱砂止咬灵。

咬尾现象

★爱猪网，网址链接：http://www.52swine.com/fanyi/201311/64906.html

（编撰人：全绒，洪林君；审核人：蔡更元）

360. PSE肉、DFD肉产生的原因、症状有哪些？如何预防？

PSE肉指猪屠宰后呈现灰白色、软、汁液渗出症状的肌肉，主要产生于休克期。

PSE肉发生的原因：由于猪屠宰前受到应激产生应激综合征，表现出恶性高热、体温骤然升高到42～45℃，呼吸频率增高至125次/min，心搏加速到200～300次/min。

DFD肉指猪在屠宰处于持续的和长期的应激条件下，宰后呈现暗黑色、质地坚硬、表面干燥症状的肌肉，主要处于反休克期。

DFD肉发生的原因：宰前持续受到环境温度、运动、运输、拥挤、捆绑、惊叫声等应激，肌肉的能量水平减少，肌糖原耗竭，不能产生乳酸，氧合肌红蛋白的氧被细胞色素酶系消耗掉，使肌肉表面呈现暗紫色，肌纤维不发生萎缩。

预防措施：①改善饲养管理。合理设计牧场，采用合理的生产工艺，提高饲料卫生安全性。②使用抗应激的添加剂和药物。营养性添加剂：矿物质、维生素、甜菜碱、酸类物质、糖类物质、中草药；非营养性添加剂：碳酸氢钠、氯化钾、氯化铵、抗菌素等；药物（镇静药物）：氯丙嗪、利血平、苯巴比妥、巴比妥钠等。③改进屠宰工艺。及时屠宰法、避免长时间应激。④培育抗应激新品种。纯种改良、杂交改良。⑤加强锻炼，增强体质。⑥驯化与适应。

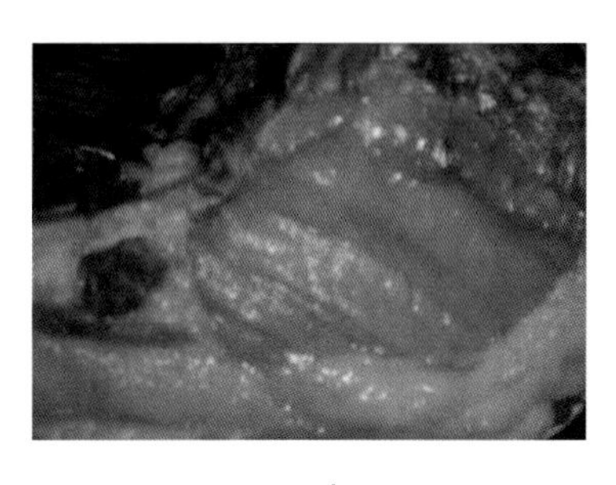

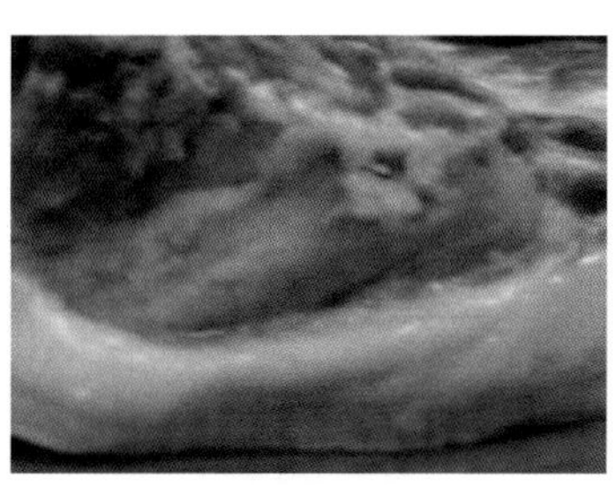

PSE肉　　　　DFD肉

★爱畜牧网，网址链接：http://www.ixumu.com/thread-212447-1-1.html
★360百科，网址链接：https://baike.so.com/doc/8990724-9319548.html

（编撰人：全绒，洪林君；审核人：蔡更元）

361. 猪保定的方法有哪些?

猪的保定即是用强制手段把猪固定住，以便于对猪采血、诊断、去势或治疗。根据猪体大小和保定目的不同，可分别采取以下几种方法。

（1）猪群圈舍保定法。用于肌内注射。把猪群赶到圈的角落里，关上门，然后由1～2个人看着不让猪散群，猪挤在一起，兽医人员慢慢接近猪群，并有机会快速注射。

（2）站立保定法。用于保定仔猪。双手将仔猪两耳抓住，并将其头向上提起，再用两腿夹住猪的背腰。

（3）提举后肢保定法。用于保定仔猪。双手将仔猪两后腿抓住，并向上提举，使猪倒立，同时用两腿将猪夹住。

（4）横卧保定法。用于保定中猪。一个人抓住猪的一只后腿，另一人抓住同侧猪的耳朵，两人同时向该侧用力将猪放倒，并适当按住颈及后躯，加以控制。

（5）木棒保定法。用于性情暴躁的大猪。用一根1.6～1.7m长的木棒，末端系一根35～40cm长的麻绳，再用麻绳的另一端在近木棒末端的15cm处，做成一个固定大小的套子，套在猪锁骨后方，然后向背后的头部一侧旋转，收紧绳子。

（6）鼻绳保定法。适合大猪和性情暴躁的猪。用一条2m长的麻绳，一端做一个直径15～18cm的活结绳套，从口腔套在猪的上颌骨犬齿后方，将另一端拴在柱子上或用人拉住，拉紧活套使猪头提举起来，即可灌服药物、注射等。不管猪的大小有多大，这个方法在固定的时候是非常实用的。

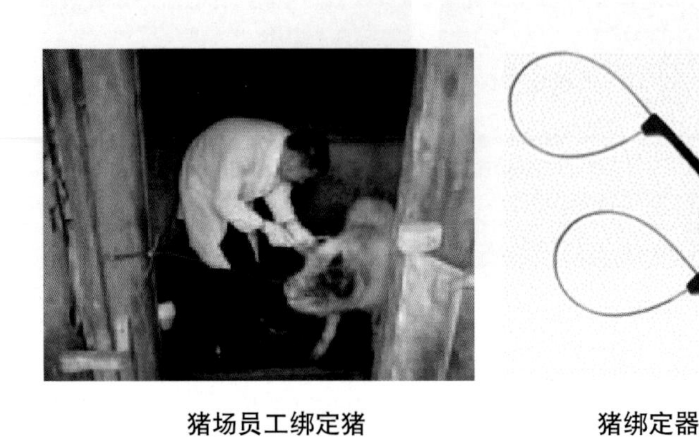

猪场员工绑定猪　　猪绑定器

★重庆农业农村信息网，网址链接：http://www.cqagri.gov.cn/zlaq/D etails.aspx?topicId=153332&ci=162&psi=13

（编撰人：赵成成，洪林君；审核人：蔡更元）

362. 怎样给猪去势？

公猪、母猪的去势可使其失去性欲，从而提高其生产性能和畜产品质量，增强养猪经济效益。给猪去势应做好以下几方面的工作。

（1）公猪去势。公猪主要以刮捋法、手工捻法、结扎法为主。公猪被阉割的时间越早，对猪的影响越小，一般7～10日龄可进行，阉割时选择最薄的阴囊，同时用刀的尖端，穿刺阴囊鞘膜表面，睾丸会自动出来，保留鞘膜。刀口不需要缝合，2～3d可以愈合。该方法具有手术时间短、创面愈合快速和小公猪手术成功率高的特点。

（2）母猪去势。母猪阉割通常是外科手术，将卵巢摘除。5%碘酊消毒后即可进行手术，将手术刀夹在右手中，从指尖的顶端握住刀柄，以控制刀刃的深度。左手拇指下压，右手的手术刀垂直插入，左侧拇指轻压手术，借助腹部压力，腹壁穿孔。此时用刀按压伤口，左手拇指紧压术部，子宫角便涌出来了。如果子宫角不能涌出，可以把手术刀柄伸进腹腔钩出卵巢、子宫角，涂抹碘酊消毒，然后抬起后腿摇晃几下（防止粘连），完成操作。

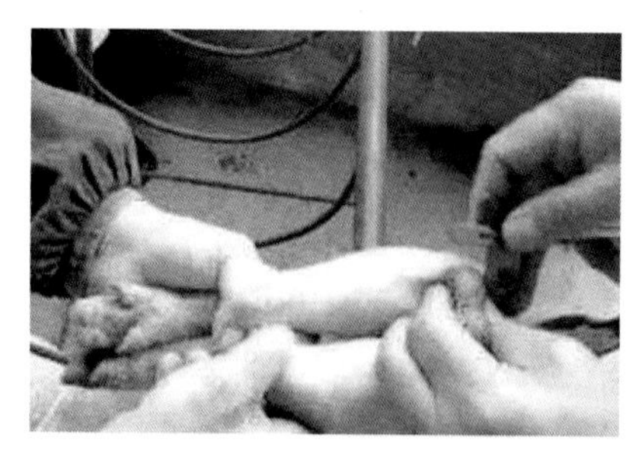
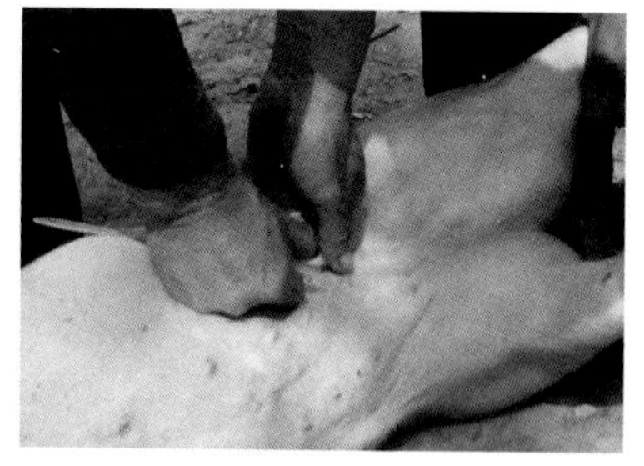

给猪去势

★猪友之家，网址链接：http://www.pig66.com/2016/525 _0617/16530600.html

（编撰人：赵成成，洪林君；审核人：蔡更元）

363. SEW技术在现代规模化养猪生产中的应用有哪些？

断奶隔离饲养（SEW）技术在早年间被用于预防以及控制疫病，以便促进母猪繁殖利用率的提高。仔猪断奶的年龄从早期的8周龄到如今的2周龄。生产效益明显提高，同时也给猪场带来了新的变化，如养猪场的新建或改建、断奶期的饲料营养、疾病防治以及饲养管理等。SEW的应用模式如下。

（1）三场式。依据SEW的要求来建造三区隔离布局式猪舍。用3个区域分别饲养繁殖、保育和育肥3个阶段的猪。繁殖区域饲养妊娠、分娩的母猪，保育区域饲养10～21日龄的断奶仔猪，而当保育区的仔猪体重达到25kg左右时，将其转至育肥区域肥育。这种方法特别适用于有大量母猪的养猪场。

（2）二场式。将猪群划分成繁殖猪群及保育和生长肥育猪群两种类群饲养，这一方式在美国也引起了关注。

（3）在多个养殖场联合起来实施SEW（即几个猪场的早期断奶仔猪集中到一个保育场）时，养殖场之间的健康水平应当一致，以便减少仔猪疾病的互相传染。

（4）建议将所有小型养猪场自动划分为两个区，一个作为养殖农场，另一个作为猪苗圃和育肥场，以加快生产过程中的缝纫进度。

（5）实施SEW要因地制宜。在养殖场地、养护场和育肥场地之间很难达到理想的距离，但至少200～1 000m。在理论上，多种特定传染病的安全距离为：链球菌病2km；猪哮喘、猪蓝耳病3.5km；猪流感5～7km；猪假狂犬病、猪口蹄疫42km；猪传染性胃肠炎70km。

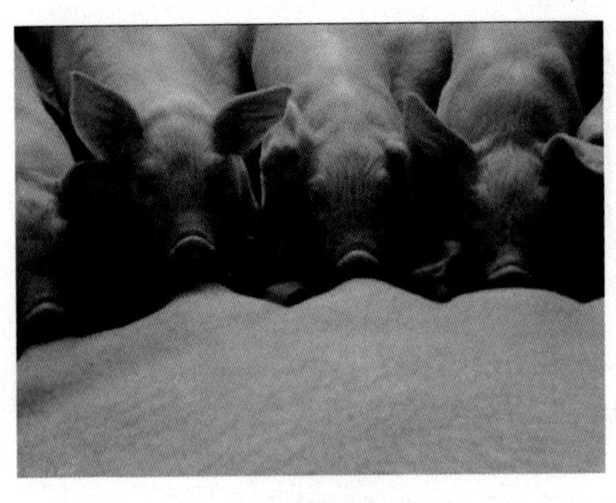

未断奶仔猪

1. 传统时间（6~8周龄）
2. 早期时间（3~4周龄）
 （1）优点：
 提高年产胎次
 饲料转化效率
 有利于防病
 提高重点车间和设备的利用率
 改变季节产仔为常年产仔
 提高仔猪的均匀度
 提高仔猪断奶后生长速度
 （2）注意几点：视条件（保暖、饲料、技术以及场内任务）而定不宜过早达到一定体重
3. 超早期断奶（0~2周龄）

断奶时期选择及优劣

★猪e网，网址链接：http://js.zhue.com.cn/a/201612/12-278367.html

（编撰人：赵成成，洪林君；审核人：蔡更元）

364. 什么是猪群保健与疾病防治的基本原则？

猪的保健是采取各种各样的措施来提高猪群的抵抗力以及生产成绩，良好有效的保健需要有一定的依据原则。一般猪群保健与疾病防治依据原则如下。

（1）定好保健的目标。不同的生产阶段，有不同的保健目标，季节不同以及每个猪场的优势病原也要有所考虑，建立不同的保健目标，采取不同的保健手段。

（2）疾病预防主要以疫苗预防为主。注意疫苗只接种于健康猪群，犯病猪要先进行治疗再进行疫苗预防，平常注意给猪群充足的维生素补充。

（3）加强关注肠道健康。肠道有丰富的菌群分布，是疾病感染很重要的一个途径，多给予优质的益生素，例如高纯度的蒙脱石散。

（4）严格遵守药物的预防原则，使用副作用比较小的药物，预防时间每个月不超过一次，尽量不使用一些含有对症治疗的药物，会影响机体的免疫功能。

（5）注意营养保健，保证饲料的卫生，补充优质的能量、蛋白饲料，添加足量的维生素，适量的微量元素等，避免食用一些含重金属高，含有霉菌或者受到污染的饲料。

（6）定期消毒，不抱有侥幸的心态，严格按照消毒标准进行消毒，一步一步来，做到定期消毒并且正确的消毒。

（7）遵守环境的管理原则，对于猪群的保健和疾病的防治极其重要。

（编撰人：全建平，洪林君；审核人：蔡更元）

365. 猪传染病的特征是什么？

近些年，我国进行农村产业结构和养猪规模化程度的改变和调整，生猪及畜产品的交易频繁，传染病的发生和流行出现了各种特点。

传统疾病并未消亡，控制的疫病又重新出现，比如口蹄疫和猪瘟仍然是严重威胁我国养殖业发展的主要疫病。

新的疫病不断出现，如猪的传染性胸膜炎、传染性萎缩性鼻炎、猪的附红细胞体病、圆环病毒病，这些疾病由于各种原因导致病毒突变，不断产生新的疫病。

细菌性疾病加重趋势明显，由于环境卫生管理和饲养管理不当，治疗细菌疾病过程中用药不当，有些饲料中会添加一些抗生素添加剂到达治疗量，使得耐药菌不断增多，超级细菌的现象越加严重。

非典型疫病出现，由于猪群长期免疫，基础免疫水平增高，病毒长期受压，持续感染，最终导致疫苗免疫力下降。

并发、继发感染的现象普遍，猪呼吸道病，猪繁殖与呼吸综合征病毒、猪流感等发生混合或是继发感染；猪消化道病也发生混合或是继发感染，这些现象使得快速诊断疫病或是预防疾病变得越发困难。

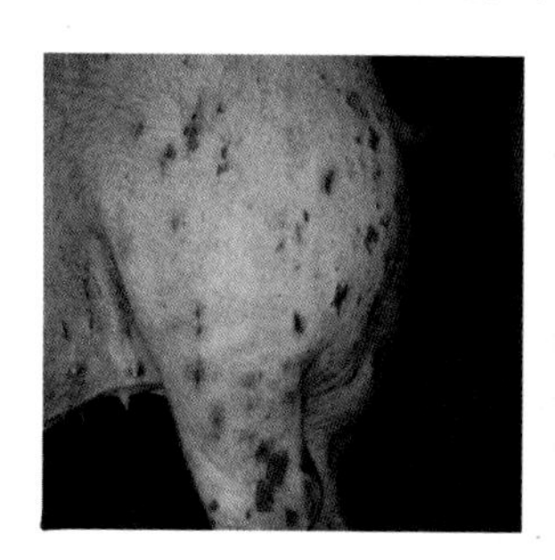
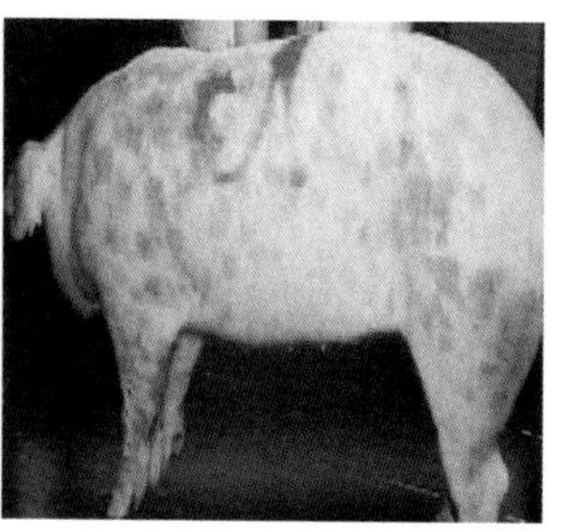

母猪患传染病

★中国养猪网，网址链接：http://www.zhuwang.cc/show-133-286343-1.html

（编撰人：全建平，洪林君；审核人：蔡更元）

366. 猪传染病的防治原则是什么？

传染病病畜的治疗与一般普通病不同，特别是那些流行性强、危害严重的传染病，必须在严密封锁或隔离的条件下进行，务必使治疗的病畜不致成为散播病原的传染源。治疗中，在用药方面坚持因地制宜、勤俭节约、经济实惠原则。

猪的传染病有多种，性质、危害各不相同，为有效地控制和消灭传染病，最大限度地减少其对养猪业的危害，要认真区别对待，防治原则如下。

对国家规定的一类传染病，不能随意治疗处置，应按《动物防疫法》有关规定及时报告疫情，由政府出面采取扑灭措施，严防随意处置造成疫情扩散。

对当地过去未发生过的危害较大的新病，也应报告当地动物防疫监督机构和农牧行政主管部门进行处置。

对治疗需要较长时间，所需治疗费用接近或超过病猪治愈后的价值的疫病，应将病猪作淘汰处理。

治疗必须及早进行，不能拖延时间，以免延误病情，造成更大的经济损失。

治疗既要考虑针对病原体，消除致病原因，又要增强机体抵抗力，调整和恢复生理机能，采取综合性治疗措施。

（编撰人：全建平，洪林君；审核人：蔡更元）

367. 如何开展主要猪传染病的监测？

猪传染病会极大影响猪本身健康，还严重阻碍畜牧业的发展。因此猪传染病的监测是十分重要且必要的。开展猪的传染病的监测工作的要点如下。

（1）要具有生猪传染病的防范意识，病猪不进行饲养，对整个猪场传染病的暴发和监测现状进行初步的调研，明确当前的整个疾病监测模式。

（2）根据调研情况，根据疫情的轻重缓急，对健康猪和患病猪进行隔离，并对猪场相关地方和器具进行严格的消毒。

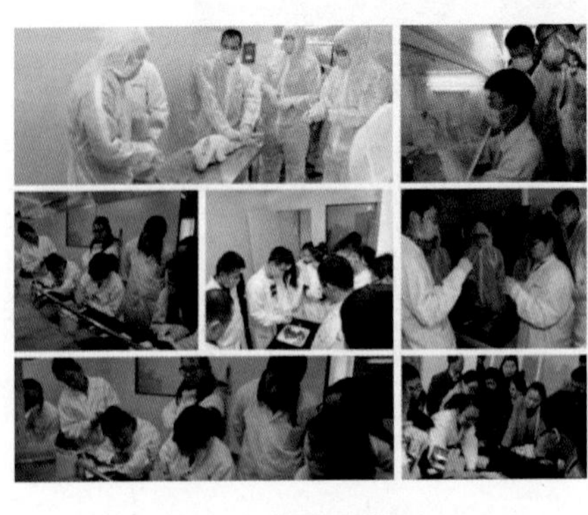

传染病监测

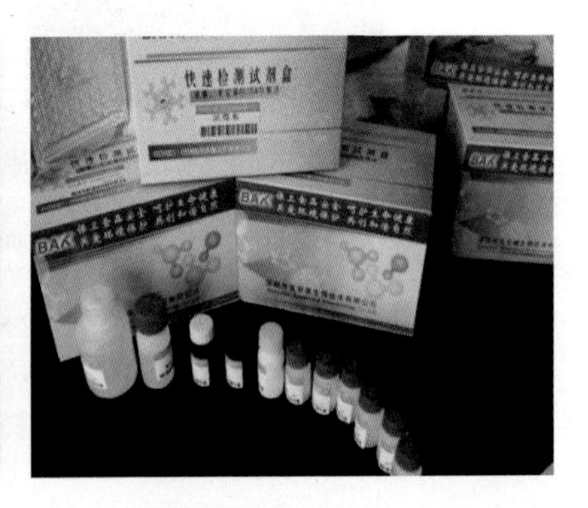

传染病监测试剂盒

★北京中科基因技术有限公司，网址链接：http://www.sslab.com.cn/
★深圳市宝安康生物技术有限公司，网址链接：http://cn.sonhoo.com/company_web/sale-detail-13014524.html

（3）除了降低环境中病毒的存在，还应该加强猪的免疫系统，提高免疫力。

（4）对猪舍、屠宰场、养殖户、交易市场等涉及猪的地方都应该做好疾病的监控工作，发现疫情及时报告和预防。

（5）对病猪则要进行集中的治疗，与健康猪隔离，记好传染病情，包括死亡的数量、患病的数量、发病时间等，上报检疫部门，更好地作出判断和防治。

（编撰人：全建平，洪林君；审核人：蔡更元）

368. 猪场出现疫情时的紧急处理措施有哪些?

（1）及时发现，早期诊断和上报疫情。利用典型临床症状和实验室诊断精确查明病原，病料采取应注意：①合理取材，不同的疫情采取不同的材料；②及时取料，最后在动物死后立即取材，一般不超过4h；③如是群发病，应选择症状、病变比较典型，有代表性且未经治疗的病例；④剖检取料之前，应先对病情加以了解，并且详细进行剖检检查，发现疑似炭疽病例，禁止剖检。

查明病原，把典型的临床症状和实验室症状相结合，切忌盲目诊断，导致用药不对致使病情发展加重。立即上报疫情并进行封锁，做到早、快、严、小的原则。

（2）立即隔离，扑杀病猪，消灭传染源。对于病猪可根据疫病的性质决定。对高热性传染疾病，应采取扑杀、深埋、无害化处理。对于死亡率不很高的疾病，病猪采取及时隔离，并加以治疗和预防措施。

（3）对进出猪场的人员车辆实行戒严、消毒，切断传播途径。疾病的传染分为直接传染和间接传染，直接传染是未感染的动物和被感染的动物相互接触，间接感染是通过媒介来传播，对猪场进出的人员、车辆消毒，不得随意窜栏舍，栏舍的用具要固定、消毒，疫情期间不得用水冲粪尿。

（4）采取综合防控措施，紧急预防接种，增强猪的抵抗力。对于未发病的猪场按发病病原紧急接种，一般紧急接种时，量要加大，如猪瘟病注射猪瘟兔化弱毒疫苗，剂量可增至6～8倍，口蹄疫注射常规苗每头5ml，高效苗每头3ml，紧急接种时间要快，最好在1～2d完成。也可在饮水中加入药物治疗和疾病预防。病猪治疗采取积极疗法和辅助疗法相结合，细菌感染有条件最好做药物敏试验选择最佳抗生素，病毒性疾病可选择强效免疫抗毒素、病毒蛋白干扰素、热毒血清及抗病毒中药等。对于久病猪只可静脉输注葡萄糖等喂一些高能饲料、易消化饲料及多汁的青饲料。总之，发生疫情时根据实际情况及早找到病原查明疫病元凶，把疫情控制在最小范围内，确保损失降低到最小。

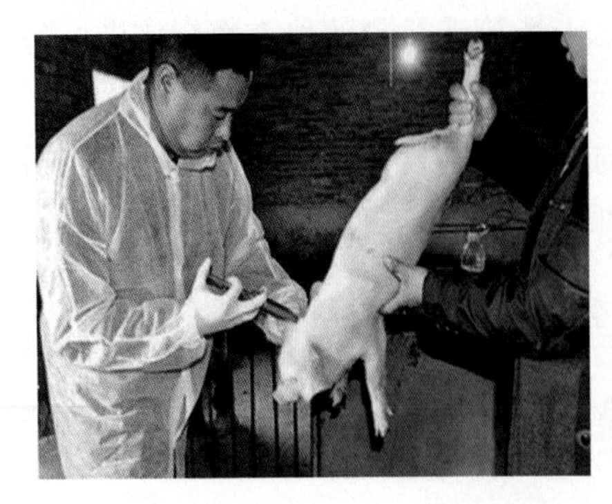
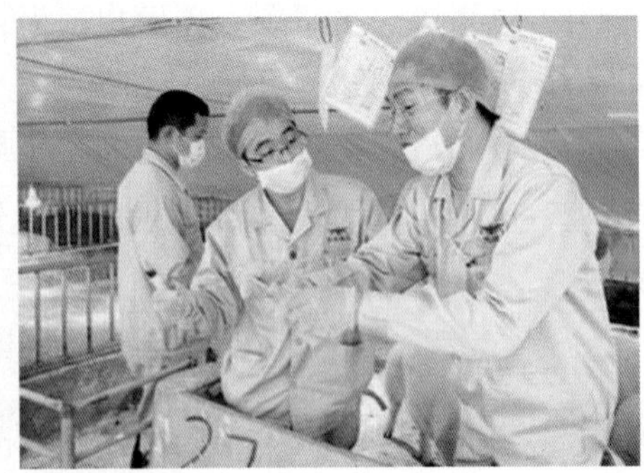

预防接种（温氏猪场拍摄）

（编撰人：孔令旋，洪林君；审核人：蔡更元）

369. 如何构建猪场生物安全体系?

（1）猪场的生物安全体系建设主要进行以下3个方面的工作。①落实责任。猪场主要负责人应该是猪场防疫工作的主抓人，防疫具体环节的需要分配到组或人。②建立防疫制度。需要坚决贯彻实行科学合理的具有可操作的防疫。③建设必要的防疫设施、设备。

（2）防疫体系的建立可以参考以下环节。①建立包括围墙、选猪间、出入口消毒设施，出猪台和绿化隔离在内的防疫隔离带。将猪场分区为管理区、生产区和生活区。需要严格分离场内的3个分区，猪舍之间也要有一定的距离。建立包括管理车辆（场内、场外）和人（场内、场外）在内的隔离制度。对于新购入的猪只和患病猪，也要建立严格的隔离制度。对于场内饲养动物和携带动物或者动物产品进入的行为需要严格禁止。②清毒。建立包括生产用具、用品消毒和带猪消毒工作流程。有专人负责指导，全面落实到每一个生产环节。③免疫。建立母猪和其他猪群的免疫工作流程。根据本场疫病情况以及本地区的疫病情况合理调整免疫程序并严格执行。④杀虫灭鼠消灭昆虫和老鼠；⑤加强饲养管理。⑥加强猪场驱虫工作。⑦加强卫生工作。⑧严格控制人流、物流、车流。⑨药物防治。⑩疫病和免疫监测。

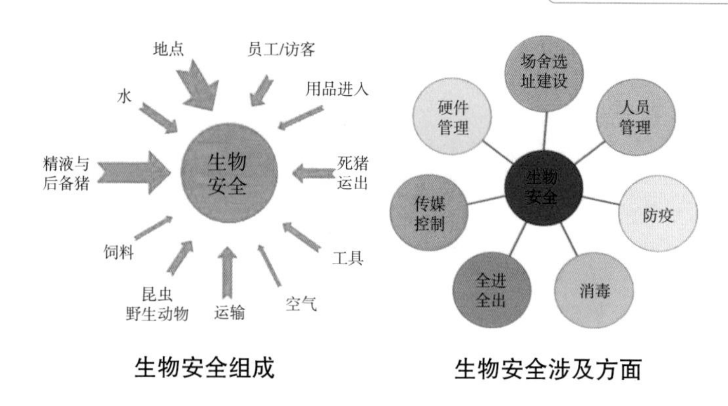

生物安全组成　　生物安全涉及方面

★百度图片，网址链接：http://www.baidu.com

（编撰人：全建平，洪林君；审核人：蔡更元）

370. 猪场常见的消毒剂有哪些？消毒剂的使用需要注意哪些事项？

猪场是一个很容易滋生细菌的地方，因此做好消毒工作很重要。由于经常会有小猪换栏、空栏、怀孕母猪换栏等情况，消毒更是必不可少。因此，消毒剂的选择也显得尤为重要。

首先猪场常用碱类进行消毒，一般碱类包括生石灰、氢氧化钠等，这类消毒剂具有较好的消毒效果，适用于比较潮湿和阴暗的环境，2%的溶度就可以很好的进行消毒。但是其具有比较强烈的刺激性和腐蚀性，在消毒清理完，要用清水把地面和消毒过的器具尽量地冲洗干净。其次是氧化剂类，主要是过氧化钠、双氧水和高锰酸钾等，这类消毒剂可以用于腔道炎症，皮肤的损伤、有机毒物的消毒。再次是卤素类，比如一些氯消毒剂、碘消毒剂和溴消毒剂，这类消毒剂消毒效果好，易贮存、稳定、消毒谱广，但是容易受环境中的一些还原物质、有机物质影响而产生一定的毒性。还有的消毒剂属于醛类消毒剂，比如甲醛，这类消毒剂仅适用于空栏。还有双链铵盐消毒剂，比如“百毒杀”，这类消毒剂安全、无毒无味、无刺激性。应用范围广，是比较理想的消毒剂。

消毒时应注意不要只靠紫外线消毒，紫外线的穿透能力不够，适合用于表面消毒。而用其他方式消毒时，注意消毒时间不要过短，气体消毒时要保证猪舍的密封性要好，防止消毒溶度不够而无法保证消毒效果；消毒的对象不同，消毒剂的选择也要不同。只有注意各方面，合理适用消毒剂，才能够有效的杀死病菌，做到良好的消毒。

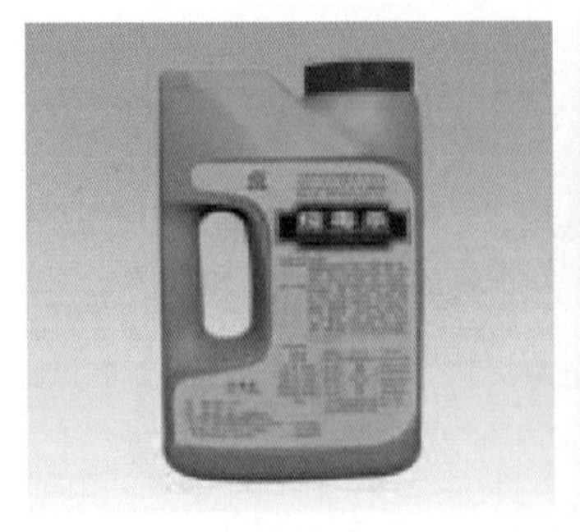

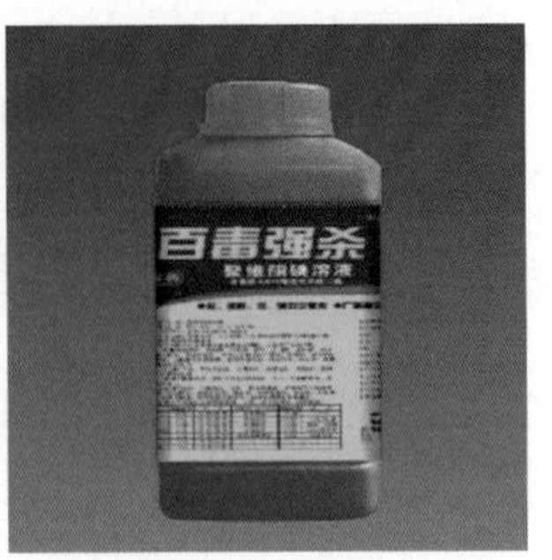

杀毒液

★商丘市华康动物药业有限公司，网址链接：http://yujiakang.1866.tv/
★兽药饲料招商网，网址链接：http://www.1866.tv/pro/281093.html

（编撰人：全建平，洪林君；审核人：蔡更元）

371. 猪舍及环境怎样正确进行消毒?

在猪生活的圈舍及其周围环境中，有大量的病原微生物存在，很易侵袭人和猪，尤其是在疫病流行期间及曾发生过疫病的老猪舍内病原微生物更多。消毒即是用化学、物理等方法将周围的病原体杀死，是防治这些病菌感染猪体的一种方法。下面介绍常用的消毒方法。

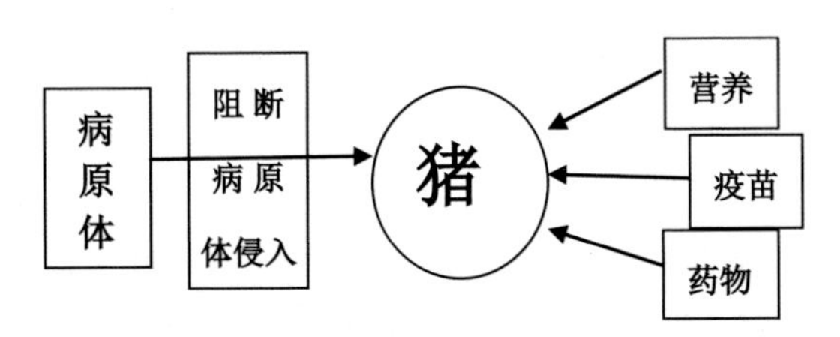

（1）物理消毒法。养猪场环境清洁、通风、日晒、物品和器具用火、烤、煮、熏蒸等称为物理消毒。物理消毒方法有日光消毒、干燥消毒和高温消毒3种。

（2）化学消毒法。使用化学物质如酸、碱和福尔马林被称为化学消毒。石灰乳是最经济的常用消毒剂，为了提高消毒效果，在实施上述消毒时，应该首先清洗消毒对象，感染源来源减少，消毒剂能发挥更好的作用。

（3）生物学消毒法。在生产大量的粪便、粪便污水、垃圾和杂草的过程中，利用发酵过程产生的热量杀死病原体，被广泛应用于各个地方。可采用累积发酵、沉淀池发酵、沼气池发酵等，条件成熟也可采用固液分离技术，并可使分离固体高效有机肥、发酵后的液体在渔业养殖中使用。

猪舍消毒

★养猪资讯，网址链接：http://www.zhuwang.cc/show-35-305920-1.html

（编撰人：赵成成，洪林君；审核人：蔡更元）

372. 猪常用疫（菌）苗有哪些？免疫接种程序是怎样的？

猪场免疫接种程序表

猪别及日龄		免疫内容
	吃初乳前1~2h	猪瘟弱毒疫苗超前免疫
	初生乳猪	猪伪狂犬病弱毒疫苗
	7~15日龄	猪喘气病灭活菌苗、传染性萎缩性鼻炎灭活菌苗
仔猪	25~30日龄	猪繁殖与呼吸综合征（PRRS）弱毒疫苗、仔猪副伤寒弱毒菌苗、伪狂犬病弱毒疫苗、猪瘟弱毒疫苗（超前免疫猪不免）、猪链球菌苗、猪流感灭活疫苗
	30~35日龄	猪传染性萎缩性鼻炎、猪喘气病灭活菌苗
	60~65日龄	猪瘟弱毒疫苗、猪丹毒、猪肺疫弱毒菌苗、猪伪狂犬病弱毒疫苗
	配种前10周、8周	猪繁殖与呼吸综合征（PRRS）弱毒疫苗
	配种前1个月	猪细小病毒弱毒疫苗、猪伪狂犬病弱毒疫苗
初产母猪	配种前3周	猪瘟弱毒疫苗
	产前5周、2周	仔猪黄白痢菌苗
	产前4周	猪流行性腹泻—传染性胃肠炎—轮状病毒三联疫苗

猪别及日龄		免疫内容
经产母猪	配种前2周	猪细小病毒病弱毒疫苗（初产前未经免疫的）
	怀孕60d	猪喘气病灭活菌苗
	产前6周	猪流行性腹泻—传染性胃肠炎—轮状病毒三联疫苗
	产前4周	猪传染性萎缩性鼻炎灭活菌苗
	产前5周、2周	仔猪黄白痢菌苗
	每年3～4次	猪伪狂犬病弱毒疫苗
	产前10d	猪流行性腹泻—传染性胃肠炎—轮状病毒三联疫苗
	断奶前7d	猪瘟弱毒疫苗、猪丹毒弱毒菌苗、猪肺疫弱毒菌苗
青年公猪	配种前10周、8周	猪繁殖与呼吸综合征（PRRS）弱毒疫苗
	配种1个月	猪细小病毒病弱毒疫苗、猪丹毒弱毒菌苗、猪肺疫弱毒菌苗、猪瘟弱毒疫苗
	配种前2周	猪伪狂犬病弱毒疫苗
成年公猪	每半年1次	猪细小病毒弱毒疫苗、猪瘟弱毒疫苗、传染性萎缩性鼻炎、猪丹毒弱毒菌苗、猪肺疫弱毒菌苗、猪喘气病灭活菌苗
各类猪群	3～4月	乙型脑炎弱毒疫苗
	每半年1次	猪瘟弱毒疫苗、猪丹毒弱毒菌苗、猪肺疫弱毒菌苗、猪口蹄疫灭活疫苗、猪喘气病灭活菌苗

（编撰人：莫健新，洪林君；审稿人：蔡更元）

373. 抗生素之间如何相互作用?

抗生素之间主要表现为无关、相加、协同和拮抗作用。无关作用是指联合应用后总的作用不超过联合用药中较强者，相加作用等于两者作用相加的总和，联合后的效果超过各药作用之和则为协同作用，拮抗作用是联合用药的作用因相互发生抵消而减弱。

根据抗生素对微生物的作用方式，可大致分为4类。

第一类：繁殖期杀菌药有速效杀菌剂的效果，主要有青霉素类、头孢菌素类、万古霉素。

第二类：静止期杀菌药，有缓效杀菌剂的效果，主要有氨基苷类、多黏菌素类、喹诺酮类、利福霉素类。

第三类：速效抑菌剂，主要有四环素类、氯霉素类、林可霉素、大环内酯类。

第四类：慢效抑菌剂，主要有磺胺类。

第一类和第二类有协同作用，第一类和第三类有拮抗作用，第三类和第四类有相加作用，第二类和第三类有相加作用，第一类和第四类无关或相加作用。氨基苷类抗生素彼此间不宜合用，与多黏霉素也不宜联用，主要原因是对肾脏的毒性作用。

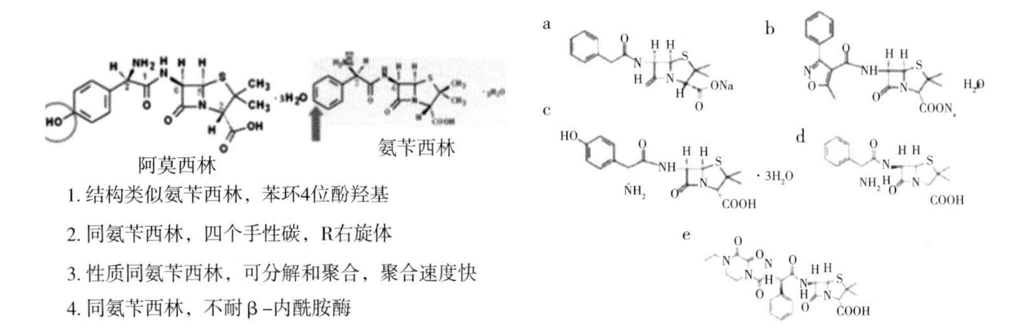

抗生素分子结构

★百度图片，网址链接：http://image.baidu.com

（编撰人：孔令旋，洪林君；审核人：蔡更元）

374. 猪场的哪些药物可以联合用药？

在疾病治疗过程中，为了获得更好的疗效，常常将两种或两种以上的药物配合在一起使用，称为联合用药。当发生重症感染，腹腔感染，心包炎，重症细菌病毒混合感染，以及不明原因的混合感染，往往在不确定病原时采取联合用药会取得很好的效果。对于有些药物两种联合使用后疗效大于单一效果的2倍，常见的有：头孢菌素类和氟喹诺酮类，氨基糖苷类和四环素类，磺胺类和磺胺类，磺胺类和磺胺增效剂，β-内酰胺类和氨基糖苷类，氟喹诺酮类和磺胺类，氨基糖苷类和利福霉素，多肽类和氨基糖苷类，多肽类和利福霉素，氨基糖苷类和氟喹诺酮类。有些药物联合用药后血药半衰期延长，常见有庆大霉素和丁胺卡那霉素，四环素类、氯霉素类和大环内酯类，氯霉素类、四环素类和林可胺类，氯霉素类和四环素类。

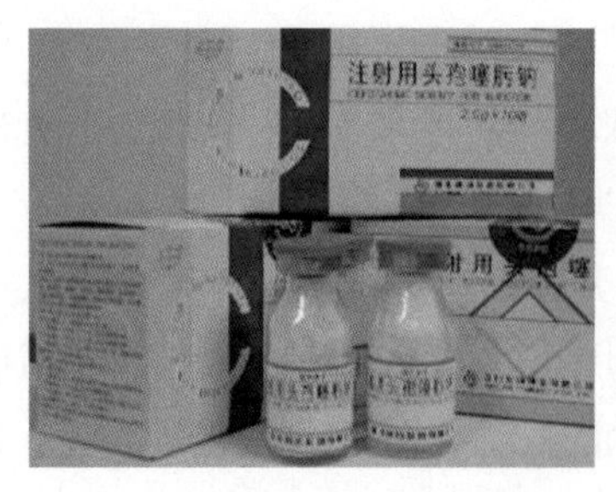

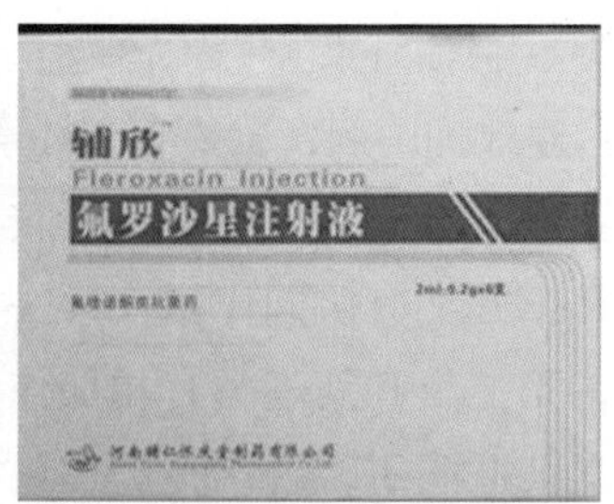

头孢菌素类和氟喹诺酮类联合用药（温氏猪场拍摄）

（编撰人：孔令旋，洪林君；审核人：蔡更元）

375. 治疗猪病常用药物有哪些？怎样正确使用？

（1）安洛血。止血针。

（2）氨苄青霉素。作为二线药，用于严重的肺炎、子宫炎、乳房炎及泌尿道感染。

（3）氨茶碱。平喘，舒张支气管，对喘气、咳嗽猪能迅速平喘。

（4）北里霉素。对猪的喘气病效果较好，同时有一定的促生长作用。

（5）丙流苯咪唑。对线虫、绦虫、吸虫均有较好效果，也较安全。

（6）促排卵药物。包括绒毛膜促性腺激素。

（7）恩诺沙星。第三代喹若酮类，对呼吸道、肠道病有较好效果。

（8）杆菌肽锌。对G^+菌有较强作用，对生长有促进作用。

（9）红霉素。广谱抗菌素，组织穿透性也较好，对子宫炎、呼吸道炎效果较好。

（10）环丙沙星。第二代喹若酮类，效果比氟哌酸更好。

（11）黄体酮。用于母猪的保胎、安胎。

（12）金霉素。广谱抗菌素，对肠炎、拉稀效果好。

（13）卡那霉素。对呼吸道感染，特别对咳嗽、喘气较好，但毒性较大。

（14）喹乙醇。属于喹恶啉类，有抗菌，促生长作用。

（15）痢菌净。属于喹恶啉类，对血痢及其他下痢均有效。

（16）痢特灵。对猪的肠炎包括大肠杆菌、球虫、小袋虫等引起的拉稀均有效果。

（17）链霉素。抗革兰氏阴性菌，在临床上常与青霉素配合使用。

（18）氯霉素。广谱抗菌素，对肠炎、拉稀效果好。

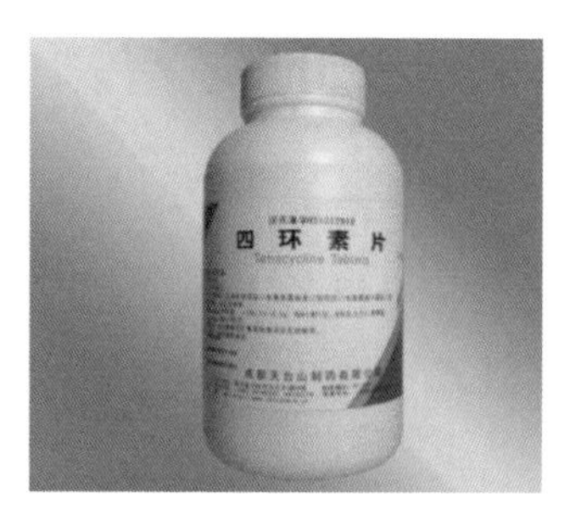

四环素片（赵成成、洪林君 摄）

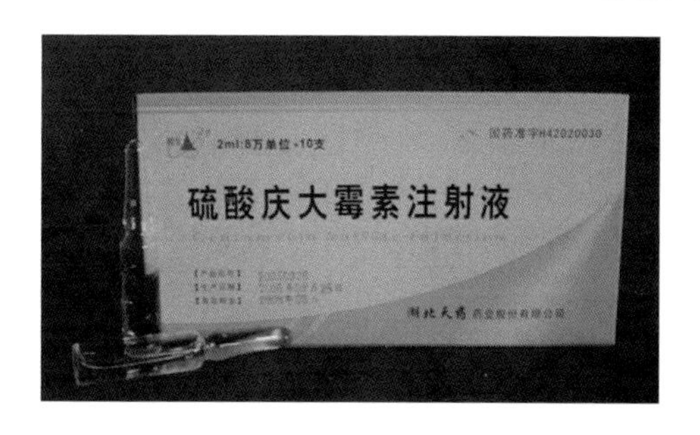

硫酸庆大霉素注射液（赵成成、洪林君 摄）

（编撰人：赵成成，洪林君；审核人：蔡更元）

376. 猪场应常备哪些药品、器械?

在养猪的过程中准备一个药箱，配备一些器械有重要的防病保健意义。猪场应常备的药品器械如下。

（1）器械。体温表、镊子、20ml兽用或者塑料注射器、50ml塑料注射器、7～9号头皮静脉注射针头、5ml塑料注射器、12号针头、9号针头、16号针头、人用输液器、药棉、纱布、喷雾器、猪口腔牵拉式保定器。

（2）药品。碘酒、酒精、高锰酸钾、青霉素、庆大霉素、磺胺嘧啶、头孢霉素类、乙酰甲喹注射液、安乃近注射液、复方氨基比林注射液、地塞米松、复合维生素B注射液、黄芪多糖注射液、穿心莲注射液、复方黄连素注射液、阿托品、缩宫素、卡那霉素、生理盐水、人工盐、大黄苏打片、硫酸镁粉、龙胆苏打粉、氯霉素眼药水、伊维菌素、敌百虫、烧碱、来苏儿。

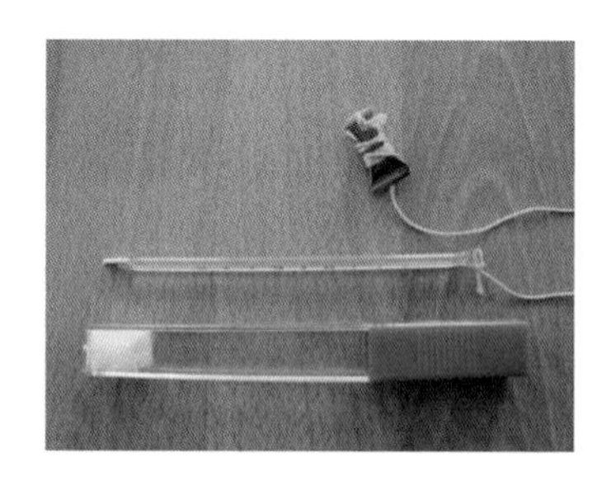

体温计（赵成成、洪林君 摄）

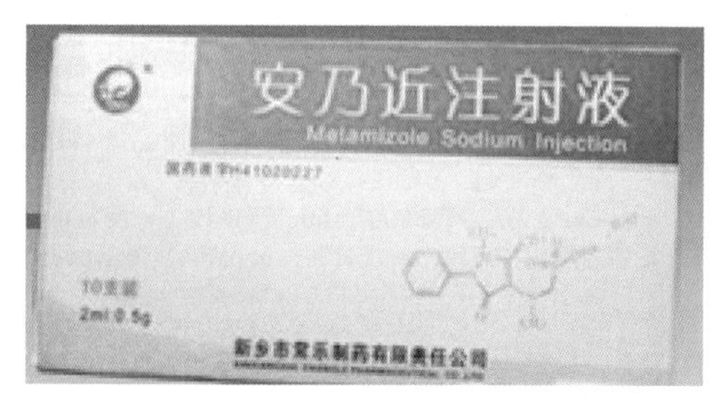

安乃近注射液（赵成成、洪林君 摄）

（编撰人：赵成成，洪林君；审核人：蔡更元）

377. 为什么要大力提倡养猪户自发进行免疫接种预防猪传染病?

动物防疫是一项巨大的系统工程，动物防疫工作开展的好坏直接关系着畜牧生产的健康发展。猪的免疫接种是给猪接种疫苗，使接受过的猪群产生特异性抵抗力，由易感动物转化为不易感动物的一种手段，生产中减少猪群的传染，是预防和控制猪传染病的主要措施。

猪的传染病严重威胁着本场和整个地区的养殖生产，猪场的生产每年每个月都在进行，几乎每个月都会有仔猪出生，给畜牧兽医专业部门进行免疫接种带来了极大的工作量，不能仅仅依靠兽医部门来进行免疫接种。如果猪场自发进行本场的免疫接种，对本场的猪只进行负责，免疫的好坏与本场的生产效益严重挂钩，这使得猪场能够及时并且更好的进行接种，并且疫苗的注射并不是很难，而且现阶段每个猪场都有自己的专业兽医团队，猪场自己能够很好的实行免疫接种任务。另外，由畜牧兽医站的防疫人员进行接种，可能会导致多个猪场之间的传染病相互传染，不利于传染病的控制，也给养殖业带来巨大的损失。所以，推行养猪户自发的进行免疫接种是可行又可靠的措施，值得推广和大力提倡。不仅可以提高猪的免疫效率，而且又可以取得良好的免疫效果，继而有效的解决动物防疫问题。

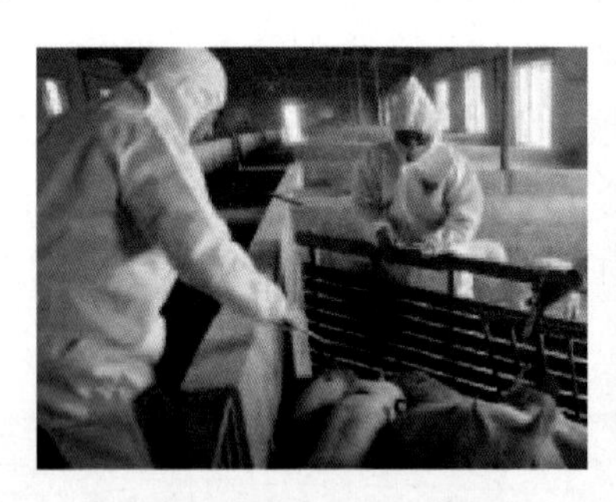

兽医团队对猪只进行免疫接种

兽医团队对猪只生长状态进行观察

★上海证券报，网址链接：http://www.52swine.com/tags7326/.html
★兽药饲料招商网，网址链接：http://www.baiyundou.net/ji-364203329442680532.html

（编撰人：陈永岗，洪林君；审核人：蔡更元）

378. 对猪只诊断的程序有哪几步?

（1）调查了解病史，搜集临床症状。对病症的诊断是非常重要的。

为了获得完整的病历资料，应进行彻底、细致的调查，并克服调查的主观性和片面性，以避免诊断中的错误。为了进行正确的诊断，除了检查病史外，更重要的是对病猪进行仔细的检查，全面收集症状。

（2）分析症状，建立初步诊断。在临床工作中，病史资料或临床症状都是散乱、无体系的。或按时间先后顺序排列，或按各系统进行归纳，才能找到问题。

（3）实施防治，验证诊断。在运用各种检查手段，全面客观地搜集病史、症状的基础上，通过思考加以整理、建立初步诊断之后，还应该制定相应的防治规划来验证初步诊断的正确性。一般来说，有效地预防和控制措施证明了初步诊断是正确的；无效则证明初步诊断是错误的或不完全正确的，需要重新认识和修改诊断。

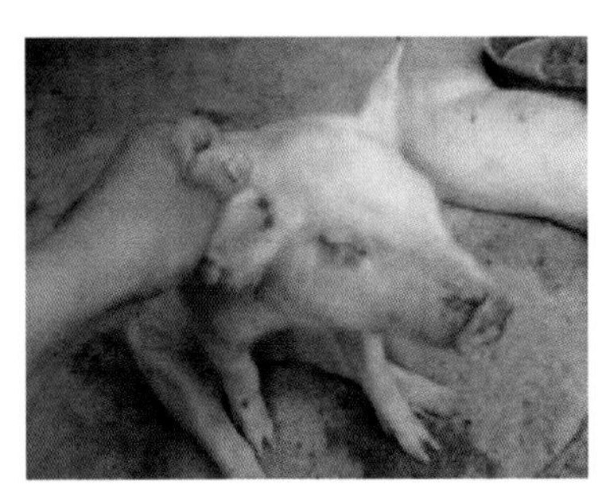

病猪

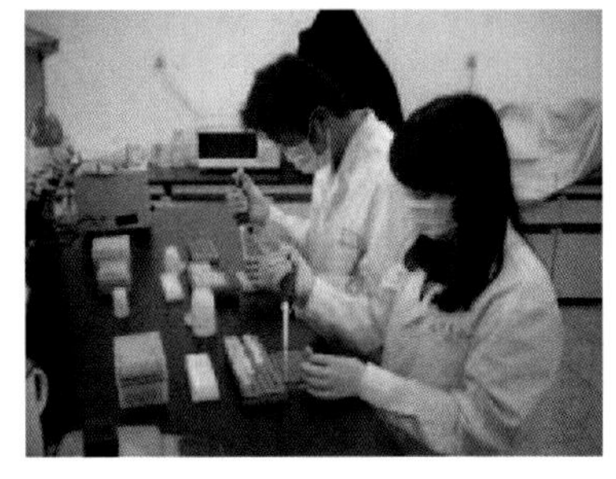

猪病的实验室检测

★爱猪网，网址链接：http://52swine.com/

（编撰人：赵成成，洪林君；审核人：蔡更元）

379. 针头、针管等器械怎样消毒？

（1）消毒前必须检查各种仪器。如果它们被损坏，就必须作废，例如针头的松动、玻璃管的开裂等。

（2）需要消毒的设备用清水冲洗，如玻璃注射器的针筒必须与针芯分开，金属注射器松开调节螺丝，拔出活塞，取出玻璃管。

（3）将针头、镊子、手术刀、钳子等一切器械放入消毒盒内煮沸灭菌。煮沸消毒时，水沸后保持15～30min。灭菌后，放入无菌的带盖搪瓷盘内备用。

（4）煮沸消毒设备的使用应在使用前进行检查和维护，超过保质期的话应当重新消毒。

（5）金属注射器在使用时可在活塞上擦点甘油。

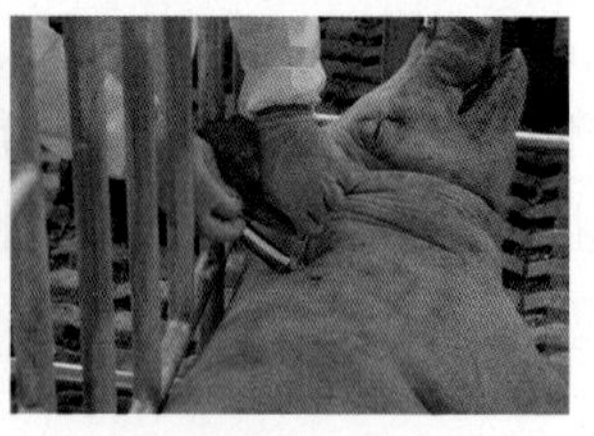

中材质规格的针头　　猪耳缘静脉注射

★猪e网，网址链接：http://js.zhue.com.cn/a/201612/12-278367.html

（编撰人：赵成成，洪林君；审核人：蔡更元）

380. 病猪治愈率低的原因是什么？怎样提高病猪的治愈率？

猪病流行特点，猪瘟等老疫病呈现非典型性化并且多数为混合感染，临床表现日渐复杂，新的传染病日渐增多，且病毒性感染的传染病居多，个别传染病的免疫失败经常发生。猪病越来越严重，使猪的药物用量大大增加。

（1）猪病治愈率低的原因。

①防疫不当。疫苗质量参差不齐、效价低；免疫注射操作不规范；疫苗运输和保管不善。

②免疫抑制因素影响免疫效果。

a.饲料引起的免疫抑制霉菌毒素。重金属等能毒害和干扰机体免疫系统正常机能，过多摄入会导致猪不能产生正常的免疫应答；b.药物引起的免疫抑制；c.营养性元素。有些维生素和微量元素是免疫器官发育、淋巴细胞分化的必需物质，若缺乏或者搭配不当，会导致机体发生免疫缺陷；d.不良应激。

③超大剂量用药和盲目联合用药，导致耐药菌株产生长期超大剂量使用抗菌药物和随意使用激素类药物；给药疗程不足，治疗不彻底。

④随意引种，流通领域疏于管理。流通管理不善，随意引种。

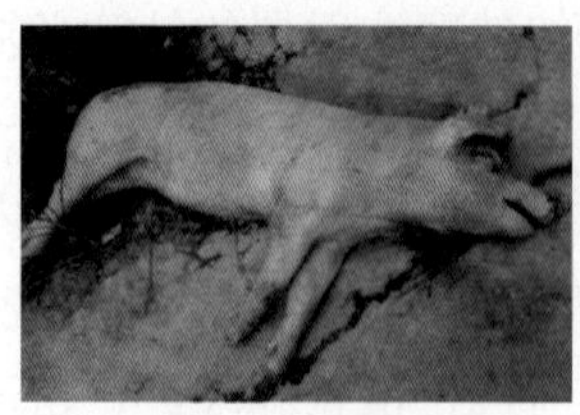
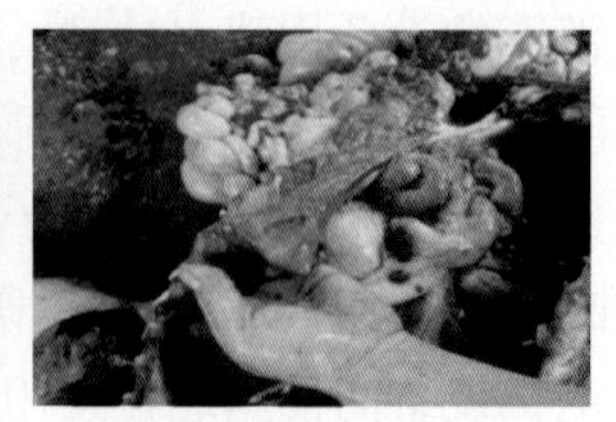

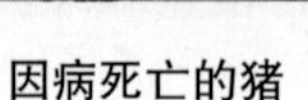

因病死亡的猪　　猪腹泻解剖

★猪价格网，网址链接：http://www.zhujiage.com.cn/article/20160 5/618792.html

（2）如何提高猪病的治愈率。采取自繁自养的原则，采取保健养猪的方法，避免用霉败饲料喂猪，定期驱虫。

（编撰人：赵成成，洪林君；审核人：蔡更元）

381. 如何利用中草药进行保健？

（1）种母猪的中药保健要点。

①怀孕母猪产前1个月用猪场安康3号可有效预防附红细胞体病和链球菌病的发生，产前20d至产后20d，连续饲喂活力健，并在产前产后7d连续饲喂猪场安康1号，同时配合健欣安。

②哺乳期。冬季隔7d用7d，夏季隔7d用3d猪场安康1号+黄芪多糖，可有效减少母猪子宫炎、乳房炎、无乳和少乳症、母猪产后厌食综合征及仔猪腹泻的发生。

③其他时间。冬季每隔1个月，夏季每隔1～2个月用药7d，猪场安康1号、2号、3号，配合热毒清或活力健，交替使用。

（2）哺乳仔猪、保育猪、育肥猪阶段的中药保健要点。

①出生后第3d。每头猪注射生血安0.5ml，给仔猪进行补血。

②断奶当天至断奶后7d。用猪场安康1号+圆环蓝耳康，可有效防止断奶仔猪拉稀及预防猪圆环病毒病、蓝耳病、水肿病、猪链球菌病等。

③保育期。冬季用药7d，夏季用药3d。7～8周龄。猪场安康2号+黄芪多糖；9～10周龄：猪场安康1号+圆环蓝耳康。可有效控制支原体、链球菌、副猪嗜血杆菌等细菌性疾病，同时增强机体免疫力，促进生长，提高成活率。

④育肥猪。冬季用药7d，夏季用药3d。13～14周龄：猪场安康3号+热毒清；17～18周龄：猪场安康1号+活力健。控制各种细菌性、病毒性疾病的隐形感染，避免各种疾病的发生。以后时间参照“猪场饲料加药秘诀”进行预防保健，可有效杜绝猪场群发高热病。

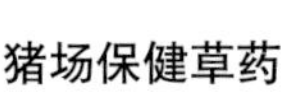

猪场保健草药　　猪场包装保健药

★gouwu.mediav，网址链接：http://gouwu.mediav.com/ads-cps.html

（编撰人：全建平，洪林君；审核人：蔡更元）

382. 怎样给猪投药和进行注射?

给猪投药治疗时常用的方法有口服、皮下注射等方法。

（1）口服。猪群口服给药时，常将粉剂药物拌入饲料饲喂。先将药物按规定的剂量称好，放入少量饲料中拌匀，而后将含药的饲料拌入日量饲料中，再撒入食槽任其自由采食。如果给个别猪投药，则可在药物中加适量淀粉和水，制成舔剂或丸剂，而后助手将猪保定，术者一手用木棒撬开口腔，另一手将药丸或舔剂投入舌根部，抽出木棒，即可咽下。片剂药物也可采用本方法。水剂药物可用灌药瓶或投药导管（为近前端处有横孔的胶管）投服。用投药导管投药时，需将开口器由口的侧方插入，开口器的圆形孔置于中央，术者将导管的前端由圆形孔穿过插入咽头，随着猪的吞咽动作而送入食道内，即可将药剂容器连接于导管而投药，最后投入少量清水，吹入空气后拔出导管。

（2）皮下注射。注射部位有股内侧或耳根后。注射前，局部用5%碘酊消毒，在股内侧注射时，应以左手的拇指与中指捏起皮肤，食指压其顶点，使其成三角形凹窝，右手持注射器垂直刺入凹窝中心皮下约2cm（此时针头可在皮下自由活动），左手放开皮肤，抽动活塞不见回血时，推动活塞注入药液。注射完毕，以酒精棉球压迫针孔，拔出注射针头，最后以碘酊涂布针孔。在耳根后注射时，由于局部皮肤紧张，可不捏起皮肤而直接垂直刺入约2cm，其他操作与股内侧注射相同。

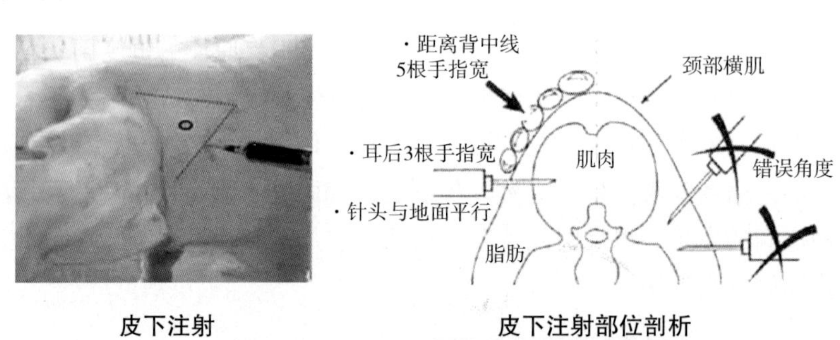

皮下注射　　　　皮下注射部位剖析

★中国兽医信息网，网址链接：http://www.vetcn.net/feed/zhu/24435.html
★搜狐网，网址链接：http://www.sohu.com/a/162371882_693802

（编撰人：全绒，洪林君；审核人：蔡更元）

383. 治疗猪病时应注意避免哪些习惯性错误?

（1）连续大剂量应用。发烧是猪因感染病原微生物并产生炎症所致，而退烧药只能起到退烧的治标作用，却无抗菌消炎的治本作用，长时间、大剂量使用解热药还可能引起猪白细胞减少，抵抗力下降。

（2）用利尿药治尿闭。临床上常见尿闭及少尿患猪，遇到这种病猪人们习惯使用利尿药来进行治疗。其实，猪的尿闭大多是非肾源性尿闭，多数情况是由于膀胱、尿道炎症或者结石等所致。很显然，这些尿闭并非产尿量少所致，而是排尿不畅所致。

（3）病毒灵治疗一切病毒病。其实病毒灵根本治不了病毒性疾病。病毒灵在兽医临床上，已被严禁使用。猪的病毒性疾病可以使用有抗病毒作用的中草药如黄芪多糖、鱼腥草、穿心莲、千里光等，并配合地塞米松、抗生素等进行治疗。

（4）用解毒药治疗有神经症状表现的突发性病猪。临床上突发性的、有神经症状表现（病猪痉挛、抽搐、转圈、狂跑、嘶叫或倒地不起）的病猪很多，因为这类猪表现的症状与中毒病的症状很相似，因而人们常将这类病误认为是中毒病，并以解毒法治疗，如注射解磷啶、阿托品等解毒药。其实，这些病猪绝大多数不是因中毒所致，而是许多疫病（如猪传染性脑脊髓炎、猪伪狂犬病等）表现出的一种脑神经紊乱症，对此应该采取在抗病原治疗的基础上使用安定、氯丙嗪、脑炎清等镇静药物进行治疗。

（5）仅用抗生素治疗消化不良性腹泻。腹泻是猪常见病症之一，并且腹泻中有相当一些病猪是因为消化不良所引起的，对于这类腹泻人们也常使用抗生素进行治疗，效果当然是很差的。对于这类消化不良性腹泻应口服助消化类药物，如大黄苏打粉、多酶片、酵母片等。

（6）给猪一生只驱一次虫。猪的寄生虫病的发病率特别高，所以给猪驱虫是十分重要的，驱虫应该定期进行。而不是给猪一生只驱一次虫。猪驱一次虫后，还可能再感染虫卵，过一个月左右又发育成成虫，照样可能危害猪体，所以，对猪应每隔45d左右驱一次虫。

（7）应用青霉素治疗胃肠道感染。青霉素是抗菌力强、副作用小的良好抗生素，所以，人们广泛应用青霉素治疗猪病。包括胃肠道感染，如胃肠炎、仔猪白痢、大肠杆菌病等都使用青霉素来治疗，这是错误的，对胃肠道感染不能使用青霉素进行治疗，而应该使用林可霉素、恩诺沙星、黄连素、乙酰甲喹等进行治疗。

（编撰人：全绒，洪林君；审核人：蔡更元）

384. 猪传染病的流行过程和发生传染病的基本条件是什么?

猪传染病由病原微生物引起，具有一定的潜伏期和临床表现，并具有传染性的疾病称为传染病。在实际生产中，绝大多数猪病是传染病，占临床病例的80%以上。传染病是养猪生产中的头号大敌。传染病的发生和流行是有一定条件的，必须具备传染源、传播途径、易感动物这3个条件，而且这3个条件必须同时存在并相互联系才会造成传染病的蔓延。因此掌握了传染病的了流行条件，就能采取相应的防止猪传染病的措施。

传染病的发展和发生，必须具备3个条件：①具有一定数量和足够毒力的病原微生物。②具有对该传染病有感受性的动物。③具有可促使病原微生物侵入动物机体内的外界条件。

传染病发生的3个必备条件，如果缺少任何一个条件，传染病都不可能发生与流行。其中病原微生物是传染病发生的必要因素。在整个传染过程中因为其本身具有致病力即毒力和聚集一定的数量就具有传染性；畜禽机体状态对传染病发生和发展起决定性作用即机体自身对传染病的抵抗能力；外界条件的好坏直接影响传染病的发生和发展，在不良的外界条件下，能降低机体抵抗力，有利于病原微生物的生存，促进易感动物机体与病原微生物的接触，助长传染病的发生和发展。

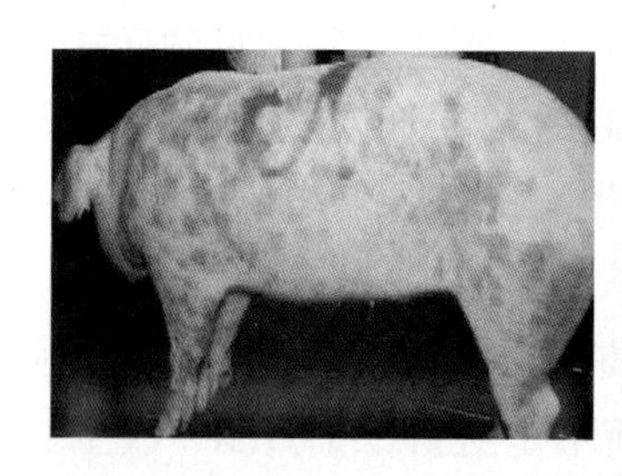
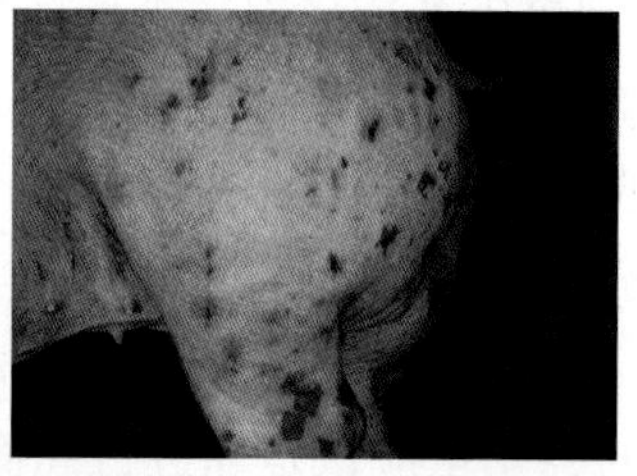

猪丹毒

★猪价格网，网址链接：http://www.zhujiage.com.cn/article/201605/621231.html
★搜狗百科，网址链接：https://baike.sogou.com/h317769.htm？sp=Sprev&sp=l58494172

（编撰人：全绒，洪林君；审核人：蔡更元）

385. 为什么免疫接种可预防传染病？怎样打好防疫针?

免疫接种即为打预防针，是预防传染病很重要、很有效的方法。那为什么接种疫苗可以预防传染病呢?

（1）免疫接种的作用。动物集体感染了病原微生物后，即病菌进入畜体后，其机体就动用体内的免疫系统来抵御这种病原的侵袭，随即产生一种抵抗这种病原的物质叫抗体，这种抗体即可对这种病原微生物产生抵抗作用。但是，一般病原体毒力都较强，主体产生的抗体难以抵挡病原的攻击感染，从而常常导致猪发病。根据这一原理人们主动地给猪体接种、注射一种病原体，当然，这种病原体是经过处理的，降低了毒力、失去了致病性的，但仍保持一定的活性，这种物质就是人们给猪使用的疫苗。由此可以看出，接种一种疫苗只能产生相应的抗体，只能预防一种疾病，因为这种抗体只能抵抗相应的病原微生物。有时只给猪打一种疫苗，猪还是生病，就认为打预防针不起防病作用，这是不对的。要知道，首先，打一针预防针只能预防一种或者几种相应的疾病，而不是预防所有的疾病。其次，因为疫苗只是一种活性物质，不同于其他治疗药物，必须要在低温或者冷冻条件下保存，常温条件下容易失去活性。最后，疫苗虽然是降低毒性的物质，但它还是一种病原体，所以，对畜病、严重瘦弱畜及一些怀孕畜不能接种疫苗。

（2）正确进行预防注射。①保证疫苗的活性。只有使用保存好活性的疫苗才能使猪产生抗体，起到防病作用。②注射疫苗的有效期。疫苗的有效期不仅考虑其出厂时间，还要考虑其保存期间的室外温度环境情况。③现用现配。冻干苗一经稀释，其活性保存的时间就大大缩短了，所以疫苗应该现稀释现使用，在很短的时间内使用。④稀释液浓度。所有冻干苗必须按规定的稀释液稀释后使用，不能随意更换，如猪瘟疫苗必须用生理盐水稀释，不能用注射用水稀释。⑤注意母源抗体的影响。接种过猪瘟疫苗的母猪，它在免疫期内所产生的初乳内存在猪瘟抗体，这种抗体来源于母体，所以叫母源抗体。⑥注射方法与剂量。不同疫苗有不同的接种方法，疫苗的用量与免疫力的产生也有一定的关系。

（编撰人：全绒，洪林君；审核人：蔡更元）

386. 猪常见的用药方式有哪些？如何选择？

常见的猪用药的方法有：喂服，胃管投服，拌饲料服喂，丸剂或舔剂吞服。若猪能吃食，最好将定量药物均匀地混入少量精饲料中，让猪自己食用。若病猪不能吃食，且用药量大或药物有强烈的异味时，应该采取胃管投服方法。对于用药量不大的，可以将药物调成糊状或液体，待猪保定后，用药匙从猪舌侧面靠腮部倒入，一般采取间歇、少量多次慢喂，切忌过量、过急，容易造成呛咽。对于丸剂或者舔剂，可以将药物加入适量精制饲料，调成黏糊状，待猪保定后，将糊状药物涂抹在猪的舌根部，让其进行吞咽。对于丸剂，则丸剂药物放至口腔深部，让猪吞下即可。

常见液态治疗药可直接肌注，对于在产母猪或发病严重母猪可配以注射用水吊水进行治疗。

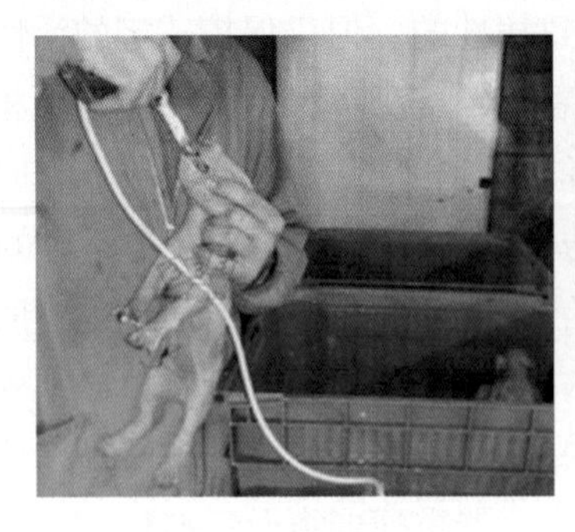
喂服（温氏猪场拍摄）

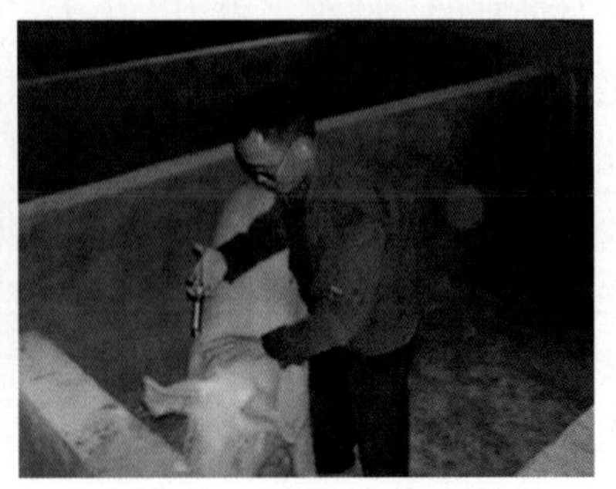
肌内注射（温氏猪场拍摄）

（编撰人：孔令旋，洪林君；审核人：蔡更元）

387. 如何进行猪场寄生虫驱虫？

（1）对于发生较为严重的寄生虫病的猪场，应对猪场的所有猪全部进行驱虫。寄生虫在幼虫状态被消除，可通过添加杀虫剂到整个猪场的饲料中，用一个星期，连续喂养2次，每次间隔7～10d。同时，对猪场、设备、运输工具等使用三氯磷或螨网进行喷涂。

（2）引进猪种和后备猪应先进行驱虫，再转入生产区，可使用广谱的驱虫剂，在驱除体内体外的寄生虫后方才投入使用。

（3）断奶仔猪保育2周后（40～50d），均需进行驱虫，可通过在饲料中添加驱虫剂的方式进行，持续5～7d，第一次结束7～10d，再进行一次，同样持续5～7d，将卵孵出的幼虫杀死，彻底解决疥疮螨的问题。

（4）在潮湿的天气更容易出现疥疮螨，生猪可以在4月的时候，按照上述添加驱虫剂的方式进行重复。

（5）在南方，由于气候相对湿润，特别是在春、夏季节，离体寄生虫的发病率较高，易患疥虫，应及时驱虫。使用0.1%的诺华氏“螨网”或1%～3%的三氯氟龙连续2次喷洒，每次间隔7～10d。

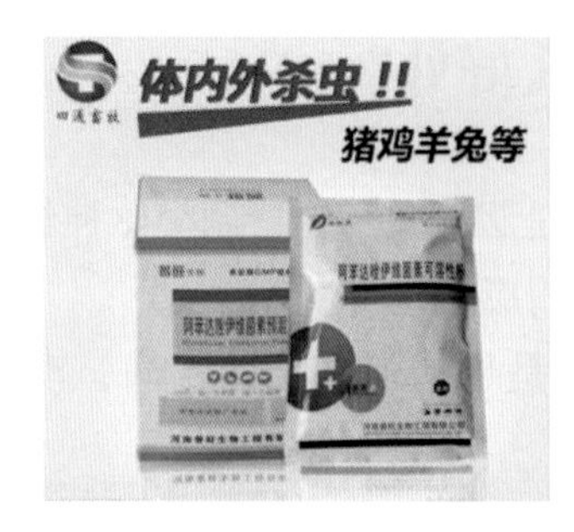

兽用驱虫药

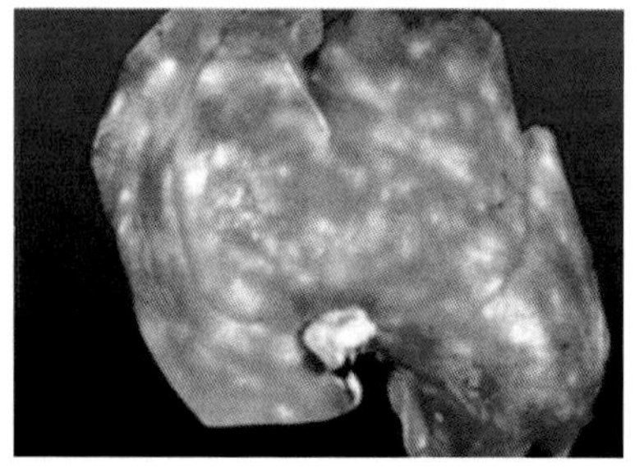

蛔虫迁移留下的痕迹的猪肝

★牧通人才网，网址链接：http://www.xumurc.com/main/Sho wNews_35624.html

（编撰人：赵成成，洪林君；审核人：蔡更元）

388. 怎样进行后备种猪的免疫?

天龄	疫苗种类	生产厂家	剂量	使用方法
119d	公猪乙脑弱毒苗	中牧股份	1头份	配专用稀释液，耳根后肌内注射
120d	变异蓝耳弱毒苗	大华农	2头份	耳根后肌内注射
140d	伪狂犬弱毒苗	德国勃林格	1头份	配专用稀释液，耳根后肌内注射
154d	乙脑弱毒苗	中牧股份	1头份	配专用稀释液，耳根后肌内注射
	口蹄疫疫苗	中牧股份	1头份	耳根后肌内注射
168d	细小灭活苗	山东齐鲁	2ml	耳根后肌内注射
	猪瘟高效弱毒苗	广东永顺传代苗	1头份	耳根后肌内注射
175d	伪狂犬弱毒苗	德国勃林格	1头份	配专用稀释液，耳根后肌内注射
182d	变异蓝耳弱毒苗	大华农	2头份	耳根后肌内注射
189d	乙脑弱毒苗	中牧股份	1头份	配专用稀释液，耳根后肌内注射
	细小灭活苗	山东齐鲁	2ml	耳根后肌内注射
200d	猪瘟高效弱毒苗	广东永顺传代苗	1头份	耳根后肌内注射
210d	蓝耳弱毒苗	德国勃林格	1头份	配专用稀释液，耳根后肌内注射
每年2月	乙脑弱毒苗	中牧股份	1头份	配专用稀释液，耳根后肌内注射

（编撰人：全建平，洪林君；审核人：蔡更元）

389. 母猪产后注射比赛可灵有什么好处?

比赛可灵也可以称为氯化比赛内可儿，是胆碱类药物，副交感神经刺激剂，在胃肠平滑肌中起着重要的作用，从而提高胃肠蠕动。

（1）预防母猪产后厌食。产后厌食症是母猪最常见的疾病，没有特效治疗，注射比赛可灵能有效预防疾病的发生。

（2）促进恶露排泄，防止产道感染。对于一些自我净化能力较差的母猪来说，它可以促进产后阴道和子宫残留异物的排出，并起到帮助净化的作用。

（3）预防母猪产后瘫痪。母猪经常因分娩时间过长，体力消耗过大，导致四肢无力，加之缺乏钙等原因导致瘫痪，但比赛可灵能加强肢体肌肉的张力和收缩力，从而预防产后瘫痪。

（4）预防母猪产后胎衣滞留。由于母猪是一种多胎动物，子宫收缩无力导致部分胎儿和产后胎衣滞留子宫，使用比赛可灵具有促进子宫收缩的作用，从而使胎儿和胎生排出。

（5）防止母猪产后尿闭。母猪产后经常因泌尿道受不良刺激及感染导致尿闭或排尿困难，比赛可灵有收缩膀胱平滑肌，促进排尿功能。

比赛可灵注射液

猪产后哺乳

★三五养猪网，网址链接：http://www.35838.com/zhubing/zhufa nzhibing/375776_2.html

（编撰人：赵成成，洪林君；审核人：蔡更元）

390. 如何预防母猪流产?

妊娠中断又叫流产，指的是母猪在怀孕期间，由于多种原因造成胚胎或胎儿与母体之间的生理关系紊乱，妊娠无法继续，由此而导致胚胎液化被母体吸收、胎儿干尸化或死胎等现象。

引起母猪流产的因素有营养性因素（如饲料营养价值不足、饲料发霉变质等）；机械性流产（如饲养员的打击、突然惊吓等）；疾病引起的流产（如蓝耳病、伪狂犬病等）。因此，预防母猪流产，应做到以下几点。

（1）保证饲料中营养充足并且均衡，不仅要保证日粮蛋白质、能量、维生素等基本营养物质不缺乏，也要确保矿物质以及微量元素的含量。此外，猪场还应该根据实际生产中妊娠母猪实际的膘情调整饲料，避免母猪体况过肥或过瘦的情况发生。

（2）为母猪提供一个安静、舒适的环境。饲养员应精心管理，母猪配种后不宜混群，应单栏饲养，且要预防打滑。目的在于要消除一切可能对母猪造成机械性伤害的因素。

（3）要采取综合措施，制定合理的免疫程序，有计划地应用疫苗免疫接种，也可利用一些保健药物来增强母猪抵抗力和预防病毒性疾病的发生。

（编撰人：叶健，洪林君；审核人：蔡更元）

391. 如何预防母猪产木乃伊胎、死胎?

木乃伊胎是指出生前已死亡的仔猪，由于水分不断被母猪吸收，形成胎体紧缩且颜色为棕褐色、极似木乃伊的死胎；死胎是指妊娠后期死亡和出生时已经断气的仔猪。木乃伊胎和死胎的产生总体上可分为传染性因素和非传染性因素两类。

其中传染性因素主要由与繁殖障碍性相关疾病导致，包括猪细小病毒、乙型脑炎、猪瘟等；非传染性因素主要包括霉菌性疾病、饲养管理等。因此，预防母猪产木乃伊胎和死胎，应做到以下几点。①做好免疫接种工作，包括猪流行性乙型脑炎、猪细小病毒病、猪伪狂犬病等繁殖障碍性疾病，且发现疾病要及时治疗。②防止饲料发霉变质，酸性过大的青贮料严禁饲喂，且怀孕母猪尽量不喂酒糟。③加强对怀孕母猪的看护，防止拥挤、咬架、滑倒和过急追赶等，避免机械性损伤。

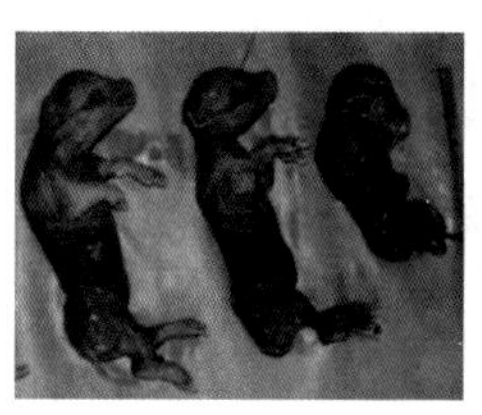
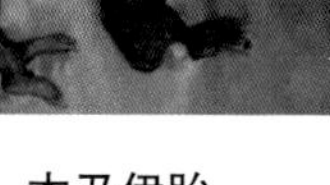

木乃伊胎

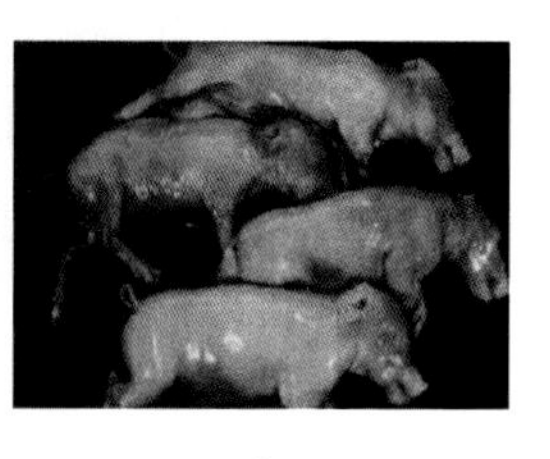

死胎

★畜牧软件网，网址链接：http://www.ajxyun.com/detail-3626.html
★搜狐，网址链接：http://www.sohu.com/a/146481898_729101

（编撰人：叶健，洪林君；审核人：蔡更元）

392. 母猪产褥热如何防治？

（1）加强母猪饲养管理。后期更要注意营养全面，适当搭配青饲料，控制产前采食量。母猪分娩前最后几天喂一些轻泻性饲料，减轻母猪消化道的负担。

（2）环境卫生及防疫消毒。长期坚持做好母猪圈舍卫生，及时清理不洁垫草、粪污。猪舍内3d消毒1次，消毒剂要3种以上交叉使用。产前10d尤其要加强管理，将此措施落实到位。

（3）抗应激。做好防寒、防暑、防风、防湿、防惊吓等防护措施，避免母猪产生应激反应以致继发该病。

（4）产前做好产房的清洁消毒工作。产床、产圈要严格消毒，褥草要经过日光照射或消毒后使用。

（5）准备好常用消毒、消炎、抗生素药品。助产及术者要严格遵守无菌操作，修短指甲，清洗手臂，消毒和涂抹液体石蜡油，避免损伤子宫，保证阴道无创伤，以免发生感染。

（6）在分娩前，用1‰的高锰酸钾溶液擦洗腹部、乳房及外阴，再从每个乳头中挤出前几滴奶水。

（7）产后3d内饲料要清淡，3d后再逐渐饲喂全价料，增加营养。避免一些因营养不良引起的瘫痪等疾病。

（8）在母猪产仔结束后，根据体重，肌内注射青霉素160IU×（8～10）支，再加20ml安痛定，2次/d，连打2d，如果体温有点高，再加10ml安乃近，保护率高达97%。

母猪消毒防疫（温氏猪场拍摄）

（编撰人：孔令旋，洪林君；审核人：蔡更元）

393. 怎样防治母猪子宫内膜炎？

母猪子宫内膜炎是母猪产后子宫黏膜炎症，来自阴道分泌物或脓性分泌物。

由于受感染的子宫的生殖率下降，使用寿命缩短，早期淘汰，养猪成本和效益较低，对该病的预防具有重要意义。

（1）群体预防措施。

①制定和实施可行的免疫程序。应注意猪繁殖和呼吸综合征病毒、猪伪狂犬病病毒、日本脑炎病毒和猪细小病毒的接种，并做好注射记录。

②脉冲药物，定期清除猪的病原体。分娩后1周，在每吨饲料中加入加康300g和泰乐菌素200g，或氯四环素300g加磺胺嘧啶400g和TMP 80g。

③清洁猪舍，清洗粪便，定期消毒。每天保持做一次小的清洁，每周彻底清洁一次，特别是对背部和外阴清洁。对于猪圈2次/周，应先冲洗后消毒，消毒药品可选百毒杀。

④霉菌毒素诱发子宫内膜炎，常规检查母猪饲料质量，并禁止用发霉饲料喂养母猪。

（2）个体预防措施。

①母猪养殖环境应为和平安宁的生活环境，以防创伤。

②注意配种消毒。在配种之前，用0.1%的高锰酸钾溶液清洗和消毒公猪的腹部和尿囊，母猪的后体和外阴。

③产后护理。产后使用0.1%的高锰酸钾溶液消毒外阴，乳房和干燥；母猪分娩后，肌内注射催产素10～40U，可促进子宫内分泌物的排出，加速子宫的恢复；产后，使用5%的宫炎清100ml冲洗子宫或使用达利朗、宫炎净直接进入子宫，肌内注射长效抗菌药物。

④哺乳期的卫生消毒。禁止不相关人士进入猪圈，或进入猪圈而不消毒。

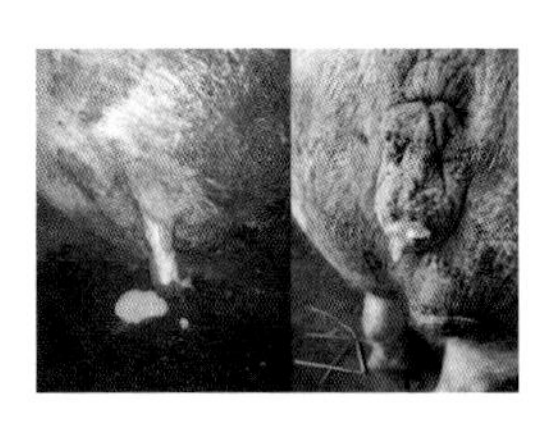
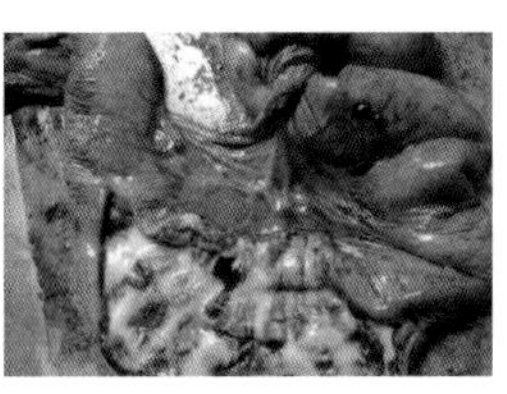

猪子宫内膜炎症状

★第一农经养猪，网址链接：http://www.1nongjing.com/a/201708 /195609.html

（编撰人：赵成成，洪林君；审核人：蔡更元）

394. 如何防治母猪乳房炎?

母猪的乳房炎多发于一个或几个乳腺，临诊上以红、肿、热、痛及泌乳减少为特征。

（1）治疗。

①全身治疗。抗菌消炎药，常用青霉素、链霉素、庆大霉素、烯丙沙星、环丙沙星、磺胺类药物、肌内注射，3～5d。青霉素和链霉素，或青霉素和用新霉素治疗效果良好。

②局部治疗。慢性乳腺炎，乳房洗净，选择鱼石脂软膏、樟脑软膏、5%～10%碘酊，将药物涂抹在乳房皮肤上，或用热毛巾热敷。此外，乳头注射抗生素，效果很好，用少量灭菌蒸馏水稀释的抗生素，直接注射入乳管。在药物治疗期间，哺乳仔猪应该人工母乳喂养，减少母猪的刺激，同时保持小猪不受奶感染。急性乳腺炎，青霉素50万至1亿U，溶解于0.25%的普鲁卡因溶液200～400ml，做乳房基环闭合，每日1～2次。

③中药治疗。蒲公英15g、金银花12g、连翘9g、丝瓜络15g、通草9g、穿山甲9g、芙蓉花9g，全都磨成末，开水冲泡，喂服。

（2）预防。加强母猪猪圈的卫生管理，保持猪圈清洁，定期消毒。母猪分娩，尽量在侧边，助产时间短，防止哺乳仔猪咬乳头。

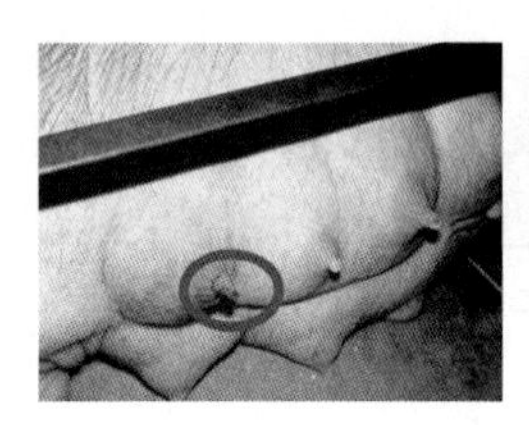
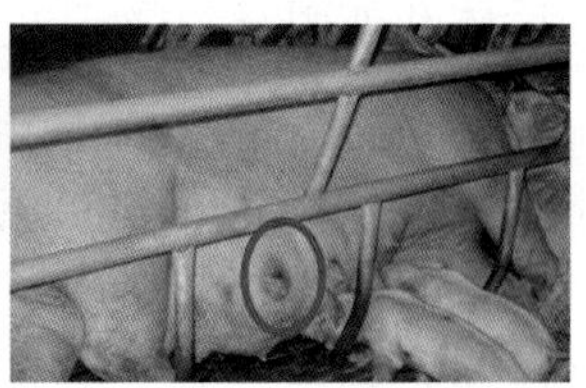

母猪乳房炎症状

★江西养猪信息网，网址链接：http://www.jxswine.com/zhubing/z hufanzhibing/369.html

（编撰人：赵成成，洪林君；审核人：蔡更元）

395. 猪产后长时间排恶露怎么治疗？

母猪子宫内膜发生炎症是引起母猪产后长时间排恶露的原因。手术助产不卫生、子宫脱出、胎衣不下、子宫复旧不全、流产、胎儿腐败分解、死胎存留在子宫内等都会引起子宫内膜炎。母猪子宫内膜炎的防治措施如下。

（1）猪舍保持清洁干燥，母猪临产时要调换清洁垫草，在助产时严格注意消毒，操作要轻巧细微，产后加强饲养管理。在处理难产时，取出胎儿、胎衣后，将抗生素装入胶囊内直接塞入子宫腔，可预防子宫炎的发生。

（2）发病治疗时用10%氯化钠溶液、0.1%高锰酸钾溶液、0.1%雷弗努尔、

0.1%明矾液、2%碳酸氢钠溶液，任选一种冲洗子宫，必须把液体导出，最后注入青霉素、链霉素各100万单位。对体温升高的患猪，用安乃近10ml或阿尼利定10～20ml，肌内注射；用青霉素、链霉素各200万单位，肌内注射。

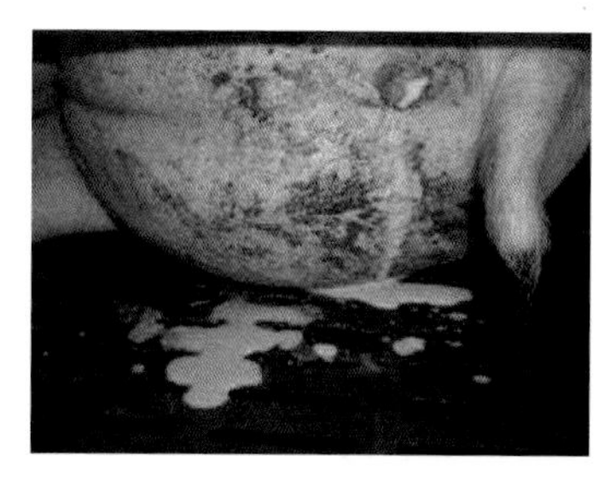

母猪产后排恶露

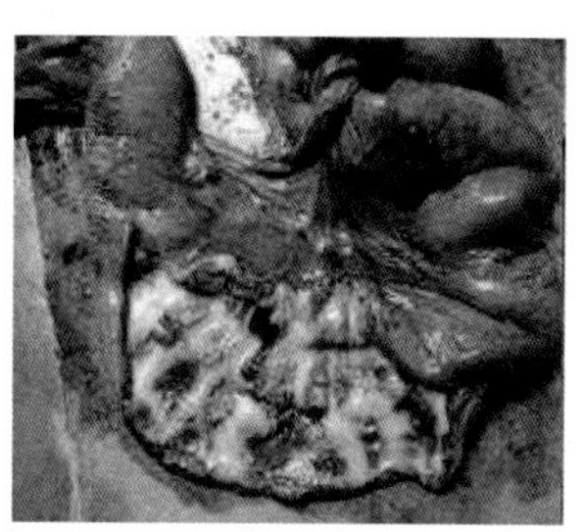

母猪子宫内膜炎

★养猪资讯，网址链接：http://www.zhuwang.cc/show-32-336246-1.html
★养猪巴巴，网址链接：http://www.yz88.cn/Article/310936.shtml

（编撰人：莫健新，洪林君；审稿人：蔡更元）

396. 如何防治母猪产后不食症？

产后不食疾病是一种常见的母猪疾病，在怀孕期间有许多猪的饮食正常，但仔猪出生后就不进食了，只吃少量的适口性好的食物，乳猪变得很瘦。这是因为母猪是多胎动物，整个产程时间很长，分娩的过程中子宫肌肉运动强度很大，子宫肌肉容易松散，导致子宫恶露排出困难，产道容易形成不同程度的感染，而且由于体力的消耗，容易导致肠道蠕动缓慢，消化功能减弱。具体的解决方案如。

（1）母猪在产后12～24h内，肌内注射比赛可灵或新斯的明5～10ml，6～12h注射1次，注入氯化铵甲基胆碱药物可以防止母猪产后厌食症，防止母猪瘫痪，促进恶露排出子宫，子宫内膜炎的预防，也可以防止尿闭和排泄困难。

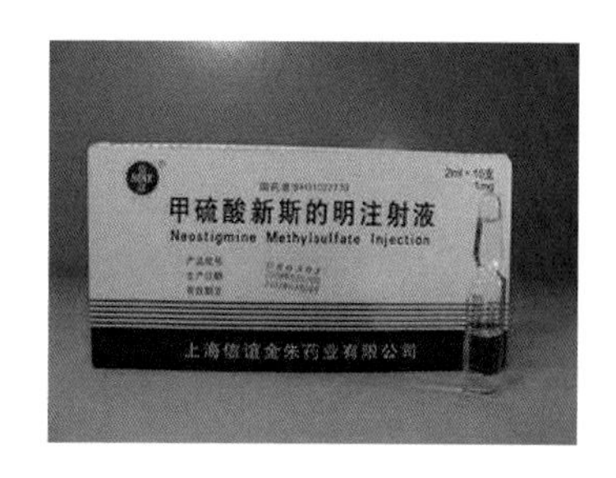

新斯的明注射液（赵成成、洪林君 摄）

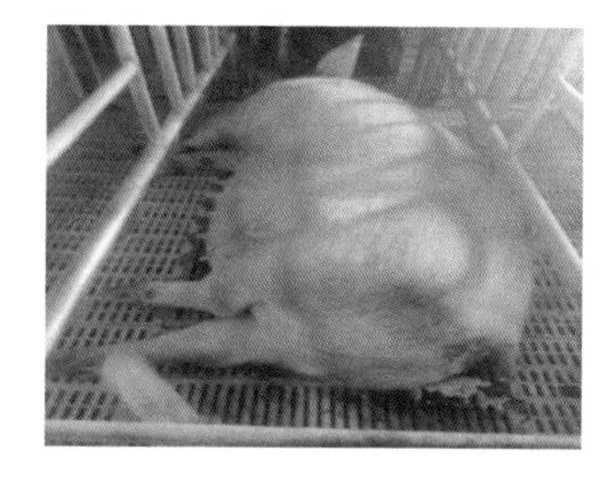

母猪产后恶露（赵成成、洪林君 摄）

（2）同时采取以上处理，在饲养管理中应做到，产后24h喂食，同时只给予水；生产后前3d，喂料量不能大，每顿必须要多水，饲料要调稀一些；出生后的头几天，饮食也必须保持一定数量的粗饲料，并喂养更多青绿饲料，以防止产后便秘。做好产房消毒工作，预防产道感染。

（编撰人：赵成成，洪林君；审核人：蔡更元）

397. 新生仔猪溶血症怎样防治？

（1）预防。

①明确母猪配种档案，做好遗传系谱登记。发生仔猪溶血病的母猪，下次配种，改换其他公猪，可防止再次发病。对配种后所产后代发生仔猪溶血病的公猪，则停止配种，淘汰处理。

②有条件的养殖场，可在母猪分娩后，在哺乳前进行凝集反应测定出乳中的抗体效价，如为阳性必须将仔猪隔离一段时间，不让仔猪吮吸初乳，并每小时挤初乳1～2次弃掉，经2～3d后再进行哺乳，同时给仔猪内服复合维生素。

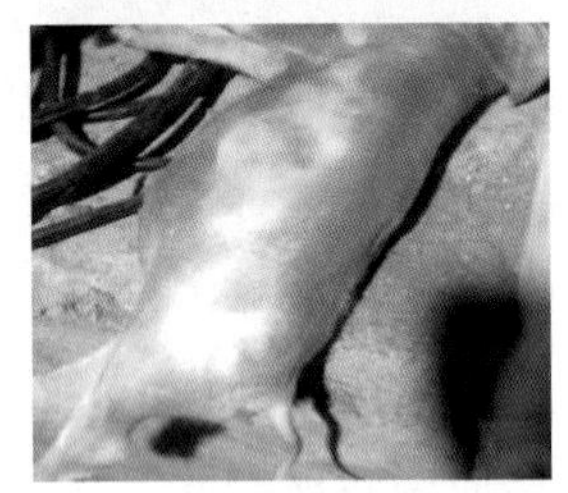

仔猪溶血症
（温氏猪场拍摄）

（2）治疗。

①发现新生仔猪溶血症，立即全窝停止吸吮原母猪的乳汁，改为其他母猪代哺乳，或人工哺乳，可使病情减轻或痊愈。

②重症仔猪，可选用抗生素同时配合地塞米松、氢化可的松等皮质类固醇类药物治疗，以抑制免疫反应和抗休克。

③为增强造血功能，可选用维生素B_{12}、铁治剂等治疗，止血可缓慢静推止血敏或亚硫酸氢钠甲萘醌。

④酶诱导剂，苯巴比妥按每天5～8mg/kg体重或尼可刹米按每天100mg/kg体重，分早晚两次将药溶化于水中灌服。

⑤中草药治疗。对于既往有过溶血症的母猪，产前7d服用“活血化瘀散”，每次15g，1d1次，至生产为止。仔猪出生后即服用茵陈蒿汤，根据仔猪发病症状的区别，可做加减，每日2次，连续3d，同时每只仔猪服用强的松1mg，1次/d。

（编撰人：孔令旋，洪林君；审核人：蔡更元）

398. 产房仔猪疾病控制有哪些有效举措?

（1）仔猪黄白痢。仔猪出生后口服2ml恩诺沙星一般可以迅速控制，严重的一天口服两次。也可以口服专门针对细菌性病的中药如香河润达农的痢服宁，毒副作用小，效果比较好。

（2）猪渗出性皮炎多是产房环境潮湿闷热，猪咬架咬伤皮肤感染葡糖球菌引起，感染皮肤涂紫药水（只有紫药水的消毒防腐作用可以使伤口快速干燥结痂愈合），可以全窝仔猪头部、四肢背部、腹下涂紫药水预防，主要做好环境干燥通风好，治疗用磺胺嘧啶钠注射液一边颈部肌内注射，不论大小猪注射两次就有明显改善效果，3～4次就会痊愈。

（3）链球菌用磺胺嘧啶钠注射液一边颈部肌内注射，另一边氨基比林混合阿莫西林肌注，发病早发现及时一天注射两次就可以稳定，再注射2次就可以痊愈，发病时倒地时间久了可以马上静脉注射以上药物，加复合维生素B、维生素C，效果更好。

（4）仔猪流行性腹泻发病之初，可以安排每日两次肌内注射硫酸阿米卡星，同时安排仔猪口服庆大霉素；遇到病情无法控制的情况，宜加注抗病毒Ⅰ号。至新型仔猪流行性腹泻病发后期，宜安排仔猪每日静脉注射两次葡萄糖氯化钠注射液，连用3～5d。对于出现机体脱水现象的哺乳期仔猪，宜安排腹腔注射10ml维生素C溶液。具体的方法是：将仔猪倒立保定之后，在其倒数第二个乳头边上进行消毒垂直注射，结束后注意是否有血液以及水样回流等异常现象，如果有则停止该注射。用量为每只每日注入一次的药水，连续2～3d。

（5）仔猪轮状病毒病将。白头翁散和水1∶10煮沸或开水冲泡、置冷。发病仔猪每头灌服5～8ml，每天6～8次，直至症状消除。发病严重仔猪灌药同时灌服补液盐防脱水。

肌内注射药物（温氏猪场拍摄）

（编撰人：孔令旋，洪林君；审核人：蔡更元）

399. 仔猪黄痢如何诊断和防治?

（1）诊断方法。仔猪黄痢（早发性大肠杆菌病），由致病性大肠杆菌引起，是初生仔猪的一种急性、致死性传染病，以排出黄色稀粪为特征。3日龄左右仔猪多发，7日龄以上仔猪极少发病。往往一窝一窝地发生，不仅同窝仔猪都会发病，继续分娩出来的仔猪都会感染，因此有人认为本病发生的重要因素是母猪携带的致病性大肠杆菌。临床上最急性的看不到明显症状，生后10h突然死亡，生后2～3d发病仔猪表现为拉黄色稀粪，含有凝乳小片，肛门松弛，不吃奶，最后衰竭而死。

（2）防控措施。

①加强母猪的饲养管理，做好圈舍及用具卫生和消毒，让仔猪及早吃到初乳，增强自身免疫力。

②接种疫苗，目前我国制成的疫苗有大肠杆菌K88c-LTB双价基因工程菌苗，大肠杆菌K88・K99双价基因工程菌苗和大肠杆菌K98・K99・987P三价灭活菌苗，前两种采用口服免疫，后一种注射免疫。于预产前15～30d免疫。

（3）治疗方法。

①8万单位青霉素+80mg链霉素，一次口服，每天2次。连用3d。

②硫酸新霉素15～25mg/kg体重，分2次口服。连用3d。

③庆大霉素4～11mg/kg体重，每天2次，口服；或者4～7mg/kg体重，每天1次，肌内注射，连用3d。

④磺胺脒0.5g+甲氧苄胺嘧啶0.1g，研末，按5～10mg/kg体重喂用，每天2次。连用3d。

⑤庆增安注射液，0.2ml/kg体重，口服。连用3d。

⑥仔猪吃奶前2～3h喂3亿个促菌生活菌，以后1次/d。调痢生按0.1～0.15g/kg体重，每天1次，连用3d。

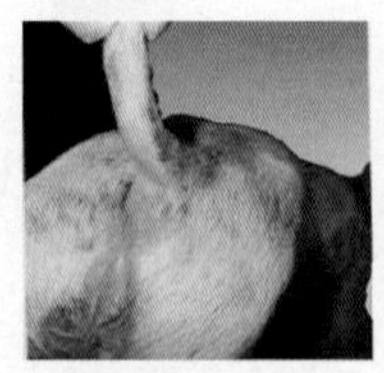

仔猪黄痢病猪

病猪解剖

★互动百科，网址链接：http://www.baike.com/wiki/%E4%BB%94%E7%8C%AA%E9%BB%84%E7%97%A2? prd=citiao_right_xiangguancitiao。

（编撰人：莫健新，洪林君；审稿人：蔡更元）

400. 仔猪白痢如何诊断和防治?

（1）诊断方法。仔猪白痢又称迟发性大肠杆菌病，是由致病性大肠杆菌引起的急性肠道传染病，其特点是发病率高，致死率低。临床特征为排灰白色、糨糊样稀粪，有腥臭味。在2～3周龄仔猪中流行，常年发生。仔猪发病往往是饲养管理不良，猪舍环境阴冷潮湿，母猪奶汁过稀或过浓导致仔猪抵抗力下降引起的。主要症状是腹泻，粪便呈灰白色或淡黄绿色。在尾、肛门及其附近常沾有粪便。当细菌侵入血液时，仔猪食欲不佳，日渐消瘦，被毛粗乱无光，眼结膜苍白，恶寒战栗，一般经5～6d死亡。

（2）防控措施。

①改善母猪产前产后的饲养管理，饲喂含有丰富维生素和无机盐的饲料，维持猪舍通风干燥，定期进行清洁消毒。

②给母猪喂用抗贫血药。从产前一个月开始每天饲喂250mg硫酸亚铁、10mg硫酸铜、1mg亚砷酸，直到产后1个月。

③给仔猪口服碳酰苯砷酸钠，第1周10mg，第2周20mg，第3周30mg。

（3）治疗方法。

①可参考仔猪黄痢的治疗方法。

②脒铋酶合剂（磺胺咪、次硝酸铋、含糖胃蛋白酶等量混合）。口服，7日龄仔猪0.3g，21日龄0.7g，30日龄1g，重病1日3次，轻病1日2次，一般服药1～2d方可痊愈。

③强力霉素口服液。2～5mg/kg体重，1次/d。

④土霉素口服液。土霉素1g加入少许糖，溶于60ml水中，3ml/次，2次/d。

⑤大蒜疗法大蒜500g，甘草120g，切碎混合加入50° 白酒500ml，浸泡3d，混入适量百草霜（锅底烟灰），均匀，分成40剂，每天灌服1剂，连用2d。

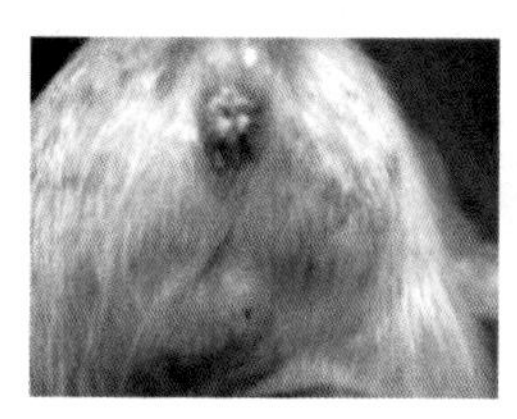

仔猪白痢病猪

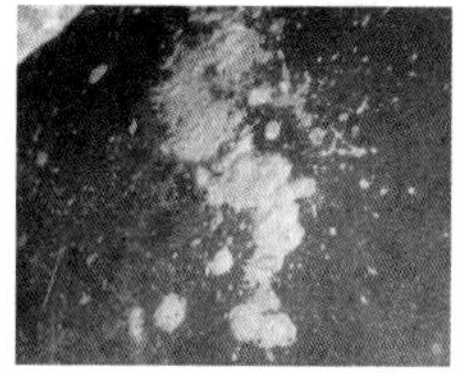

灰白色粪便

★中国养殖网，网址链接：http://www.chinabreed.com/pig/disease/2011/12/20111220483773.shtml;
★猪友之家，网址链接：http://www.pig66.com/2016/145_0429/16477390.html

（编撰人：莫健新，洪林君；审稿人：蔡更元）

401. 仔猪红痢（仔猪梭菌性肠炎或仔猪传染性坏死肠炎）如何诊断和防治?

（1）诊断方法。仔猪红痢，又称为猪梭菌肠炎或仔猪传染性坏死肠炎，是由C型和A型魏氏梭菌的外毒素引起的。其特征是排红色粪便，肠黏膜坏死，病程短，病死率高。大多发病于1周龄以下仔猪，其中1～3日龄仔猪最为常见。偶尔在2～4周龄及断奶仔猪中见到。同一群仔猪不同窝的病死率不同，平均为26%。临床上最急性型排血便，往往于生后当天或者第二天死亡；急性型排浅红褐色水样粪便，多于生后第三天死亡；亚急性型先排黄色软便，后排淘米样粪便，并含有灰色坏死组织碎片，于5～7日龄死亡；慢性型粪便呈灰黄色，间歇或持续下痢，病程为十几天。

（2）防控措施。

①做好猪舍和环境的卫生消毒工作，产前对母猪乳头和周围皮肤进行清洗消毒。

②本病多发猪场，需要对母猪接种疫苗，接种程序为，5～10ml的仔猪红痢灭活菌苗，产前一个月和半个月各接种一次，使仔猪通过哺乳获得该病的免疫力。

（3）治疗方法。仔猪一出生就口服青霉素、链霉素等抗菌类药物，连用2～3d。由于本病病程短促，发病后用药治疗往往效果不佳。

仔猪红痢病猪

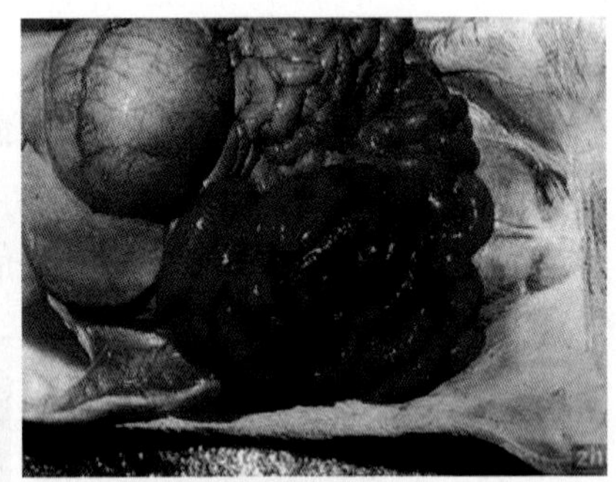

病猪解剖图

★猪e网论坛，网址链接：http://bbs.zhue.com.cn/article-197542-1.html

★互动百科，网址链接：http://tupian.baike.com/a3_27_52_01300001168252132126520810555_jpg.html

（编撰人：莫健新，洪林君；审稿人：蔡更元）

402. 如何防治断奶猪多系统衰弱综合征?

断奶猪多系统衰弱综合征是由圆环病毒引起的一种新的传染性疾病。最先在欧美许多国家的一些猪群存在发病情况。目前，已证实我国猪场也有发病情况存在。5～16周龄的猪只容易受该病危害，6～8周龄的猪只尤其如此，而哺乳猪则较少发病。

生长发育缓慢、呼吸急促、进行性的消瘦、皮肤苍白、贫血、肌肉软弱无力，以及被毛粗乱和咳喘是该病的主要临床特征；嗜睡、腹泻以及可见皮肤和可视黏膜黄疸等症状有时也可以见到；有时也可以用手摸到病猪肿大的体表腹股沟浅淋巴结。

此病的预防目前没有很好的途径能彻底防止该疾病的发生。但是加强卫生和饲养的管理能降低该疾病发生概率。全进全出的养殖模式值得提倡。对于怀疑患该疾病的猪只要早发现早隔离，避免在猪群中快速传播。

断奶仔猪

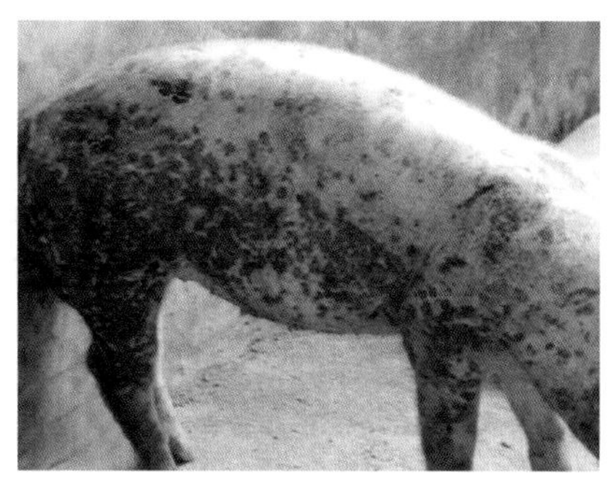

患多系统衰弱综合征

★猪友之家，网址链接：http://www.pig66.com/breed/2015/1130/35616.html
★百度百科，网址链接：https://baike.baidu.com/

（编撰人：全建平，洪林君；审核人：蔡更元）

403. 怎样进行仔猪和生长育肥猪的免疫?

仔猪免疫，猪场的免疫程序要根据本场和本地区猪病的流行情况、流行规律和本场的免疫监测结果来制定，没有固定不变的免疫程序，以下提供的仔猪免疫程序仅供参考。

某猪场仔猪免疫程序

天龄	疫苗种类	生产厂家	剂量	使用方法
0d	猪瘟“零免”苗	广东永顺	0.5头份	耳后根肌内注射
1~3d	伪狂犬弱毒苗	德国勃林格	0.5头份	滴鼻
7d	支原体灭活苗	辉瑞/海博莱	2ml	耳后根肌内注射
14d	蓝耳变异株疫苗	大华农	0.5头份	耳后根肌内注射
21d	支原体灭活苗	辉瑞/海博莱	2ml	耳后根肌内注射
35d	链球菌多价灭活苗	湖北农科院	3ml	耳后根肌内注射
	猪瘟高效弱毒苗	广东永顺（ST）苗	1头份	耳后根肌内注射
45d	口蹄疫疫苗			耳后根肌内注射
60d	伪狂犬弱毒苗	德国勃林格/梅里亚	1头份	耳后根肌内注射

生长育成猪免疫，对于生产育成猪来说，因在出保育舍前需注射的疫苗已基本免疫完毕，正常情况下无须再进行免疫注射，只有在特定条件下需加强特定疫病的免疫。对于购买回来的猪苗，一定要清楚已进行了哪些疫苗的注射，哪些疫苗没有注射，哪些疫苗还要加强免疫，有必要的情况下进行免疫监测，再根据监测结果进行必要的疫苗注射。

（编撰人：全建平，洪林君；审核人：蔡更元）

404. 如何防治仔猪白肌病?

仔猪的白肌病是指由骨骼肌和心肌的退化和坏死为特征的营养代谢性疾病。原因在于饲料中缺乏微量元素和维生素E所致，1周至2个多月的营养良好、体格强壮的仔猪易发生。在防治措施上应做好以下几项工作。

（1）对于3日龄的仔猪，0.1%的亚硒酸钠注射液1ml，肌内注射，具有预防作用。亚硒酸钠和维生素E应添加到母猪日粮中。

（2）对于病猪可以用0.1%的亚硒酸钠注射液，每只小猪肌内注射3ml，20d后重复，同时，应用维生素E注射液，每头猪50~100mg，肌内注射，有一定效果。

（3）注意怀孕母猪的饲料搭配，保证饲料中硒和维生素E的含量。也应配合使用硒酸制剂。在有条件的地方，可以多喂一些维生素E，如种子、饲料和高质量的豆类。对于泌乳母猪，饲料中可添加一定量的亚硝酸钠（10mg/次）。在缺硒地区，出生仔猪可以肌内注射亚硒酸钠注射液1ml。

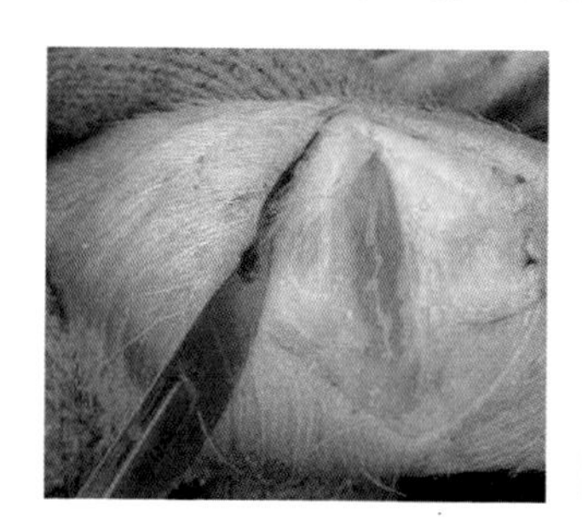
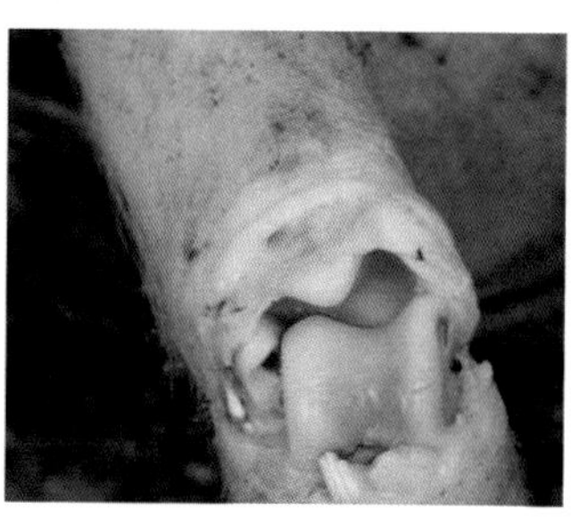

仔猪白肌病病症

★猪场动力，网址链接：http://www.powerpigs.net/

（编撰人：赵成成，洪林君；审核人：蔡更元）

405. 仔猪贫血病如何防治?

仔猪贫血也被称为仔猪缺铁性贫血或仔猪营养性贫血，是指5～28d大的乳猪缺铁性贫血，是由贫血症引起的。由于缺铁或需求量大，供应不足等原因，在某些地区出现了该疾病，影响了仔猪血红蛋白的产生、红细胞的数量、缺铁性贫血的发生。另外，母猪和仔猪饲料缺乏钴、铜、蛋白等也会出现贫血。在防治措施上应做好以下几项工作。

（1）治疗。调节母猪饲料的水平，以维持其营养需求，补充铁、铜等微量元素。也可以让猪自由地采食表土或深处干燥的土。口服铁制剂，如硫酸亚铁、铁焦磷酸盐、乳酸铁、还原铁等，常用硫酸亚铁2.5g、硫酸铜1g、氯化钴2.5g、水1L，按0.25ml/kg体重，每日灌服，连服7～14d。可使用硫酸亚铁100g，硫酸铜20g，磨成5kg细沙粒，让小猪吃。在补铁盐中，不能过高或过量，以防止铁中毒、呕吐、腹泻。注射或滴入铁、铁、钴等注射液。现代化集约养猪场，可用右旋铁钴注射液（每毫升含铁50mg）2ml，深层肌内注射，注射后一周1次。把红土、泥炭土（含铁）放在猪圈里，使仔猪随意采食，可以补充铁。

（2）预防。加强对怀孕母猪的喂养和管理，饲喂富含蛋白质、无机盐（铁、铜）和维生素的饲料。在妊娠期2d至1个月后，每日补充硫酸亚铁20g，使仔猪可通过采食母猪富含铁的粪便而补充铁质。或在母猪产仔前后1个月补充水解大豆蛋白6～12g，可有效预防仔猪缺铁性贫血。

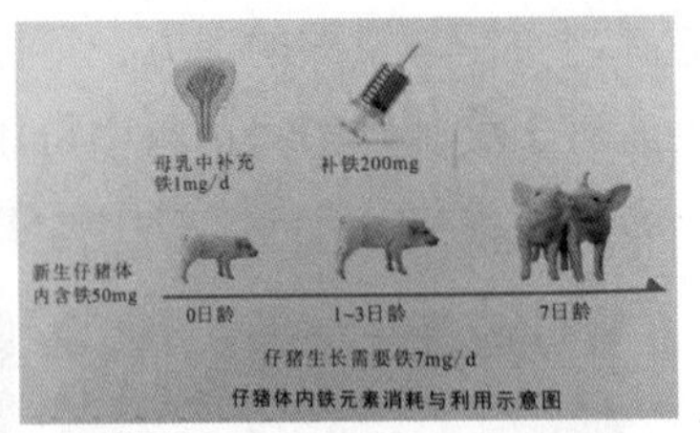

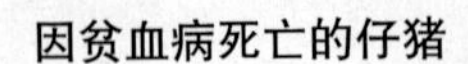

因贫血病死亡的仔猪　　仔猪体内铁元素消耗与利用示意图

★养猪在线，网址链接：http://www.sohu.com/a/163466614_782486

（编撰人：赵成成，洪林君；审核人：蔡更元）

406. 仔猪低血糖症怎样防治？

新生仔猪低血糖症是仔猪出生后最初几天，多在2～7d内发病，临床表现为吮乳停止、四肢无力、反应迟钝等现象。有的仔猪也表现出卧地不起、神经症状、肌肉震颤、头向后仰，四肢游泳状划动。后期仔猪昏迷不醒、意识丧失，体温降至36℃左右，全身衰竭而死亡。

仔猪低血糖症的发生主要原因是仔猪食乳量不足，可能有如下4个方面的原因。

（1）母猪无乳或少乳。母猪在妊娠期间营养不良，致使产后少乳或无乳；或母猪患有乳房炎、链球菌病或子宫内膜炎等而造成少乳或无乳，致使仔猪哺乳不足。

（2）母乳质量低劣。由于饲料营养不均衡或母猪消化吸收障碍等各种原因造成乳汁质量低劣、乳中含糖量很少；或初乳过浓，乳蛋白、乳脂肪含量过高，影响仔猪消化吸收，造成仔猪低血糖。

（3）仔猪出生后吮乳不足。仔猪患有严重的外翻腿、肌痉挛、脑积水、大肠杆菌病、链球菌病、传染性胃肠炎、同种免疫溶血性贫血、先天性肌震颤、消化不良及营养不良等疾病，引起仔猪哺乳减少和消化吸收障碍；或仔猪先天性衰弱，生存力较差而造成吮乳不足，从而引起低血糖症；或窝猪头数比母猪乳头数多，在多数仔猪固定乳头后，其他仔猪吃不到乳。

（4）饲养管理不当。如产子栏的下横档位置不合适，使仔猪不能接近母猪乳头。低温、寒冷或空气湿度过高使机体受寒是发生此病的诱因。新生仔猪所需的临界温度为23～25℃，对寒冷具有一定的代谢反应，外周血管也有充分的收缩功能，但是出生后1～2周缺乏皮下脂肪，体热很快丧失。处于阴冷潮湿环境中的仔猪，其体温的维持需迅速利用血中的葡萄糖和糖原储备，若摄取母乳不足，则极易发生低血糖症，并可引起死亡。

（编撰人：全线，洪林君；审核人：蔡更元）

407. 测定猪的体温有什么临床意义？

体温是猪机体的重要生理指标，体温异常是猪生理功能紊乱的重要症状之一。在许多疾病中，特别是在传染性疾病中，高温往往比其他症状更早。因此，测量体温是诊断猪疾病不可缺少的指标之一。

一头猪的正常温度是38～39.5℃。小猪的正常体温比成年的猪要高0.5℃，晚上的正常体温比早上要高0.5℃。一般的低温症发生于大出血、产后麻痹、循环虚弱、某些中毒或死亡，而体温高于正常范围，常见于感染性疾病和一些炎症过程。临床诊断的主要类型如下：

（1）稽留型。生病的猪的温度小于1℃，高烧持续时间超过3d。

（2）间隙型。病猪发热期和不发烧期交替出现。

（3）张弛型。生病的猪的温度日差大于1℃，并超出了正常的温度范围。

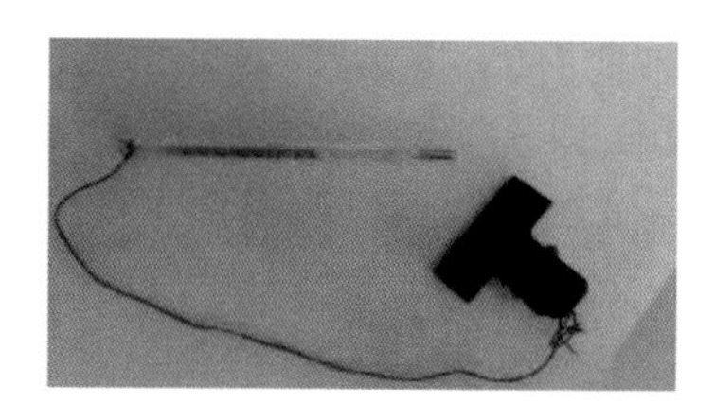

绑有夹子的体温计（赵成成、洪林君 摄）

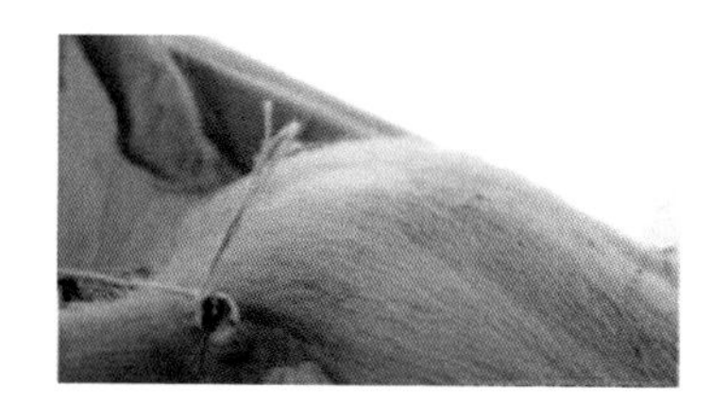

测猪肛温（赵成成、洪林君 摄）

（编撰人：赵成成，洪林君；审核人：蔡更元）

408. 怎样测定猪的体温？

体温是猪机体的重要生理指标，体温异常是猪生理功能紊乱的重要症状之一。在许多疾病中，特别是在传染性疾病中，高温往往比其他症状更早。因此，测量体温是诊断猪疾病不可缺少的指标之一。临床上，通常是通过测量猪直肠的温度来确定的。

（1）测量前先用动物体温计的末端系一条长10～15cm细绳，在绳子的另一端系一个小铁夹。

（2）温度测量之前水银柱应该确保在35℃刻度线以下，并用酒精脱脂棉球、碘酊消毒，涂上一点润滑剂；一只手拉着猪的尾巴，另一只手轻轻地把体温计偏向后面的方向插入。

（3）插入肛门内部，用小铁夹钳住猪尾根部的毛发，以固定温度计。5～13min后取下温度计，用酒精海绵擦拭，快速读出测量的温度。

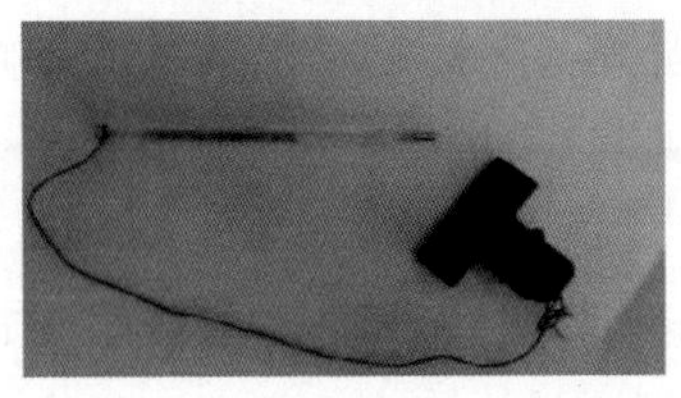

绑有夹子的体温计（赵成成、洪林君 摄）

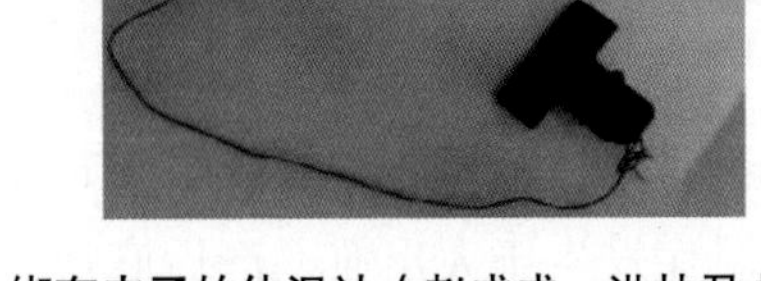

测猪肛温（赵成成、洪林君 摄）

（编撰人：赵成成，洪林君；审核人：蔡更元）

409. 怎样判断猪发热？猪发热该怎样处理？

（1）猪发热的症状。

①温度升高，持续在40.5～42℃，抗生素和退烧药无效。

②热症、精神抑郁、食欲不振、便秘、腹泻后的症状。

③生病的猪有异常的现象，比如喝脏水、吃垃圾等。

④有神经系统症状，如后躯虚弱、站立不稳、圆周运动等。

⑤在耳、腹、四肢等部位出现紫红色瘀斑和结膜炎，有眼屎。

（2）治疗。

①当猪体温39.5～40.5℃，属于发烧，建议使用中药退烧，可使用柴胡（属中性），尽可能不使用凉性药物，如板蓝根、金银花、鱼腥草、双黄连等，如果是热性发烧的症状，柴胡属（中性）、金银花、板蓝根、鱼腥草可以使用，然后使用广谱抗生素。

②当生病的猪温度达到40.5℃～41.5℃，此时猪身体水分流失，损害体温调节中心，不能独立调节体温。建议使用非甾体抗炎药，如果还是发烧，与柴胡结合。同时，可与灌肠和口腔降温结合。如果发烧引起气短，使用速尿和氨茶碱。

③母猪高烧41.5℃以上时，将有生命危险，首先不使用发烧药，如果使用可能会导致母猪急性死亡，应该主要采取口腔冲洗和灌肠等物理方法降温，然后使用非甾体类抗炎药物。

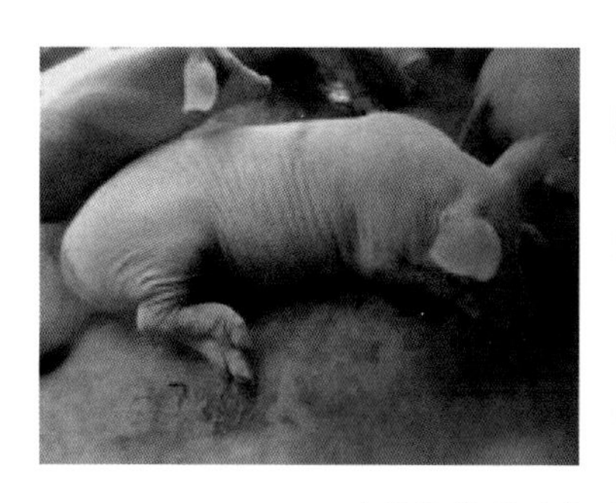

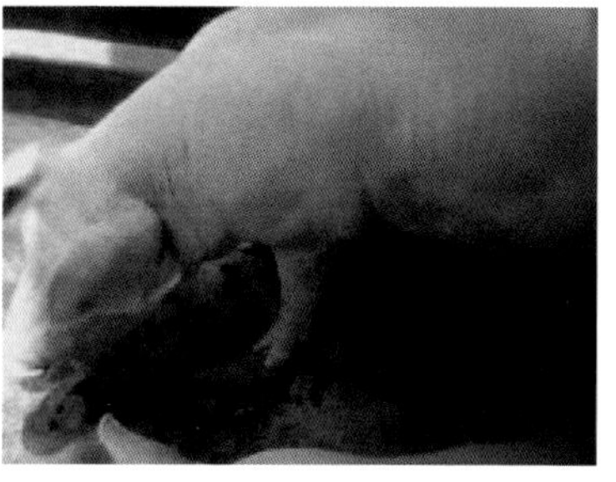

正在发烧的猪（赵成成、洪林君 摄）

（编撰人：赵成成，洪林君；审核人：蔡更元）

410. 为什么猪发热要慎用退热药？

大多数发病猪伴随着发烧。目前，许多农民发现猪发烧，便大剂量使用退烧药。这是一种错误的做法，猪发烧应谨慎使用退烧药，其原因主要有如下方面。

（1）猪发烧是猪机体对疾病的防御反应之一，是一种防御形式，在一定程度上发烧是有利于病猪康复的。因此，当谈到猪发烧时，不能立即使用退烧药，如使用，疾病表面上虽然立即好转，但病猪未完全康复。

（2）退热药也易影响猪身体，尤其是氨基比林、安乃近等，如大剂量使用，可能导致猪虚脱，白细胞对猪发烧具有抵抗力，所以，当病猪发烧温度不太高时，不急于使用退烧药，只使用抗菌抗炎剂。

（3）发烧时间长，体温高，使用退热药。退烧药不能大剂量长时间使用。如果温度继续不下降，就必须依赖抗生素等药物治愈。

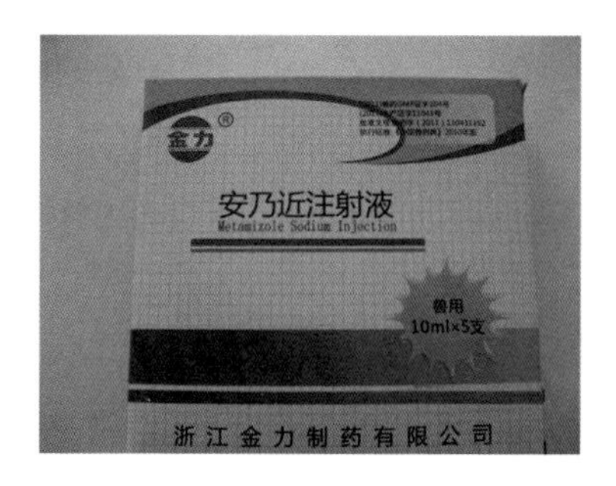

安乃近注射液（赵成成、洪林君 摄）

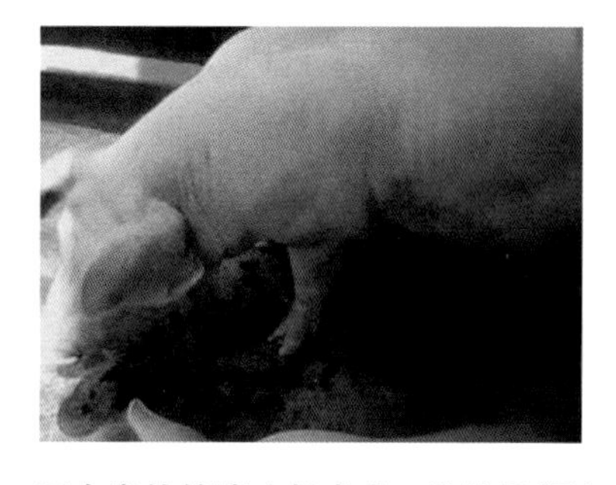

正在发热的猪（赵成成、洪林君 摄）

（编撰人：赵成成，洪林君；审核人：蔡更元）

411. 怎样防治猪瘙痒症?

猪皮肤瘙痒是动物皮肤瘙痒、炎症、剥落、皮毛损伤、功能衰退等一系列症状，如动物苔藓、疾病、溃疡、皮疹等疾病的统称。该疾病首先发生在猪耳朵、眼睛、头部、颈部，逐渐扩散到肩部、背部、臀部和身体侧面，严重扩散到腹部、四肢等部位。病猪停滞不前，精神萎靡，严重会导致死亡。在预防和治疗方面应该采取以下措施。

（1）中医疗法。常见诊疗原则：祛风止痒、护肤生肌、杀虫灭源、增强免疫。

（2）西医治疗。临床上体外用的药很多，如0.1%杀虫脒，1%~3%乙酰菊酯类，0.05%蝇毒磷液等。

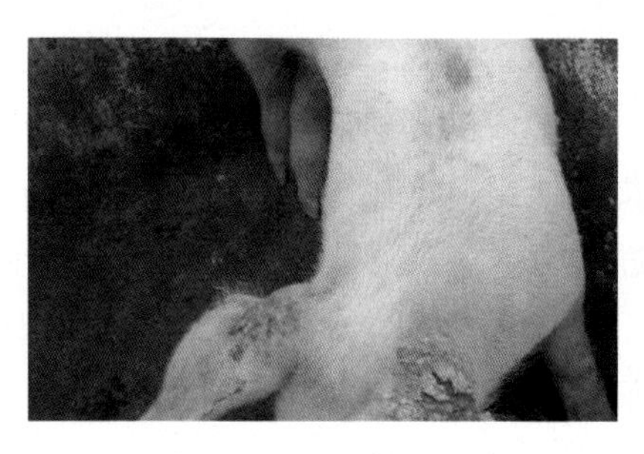

耳部瘙痒症

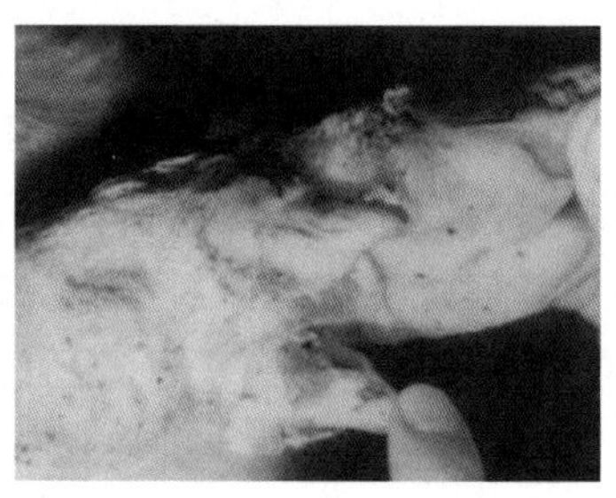

蹄部瘙痒症

★第一农经养猪，网址链接：http://www.1nongjing.com/a/201605/1 39237.html

（编撰人：赵成成，洪林君；审核人：蔡更元）

412. 猪发生抽风症怎么治疗?

猪“抽风”是一种神经症状，这种症状临床上与猪水肿病、猪伪狂犬病、链球菌病、李氏杆菌病、猪血凝性脑脊髓炎、猪先天性震颇等病很容易混淆，造成误诊。

（1）从大规模净化养猪场引进仔猪是防止这种病发生的关键。

（2）在发病前及时提供预防药物是控制疫情的有效手段。

（3）养殖户应该建立科学的灭菌程序。

（4）养殖户应保持通风顺畅、温湿度适宜，猪密度合理，及时清理粪便和尿液。

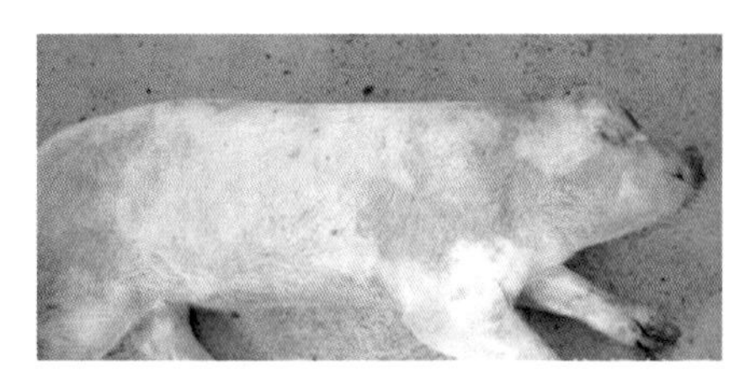 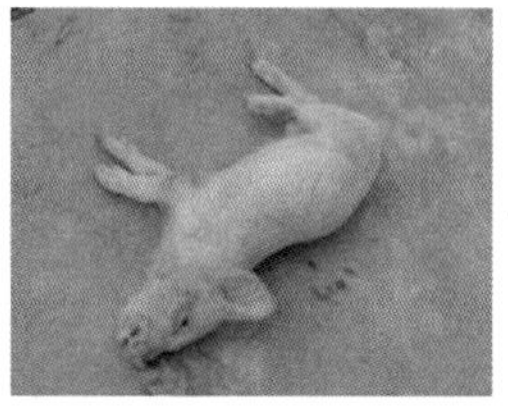

因发生抽风症死亡的猪（赵成成、洪林君 摄）

（编撰人：赵成成，洪林君；审核人：蔡更元）

413. 什么是猪的应激综合征？如何防治猪的应激综合征？

猪应激综合征是指由于各种不良因素的刺激而引起的一系列不良反应。主要表现为猪应激性肌病、心脏死亡、恶性热疗综合征、胃溃疡、大肠杆菌病、咬尾、咬耳、无乳、皮炎、肾病、断奶后的系统衰竭等，都是由不良应激引起的疾病。在防治措施上应做好以下几项工作。

（1）强抗应激性猪种的选择，为了减少或消除疾病的内因，存在应激敏感的病史或敏感猪群的外部刺激，不应保留。

（2）减少和避免各种外来干扰和不良刺激，保持良好的饲养管理，混合群体更加注重避免拥挤，如咬钩。

（3）在运输中注意防止中暑，防止压力。氯丙嗪1～3mg/kg或苯巴比妥50～60mg/kg。

（4）对病猪单独喂养，对重度应激猪肌内注射或口服氯丙嗪重1～3mg或每千克体重50mg催眠，静脉注射5%碳酸氢钠40～120ml；为了防止过敏性休克和变态反应，可以静脉注射氢化可的松或地塞米松磷酸钠，如皮质激素等。

（5）猪群发病前9d和前2d服用含亚硒酸钠0.13mg/kg。

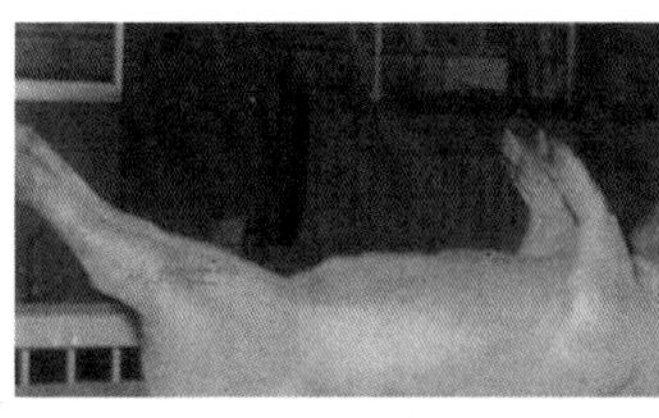

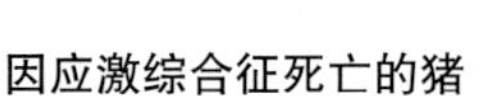

因应激综合征死亡的猪　　母猪因应激奶水不足

★养猪资讯，网址链接：http://www.zhuwang.cc/

（编撰人：赵成成，洪林君；审核人：蔡更元）

414. 怎样防治猪便秘?

经常提供充足的饮水，特别是缺乏多汁饲料的猪场。炎热夏季及长途运输时尤其应该注意，喂给充足的青绿多汁饲料。干硬或者含粗纤维多的饲料，应经粉碎、发酵后饲喂。饲喂时要定时定量，适口性好的饲料不宜喂得过饱，适当运动。

对已发病的猪，在进行药物治疗的同时，暂时停止喂给粗饲料，给予青绿多汁饲料，用温肥皂水灌肠，并喂服或灌服以下药物。

（1）大黄30～50g，硫酸钠或硫酸镁30～100g，加水600～2 000ml，一次灌服或拌入食中喂服。

（2）食用油100～250ml，一次灌服；或者用石蜡油100～300ml，一次灌服，怀孕母猪也可以服用。

（3）用比赛可灵注射液5～10ml，或者新斯的明注射液4～8ml，一次肌内注射，每天2次，连用3～4d。

（4）用番泻叶10～15g，开水冲调，浸泡半小时，拌料喂服。同时根据便秘可能产生的原因，采取驱虫、抗菌、退热等措施。

（5）添加小苏打。对于已经便秘的母猪可添加小苏打每天每头8g进行治疗，连续5～7d，对于怀孕后期母猪和产后母猪等易发群体每天每头可添加3～5g进行预防。

（6）添加泌乳进和鱼腥草散。对于已经便秘的母猪每天每头可添加泌乳进20g和鱼腥草散15g进行治疗，连续7～10d，对于怀孕后期母猪和产后母猪等易发群体每天每头可添加泌乳进10g和鱼腥草散10g进行预防。

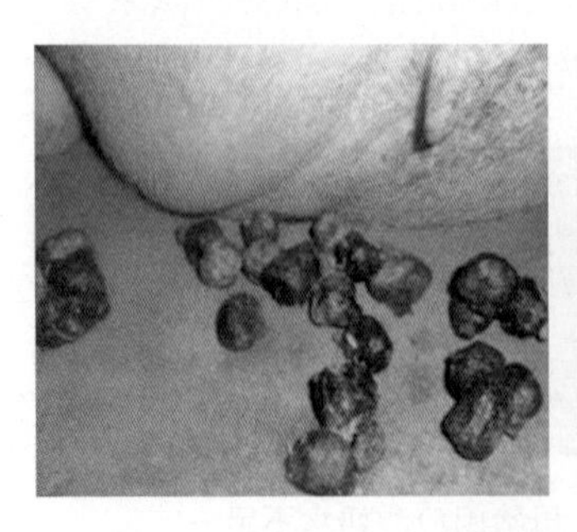
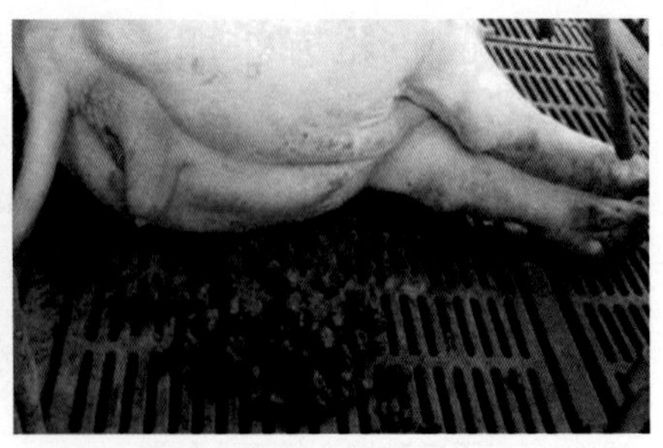

猪便秘（温氏猪场拍摄）

（编撰人：孔令旋，洪林君；审核人：蔡更元）

415. 怎样防治猪的咳嗽?

（1）隔病于外。坚持自繁自养，严格杜绝外来发病猪只的引入，如需引入，一定要严把隔离检疫关，同时做好相应的消毒管理。

（2）管理于内。保证猪群各阶段的合理营养，避免饲料霉败变质，结合季节变换做好小环境的控制，严格控制饲养密度，实行全进全出制度，多种化学消毒剂定期交替消毒。

（3）疫苗免疫。疫苗一定要注入胸腔内，肌内注射无效。注意注射疫苗前15d及注射疫苗后两个月内不饲喂或注射土霉素、卡那霉素等对疫苗有抑制作用的药物。

（4）药物治疗。对于轻度咳嗽的母猪可肌注万特肺灵10ml，连续3d。对于严重咳嗽的可肌注恩诺沙星15ml，连续3d。

（5）中药保健预防。每天每头清肺散5g和鱼腥草散10g，加水煲开喂服，连续7～10d，效果明显。

（6）注意通风。冬季是咳嗽的高发季节，由于环境气温低，通风减少，氨气浓度上升，母猪咳嗽增多。有条件的可在猪舍增加加热设备提高室温，然后再增加通风量。同时保持室内卫生，减少猪粪发酵。

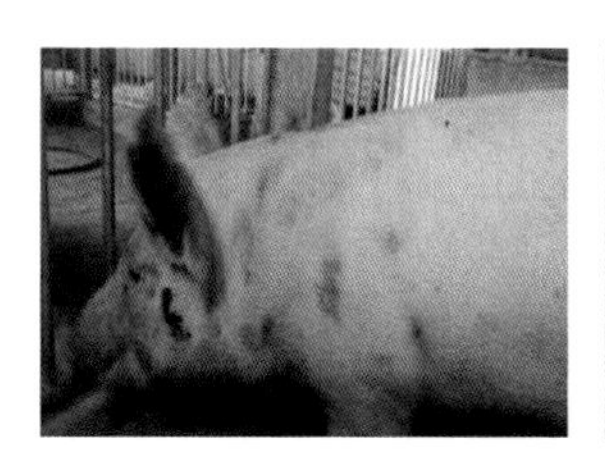

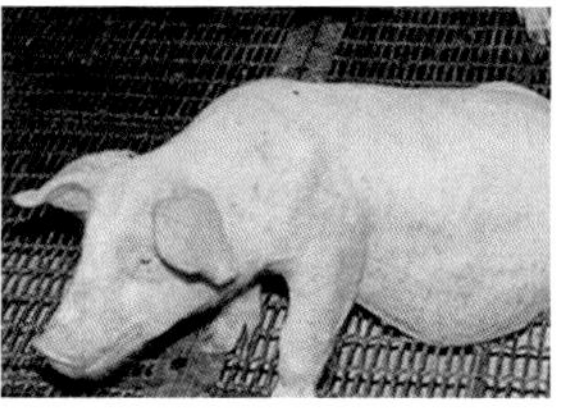

猪咳嗽（温氏猪场拍摄）

（编撰人：孔令旋，洪林君；审核人：蔡更元）

416. 怎样防治猪的消化不良（厌食症）?

（1）采取对症疗法和对因疗法，适当在饮食中添加刺激食欲的食物（如胡椒、甜味剂、盐或食醋等），猪食用后促进胃液分泌，从而加速胃肠蠕动，提高消化能力。

（2）增加猪只的运动，在有条件的饲养场应建立猪只活动场，并在气候、天气条件允许的情况下适当增加猪的运动。尽量减少或降低应激因素的发生，如母猪防止过早配种，在一些养殖过渡期尤为注意，母猪妊娠期和分娩期，由于风、寒、湿邪及某些致病的微生物趁虚而入，致使母猪发生风湿症或其他疾病而引起母猪厌食，仔猪断奶期采用方法不当使仔猪发生应激产生厌食，不利仔猪的生长。

（3）平衡日粮、加强饲养管理，做到标准化规模化饲养。

（4）饲喂南瓜、空心菜等青饲料，改善肠道环境，增强食欲。

（5）中药调理，使用健胃佳10g/（头·d），加水煲开喂服，可有效提高母猪消化力，增强食欲。

饲喂南瓜（温氏猪场拍摄）

中药调理（温氏猪场拍摄）

（编撰人：孔令旋，洪林君；审核人：蔡更元）

417. 怎么给猪肌内注射才能不弯折针头呢？

（1）针头底座处套垫法。在针头和底座处套戴一小垫片，可用一小螺帽或一小木片，或用一小塑料片，中心开一小孔，穿戴于针头底座处，注射时，当针头针体刺入肌肉时，底座的垫片便紧贴畜体体表，当畜体移动时，垫片起到了支撑和缓冲作用，这样就可避免针头弯折事故的发生。

（2）连接软管法。将人医用一次性输液器的接针头端剪下20cm左右长的一段，然后在另一端安接一针头的底座（注射针头剪掉针体即可），这样就制成了一不弯折的注射用具，使用时其一端接注射针头，注射时将带软管的针头刺入畜体，然后注射器接软管另一端将药液推入畜体。这样由于针头与注射器之间有软管缓冲，所以即使患畜骚动也不会弯折针头。

（3）紧靠畜体注射法。注射时将针头全部垂直刺入肌肉中，然后用力垂直向猪体方向推注射器，这时针头底座紧靠畜体，当畜体移动时，也同时带动针体，同步同向移动。所以就不会出现针头弯折的现象。

（4）试探注射法。用持针手的手指轻挠母猪肩胛部，使母猪放松，然后将注射器平贴于母猪颈部，找准注射部位后迅速将注射器垂直扎入肌肉，可有效减缓母猪疼痛感，并且不会惊吓到母猪，针头自然不会弯折。

紧靠畜体注射法（温氏猪场拍摄）

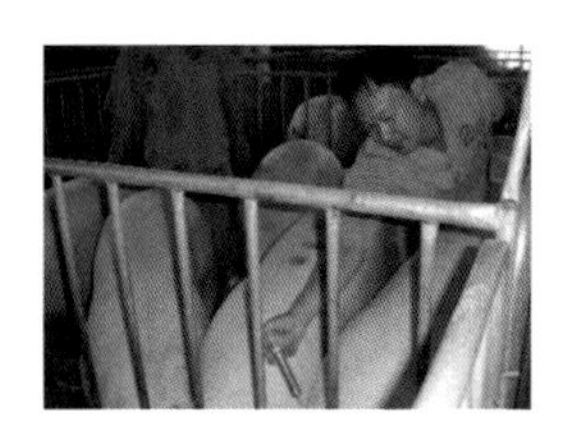

试探注射法（温氏猪场拍摄）

（编撰人：孔令旋，洪林君；审核人：蔡更元）

418. 如何采用后海穴注射黄芪多糖法治疗猪无名高热?

黄芪多糖注射液是中草药黄芪提取物，有些厂家的商品名叫抗病毒1号，或干扰素，或叫多芪康。它能诱导机体产生干扰素，调节机体免疫功能，促进抗体形成，增强机体的抗病力，并可起到抗病毒、抗菌的作用。猪的无名高热可能与机体的免疫功能及病毒感染有关。而本品正有此功能，后海穴位注射，可加强此药理功能，并通过穴位刺激调动猪体自身的免疫潜力，从而使猪的体温恢复正常，猪体达到康复之目的。本法治疗见效快，用1次体温即有所下降；疗效高，治愈率达90%以上。费用少，无副作用，用药方法简便，畜主可自行用药。

具体做法：用黄芪多糖注射液5～10ml，在猪的后海穴注射，1次/d，连用2～4次。后海穴在猪的尾根下，肛门上的凹陷窝中。注射时，将猪侧卧保定，然后注射者一手抓住猪尾巴，使之与猪脊柱成一条线，然后一手持注射器将针头对准凹陷窝，顺脊柱向前刺入5～10cm后将药液推入。

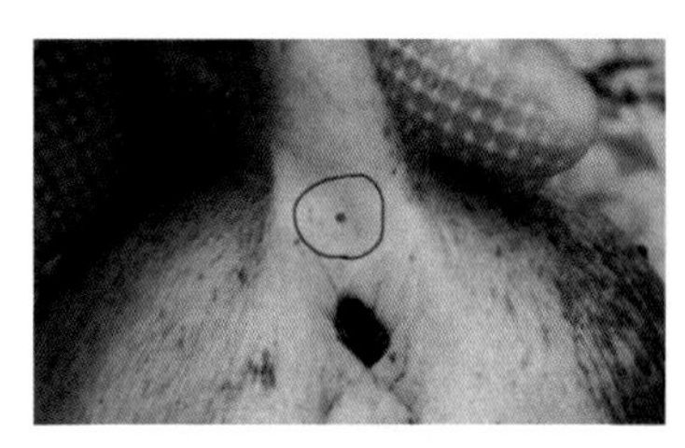

猪的后海穴的位置

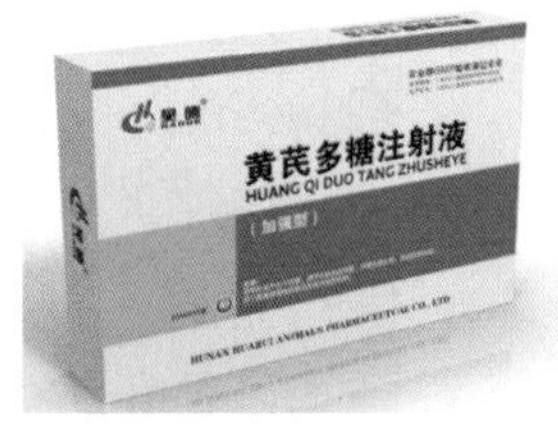

黄芪多糖注射液

★搜狐网，网址链接：http://www.sohu.com/a/124198883_475879
★远达牧业，网址链接：http://www.csydmy.com/photo/748.html

（编撰人：付帝生，洪林君；审核人：蔡更元）

419. 如何提取猪血SOD?

（1）分离。

（2）除去血红蛋白。

（3）萃取。

（4）沉淀。上述上清液中加入1～2倍体积的冷丙酮，充分搅拌均匀，此时可产生大量白色沉淀，静置30min，然后进行离心分离，收集沉淀物，再用1.5倍的冷丙酮洗涤沉淀物，在温度2℃的条件下静置24h左右。再进行离心分离，收集沉淀物，并把上层丙酮液合并在一起，回收丙酮，此丙酮可以重新使用。

（5）热变。把pH值为7.6～7.8，浓度为2.5μmol/L的酸碱缓冲溶液加入上述沉淀中，并在温度60℃下搅拌30min，然后迅速冷却到20℃，离心分离收集上清液。猪血pH值在7.6～7.9范围内较稳定，必须掌握SOD的最佳pH值。

（6）洗涤。上清液中加入等体积的2℃丙酮，充分搅拌，并静置30min，再进行离心分离，收集沉淀物。此沉淀物中加入酸碱缓冲溶液，充分搅拌溶解，离心分离，收集上清液。

（7）精制。柱长40cm，柱内径3cm的柱中装入已处理的二乙胺乙基葡萄聚糖凝胶离子交换剂，用pH值为7.7及浓度为2.5μmol/L的酸碱缓冲溶液上柱，当流出液的pH值为7.6时，将上述上清液上柱，用pH值为7.6的缓冲溶液进行梯度洗脱，收集具有SOD的活性峰。因为pH值能控制SOD分子的带电状态，盐浓度能控制结合键的强弱，所以上柱精制分离时应注意pH值和盐浓度。

（8）干燥。将洗脱液装入透析袋内，并在去离子水中进行透析，将透析液进行超滤浓缩，冷冻干燥可得SOD精制品。把SOD精制品装入棕色瓶内，压紧瓶盖，放在避光、易通风、干燥的地方保存。

显微镜下观察血液状态

★海外网，网址链接：http://m.haiwainet.cn/middle/3541839/2016/1220/content_30583400_1.html? from=toutiao

（编撰人：付帝生，洪林君；审核人：蔡更元）

420. 大蒜可治猪破伤风吗?

大量饲养经验证明大蒜可治疗猪破伤风，且治愈率在80%以上。

猪破伤风是由破伤风梭菌引起的一种人畜共患的创伤性传染病，其特征为患猪对外界刺激的反射兴奋性增高，肌肉持续性痉挛。

其临床症状为潜伏期1d，最长可达90d以上。病初只见患猪行动迟缓，吃食较慢，易被疏忽。随着病情的发展，可见四肢僵硬，腰部不灵活，两耳竖立，尾部不活动，瞬膜露出，牙齿紧闭，流口水，肌肉发生痉挛。当强行驱赶时，痉挛加剧，并嘶叫，卧地后不能起立，出现角弓反张或偏侧翻张，角弓反张出现后很快死亡。患猪死后血液凝固不全，呈黑红色，没有明显的肉眼可见病变，肺有充血和水肿，有的异物性坏疽性肺炎，浆膜有时有出血点和斑。

猪发生破伤风除采用中西药物可治愈外，采用土法治疗也可收到良好效果。首先要将患病猪只放在光线较暗的安静地方加强护理，然后大蒜注射液法治疗：以体重为25kg的患猪为例，其他患猪按体重大小适当增减用蒜量。治疗时，按土药方取约30g的紫皮大蒜，去根去皮，捣细成泥，然后迅速加入100℃的开水10ml，待凉时用注射器抽取蒜汁20ml，注入患猪后腿内侧皮下，每腿注射10ml。发病3d内有效，一次不愈者，间隔5h后再做一次。

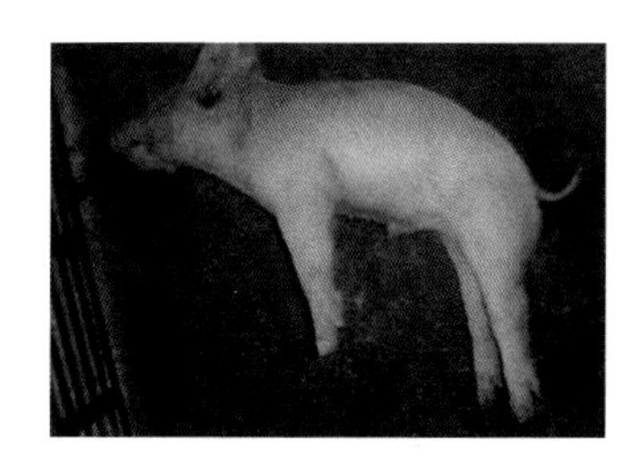

猪破伤风

★养殖业网，网址链接：http://www.8breed.com/yangzhiyezhu/ZhuBingFangZhi/20171027/26192.html

（编撰人：全绒，洪林君；审核人：蔡更元）

421. 给猪驱虫有什么意义，怎样正确驱虫?

猪群中十有八九都有寄生虫感染，尤其是蛔虫感染力很高，危害很大。但寄生虫病是慢性消耗性疾病，它的危害是隐蔽性，其引起的损失常不引起人们重视，这是养猪业中的一大危害。寄生虫可导致猪生长迟缓、贫血、免疫力下降，接种该疫苗后产生抗体水平低，还易引起肺炎、肠胃炎、皮炎等。提高驱虫效果应做到以下几点。

（1）空腹用药。给猪服驱虫药时，最好是在早晨猪空腹时服用，这样一方面猪饥饿容易将驱虫药吞食，另一方面驱虫药进入胃肠后和虫直接接触，容易将虫子毒死而驱除。

（2）驱虫次数。多数人认为，猪一生中驱虫一次就可以了。那是错误的，猪应该每隔45d左右驱虫一次，因为猪驱虫后还会感染，蛔虫卵在土壤中普遍存在，尤其是土圈饲养的猪更应该多次驱虫。要特别注意驱虫后看不到猪排出成虫并不是驱虫药无效，而排出的是尚未发育为成虫的虫卵，用肉眼看不到。

（3）重视仔猪阶段的驱虫。许多人常在猪生长达到架子猪阶段才驱虫，认为小猪体内还没有寄生虫，小猪不需要驱虫。恰恰相反，仔猪阶段最容易感染寄生虫，且这时虫子对猪体危害最大，所以应该特别注意仔猪阶段的驱虫，仔猪刚断奶就应该驱虫一次。

（4）驱虫药品的选择。驱虫药种类繁多，应该选择高效、低毒、广谱的驱虫药。目前最为理想的驱虫药为伊维菌素和阿维菌素。这类药驱虫普广，不但能去除体内寄生虫，还能杀死体外的寄生虫，其毒性小、安全，没有异味，容易喂服。

（5）清洁圈舍。有一些养殖户只注重驱除猪体内的寄生虫，而不采取清扫猪舍的措施。猪服了驱虫药后，粪便内就会排出虫体及虫卵，这些排出的虫卵会污染猪舍，若不及时清除，猪就很容易再次感染。所以猪服了驱虫药后，应将服药后两天内排出的粪便及时清除，并将粪便及时堆积发酵，生物发酵能将粪便内的寄生虫杀死，并用消毒液彻底消毒猪舍。

（6）在接种疫苗前进行驱虫，有助于猪获得坚强的免疫力。

（编撰人：全绒，洪林君；审核人：蔡更元）

422. 猪健胃有什么意义，怎样给猪健胃？

给猪健胃是快速育肥猪的一个重要环节，定期给猪健胃可保持猪有高效的消化吸收机制，长期保证食物的充分消化吸收利用。据介绍，定期健胃可使饲料报酬提高10%左右。规模化养殖场中，由于猪的活动量较少，导致肠胃消化能力减弱，从而影响猪的食欲，甚至出现挑食的表现。猪长期处于半饱的状态，摄入的饲料没有得到充分消化吸收，不但减缓猪只的生长速度和影响猪体的健康状况，同时降低了饲料的利用率，影响猪场收益。因此，定期给猪健胃对改善猪群健康状况，加快猪只的生长速度，增加猪场收益具有重要的意义。

给猪健胃的方法是：当猪取食较好时，每月健胃1次，服用健胃药2～3次；猪消化不良、食欲不振时，及时喂服健胃助消化药物，指导摄食改善。可喂服大黄末、山楂末、人工盐、龙胆、苏打粉、多酶片等，每天2次，连服5d左右。对便秘者服用泻下药，如番泻叶、硫酸钠或硫酸镁、大剂量人工盐、大黄末。拉稀者服用止泻剂，如碳酸铋、焦山楂、参芩白术散、土霉素等。

猪健胃药物

健康的猪群

★惠农网，网址链接：http://www.cnhnb.com/xt/article-44270.html

（编撰人：莫健新，洪林君；审稿人：蔡更元）

423. 猪拉稀怎么防治?

引起猪拉稀的原因很多，如猪瘟、传染性肠胃炎、仔猪副伤寒、寄生虫病以及某些中毒性疾病，这些疾病都有它特殊的表现，要根据患病原因进行治疗。这里所说的拉稀，主要是指由常见的肠胃疾病引起的拉稀。本病发生的主要原因是饲养管理不当，因此主要的防疫措施是加强饲养管理，粗料要加工粉碎后或发酵后喂猪，适量喂给青绿多汁饲料，不喂有毒、发霉、腐烂的饲料，饲料更换不要太突然，要逐渐过渡。猪圈冬季要注意保暖，夏季要通风良好。

发病后要除去病源，排除胃肠内的有害物质，喂给营养好、易消化的饲料。

（1）用磺胺合剂10～15g，一次内服，每日2次。水泻严重的猪可以静脉或者腹腔注射5%葡萄糖生理盐水250～500ml。

（2）土霉素片3～8片，阿托品片3～5片，地塞米松2～4片，一次灌服或者喂服，每天2次。

（3）痢菌净注射液5～10ml，阿托品注射液4～6ml，分别选取两侧颈部肌内进行注射。

（4）健脾片30～50片，酵母片20～40片，一次喂服，每天2次，连用3～5d。

（5）白头翁散30～60g，一次喂服，每天2次，连用2～4d。

（6）复方黄连素注射液5～10ml，一次肌内注射，每天2次，连用数天。

腹泻不止可选用硝酸铋，鞣酸蛋白注射用碘胺间甲氧嘧啶钠、博落回注射液等止泻的药物。对于大群猪的严重腹泻，应采取综合防治措施，如消毒、通风，口服用药与注射用药相结合，给猪只饮服补液盐水。

仔猪黄痢

仔猪黄痢致死

★猪e网，网址链接：http://www.zhue.com.cn/plus/view.php？aid=263643
★搜狐网，网址链接：http://www.sohu.com/a/159294756_692825

（编撰人：全绒，洪林君；审核人：蔡更元）

424. 怎样治疗猪病后不食？

一些病猪经过治疗后恢复正常，病症消失，但是不采食，或者只吃少量食物。对于此症，我们可采用人胎盘组织注射液、维生素B_1注射液、维生素B_{12}注射液进行注射治疗。

2ml胎盘组织注射液3～5支，0.1g维生素B_1注射液1～3支，0.5mg维生素B_{12}注射液2～4支，一次肌内注射，每日1次，连用3次左右。有助改善肠胃功能，改善新陈代谢，起到健胃、消化的作用。

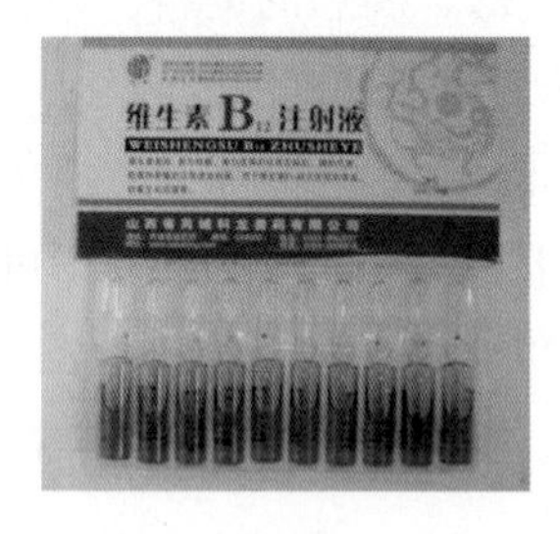

维生素B_{12}注射液（赵成成、洪林君 摄）

胎盘组织液（赵成成、洪林君 摄）

（编撰人：赵成成，洪林君；审核人：蔡更元）

425. 如何应用后海穴注射法治疗猪病?

后海穴在猪尾根和肛门之间。后海穴位注射疗法是针灸、经络和药效学的结合，其治疗效果优于其他方式。研究发现，注射药物的急性和毒性作用在后海穴明显不同于肌内或皮下注射。大量的测试表明，后海穴位注射的传导经络和穴位疗法和传统给药途径的药理效应的速度和强度均明显优于给药方式更简单的针灸、肌内注射、皮下注射。

后海穴位注射是指将各种药液注入动物后海穴，以节省药物，快速有效的治疗动物疾病。后海穴位药物注射的指导是中西医结合辨证和疾病微分应用的理论综合，结合针灸、穴位和药物用于动物和家禽的神经和体液系统，这是一种新的治疗方法，具有快速的特点。这种疗法已逐渐在临床推广，近年来应用范围从单纯的消化系统疾病（腹泻、便秘、肠胃炎）扩展到临床各种疾病，因为使用肌内注射剂量的20%～50%便能取得相同的效果，并且见效快，功能强，持续时间长，非常适合于兽医临床使用，特别是在预防和治疗疾病方面有着广泛的应用和发展前景。

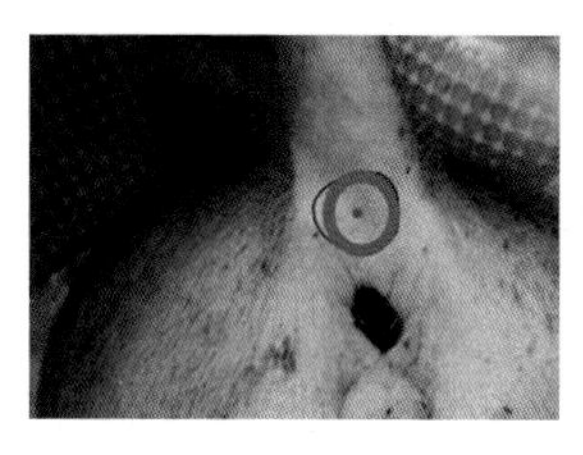
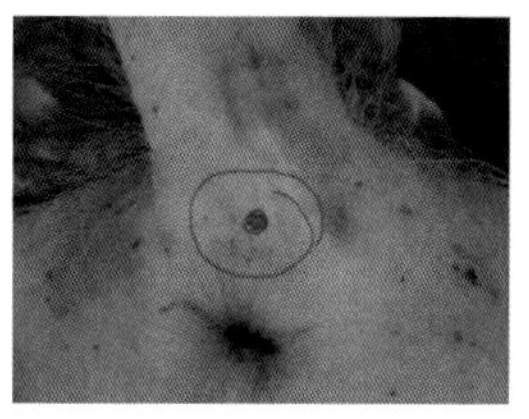

猪后海穴位置

★养猪巴巴，网址链接：http://www.yz88.cn/Article/80033.shtml

（编撰人：赵成成，洪林君；审核人：蔡更元）

426. 猪肢蹄病如何防治?

（1）预防。

①育种上重视对四肢的选育，淘汰有肢蹄病和肢蹄不合格的种畜。

②保证运动尤其是种公母猪。由于公母猪运动减少，肢蹄病增多，要通过加强运动，增强种公母猪的四肢支撑能力，这样可提高抵抗力，延长使用寿命。

③猪舍地板的建筑如是平面非漏缝地板，要求既要平整防滑，又易于清洗消毒。如是漏缝地板，要使漏缝孔周围边缘圆滑无刺，漏缝孔大小合适，既要能漏

粪尿保证卫生，又不能让猪蹄陷入孔内造成损伤。

④饲料质量管理。饲料供应要保证Ca、P的供应及协调平衡。Ca0.5%，P0.4%，同时保证维生素A、维生素D、维生素E的供应。

⑤预防肢蹄微生物感染。可每月一次将猪通过5%～10%福尔马林脚浴池进行脚浴。

⑥怀孕猪单独调理。将脚痛较为严重的母猪放于大栏单独饲养，按疗程进行治疗，每天站起来活动筋骨，有外伤的可每天涂抹紫药水或鱼石脂。

⑦修剪趾甲。对于趾甲过长的母猪可进行人为修剪、磨平，以防止母猪折断趾甲造成外伤和感染。

（2）治疗。

①蹄部感染的治疗。先用5%～10%的福尔马林液脚浴患部，冲洗干净后，擦以10%～20%蜂胶酊或蜂胶膏。重者可用绷带包扎，2～3d处理1次，同时肌注青霉素消炎。

②风湿的治疗。复方水杨酸钠10～20ml静注，25%氢化可的松5～10ml肌注。

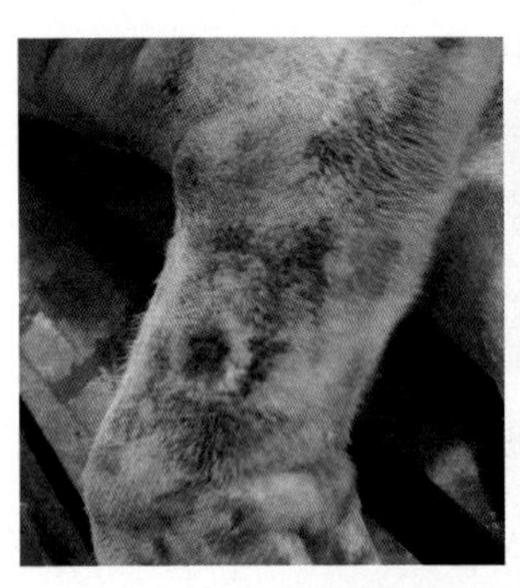

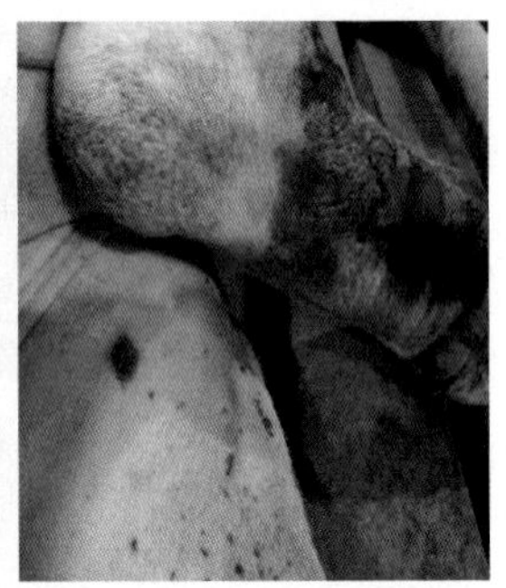

猪肢蹄病（温氏猪场拍摄）

（编撰人：孔令旋，洪林君；审核人：蔡更元）

427. 猪黄脂病怎样防治?

（1）霉菌毒素引起的要进行脱毒，不能用污染的原料，限制易氧化原料的用量。使用陈玉米时，要测定脂肪酸价，同时可以补充抗氧化剂和霉菌毒素吸附剂，联合使用防止霉菌毒素的产生。蚕蛹、鱼下脚料要限量喂猪，只喂新鲜的，凡发霉饲料一律禁喂。

（2）把握好生猪不同生长阶段的饲料停用技巧。在猪育肥后期应尽量少喂米糠、玉米、豆饼、亚麻饼等含不饱和脂肪酸高的饲料，在宰前2个月应改换含不饱和脂肪酸低的饲料，可防止形成黄脂。饲喂剩菜饭泔水下脚料的育肥猪，应在宰前2个月改换其他含不饱和脂肪酸低的饲料。长期饲喂鱼粉、鱼肝油下脚料、蚕蛹粕等含多量不饱和脂肪酸饲料时，要控制饲喂量，一般每头每天不得超过100～250g，并在宰前2个月停喂。

（3）病理原因引起的“黄疸”要积极采取防治措施，控制锥虫病、焦虫病和钩端螺旋体病。究竟是哪种病原体引起的“黄疸”，还应观察其他方面的病理变化，进行微生物学和免疫学诊断，并结合流行病学调查。确定病原体后，有针对性地进行防治，做好猪寄生虫和钩端螺旋体病的防治工作。

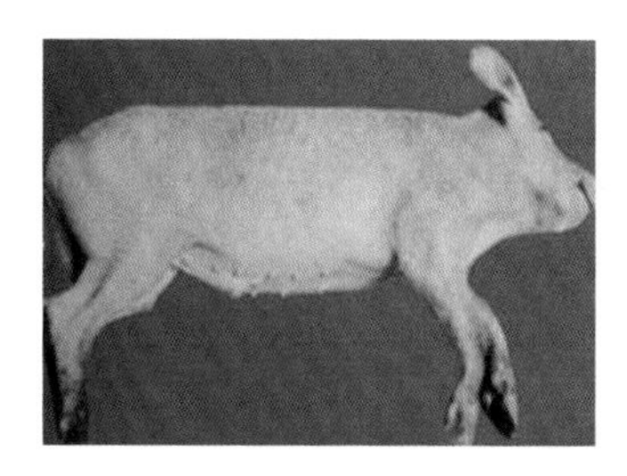
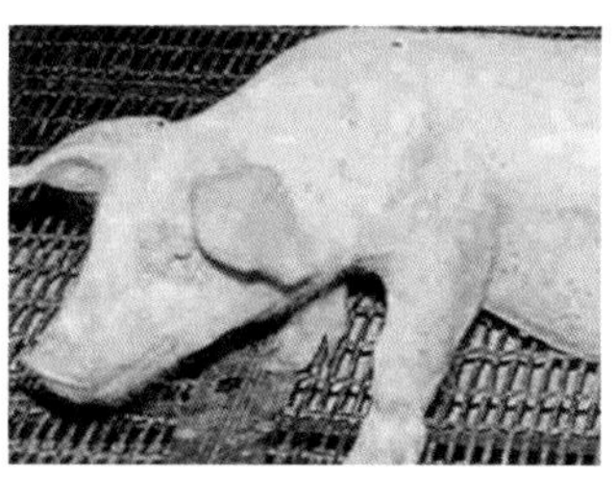

猪黄脂病（温氏猪场拍摄）

（编撰人：孔令旋，洪林君；审核人：蔡更元）

428. 猪钩端螺旋体病如何诊断和防治?

钩端螺旋体病由致病性的螺旋体引发。该病可以导致猪群的繁殖障碍，主要发生于集约化养猪企业。地方流行性钩端螺旋体病发生时，发病猪一般仅表现轻微的临床症状，但当猪群第一次感染或自身免疫力低下时，便可引起怀孕母猪流产、死胎、弱胎，生育力下降，甚至不育等。

钩端螺旋体病由致病性钩端螺旋体引起，是一种人兽共患病。临床症状一般以发热、血红蛋白尿、贫血、水肿、流产、黄疸、出血性素质、皮肤和黏膜坏死等为主要特征。其带菌和发病的较高。其中南方潮热地区发病较多。

血清学试验是诊断钩端螺旋体病应用最广的方法，显微凝集试验是检测猪群的基本试验方法，可以对10%或更多的猪进行检测，以便获得有效的数据，此外酶联免疫吸附试验也是一种非常可靠的方法。

本病的防治可以从饲养管理、疫苗接种、抗生素治疗3个方面控制。管理方面从切断传染源入手，实施生物安全管理措施，预防啮齿类等野外媒介传播，此外采取人工授精也可以控制该病的感染。疫苗接种免疫持续期最高3个月，可以根据猪场情况适时免疫，对于已经发病的猪群可以采用链霉素和四环素交替给药治疗，对于受威胁的动物采取紧急接种。

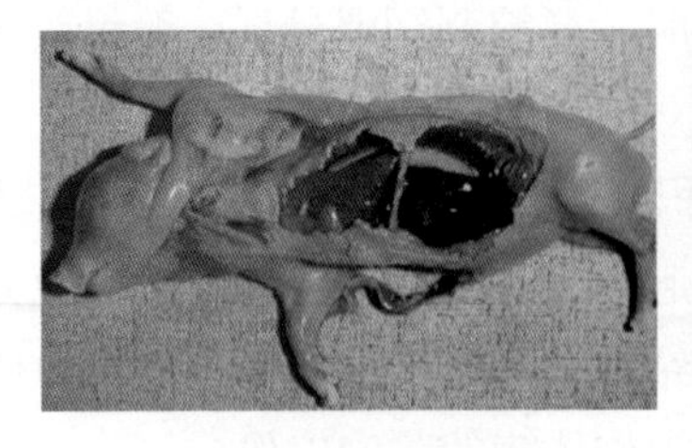
仔猪感染钩端螺旋体

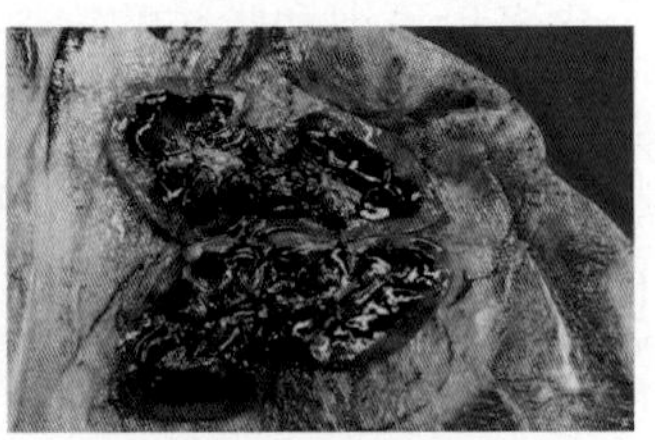
肾皮质与肾盂周围出血

★互动百科，网址链接：http://tupian.baike.com/a3_81_77_01300000116871810302_jpg.html
★360百科，网址链接：https://baike.so.com/doc/5380164-5616423.html

（编撰人：陈永岗，洪林君；审核人：蔡更元）

429. 猪附红细胞体病如何诊断和防治？

猪附红细胞体病是由于附红细胞体寄生于红细胞的表面或游离于血浆引发猪的发热、贫血、黄染为特征的传染性疾病，任何年龄段的猪都可发生感染。

（1）临床症状。急性型的临床表现为体温升高，咳嗽，流鼻涕，皮肤发红；中后期皮肤苍白、耳内侧、背侧、颈背部等皮肤出现暗红色出血点；背部毛色呈铁锈色，可视黏膜肿胀，偶尔出现黄疸以及末梢发绀、排血便和血红蛋白尿。

（2）诊断。血液压片镜检，取采集的病猪血液滴一滴于载玻片上，加等量生理盐水混合，加盖玻片，显微镜下观察，如红细胞发生变形，可以看到其在血浆中抖动、转动的原点状病原体。

（3）防治。

①患病的猪可以用土霉素注射给药，金霉素口服和铁注射疗法辅助治疗有助于疾病的恢复，而且可以降低贫血的发生和死亡率。由于还没有可利用的疫苗，对病原的控制和生物保健对该病的预防十分关键。

②预防本病应加强卫生防疫，消除各种应激因素。温热季节进行杀虫消除传播媒介，卫生医疗器械及时消毒更换减少病原传播，对发病的猪及时治疗或处理。

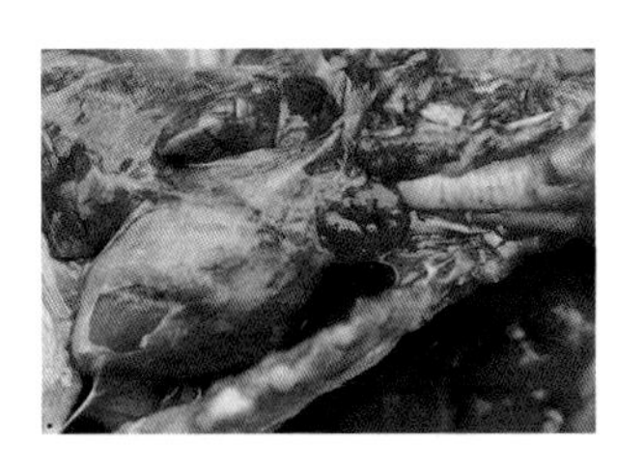

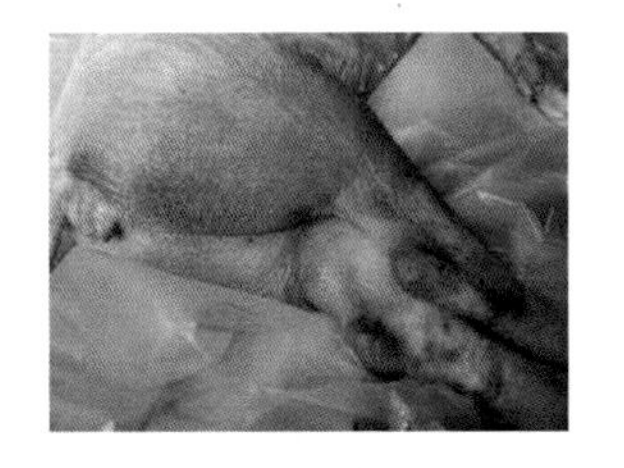

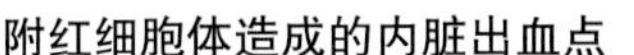

附红细胞体造成的内脏出血点　　病猪全身出血（陈永岗 摄）

★猪易，网址链接：http://js.zhue.com.cn/yibingfangzhi/chuanranbing/201006

（编撰人：陈永岗，洪林君；审核人：蔡更元）

430. 猪衣原体病如何诊断和防治？

猪衣原体病的诊断可以通过典型性临床症状初步判断，然后依据实验室检测确诊。其类型有流产型、关节炎、支气管肺炎和肠炎型几种。

（1）临床症状。一般为新生仔猪肺炎、肠炎、胸膜炎、心包炎、关节炎和种公猪睾丸炎等。如发现类似症状一般隔离病猪，深埋感染猪以及抗生素对症治疗，并防止病毒的扩散。

（2）血清学检查。采取血清通过补体结合试验检测衣原体抗体的血清方法，主要包括补体结合试验、间接血凝试验、免疫荧光试验、琼脂扩散试验、酶联免疫吸附试验等。

（3）饲养管理。衣原体宿主广泛，可以通过加强管理防止其他动物进入生产区传播病原，实施严格卫生消毒制度，对流产的胎儿、死胎等严格无害化处理。

（4）免疫接种。适配繁殖母猪配种前注射衣原体灭活苗，种公猪每年免疫2次。检测阳性种猪及时淘汰，其所产仔猪不能作为种猪。

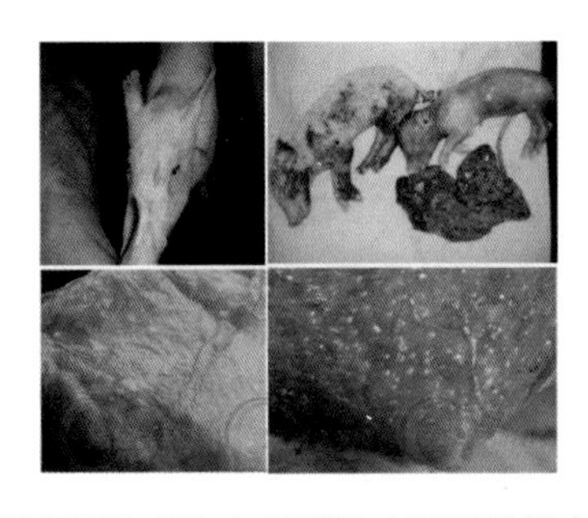

猪衣原体感染表现猪繁殖障碍性综合征

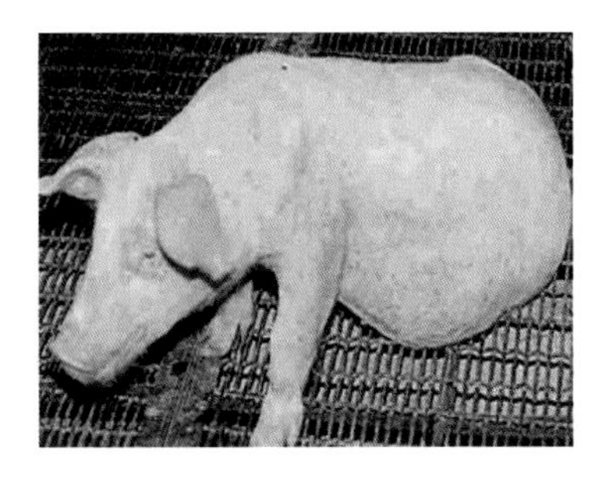

病猪全身出血点

★中国百科网，网址链接：http://www.chinabaike.com/t/9509/2016/0924/5818133.html
★猪价格网，网址链接：http://www.zhujiage.com.cn/article/201609/671467.html

（5）药物防治。染病的猪可以选用敏感的药物治疗，还可以饲料合理加药预防仔猪感染。

（编撰人：陈永岗，洪林君；审核人：蔡更元）

431. 猪血痢如何诊断和防治?

猪痢疾又叫猪血痢，是由猪痢疾密螺旋体所引起的一种肠道传染病。

（1）临床症状。得病后刚开始拉软粪，再变为黄色稀粪，内或混黏液和血。病程较为严重时，粪便为红色糊状，含有大量的黏液、出血块和脓性分泌物；有拉灰色和褐色粪便，也有绿色糊状粪便，其中或混有小气泡、黏液及纤维伪膜，其精神不振、被毛粗乱，抵抗力较低。慢性病症时症状较轻，长时间的病程使猪只消瘦，生长发生停滞。

（2）诊断。取猪只新鲜粪便，涂片，用苯胺进行染色，4～6min后将其放在显微镜下观看，在视野内可以看到双雁翼状的虫体，两端较尖，躯体有几个弯曲。另外，取猪只的肠黏膜用显微镜在暗视野下进行观察，看到有大量的自由运动虫体。

（3）防治。对病猪进行隔离饲养，清洗圈舍，然后使用热的4%氢氧化钠溶液或生石灰水进行冲洗。之后可以每天使用百毒杀1∶200倍稀释液进行喷雾消毒。同时，健康猪只每天使用百毒杀1∶500倍稀释液进行2次饮水消毒进行预防。乙酰甲喹按每千克体重口服2.5～5mg，每天2次，连续3d，同时饮用含有0.025%二甲硝基咪唑的水溶液。在饲养方面，应尽可能的减少应激因素，加强饲养管理，保持环境清洁卫生。如果发病范围较大，无法全群淘汰时，对其排出的粪尿也要进行净化处理，从而消除传播源。

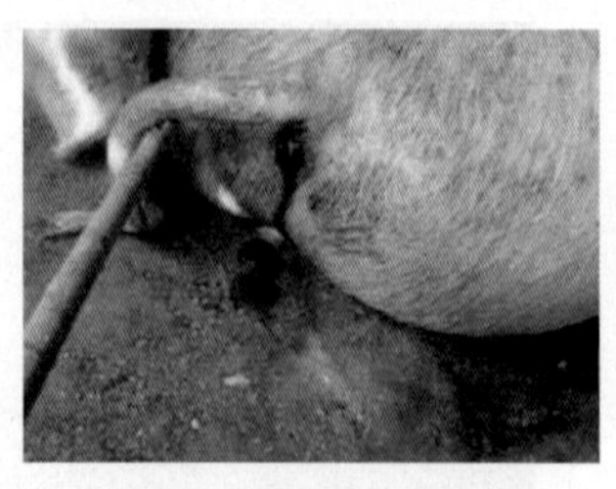

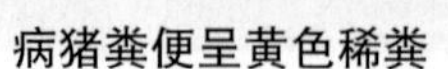

病猪粪便呈黄色稀粪

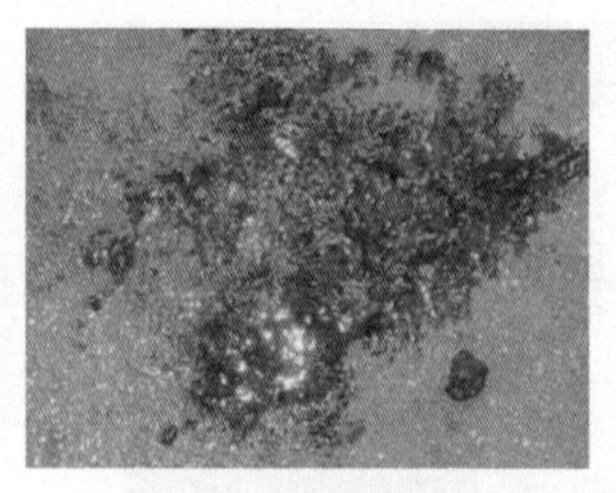

病猪粪便混有黏液带血

★猪友之家，网址链接：http://www.pig66.com/2015/145_1119/16200246.html
★爱畜牧，网址链接：http://www.ixumu.com/forum.php？mod=viewthread&tid=212563

（编撰人：陈永岗，洪林君；审核人：蔡更元）

432. 猪弓形虫病如何诊断和防治?

（1）临床诊断。可以根据典型的临床症状初步诊断，患病猪经常表现出发热，便秘，呼吸困难及神经症状，妊娠母猪流产死胎。剖检变化主要表现肺间质水肿，切面会有泡沫样液体流出，浅表淋巴结肿大、出血、水肿，肠系膜淋巴结呈绳索状。

（2）诊断。实验室条件可以采取间接血凝抑制试验、补体结合试验、酶联免疫试验及中和抗体试验等检测方法，其中经过优化的间接凝集试验对该病的检查最为敏感。

取病猪的体液如胸、腹腔渗出液或肝脏、淋巴结等组织涂片固定，然后用姬姆萨或瑞氏染色观察，弓形虫速殖子呈新月形，一端钝圆另一端较尖，中央有一紫红色的核。

（3）防治。对于该病现在还没有特定的疫苗，所以只能通过科学管理来阻止弓形虫的感染，猫和鼠等弓形虫的宿主也被认为是该病的主要传染源，生产中应防止猫进入养殖区和饲料，灭鼠可以采用药物。此外，弓形虫的包囊可以在组织和环境中长期存在，因此不要给猪喂食未经高温烹煮的动物尸体或泔水。对于本病的治疗可以采用磺胺类药物和碳酸氢钠配合治疗，连用3～4d，并增加饮水防止肾脏中形成结晶。

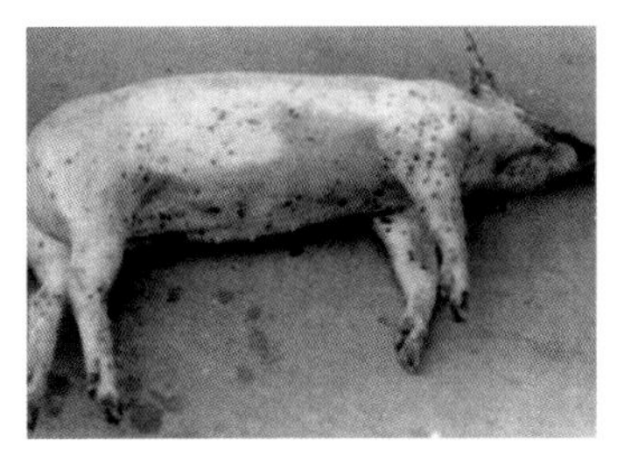

病猪皮肤出血并结痂（4月龄）

病猪呈绳索状的肠系膜淋巴结

★猪价格网，网址链接：http://www.zhujiage.com.cn/article/201705/757305.html
★猪友之家，网址链接：http://www.pig66.com/breed/2015/0725/3529.html

（编撰人：陈永岗，洪林君；审核人：蔡更元）

433. 猪疥螨病如何诊断和防治?

（1）临床症状。猪疥螨病的典型症状是瘙痒，感染的初期会在螨虫的富集区形成结痂，耳廓内侧区较常见。随后伴有过敏性皮肤丘疹出现。角质化过度型的多发于成年猪，多见于耳朵、背部、脖子周围皮肤褶皱形成石棉样的痂皮。取猪耳内侧的痂皮进行观察，把痂皮弄碎放在黑色背景下静置几分钟把痂皮移走，然后用放大镜可以观察有螨虫附着在背景上。除此之外，还可以把痂皮放到平皿中低温加热培养过夜，可以观察到平皿底部有大量虫体附着。

（2）诊断。由于虫体的外壳在氢氧化物溶液中不溶，所以可以刮取猪耳内侧的痂皮浸泡于10%的氢氧化钠或者氢氧化钾中消化，然后在低倍显微镜下观察。

（3）防治。对于发病的养殖场可以通过药物治疗结合卫生消毒防治该病。该病的预防首先注意环境卫生的清洁，市面上的大部分杀螨剂都能达到很好的效果，如使用0.1%的双甲脒可以对猪体、圈舍和环境进行喷洒，定期进行杀虫，如不能达到预期效果尽快换药或者二次给药。同时可以结合伊维菌素拌料给药预防。对于发病的猪应该及时发现治疗，可以用阿维菌素注射给药，还可以用亚胺硫磷20%油液按照1ml/10kg体重沿着背浇注。同群未发病母猪产前一周左右使用伊维菌素（300μg/kg体重）可以预防仔猪的感染。该病为接触传播，所以可以把未感染的猪放到洁净的圈舍饲养，减少病猪与健康猪的接触。

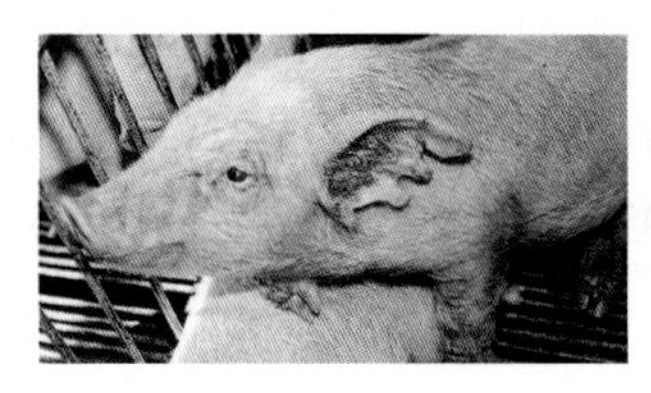

感染猪耳廓处形成结痂

病猪背部形成石棉样痂皮

★农村致富经，网址链接：http://www.nczfj.com/yangzhujishu/201023784.html
★百度百科，网址链接：http://zj.chinabreed.com/zb/zztp_view.asp？id=68

（编撰人：陈永岗，洪林君；审核人：蔡更元）

434. 种猪胃溃疡如何防治？

（1）种猪舍应做到通风良好又能够保温。可以在颗粒料中加入一定的油脂，一定要保证饲料中维生素E、维生素B以及硒的含量。应注意铜含量过高引起胃溃疡，限制铜的加入。饲料中可以添加褪黑素，提高种猪的饲料转化率，能够减少胃溃疡的发生及减轻其严重程度。对于条件允许的场也可在饲喂中加入青饲料，可以预防胃溃疡的发生。

（2）种猪单栏饲养，要留有足够的空间，便于猪的自由活动，保证有充足的清洁饮水。每天清扫，保证种猪舍内清洁干燥，并有良好通风，保持空气新鲜，并及时消毒，以减少疾病传染。

（3）饲喂中不宜突然更换饲料，应逐渐更换，并保证饲料的新鲜，不可喂霉败变质的饲料。可进行湿拌料饲喂，以减少胃溃疡的发病率。通常病猪供喂湿性糊状食料，可有助于其恢复。对于某个品种、品系猪只有较多胃溃疡病发生时，应尽早淘汰或进行遗传改良。

部分兽用维生素

★百度百科，网址链接：http://www.maigoo.com/best/2018.html

（编撰人：陈永岗，洪林君；审核人：蔡更元）

435. 猪呕吐怎么办？

猪呕吐是猪的一种保护性行为，在生产中可经常看到猪呕吐的症状，并且对于一些热性传染病、消化道疾病、中毒性疾病、寄生虫病等都能引发猪呕吐。对于猪呕吐后，首先要做的是判断是什么引起的，然后确定疾病源，最后进行相应的治疗，以下是一些措施。

（1）猪场需要强化消毒，彻底的消毒工作是切断疫病传播途径、杀灭或清除细菌的最有效方法。猪场需要严格制定消毒规程，定期清理猪舍内外环境，包括栏舍、场地、用具、器械、排水道、空气以及体表等方面的消毒。如果较为严重，也要对粪污进行相应的处理。

（2）猪场要定期驱虫、灭鼠和杀虫。猪场驱虫、灭鼠和灭蝇蚊可切断传播途径。鼠类与蚊蝇是多种人畜共患病和猪传染病的传播媒介与传染源，对猪场的猪和工作人员来说，构成很大的威胁。

（3）药物治疗。当猪场出现大面积的呕吐症状时，可进行药物预防，提高猪的抵抗力，可以在饲料或饮水中添加细胞因子产品与高效抗菌药物进行药物预防，以此提高机体的免疫力和抗病力，减少猪场的疫病发生与流行。

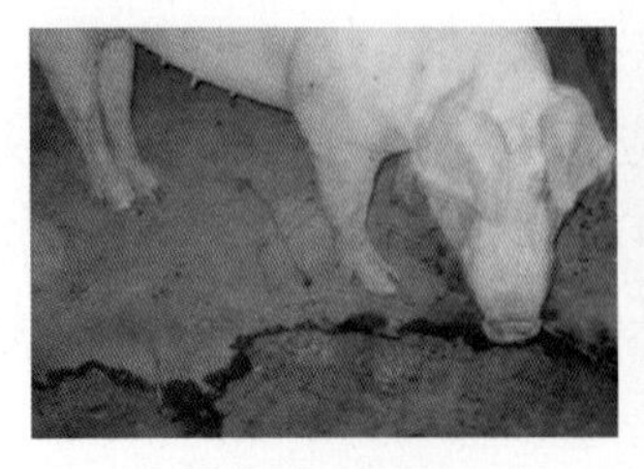

单个猪只的呕吐

同一栏舍内多头猪的呕吐

★中国农业信息网，网址链接：http://www.zhue.com.cn/plus/view.php？aid=179659
★猪价网，网址链接：http://www.shengzhujiage.com/view/66809.html

（编撰人：陈永岗，洪林君；审核人：蔡更元）

436. 猪中暑如何防治？

（1）改善圈舍环境。条件较好的集约化养殖场可以采取风机加水帘的方式给圈舍降温。猪舍屋顶加筑隔热层或者采取其他隔热措施。没有以上条件的可以在圈舍内洒水降温，同时一定要保持圈舍通风良好，及时清理圈舍里的粪尿。

（2）降低饲养密度。夏季环境温度较高应适当降低饲养密度，这样有利于猪散热，如其他季节每70kg左右育肥猪的标准饲养面积1m^2，夏季可以调整至1.2～1.5m^2。

（3）调整日粮。夏季应降低能量饲料在日粮中的比例，增加适口性较好的青绿饲料，可以适当饲喂一些果皮增加维生素的摄入。调整日粮的同时应增加饮水，可以饮用0.5%的盐水增加饮水量调节体温。在饲料和饮水中可以适量加入清热解暑的药物，如车前草等。

（4）治疗措施。对于中暑的猪首先可以用凉水浇淋猪体，用湿布冷敷头部和胸心区。还可以采取放血疗法，耳尖、尾尖放血100～200ml，严重失水的要注意补液，可以灌服生理盐水或静脉注射5%葡萄糖生理盐水。

通风良好的猪舍环境

在圈舍内洒水进行降温

★新牧网，网址链接：http://pig.xinm123.com/pd-medical/38033.html
★猪天下网，网址链接：http://www.zhuwang.cc/show-140-332882-1.html

（编撰人：陈永岗，洪林君；审核人：蔡更元）

437. 以呼吸困难、咳嗽为主要症状的传染病怎样防治?

（1）猪气喘病防治。保证引种猪场无气喘病，每年春、秋季对无病的种猪、后备猪各注射疫苗1次，接种前的一周内不得使用抗生素。可在饲料中添加环丙沙星粉、泰乐菌素、土霉素、氟苯尼考等进行预防，注射卡那霉素、鱼腥草、地塞米松等方法治疗。同时应注意加强通风，保持猪舍干燥、清洁。

（2）猪肺疫防治。每年春、秋季节注射猪肺疫、猪丹毒二联苗各一次，同时加强饲养管理，做到水源清洁，营养均衡，圈舍干燥、温暖、通风。饲料中可添加环丙沙星、四环素、土霉素等控制此病，注射青霉素、链霉素、磺胺类药物进行治疗。

（3）猪传染性萎缩性鼻炎防治。可在饲料中拌入磺胺二甲嘧啶100～450g/t，或泰乐菌素100g/t，或者克林美进行预防。接种免疫，使用猪传染性萎缩性鼻炎灭活苗，肌内注射1ml，在4～5周龄进行首次免疫，2～3周后再加强免疫一次。可使用泰乐菌素、氟苯尼考、联合磺胺等进行肌内注射治疗。

（4）猪流感防治。加强饲养管理，保持猪舍清洁、干燥，寒冷季节避免贼风窜入猪舍。可选用克林美、维生素C粉等拌料防治，也可肌内注射黄芪多糖、安乃近、鱼腥草、地塞米松、庆大霉素等治疗。

（5）传染性胸膜肺炎防治。可在饲料中添加药物进行防治，也可通过改善饲养环境，做好卫生，减少应激的方法。可选用氟苯尼考、恩诺沙星、克林美等药物进行治疗。

（6）繁殖与呼吸障碍综合征。繁殖与呼吸障碍综合征也表现有呼吸症状。为防止并发症的发生，要对病猪进行有针对性的支持疗法。可用5%葡萄糖盐水或10%葡萄糖，配合使用青霉素、阿莫西林等抗生素。同时，增加日粮中维生素和矿物质的含量，还要加强猪舍卫生消毒和饲养管理工作，减少环境中不利因素的影响。可在猪日粮中加入平安康，以减少应激。用量是每500kg饲料添加1kg，连用1周。

猪咳嗽

猪呼吸困难

★百度图片，网址链接：http://image.baidu.com

（编撰人：孔令旋，洪林君；审核人：蔡更元）

438. 以腹泻为主要症状的传染病怎样防治?

（1）仔猪黄、白痢的防治。给怀孕母猪提供营养全面的饲料，并加强怀孕母猪的运动；保证仔猪生活的环境温度适宜，尽早让仔猪吃到初乳。做好圈舍、产房及环境的卫生和消毒。给怀孕母猪在产前40d和产前14d各注射大肠杆菌K88、K99、987P三联苗一次。给母猪喂服仔母安或仔母康。仔猪出生后3d左右注射补铁剂。缺硒地区应给仔猪补硒。

（2）仔猪红痢的防治。做好猪舍内外清洁卫生和消毒工作，常发病猪场的怀孕母猪在产前30d和产后15d各注射一次C型魏氏梭菌苗，仔猪在出生后3h肌内注射环丙沙星或黄连素，也可灌服齐全一支灵。

（3）仔猪副伤寒的防治。加强饲养管理，对仔猪免疫注射。常发病猪场，30日龄左右用仔猪副伤寒苗首免，最好在首免后隔3周再进行一次免疫。病猪使用肠道抗生素治疗。

（4）传染性胃肠炎的防治。对常发本病的猪场的怀孕母猪在临产前30d肌内注射猪传染性胃肠炎灭活疫苗3ml，对病猪可用穿心莲、复方黄连素注射液及地塞米松、黄芪多糖、恩诺沙星等进行治疗。

（5）猪痢疾的防治。可在饲料中添加泰乐菌素、林可霉素等。引种时隔离检疫，及时淘汰病猪，并对圈舍进行彻底清洗和消毒，空圈2～3个月。病猪用环丙沙星、恩诺沙星、乙酰甲喹等配合维生素K_3或者止血敏治疗。

（6）轮状病毒病的防治。将白头翁散和水1：10煮沸或开水冲泡、置冷。发病仔猪每头灌服5～8ml，每天6～8次，直至症状消除。发病严重仔猪灌药同时灌服补液盐防脱水。

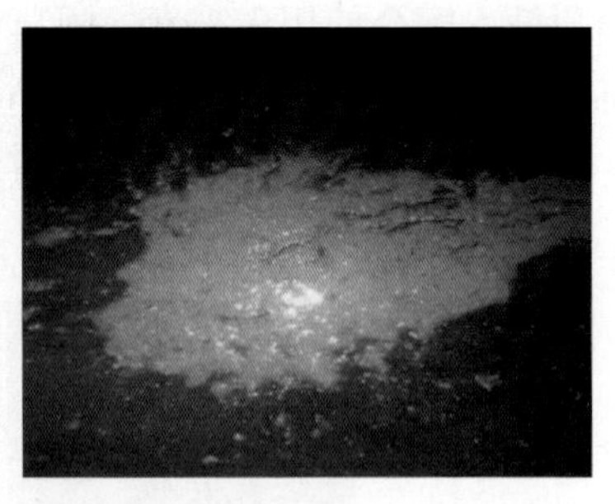

猪腹泻产物（温氏猪场拍摄）

（编撰人：孔令旋，洪林君；审核人：蔡更元）

439. 以神经症状为主的传染病怎样防治?

（1）猪链球菌病防治。做好环境卫生，保持猪舍干燥和通风，并经常对猪舍定期消毒。预防可用安卡青霉素、克林美、环丙沙星粉拌饲，治疗可用青霉素、链霉素、土霉素及四环素类药物。

（2）猪瘟防治。首次接种猪瘟疫苗，时间为25～30日龄，二次免疫可用猪瘟、猪丹毒二联苗或三联苗，在2月龄进行。在有猪瘟的猪场，对新生仔猪实行超前免疫，35日龄必须二次免疫。种猪春、秋各免疫一次，确保所有猪只具有免疫力。对病猪可采用抗猪瘟血清治疗，也可后海穴注射大量猪瘟疫苗，本方法尽早采用可减少损失。

（3）猪水肿病防治。仔猪断奶时减少饲料喂量，切忌饲料及管理方式突然改变。在有本病的猪群内，可在断乳仔猪饲料内添加新霉素、土霉素，每千克体重5～20mg，补充硒也有一定防治作用。

（4）猪传染性脑脊髓炎防治。无特效疗法，使用对症治疗，结合护理和营养疗法，仅可延长病程，麻痹症状难以消退，病死率很高。很多国家实行扑杀病猪来消灭本病。

（5）猪破伤风防治。每年对易感动物定期接种破伤风疫苗是预防该病的主要措施。在平时饲养管理中，应防止外伤感染，一旦出现外伤，应及时消毒处理。如果创面较深，除在创面周围注射抗生素外，还应注射破伤风类毒素疫苗，以便达到预防该病的目的。当发生该病时，应立即静注抗破伤风血清进行治疗，同时配合补液、强心、健胃等多种措施进行对症治疗，治疗时还应选择避光、安静的场所，以免加大病畜应激。

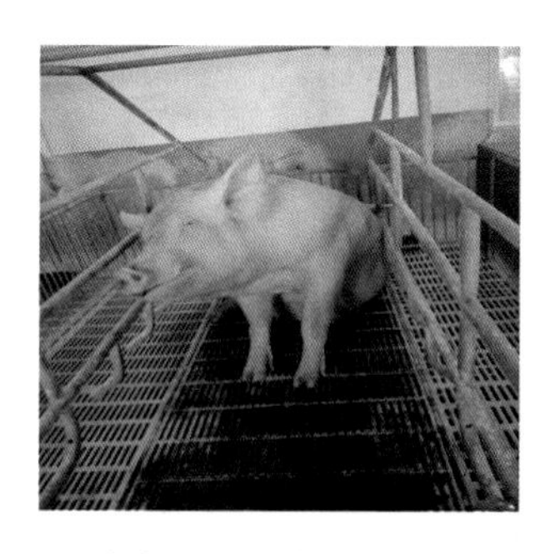

猪瘟（温氏猪场拍摄）

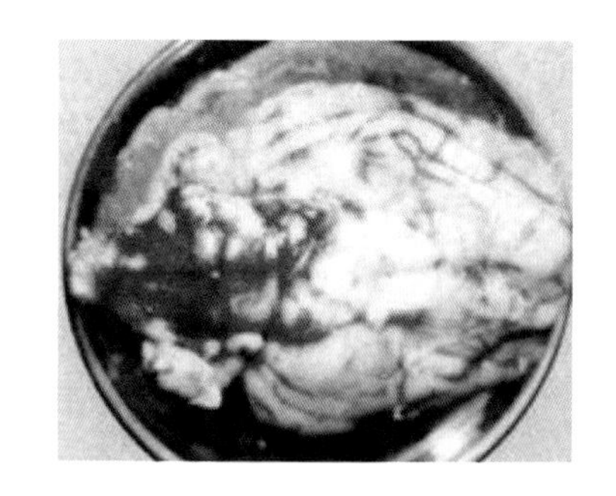

猪传染性脑脊髓炎（温氏猪场拍摄）

（编撰人：孔令旋，洪林君；审核人：蔡更元）

440. 以体表特征性表现为主的传染病怎样防治?

（1）口蹄疫防治。对患病猪、带毒猪坚决实行隔离扑杀，做无害化处理。猪场一旦发现周边地区有口蹄疫流行，应采取有效措施，杜绝一切带入病原的可能性，每年春、秋季节对所有猪进行免疫接种。

（2）猪痘防治。隔离病猪，对污染的猪圈进行彻底消毒。治疗病猪使用复方黄芪多糖注射液、地塞米松注射液、鱼腥草注射液、板蓝根注射液，肌内或者后海穴注射治疗。皮肤表面溃烂伤口可涂以碘酒、皮炎平软膏，或用0.1%的高锰酸钾水冲洗。

（3）猪丹毒防治。做好环境卫生消毒工作，定期用石灰乳消毒。粪便、垫草要堆积起来进行生物热处理。每年春秋季定期对猪群进行猪丹毒免疫接种，对病猪可用青霉素进行治疗。若发现有些病猪使用青霉素无效时，可使用四环素进行肌内注射，每天1～2次，直至痊愈为止。

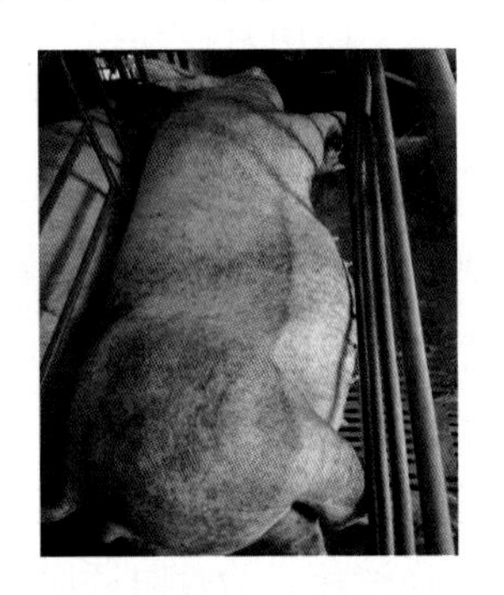

猪痘和猪丹毒（温氏猪场拍摄）

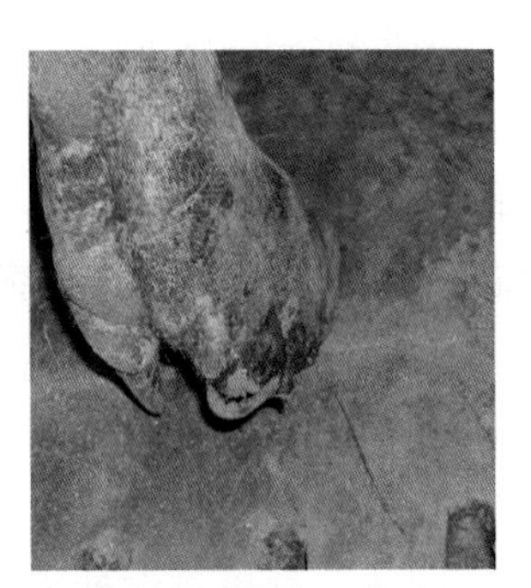

猪口蹄疫（温氏猪场拍摄）

（编撰人：孔令旋，洪林君；审核人：蔡更元）

441. 怎样防治猪蛔虫病?

（1）平时做好环境卫生和消毒工作，注意粪便的堆积发酵。

（2）在2～5月龄期间驱虫2次，可以用左旋咪唑按照每千克体重8mg喂服，或者用伊维菌素喂服或者颈部皮下注射。驱虫时，最好在空腹饥饿时服药。服驱虫药后排出的粪便要随时收集发酵处理。育肥猪一生最少驱虫2次以上，并且应该重视刚断乳时期的仔猪驱虫，猪只服用驱虫药期间，不要同时服用其他药物，以免发生中毒。

（3）给猪服用驱虫药后2～3d，要及时清理猪排出的粪便，集中堆积发酵进行无害化处理，以杀灭粪便中携带的虫卵，避免循环感染。

（4）驱虫后消毒使用驱虫药后2～3d，每天清完猪粪后给粪道铺撒一层石灰，最好是刚发酵的那种，连续7d，可有效杀灭虫卵和病菌。

驱虫后消毒（温氏猪场拍摄）　　猪粪堆肥发酵（温氏猪场拍摄）

（编撰人：孔令旋，洪林君；审核人：蔡更元）

442. 猪肺疫如何诊断和防治？

（1）诊断方法。猪肺疫又称为猪巴氏杆菌病、锁喉风，是猪的一种急性传染病，在小猪和中猪中发病率较高，可分为最急性型、急性型和慢性型。最急性型呈现败血症症状，常突然死亡，或呼吸高度困难，黏膜蓝紫色、口鼻流出泡沫，呈犬坐姿势，后期耳根颈部及下腹皮肤变成蓝紫色，最后窒息死亡。急性型呈现纤维素性胸膜肺炎症状，表现为干咳、有鼻汁和脓性眼屎；先便秘后腹泻；后期皮肤出现紫斑。慢性型呈现慢性肺炎或慢性肠胃炎症状，表现为持续性咳嗽、体温时高时低，食欲减退、逐渐消瘦，一般经两周以上因衰弱而死亡。

（2）防控措施。

①管理措施。加强饲养管理，增强猪体的抵抗力。避免出现温度过低或过高、猪群拥挤、猪舍潮湿等应急因素，并定期对猪舍和猪群进行消毒。新引进的猪需要进行隔离观察，一般一个月后才能合群饲养。

②接种猪肺疫氢氧化铝菌苗。断奶后的大小猪一律接种5ml，一般为14d后产生免疫力，免疫期为9个月。此外，还可以选择猪肺疫EO-630弱毒疫苗，猪丹毒、猪肺疫氢氧化铝二联苗，猪瘟、猪丹毒、猪肺疫三联疫苗。

（3）治疗方法。

①最急性、急性病猪，早期使用抗血清治疗较好，若与抗生素同用疗效更佳。

②交替使用恩诺沙星和环丙沙星，肌内注射，每天2次，连用4～5d，同时加注退热药。另外，抗生素（青霉素、链霉素、庆大霉素）和磺胺类药物对该病都有一定的疗效。

③为了控制病情蔓延，需在与病猪接触过的猪群的日粮中添加环丙沙星原粉，饮水中添加恩诺沙星原粉，连用4～5d。

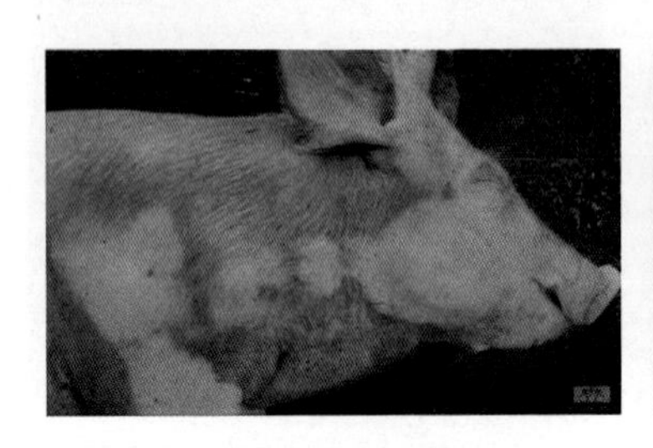

猪肺疫患病猪

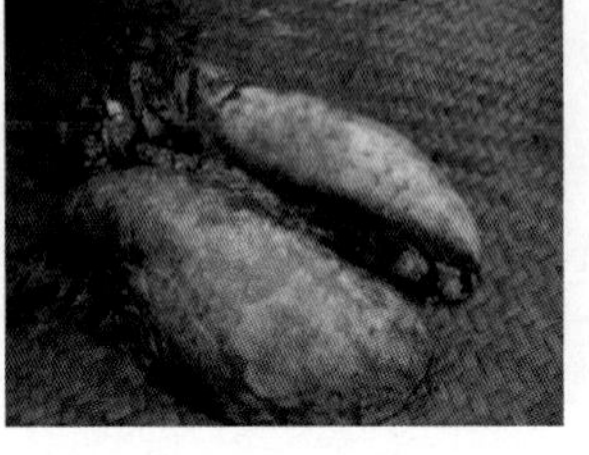

病变肺部

★猪e网论，网址链接：http://bbs.zhue.com.cn/thread-4964-1-1.html

（编撰人：莫健新，洪林君；审稿人：蔡更元）

443. 猪副猪嗜血杆菌病如何诊治?

（1）诊断方法。副猪嗜血杆菌病又称格拉泽病，是由副猪嗜血杆菌（HPS）引起的一种严重的接触性传染病和全身性疾病。临床表现为发烧、咳嗽、严重呼吸困难、患病猪被驱赶时因疼痛发出尖叫声、跛行、颤抖、视黏膜发绀、侧卧，最后因窒息和心衰竭而死亡。如果与肺炎支原体、猪链球菌等混合感染，将会发生所谓的呼吸道综合征。断奶后和保育阶段猪较容易发病，尤其以5～8周龄的猪最易感病。

（2）防控措施。

①管理措施。加强饲养管理，贯彻“营养是最好的药物”的理念；加强生物安全，严格兽医卫生，杜绝外来病原菌；科学合理安排免疫程序；做好猪舍卫生，并定期进行消毒工作。产房和保育舍坚持并严格执行“全进全出”制度，避免不同猪群的交叉感染；减少各种应急因素，维持猪只健康的体况。

②疫苗接种。条件允许的话，可以分离菌株制作自家灭活疫苗。无条件的猪场可以选择进口的灭活苗或国产疫苗。免疫程序为初产母猪产前40d首免，产前20d二免；经产母猪产前30d免疫一次即可；母猪抗体一般可以保护仔猪到6～7周，如果8周龄的仔猪出现疫情，则需在仔猪2～3周龄进行第一次免疫，2～3周后进行第二次免疫。但是，目前还没有一种灭活苗能同时对所有致病菌株都产生免疫力。

（3）治疗方法。

①泰安。由泰乐菌素+磺胺+增效剂组成，可产生8～20倍强力协同杀菌作用，可饮水和拌料使用。

②抗喘灵。250g加入50kg饲料中，连用3～5d。

③病菌消按。1∶1 000溶于水，每日2次，连用3～5d，或按1∶1 000拌料，连用3～5d。

④李康宁。100g溶于100L水中，自由饮用，连用3～5d。

副猪嗜血杆菌病病猪

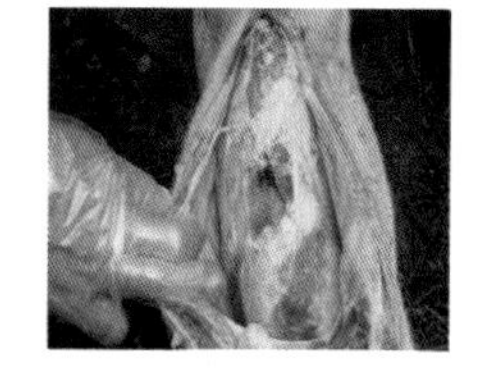

猪嗜血杆菌病病猪解剖图

★农广天地，网址链接：http://www.8658.cn/nongguang/477422.shtml
★兽药直销网，网址链接：http://www.eshouyao.comwww.eshouyao.com/zx/70133.html

（编撰人：莫健新，洪林君；审稿人：蔡更元）

444. 猪传染性胸膜肺炎如何诊断和防治?

（1）诊断方法。猪传染性胸膜肺炎是一种致死性呼吸道传染病。致病菌为猪胸膜肺炎放线杆菌。临床上表现为急性败血症、发热、咳嗽和高度呼吸困难，可分为最急性、急性和亚急性或慢性3种类型。最急性型体温在41℃以上，精神沉郁、食欲废绝，有短期的下痢和呕吐，一般在24～36h死亡。急性型体温在40.5～41℃，张口伸舌、犬坐，可窒息死亡，也可转为亚急性或慢性型。亚急性或慢性型体温为39.5～40℃，全身症状不明显，间歇性咳嗽，常与气喘病混合感染。

（2）防控措施。

①采取综合防治措施，加强饲养管理和卫生措施，减少各种应激因素。

②引入新猪前要了解疫情，做好检疫工作，严防慢性隐性猪和带菌猪。淘汰阳性猪，建立健康猪群。

③用乳酸诺氟沙星原粉10g加入饲料100kg，供感染猪群进行药物防治。

④还可以使用本病的活疫苗接种。

（3）治疗方法。

①头孢噻肟钠。按60mg/kg体重注射，一天2次，连用3～5d。或头孢噻呋注

射液（速解灵）或头孢噻呋钠，5mg/kg体重，每天1次，连续3～5d。

②氟苯尼考注射液。20～30mg/kg体重，1～2次/d，连用3～5d。

③复方盐酸多西环素（强力霉素）注射液。2.5mg/kg体重，每天1次，连用3～5d。

④复方庆大霉素注射液（加有抗菌增效剂TMP）。4mg/kg体重，每天2次，连用3～5d；配以阿莫西林，15mg/kg体重，每天2次，连用3～5d。注意，不用庆大霉素稀释阿莫西林，否则庆大霉素将减效。

⑤2.5%恩诺沙星注射液。0.2mg/kg体重，2次/d，连续3～5d。

⑥替米考星注射液，10mg/kg体重，肌内注射，每天1次，连续3～5d。

猪传染性胸膜肺炎病猪

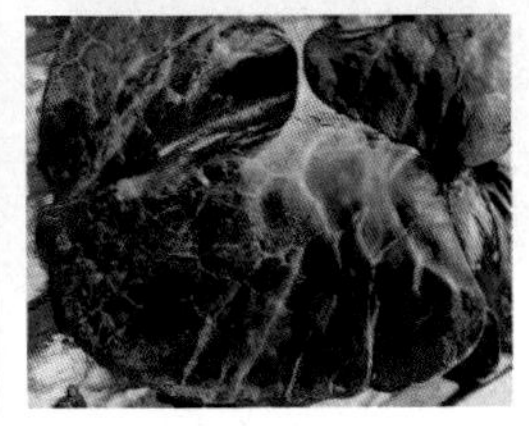

病变肺部

★兽医在线，网址链接：http://www.dongbao120.com/article-3139.html
★猪e网论坛，网址链接：http://bbs.zhue.com.cn/thread-1516970-1-1.html

（编撰人：莫健新，洪林君；审稿人：蔡更元）

445. 猪喘气病如何诊断和防治?

（1）诊断方法。猪气喘病又称猪支原体肺炎，是由猪肺炎支原体引起的一种慢性接触性呼吸道传染病。患病猪表现为咳嗽和气喘，生长迟缓、饲料转化率低，体温基本正常。剖检以两肺心叶、尖叶和膈叶出现对称胰样病变和肉样病变为特征。该病以断奶仔猪和架子猪多见，肥育猪多呈慢性或隐性感染。仔猪最早3周龄就可发生，约4周龄开始干咳，6周龄或更大时表现出明显症状，18周龄时表现最为明显。

（2）防控措施。

①在非发病的地区和猪场，坚持自繁自养，尽量不从外地引入猪只，若必须引入时，一定要严格做好疫病检测工作。

②受气喘病威胁的猪群用猪气喘病灭活苗进行免疫接种。

③对发病的猪群，要做到早发现，早隔离，早治疗，尽早淘汰，逐步更新猪群，做好饲养管理工作。

④可在每吨饲料中加入300g的土霉素粉定期饲喂，连用2～3周，或在饲料中

加白霉素也能取得理想的效果。

（3）治疗方法。

①土霉素每天每千克体重按25～40mg肌内注射。

②卡那霉素、猪喘平每天每千克体重4万～8万单位，肌内注射。

③特效米先每千克体重0.1～0.3ml，肌内注射，每3d注射一次，连用2～3次。

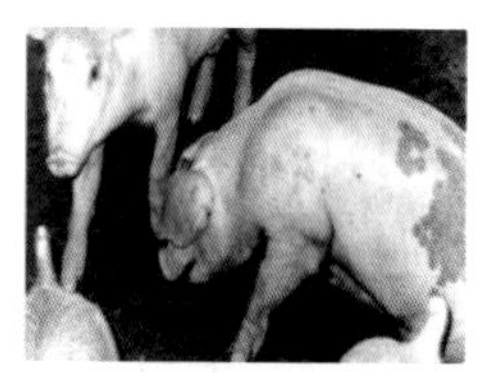

猪喘气病

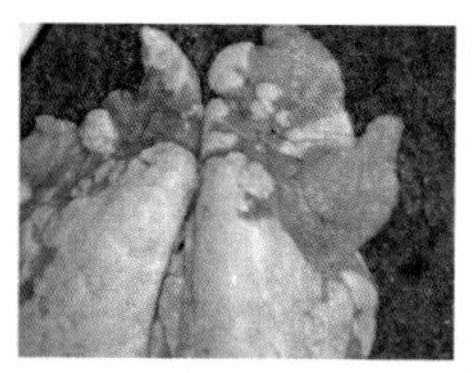

猪病变肺部

★猪友之家，网址链接：
http://www.pig66.com/rihan/2015/0909/11940.html
http://www.pig66.com/show-1188-15847791-1.html

（编撰人：莫健新，洪林君；审稿人：蔡更元）

446. 猪丹毒如何诊断和防治?

（1）诊断方法。猪丹毒是由猪丹毒杆菌引起的一种传染性疾病，急性型表现为初期一头或数头猪突然死亡，接着其他猪只相继发病，没有食欲，运动不正常；先便秘并有脓性黏液附着，后拉稀并带血；后期耳、颈、背、胸、腹部、四脚内侧等处出现大小不等的红斑。亚急性型以出现疹块为特征，表现为食欲减退，在背、胸、腹部及四肢皮肤上出现偏平凸起的紫红色疹块。慢性型一般由急性型和亚急性型转变而来，常见的有浆液性纤维素性关节炎、皮肤坏死和疣状心内膜炎3种，病猪食欲无明显变化，但逐渐消瘦。

（2）防控措施。

①猪丹毒弱毒菌苗。大小猪均皮下注射1ml，免疫期6个月。

②猪丹毒氢氧化铝甲醛菌苗。断奶猪每头皮下或肌内注射5ml；哺乳仔猪注射3ml，1个月后再补注3ml，21d后产生免疫力，6个月内含有免疫力。

③猪丹毒GC42系弱毒菌苗。用20%铝胶生理盐水稀释，每头猪皮下注射1ml，内服剂量需加倍，7～10d产生免疫力，免疫期为6个月。

④猪瘟、猪丹毒二联苗及猪瘟、猪丹毒、猪肺疫三联苗。断奶半个月以上仔猪每头1ml，其中猪瘟免疫期为1年，猪丹毒和猪肺疫免疫期为6个月。

（3）治疗方法。

①青霉素疗法。急性型按每千克体重1万单位静脉注射，同时按每千克体重2万～3万单位肌内注射，以后每日两次肌内注射，待食欲、体温正常后再持续2～3d。

②特异疗法。用猪丹毒抗血清按仔猪5～10ml，青年猪30～50ml，肥育猪50～50ml皮下或静脉注射。

③土霉素疗法。按土霉素每千克体重20～40mg，四环素每千克体重10～20mg，肌内注射或静脉注射，每日2次，连用3～4d。

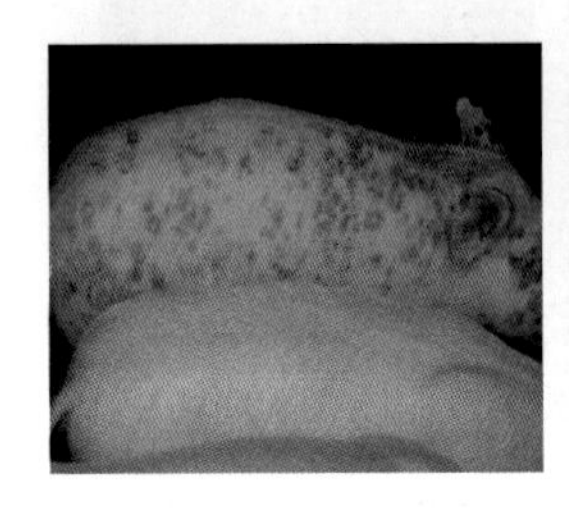

猪丹毒病猪

病变肺部

★猪友之家，网址链接：
http://www.pig66.com/2015/145_0706/16154653.html
http://www.pig66.com/2014/116_0907/16052043.html

（编撰人：莫健新，洪林君；审稿人：蔡更元）

447. 猪链球菌病如何诊断和防治?

（1）诊断方法。猪链球菌病是由不同血清群的致病性链球菌感染所引起的多种疾病的总称，可分为败血型、急性脑膜炎型、胸膜肺炎型、关节炎型、淋巴脓肿型。败血型病程为2～4d，多死亡，表现为喜卧、厌食，呼吸急促，流浆液性鼻汁，少数患猪后期在耳尖、四肢下端及腹下呈紫红色，并有出血斑点。急性脑膜炎型病程为1～2d，表现为食欲废绝、便秘、磨牙、转圈、后肢麻痹，四肢呈游泳状，最后因衰竭或麻痹而死亡。胸膜肺炎型表现为呼吸急促、咳嗽、犬坐，最后窒息死亡。关节炎型病程为2～3周，表现为关节肿痛，行走困难或卧地不起。淋巴结脓肿型病程为3～5周，表现为受害淋巴结肿胀、硬而有热痛，采食、咀嚼、吞咽困难，一般不引起死亡。

（2）防控措置。在疫区用猪链球菌病活疫苗，在发病季节1～2个月定期免疫接种，按每头1ml，皮下注射。发现本病流行应采取封锁、隔离等综合措施，病猪尸体及其排泄物作无害化处理。

（3）治疗方法。

①青霉素、链霉素。青霉素80万～160万U，链霉素1g，混合肌内注射，2次/d，连用3～5d。

②氟苯尼考注射液。按5～10mg/kg体重，肌内注射。

③复方磺胺嘧啶。按0.1g/kg体重，静脉注射，2次/d，连用3～4d。

④消毒水。淋巴结脓肿化脓后，切开脓肿部位，排出浓汁，用3%双氧水或0.1%高锰酸钾冲洗后，涂以碘酊。

⑤复方新诺明。首次量按0.14g/kg体重，2次/d，肌内注射连用1周。

⑥乙酰环丙沙星。按3～5mg/kg体重，2次/d，肌内注射，连用3d。

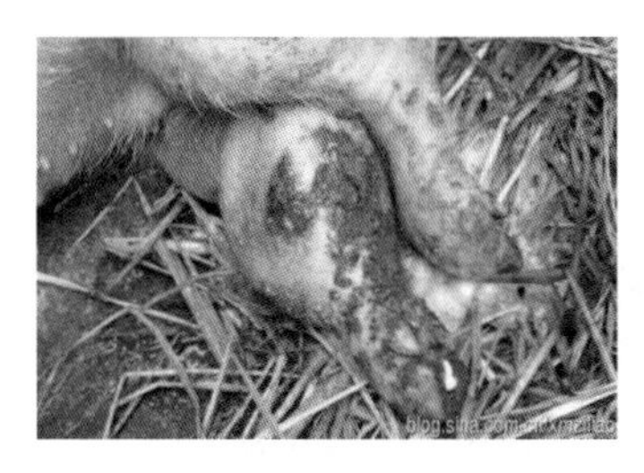

猪链球菌病病猪关节炎

病变关节

★水滴健康，网址链接：https://www.shuidichou.com/content/healthynews/0be2a361-c3cb-4447-b49c-066efc251398

★360百科，网址链接：https://baike.so.com/doc/5791450-6004242.html

（编撰人：莫健新，洪林君；审稿人：蔡更元）

448. 猪副伤寒如何诊断和防治？

（1）诊断方法。猪副伤寒是由沙门氏菌引起的热性传染病，主要表现为败血症和坏死性肠炎，有时发生脑炎、脑膜炎、卡他性或干酪性肺炎。按照病程长短可将本病分为急性、亚急性和慢性3种类型。急性型的特征是急性败血症症状，表现为精神沉郁、不停摇晃；肛门、尾巴、后腿等部位附有混有血液的黏性粪便，白猪在耳、嘴端、尾尖等处呈蓝紫色；多为2～4d死亡，不死的转为亚急性型或慢性型。亚急性型表现为间歇性发热、出现便秘后下痢、食欲不振、爱喝水，一般经7d左右因极度衰竭发肺炎而死。慢性型开始时不易观察，后表现为周期性恶性下痢，皮肤呈污红色，体温有时升高有时正常，一般数星期或死亡，不死者变成带菌僵猪。

（2）防控措施。

①加强饲养管理，保持饲料、饮水清洁，消除诱发病因。

②在常发病地区，按时对猪群进行仔猪副伤寒菌苗接种。

③可采用添加微生态制剂，如促菌生、调菌生等加以防控。

④当发生本病时，立即进行隔离、消毒；病死猪应严格执行无害化处理，以防止病菌散播。

（3）治疗方法。

①氟苯尼考注射液按0.2ml/kg体重，1次/d。

②复方痢菌净（痢菌净2%+恩诺沙星1%+抗胆碱药适量）混料喂服。

③复方磺胺间甲氧嘧啶钠注射液按0.2ml/kg体重，1次/d，首次加倍。

④氧氟沙星注射液0.4～0.5mg/kg体重，土霉素40mg/kg体重，分别肌内注射，2次/d。

⑤增效磺胺、复方磺胺对甲氧嘧啶钠或磺胺嘧啶钠4～8ml肌内注射，1次/d，连用3～5d。

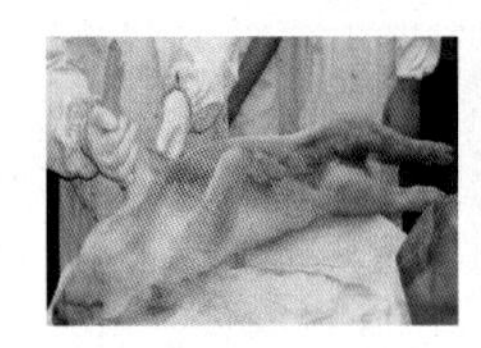

猪伤寒病病猪

病猪头部

★猪友之家，网址链接：http://www.pig66.com/2015/145_1031/16191102.html
★兽医大全，网址链接：http://bk.gdswine.com/yangzhujibingbaike/dierzhang_xijunxingchuanr/2010/0830/39351.html

（编撰人：莫健新，洪林君；审稿人：蔡更元）

449. 猪水肿病如何诊断和防治？

（1）诊断方法。猪水肿病是由病原性大肠杆菌产生的毒素引起的疾病。常见于断奶不久的仔猪，而在肥育猪及哺乳仔猪中少见。气候骤变、饲料单一容易诱发本病。临床上表现为眼睑、头部水肿，声音嘶哑。发病初期表现为兴奋、转圈、痉挛或惊厥，运动失调。后期后躯麻痹，经过1～2d死亡。

（2）防控措施。

①改善仔猪断奶前后的饲养管理，杜绝饲料单一化，补充富含无机盐类和维生素的饲料，断奶时避免突然改变饲养条件。

②在发现病猪的猪群，在饲料中添加抗菌药物。例如，土霉素、新霉素按每千克体重5～20mg添加。此外还可以添加磺胺嘧啶、大蒜等药物。大蒜的用量为

每头仔猪10g左右，连用3d。

（3）治疗方法。

①卡那霉素50万单位、5%碳酸氢钠30ml、25%葡糖糖液40ml，混合后一次静脉注射，2次/d，同时肌内注射维生素C效果更佳。

②用20%磺胺嘧啶钠5ml肌内注射，2次/d；维生素B_1 3ml肌内注射，1次/d。也可用磺胺二甲基嘧啶、链霉素、土霉素治疗。

③用氢化可的松50～100ml或维生素B_1 200ml或亚硒酸钠维生素E 1～2ml肌内注射。同时配合解毒，抗休克等综合治疗，能获得满意疗效。

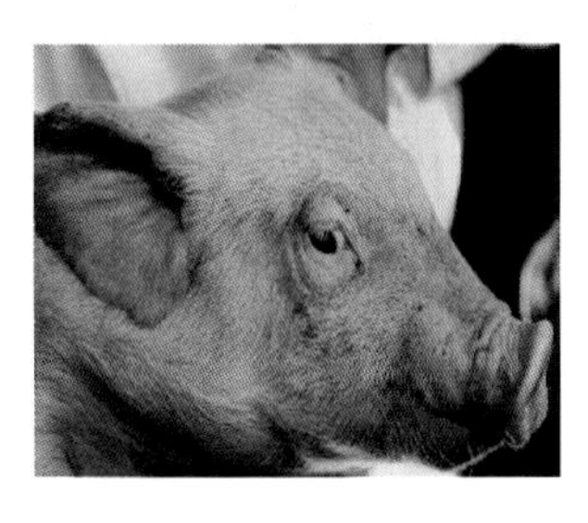

猪水肿病病猪头部

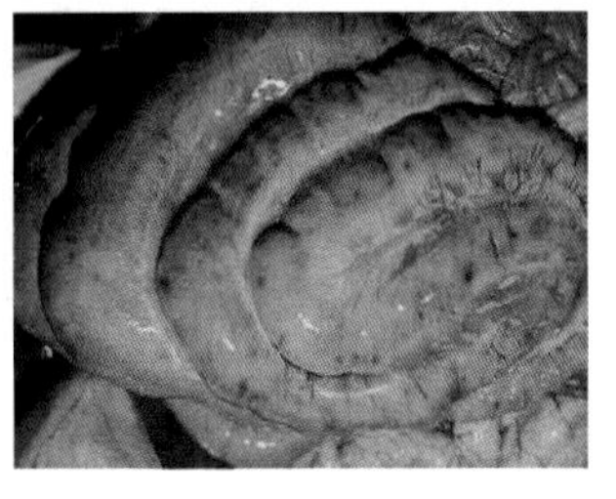

猪水肿病病猪内脏

★兽药饲料招商网，网址链接：http://www.1866.tv/news/30389
★养猪巴巴，网址链接：http://www.yz88.cn/article/36597_4.shtml

（编撰人：莫健新，洪林君；审稿人：蔡更元）

450. 猪痢疾如何诊断和防治?

（1）诊断方法。猪痢疾（血痢、黑痢、黏液出血性下痢或弧菌性痢疾）是一种肠道传染病，由猪痢疾螺旋体引起。该病常见于断奶后正在生长的育肥猪，仔猪和成猪较少发病。各种应激因素如阴雨潮湿、粪便堆积、饲料变更都会促进本病发生和流行。临床上急性病猪表现为初期排出灰黄色软便，食欲消减；持续下痢时粪便中混有黏液、血液及纤维素碎片，使粪便呈棕色或红色的油脂样或胶冻状，病猪弓背吊腹，最后衰弱而死或者转为慢性型。慢性型表现为时轻时重的黏液出血性下痢，粪便呈黑色，病猪生长发育受阻。

（2）防控措施。本病尚未研制出相应的疫苗。主要是采取综合防疫措施。禁止从疫区引进种猪，必须引种时，要严格隔离检疫1个月。在无本病的猪群一旦发生本病，最好全群淘汰，猪场彻底清洗消毒，并空圈2～3个月。

有报道，以血痢净按1g/kg饲料连喂30d，不吃料的仔猪灌服0.5%痢菌净溶液，按0.25ml/kg体重，每天1次；每周用消毒灵或者臭药水对猪舍和环境消毒1

次；每月灭鼠1次；封锁3个月，能取得良好的效果。

（3）治疗方法：

①0.5%痢菌净按2～5mg/kg体重，肌内注射，2次/d，连用2～3d，可得到近100%的治愈率。

②林可霉素按5～100mg/kg料，连续饲喂21d。

③泰乐菌素按55～66mg/kg水，连续使用3～5d。

④杆菌肽按25～100mg/kg料，连续饲喂21d。

猪痢疾病猪

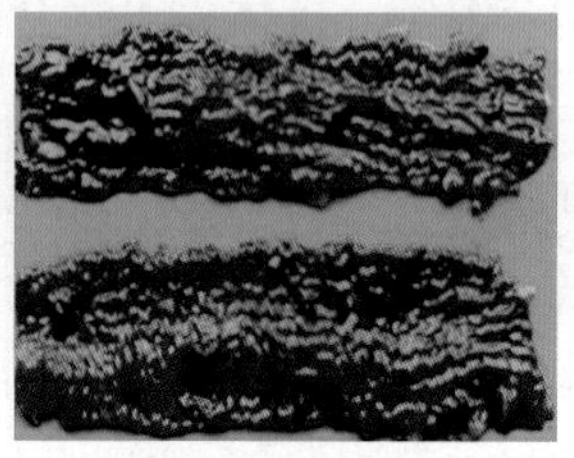

病猪肠道黏膜

★猪e网论坛，网址链接：http://bbs.zhue.com.cn/thread-57128-1-1.html

（编撰人：莫健新，洪林君；审稿人：蔡更元）

451. 猪传染性萎缩性鼻炎如何诊断和防治？

（1）诊断方法。猪传染性萎缩性鼻炎，也称为猪歪鼻子症，是支气管败血波士杆菌引起的慢性传染病，其特征是患猪发生鼻炎，鼻甲骨下陷萎缩，脸部变形，生长迟缓。不同年龄的猪对该病均有易感性，但只有几天到几周大的仔猪感染才表现出明显的鼻甲骨萎缩。饲养管理不良，猪舍潮湿，饲料缺乏蛋白质、无机盐和维生素均会促进本病发生。临床上病仔猪先表现为打喷嚏、有鼾声，鼻孔流出少量浆液性或黏脓性分泌物，不时拱地或摩擦鼻部；经常流泪，可看到明显泪斑；大多数猪出现鼻甲骨萎缩，最后导致鼻和脸部变形。

（2）防控措施。

①不从疫区引进种猪，引种时必需隔离观察1个月以上，并确保无本病后才合群饲养。

②加强猪群的饲养管理，仔猪饲料中添加矿物质和维生素，哺乳母猪与其他猪群分开饲养，断奶仔猪实行“全进全出”的饲养方式。

③本病流行严重的猪场需进行菌苗免疫接种。

（3）治疗方法。

①哺乳仔猪从2日龄开始每隔一周注射1次增效磺胺，用量为磺胺嘧啶12.5mg/kg体重，并配合甲氧苄氨嘧啶2.5mg/kg体重，连用3次。或每周肌内注射1次长效土霉素，用量为20mg/kg，连用3次。

②母猪、断奶仔猪及肥育猪按磺胺二甲嘧啶100～450g/t添加到饲料中；或磺胺二甲嘧啶100g/t+金霉素100g/t+青霉素50g/t拌料喂用；或土霉素400g/t拌料喂用，连用4～5周。亦可用泰乐菌素100g/t+磺胺嘧啶100g/t拌料喂用。

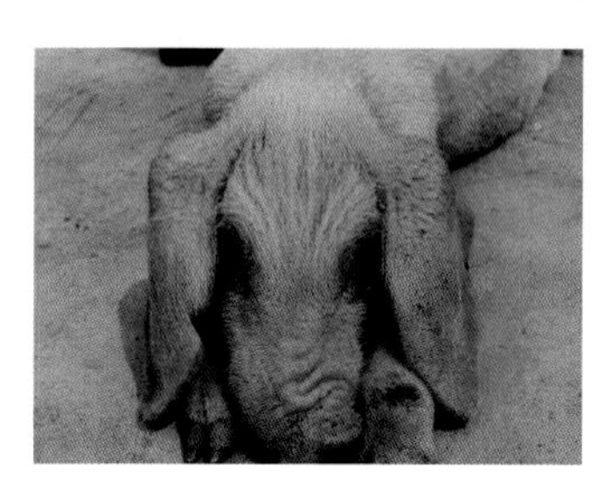

猪传染性萎缩性鼻炎病猪

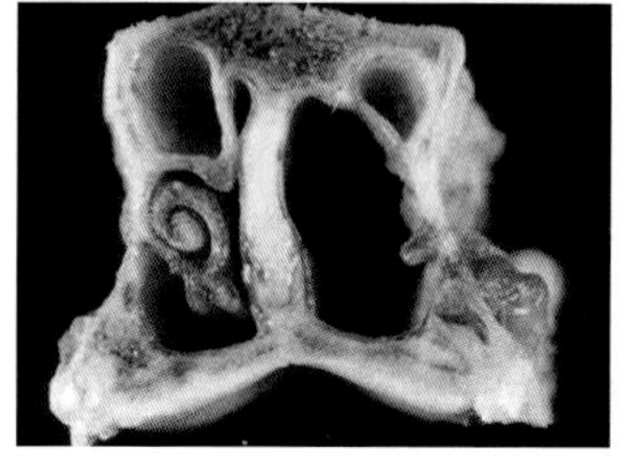

病猪鼻甲骨

★阳光畜牧网，网址链接：http://ygsite.cn/show.asp？trcms=1&id=6598&pageno=2
★今日头条，网址链接：https://www.toutiao.com/i6421001443712434689/

（编撰人：莫健新，洪林君；审稿人：蔡更元）

452. 猪布鲁氏菌病如何诊断和防治？

（1）诊断方法。布鲁氏菌病是一种慢性的人畜共患传染病，其特征是侵害生殖器官，导致母猪流产或者不孕，公猪睾丸发炎。本病多发于3～4月和7～8月，各类猪群都有易感性，母猪比公猪更易感，仔猪具有一定的抵抗力。临床上少数病猪呈典型症状，表现为流产、不孕，后肢麻痹和跛行，睾丸发炎，短暂发热或者无热。胎儿受侵害的程度存在差异，流产胎儿只有部分死亡，母猪阴道常流出黏性红色分泌物。公猪睾丸发炎时呈一侧或两侧睾丸肿胀，有热痛，病程长，后期睾丸萎缩，失去配种能力。诊断此病最为简单实用的方法是布鲁氏菌病虎红平板凝集试验。用疑病猪血清与虎红平板凝集抗原反应试验，若出现凝集现象，则可判为患病猪。

（2）防控措施。

①用虎红平板凝集试验方法对猪群进行检疫，阳性猪一律淘汰。种公猪配种前检疫1次。

②阴性猪用布鲁氏菌猪型二号冻干苗进行预防接种，每剂量200亿个活菌，

饮服2次，间隔为30～45d。免疫期为1年。

③流产胎儿及其相关附带物深埋处理，污染场所用3%～5%来苏儿消毒。

④发病率和感染率较高时最好全群淘汰，重新建立健康猪群。

（3）治疗方法。本病不存在治疗价值，病猪一般作淘汰处理，不采用治疗措施。

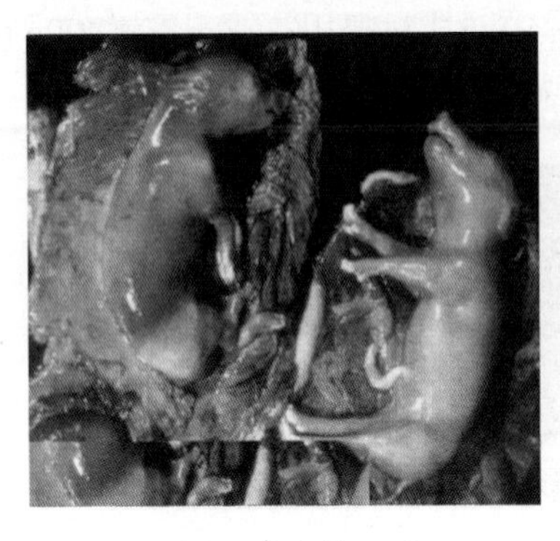

母猪子宫内的死胎

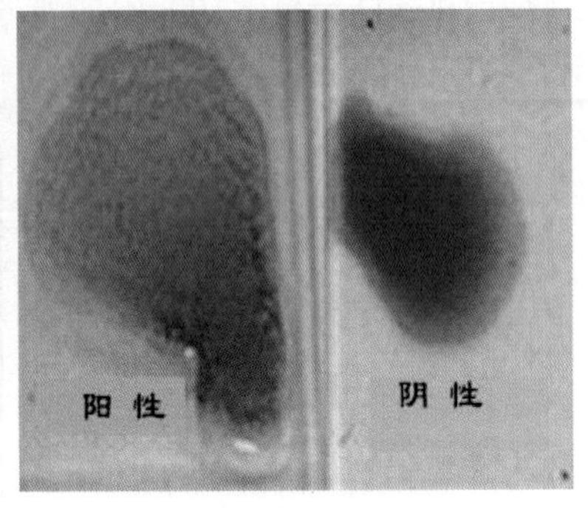

虎红平板凝集试验

★养猪网，网址链接：http://tech.gdswine.com/zhubingfangzhi/zhufanzhijibing/20110518/119088.html

★360百科，网址链接：https://baike.so.com/doc/23418-24385.html

（编撰人：莫健新，洪林君；审稿人：蔡更元）

453. 猪发生尿闭如何治疗？

猪闭尿又称无尿，是猪泌尿系统（肾脏、膀胱、尿道）发生病变或者阻塞引起的，分为真性无尿和假性无尿。真性无尿是由于肾炎、脱水、失血、心脏病导致尿液生产减少导致的，假性无尿则是由于尿道结石、膀胱括约肌痉挛、结症（结粪块压迫尿道）影响尿液排出导致的。闭尿多见于母猪产后尿道感染、母猪瘫痪和公猪去势后。猪发生闭尿的治疗方法如下。

（1）如果在右侧腹部下方触按判断无尿液，并伴有腰痛、水肿、尿液中混有血液，可按照肾炎给以治疗，用青霉素、链霉素，并配以乌洛托品5～10g内服，同时给以利尿剂，如速尿，每千克体重1～2mg，每天1～2次，肌内注射；或给以双氢克尿噻0.05～1g，内服，每日1～2次。也可用鱼腥草注射液配合地塞米松、头孢噻呋钠肌内注射，效果良好。

（2）如果诊断为膀胱或尿道炎症，用尿道消毒剂进行消毒，如乌洛托品、呋喃西林等，并且可使用抗生素及磺胺类药物，也可以使用消毒液冲洗膀胱。

（3）如果膀胱内大量积尿，并且长时间不排尿，则需要进行导尿。母猪的导尿方法为导尿管从阴道送入尿道口（阴道方向向上，尿道方向向下），再送入5～10cm，到达膀胱，尿液即可流出。尿液导出后向膀胱内灌入0.1%高锰酸钾溶液或者0.1%雷佛奴尔溶液冲洗膀胱及尿道。非真性闭尿忌用速尿等利尿剂。

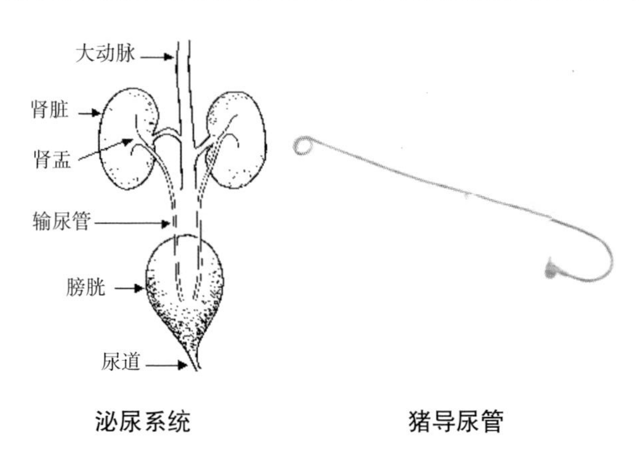

泌尿系统　　猪导尿管

★个人图书馆，网址链接：http://www.360doc.com/content/13/0426/18/803452_281123046.shtml

（编撰人：莫健新，洪林君；审稿人：蔡更元）

454. 猪弓形体病应怎样治疗?

猪弓形体病是由弓形虫所引起的一种人畜共患寄生虫病。磺胺类药物对本病有较好地疗效，抗生素药物则无效。临床确诊后，可选用下列方法之一进行治疗。

（1）增效磺胺-5-甲氧嘧啶（或磺胺-6-甲氧嘧啶）。注射液按每千克体重0.2ml（首次量加倍）剂量肌内注射，每日2次，连用3～5日。

（2）复方磺胺嘧啶钠注射液。按每千克体重70mg（首次量加倍）剂量肌内注射，每日2次，连用3～5日。

（3）磺胺-6-甲氧嘧啶针剂。按每日每千克体重60～80mg剂量一次肌内注射，每日1次，连用3日；乙胺嘧啶4片/头，维生素C 2片/头，间隔1周再用药一次；呼吸困难者每头每次肌内注射50万IU卡那霉素，每日2次，连用3日。另外用绿豆、大米共捣烂，再加食盐、葡糖糖各200g，用开水约3 000ml冲服（为10头仔猪1次用量），每日2次，连用3日。

（4）方剂。黄常山20g，槟榔12g，柴胡、桔梗、麻黄、甘草各8g（35～45kg猪用量）。先用文火煎煮黄常山、槟榔20min，然后将柴胡、桔梗、甘草加入同煎

15min，最后加入麻黄煎5min，过滤去渣，灌服。每日2剂，连用3日。

（5）在猪耳背侧中上部，用三棱针或者小宽针刺破皮肤并扩成囊状创口，取麦粒大小的蟾酥锭片卡入创口中，50kg重猪卡入2粒。

弓形体病病猪　　病变肾部

★兽药饲料招商网，网址链接：http://wenda.1866.tv/5247.html
★猪场动力网，网址链接：http://www.powerpigs.net/e/action/ShowInfo.php?classid=38&id=5408

（编撰人：莫健新，洪林君；审稿人：蔡更元）

455. 猪皮肤疥螨病应该怎样治疗?

猪疥螨病（疥癣，俗称猪癞）是疥螨在猪皮肤寄生导致的，以瘙痒、脱皮、皮肤粗糙增厚为主要症状的一种慢性皮肤病。该病主要通过病猪与健康猪直接接触或者通过被螨虫及其卵污染的圈舍、垫草和用具间接接触传染。秋天、冬天和早春以及阴雨天气时，本病蔓延最快，5月龄以下的猪最易感染。

为防止皮肤疥螨病应做好栏舍卫生，保持舍内清洁、干爽、通风，定期用药灭虫消毒；引进猪只应隔离观察，防止引进带螨病猪。

发现病猪应及时隔离治疗，并用杀螨药消毒猪舍和用具。用药局部涂抹或喷洒治疗时，为使药物充分接触虫体，宜先用水或清洁水洗刷患部、清除痂壳和污物。治疗方法如下。

（1）敌百虫。溶解在水中，配成1%～3%剂量喷洒猪体或洗擦患部。间隔10～14d再用一次，效果更好。敌百虫水溶液要现配现用，不宜久存。

（2）伊维霉素。猪每千克体重0.3mg，皮下注射或浅层肌内注射，药效可在猪体内维持20d左右。

（3）螨净。用剂量250mg/kg（25%螨净1ml，加水1 000ml）喷洒。

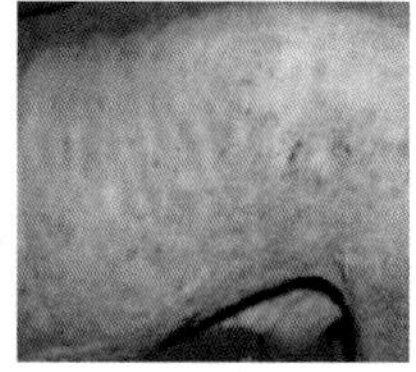

猪疥螨病症状

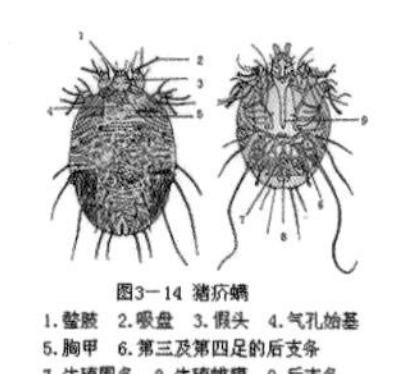

疥螨虫

★互动百科，网址链接：http://www.baike.com/wiki/%E7%8C%AA%E7%96%A5%E8%9E%A8%E7%97%85

（编撰人：莫健新，洪林君；审稿人：蔡更元）

456. 猪身上起红点（或红斑）是怎么回事，怎么防治？

猪身上起红点（或红斑）是缺锌引起的，称为锌缺乏症。表现为皮肤疹白，腹部、四肢、尾部、耳部有红点，不久小红点形成红色疹块，且呈对称性界限明显的斑疹厚痂，以后在皮肤表面逐渐覆盖一层灰白色、污秽色以及石棉状物质，局部皱褶，无痒感。

（1）主要原因。锌缺乏症是由于饲料内含锌量不足或缺乏，又得不到必要的补充，日粮内高钙低锌，致使机体营养缺乏引发的。除了出现红斑外，还表现为食欲减退，精神委顿；先便秘后拉稀，且腹泻日趋严重，粪便多为黄色糊状，混有较多的黏液。

（2）防治措施。

①合理调配日粮，保证日粮中含有足够量的锌，并适当限制钙的水平，使钙、锌的比例维持在100∶1。猪对锌的需要量平均为每千克饲料40mg，适宜补锌量为每千克饲料100mg。

②在日粮中添加硫酸锌，使每吨日粮添加200g，每天1次，连续服用10d，可有效预防锌缺乏，脱毛严重的哺乳母猪和断奶仔猪要加倍补锌。

锌缺乏症病猪

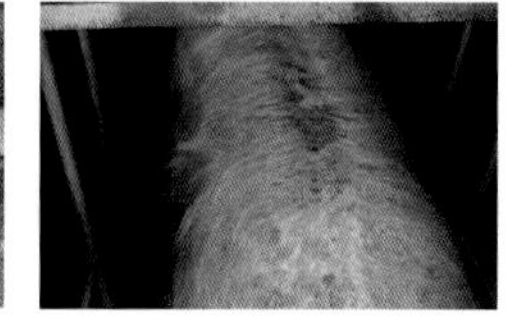

病猪背部

★互动百科，网址链接：http://www.baike.com/wiki/%E7%8C%AA%E9%94%8C%E7%BC%BA%E4%B9%8F%E7%97%87

（编撰人：莫健新，洪林君；审稿人：蔡更元）

457. 猪虱病怎样防治?

猪虱病是由猪血虱寄生引起的一种体外寄生虫病。此病一年四季都有，以寒冷季节更为严重，对仔猪的侵害大于大猪。成虫叮咬吸血刺激皮肤，引起皮肤发炎，出现小结节，猪经瘙痒和磨蹭，造成被毛脱落，皮肤损伤。大量寄生时，导致猪只疲惫消瘦。另外，猪血虱还可以传播某些传染病，如猪瘟。

为了防止猪虱病发生，应经常打扫猪栏，保证猪舍通风和充足光线，常换垫料，保持干燥清洁；猪群不能过于拥挤，定期消毒圈栏、用具等；发现病原后及时治疗；对猪群进行定期驱虫消毒。发现病猪可选用下列方法之一治疗。

（1）伊维菌素或阿维菌素，每千克体重0.3mg，皮下注射。

（2）用0.5%～1%的敌百虫水溶液喷洒猪体表1～2次。

（3）烟叶1份、水90份，熬成汁涂擦猪体，每日1次。

（4）百部30g，加水500ml煎煮半小时，取汁涂擦患部。

（5）取鲜桃叶适量，捣碎后涂擦猪体数遍。

猪虱病　　猪虱虫

★兽药直销网，网址链接：http://www.eshouyao.com/zx/26023.html

（编撰人：莫健新，洪林君；审稿人：蔡更元）

458. 导致免疫失败的原因有哪些？如何应对？

（1）免疫失败的原因。

①营养状况因素。当猪的体质虚弱、营养不良、缺乏维生素及氨基酸时，机体的免疫功能可能下降，影响抗体的产生。

②母源抗体因素。母源抗体虽然可以赋予仔猪抵抗某些疾病的能力，但同时也严重干扰疫苗免疫后机体免疫应答的产生。如果免疫时母源抗体水平过高，就会中和疫苗抗原，使机体不能产生足够的主动免疫抗体，结果引起免疫失败。

③免疫时间间隔。野毒株早期感染或强毒株感染猪只接种疫苗后需要一定时间才能产生免疫力，而这段时间恰好是一个潜在的危险期，一旦有野毒入侵或感

染强毒，就导致机体发病，造成免疫失败。

④免疫抑制性疾病。猪的免疫抑制性疾病（如圆环病毒感染、蓝耳病等）可以破坏机体的免疫细胞，引起免疫细胞的凋亡，使疫苗免疫后机体不能产生足量的抗体和细胞因子，最终造成免疫失败。

（2）免疫失败的应对措施。增强饲养管理，提高猪群健康水平和自身体质；减少环境应激，合理选用免疫增强剂；消除免疫抑制性因素的影响；适时做好抗体水平检测，制定科学合理的免疫程序；选择品质优良的疫苗。

灭菌设备（付帝生 摄）

仔猪免疫接种（付帝生 摄）

（编撰人：付帝生，洪林君；审核人：蔡更元）

459. 猪瘟如何诊断和防治？

（1）诊断。典型猪瘟的病例可根据临床症状、大体变化、流行病学等途径初步诊断。这种病主要的肉眼病理变化包括淋巴出血斑、皮肤出血斑、膀胱黏膜出血、肾脏点状出血等。对于不是典型的猪瘟，需要通过实验室诊断技术方可确诊。

（2）防治。

①进行疫苗免疫。猪场应制定合理科学的猪瘟疫苗免疫程序，同时监测疫苗免疫效果，实时调整免疫程序，特别是要确定和掌握好仔猪的首次免疫时间。

②推荐免疫程序1。初生仔猪在没有吃到初乳前进行猪瘟疫苗的免疫接种，1～2h后再进行哺乳，即超前免疫；60～65日龄再进行第二次疫苗的免疫接种；后备种猪在配种前再做第三次免疫。此程序适合于有仔猪非典型猪瘟发生的猪场。

③推荐免疫程序2。仔猪20日龄左右进行猪瘟疫苗的首次免疫接种，依据母源抗体水平确定其首次免疫的确切日龄；60～65日龄再进行第二次免疫接种；后备种猪在配种前再做第三次免疫接种。

④种猪群需要坚持每年进行2次免疫接种，必要时实施“跟胎免疫”，即给哺乳仔猪免疫的同时对母猪进行免疫接种。种公猪每年免疫2次，间隔6个月。

猪瘟临床症状（付帝生 摄）

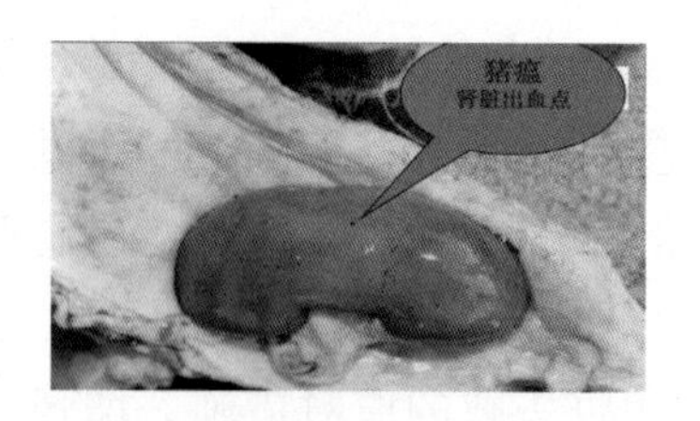

猪瘟引起的肾脏出血（付帝生 摄）

（编撰人：付帝生，洪林君；审核人：蔡更元）

460. 猪繁殖与呼吸综合征（蓝耳病）怎样诊断和防治?

（1）诊断。猪繁殖与呼吸综合征（蓝耳病）主要的临床表现为木乃伊胎、死胎、不孕等繁殖障碍以及食欲减退、精神不振、体温升高和呼吸困难等症状，因此可根据病猪的临床症状和病例剖检初步诊断为猪繁殖与呼吸综合征（蓝耳病）。然后利用直接免疫荧光技术，无菌采集病死猪的肺脏进行切片干燥固定后滴加提纯的蓝耳荧光抗体静置30min后水洗，荧光显微镜下观察结果，有荧光存在，结果为阳性，可以确诊为猪繁殖与呼吸综合征（蓝耳病）。

（2）防治。坚持自行扩繁和养殖，需要外来引种时，先熟悉引种猪场的防疫情况，引种猪只必须要隔离饲养，当检测无传染性疫病、疫苗免疫接种完毕后方可进入猪场，猪场尽量做到批次化生产、全进全出；及时隔离病猪，猪场需要建立专门化的“化尸池”，死猪及时清理；及时清除并对粪尿进行无害化处理；定期检查饲料，发现霉变饲料，及时进行更换；猪场设立专职的兽医技术人员，做好免疫接种，同时做好免疫监测工作；增强饲养管理，定期消灭老鼠、蚊蝇，给猪营造一个良好的生长环境；定期消毒，禁止无关人员出入猪场。

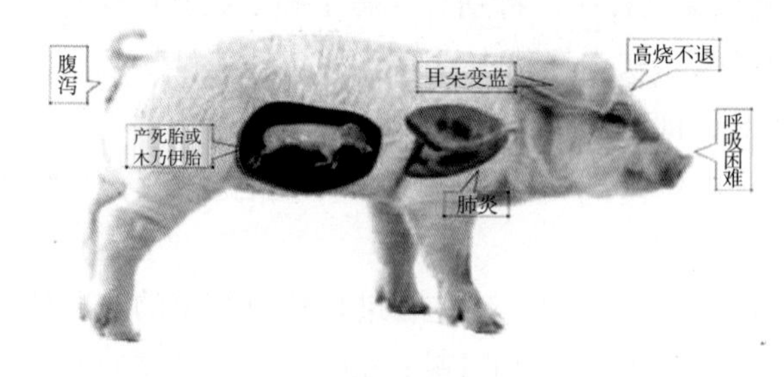

蓝耳病症状

★易邦生物网，网址链接：http://www.yebio.com.cn/marketings.aspx？btype=5&id=151

（编撰人：付帝生，洪林君；审核人：蔡更元）

461. 猪伪狂犬病如何诊断和防治?

（1）诊断。

①初步诊断。

②病毒分离鉴定。采取母猪流产的胎儿或脑炎病例的肺组织、鼻咽分泌物、扁桃体、脑病料分离病毒。对于存在潜伏感染的猪只，采集适合于病毒分离的三叉神经节。病料经处理后接种于敏感细胞，在24 ~ 72h内细胞折光性增强，聚集成葡萄串状，形成合胞体。可通过免疫过氧化物酶、免疫荧光或病毒中和试验鉴定病毒。

③PCR鉴定。利用生物学的聚合酶链反应（PCR）技术可从感染动物的分泌物、组织器官等病料中扩增出伪狂犬病毒基因，从而对患病动物进行确诊。相较于传统的病毒分离，PCR的优点是能够进行快速诊断，且敏感性很高。

④组织切片荧光抗体检测。

⑤血清学诊断。

（2）防治。伪狂犬病主要以预防为主，首先是增强饲养管理，认真细致的做好猪场的疫病防控、粪污处理、驱虫、消毒、病死猪无害化处理等工作，确保猪只所处环境适宜；其次是在配种或引进种猪时要对种猪进行严格的检查和免疫，防止猪伪狂犬病引入猪场；再次是要严格灭鼠、控制犬、猫、鸟类和其他禽类等病毒传染媒介进入猪场。

患病猪只

★360个人图书馆，网址链接：http://www.360doc.com/content/14/0118/09/7589444_346267817.shtml

（编撰人：付帝生，洪林君；审核人：蔡更元）

462. 猪口蹄疫如何诊断和防治?

（1）诊断。在分析疾病的临床诊断特点及流行病学特点的基础上，可对猪口蹄疫病情进行初步诊断。如果要准确地诊断该疾病，则可以通过下列方式来进一步确定。首先，采集需要检验的病料，采集前要清洗患病猪只的蹄部并进行彻底的消毒，选择合适的病变皮肤组织用剪刀剪下，存放于青霉素空瓶中送至检验室检验，为了确保诊断的准确性，每次病料的采集最好在3头猪以上。其次是检验病猪的病料，主要采用2种方法：一是传统方法，反向间接血凝试验法、本体结合试验法、乳鼠血清保护试验法和琼脂免疫扩散试验法；另一种是现代方法，酶联免疫吸附试验法。

（2）防治。

①接种口蹄疫疫苗。

②严格消毒。为取得更好的消毒效果，在进行猪舍消毒时需要混合使用化学消毒液、醛类及卤素类等消毒液。同时遵循先四周环境后猪舍的原则来进行全面的消毒，间隔时间为4h，至少消毒3次以上。

③迅速封锁疫区是防止疫情扩散最有效的方法，禁止疫区内猪只及产品外流，同时对出入疫区人员及车辆进行严格地控制与消毒。要密切监测控制动物疫区内家畜，对疫情进行普查与检疫。对感染病毒的动物及产品及时进行无害化处理。

口蹄疫临床症状

★搜狗网，网址链接：https://baike.sogou.com/h7695635.htm? sp=Snext&sp=l103997226

（编撰人：付帝生，洪林君；审核人：蔡更元）

463. 猪流行性腹泻如何诊断和防治?

（1）诊断。人工感染试验、免疫荧光法、酶联免疫吸附试验（ELISA）。

（2）防治。

①加强管理。日常生产中特别是冬季要加强防疫工作，防止传入猪流行性腹泻病，禁止从疫区购入仔猪，防止狗、猫等病原微生物传播媒介进入猪场；优化舍内卫生，不饲喂污染的泔水、疫区下游河水，经常清除猪舍内的粪便；定期对猪舍进行消毒，防止该病感染猪群，严格执行出入猪场的消毒制度；对仔猪需精

心护理，注意防寒保暖，垫草要干燥、干净、松软，确保舒适；定期观察猪群，发现病猪马上封锁、隔离，限制人员参观，严格消毒猪舍用具、车轮及通道。

②自繁自养。坚持自繁自养，从根本上防止该病的感染。如需要引种时，必须从无疫病的猪场引入种猪或仔猪，引种前要进行病原检测，引入后也应隔离观察2～4周，确诊无病后再混群饲养。

③免疫预防。对妊娠母猪于产前30d接种3ml，仔猪10～25kg接种1ml，25～50kg接种3ml，接种后15d可产生免疫力（免疫期母猪为一产，其他猪6个月）。猪传染性胃肠炎（TGE）与猪流行性腹泻（PED）混合感染时，可用猪传染性胃肠炎和流行性腹泻二联灭活苗。用法及用量：妊娠母猪于产前20～30d，每头后海穴接种4.0ml，25kg以下的仔猪每头1.0ml，25～50kg育成猪2.0ml，50kg以上的成年猪每头4.0ml。

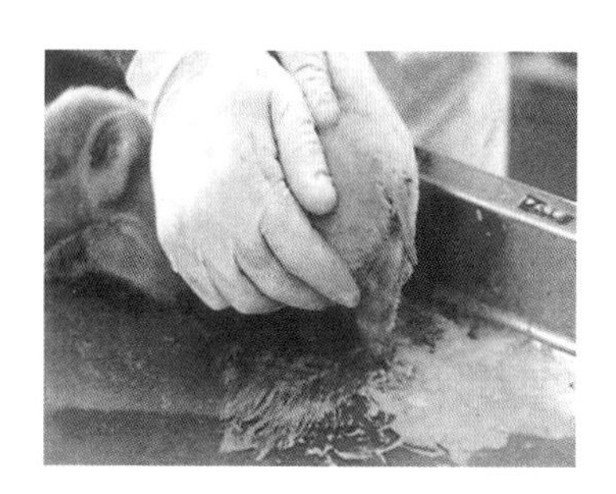

流行性腹泻临床症状

★全球品牌畜牧网，网址链接：http://www.ppxmw.com/zt95/photo/#p=7DOBC5MA00AO0001

（编撰人：付帝生，洪林君；审核人：蔡更元）

464. 猪传染性胃肠炎如何诊断和防治？

（1）诊断。临床症状诊断、免疫荧光法诊断、RT-PCR诊断法。

（2）防治。

①预防为主，做好免疫。目前我国较为常用的疫苗是猪传染性胃肠炎-猪流行性腹泻二联灭活苗，每年秋季防疫阶段对妊娠母猪进行免疫接种，接种后14d可产生免疫力，免疫期为6个月，仔猪可通过哺乳产生被动免疫，免疫期可维持到断奶后7d。该病也可以使用弱毒疫苗对母猪和仔猪进行免疫。

②严格控制生猪来源，避免外毒带入。不要从疫区购入生猪，且必须要对购进的生猪进行严格的隔离饲养，并仔细观察生猪是否有呕吐、腹泻的症状，发现疑似症状马上隔离、消毒，一般隔离期为45d。

③加强饲养管理，做好日常消毒。在秋冬季节，特别是冷暖交替季节，要特别注意猪场的保暖，夜晚要关闭门窗，防止气温骤然变化。定期对猪舍进行消毒，常用消毒剂有：1%来苏水、10%～20%新鲜石灰乳、3%福尔马林等。同时还要保持猪舍环境卫生，经常通风。

猪传染性胃肠炎消化系统病变

★养殖人社区，网址链接：http://www.syc163.com/znbbs/forum.php？extra=page=1&mod=viewthread&tid=115

（编撰人：付帝生，洪林君；审核人：蔡更元）

465. 猪轮状病毒病如何诊断和防治？

（1）诊断。轮状病毒的主要感染对象为哺乳仔猪，发病初期精神萎靡，食欲减退，呆立，不愿走动，部分仔猪哺乳后就出现呕吐症状，继而迅速发生腹泻，粪便呈黄白色、灰色或黑色，为糊状或水样稀粪，有腥臭味。根据流行特点、临床症状和病理变化可以作出初步诊断，确诊需进行实验室诊断。猪轮状病毒可采用ELISA双抗体夹心法进行诊断，可见似车轮状的病毒粒子即可确诊。

（2）防治。

①增强饲养管理，坚持自主繁育和养殖，及时清理圈舍内外粪便和异物，注意猪舍的保温和通风，保持地面干燥卫生，严格进行消毒，可使用5%～10%石灰乳、5%～10%漂白粉、2%氢氧化钠进行交替消毒。在饲料方面，要提高饲料中能量饲料的供应，选用含优质油脂的饲料。

②免疫接种。首先是常规免疫，妊娠母猪在产前3～4周接种猪传染性胃肠炎-流行性腹泻-轮状病毒三联灭活苗，2～4ml/头，使仔猪通过初乳获得母源抗体；其次，在流行季节前20～30d进行全群免疫接种，接种猪传染性胃肠炎-流行性腹泻-轮状病毒三联灭活苗，公猪和育肥猪2～4ml/头，母猪2ml/头；再次，发病时也采用猪传染性胃肠炎-流行性腹泻-轮状病毒三联灭活苗，仔猪2ml/头，育肥猪、妊娠母猪、后备母猪2～4ml/头。

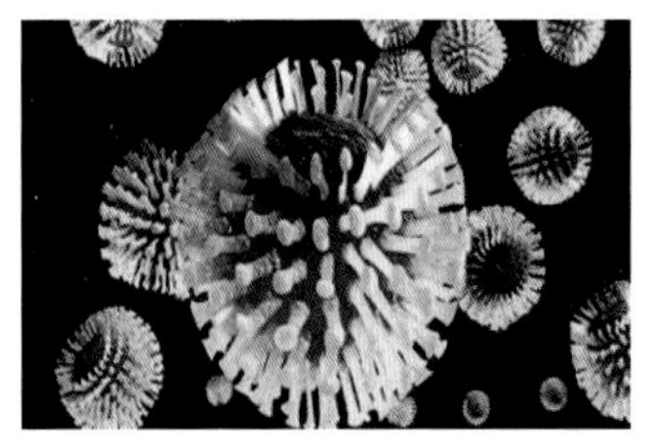

轮状病毒形态

轮状病毒病临诊表现

★江西宇欣生物科技有限，网址链接：http://www.jxyxsw.com/News/20160530151546-304.html
★猪友之家，网址链接：http://www.pig66.com/2015/145_0803/16158461.html

（编撰人：付帝生，洪林君；审核人：蔡更元）

466. 猪流行性乙型脑炎如何诊断和防治？

（1）诊断。

①可以根据临诊症状、流行病学特点、病理组织学检查进行初步诊断，如根据乙脑明显的季节性、地区性及其临床特征，又如高热和狂暴或沉郁等神经症状，以及流行期中典型的病理变化等作出诊断。

②病原分离与鉴定。病料的采集为流产胎儿的脑组织、公猪的睾丸组织进行病毒的分离培养后乳鼠（2～4日龄）脑内接种，4～14d后，出现流行性乙型脑炎的症状，发病表现为行走不稳、后肢瘫痪。也可以采用血清中和试验、补体结合试验、荧光抗体检查等病毒抗原的检测进行确诊。

（2）防治。

①猪乙型脑炎对养猪生产造成了严重的影响，特别是对猪繁殖性能的影响很严重，而临床上没有有效的治疗药物。因此，在每年的4—5月，猪场管理者应着手做好猪乙型脑炎的预防工作。

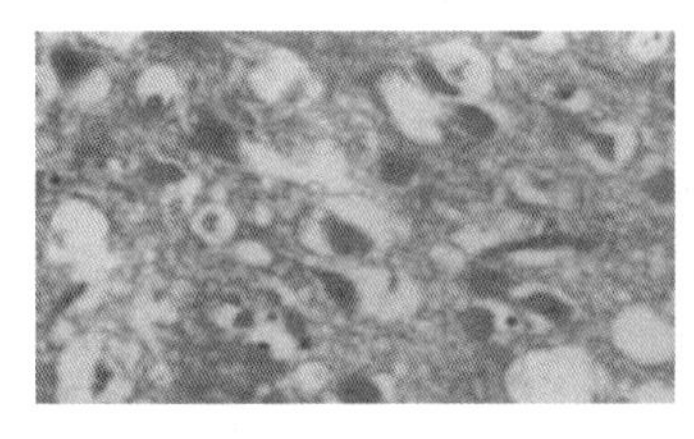

组织形态学变化

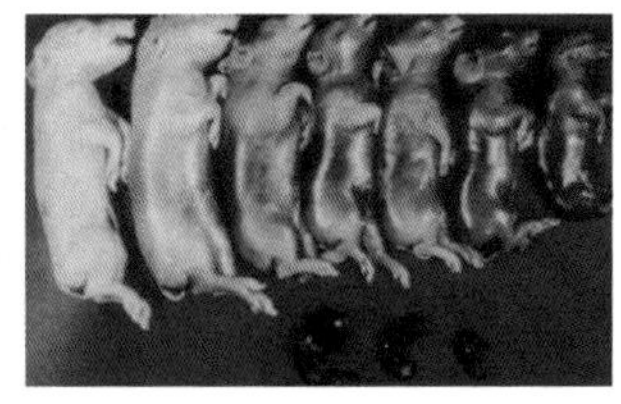

患病猪只

★派森药业网，网址链接：http://www.paison.com.cn/show-651.html
★百度图库，网址链接：http://image.baidu.com/search/index？word=%E7%8C%AA%E6%B5%81%E8%A1%8C%E6%80%A7%E4%B9%99%E5%9E%8B%E8%84%91%E7%82%8E&ct=201326592&cl=2&nc=1&lm=-1&st=-1&tn=baiduimage&istype=2&fm=index&pv=&z=0&ie=utf-8

②注射疫苗。使用猪乙型脑炎活疫苗，按瓶签注明的头份，每头份加入专用稀释液1ml，待完全溶解后，每头猪肌内注射1ml。免疫保护期为12个月。阳性猪场后备母猪、种公猪，可在配种前20～30d加强免疫1次。

③做好卫生。定期打扫养殖场内的环境卫生，每周消毒2～3次，及时喷洒“蚊蝇净”等外用杀虫药，对小角落、墙壁裂缝、顶棚空隙等处，都要喷施到位。

（编撰人：付帝生，洪林君；审核人：蔡更元）

467. 猪细小病毒病如何诊断和防治?

（1）诊断。对于猪细小病毒病的诊断，多根据临床症状结合实验室检查结果进行诊断。对病死猪的淋巴、肺、肝等进行无菌采集，并置于麦康凯琼脂平板上37℃进行培养48h，未观察到致病菌生长。将流产胎儿或死亡猪仔的脑、肺、肾等脏器经研磨、稀释、过滤后进行PK-15细胞系，经37℃二氧化碳进行培养，对病毒进行分离。通过免疫荧光计数观察胎儿组织内的病毒抗原，如发现细胞内存在亮绿色荧光，可判定有猪细小病毒抗原。

（2）防治。在引入新猪时，要避免从外地购进，特别从疫区购进，要从规模化猪场引进。引进时要进行检测，确定抗体为阴性后再引进。入场的生猪要在隔离圈内隔离观察，根据卫生监督所规定的隔离制度执行。引进公猪的精液要进行猪细小病毒抗体的检测，确定为阴性的方可使用，猪场应防止初胎的母猪被感染，当月龄为9月时母猪的抗体已基本消失不会再次感染。在养殖过程中，一旦发现死胎或木乃伊胎的母猪，要做好隔离措施，必须有专门的用具供其单独使用，并要与健康猪严格隔离。一旦确诊为感染了猪细小病毒的，要对所住的猪圈进行彻底消毒，应用乙醛消毒或应用高浓度的次氯酸钠消毒，并做好灭蚊、灭鼠工作，防止蚊虫叮咬出现疫情传播。

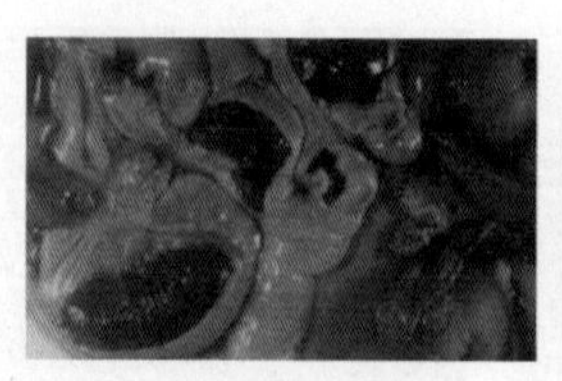

病例剖检图

患病猪只临诊表现

★畜禽疾病专业免疫程序与专家防治方案网、网址链接：http://www.syc163.com/xin/? repage=1&fn=0&action=topic&forumid=48&id=2398

★中牧股份网，网址链接：http://pham.cahic.com/suport/show.php? itemid=81

（编撰人：付帝生，洪林君；审核人：蔡更元）

468. 猪流行性感冒如何诊断和防治?

（1）诊断。猪流行性感冒的发病率高、病程短、死亡率低，通常病猪临床主要表现为呼吸困难、咳嗽、高热、鼻液较多及流泪等症状，通常情况下可根据这些症状判断是否为猪流感。需要通过实验室检测的，实验室诊断主要包括两种方法，一种是特异性抗体检测；另一种是病毒分离检测，常见的方法有免疫组织化学试验、酶联免疫吸附试验及免疫荧光染色法等。

（2）防治。要想防止流行性感冒传入猪群，就必须采取标准的生物安全措施，采取标准生物安全控制体系，这样可以防止易感猪与感染动物接触，而且还可以避免疑似流感病毒感染的人员与猪接触；可以进行疫苗接种控制流行性感冒危害严重的地区，特别是育肥猪实施免疫接种是很好的预防措施；要保证猪群圈舍内卫生，尽量保证圈舍清洁、干燥、通风良好，在冬季更要注意环境控制，对圈舍内的环境控制要处理好通风和保温的矛盾，潮湿寒冷的环境下要做好防寒保暖工作；在疫病多发季节，加强圈舍内的卫生消毒工作，消毒可以起到很好的预防效果。

猪流感临诊表现

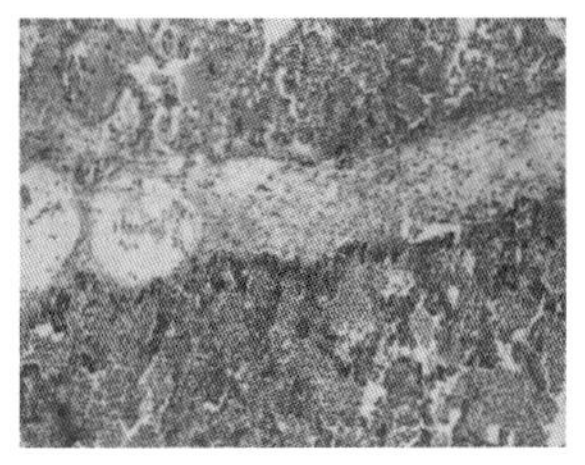
患病猪只肺部组织形态切片

★猪e网，网址链接：http://www.zhue.com.cn/plus/view.php? aid=275660
★突袭网，网址链接：http://gongmuyuan.tuxi.com.cn/viewtsg-14-0118-19-7589444_346240094.html

（编撰人：付帝生，洪林君；审核人：蔡更元）

469. 猪水泡病如何诊断和防治?

（1）诊断。该病一年四季均可发生，但在寒冷潮湿的天气发病率更高，呈地方性流行。但其流行比较缓慢，传染力度不如口蹄疫。猪是该病唯一的自然宿主，各种年龄、品种、性别的猪均易感染，其他动物均不发病；人类也有一定的感受性。患病猪蹄冠、趾间、蹄踵出现大小不等的特征性水疱，也可见于病猪的口鼻舌唇和母猪的乳头上，仔猪多出现于鼻盘。病死猪剖检见局部淋巴出血和偶见内膜有条纹状出血。

（2）防治。

①接种疫苗。接种猪水泡病BEI灭活苗，平均保护率可达96.15%，免疫期达5个月以上，这对控制疫情扩散，减少发病率起到良好效果。对于发病猪，可采用猪水疱病高免血清和康复血清进行被动免疫，剂量0.1～0.3ml/kg，保护率达90%以上，免疫期达1个月。

②严格消毒。消毒工作是切断疫病传播途径和消灭传染源的最有效措施，是杀灭或清除存活在猪场内外环境及猪体表病原体的有效办法。对猪水疱病病毒污染的场所应用0.1%～0.5%次氯酸钠等消毒药进行消毒，有良好的效果。此外，对于畜舍还可以用高锰酸钾、去垢剂的混合液消毒。

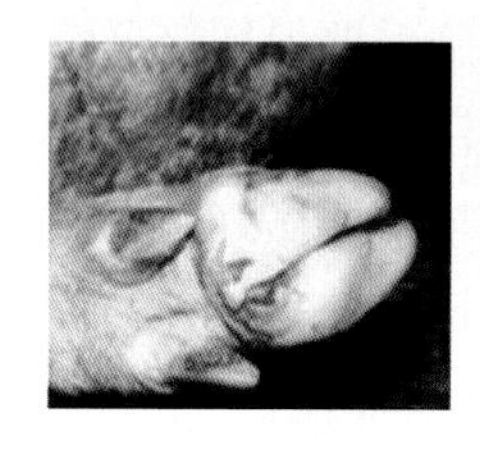
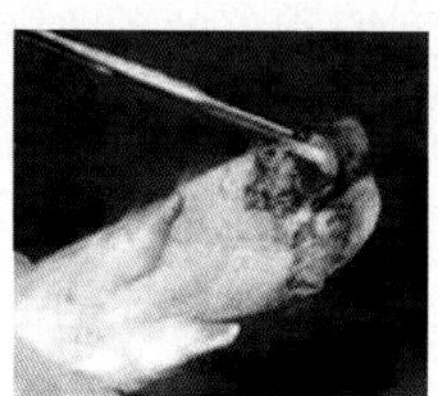
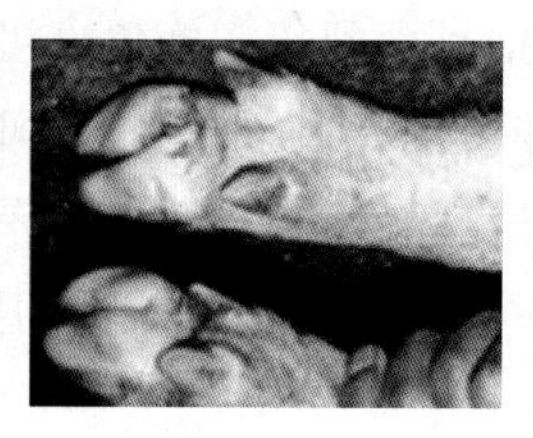
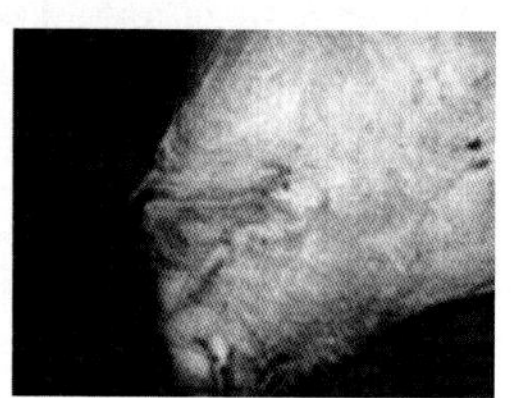

猪水泡病的临诊表现

★百度网，网址链接：http://image.baidu.com/search/index？word=%E7%8C%AA%E6%B0%B4%E6%B3%A1%E7%97%85&ct=201326592&cl=2&nc=1&lm=-1&st=-1&tn=baiduimage&istype=2&fm=index&pv=&z=0&ie=utf-8

（编撰人：付帝生，洪林君；审核人：蔡更元）

470. 群养猪胃毛球病怎么防治?

在猪病防治和屠宰检疫中，经常发现猪胃毛球病，此病使猪逐渐消瘦，甚至阻塞肠道致猪死亡。患此病的猪死后剖检或屠宰卫检时发现其胃内有一个或数个圆形或卵圆形的由猪毛绞结而成的毛球，酷似卷缩的刺猬，有鸡蛋至鹅蛋大，颜色为浅黄色。

引起猪胃毛球病的原因可能有饲养密度过大，猪互相挤蹭导致被毛脱落；饲粮营养不全，导致猪脱毛；猪患皮肤病、外寄生虫病引起掉毛；猪因恶癖互相舐食和啃咬被毛。患胃毛球病的猪初期不易被发现，随病情加重，采食量逐渐减少，喜卧，排较硬的球状粪便，表面附有黏液和少量猪毛，个别伴有呕吐，腹侧壁（胃部）往往有摩擦掉毛现象，以后逐渐消瘦，腹围卷缩，有时因毛球阻塞幽门而死。

防治此病主要靠预防，猪只应合理分圈饲养，日粮保证营养全价，及时防治体外寄生虫病，每日清扫圈舍2次保持卫生。

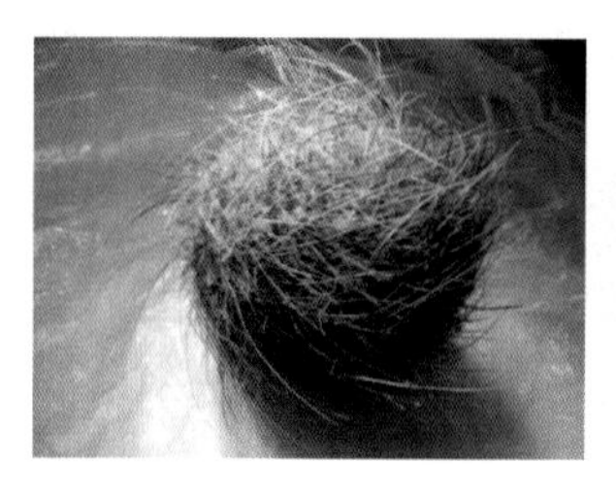

猪胃中的毛球

商品猪群（付帝生 摄）

★搜狐网，网址链接：http://m.sohu.com/n/393872979/

（编撰人：付帝生，洪林君；审核人：蔡更元）

471. 猪霉菌中毒如何防治？

霉菌是一种自然界普遍存在的真核生物。各种各样的霉菌孢子在适当的温度和湿度下大量的生长和繁殖，导致毒素产生，这些毒素都是剧毒，当猪感染霉菌毒素中毒，会使猪只生长发育迟缓、育种繁殖障碍，抗病能力下降，引发各种疾病的发生，甚至死亡。防治猪霉菌中毒应做好以下几方面的工作。

（1）病猪发生急性中毒。①催吐，注射0.5mg/kg藜芦碱，即刻有效。②洗胃，通过胃导管灌入适量的0.01%高锰酸钾溶液进入胃内洗胃。③解毒，5ml/kg 10%葡萄糖注射液，0.24mg/kg地塞米松注射液和10mg/kg维生素C注射液混合溶液，静脉注射，每天1次，连续使用34d。

（2）病猪发生慢性中毒。立即停止喂发霉的饲料，改用新鲜饲料，增加新鲜和营养高的饲料，在饲料中添加一定量的霉菌吸附剂，通过添加适量的葡萄糖水，多维电解质，促进体内残留毒素尽快排出体外，连续使用约10d。

（3）防止发霉饲料作为原料，确保存储环境干燥，通风良好，温度控制在24℃，湿度控制在80%以下，只要发现饲料霉菌将立即停止喂食，及时采取有效措施来处理。饲喂必须严格控制饲喂量，以防止食槽中过量的饲料被残留霉菌侵入，如果条件允许食槽每天1次清洁。

（4）目前，在饲料中添加霉菌抑制剂是避免霉菌毒素中毒最常见的方法之一。有多种脱霉剂可用于饲料中，选择时要遵守“只吸附毒素，不吸附饲料营养物质”的原则。

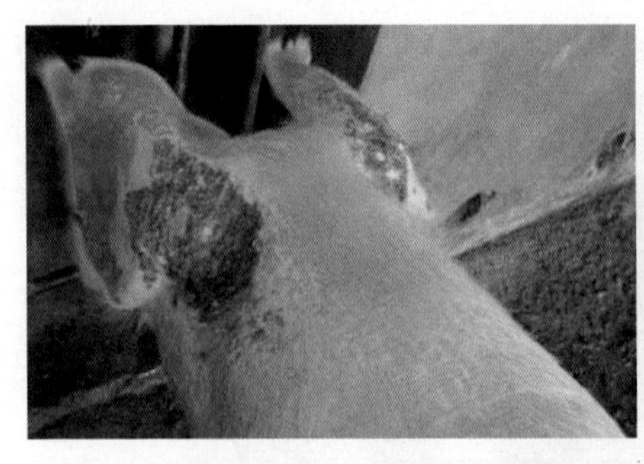
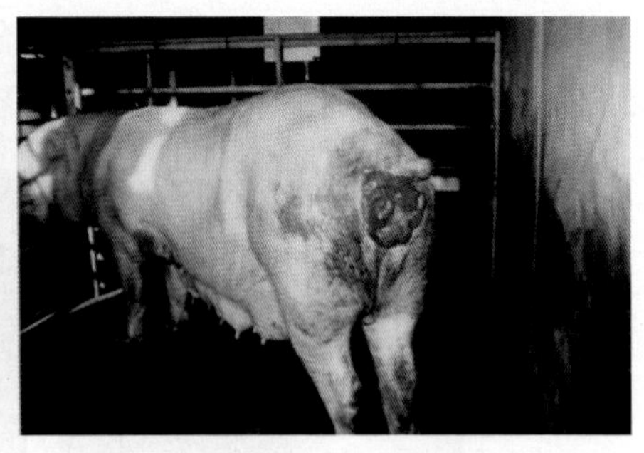

猪霉菌中毒的症状

★新疆兴农网，网址链接：http://www.xjxnw.gov.cn/c/2017-05-04/118 5911.shtml

（编撰人：赵成成，洪林君；审核人：蔡更元）

472. 猪发生外伤怎样处理?

由于各种原因，猪外伤可分为封闭创伤和开放性创伤。如果对猪造成的伤害，皮肤仍然完好，被称为封闭创伤。如果刺伤、割伤等是由锋利的器械（如剪子、刀等）造成的，称为开放性创伤。在防治措施上应做好以下几项工作。

（1）如果猪体内有出血，必须先止血，可以压迫血管或使用止血钳和其他止血工具止血，再用红色药水或紫药水。

（2）如果外伤，除压迫、夹紧、结扎等方法外，也可应用止血剂，或直接应用5%碘酊或者鱼石脂药膏。

（3）如果伤口太大，就需要缝线，但伤口下面必须留下一个小洞来排出液体。深层伤口，必须将纱布浸泡0.1%的雷夫奴尔溶液后，再塞进伤口引流，直到伤口没有炎症渗出，肉芽增生良好。

（4）肉芽的处理。应保护肉芽组织，避免使用酊剂和大量的液体冲洗。

（5）化脓性创伤的治疗。应完全排除脓液、凝血和坏死组织，可用0.2%的高锰酸钾溶液，0.1%的新洁尔灭溶液或5%的氯化钠溶液冲洗，如深度创面，可采用0.2%利凡诺纱布引流，以消除脓汁。

（6）有组织溃烂或坏死。在棕色或发臭的脓液中，发热情况下，应彻底清创，清除坏死组织，排除脓液，用0.2%的高锰酸钾溶液或利凡诺溶液冲洗，用纱布擦拭伤口。全身使用抗菌消炎药，可选用青霉素每千克重1万～150万U肌内注射，链霉素每千克0.01g，蒸馏水稀释肌内注射，一天2次。

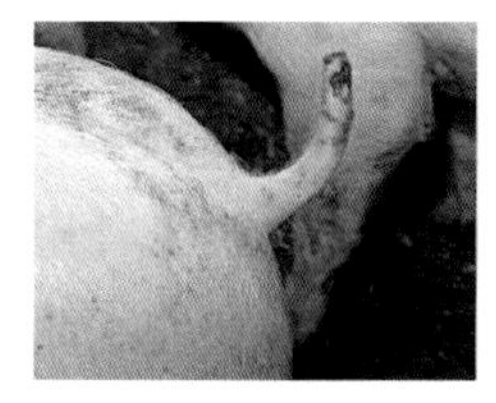
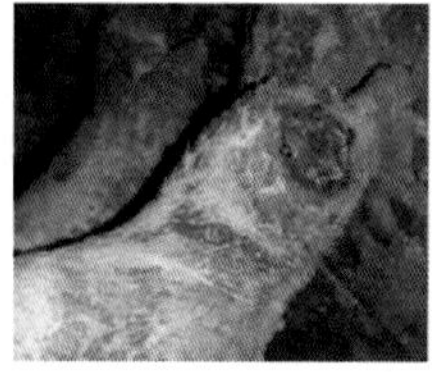

猪尾伤　　　　猪蹄伤

★猪友之家，网址链接：http://www.pig66.com/2014/116_051 7/15950553.html

（编撰人：赵成成，洪林君；审核人：蔡更元）

473. 猪脓肿怎样处理和预防？

猪脓肿是指由感染的病原体引起的一种疾病，其特征是由组织或器官形成的局部脓肿，有脓汁潴留的局限性。在防治措施上应做好以下几项工作。

（1）1%的鱼石脂药膏涂抹患者部，一天一次，2～3d。

（2）对于脓肿膜完整的小脓肿，可进行手术摘除。但要小心不要刺破脓肿膜，以防止新鲜的手术伤口被脓液污染。

（3）成熟脓肿可切开排脓，切开后的脓肿创口可按化脓创处理。

（4）全身抗感染治疗。

①鲜天地、天花粉20g、金银花、常青叶、千里光、野菊花各50g、蒲公英40g、煎水口服。

②表面脓肿成熟后，可以用刀切，取出脓液，用土黄连、五爪龙、桉树叶、千里光适量，煎水冲洗患部。

③初始表面脓肿可以是10%的鱼石脂软膏或5%的碘酊涂抹，抗炎消肿，后者已形成的脓肿，应在脓肿成熟后切除。用3%的过氧化氢或0.1%高锰酸钾冲洗干净，然后使用消炎药，可服用磺胺类药物。

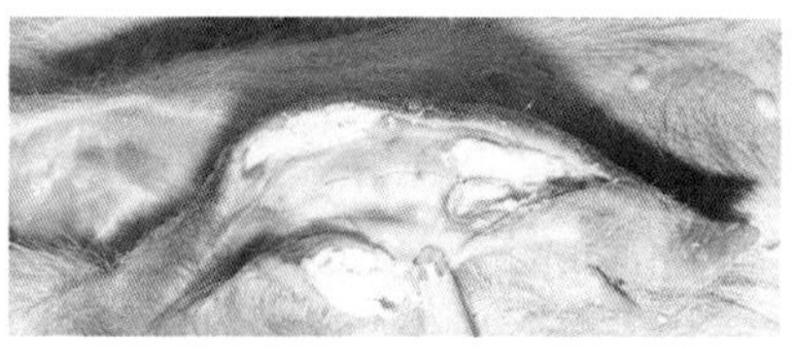

猪鼻脓肿　　　　猪腹部脓肿

★生猪预警，网址链接：http://www.soozhu.com/c/yzsc/? PageNo=4 85&ListCountPerPage=20 &ShowPageCount=10&ListTotalCount=9822

（编撰人：赵成成，洪林君；审核人：蔡更元）

474. 风湿症怎样诊治?

猪风湿病，也叫做关节痛，猪的背、腰、四肢肌肉和关节等为主要侵害部位，但也对蹄真皮和心脏有侵害，以及其他组织和器官经常反复发作的急性或慢性非化脓性炎症，是过敏的病理过程。猪风湿症在防治措施上应做好以下几项工作。

（1）治疗。风湿病的治疗原则是消除病原，加强护理，祛风除湿，解热镇痛，消炎。

①解热、镇痛、抗风湿，可用1%水杨酸钠注射液50ml，每日1次，5～7d，或用康宁注射液、乌恩注射液。也可口服含水杨酸钠5～10g或口服阿司匹林3～10g，或口服苯基丁酮、安乃近、布洛芬、抗炎痛、消炎净等，有很好的作用。糖皮质激素如醋酸可的松注射液、氢化可的松注射液、地塞米松、强的松龙、强的松、泼尼松等，可改善风湿病的症状，但易复发。

②局部治疗可采用热疗、电疗和针灸治疗。局部刺激剂可以用来擦樟脑酒、水杨酸甲酯软膏。热敷可以用酒精或白酒加热（40℃左右），或者用麸皮和醋4∶3的比例混合炒的药包进行局部的加热。针灸可根据白针、水针、火针、电针等情况，每天一次或每隔一天一次，每疗程4～6次。有条件的可以使用电疗和光谱治疗仪。

（2）猪风湿病预防。冬天注意防寒保暖，避免感冒，猪舍要保持干燥、通风和充足的阳光。

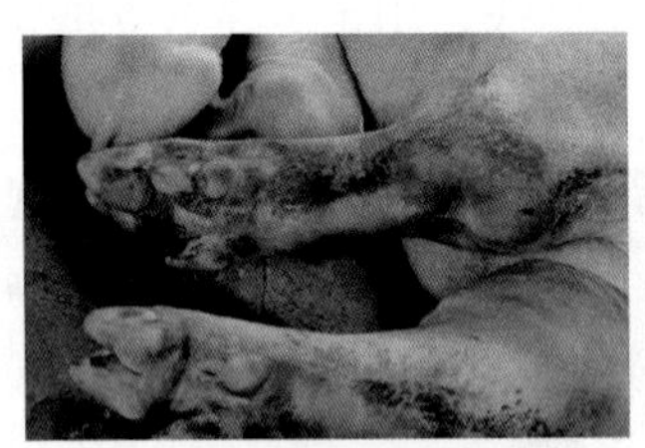

猪后腿风湿症　　猪前腿风湿症

★第一农经养猪，网址链接：http://www.1nongjing.com/a/20170 9/201918.html

（编撰人：赵成成，洪林君；审核人：蔡更元）

475. 猪直肠和阴道脱垂如何处理和预防?

母猪的发病症状是背毛粗大、无序，精神抑郁，喜欢卧躺，靠近肛门和尾部有黏糊糊的稀粪。阴道脱垂，球形，直径约10cm，阴道脱垂部分黏膜溃疡，阴道壁轻度水肿，黏膜呈红色。直肠脱垂在肛门外面约3cm，呈圆柱形，粉红色。

（1）猪直肠和阴道脱垂的治疗。

①保定。把母猪倒挂在地上。

②麻醉。2%普鲁卡因5ml用于麻醉，推荐尾部。

③清洁和消毒。用1‰高锰酸钾溶液冲洗患处，清洗时取出坏死的阴道黏膜。同时在患处喷洒80万U青霉素粉，再涂少量油。

④恢复。阴道脱垂慢慢进入外阴，然后缝合修补。直肠脱垂如上治疗，恢复后可热敷。

⑤修复完毕，肌内注射青霉素160万U，链霉素100万U。

（2）猪直肠和阴道脱垂的护理。

①注意清洁圈舍，增加垫草，饲料营养丰富，易于消化饲料，适当增加运动。

②为防止二次感染，肌内注射青霉素240万U，链霉素200万U，2次/d，持续3d。同时可以添加中药：40g黄芪，白术15g，橘皮15g，升麻20g，柴胡15g，党参40g，当归40g，甘草10g，熟地30g，白药15g，涪陵15g，煎汁喂服，三剂一疗程。

治疗后猪体虚弱，食欲差的母猪应该开胃健食，可以用白术10g，茯苓6g，熟地15g，白芍10g，当归20g，六曲15g，麦芽15g，山楂15g，黄芪10g，升麻10g，甘草10g，煎汁喂服，两剂一疗程。

（3）猪直肠和阴道脱垂的预防。加强饲养管理，喂给营养丰富易消化的饲料，日粮中要含有足够的蛋白质、无机盐及维生素，防止便秘；不要喂食过饱，以减轻腹压。让母猪适当地运动，增强肌肉的收缩力。

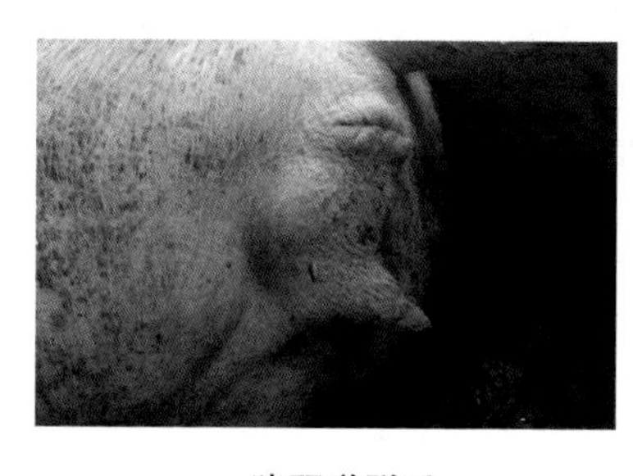

猪阴道脱垂

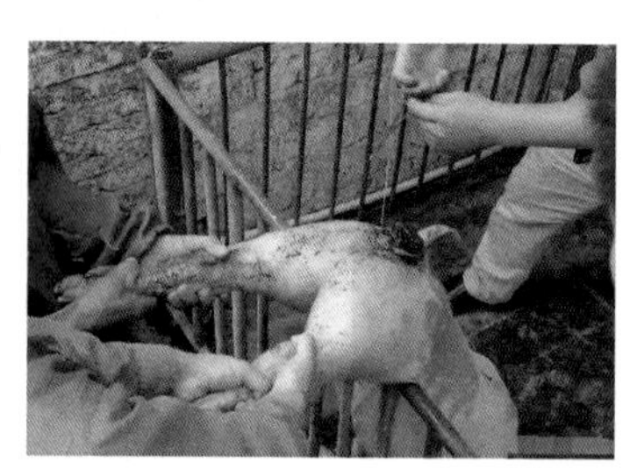

猪直肠脱垂治疗

★猪e网论坛，网址链接：http://bbs.zhue.com.cn/article-482579-1.html

（编撰人：赵成成，洪林君；审核人：蔡更元）

476. 猪疝气如何处理和预防?

猪疝气，包括阴囊疝，脐疝和腹壁疝，其特点是肠道突破皮肤。猪疝气可能是先天性和后天的外伤性原因，通常是先天性的，主要是先天性脐孔或腹股沟孔闭锁，小肠或腹股沟渗漏到腹膜和皮肤之间形成疝囊。如果它发生在脐带成为脐疝，发生在阴囊，称为阴囊疝，在腹股沟，称为腹股沟疝，手术治疗为主，具体如下。

（1）术前应禁食、清洁、消毒。

（2）脐疝。手术部位在肚脐，仰卧保定，公猪应该避开阴茎，剃须消毒，用0.5‰利多卡因浸润麻醉，无菌纱布覆盖，手术刀割开皮肤肌肉和腹膜，暴露肠道用庆大霉素清洗肠道，肠道和腹膜粘连等应该被完全剥离分开。完全隔离肌肉和腹膜，清除多余的腹膜、肌肉和皮肤。结节缝合到腹膜，在疝洞上做新的创口，缝合疝洞，并关闭腹腔。肌肉和皮肤结节缝合，涂抹5%的碘酊。

（3）阴囊疝和腹股沟疝。手术部位位于腹股沟附近，倒提猪进行保定，手术部位面对兽医，手术的消毒、麻醉与切开脐疝相同。如果公猪应该抓住总鞘膜与睾丸一起拧转将肠放回腹腔，切除总鞘膜和睾丸，缝合腹股沟孔，然后缝合肌肉和皮肤；如果母猪感染腹膜或肠道，与公猪相同，手术完成后外敷5%碘酊。

（4）手术后控制饮食，防止暴饮暴食。为了预防感染，注射青霉素等抗生素3d，并保持圈舍卫生。

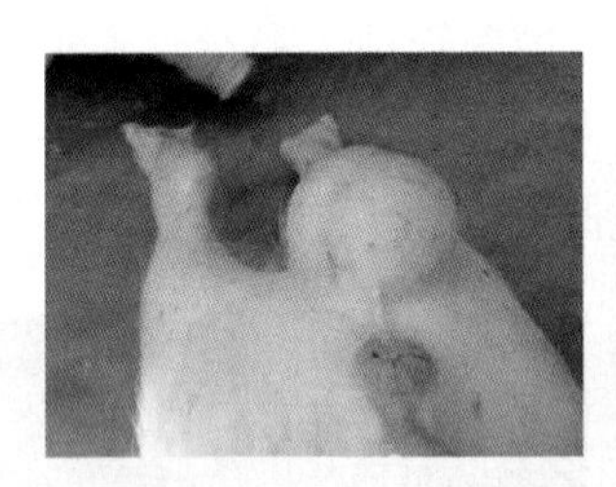
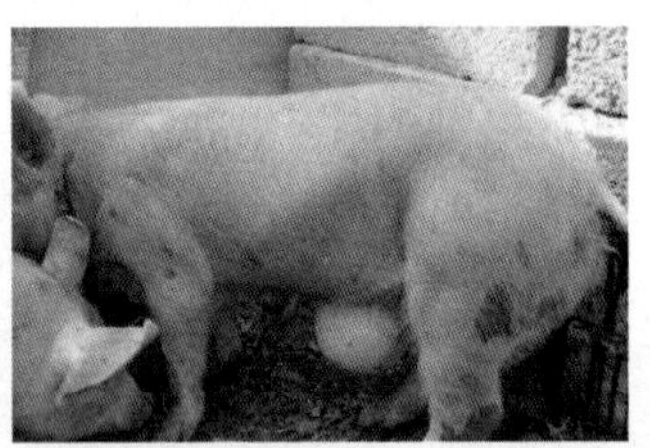

猪疝气症状

★猪e网，网址链接：http://sy.zhue.com.cn/jishujiaoliu/2 01610/270942.html

（编撰人：赵成成，洪林君；审核人：蔡更元）

477. 常用驱除寄生虫的药物有哪些？如何使用？

寄生虫病为规模猪场的常见疾病，为此大多数猪场蒙受了巨大的损失，是影响猪场效益的重要因素之一。但是大多数的寄生虫病前期病症不明显，很难发现，所以我们需要做好寄生虫的预防工作，例如，根据猪场所处地区和经常会出现的寄生虫病，定期在饲喂中加入抗寄生虫药物。

主要的抗寄生虫药物有多拉菌素、芬苯达唑、伊维菌素、哌嗪、酒石酸噻吩嘧啶。使用方式如下。

（1）多拉菌素。新型大环内酯类抗寄生虫药物，对线虫、昆虫和螨均具有高效驱杀作用。300μg/kg体重，肌内注射。

（2）芬苯达唑。对猪蛔虫、红色猪圆线虫、食道口线虫的成虫及幼虫，其驱虫效果较为显著。按3mg/kg连用3日，对冠尾线虫亦有显著杀灭作用。9mg/kg体重，3～12d，经饲料给药。

（3）伊维菌素。为广谱、高效、低毒的抗生素类药物，作为抗寄生虫药物对体内外寄生虫特别是线虫和节肢动物均有良好驱杀作用，经饲料给药。

（4）哌嗪。275～440mg/kg体重，经饲料或饮水给药。

（5）酒石酸噻吩嘧啶。22mg/kg体重，经饲料给药。

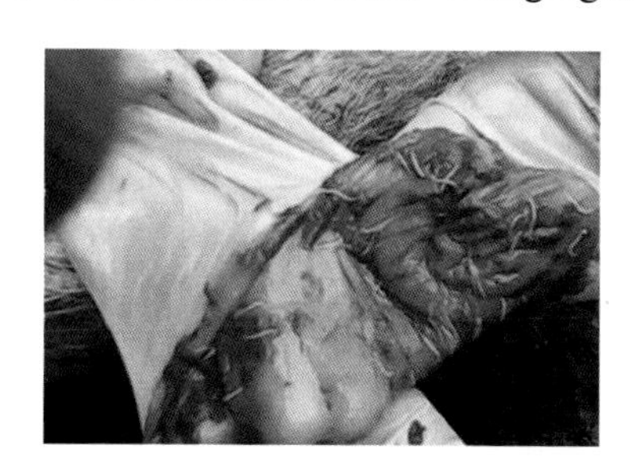

病猪受蛔虫感染的内脏

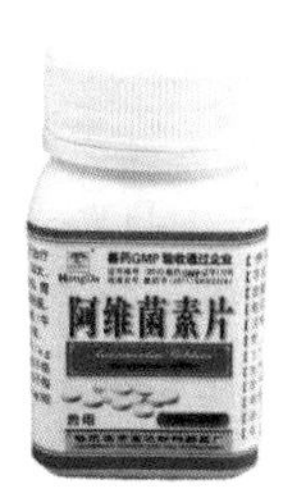

兽用抗寄生虫药物——阿维菌素片

★中国畜牧网，网址链接：http://js.zhue.com.cn/a/201508/17-178127.html
★百度百科，网址链接：http://qfblc.com/goods.php? id=245

（编撰人：陈永岗，洪林君；审核人：蔡更元）

478. 抗菌药物主要作用机制有哪些？

抗菌药物作用主要是通过干扰病原微生物的生理生化代谢过程产生抗菌作用。

（1）抑制细菌细胞壁合成。青霉素与头孢菌素类均能抑制胞壁黏肽合成酶（包括转肽酶、羧肽酶、内肽酶），从而阻碍细胞壁肽聚糖的合成，使细胞壁缺损，菌体破裂死亡。

（2）抑制细胞膜功能。通过抑制细胞膜功能发挥抗菌作用的抗生素，主要包括两性霉素，多黏菌素和制霉菌素等。这类抗生素使细胞膜的完整性遭到破坏，大分子和离子从细胞内向细胞外泄漏，细胞受到损伤而导致细菌死亡。

（3）抑制或干扰细菌细胞蛋白质合成。抑制蛋白质合成的抗生素主要有氨基糖苷类、四环素类、大环内酯类和氯霉素类等。这类抗生素各自结合到细菌核糖体70S的30S亚基或50S亚基上，阻断肽链形成复合物的始动、错读或干扰新的氨基酸结合到新的肽链上等，作用于蛋白质生物合成环节的某一部位，产生抑菌甚至杀菌的作用。

（4）抑制核酸合成的抗菌药物。主要有喹诺酮类、磺胺类及其增效剂等。喹诺酮类抗菌药物是有效的核酸合成抑制剂，其抑制DNA螺旋酶（拓扑异构酶Ⅱ），阻碍DNA生物合成，从而导致细菌死亡；磺胺类药物为对氨基苯甲酸（PABA）的类似物，可与其竞争二氢叶酸合成酶，阻碍叶酸的合成；磺胺增效剂三甲氧苄氨嘧啶抑制细菌的二氢叶酸还原酶，阻止四氢叶酸的合成，两者合用，依次抑制二氢叶酸合成酶和还原酶，起到双重阻断，抗菌作用增强。

（编撰人：孔令旋，洪林君；审核人：蔡更元）

479. 生产中怎么使用青霉素类抗生素?

（1）注射用青霉素钠（钾）主要适用于治疗或预防敏感菌所致的各种局部和全身性的感染。肌注，一次量，体重50kg以上，每千克体重4万U；体重50kg以下，每千克体重5万U，每8～12h注射一次，连用2～3日。临用前用灭菌注射用水稀释溶解，具体方法是：每50万U青霉素钠溶解于1ml注射用水。对危急病例，可用生理盐水稀释至每毫升含1万U的溶液静脉注射或滴注（禁用5%葡萄糖注射液稀释），严禁将碱性药液（如碳酸氢钠等）与其配伍。

（2）注射用氨苄西林钠（氨苄青霉素、氨苄西林）用于如大肠杆菌、沙门菌、巴氏杆菌、嗜血杆菌属、葡萄球菌、链球菌、脑膜炎球菌、化脓性隐秘杆菌等引起的肺部、肠道、尿路感染和败血症、乳腺炎、子宫炎、猪传染性胸膜炎、副猪嗜血杆菌病等。肌注、静注，一次量，每千克体重10～20mg，2～3次/d，连用2～3d。

（3）注射用舒巴坦纳—氨苄西林钠（1∶2），同注射用氨苄西林钠，主要用于敏感菌引起的肺部、肠道、尿路感染和败血症。肌注，一次量，每千克体重10mg，2次/d，连用3～5d。

（4）阿莫西林可溶性粉（羟氨苄青霉素）适用于G^+菌和G^-敏感菌所致的呼吸系统、泌尿系统、皮肤及软组织等全身感染。以阿莫西林计。内服，一次量，每千克体重10mg，2次/d，连用5d。猪混饲，每吨饲料200～300g，连续用药5～10d。

（5）注射用阿莫西林钠（羟氨苄青霉素）适用于对青霉素敏感的G^+菌和G^-敏感菌所致的呼吸道、消化道、泌尿生殖道等感染。肌注，一次量，每千克体重10～15mg，2次/d，连用3～5d。严禁与磺胺类药物配伍。

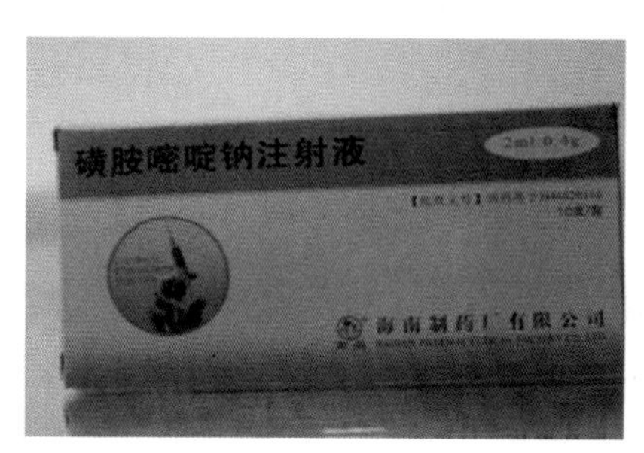

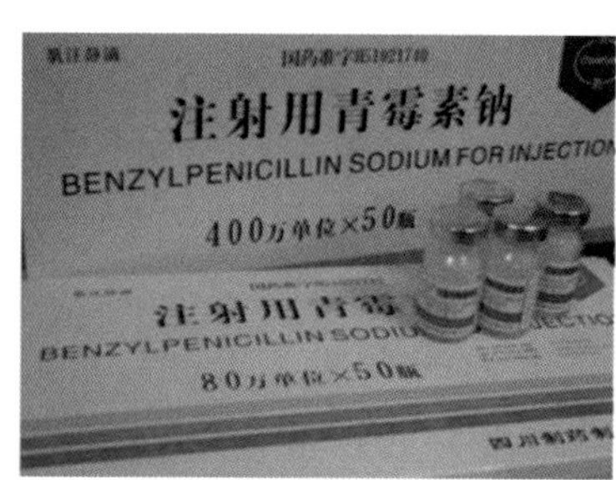

青霉素类抗生素（温氏猪场拍摄）

（编撰人：孔令旋，洪林君；审核人：蔡更元）

480. 生产中怎么使用头孢菌素抗生素？

（1）注射用头孢噻呋主要用于G^+和G^-菌感染。肌注，一次量，每千克体重3～5mg，1次/d，连用3～5d。

（2）5%盐酸头孢噻呋混悬注射液主要用于猪呼吸道、消化系统和泌尿生殖系统细菌性感染。以头孢噻呋计。肌注，一次量，每千克体重3～5mg，1次/d，连用3d。

（3）注射用头孢噻呋钠主要用于猪各种敏感菌引起的全身感染，呼吸道、消化道、泌尿生殖道及皮肤、软组织感染，对肺部感染疗效确切，亦可用于治疗乳房炎和子宫炎。肌注，一次量，每千克体重10～20mg，1次/d（重症病例追加一次），连用3～5d。

（4）头孢噻呋晶体注射液。

①治疗。由链球菌、胸膜肺炎放线杆菌、副猪嗜血杆菌、巴氏杆菌等引起的疾病，每20kg体重肌内注射1ml。

②保健：仔猪出生后7～10d，肌注0.2ml；仔猪断奶时注射0.3ml；断奶后视情况，按照每20kg体重肌注1ml，进行群体保健或个体治疗。

（5）头孢喹诺混悬注射液对各种G^+菌、G^-菌与链球菌、葡萄球菌、巴氏杆菌、副猪嗜血杆菌、胸膜肺炎放线杆菌、沙门菌、大肠杆菌等细菌性疾病有效。肌注，猪每千克体重0.1ml，1次/d，连用3d。

（6）注射用硫酸头孢喹肟对大多数G^+菌和G^-菌，包括耐氨基糖苷类和耐第三代头孢菌素的菌株均有效。临用前，将本品用无菌注射用水或生理盐水稀释，现配现用。摇匀后肌注或静注。以头孢喹肟计，每千克体重5～10mg，1次/d（重症病例追加一次），连用3d。

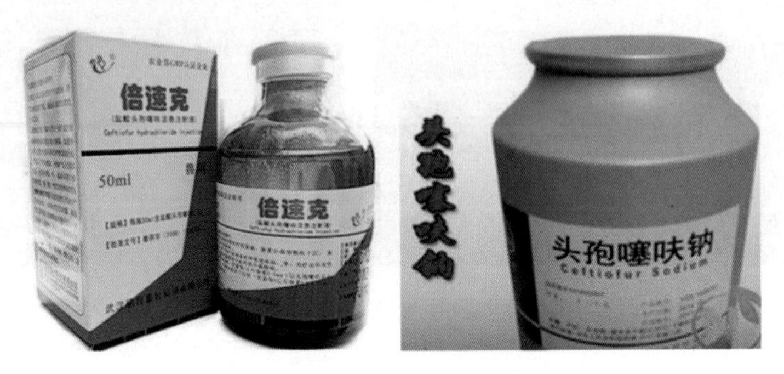

头孢菌素类抗生素（温氏猪场拍摄）

（编撰人：孔令旋，洪林君；审核人：蔡更元）

481. 生产中怎么使用大环内酯类抗生素?

（1）红霉素。注射用乳糖酸红霉素，静注，一次量，每千克体重2～5mg，2次/d，连用2～3d，不宜肌注。硫氰酸红霉素（高力米先），肌注，一次量，每千克体重2mg，2次/d，连用3～4d。

（2）吉他霉素（北里霉素、柱晶白霉素）。内服，一次量，每千克体重20～30mg，2次/d，连用3～5d。吉他霉素预混剂，以吉他霉素计。混饲，每吨饲料，促生长剂5～50g（2月龄内），治疗80～300g，连用5～7d。

（3）泰乐菌素。泰乐菌素注射液，肌注，一次量，每千克体重10mg，2次/d，连用5d。注射用酒石酸泰乐菌素，皮下注射或肌注，每千克体重10mg，2次/d，连用5d。8%磷酸泰乐菌素预混剂，以本品计，混饲，每吨饲料400～800g，连用5～7d。主要用于治疗细菌及支原体感染。磷酸泰乐菌素、磺胺二甲嘧啶预混剂，以泰乐菌素计。混饲，每吨饲料100g，连用5～7d。主要用于防治支原体及敏感G^+菌感染，也用于预防猪痢疾。

（4）替米考星。20%替米考星预混剂，以替米考星计，混饲，每吨饲料200～400g，连用15d。仅用于治疗，不用作促生长剂。20%磷酸替米考星预混剂，以替米考星计，混饲，每吨饲料200～400g，连用15d。饮水200mg/L，连用3～5d，不用作促生长剂。

（5）泰乐菌素。20%乙酰异戊泰乐菌素预混剂，以本品计，混饲，种公、母猪：每月7d，每吨饲料250g，控制支原体及细菌性疾病，防止疾病传染给仔猪。怀孕母猪：产前5d至产后7d，每吨饲料250g，切断细菌性疾病的垂直传播。保育猪：断奶当天至断奶后7d，每吨饲料500g，或断奶后8d至转群，每吨饲料250g，防止呼吸道和肠道疾病。防治猪增生性肠炎，可在10～12周龄猪群中混饲，每吨饲料添加本品1 000g，连用2周。

5%乙酰异戊泰乐菌素预混剂，以本品计，混饲，每吨饲料添加本品1 000g，连用7d。

（6）泰拉霉素。10%瑞可新长效注射液治疗方案：瑞可新注射液用量为0.25ml/10kg体重或1ml/40kg体重。对于体重超过80kg的猪，必须分点注射，每个点不得超过2ml。保健方案：仔猪断奶时颈部肌内注射0.2ml。

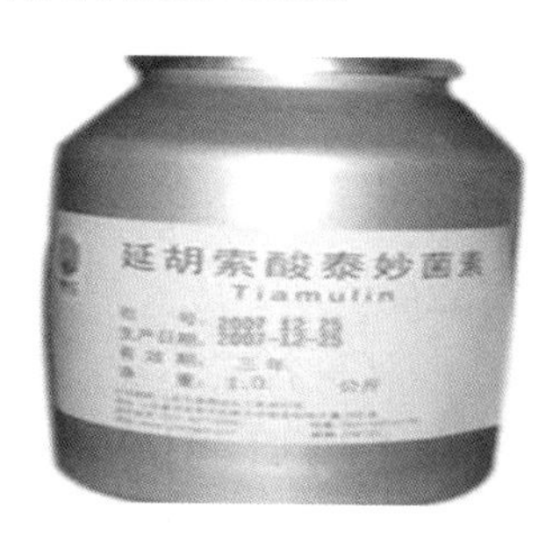

大环内酯类抗生素（温氏猪场拍摄）

（编撰人：孔令旋，洪林君；审核人：蔡更元）

482. 生产中怎么使用氨基糖苷类药物?

（1）硫酸链霉素肌注，每千克体重10～15mg，2次/d；每千克体重20～30mg，1次/d，连用2～3d。临用前用灭菌注射用水适量使其溶解，现用现配。

（2）硫酸卡那霉素肌注，每千克体重10～15mg，2次/d；每千克体重20～30mg，1次/d，连用3～5d。

（3）硫酸庆大霉素内服，每千克体重仔猪5mg，2次/d。肌注，每千克体重2～4mg，2次/d；或每千克体重4～8mg，1次/d，连用2～3d。

（4）硫酸庆大霉素——小诺霉素肌注，每千克体重1～2mg，2次/d，连用2～3d。

（5）硫酸阿米卡星注射用硫酸阿米卡星，肌注，每千克体重10～15mg，2次/d，连用2～3d；或1次/d，计量加倍。

（6）硫酸新霉素内服，每千克体重7～12mg，2次/d，连用3～5d。局部用药：0.5%新霉素滴眼液，滴入眼睑，3次/d，连用3～5d；0.5%～2%硫酸新霉素溶液、软膏，擦患处，3次/d。混饲：3～8周龄，以硫酸新霉素计，每吨饲料添加77～150g，一般连用5～7d。

（7）盐酸大观霉素内服，仔猪每千克体重20mg，2次/d，连用3～5d。肌注，每千克体重10mg，2次/d，连用3～5d。

（8）硫酸安普霉素可溶性粉，口服，每千克体重20～40mg，1次/d，连用5d。注射用硫酸安普霉素，肌注，每千克体重20mg，2次/d，连用3d。以硫酸安普霉素计，可溶性粉混饮，每千克体重12.5mg，连用7d；硫酸安普霉素预混剂，混饲，每吨饲料80～100g，连用7d。

（9）盐酸林可霉素、硫酸大观霉素可溶性粉，内服，每千克体重10mg，2次/d，连用3d为一疗程。混饮：每升水150mg，现配现用。混饲，每吨饲料分别添加本品：乳猪，1 000g，全期添加；断奶仔猪，500～1 000g，断奶前后连用2周；生长育肥猪，250～500g，连用1～2周；怀孕母猪，250～500g，产前1周、产后1周，连用2周。

（10）盐酸林可霉素、硫酸大观霉素预混剂以本品计，混饲，每吨饲料1 000～2 000g，连用2周。怀孕猪产前7～10d至产后7～10d，连续饲喂，可减少母猪产后乳腺炎、子宫炎及PPDS和仔猪死亡。

氨基糖苷类药物（温氏猪场拍摄）

（编撰人：孔令旋，洪林君；审核人：蔡更元）

483. 生产中怎么使用林可霉素类抗生素?

（1）盐酸林可霉素可溶性粉主要用于治疗厌氧菌或革兰氏阳性菌引起的各种感染或混合感染。内服：一次量，每千克体重10～15mg，2次/d，连用3～5d。混饮：以林可霉素计，每升水40～70mg，连用7d。混饲：以林可霉素计，每吨饲料添加44～77g，连用1～3周或症状消失为止。孕猪产前7d至产后7d，按55g/t

给药，在产仔数、初生窝重、断奶窝重方面都可获得较好效果，并可减少腹泻。

（2）11%盐酸林可霉素预混剂作用同上。以本品计，每吨饲料添加量如下。

①促生长。小猪200g，种猪150g，大猪至上市前5d 100g。

②预防。猪的疾病易发期，400～700g，连用1～3周。

③治疗。当发生PRDC、猪气喘病、猪痢疾及革兰氏阳性菌引起的相关疾病时添加800～1 000g，连用7～10d。

（3）盐酸林可霉素注射液主要用于由链球菌属、葡萄球菌属及厌氧菌等敏感菌所致的各种感染。对猪支原体肺炎、猪密螺旋体痢疾等也有防治功效。肌注，一次量，每千克体重10mg，2次/d，连用3～5d。

（4）盐酸林可霉素、硫酸大观霉素可溶性粉，以本品计，内服，一次量，每千克体重10mg，2次/d，连用3d为一疗程。混饮，每升水150mg，现配现用。混饲，每吨饲料分别添加本品：乳猪，1 000g，全期添加；断奶仔猪，500～1 000g，断奶前后连用2周；生长育肥猪，250～500g，连用1～2周；怀孕母猪，250～500g，产前1周、产后1周，连用2周。

（5）盐酸林可霉素、硫酸大观霉素预混剂。以本品计，混饲，每吨饲料1 000～2 000g，连用2周。怀孕猪产前7～10d至产后7～10d，连续饲喂，可减少母猪产后乳腺炎、子宫炎及PPDS和仔猪死亡。

（6）林可霉素+缩宫素催奶对于无乳、少乳母猪可使用林可霉素注射液3支+缩宫素1支，稀释于氯化钠溶液中吊水催奶，效果立竿见影。

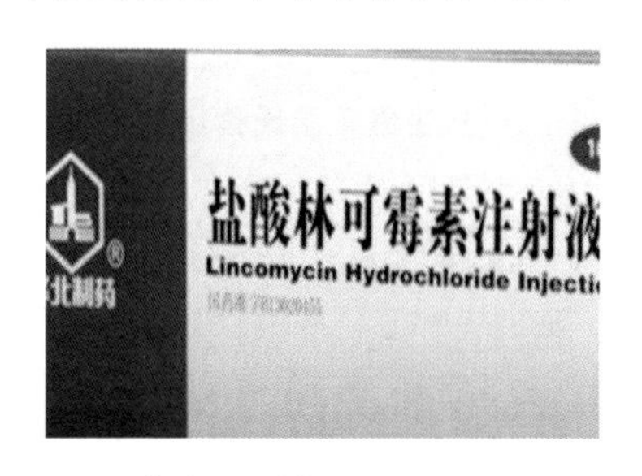

林可霉素类抗生素（温氏猪场拍摄）

（编撰人：孔令旋，洪林君；审核人：蔡更元）

484. 生产中怎么使用多肽类抗生素?

（1）多黏菌素。

①制剂。硫酸黏菌素可溶性粉，可防治猪G^-杆菌所致肠道感染。以黏菌素

计，混饮，每升水40～200mg。避免连续使用1周以上，超剂量应用可引起肾功能损伤。

②硫酸黏菌素预混剂。预防猪G^-杆菌所致的肠道感染，并有一定促生长作用。以黏菌素计，混饲，每吨饲料，猪（哺乳期）2～40g，仔猪2～20g。超剂量应用，可引起肾功能损伤。

（2）杆菌肽。

①杆菌肽锌预混剂（益力素），可促进猪生长和提高饲料利用率。以杆菌肽计，混饲，每吨饲料，猪6月龄以下4～40g。本品仅用于干饲料，勿在液体饲料中应用。

②杆菌肽锌硫酸黏菌素预混剂（万能肥素），主要用于预防猪G^+菌和G^-菌感染。以杆菌肽计，混饲，每吨饲料，仔猪2～40g。

（3）恩拉霉素。恩拉霉素预混剂，可用于预防G^+菌感染，促生长。以恩拉霉素计，混饲，每吨饲料2.5～20g。对猪的增重效果以连喂2个月为佳，再继续使用，效果不明显。

多肽类抗生素（温氏猪场拍摄）

（编撰人：孔令旋，洪林君；审核人：蔡更元）

485. 生产中怎么使用四环素类抗生素?

（1）土霉素（氧四环素）。

①土霉素片（粉）：内服，一次量，每千克体重10～20mg，2～3次/d，连用3～5d。土霉素注射液：肌注，一次量，每千克体重10～20mg（效价），1次/d，连用2～3d。长效土霉素注射液：肌注，一次量，每千克体重20mg，一般每2d 1次，重症每天1次，连用3～5次。

②注射用盐酸土霉素：静注，一次量，每千克体重5～10mg，2次/d，连用2～3d。长效盐酸土霉素注射液：肌注，一次量，每千克体重10～20mg，连用

2～3次。盐酸土霉素粉（以有效成分计）：每吨饲料，促生长50～100g、防病100～200g、治疗200～400g，连用7～10d。

③20%饲用土霉素钙：混饲，每吨饲料添加250～500g，连用7～10d。

（2）四环素。

四环素片：内服，一次量，每千克体重10～25mg，2～3次/d，连用3～5d。注射用盐酸四环素：静注，一次量，每千克体重5～10mg，2次/d，连用2～3d。

（3）盐酸金霉素（盐酸氯四环素）。

内服，一次量，每千克体重10～20mg，2次/d，连用2～3d；

注射用盐酸金霉素：静注，一次量，每千克体重5～10mg，临用时用专用溶煤（甘氨酸钠）稀释；混饲，4月龄以内猪，每吨饲料添加15%饲料级金霉素200～500g，用于促生长；80%泰妙菌素（枝原净）125g+15%金霉素2 000g，于仔猪断奶后饲喂10～14d，有利于控制呼吸道病综合征及增生性肠炎等。

（4）盐酸多四环素。

盐酸多四环素片：内服，一次量，每千克体重3～5mg，1次/d，连用3～5d；盐酸强力霉素粉针：静注，一次量，每千克体重5mg，用5%葡萄糖注射液配制成0.1%以下浓度，缓慢注入，不可漏于皮下，1次/d，连用3～5d；混饲，盐酸强力霉素粉（以有效成分计），每吨饲料添加150～200g，连用3～5d。或与有协同作用的其他抗生素联用。

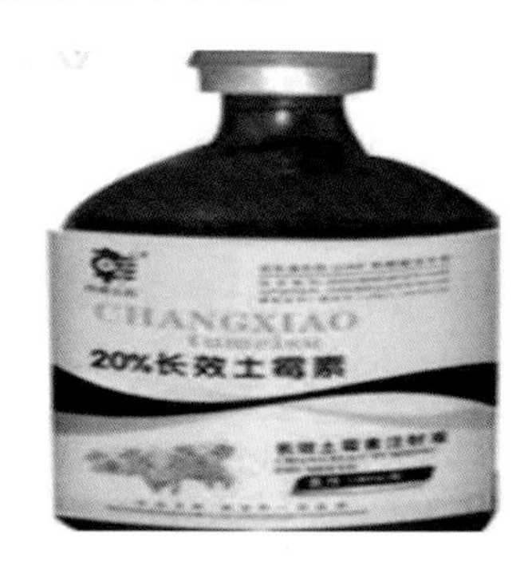

四环素类抗生素（温氏猪场拍摄）

（编撰人：孔令旋，洪林君；审核人：蔡更元）

486. 生产中怎么使用氟苯尼考类抗生素？

（1）氟苯尼考注射液（规格为10ml：1g；100ml：30g）肌注（以氟苯尼考计）：一次量，20mg/kg体重，每日2次，连用3～5d。

（2）氟苯尼考注粉（规格为50g：5g）内服（以氟苯尼考计）：一次量20～30mg/kg体重，每日2次，连用3～5d。

（3）氟苯尼考预混剂（规格为100g：20g；100g：10g；100g：5g；100g：2g）混饲：用于治疗敏感菌所致感染，以氟苯尼考计，每吨饲料添加40g，连用7d。

氟苯尼考类抗生素（温氏猪场拍摄）

（编撰人：孔令旋，洪林君；审核人：蔡更元）

487. 生产中怎么使用泰妙菌素和沃尼妙林类抗生素?

（1）延胡索酸泰妙菌素可溶性粉。主要用于防治猪支原体肺炎和放线菌性胸膜肺炎，也可用于短螺旋体性痢疾、猪结肠螺旋体病（结肠炎）、猪增生性肠炎。以泰妙菌素计，混饮，每升水45～60mg，临床用溶液应当天配制，连用5d。使用者应避免药物与眼及皮肤、黏膜接触，以防止局部过敏。

（2）延胡索酸泰妙菌素预混剂。适应症同延胡索酸泰妙菌素可溶性粉。以泰妙菌素计，混饲，每吨饲料100g，连用5～10d。环境温度超过40℃时，含药饲料贮存期不得超过7d。

（3）注射用延胡索酸泰妙菌素。主要用于治疗喘气病、传染性胸膜肺炎、血痢、链球菌病、增生性肠炎（回肠炎）、大肠杆菌病等。肌注，1次量，以泰妙菌素计，15mg/kg体重，1次/d，连用3～5d。现配现用，当天用完；可与四环素类抗生素联用，有协同作用；但不能与泰乐菌素、红霉素、氟苯尼考、林可霉素联用，由于竞争作用部位而导致减效。

（4）10%盐酸沃尼妙林预混剂。盐酸沃尼妙林预混剂的规格有：0.5%、1%、10%和50%，以沃尼妙林计，治疗猪痢疾、结肠炎、回肠炎，每吨饲料添加75g，至少连用10d至症状消失。治疗猪喘气病及呼吸道病综合征，每吨饲料添加200g，连用21d。

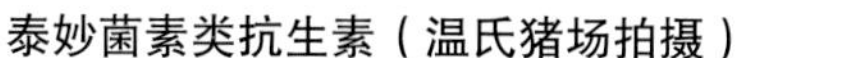
泰妙菌素类抗生素（温氏猪场拍摄）

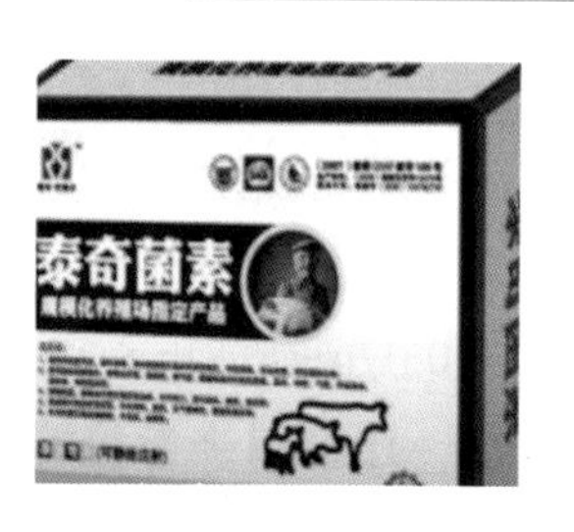

沃尼妙林类抗生素（温氏猪场拍摄）

（编撰人：孔令旋，洪林君；审核人：蔡更元）

488. 生产中怎么使用氟喹诺酮类药物?

（1）恩诺沙星。0.5%恩诺沙星口服液，内服，每次每千克体重5mg，每日2次，连用3 ~ 5d。内服仅适用于仔猪黄白痢、腹泻、胃肠炎。20.5%、2.5%恩诺沙星注射液，肌内注射一次量每千克体重2.5mg，每日2次，或每千克体重5mg，每日1次，连用3 ~ 5d。

（2）环丙沙星。0.5%、2%乳酸环丙沙星注射液，静脉、肌注一次量每千克体重2.5mg，每日2次，连用2 ~ 3d。22%盐酸环丙沙星注射液，静脉、肌注一次量每千克体重2.5 ~ 5mg，每日2次，连用2 ~ 3d。

（3）盐酸沙拉沙星。1%、2.5%盐酸沙拉沙星注射液，肌注一次量每千克体重2.5 ~ 5mg，每日2次。

（4）甲磺酸达氟沙星。1%、2.5%甲磺酸达氟沙星注射液，肌注一次量每千克体重1.25 ~ 2.5mg，每日1次，连用3d。

（5）盐酸二氟沙星。2%、2.5%盐酸二氟沙星注射液，肌注一次量每千克体重5mg，每日1次，连用3d。

（6）马波沙星。马波沙星注射液，肌注一次量每千克体重2mg，每日1次，连用3 ~ 5d。

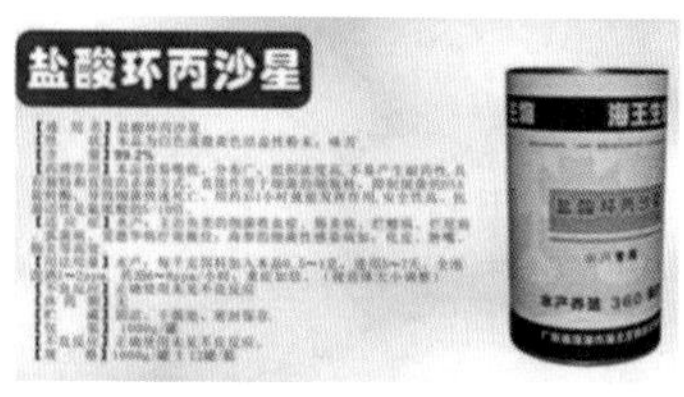

氟喹诺酮类药物（温氏猪场拍摄）

（编撰人：孔令旋，洪林君；审核人：蔡更元）

489. 生产中怎么使用磺胺类药物?

磺胺类药物用于猪病治疗的剂量为：口服0.1g/kg体重，拌料0.5%，肌内注射或静脉注射0.07g/kg体重。首次加倍量使用，以后每隔一定时间给予维持量，待症状消失后，还应以维持量的1/2～1/3量连用2～3d，以巩固疗效。为保证血液和肠道中药物的有效浓度，用药时间以每天1～2次为佳。病原菌对磺胺类药物容易产生交叉耐药性，一般以5～7d为一疗程，连续用药最多不要超过10d。如发现产生耐药性，应立即改用其他抗生素。

使用磺胺退烧：对于发烧41℃以上母猪可静脉推注20%磺胺注射液两支，10min内即可退烧。

治疗苍白消瘦母猪：对苍白消瘦母猪肌注20%～25%磺胺注射液两支，连续3d即可有效改变症状。

磺胺与甲氧苄啶合用可扩大抗菌谱，与青霉素、维生素C等酸性药物合用会导致失效。

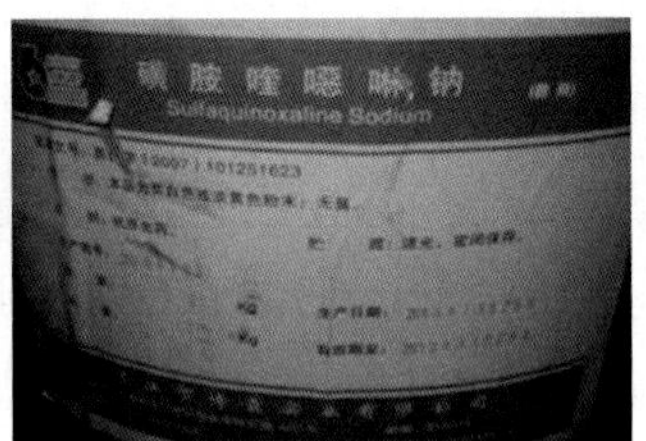

磺胺类药物（温氏猪场拍摄）

（编撰人：孔令旋，洪林君；审核人：蔡更元）

参考文献

阿勒马太・努开西. 2017. 母猪产后不食的原因及解决对策[J]. 畜牧兽医科学（电子版）（9）：64.

艾景军，周玲. 2010. 提高哺乳母猪采食量的营养调控策略[J]. 中国猪业（6）：39-40.

艾小生. 1997. 酒、醋可防孕猪死亡[J]. 农村新技术（1）.

安翠花. 2010. 初生仔猪被踩压致死的原因及预防措施[J]. 中国猪业（12）：40.

安翠梅. 2015. 母猪产后不食的病因分析与防治[J]. 农业开发与装备（8）：153.

安军，刘兰. 2017. 后备母猪饲养管理技术要点[J]. 畜牧兽医科学（电子版）（4）：45.

敖敏捷. 2005. 妊娠母猪的饲养与管理[J]. 当代畜禽养殖业（2）：17.

巴海河，李业刚，李佐波. 2007. 各种类型猪肺疫的诊断及有效防治[J]. 养殖技术顾问（10）：60.

白红武，冯国兴，丁维荣，等. 2013.基于物联网技术的种猪管理平台[J]. 物联网技术（3）：61-64.

柏美娟，孔祥峰，徐海军，等. 2009. 瘦肉型和脂肪型肥育猪胴体性状和肉质的比较研究[J]. 中国畜牧兽医（6）：178-181.

鲍英华，潘艳明. 2003. 中小型饲料企业接收原料注意事项[J]. 吉林畜牧兽医（9）：12-14.

博亚. 2011. 规模化养猪业发展探析[J]. 农业技术与装备（19）：4-6.

蔡更元，胡友军，王刚，等. 2010. 养猪生产实用技术[M]. 广州：广东科学技术出版社.

蔡仁龙. 2012. 猪痘的综合防控[J]. 畜牧与饲料科学（9）：93-94.

蔡旭旺，何启盖，吴斌. 2009. 副猪嗜血杆菌病的诊断与防控[C]. 全国规模化猪场主要疫病监控与净化专题研讨会.

蔡亚萍. 2012. 中药制剂治疗猪常见病的药效试验[J]. 中国畜牧兽医文摘（8）：160.

曹建国，李忠良. 1992. 大中型集约化猪场的流水线生产管理[J]. 上海农业科技（4）：29-30.

曹雷，张婷，郭义辉，等. 2007. 引起猪呕吐疾病的鉴别诊断[J]. 北方牧业（19）：16.

曾新福，陈安国，洪奇华，等. 2002. 断奶仔猪应用干湿饲喂器适宜的饲粮能量蛋白水平及其节料促生长机理研究[C]. 全国饲料营养学术研讨会.

曾芸. 2006. 土霉素制剂及猪咳嗽治疗[J]. 广西畜牧兽医（1）：43.

柴鸿莉，付辛午，王成达，等. 2012. 夏季养猪注意事项[J]. 吉林畜牧兽医，33（7）：28.

常佳瑞. 2017-7-21. 生猪养殖企业卖得多赚得少[Z] .中国证券报，（2）.

陈斌. 1994. 劣质肉PSE及DFD研究概述[J]. 甘肃畜牧兽医（3）：24-26.

陈芳，石放雄. 2010. 母猪早期妊娠诊断技术的研究进展[J]. 猪业科学，27（4）：94-95.

陈凤. 2016. 哺乳仔猪的饲养管理要点[J]. 养殖与饲料（12）：22-23.

陈光俊. 2011. 育肥猪的饲养管理[J]. 畜牧与饲料科学（7）：69–71.
陈国营，胡志勇，Vincent Ter Beek. 2014. 替代阉割的去势方法[J]. 国外畜牧学（猪与禽）（6）：16–18.
陈海波. 2009. 母猪繁殖障碍的原因与防治[J]. 饲料与畜牧・规模养猪（4）：37–38.
陈浩. 2014. 猪场建设与常用设备[J]. 养殖技术顾问（6）：48.
陈记文. 2006. 仔猪肺炎霉形体病的诊治报告[J]. 畜禽业：南方养猪（7）：48–49.
陈家福，周兴举，张正全. 1984. 小挑花猪保定架[J]. 中国兽医杂志（5）：54–55.
陈昆. 2007. 育成猪的饲养管理与保健[J]. 畜牧与饲料科学（3）：83–84.
陈昆. 2016-03-31. 育肥猪为何生长缓慢[Z].河北科技报，（1）.
陈磊，王金勇，李学伟. 2010. 仪器测定的猪肉质构性状与感官性状的回归分析[J]. 农业工程学报（6）：357–362.
陈琳，刘健华，张俊丰，等. 2009. 猪肠道菌氨基糖苷类药物耐药基因分析[J]. 畜牧兽医学报，40（7）：1 088–1 096.
陈琳，刘洪云，谢春芳，等. 2012. 粗饲料喂猪的开发利用[J]. 国外畜牧学（猪与禽）（5）：57–58.
陈清浩. 2010. 养猪业加速集约化[J]. 农产品市场周刊（8）：17–19.
陈仁榆. 2015. 母猪产后不食的原因与诊治[J]. 山东畜牧兽医（2）：21–22.
陈万东，宋恩杰. 2011. 如何做好猪场的防暑降温工作[J]. 农村实用科技信息（7）：34.
陈伟. 2016-3-25.破解“猪周期”需尊重市场规律[N]. 经济参考报，（1）.
陈文，莫娟，张君涛，等. 2006. 饲料企业仓储管理[J]. 饲料世界（5）：7–9.
陈亚新，芦春莲，曹洪战，等. 2012. 初配日龄对不同品系大白猪繁殖性能的影响[J]. 中国畜牧杂，48（19）：75–77.
陈瑶生，刘海良，刘小红，等. 2003. 我国种猪遗传评估与联合育种进展与策略[C]. 中国畜牧兽医学会第十二次全国动物遗传育种学术讨论会.
陈郁材. 2005. 怀孕母猪的饲养管理要点[J]. 广东畜牧兽医科技，30（6）：21–22.
陈远见. 2002. 诱导母猪发情有妙招[J]. 湖南农业（21）：16.
陈增文. 2012. 母猪产后瘫痪的原因及防治措施[J]. 云南畜牧兽医（6）：1–2.
陈志林，吴德铭，钟淑琴，等. 2016. 后备母猪初情日龄、发情次数和初配日龄与繁殖性能的关系[J]. 养猪（2）：41–43.
陈志新. 2010. 猪腹泻的病因分析与防治原则[J]. 畜牧与饲料科学（8）：168–169.
陈自峰. 2006. 猪的常用饲料有哪些[J]. 养殖与饲料：饲料世界（2）：20–23.
成建国. 2000. PSE肉和DFD肉产生原因及预防措施[J]. 猪业观察（6）：21.
程春霞. 2009. 利用猪的生物学特性和行为特点提高养猪业经济效益[J]. 农业技术与装备（16）：35–36.
程健频，李昌铭，魏锦龙. 2005. 仔猪轮状病毒性腹泻的调查与防治[J]. 甘肃畜牧兽医，35（5）：26–27.
程伶. 1998. 仔猪补铁的必要性及其有效的补铁方法[J]. 四川粮油科技（2）：36–41.
程曙光，陈佳. 2010. 妊娠母猪营养与饲料[J]. 今日畜牧兽医（1）：25–27.

程艳华. 2017. 哺乳仔猪饲养技术要点探究[J]. 中国畜禽种业（3）：80-81.
程郁昕. 2008. 优质高产瘦肉猪专门化品系的选育[J]. 安徽农学通报（20）：105-107.
迟长春. 1999. 农家养猪驱虫、洗胃和健胃的重要性[J]. 农村实用科技信息（7）：24.
褚锋钢. 2011. 浅谈猪饲料霉菌中毒的防治[J]. 山东畜牧兽医（3）：60.
崔恒宓. 1990. 母猪胚胎死亡原因[J]. 中国畜牧兽医（2）：18-20.
崔茂学. 2001. 怎样防治仔猪低血糖症[J]. 贵州畜牧兽医，25（1）：24.
崔象泉，杨艳萍，田海燕. 1999. 仔猪固定乳头的重要性[J]. 当代畜禽养殖业（9）：19.
崔振宇. 2016. 规模化猪场数据的收集[J]. 猪业科学，33（9）：32-34.
代兵，陈安国. 2004. 种公猪的营养需要量研究[J]. 饲料博览（10）：32-35.
代兴霞，邬远发，罗启华. 2013. 早期断奶仔猪饲养管理与饲料配方[J]. 畜禽业（5）：44-45.
单玉兰. 1998. 定期检查通风系统对清除畜舍内有害气体的重要性[J]. 中国畜牧兽医（4）：37-38.
党龙，韩玉帅，邱河辉，等. 2016. 现代化猪场的批次生产与可视化管理体系的建立与应用[J]. 猪业科学，33（9）：112-114.
邓秋云. 2008. 广西钩端螺旋体病流行特征及影响因素分析[J]. 中国公共卫生，24（2）：234.
邓诗夔. 1995. 猪用自动饮水器在我国的发展历程和现状[J]. 当代畜牧（4）：15.
丁伟. 2017. 保育猪的饲养与管理要点[J]. 现代畜牧科技（10）：35.
丁学东. 2010. 母猪不孕的发病原因及防治措施[J]. 现代农业科技（24）：328-330.
丁永明. 2018. 浅析提高养猪场仔猪成活率的技术要点[J]. 山东畜牧兽医（1）：18-19.
董斌科，雷彬，孙华，等. 2015. 不同配种方式对母猪繁殖性能的影响[J]. 猪业科学（12）：110-111.
董绍国. 2015. 断乳仔猪的饲养和管理[J]. 现代畜牧科技（5）：8.
董兆胜. 1997. 仔猪人工乳的配制及人工哺乳[J]. 贵州畜牧兽医（6）：38.
窦清海，梁征，周晓玲，等. 2002. 急性暴发性猪钩端螺旋体病的诊治［J］. 中国兽医科技，32（2）：39-40.
杜明贞. 2017. 浅析常见猪病预防的药物使用措施[J]. 山西农经（14）：55.
杜晓光. 2012. 哺乳仔猪的饲养要点[J]. 饲料博览（12）：18.
杜晓光. 2012. 使用沼气的安全事项[J]. 农村科学实验（2）：39.
杜宗亮，王立军，薛继. 1998. 集约化猪场种猪淘汰的原则及异常淘汰的预防措施[J]. 黑龙江畜牧兽医（3）：17-18.
段辉. 2016. 山东省某猪场猪瘟病例的诊断及病毒分离鉴定[D].泰安：山东农业大学.
樊照海. 2013. 猪风湿病的防治[J]. 畜牧兽医科技信息（3）：72.
范春国. 1994. 瘦肉型猪专门化品系配套杂交研究报告[J]. 广东畜牧兽医科技（2）：19-20.
范凤谦. 2005. 中药配合后海穴注射治疗猪便秘[J]. 福建畜牧兽医（3）：64.
范开运. 2017. 老猪舍消毒及注意事项[J]. 吉林畜牧兽医（10）：24-28.
范万忠. 2013. 提高外购猪苗成活率的关键技术[J]. 畜牧兽医科技信息（10）：83.
范学凤. 2003. 配种怀孕舍内母猪的饲养管理[J]. 农村实用科技信息（1）：23.
范正林，蒋晓峰，赵振宇，等. 2015. 优秀后备母猪选择的经验交流[J]. 中兽医学杂志（12）：100.

方芝玟，田中正雄. 2008. 仔猪被压死的主要原因及其对策[J]. 国外畜牧学（猪与禽）（6）：1-3.

丰华义. 2016. 猪传染性胃肠炎的诊断与防治[J]. 中国畜牧兽医文摘，32（12）：188.

封玉华. 2015. 母猪产后不食的原因及对策初探[J]. 中国畜牧兽医文摘（10）：142-143.

冯大军. 2012. 提高仔猪初生重五措施[J]. 猪业观察（17）：8-9.

冯定远. 2012. 猪的非常规饲料优化应用技术[J]. 饲料与畜牧（2）：8-12.

冯国明. 2013. 母猪不孕的原因与防治措施[J]. 农村养殖技术（4）：24-25.

冯金水. 2013. 病死猪无害化处理的模式比较[J]. 中国畜牧兽医文摘（9）：94.

冯立志. 1994. 小麦在猪饲粮中的应用[J]. 武汉食品工业学院学报（4）：13-16.

冯淑敏. 2011. 饲草青贮标准化的技术规范[J]. 中国畜禽种业，7（9）：80-81.

冯晓艳，翟国勋. 2010. 方正县生态养猪的效益分析及冷思考[J]. 黑龙江生态工程职业学院学报（3）：47-49.

冯占雨，Cameron Farrell，Catherine Templeton. 2008. 保育舍达到最佳生产力的管理实践——对影响因素进行探讨研究的案例[J]. 国外畜牧学：猪与禽，28（4）：42-46.

符林升，熊本海，高华杰，等. 2009. 猪饲料和营养研究进展[J]. 中国畜牧兽医（2）：21-27.

符林升，熊本海，高华杰. 2009. 猪饲料营养价值评定及营养需要的研究进展[J]. 中国饲料（10）：34-39.

付春海，孙秋文，王国臣. 2006. 妊娠母猪的限制饲养[J]. 吉林畜牧兽医（8）：59.

付林，杨锁柱，赵翠琼. 2014. 我国现有种猪配套系的研究及应用[J]. 黑龙江畜牧兽医（7）：50-54.

付茂忠. 2002. 四川规模化养猪生产工艺分析[J]. 西南农业学报（1）：99-102.

付水广. 2006. 引起哺乳仔猪死亡原因分析及防制措施[J]. 南昌高专学报（21）：104-105.

付阳，刘伟. 2010. 畜禽舍空气消毒的措施[J]. 养殖技术顾问（4）：157.

甘阿福，许志忠. 1998. 维生素B_1注射液在猪病临床上的应用[J]. 福建畜牧兽医（4）：42-43.

甘孟侯. 2004. 母猪产后奶水不足或无奶怎么办？[J]. 饲料博览（9）：55.

高彩娥，吴靖，李兴如. 2013. 猪舍通风换气的设备及方法[J]. 养殖技术顾问（10）：233.

高健，鲁凯，蔡建成，等. 2003. 发情母猪什么时候配种最适宜[J]. 养殖技术顾问（9）：18.

高金波，牛星，牛钟相. 2012. 不同垫料发酵床养猪效果研究[J]. 山东农业大学学报（自然科学版）（1）：79-83.

高清友. 2010. 猪副伤寒的诊断与预防[J]. 现代畜牧科技（2）：88.

高圣玥，张宝荣，宋岩. 2016. 现代化猪场基础设施建设技术[J]. 现代畜牧科技（10）：1-3.

高雅英，任鑫亮. 2012. 猪应激综合征的危害、遗传方式及预防措施[J]. 畜牧与饲料科学（3）：91-92.

高岩. 2016. 猪舍环境控制系统的研发应用要结合养殖场实际进行[J]. 北方牧业（24）：22.

高中锦. 2016. 后备公猪人工采精快速调教法[J]. 当代畜牧（26）：35.

葛美瑛. 2001. 提高母猪年生产力的主要技术措施[J]. 浙江畜牧兽医（3）：8-9.

葛敏，蒋向君. 2013. 种公猪科学饲养管理措施[J]. 山东畜牧兽医，34（9）：28-29.

葛小彬. 2010. 猪蛔虫病的诊断及防治措施[J]. 中国动物保健（9）：25-27.

耿梅. 2013. 冬季猪舍的防寒保温与饲养管理[J]. 猪业科学（11）：88–89.
弓彦来. 2015. 妊娠母猪的饲料营养及饲养技术[J]. 山东畜牧兽医（5）：20.
龚大勋，王克健. 2007. 种猪选育利用与饲养管理〔M〕. 北京：金盾出版社.
龚寒春，黄世娟，翟成兵，等. 2015. 规模猪场动物尸体生物降解无害化处理技术[J]. 广西畜牧兽医（1）：24–26.
苟清碧，廖运华. 2009. 断奶仔猪的饲养管理[J]. 畜牧与饲料科学（6）：98–99.
谷守祥，徐胜高. 2015. 应城市规模畜禽养殖与污染治理的有益实践[J]. 兽医导刊（9）：19–21.
谷永江，王亚军，李娜，等. 2014. 如何做好母猪的安全分娩接产[J]. 吉林农业（15）：57.
顾亚美. 2011. 规模猪场空怀配种舍的饲养管理[J]. 今日畜牧兽医（4）：13–14.
顾亚美. 2011. 规模猪场空怀配种舍的饲养管理. [J]. 今日畜牧兽医，4（11）：19–22.
郭宝忠. 2002. 怎样计算母猪的预产期[J]. 农业科技与信息（3）：33.
郭惠武. 2017. 中国养猪业的价格波动和风险管理[J]. 兽医导刊（19）：8–9.
郭建军. 2010. 母猪产仔前后饲养管理要点[J]. 畜牧兽医杂志（4）：73.
郭金宪. 2014. 冬季猪舍的取暖方式及其注意事项[J]. 养殖技术顾问（9）：33.
郭秀卿. 2012. 猪衣原体病的诊断与防治体会[J]. 科学种养（11）：46.
郭秀英，李兴如. 2006. 后海穴注射黄芪多糖注射液治疗猪无名高热[J]. 山东畜牧兽医（2）：48.
郭宗艾，刘绍，付文贵. 2007. 南方中小规模猪场的经营与管理（二）[J]. 畜禽业（1）：4–9.
郭宗义. 2014. 猪场设备选型和高效利用技术[J]. 畜禽业（7）：18–19.
哈丽布努尔・阿布都哈力. 2016. 猪几种神经症状疾病的诊治[J]. 畜禽业（5）：90.
韩红. 1999. 不同季节养猪应注意的问题[J]. 农业科技与信息（1）：27.
韩顺荣，包艳丽，蔡利辉. 2017. 猪便秘防治方法[J]. 中国畜禽种业（3）：95.
韩有元. 2018. 母猪饲料的选择与合理饲喂[J]. 畜禽业（2）：14.
郝鑫鑫. 2016. 母猪产仔数少的原因及解决办法[J]. 现代畜牧科技（10）：46.
何春. 2015. 一例猪疝气的治疗体会[J]. 山东畜牧兽医（1）：87.
何国安，熊静杰. 2009. 猪黄脂病的病因、诊断与防治[J]. 猪业科学，26（4）：30–32.
何国声，朱顺海，曹杰，等. 1999. 规模化猪场寄生虫病的控制[J]. 中国兽医寄生虫病（2）：29–34.
何惠聪. 2007. 哺乳仔猪生理特点与腹泻的防治[J]. 福建畜牧兽医（29）：13–14.
何立贵，银少华. 2012. 后备母猪的选育和饲养[J]. 中国畜禽种业，8（7）：86.
何良伟. 2015. 猪群饲养密度对育肥猪健康生长的影响[J]. 湖南畜牧兽医（5）：30–31.
贺飞，冯德英，王志成. 2010. 冬季取暖引起猪发病的原因分析[J]. 当代畜禽养殖业（11）：20.
贺飞，邢志强，张永成，等. 2008. 猪舍用地热取暖的一次尝试[J]. 养猪（5）：35.
贺丽春. 2013. 猪的育肥试验、屠宰测定与肉质测定规程[J]. 中国猪业（7）：10–11.
黑龙江农业信息网. 2018. 猪消化不良的治疗[J]. 养殖与饲料（4）：100.
红敏，石剑华，萨其仍贵，等. 2012. 畜产品质量安全问题及对策探讨[J]. 当代畜禽养殖业，33（8）：3–6.
侯正录，杨占魁. 2002. 两种塑料暖棚猪舍的应用效果观测[J]. 家畜生态（3）：17–18.
呼红梅，王诚，张印，等. 2014. 母猪妊娠期采食水平对其背膘厚和泌乳期采食量的影响[J]. 养猪（6）：33-36.
胡成波. 2007-3-2“三查八看”引进和选留种猪[N]. 陕西科技报，（1）.
胡成波. 2012. 青饲料喂猪的应用效果与关键技术[J]. 养猪（1）：9-12.
胡恒龙，王强，左瑞华. 2009. 猪繁殖与呼吸综合征——猪蓝耳病的诊断与防制[J]. 畜牧与饲料科学，30（7）：29-33.
胡慧，邱昌庆. 2004. 猪瘟诊断和防制研究进展[J]. 中国兽医科学，34（6）：33-39.
胡明德. 2005. 青海八眉猪三种杂交组合繁殖性状的杂种优势率及其遗传方式[J]. 青海畜牧兽医杂志（1）：3-5.
胡雪峰，于晓峰，隋福成. 2012. 给母猪接产及难产处理[J]. 畜牧兽医科技信息（5）：75-76.
胡荫辉，毛章超，宋泽文. 2010. 浅谈中小型猪场的设计（二）——猪场排污管道的设计及粪便污水的无害化处理[J]. 江西畜牧兽医杂志（3）：25-26.
胡永杰. 2003. 中药治疗猪呕吐[J]. 中国兽医学杂志（2）：41.
胡远平. 2016. 规模化猪场后备母猪的选择与培育[J]. 吉林畜牧兽医（6）：29-31.
黄大鹏，何传桂，王纯，等. 2001. 现代化猪场流水式生产工艺的组织方法[J]. 黑龙江八一农垦大学学报，13（3）：58-62.
黄定庆，黄其光，黄银华. 2016. 优良种公猪的选择[J]. 当代畜禽养殖业（11）：12.
黄利刚. 2017. 如何看待大猪养殖[J]. 今日养猪业（5）：86-87.
黄良潘. 2011. 如何提高仔猪断奶重[J]. 福建农业（2）：38-38.
黄鹏. 2007. 新生仔猪溶血病的防治[J]. 中国兽医杂志，43（5）：64-65.
黄仁华，应佩玲，姜红进. 2007. 浅谈僵猪形成的原因及防治措施[J]. 畜牧与兽医，39（9）：78.
黄瑞钦，潘博庆. 2016. 仔猪贫血病诊断与防治措施[J]. 畜牧兽医科技信息（10）：88.
黄瑞森，庄煌. 2001. 工厂化猪场立体猪舍设计探讨[J]. 现代农业装备（2）：8-10.
黄若涵. 2012. 怎样科学合理地进行引种?[J]. 猪业科学（4）：34-36.
黄少华，周伟光，杜晋平. 2016. 猪场生物安全体系的建设与实践[J]. 当代畜牧（9）：13-18.
黄甜. 2017. 猪传染性胸膜肺炎的诊断和防治[J]. 农家致富顾问（16）：14.
黄小国，吕向阳，陆昌华，等. 2017. 基于物联网的智慧猪场信息化平台的建设与应用[C]. 中国畜牧兽医学会信息技术分会学术研讨会.
黄演. 2015. 一例猪疝气手术病例的处理[J]. 广西畜牧兽医（3）：160.
黄应乐，李日伟，谢伟强. 2009. 工厂化猪场空怀及怀孕母猪舍饲养管理操作规程[J]. 养殖与饲料（4）：12-13.
黄应强，李日伟，李运富. 2009. 工厂化猪场分娩舍饲养管理技术操作规程[J]. 畜牧与饲料科学，30（5）：83-84.
黄永凯，刘艳，张瑞来，等. 2006. 猪咬尾咬耳症的原因分析及防治措施[J]. 吉林畜牧兽医，27（10）：59
黄永康. 2013. 猪场寄生虫病的流行现状与科学防控[J]. 福建畜牧兽医（3）：59-61.
黄勇. 2017. 氟苯尼考对陆川猪喘气病的治疗研究[D]. 杨凌：西北农林科技大学.
惠恩举. 2005. 养猪大户降低成本“十法”[J]. 新农村（9）：17.
霍民. 2009. 塑料暖棚猪舍的建筑与日常管理[J]. 今日养猪业（1）：45.

纪孙瑞，叶志伟，徐正生，等. 1996. 杜长梅杂种仔猪28日龄断乳生长发育的研究[J]. 养猪（1）：8-9.

季海峰. 2002. 种公猪的饲养管理技术 [J]. 当代畜禽养殖业（11）： 35- 36.

季柯辛. 2017. 中国生猪良种繁育体系组织模式研究[D]. 北京：中国农业大学.

贾成发. 2017. 饲料厂的卫生与安全要求[J]. 现代畜牧科技（8）：164.

简志银，黎云，夏林，等. 2011. 高效循环生态养猪经济效益和社会生态效益分析[J]. 饲料研究（1）：9-11.

蹇伍林，侯显耀，陈素华，等. 2017. 猪冷冻精液的保存与使用[J]. 畜禽业，28（6）：66-67.

姜海涛. 2011. 猪拉稀怎么办?[J]. 乡村科技（3）：30.

姜敏. 2003. 几种猪饲料添加剂的制作方法[J]. 农村·农业·农民（1）：23.

姜绍波，齐加强. 2011. 妊娠母猪的饲养管理要点[J]. 畜牧兽医科技信息（5）：107-108.

姜卫峰. 2012. 一胎母猪在实际生产中表现的问题及应对措施[J]. 中国猪业（7）：44-46.

蒋启富，杨云艳. 2017. 优质粗饲料生产及利用技术[J]. 当代畜牧（6）：29-30.

解伟涛，高岩. 2017. 后备母猪舍设计和管理的关键点[J]. 今日养猪业（5）：80-82.

金秀娟. 2009. 对《玉米》新标准检验方法的一般理解及关键点控制意见[J]. 粮油仓储科技通讯，25（5）：47-50.

靳国旺，蔡敏. 2008. 母猪本交与人工授精生产效果的比较[J]. 安徽农业科学（7）：2 768-2 769.

荆锐. 2017. 保育猪的饲养管理要点[J]. 现代畜牧科技（5）：33.

鞠兴翠. 2017. 猪牛口蹄疫防治要点[J]. 畜牧兽医科技信息（5）：96.

孔令达，于辉，潘智博，等. 2004. 猪中暑的发病因素与应采取的防治措施[J]. 畜牧兽医科技信息（8）：38.

寇云军. 2014. 猪青粗饲料的饲喂及其注意事项[J]. 养殖技术顾问（7）：65.

兰世捷. 2014. 不同季节养猪应该注意的事项[J]. 畜禽业（5）：28-29.

郎洪武，程君生，张广川. 2000. 猪断奶后多系统衰弱综合征[J]. 中国兽医杂志，26（1）：39-42.

郎永清. 2011. 浅议如何提高后备母猪的发情率[J]. 中国畜禽种业（8）：67-68.

雷彬，宋忠旭，孙华，等. 2015. 不同饲养密度下猪的采食规律研究[J]. 养猪（5）：47-48.

雷波. 2015. 磺胺类药物在猪场中的应用[J]. 兽医导刊（14）：182.

雷祥前，杨永宁，孙稳平，等. 2007. 动物免疫失败的原因及预防措施[J]. 畜牧兽医杂志，26（3）：93-95.

雷映文，池明. 2016. 种公猪皮肤瘙痒症的原因及防治[J]. 养殖与饲料（10）：57-58.

黎晶耀. 1989. 温度和湿度对某些家畜疾病的影响[J]. 江西畜牧兽医杂志（3）：61-64.

黎晶耀. 1989. 猪肉质测定的几个项目[J]. 广东畜牧兽医科技（3）：48-49.

李宝才. 2014. 仔猪饲养管理的要点[J]. 养殖技术顾问（5）：13.

李彬，杜宝忠. 2014. 产仔前后母猪的饲养管理[J]. 畜牧兽医科技信息（3）：90.

李成，单瑛琦，李东. 2009. 产房内仔猪腹泻的原因及防治措施[J]. 饲料广角（12）：34-35.

李成. 2017. 猪胃肠溃疡的综合防治[J]. 农技服务（7）：86.

李传忠. 2013. 猪流行性感冒的诊治与预防方法[J]. 当代畜牧（20）：34-35.
李德. 2005. 公猪精液品质测定[J]. 动物科学与动物医学（6）：58-59.
李敢. 2010. 母猪分娩期的饲养管理技术措施[J]. 中国猪业，30（2）：184-185.
李根才. 2012. 猪应激综合征的防控[J]. 畜牧与饲料科学（3）：97-98.
李光辉. 2017. 猪的霉菌中毒病——预防霉菌中毒的先进技术[J]. 国外畜牧学（猪与禽），37（1）：47-48.
李广林，高芳，孟聚诚，等. 1994. 针刺后海穴对仔猪大脑及外周血液中之酰胆碱含量的影响[J]. 中国兽医科技（3）：10-13.
李桂芹. 2006. 如何防治母猪产褥热[J]. 养猪（1）：47.
李桂艳. 2018. 猪胎衣不下原因及治疗[J]. 中国畜禽种业（2）：84-85.
李国华. 2016. 引进种猪的选择与注意事项[J]. 现代畜牧科技（1）：16.
李国平. 2016. 猪便秘的原因分析与治疗[J]. 甘肃畜牧兽医（1）：109-111.
李海宁. 2003. 饲料酶制剂种类及应用前景[J]. 四川畜牧兽医，30（9）：31.
李洪，张盼锋，刘宇. 2009. 猪常见的繁殖障碍性疾病及其治疗[J]. 畜牧兽医杂志，28（1）：113-114.
李焕烈. 2009. 论规模化猪场的规划设计[J]. 养猪（6）：33-39.
李焕烈. 2010. 30年来我国养猪生产工艺发展概况[C]. 养猪三十年记—纪念中国改革开放养猪30年文集（1978—2007）.
李嘉. 2014. 浅析生长育肥猪的饲养管理[J]. 当代畜牧（5）：17-18.
李娟. 2017. 如何做好断奶仔猪的护理工作[J]. 中国猪业（9）：23.
李军梅，孙爱玲. 2015. 母猪分娩的注意事项及仔猪护理[J]. 中国畜禽种业（5）：80.
李军文. 2016. 产房仔猪管理的几个重点[J]. 江西饲料（6）：32-33.
李俊，时建立. 2012. 浅谈猪场的信息化管理[C]. 中国畜牧兽医学会信息技术分会2012年学术研讨会.
李俊柱. 2006. 现代化规模化猪场生产管理模式[J]. 当代畜禽养殖业，6（14）：16-21.
李俊柱. 2012. 中国养猪业未来10年发展趋势[J]. 猪业科学（2）：114-115.
李连敏，裴爱民. 2006. 种公猪性欲缺乏怎么办?如何预防?[J]. 中国畜禽种业，2（2）：29.
李连敏，裴爱民. 2007. 妊娠母猪的饲养管理[J]. 科学种养（6）：14-15.
李连任. 2004. 猪“抽风”是什么回事?[J]. 农家之友（3）：38.
李琳，王扬，文学忠，等. 2016. 猪场发生猪厌食症的原因分析及其防治[J]. 猪业科学（6）：134.
李吕木，李东升，韩延安，等. 1991. 生长猪全价配合饲料对比试验报告[J]. 安徽农业科学（2）：184-185.
李敏康，钱冬明，宋宏新. 2007. 猪血SOD提取条件的研究[J]. 陕西科技大学学报，25（3）：50-52.
李模翠. 2012. 怀孕母猪精细化饲养管理技术[J]. 畜禽业（1）：39.
李坡. 2010. 猪异食癖的防制措施[J]. 养殖技术顾问（2）：32.
李奇贤，吴增坚. 2010. 高效养猪关键技术[M]. 合肥：安徽科学技术出版社.
李强. 1993. 预防PSE，DFD肉的发生[J]. 中国兽医杂志（4）：57.

李青旺，王立强，于永生，等. 2004. 猪精液冷冻技术研究[J]. 畜牧兽医学报，35（2）：150-153.
李青旺，江中良，王立强，等. 2003. 猪精液冷冻保存的初步研究[J]. 西北农林科技大学学报：自然科学版，31（4）：63-66.
李秋梅，王春香. 2009. 仔猪早补饲提高断奶成活率[J]. 畜牧兽医科技信息（10）：72.
李然. 2016. 母猪产后疾病的综合治疗措施与注意事项[J]. 黑龙江动物繁殖（2）：53-56.
李胜杰. 2016. 僵猪的形成原因及预防措施[J]. 现代畜牧科技（4）：151.
李胜利，赵盼盼. 2016. 猪腹泻发生原因及防治措施[J]. 中国畜禽种业（8）：86.
李守林. 2004. 现代仓库及其基本形式[J]. 物流技术与应用（7）：62-68.
李书杰.2015-12-1. 地方品种猪开发利用专家谈[N]. 河北农民报，（3）.
李顺虎，种志文，邓昌海，等. 2016. 猪霉变饲料中毒的危害及防治措施[J]. 畜牧兽医杂志（1）：69-70.
李素英. 2014. 猪饲料的种类及合理搭配[J]. 畜牧与饲料科学（2）：71-72.
李铁坚. 2000. 工厂化养猪的技术规程与注意事项[J]. 农业知识（20）：25-26.
李维华. 2012. 正确防治母猪产褥热[J]. 中国畜禽种业，8（8）：46-47.
李卫东. 2016. 免疫接种在猪传染病防疫中的应用[J]. 兽医导刊（13）：40.
李小芬. 2008. 断乳仔猪的饲养管理[J]. 农业知识：科学养殖（10）：39.
李小静. 2013. 猪口蹄疫与猪水泡病的鉴别诊断及防治[J]. 现代农村科技（12）：46.
李小玲. 2011. 规模化、集约化养猪场猪舍降温保温系统设计[J]. 中国科技博览（35）：386.
李小野，郭小满，于振波，等. 2011. 如何防治母猪无乳综合症[J]. 畜牧兽医科技信息（12）：75.
李小英. 2009. 猪风湿症与产后瘫痪的区别及病例介绍[J]. 养殖技术顾问（11）：52.
李孝文，章洪簌，宋文超，等. 2012. 氟苯尼考研究进展及其在猪场使用建议[J]. 中国猪业（8）：52-56.
李兴洪. 2009. 规模猪场选址和设备设施配套技术要点[J]. 畜禽业（7）：29-30.
李兴民. 2013. 提高仔猪断奶窝重及成活率的技术措施[J]. 中国畜牧兽医文摘（7）：64.
李兴如. 1995. 猪肌肉注射不弯折针头法[J]. 农村新技术（12）：29.
李兴如. 1996. 胎盘组织液、维生素B_1、B_{12}治猪病后不食[J]. 养猪（1）：44.
李修政，朱凤玉. 2012. 断奶仔猪的培育[J]. 中国畜禽种业（4）：75-76.
李旭阳. 2014. 如何建立母猪群合理胎次结构[J]. 农业知识（15）：38-39.
李亚娟，高海龙，关巨军. 2010. 建筑猪场时要考虑的方面与要求[J]. 现代畜牧科技（3）：34.
李娅兰，刘珍云，刘敬顺，等. 2013. 世界种猪育种体系及对我国种猪育种借鉴[J]. 中国畜牧业（6）：52-54.
李以翠，李保明，施正香，等. 2006. 猪排泄地点选择及其对圈栏污染程度的影响[J]. 农业工程学报，22（s2）：108-111.
李英如，安淑秀，田永翠. 2006. 提高种公猪繁殖力的综合措施[J]. 农业新技术・今日养猪业（5）：14-16.
李永红. 2015. 现代化养猪新特点及发展趋势[J]. 当代畜牧（2）：37-38.
李永辉. 2011. 智能化母猪群养在中国养猪生产中的应用[J]. 中国猪业（9）：4-7.

李云凤. 2011. 引起猪呼吸困难的几种主要疫病的鉴别诊断及防控[J]. 畜牧与饲料科学（6）：120−122.
李职. 2011. 母猪健康和高效生产营养需要与饲养管理策略[J]. 北方牧业（9）：10−11.
李志萌，杨志诚. 2016. 生猪价格波动规律的形成机理与调控对策[J]. 农林经济管理学报（6）：694−701.
李中习. 2017. 浅谈猪传染病的综合预防措施[J]. 河北农业（9）：47−48.
练亚平. 2007. 如何给猪驱虫[J]. 河北农业（6）：43.
梁爱民，佘家辉. 1998. 莆田市家畜弓形虫病的血清学调查与预防[J]. 福建农业科技（5）：43.
梁大明. 2015. 养猪人：你有巡栏的习惯吗?[J]. 猪业科学（1）：141.
梁凡丽，齐振宏. 2013. 养猪业生态产业链运行规律及动力机制研究述评[J]. 天津农业科学（4）：54−57.
梁久梅. 2007. 猪常见外伤的防治[J]. 北方牧业（24）：17.
梁涛，韩志涛，韩雪东. 2017. 猪胎衣不下原因及治疗[J]. 中国畜禽种业（12）：61.
梁铁强，于福谦，姜海云，等. 1995. 猪用自动饮水器效果好[J]. 黑龙江畜牧兽医（12）：11.
梁巍. 2007. 猪饲料的选喂方法[J]. 北方牧业（9）：25.
梁忠原，宁婉芳，梁润明. 2010. 浅谈提高母猪生产能力的几条措施[J]. 中国畜禽种业，6（6）：113−114.
林承佺. 2014. 猪场无害化处理死猪尸体——仓箱式发酵堆肥法[J]. 猪业观察（6）：79−83.
林春艳，韩登峤. 2004. 种公猪的饲养管理[J]. 黑龙江畜牧兽医（2）：32.
林国发. 2016. 风起云涌的2016年猪市[J]. 广东饲料（11）：19−21.
林均德. 1991. 浅谈仔猪的防压措施[J]. 辽宁畜牧兽医（6）：10−11.
林太明. 2006. 猪病诊治快易通[M]. 福州：福建科学技术出版社.
林亦孝，朱连德. 2013. 猪场绩效管理[J]. 猪业科学，7（8）：21−25.
凌占业，宋向阳，郑李，等. 2012. 规模化猪场猪疝气诊治[J]. 中国畜牧兽医文摘（3）：150−151.
刘春燕，曹荣峰. 2001. 提高母猪繁殖性能的综合措施[J]. 黑龙江畜牧兽医（12）：9−10.
刘德武，罗庆斌. 2012. 畜禽养殖实用技能[M]. 中山：中山大学出版社.
刘方玉，吕代广. 2010. 三管齐下治疗种公猪死精症[J]. 黑龙江畜牧兽医（24）：75−76.
刘凤军，杨崴，赵先阳. 2009. 关于大型国企履行社会责任的调查与思考——以国家电网公司为例[J]. 科学决策（3）：18−23.
刘行. 2006. 特种野猪价格走高 养殖前景看好[J]. 农村百事通（18）：23.
刘红斌，吴新. 2004. 温氏“公司+农户”经营模式研究[J]. 企业经济（11）：88−89.
刘洪涛. 2015. 保育仔猪的饲养管理[J]. 中国动物保健（12）：15−16.
刘怀战. 2016. 规模化养殖条件下初生仔猪的寄养方式探讨[J]. 国外畜牧学（猪与禽）（6）：73−74.
刘惠芳，周安国，吴德，等. 2005. 妊娠母猪的阶段饲喂[J]. 中国饲料（12）：8−10.
刘继军. 2008. 养猪场的建筑与设备、环境控制与环境保护[J]. 猪业科学（5）：80−82.
刘康柱，刘崇林，胡建红. 2005. 美系杜洛克种猪体尺、体重测定与体型评定研究[J]. 畜牧兽医杂志（5）：1-2.
刘兰春，丁雪梅，付亚坤，等. 2006. 仔猪早断乳的饲养技术[J]. 中国农村小康科技（8）：73.
刘莉. 2017. 仔猪白肌病的病因及对策[J]. 畜牧兽医科技信息（4）：35.
刘猛，王桂荣，王慧军，等. 2010. 中国生猪饲养的发展出路——生态养猪[J]. 中国农学通报（8）：254-258.
刘孟洲. 2007. 中国猪种工作的历史性阶段——培育猪种的形成[J]. 猪业科学（10）：92-94.
刘明寿. 2003. 附红细胞体病的病原学及诊断学研究进展[J]. 吉林农业大学学报，25（6）：674-677.
刘权利，许国智. 2012. 猪应激综合征的发病原因及其防治策略[J]. 畜牧与饲料科学（3）：107-108.
刘瑞玲. 2011. 猪群肢蹄病发病症状、病因及防治措施[J]. 国外畜牧学（猪与禽），31（1）：88-90.
刘瑞生. 2018. 超声波技术在母猪妊娠诊断上的研究概况[J]. 养猪（2）：53-56.
刘世强. 2009. 规模化猪场保育猪的生产管理技术[J]. 广东畜牧兽医科技，34（4）：16-17.
刘伟明，马云龙，黄丽辉. 2009. 猪疥螨病的诊断及防治[J]. 畜牧兽医科技信息（11）：60.
刘伟平. 2015. 母猪产后不食的分析与对策[J]. 北京农业（26）：116-117.
刘卫国，陆裕. 2013. 规模化猪场疫病防控的综合措施[J]. 安徽农业科学（3）：1 120-1 136.
刘文刚. 2014. 如何做好哺乳仔猪的寄养和并窝[J]. 新农业（8）：35-36.
刘希颖，赵越. 2004. 畜舍中有毒有害气体对畜禽的危害及防治[J]. 饲料工业，25（10）：58-60.
刘显平. 2012. 母猪产后瘫痪的综合防控[J]. 畜牧与饲料科学（Z1）：161-162.
刘秀丽. 2015. 保育仔猪的饲养管理[J]. 中国畜牧兽医文摘（12）：68-78.
刘学剑. 2005. 中小饲料企业原料采购管理策略[J]. 饲料广角（12）：33-35.
刘亚千，李春海，陈华.2009.小型猪保定吊床的设计与使用[J].实验动物科学（2）：64-65.
刘彦. 2000. 采用综合措施提高母猪的发情率[J]. 农业新技术，18（6）：35-36.
刘云乔. 1995. 母猪妊娠早期的鉴定方法[J]. 农家顾问（8）：27.
刘中民. 2013. 哺乳母猪乳房炎的发生与防治探究[J]. 北京农业（30）：148.
刘忠诚，谢馨梅，刘针伶，等. 2013. 现代规模猪场管理要点解析[J]. 当代畜牧（5）：62-63.
刘子权. 2007. 提高公猪精液品质9法[J]. 农村新技术（11）：21-22.
娄方秀. 2013. 浅谈猪的肌肉风湿症的诊治[J]. 中国畜禽种业（9）：105-106.
娄艳玲. 2012. 猪场部分设施建设的技术要求[J]. 现代畜牧科技（5）：17.
卢成合. 2008. 怎样鉴别饲料原料是否掺假[J]. 科学种养（4）：42.
卢少达，刁贺军，王连平. 2000. 群养猪胃毛球病防制[J]. 养猪（1）：46.
卢文国，郭亮明. 2017. 猪场环保的困境与出路[J]. 养殖与饲料（10）：1-7.
卢小林，罗强华. 2003. 青粗饲料喂猪的原理与实践[J]. 养猪（3）：53-54.
卢绪峰. 2011. 高温季节猪常发病症的防治与保健[J]. 猪业科技（7）：12-13.
鲁玲. 2009. 猪蛔虫病的防治[J]. 吉林畜牧兽医（3）：22-23.
鲁绍雄. 2016. 联合育种是提高引进种猪性能的有效途径[J]. 今日畜牧兽医（1）：65-66.

鲁增军. 2013. 无公害养猪场环境规划设计[J]. 中国畜牧兽医文摘（2）：70–71.
陆雨锋. 2008. 育成仔猪入舍前后的饲养管理要点[J]. 养殖技术顾问（3）：18.
陆雨锋. 2012. 我国主要的优良培育猪种[J]. 养殖技术顾问（10）：48.
陆玉春. 2017. 畜舍的结构要求及类型[J]. 现代畜牧科技（10）：136–137.
罗成，王永刚. 2015. 规模化猪场母猪接产技术[J]. 中国畜禽种业（4）：61–62.
罗春，毛德荣. 2010. 急性猪丹毒的诊断与防治[J]. 黑龙江畜牧兽医（22）：89–89.
罗芬，喻正军，陈基萍. 2014. 提高初产母猪断奶发情率的综合管理措施[J]. 饲料与畜牧・规模养猪（12）：16–18.
罗江培. 1988. 中西医结合治疗猪子宫胎儿直肠脱垂一例[J]. 四川畜牧兽医（4）：40–41.
罗学明. 2010. 体细胞克隆繁育优秀种公猪技术的研究[D]. 兰州：甘肃农业大学.
雒建成. 2008. 仔猪红痢的诊断与治疗[J]. 畜牧兽医科技信息（9）：30.
吕惠序. 2008. 氟喹诺酮类药物在养猪兽医临床上的应用[J]. 北方牧业（7）：18–19.
吕惠序. 2009. 四环素类抗生素在养猪生产中的正确应用[J]. 养猪（4）：67–69.
吕惠序. 2009. 猪场怎样正确使用大环内酯类抗生素[J]. 养猪（4）：69–71.
吕惠序. 2009. 猪场怎样正确使用青霉素类抗生素[J]. 养猪（1）：51–53.
吕惠序. 2010. 猪场如何正确使用磺胺类药物及抗菌增效剂[J]. 养猪（2）：73–75.
吕惠序. 2011. 氟喹诺酮类药物在养猪临床上的正确应用[J]. 养猪（1）：93–96.
吕惠序. 2011. 谈猪场规范使用青霉素类抗生素[J]. 饲料与畜牧・规模养猪（1）：8–10.
吕惠序. 2011. 头孢菌素类药物在猪场的应用概述[J]. 兽药市场指南（12）：32–33.
吕惠序. 2011. 猪病防治中如何正确使用林可霉素[J]. 养猪（2）：95–96.
吕惠序. 2011. 猪场如何正确使用氟苯尼考[J]. 中国动物保健，13（2）：35–37.
吕惠序. 2011. 猪场如何正确使用抗菌药物（三）——用药方案的制定原则[J]. 兽医导刊（9）：53–54.
吕惠序. 2012. 四环素类抗生素在养猪临床上的正确应用[J]. 中国猪业（8）：57–58.
吕惠序. 2012. 养猪场如何合理应用抗菌药物[J]. 今日畜牧兽医（10）：31–34.
吕惠序. 2013. 多肽类抗生素在养猪业中的正确使用[J]. 北方牧业（18）：29.
吕惠序. 2014. 多肽类抗生素在养猪生产中的正确使用[J]. 养猪（2）：127–128.
吕建强，陈焕春. 2002. 猪细小病毒病的诊断与防治[J]. 养殖与饲料（5）：34–35.
吕礼良，张云影，牛铭晨. 2006. 塑料暖棚猪舍建筑[J]. 科学种养（10）：30.
麻宝恩，王廷斌，郑玉臣. 2018. 猪的纯种繁育和选种选配技术[J]. 畜牧兽医科技信息（2）：96–97.
马爱玲，李兴如. 2004. 猪病治疗中常见的几个错误[J]. 山东畜牧兽医（6）：51.
马发顺. 2010. 在动物育种上近交的科学利用[J]. 当代畜禽养殖业（3）：5–8.
马国田. 2002. 如何规范和强化种公猪的管理. [J]. 四川畜牧兽医（6）：33.
马静峰，孙丽梅. 2014. 猪用蛋白质与能量饲料[J]. 养殖技术顾问（6）：76.
马维荣. 2011. 猪几种疾病的诊断鉴别[J]. 现代畜牧科技（10）：1 088.
马学良，赵明杰，郭景峰，等. 2010. 养殖场条垛堆肥翻堆设备发展趋势分析[J]. 中国家禽（6）：8–11.

马尧，齐胜利，吴婧斐. 2016. 种公猪站建设及其配套设施的选择[J]. 中国猪业，11（9）：48-49.
满红. 2008. 外种猪母猪发情鉴定三步走[J]. 中国猪业（5）：32.
孟志红. 1991. 不同添加剂喂猪对比试验[J]. 云南畜牧兽医（1）：54.
苗德武. 2018. 初产母猪产死胎多的原因与对策[J]. 江西饲料（1）：32-33.
苗连叶，戴广军. 2003. 集约化猪场提高种公猪利用率的技术措施[J]. 当代畜牧养殖业（8）：9-11.
苗连叶，叶广军. 2003. 集约化猪场提高种公猪利用率的技术措施[J]. 当代畜禽养殖业（7）：10-12.
苗兴友. 2016. 猪常见疾病预防与治疗[J]. 乡村科技（8）：27-28.
缪宝良，鞠昌华. 2016. 中小猪场疫病防控综合技术与措施[J]. 中国畜牧兽医文摘，32（5）：143.
牟学新，张达古拉，王宇. 2012. 哺乳母猪的饲养管理技术[J]. 农村养殖技术（5）：8.
穆怀萍. 2007. 断奶仔猪养育的关键措施[J]. 现代畜牧兽医（19）：10-11.
娜日娜，赵剑平，李峰，等. 2012. 种猪精液常温保存的操作方法[J]. 当代畜禽养殖业（5）：53.
南向荣，李兴如. 2016. 育肥猪对环境的要求[J]. 现代畜牧科技（10）：51.
聂磊. 2008. 健胃中药对育肥猪生产性能及免疫力的影响研究[D]. 延吉：延边大学.
牛思凡，孙世铎，徐子清. 2012. 深部输精对母猪繁殖性能的影响[J]. 家畜生态学报，33（4）：62-65.
牛长波，杨波，刘飞.2018 影响哺乳母猪泌乳量因素及提高措施[J]. 中国畜禽种业（2）：77.
欧广志. 2012. 猪应激产生的原因分析及应对措施[J]. 中国动物检疫（3）：55-56.
欧伟业. 2007. 母猪精细化饲养管理与保健技术要点[J]. 养猪（6）：51-53.
欧阳顺根，宋泽文，罗文光. 2009. 猪舍设计专题讲座（三）猪场排污管道设计及粪便污水无害化处理[J] 中国猪业（10）：58-59.
潘军天. 1996. 如何在猪的饲养管理中做到“四定”[J]. 科技致富向导（1）：24.
潘琦，周建强. 2011. 规模化猪场提高母猪年生产力的关键技术[C]. “六马”杯生猪遗传改良暨全国猪人工授精关键技术研讨会.
潘英. 2002. 提高配合饲料质量应该注意的几个问题[J]. 青海畜牧兽医杂志，32（3）：46.
裴力锋，张丽霞，贺宏军. 2007. 饲料企业仓储管理的技术措施[J]. 饲料博览（技术版）（6）：42-43.
裴玉国，梁作之，朱国兴，等. 2009. 21日龄仔猪早期断奶在养猪生产上的应用[J]. 现代畜牧兽医（8）：59-60.
彭涛，古金元，胡东方，等. 2017. 保育猪的饲养管理及疾病防控[J]. 猪业科学，34（5）：123-125.
彭晓青. 2009. 高温条件下猪散热调节特性及中草药复合制剂的作用[D]. 南京：南京农业大学.
彭志领，时庆华. 1997. 猪伪狂犬病的诊断及防治研究进展[J]. 中国动物检疫（5）：34-35.
彭中镇，刘榜，樊斌，等. 2015. 如何培育猪的配套系和制定培育方案[J]. 养猪（1）：65-72.
彭中镇. 2005. 试析配套系与猪配套系育种[J]. 动物科学与动物医学（3）：19-22.
蒲红州，陈磊，张利娟，等. 2015. 湿热环境对自由采食生长育肥猪采食行为的影响[J]. 动物营养学报（5）：1 370-1 376.

齐桂春. 2014. 如何防治母猪产后瘫痪[J]. 卷宗（5）：272.
齐加强. 2014. 影响母猪生产力的因素[J]. 畜牧兽医科技信息（4）：75–76.
齐静，王怀中，路培祥，等. 2007. 种猪本交方式配种管理[J]. 养猪（2）：62.
齐莹莹，曹建新，王钰龙. 2015. 规模化猪场母猪饲养管理之关键[J]. 黑龙江畜牧兽医（10）：66–67.
钱进. 2001. 不同季节养猪应注意的问题[J]. 致富之友（3）：6.
谯仕彦. 2017. 后备母猪营养需求及饲养[J]. 北方牧业（6）：24.
秦博. 2015. 猪腹泻的防治措施[J]. 畜牧兽医科技信息（2）：100–101.
秦辅民，颜石才，王彩焕. 2016. 中西医结合治疗猪厌食症[J]. 云南畜牧兽医（3）：45.
秦华. 2012. 畜禽传染病[M]. 北京：科学出版社.
秦圣涛，梁彦明，刘泉雨. 2009. 恩诺沙星的特性及其在猪病防治上的应用[J]. 广东饲料（4）：26–28.
秦绪伟. 2014. 猪神经症状疾病的诊断与治疗[J]. 北方牧业（4）：19.
邱福双. 2013. 断奶仔猪腹泻的原因及预防保健措施[J]. 畜牧与饲料科学，34（2）：112–114.
渠乐明. 2006. 冬季塑料暖棚育肥猪效益初报[J]. 畜禽业（22）：37–38.
曲文清. 2015. 妊娠母猪的饲养管理技术[J]. 现代畜牧科技（1）：19.
冉立英. 2014. 猪饲料的分类与配制[J]. 养殖技术顾问（6）：78.
任广志，黄青伟，赵松涛，等. 2000. 规模化猪场夏季母猪产后“三联症”的防治[J]. 河南畜牧兽医（综合版），20（7）：26.
任林. 1994. 蒜液能治猪破伤风[J]. 农业科技与信息（z1）：43.
任振森. 怎样合理利用青粗饲料养猪[J]. 中国畜牧杂志（4）：46–47.
任志斌，高扬，蒙旭辉. 2011. 关于母猪难产的防治探讨[J]. 中国猪业（4）：39–41.
荣梅，张国平，李勇. 2007. 大蒜疗法治疗猪破伤风[J]. 中国畜牧兽医文摘（1）：118.
邵元健. 2006. 质量性状和数量性状含义的辨析[J]. 生物学杂志（4）：55–57.
申洪兵. 2004. 无公害肉猪饲养技术[J]. 宜宾科技（4）：26–28.
沈洪欢，王希斌，余益耀，等. 2016. 种猪场内猪耳号的管理措施[J]. 中国畜牧兽医文摘，32（1）：90.
沈慧. 2013. 猪痢疾的诊断及综合防治[J]. 今日畜牧兽医（3）：24–25.
沈莉. 2008. 防治仔猪贫血病技法[J]. 当代畜禽养殖业（9）：47.
沈银书. 2012. 中国生猪规模养殖的经济学分析[D]. 北京：中国农业科学院.
石宝明，单安山. 1999. 饲用酸化剂的作用与应用[J]. 饲料工业（1）：3–5.
石宝荣. 2010. 母猪发情的鉴定及注意事项[J]. 现代农村科技（15）：39.
石翠荣. 2015. 猪场保育舍及生长育成舍的管理技术要点[J]. 猪业科学，32（8）：114–115.
石国魁，牛爱花，王桂英，等. 2014. 提高种猪配种分娩率的关键技术研究[J]. 猪业科学（7）：120–121.
石小辅. 2015. 仔猪的饲养管理技术[J]. 北京农业（27）：126.
石小军. 2016. 浅析猪气喘病的防治措施[J]. 兽医导刊（16）：96.
石旭东，白彪玲，张金芳，等. 2013. 母猪的发情与发情鉴定[J]. 猪业科学，30（4）：56–58.

时洪艳，冯力，陈建飞，等. 2008. 猪轮状病毒重组VP7蛋白抗原间接ELISA诊断方法的建立[J]. 中国预防兽医学报，30（3）：233-237.
舒刚. 2009. 冬季养猪如何防寒[J]. 农民文摘（1）：34-35.
宋春阳，毕克伍. 2003. 如何科学合理地设计饲料配方[J]. 吉林畜牧兽医（7）：15-18.
宋明权. 2016. 母猪难产的处理建议[J]. 农业开发与装备（5）：167.
宋启明，李元果，冯文健，等. 2009. 断奶仔猪的饲养管理[J]. 吉林畜牧兽医，30（9）：43-44.
宋泽文. 2008. 浅谈中小型猪场的选址与布局[J]. 江西畜牧兽医杂志（4）：21-22.
宋志芳，曹洪战，芦春莲.2016.提高地方猪胴体瘦肉率的研究进展[J]. 中国猪业（8）：53-56.
宋志芳，曹洪战，芦春莲. 2016. 背膘厚对母猪繁殖性能的影响[J]. 中国猪业（11）：69-71.
苏国兴，刘庆明. 2006. 规模化猪场生物安全建设关键技术的探讨[J]. 福建畜牧兽医（S1）：84-85.
苏雷，章四新，邵建伟，等. 2006. 猪咬尾咬耳症原因与防治措施[J]. 湖北畜牧兽医（7）：26-27.
苏振环. 2005. 现代养猪实用百科全书 [M]. 北京：中国农业出版社.
苏子剑. 2015. 猪运输应激综合征的防治[J]. 福建畜牧兽医（2）：50-51.
孙彬，王朝明. 2010. 鱼粉掺假检测实用技术[J]. 江西饲料（6）：30-31.
孙常君. 2000. 不同季节养猪增重有诀窍[J]. 农村实用科技信息（10）：23.
孙海洋. 1995. 工厂化猪场设计及设备对卫生防疫影响的探讨[J]. 广东农机（2）：20-21.
孙宏伟. 2012. 猪场的设备与设施[J]. 养殖技术顾问（4）：11.
孙剑利. 2017. 新生仔猪溶血病的病因、临床症状与防治措施[J]. 现代畜牧科技（4）：77.
孙丽华，黄金凤. 2015. 断奶仔猪脂肪营养及优化脂肪酸对其生产性能的影响[J]. 广东饲料（11）：20-24.
孙秀芳. 2014. 夏季高温养猪注意事项[J]. 畜牧与饲料科学，35（6）：94-95.
孙长青. 2007. 简述母猪配种的方式与方法[J]. 畜牧兽医科技信息（4）：60-61.
孙智辉，王春乙. 2010. 气候变化对中国农业的影响[J]. 科技导报，28（4）：110-117.
邰秀林，龙翔. 1998. 不同冷冻保护剂在猪精液冷冻中的作用 [J]. 四川畜牧兽医学院学报，12（2）：25-27.
谈成，边成，杨达，等. 2017. 基因组选择技术在农业动物育种中的应用[J]. 遗传（11）：1 033-1 045.
汤起武. 2014. 猪场大肠杆菌耐药与用药相关性研究[D]. 长沙：湖南农业大学.
唐洁. 2006. 冬季哺乳母猪及哺乳仔猪的饲养管理[J]. 猪业科学，23（12）：20-21.
唐永峰，沈从举. 2012. 种公猪的选择及饲养管理技术[J]. 畜牧兽医杂志，31（6）：83-85.
田崇刚. 2016. 农村养猪常见猪疾病预防及治疗 [J]. 中国畜禽种业（10）：113-114.
田珂，陈海南. 2015. 母猪产后疾病的综合治疗措施与注意事项[J]. 黑龙江畜牧兽医（8）：88-90.
托志猛，孙文国，张凯东. 2017. 猪场如何做好夏季防暑降温[J]. 今日畜牧兽医（5）：36.
万积成，唐晓宾，张丽丽. 2010. 母猪早期妊娠常用诊断技术及新技术研究进展[J]. 山东畜牧兽医，31（3）：77-78.

万丽娜. 2008. 抗生素的药物相互作用[J]. 实用预防医学，15（4）：1 314–1 316.
万遂如. 2011. 兽医临床上如何合理的联合用药[J]. 养猪（4）：103–104.
万遂如. 2014. 规模化猪场提高仔猪成活率的技术要点[J]. 今日畜牧兽医（2）：22–25.
汪宏云. 2000. 提高母猪年生产力的综合技术措施[J]. 养猪（2）：8–9.
汪丽婷，马友华，储茵，等. 2010. 畜禽粪便废弃物处理与低碳技术应用[J]. 农业资源与环境学报，27（5）：57–60.
汪明明. 2012. 种公猪精液品质鉴定及稀释保存[J]. 吉林农业（5）：166.
汪善锋，丁威，陈明. 2008. 种公猪营养与繁殖性能[J]. 饲料工业（13）：49–51.
王爱国，李力，梅克义，等. 2004. 加强联合育种提高种猪质量[J]. 中国畜牧杂志（3）：5–7.
王爱国. 2004. 优良种猪的选择与饲养（下）[J]. 农村养殖技术（18）：5–7.
王爱国. 2005. 实施配套系育种战略增强种猪市场竞争力[J]. 中国畜牧杂志（7）：3–5.
王必强，陈碧红，戴国能，等. 2011. 初配日龄对母猪产仔性能的影响[J]. 畜牧与饲料科学，32（7）：10–11.
王斌. 2000. 断奶仔猪应采用何种喂料器[J]. 养猪（1）：46.
王冰，邵军. 2016. 如何诊断与防治猪便秘[J]. 吉林畜牧兽医（1）：37.
王彩歌. 2017. 母猪流产和死胎的原因及预防措施[J]. 现代畜牧科技（12）：74.
王道坤. 2006. 养猪场常用药物使用方法和注意事项[J]. 中国动物保健（11）：36.
王道坤. 2008. 猪呕吐性疾病的鉴别和防治[J]. 畜禽业（3）：78–80.
王定军，石明富，张友平. 2008. 种公猪的饲养管理与利用[J]. 贵州畜牧兽医，32（2）：41–44.
王凤，罗险峰，汤德元，等. 2011. 猪口蹄疫诊断技术的研究进展[J]. 猪业科学，28（10）：42–47.
王广学. 2015. 怀孕母猪预产期测算[J]. 农家之友（5）：54.
王桂香. 2009. 猪丹毒的防治措施[J]. 中国猪业（5）：46.
王国强. 2006. 哺乳仔猪死亡原因及控制措施[J]. 养猪（6）：17–18.
王国强. 2016. 规模化猪场后备母猪的选择与培育[J]. 国外畜牧学（猪与禽）（1）：32–34.
王国桥. 2015. 分娩母猪舍精细化管理要点[J]. 猪业科学，32（12）：115–116.
王海珍，王加启，黄庆生. 2005. 乳酸菌类微生物制剂的作用机理及其应用[J]. 养殖与饲料（3）：9–11.
王赫，张玮. 2013. 夏季养猪注意事项[J]. 华北民兵（9）：62.
王惠. 2016. 浅谈母猪饲养管理的关键环节[J]. 中国畜禽种业（7）：107–107.
王惠强. 2011. 300头母猪规模猪场绩效考核方案. [J]. 中国猪业，5（16）：17–19.
王继华，林东梅，王莹. 2004. 仔猪饲养管理技术要点[J]. 邯郸农业高等专科学校学报（4）：29–35.
王继强. 2007. 早期断奶仔猪的生理特点及营养调控措施[J]. 饲料广角（5）：31–34.
王家辉，张宝荣，高盛玥，等. 2010. 猪人工授精中采集公猪精液的正确方法[C]. 东北养猪研究会学术年会论文集.
王建平，刘宁，陆向阳，等. 2002. 猪的生物学特性及其在工厂化生产中的利用[J]. 家畜生态（1）：72–74.

王金. 2009. 规模化猪场如何提高仔猪断奶前的成活率[J]. 黑龙江动物繁殖，17（6）：18-19.
王晶晶，Selwyn A Headley，Luiz C Silva，等. 2013. 猪大脑脓肿：猪链球菌2型诱发的脑膜脑炎的典型表现[J]. 国外畜牧学（猪与禽）（2）：63-66.
王均. 断奶仔猪腹泻的防治[J]. 中国畜牧杂志（11）：63.
王丽洁，陆书峰，廖丽萍. 2009. 浅谈规模化养猪[J]. 硅谷（1）：113.
王丽娜. 2013. 仔猪贫血病的防治[J]. 养殖技术顾问（7）：153.
王丽艳，李金岭，韩晓辉. 2010. 猪的免疫接种及注意事项[J]. 黑龙江畜牧兽医（22）：80-81.
王靓靓，李训良，李鹏冲，等. 2013. 猪流行性腹泻的诊断与预防[J]. 世界华人消化杂志（1）：33-38.
王林. 2016. 如何选择后备母猪[J]. 现代畜牧科技（2）：60.
王隆基. 1977. 猪用自动饮水器[J]. 粮油加工与食品机械（11）：49-78.
王美玲，刘宝利. 2011. 母猪子宫内膜炎的发病原因及防治策略[J]. 畜牧与饲料科学（11）：109-110.
王美芝，吴中红，刘继军. 2011. 标准化示范猪场建设——标准化规模化猪场中猪舍的环境控制[J]. 猪业科学（3）：28-31.
王沫. 2018. 种公猪的品种选择与饲养管理[J]. 当代畜禽养殖业（2）：28.
王培樟，赖厚辉. 2011. 论猪场发生疫情的处理措施[J]. 北京农业（33）：46.
王鹏萱. 2013. 猪场分娩舍、保育舍的设施与设备[J]. 现代畜牧科技（3）：41.
王青来，刘珍云，郑海峰，等. 2008. 浅谈种猪场猪配套系的育种[J]. 中国畜牧杂志（8）：7-9.
王庆慧. 2013. 公猪站建立必须具备的条件[J]. 现代畜牧科技（2）：28.
王全根，邱黎敏，冯奇民. 2009. 猪黄脂病的诊断要点与防治措施[J]. 养殖技术顾问（7）：27.
王全理. 2006. 养猪生产中应注意的几个关键问题[J]. 河南畜牧兽医：综合版，27（1）：22-23.
王瑞年. 2012. 盘点现代养猪场生产设备技术[J]. 猪业科学，29（2）：59-61.
王瑞义，赫荣来，窦春旭. 2012. 空怀母猪的饲养管理及发情控制[J]. 现代畜牧科技（6）：54.
王绍昱. 2018. 优良母猪品种简介和高产母猪的精准选择[J]. 农村实用技术（4）：44-46.
王升昌. 2014. 浅谈选择猪饲料原料应注意的几个事项[J]. 畜禽业（1）：25.
王淑娟. 2017. 种猪的挑选方法与引进注意事项[J]. 当代畜牧（6）：77-78.
王涛，蔡扩军，李爱巧，等. 2017. 乌鲁木齐市冬季养殖场畜禽舍内空气微生物含量的初步调查研究[J]. 新疆畜牧业（2）：36-38.
王文. 1999. 新生仔猪如何固定好乳头[J]. 致富之友（7）：9.
王文园，王长宏，张柳青，等. 2014. 比赛可灵与中药治疗母猪产后常见病[J]. 中兽医学杂志（3）：32-33.
王文振. 2007. 哺乳仔猪的饲养管理[J]. 现代农业科技（19）：186.
王宪华. 2011. 不同类型猪舍的设计[J]. 现代畜牧科技（5）：43.
王小兵. 2014. 猪场设备简介[J]. 养殖技术顾问（3）：248.
王新谋. 2016. 规模化猪场生产工艺与规划设计[J]. 养猪，13（6）：28-31.
王学峰，经荣斌，宋成义. 2001. 猪应激综合征研究进展[J]. 动物科学与动物医学（3）：25-27.
王雪敏，王斌，蔡宝祥. 2004. 引起猪繁殖障碍的传染性疾病[J]. 动物科学与动物医学（2）：

59-60.
王彦丽，卓卫杰. 2017. 后备母猪的精细化饲养管理[J]. 猪业科学，34（4）：122-123.
王应和，吴敏. 2011. 发酵床养猪的现状与应用前景[J]. 中国畜牧兽医文摘，27（1）：16-18.
王勇. 2013. 仔猪早期断奶应注意的几个问题[J]. 云南农业（7）：18.
王玉. 2006. 不同季节养猪技术要领[J]. 青海农牧业（3）：40.
王长虹，王国兴，晏磊，等. 2016. 寒区条垛式和槽式堆肥工艺的比较研究[J]. 黑龙江八一农垦大学学报（1）：68-72.
王志付，于福满，孟俊祥，等. 2013. 影响母猪泌乳量的因素及提高措施[J]. 当代畜禽养殖业（4）：15-18.
王治华，庞训胜，柴亮，等. 2014. 皖北猪仔猪体重和体尺参数相关性研究[J]. 安徽科技学院学报（3）：7-9.
王自恒，刘来亭，陈玉霞，等. 2010. 非常规植物能量原料替代玉米在生长肥育猪饲料中的应用效果研究[J]. 饲料工业，31（5）：24-26.
邬本成. 2006. 正确选择原料降低饲料成本[J]. 今日养猪业（3）：41-43.
吾谷农事网. 2017. 给猪舍通风换气的好处[J]. 养殖与饲料（6）：2.
吴根义，宋李思莹，姜彩红，等. 2016. 对畜禽养殖禁限养区划定的思考[J]. 环境保护，44（20）：61-63.
吴金英，徐子清. 1999. 规模化猪场分娩舍及分娩栏组装配套设计[J]. 湖北畜牧兽医（1）：26-28.
吴锦刚. 2017. 引发猪咳嗽的几种疾病的临床诊断[J]. 农技服务（5）：146.
吴兰欣. 2002. 产仔过多如何养活[J]. 河北畜牧兽医（10）：27.
吴力帅，李孟，肖锦红，等. 2005. 不同背膘厚对母猪繁殖性能的影响[C]. 中国猪业科技大会暨中国畜牧兽医学会2015年学术年会论文集.
吴龙骥. 2012. 种猪场配种舍的生产管理. [J]. 今日养猪学，8（6）：36-39.
吴龙骥. 2012. 种猪场配种舍的生产管理[J]. 今日养猪业（2）：27-30.
吴买生，唐锦辉，粟泽雄，等. 2008. 浅谈猪场饲料管理[J]. 猪业科学（3）：26-27.
吴买生. 1994. 种公猪性弱疗法[J]. 农村新技术（6）：27.
吴勤兴，宋泽文. 2009. 猪舍框架的设计（二）浅谈中小型猪场的选址布局与设计[J]. 中国猪业（9）：65-66.
吴荣根. 2001. 营养和环境对母猪繁殖性能的影响研究近况[J]. 动物科学与动物医学，18（1）：5-6.
吴同山，李岩. 2002. 分娩舍中猪的饲养管理[J]. 当代畜禽养殖业（11）：35-36.
吴同山. 2016. 刺激瘦肉型后备母猪发情的方法及注意事项[J]. 中国猪业（5）：41-42.
吴晓鸣. 2005. 现代化养猪场设计与设备[C]. 福建省科协学术年会卫星会议养猪与畜禽传染病制治学术研讨会.
吴星和. 2015. 保育舍管理应注意的几个环节[J]. 广东饲料，24（12）：45-46.
吴增坚. 2013. 猪场兽医记事[M]. 北京：金盾出版社.
吴增坚. 2014. 猪场兽医记事（十六）[J]. 今日养猪业（5）：57-58.

吴正杰. 2015. 提高育肥猪群“整齐度”的技术与管理措施[J]. 养殖与饲料（1）：18-21.
吴中红，王新谋. 2010. 母猪舍建设与环境控制[J]. 猪业科学，27（3）：48-50.
武爱梅，刘保贺. 2005. 浅谈种母猪的饲养管理[J]. 河南畜牧兽医：综合版，26（5）：21-23.
武书庚，Austin J Lewis. 2015. 妊娠母猪的饲养管理要点[J]. 中国畜牧杂志，44（16）：43-48.
夏季. 1994. 给猪喂料要坚持“四定”[J]. 吉林农业（11）：12-13.
夏圣奎. 2005. 猪场饲槽存在的问题与解决方法探讨[J]. 猪业科学，22（1）：32-33.
夏天，姚德成，高金銮，等. 2005. 公猪液态精液的稀释液研究[J]. 农业新技术（今日养猪业）（3）：42-45.
夏训峰，吴文良，王静慧. 2003. 用沼气法处理规模化养殖场畜禽粪便的优点及存在问题[J]. 可再生能源（2）：26-28.
夏阳，陈丽. 2010. 母猪发情鉴定“五步骤”[J]. 黑龙江动物繁殖，18（4）：21-22.
冼文标，陈小强. 2013. 如何提高后备母猪的利用率[J]. 畜禽业（7）：65.
肖国安. 2011. 猪发热即注射降温药合适吗[J]. 当代畜禽养殖业（12）：36.
肖红波. 2010. 我国生猪生产增长与波动研究[D]. 北京：中国农业科学院.
肖后均. 2016. 浅谈仔猪饲养管理技术要点[J]. 中国畜禽种业（9）：92-93.
肖明昊. 2017. 规模化猪场疫病防控之关键[J]. 现代农业（12）：79-80.
肖炜，云鹏，杜万苹，等. 2007. 不同来源长白猪生长肥育期生长规律的研究[J]. 黑龙江畜牧兽医（9）：43-45.
肖雨贤. 2005. 哺乳仔猪舍温湿度环境自动控制系统设计及试验研究[D]. 长春：吉林农业大学.
肖治军. 2005. 母猪繁殖障碍的原因及处理措施[J]. 中国畜牧兽医（2）：54-46.
谢飞. 2017. 不同体重阶段猪常用饲料原料有效能比较研究[D]. 北京：中国农业大学.
谢海刚. 2011. 猪场联合用药指南[J]. 中国猪业（11）：57-58.
谢全喜，亓秀晔，陈振，等. 2016. 适宜母猪配合饲料发酵的菌种筛选及其发酵条件的优化研究[J]. 中国饲料（16）：23-27.
辛光英. 2015. 仔猪白肌病的诊治[J]. 兽医导刊（21）：70.
邢兰君. 2008. 断奶仔猪水肿病的诊断与治疗[J]. 猪业观察，7（11）：22.
邢兰君. 2011. 猪常见传染病的预防接种和药物保健措施[J]. 北方牧业（20）：15.
邢鹏，赵茹茜，杨倩. 2011. 母猪限饲对后代断奶仔猪肌纤维特性的影响[J]. 南京农业大学学报，34（1）：101-106.
徐功权. 2017. 引起母猪分娩死胎的原因及其预防[J]. 现代畜牧科技（10）：25.
徐功权. 2017. 猪常见饲料的分类与营养[J]. 现代畜牧科技（9）：49.
徐光明. 2009. 种公猪的饲养管理及合理利用[J]. 中国猪业（4）：29.
徐国财. 2017. 提升仔猪成活率管理技术要点[J]. 中国畜禽种业（10）：58-59.
徐海峰. 2010. 母猪接产与仔猪假死的救护方法[J]. 中国畜禽种业（10）：61.
徐洪林. 2010. 由饲料因素引发猪黄脂病及其预防措施[J]. 现代畜牧科技（9）：25.
徐家康. 2013. 浅谈家畜传染病治疗的一般原则和方法[J]. 畜禽业（4）：84-85.
徐健. 2016. 猪饲料选购的要求与贮存方法[J]. 现代畜牧科技（8）：67.
徐尚喜. 2010. 特种野猪养殖技术及发展前景[J]. 农业科技与信息（13）：46.

许崇荣，陈志法，张光侠. 2013. 妊娠母猪的饲养管理[J]. 山东畜牧兽医，30（5）：16–17.
许金玲. 2013. 种公猪精液质量检测及其影响精液质量的原因分析[J]. 黑龙江畜牧兽医（18）：74–75.
许青华. 2006. 弓形虫病的流行病学研究概况［J］. 现代农业科技：上半月刊，17（9）：147–148.
许万祥. 2009. 猪蛔虫病的诊断与防治[J]. 畜牧与饲料科学（Z1）：192–194.
许镇海，李茹萍，翁继锋. 2005. 猪的先天性遗传缺陷症[J]. 浙江畜牧兽医，30（5）：33.
许芝海. 2009. 母猪产后不食的治疗[J]. 黑龙江畜牧兽医（10）：83–84.
轩玉峰. 2010. 初乳和常乳在仔猪防病保健中的作用[J]. 河南畜牧兽医（综合版），31（6）：42.
薛金山.2006. 怎样安全使用沼气[J]. 吉林农业（1）：9.
薛仔昌. 2017. 杜长大三元杂交商品猪的培育与饲养管理[J]. 现代畜牧科技（4）：7–8.
闫芬. 2011. 冬春季猪咳嗽的病因分析及诊治对策[J]. 养殖技术顾问（2）：85.
严和. 1997. 猪的近亲繁殖不容忽视[J]. 中国畜牧杂志（2）：8.
阳志香，蔡巨广，蓝天，等. 2005. 种公猪精液稀释液不同配方的对比试验[J]. 当代畜牧（3）：35–37.
杨帆. 2016. 仔猪断奶技巧[J]. 农家致富 （16）：39.
杨红梅，刘娣琴，贾志江，等. 2012. 提高仔猪成活率的技术要点[J]. 国外畜牧学（猪与禽），32（3）：71–72.
杨辉文. 2005. 公猪站的建设[J]. 中国畜禽种业（6）：23–25.
杨惠永，钟日开，罗土玉，等. 2017. 规模化猪场养猪设备应用概况[J]. 猪业科学，34（4）：100–101.
杨金宝，秦玉飞，秦献玲. 2007. 如何提高猪肉品质[J]. 中国畜牧兽医，34（7）：132–133.
杨金宝，覃小荣. 2009. 提高猪肉品质的营养因素[C]. 广西畜牧兽医学会养猪分会2006年年会.
杨利国. 2003. 动物繁殖学[M]. 北京：中国农业出版社.
杨眉，熊倩华，时黛，等. 2016. 规模化生猪养殖场的物联网应用[J]. 江西畜牧兽医杂志（5）：7–9.
杨民红. 2009. 如何防止母猪产后咬吃仔猪[J]. 今日畜牧兽医（5）：24.
杨明爽. 2016. 生猪最佳屠宰上市体重与饲料配方研究应用. 中国猪业（6）：73–76.
杨牧. 2004. 猪发生异食癖怎么办[J]. 北方牧业（2）：14.
杨南宗. 2014. 现代瘦肉型母猪的适度体况及其调控[J]. 养猪（3）：27–29.
杨群，谢金防，韦启鹏. 2009. 浅谈发酵床在养猪生产中的应用与研究进展[J]. 江西饲料（4）：1–3.
杨寿佳，他月芬，周业，等. 2012. 母猪产后瘫痪的病因及防治[J]. 猪业科学（8）：44–46.
杨涛. 2012. 规模化猪场猪繁殖与呼吸障碍综合征的综合诊断及防控措施的研究[D]. 泰安：山东农业大学.
杨永芳. 2017. 母猪分娩死胎增多的原因及减少措施[J]. 现代畜牧科技（2）：42.
杨月侠. 2015 哺乳母猪缺乳及其防治措施[J]. 畜牧兽医杂志（1）：96–97.
杨志蕊，高岭，崔宝兴，等. 2016. 种公猪的调教[J]. 中国猪业，11（9）：45–47.

姚德标，夏天，陆肖芬，等. 2011. 适度深部输精对提高产仔数和降低精液用量的效果[J]. 黑龙江动物繁殖，19（4）：15-18.

姚永胜. 2008. 常见猪神经症状疾病的诊断治疗[J]. 畜牧兽医杂志（2）：120-122.

叶道武，袁洁，殷宗俊，等. 2011. 后备公猪调教的特殊方法[J]. 养猪（5）：31-32.

叶健，胡晓湘，边成，等. 2017. 大白猪主要生长性状的遗传参数估计及育种中存在问题的探讨[J]. 华南农业大学学报（1）：1-4.

叶健，郑恩琴，胡晓湘，等. 2017. 基因组选择技术及其在猪育种中的应用探讨[J]. 中国畜牧杂志（11）：5-10.

叶土发. 2010. 一起猪毛首线虫病的诊治[J]. 养猪（2）：51.

佚名. 2003. 母猪不让仔猪吃奶怎么办[J]. 当代养猪（6）：29.

佚名. 2008. 世界养猪业的差距和机遇[J]. 山西农业（畜牧兽医）（5）：53-55.

佚名. 2011. 广东：重点猪场建设+产业化经营[J]. 中国畜牧业（4）：24.

佚名. 2011. 长途运猪巧用酒醋[J]. 河南畜牧兽医：综合版，32（7）：52-52.

银献娟，赵云军. 2018. 猪胎衣不下的原因及治疗[J]. 吉林畜牧兽医（1）：37-38.

尹汉周，姚美玲，黄大鹏. 2016. 规模化猪场智能化饲养设备发展现状及成本效益[J]. 黑龙江畜牧兽医（6）：69-71.

尹瑞芹，彭海军，刘定义，等. 2012. 仔猪黄痢的病因分析及有效防治[J]. 中国畜禽种业，8（2）：95-96.

由传庆. 2017. 养猪场废水处理与资源化利用探讨[J]. 湖北畜牧兽医（6）：33-34.

于凡，潘永杰，张茂. 2010. 冬季猪舍的保温措施[J]. 养猪（6）：52-53.

于广海，吴东辉. 2010. 猪传染病的防疫措施[J]. 黑龙江科技信息（7）：110.

于海鹏，于海龙. 2013. 育成猪对猪舍和环境的要求[J]. 畜牧兽医科技信息（10）：99.

于化洲，于淼. 2009. 怎样防治仔猪低血糖症[J]. 农村科学实验（4）：33.

于怀敬，王琰. 2009. 养猪场抗生素药物的合理使用[J]. 中国猪业（3）：58-60.

于千桂. 2008. 防治猪消化不良有技法[J]. 中国猪业（10）：39.

于长春. 2010. 母猪接产与助产技法[J]. 中国猪业（2）：62.

于志勇. 2004. 免疫接种时的注意事项[J]. 猪业观察（7）：26.

余海波，李洪涛，胡成儒，等. 2013. 早期断奶隔离饲养技术在现代养猪生产中的应用[J]. 当代畜禽养殖业（3）：8-11.

俞宁，龚婷婷. 2010. 保育仔猪的饲养管理[J]. 四川畜牧兽医（2）：40-41.

玉永雄，戚志强，刘卢生. 2010. 养殖进入高成本时代科学用草可降本增效——牧草在畜禽养殖业的应用[J]. 猪业观察（19）：6-7.

喻传州. 2015. 外种猪杂交优势的利用[J]. 中国猪业（7）：28-29.

喻传洲，李文献，杨华威. 2015. 利用好外来种猪，进一步提高猪场生产效率[J]. 养殖与饲料（6）：1-3.

袁华根，陈娟，徐骏，等. 2007. 采食量及营养物质消化率对猪生长性能影响综述[J]. 江西农业学报，19（5）：116-118.

袁圣，肖开学. 2006. 工厂化猪场怀孕母猪的饲养管理[J]. 农业新技术（今日养猪业）（3）：

19-21.
袁圣. 2007. 规模化猪场配种舍标准化管理[J]. 当代畜牧，11（9）：27-29.
袁术玲. 2017. 猪白肌病的临床表现、类症鉴别及防治措施[J]. 现代畜牧科技（6）：93.
袁文清. 2015. 诱导青年母猪发情的措施[J]. 黑龙江动物繁殖，23（6）：12-13.
岳磊，李文刚，卜鸿静，等. 2015. 规模猪场的投资估算[J]. 饲料与畜牧・规模养猪（11）：52-55.
张爱红. 2009. 妊娠母猪的饲养和营养需要[J]. 山东畜牧兽医，30（9）：16-17.
张保化. 2001. 怎样提高仔猪初生重[J]. 农业科技与信息（2）：19.
张波. 2018. 母猪早期流产原因和预防措施[J]. 中国畜禽种业（2）：76.
张代坚. 1998. 种母猪的饲养管理[J]. 养猪（2）：20-22.
张道中，刘元英. 2014. 养猪品种选择[J]. 今日养猪业（9）：45-49.
张道中，刘元英. 2014. 猪的饲养常识——饲料质量管理[J]. 今日养猪业（12）：82-85.
张凤勇，熊承琼. 2013. 僵猪形成的原因及预防措施[J]. 中国畜牧兽医文摘（9）：150.
张凤勇，周洁. 2015. 母猪产后不食的原因及防治[J]. 农业开发与装备（1）：160-161.
张福军，刘延忠. 2010. 猪场常用的疫苗及其使用方法[J]. 养殖技术顾问（6）：100.
张庚华. 1995. 如何提高母猪的泌乳量[J]. 上海饲料（4）：14-16.
张广海，赵程昱. 2010. 猪舍围护结构保温与隔热的设计要求[J]. 现代畜牧科技（11）：33.
张广俊. 2006. 发情母猪何时配种好[J]. 现代农业科学（11）：52.
张广伦. 2011. 母猪繁殖障碍性疾病的鉴别诊断及预防[J]. 中国畜禽种业，7（8）：68.
张国华，Pomar C，杨公社. 2011. 采用精准饲养技术评估生长育肥猪的赖氨酸需要量[J]. 中国农业科学（18）：3 840-3 849.
张海涛，王晓燕，邹强. 2009. 猪抽风病临床观察及病因探讨[J]. 吉林畜牧兽医（9）：20-23.
张海云，肖棠，吴海峰，等. 2017. 高原日光温室生态猪舍冬季保温通风系统的设计[J]. 黑龙江农业科学（2）：68-71.
张红，戚汝文，邹启宪. 1989. 仔猪寄养方法[J]. 黑龙江畜牧兽医（3）：20-21.
张红辉. 2014. 浅谈畜禽养殖场隔离舍的建设要点[J]. 农业技术与装备（19）：46-47.
张鸿福. 2011. 种公猪的饲养管理[J]. 养殖技术顾问（6）：50.
张华林，邓小华. 2005. 科学利用青绿饲料[J]. 草业科学，22（1）：40-43.
张焕容，曹三杰，文心田，等. 2007. 猪伪狂犬病、猪细小病毒病和猪流行性乙型脑炎检测基因芯片的制备及检测方法研究[J]. 中国预防兽医学报，29（10）：796-801.
张吉鹍，邹庆华. 2009. 饲料间的互作及日粮配方设计中应注意的问题[J]. 饲料工业，30（7）：53-55.
张佳，张桥宗. 1990. 几种杂交猪的生产性能和肉质评定[J]. 养猪（1）：30-31.
张佳，曲向阳. 2014. 国际种猪育种公司在中国[J]. 猪业科学（4）：38-40.
张家峥，刘小燕，李召展，等. 2003. 对猪发生“附红细胞体病”的调查研究[J]. 河南畜牧兽医，24（1）：234-236.
张金辉. 2017. 猪场如何实施批次化管理?[J]. 猪业科学（1）：40-44.
张景琰，冀晓红. 2005. 母猪繁殖性能的鉴定与调控[J]. 浙江畜牧兽医（1）：6-8.

张敬杰. 2017. 规模化猪场妊娠母猪的饲养管理[J]. 中国畜牧兽医文摘，33（5）：81-82.
张均正. 2003. 猪舍小环境的调控[J]. 新农村（12）：15.
张俊，廖霜，郭瑞田，等. 1992. 中草药矿物质复合饲料添加剂喂猪试验[J]. 饲料工业（10）：45.
张立昌，王永胜. 2009. 规模化猪场猪疥螨的控制策略[J]. 养猪（6）：44-45.
张美荣，寸彦铭，赵秀全，等. 2011. 母猪发情鉴定与适时配种[J]. 养殖与饲料，11（3）：19-23.
张敏，于化洲. 2013. 新生仔猪溶血病的综合防治措施[J]. 吉林畜牧兽医（1）：31-32.
张明秀，徐荣军. 2006. 青绿饲料在生猪养殖中的应用[J]. 猪业观察（14）：33-33.
张鹏举，程方程. 2005. 断奶母猪不发情的原因分析及对策[J]. 中国畜牧兽医（6）：48-49.
张平. 2015. 母猪产后不食的防治措施[J]. 中国畜牧兽医文摘（8）：135-168.
张强. 2011. 规模化养猪场畜禽养殖废水沼气工程处理模式技术浅析[C]. 全国高浓度有机废水处理及工程应用新技术、新设备交流研讨会.
张勤. 2005. 制作优质青贮饲料的条件与技术要求[J]. 河南畜牧兽医：综合版，26（9）：34.
张青，张旭，高磊，等. 2009. 规模化猪场中生长育肥猪的饲养管理[J]. 猪业科学（9）：40-41.
张荣波，许炳林，李焕烈. 2003. 对我国现代化养猪新工艺、新设计及新设备的探讨[J]. 养猪（6）：38-40.
张善超，张辉. 2011. 猪场联合用药注意事项[J]. 当代畜禽养殖业（5）：18-19.
张是，谢航. 2012. 种公猪分阶段饲养利用率高[J]. 饲料与畜牧（11）：36-37.
张书存，郝玉兰. 2003. 干粉料 湿拌料 颗粒料哪种喂猪效果好[J]. 河北畜牧兽医（9）：36-37.
张帅，姜发亭. 2012. 断奶仔猪腹泻的原因分析和防治[J]. 山东畜牧兽医（1）：88-89.
张苏强. 1999. 种猪肢蹄病的病因分析及预防措施[J]. 龙岩学院学报（3）：53-54.
张锁宇，王爱国，王胜，等. 2013. 猪主要繁殖性状的遗传参数估计[J]. 中国畜牧杂志（23）：1-5.
张汀，易本驰. 2006. 科学高效养殖指南〔M〕. 郑州：河南科学技术出版社.
张廷旭，石凤玖，卢丽静，等. 2016. 母猪分娩舍的饲养管理[J]. 中国畜牧兽医文摘，32（4）：78.
张威，吴连伟. 2013. 猪场场址选择及应考虑的因素[J]. 养殖技术顾问（3）：37.
张雯雯，徐浩天. 2009. 如何建立饲料原料质量保证体系. 河南畜牧兽医（综合版）（3）：25-26.
张雯雯. 2012. 猪衣原体病的诊断与防治[J]. 农家参谋（1）：25-27.
张玺，李克广. 2010. 特种野猪养殖的市场分析[J]. 国外畜牧学（猪与禽），30（3）：77-78.
张贤群，Erwan Le Bras. 2009. 猪霉菌中毒症的预防[J]. 国外畜牧学（猪与禽）（4）：30-32.
张贤群，Montse Palau. 2012. 提高经济收益和生产力的新一代养猪生产技术[J]. 国外畜牧学（猪与禽），32（11）：35-37.
张小林. 2013. 断奶仔猪的培育[J]. 中国畜禽种业（6）：60-61.
张晓明. 2009. 饲料原料的真与假[J]. 猪业科学，26（11）：74-75.
张新风. 2016. 畜舍的朝向与采光[J]. 当代畜牧（23）：32.
张新蕾，郭皇兵. 2011. 商品猪母猪发情、中暑误诊继发多种疾病的病例分析[J]. 中国饲料添加剂（10）：14.
张秀梅，曹有才. 2016. 公猪的合理使用[J]. 黑龙江畜牧兽医（12）：14-16.
张秀艳，王伟. 2014. 现代规模化猪场的规划与建设[J]. 当代畜禽养殖业（10）：10-11.
张学峰，周贤文，陈群，等. 2013. 不同深度垫料对养猪土著微生物发酵床稳定期微生物菌群的影响[J]. 中国兽医学报（9）：1 458-1 462.
张学哲，李春鹏. 2007. 农村肉猪饲养管理与保健技术[J]. 湖北畜牧兽医（5）：19-20.
张岩. 2013. 饲养场饲料仓库管理的技术要点[J]. 养殖技术顾问（2）：45.
张衍刚. 2003. 猪场饲槽的设计[J]. 养殖技术顾问（5）：39.
张毅，向钊，朱丹. 2004. 约×荣杂种仔猪生长发育性状特点及杂种优势研究[J]. 四川畜牧兽医（5）：32-33.
张英. 2016. 母猪发生难产的原因、临床症状和救治方法[J]. 黑龙江动物繁殖（3）：44-45.
张英学，宋玉波，张静涛，等. 2014. 如何做好母猪分娩接产[J]. 吉林畜牧兽医，35（5）：32-33.
张永秀. 2016. 如何做好断奶仔猪的饲养管理工作[J]. 农家科技（下旬刊）（11）：183.
张永壮. 2011. 当前猪痢疾的诊断与防治[J]. 北方牧业（14）：15.
张勇. 1992. 推算怀孕母猪预产期简便两法[J]. 现代农业（1）：12.
张友明. 1982. 小猪初生重与存活率[J]. 上海畜牧兽医通讯（4）：46.
张玉清，于有昆. 2013. 妊娠母猪的饲养管理[J]. 当代畜禽养殖业（8）：23-24.
张沅. 2001. 家畜育种学[M]. 北京：中国农业出版社.
张震. 2013. 中国养猪业信息化推广模式探讨[C]. 中国畜牧兽医学会信息技术分会2013年学术研讨会.
张正学. 2007. 提高仔猪成活率的技术措施[J]. 农技服务，24（1）：77.
张之华. 1994. 对工厂化猪场分娩舍合理设计的探讨[J]. 养猪（4）：22.
赵才兵，于文光，杨茂锋. 2012. 延胡索酸泰妙菌素和盐酸沃尼妙林的研究应用[J]. 兽药市场指南（12）：14-17.
赵芙蓉，施正香，陈刚，等. 2009. 微缝地板对肥育猪舍空气环境及猪行为的影响的影响研究[J]. 中国畜牧杂志，45（15）：44-46.
赵国华，陈贵. 2015. 养猪废水处理与资源化利用的研究进展[J]. 四川环境，34（6）：156-161.
赵红锋. 2014. 规模化猪场生长育肥猪饲养管理和保健措施[J]. 农民致富之友（12）：243.
赵红喜，朱兴文，刘希欣. 2010. 浅谈消毒措施在家禽养殖场中的应用[J]. 养禽与禽病防治（12）：28-29.
赵宏志，李千军，王文杰，等. 2010. 母猪年生产力的概念与提高母猪年生产力的主要途径和措施[J]. 猪业科学，27（3）：28-30.
赵洪芳. 2008. 规模化养猪生产工艺及管理措施[J]. 中国牧业通讯（16）：52-53.
赵洪香. 2010. 家畜传染病的几种治疗方法[J]. 现代畜牧科技（7）：111.
赵辉元. 1996. 畜禽寄生虫与防制学[M]. 长春：吉林科学技术出版社.
赵杰. 2018. 育肥猪的生理特点、营养需要及饲养管理[J]. 现代畜牧科技（1）：41.
赵克平，杨住昌，陈涛，等. 2008. 浅谈规模猪场的建筑规划及猪舍的设计[J]. 中国猪业

（11）：55–57.
赵丽莉. 2010. 养猪场沼液农业模式消纳技术研究[D]. 郑州：河南农业大学.
赵莲芝. 2014. 规模猪场育成猪的饲养管理技术[J]. 山东畜牧兽医，35（2）：83.
赵亮. 2012. 母猪“依膘给料”饲养法[J]. 农村科学实验（5）：26–27.
赵楠. 2012. 中国种猪产业迎来崛起时机——首届北京（国际）种猪产业发展研讨会侧记[J]. 中国畜牧杂志，48（20）：48–52.
赵瑞廷，栾冬梅. 2010. 发酵床养猪的研究及应用[J]. 黑龙江畜牧兽医（5）：81–83.
赵爽，范英言. 2011. 猪发热的进程、分型和治疗[J] 养殖技术顾问（4）：153.
赵祥辉. 2016. 农村常见猪疾病的预防及治疗[J]. 乡村科技（27）：16–17.
赵小强. 2016. 现代化养猪新特点及发展趋势应用探讨[J]. 甘肃畜牧兽医（13）：105–106.
赵振华，贾青，墨锋涛，等. 2007. 猪杂交配套系杂种优势利用分析[J]. 养猪（3）：27–28.
赵遵明，欧秀群. 2009. 冬季猪舍内部环境的调控措施[J]. 广东饲料，18（10）：86–89.
甄少波. 2013. 待宰对猪应激及冷却肉品质影响机理研究[D]. 北京：中国农业大学.
郑彬. 2014. 猪舍建筑的种类及要求[J]. 养殖技术顾问（3）：247.
郑滨. 1988. 比赛可灵注射液在兽医临床上的疗效观察[J]. 甘肃畜牧兽医（1）：12.
郑逢梅，霍金耀，章四新，等. 2016. 规模化猪场生物安全体系的细节管理[J]. 猪业科学，33（9）：90–92.
郑蕊蕊，赵明礼，李相钊，等. 2017. 规模化猪场保育猪的饲养管理要点[J]. 北方牧业（9）：23–24.
郑世军. 1997. 十二种猪病防治[M]. 北京：中国农业出版社.
郑卫生. 2008. 八种公猪应该淘汰[J]. 猪业观察（11）：11.
钟伟. 2003. 保育期仔猪的环境温度和采食量[J]. 国外畜牧学（猪与禽），23（3）：42–43.
周春如，朱红英，张美良，等. 2014. 仓箱式堆肥发酵法[J]. 江西农业（7）：57.
周国新，赵立君. 2009. 畜禽舍的防潮除臭措施[J]. 养殖技术顾问（6）：13.
周建强，潘琦，张伟. 2013. 公猪精液的稀释保存和运输方法[J]. 当代畜牧（3）：46–49.
周军，夏道伦. 2010. 初生仔猪假死的综合防控[J]. 黑龙江动物繁殖（1）：38–39.
周军，闫惠筠，杨云，等. 2010. 猪疥螨对养猪业的危害及综合防控措施[J]. 中国猪业（11）：112–113.
周丽荣，王景春，纪守学，等. 2007. 母猪产褥热的防治措施[J]. 辽宁农业职业技术学院学报，9（3）：7.
周茂华，陈贵. 2017. 猪投药的方法及注射部位[J]. 农家科技（上旬刊）（9）：100.
周明，张永云，罗忠宝，等. 2015. 饲养密度对猪行为表现和福利水平的影响[J]. 黑龙江畜牧兽医（3）：93–95.
周平，林振营，林泳祥，等. 2012. 种猪育种核心群基础群的组建[J]. 猪业科学（6）：90–91.
周永学. 2002. 养猪生产中的隔离早期断奶技术及应用[J]. 浙江畜牧兽医，27（3）：10–11.
周贞兵，何春玫，戴腾飞. 2009. 种母猪淘汰率的调查报告[J]. 畜牧与饲料科学，30（4）：145–147.
朱丹，韩盛利. 2012. 规模猪场养殖档案管理策略[J]. 猪业科学，29（8）：102–103.

朱丹. 2013. 哺乳母猪管理关键环节的技术要点[J]. 畜禽业（5）：50–51.
朱红陆，王兆亮. 2013. 猪场免疫规范的管理[J]. 现代畜牧科技（9）：183.
朱明显. 1991. “长本”“大本”母猪年生产能力研究[J]. 养猪（2）：17–18.
朱荣生，王怀中，张印. 2009. 杜洛克和大约. 猪体重和体尺性状间典型相关分析[J]. 家畜生态学报（2）：26–28.
朱尚雄. 1990. 工厂化猪场经济效益调查与分析[J]. 畜牧与兽医（3）：114–115.
朱守智. 2003. 现代化养猪的猪群结构和猪栏配置的计算[J] .养猪（2）：52–53.
朱兴全，窦兰清，史晓红，等. 1996. 猪旋毛虫病疫苗后海穴免疫研究[J]. 畜牧兽医学报（1）：55–61.
朱运强，马平安，陈建军，等. 1999. 畜舍朝向对育成猪生长性能的影响[J]. 河南畜牧兽医：综合版（1）：11–12.
朱中平. 2012. 母猪限饲的误区[J]. 今日畜牧兽医（11）：2–3.
颛锡良. 2010. 老外细算中国猪场经济成本账：养猪人自己决定着把钱装进腰包还是扔掉[J]. 北方牧业（10）：4.
庄先标. . 2003. 系杜洛克种猪使用情况调查[J]. 养殖与饲料（10）：24.
庄玉. 2014. 如何提高仔猪的初生重和断奶重[J]. 农业知识（6）：37–38.
卓化. 1986. 商品猪行为特点及相应的管理措施[J]. 畜牧与兽医（4）：173–174.
邹本革，于蕾妍，侯春霞. 2011. 猪去势技术[J]. 现代农业科技（2）：343–348.
邹潮深，梁斌. 1986. 平胃散加硝实治猪胎死腹中一例[J]. 中兽医医药杂志（2）：39.
John Gadd，周绪斌，张佳等. 2015. 现代养猪生产技术——告诉你猪场盈利的秘诀[J]. 国外畜牧学（猪与禽）（8）：3.
M. Ковальчикова，刘乃琴. 1980. 气候因素对家畜生产力的影响[J]. 中国畜牧兽医（4）：29–34.
Yuzokoketsu，林亦，曹丁壬. 2017. 论商品群中母猪高繁殖性能的影响因素[J]. 猪业科学（1）：26–29.